Schlomann–Oldenbourg

ILLUSTRIERTE

TECHNISCHE WÖRTERBÜCHER

Unter Mitwirkung
hervorragender Fachleute des In- und Auslandes

herausgegeben von

Alfred Schlomann
Ingenieur

BAND 1:

Die Maschinenelemente und die gebräuchlichsten Werkzeuge

MÜNCHEN UND BERLIN
DRUCK UND VERLAG VON R. OLDENBOURG
1922

DIE MASCHINENELEMENTE

UND DIE

GEBRÄUCHLICHSTEN WERKZEUGE

Unter redaktioneller Mitwirkung von
Dipl.-Ing Paul Stülpnagel

In sechs Sprachen:

Deutsch, Englisch, Französisch, Russisch, Italienisch, Spanisch

mit

rumänischem Supplement

von
Ing. M. Cioc und Ing. A. Rainu

Mit 823 Abbildungen und zahlreichen Formeln

MÜNCHEN UND BERLIN
DRUCK UND VERLAG VON R. OLDENBOURG
1922

Vorwort zur rumänischen Ausgabe der „Illustrierten Technischen Wörterbücher."

Das vorliegende Werk ist der 1. Band der von Ingenieur Alfred Schlomann im Verlag von R. Oldenbourg, München, herausgegebenen »Illustrierten Technischen Wörterbücher«, und zwar erweitert durch die Beigabe der rumänischen Sprache, so daß also das Wörterbuch für Übersetzungen in einer der folgenden sieben Sprachen: Rumänisch, Deutsch, Englisch, Französisch, Russisch, Italienisch und Spanisch benutzt werden kann.

Bis zum Erscheinen einer künftigen neuen Ausgabe der Schlomann-Oldenbourgschen Wörterbücher, in denen neben den bisherigen sechs Sprachen als gleichwertige siebte Sprache, und zwar im Text selbst, voraussichtlich das Rumänische Aufnahme finden wird, haben die unterzeichneten Herausgeber der vorliegenden rumänischen Ausgabe es für angezeigt gehalten, die Illustr. Techn. Wörterbücher der rumänischen Technik schon jetzt nutzbar zu machen, und zwar durch Beigabe zweier rumänischer Supplemente, nämlich:

1. Eines rumänischen Textes (blau), nach Inhalt und Seitenfolge wie der Originaltext der sechssprachigen bisherigen Ausgabe geordnet.

2. Eines alphabetischen rumänischen Registers (rot) mit Angabe von Seite und Wortstelle jedes einzelnen Wortes im Originaltext wie im rumänischen Text.

Mit Hilfe dieser beiden Supplemente hat der Benutzer des Wörterbuches die Möglichkeit, einen technischen Ausdruck aus der rumänischen Sprache in irgendeine der sechs anderen Sprachen zu übersetzen oder umgekehrt. Das Verfahren ist das folgende:

1. Übersetzung aus dem Rumänischen in eine andere Sprache: Der Benutzer sucht den rumänischen Ausdruck im alphabetischen rumänischen Register (rot), in welchem er neben dem Worte die Angabe der Seite und Wortstelle liest, wo sich der betreffende Ausdruck im Originaltext des Wörterbuches in allen sechs Sprachen findet.

Wünscht man z. B. zu wissen, wie das rumänische Wort »rindea« auf deutsch heißt, so sucht man im alphabetischen rumänischen Register unter dem Buchstaben R das Wort »rindea«, neben welchem man die Zahl 191.10 liest. Diese Zahlen bedeuten, daß sich die Übersetzung des Wortes »rindea« in den übrigen 6 Sprachen auf Seite 191, Wortstelle 10 des Originaltextes findet, wo die deutsche Benennung »Hobel« angegeben ist.

2. Übersetzung aus einer anderen Sprache in die rumänische: Der Benutzer sucht das betreffende Wort im allgemeinen alphabetischen Register in 5 Sprachen (oder im russischen Register, wenn es sich um ein russisches Wort handelt). Neben dem Worte findet er zwei Zahlen, welche Seite und Wortstelle angeben, wo das Wort im allgemeinen sechssprachigen Text und gleichzeitig auch im rumänischen Text (blau) zu finden ist, der ja nach der natürlichen Reihenfolge der Zahlen des sechssprachigen Originaltextes angeordnet ist.

Wünscht z. B. jemand zu wissen, wie das französische Wort »la plane« auf rumänisch heißt, so muß er dies Wort im allgemeinen fünfsprachigen Register unter dem Buchstaben P suchen und findet dort die Ziffern 195.3. An dieser Stelle gibt dann der rumänische Supplementtext (blau) das Wort »cuţitoaie«, welches dem französischen Ausdruck »plane« entspricht.

Die unterzeichneten Herausgeber, die hiermit den rumänischen Technikern den ersten Band der Schlomann-Oldenbourgschen Wörterbücher über »Die Maschinenelemente und die gebräuchlichsten Werkzeuge« vorlegen, glauben damit den ersten Schritt zur Schaffung eines rumänischen technischen Wörterbuches getan zu haben, dessen Fehlen seit langer Zeit schmerzlich empfunden wird und für dessen Verwirklichung die Mitwirkung einer großen Zahl rumänischer Ingenieure nötig ist.

Berücksichtigt man, mit welchen Schwierigkeiten die unmittelbare Herausgabe eines rumänischen technischen Wörterbuches, d. h. also unabhängig von dem Schlomannschen Werk, verbunden ist, welche Unsumme von Arbeit das Sammeln und Ordnen der technischen Ausdrücke im allgemeinen sowie die Schaffung rumänischer Technizismen angesichts der noch ganz unentwickelten rumänischen Technik im besondern erfordert, so glauben die Herausgeber einem später zu schaffenden rumänischen technischen Wörterbuch dadurch am besten die Wege geebnet zu haben, daß sie sich die wortgetreue Übersetzung der Schlomann-Oldenbourgschen Wörterbücher zum Ziele setzten.

Diese Übersetzung gibt den Herausgebern und allen denen, die an der Schaffung eines rumänischen technischen Wortschatzes Interesse haben, die Möglichkeit, im Laufe der Zeit die beste Fassung für die verschiedenen technischen Begriffe endgültig festzulegen.

Bei einer gewissen Zahl von technischen Ausdrücken, für welche sich weder in der rumänischen Literatur noch in der täglichen Umgangssprache Anhaltspunkte finden ließen, sahen wir uns genötigt, entweder aus dem Eigenen zu geben oder uns auf die Wiedergabe des Sinnes an Hand der vorliegenden fremdsprachigen Übersetzungen zu beschränken.

Wir sind uns vollkommen der Tatsache bewußt, daß unserer Arbeit noch manche Mängel anhaften und bitten um Nachsicht. Gleichzeitig richten wir an alle diejenigen, welche bessere Vorschläge machen und treffendere Übersetzungen geben können, die dringende Bitte, uns entsprechende Mitteilungen zukommen zu lassen.

Zum Schluß entledigen wir uns der angenehmen Pflicht, auch an dieser Stelle Herrn Ingenieur Alfred Schlomann und dem Verlag R. Oldenbourg in München für das Entgegenkommen zu danken, durch das sie uns die Autorisation zur Herausgabe des vorliegenden Werkes gegeben und damit die Schaffung eines rumänischen technischen Wörterbuches ermöglicht haben.

Bukarest, 1. November 1921.

Ing. **M. Cioc** und Ing. **A. Rainu.**

INHALTSÜBERSICHT.

Maschinenelemente:

I. Schrauben 7
II. Keile 21
III. Nieten 26
IV. Achsen und Wellen 33
V. Zapfen 37
VI. Lager 40
VII. Schmierungen 49
VIII. Kupplungen 56
IX. Zahnräder 63
X. Reibräder 73
XI. Riementrieb 75
XII. Kettentrieb 88
XIII. Rollen 93
XIV. Gesperre 95
XV. Rohre 97
XVI. Ventile 112
XVII. Zylinder 130
XVIII. Stopfbüchsen 132
XIX. Kolben 136
XX. Kurbeltrieb 140
XXI. Federn 147
XXII. Schwungräder 149
XXIII. Regler 150

Werkzeuge:

XXIV. Schraubstöcke 153
XXV. Zangen 155
XXVI. Ambosse 158
XXVII. Hämmer 160
XXVIII. Meißel 167
XXIX. Feilen 169

XXX. Schaber 176
XXXI. Bohrer 178
XXXII. Fräser 183
XXXIII. Sägen 185
XXXIV. Verschiedene Werkzeuge 190
XXXV. Schleifwerkzeuge 196
XXXVI. Das Härten 198
XXXVII. Das Löten 200
XXXVIII. Meßwerkzeuge 204
XXXIX. Metalle 210

Anhang:

XL. Technisches Zeichnen 218
XLI. Allgemeines 234

Alphabetisch geordnetes Wörterverzeichnis mit Angabe der Seite und Spalte, in denen jedes einzelne Wort zu finden ist 257

a) Deutsch, englisch, französisch, italienisch, spanisch in einem Alphabet 257
b) Russisch 372
c) Rumänisch 404

Sachlich geordnetes Rumänisches Wörterverzeichnis (Ergänzung zu den Seiten 7—256) I—XXVII

Zur Einführung.

Der vorliegende Band eröffnet eine Reihe gleichartiger Fachwörterbücher, die dem Ingenieur für das Verständnis der technischen Bezeichnungen in den wichtigsten Kultursprachen ein unerläßliches Hilfsmittel sein sollen. An der Sammlung technischer Ausdrücke in den einzelnen Sprachen ist bisher trotz der Internationalität der Technik wenig gearbeitet worden. Die bisher vorhandenen technologischen Wörterbücher behandeln in weiten Zügen das gesamte Gebiet der Technik. Sie weisen deswegen naturgemäß einen großen Mangel an solchen Ausdrücken auf, die dem Fachingenieur für sein engeres Arbeitsfeld von Wichtigkeit sind. Diesem Mangel, der in allen Fachkreisen lebhaft empfunden wird, sollen meine Wörterbücher abhelfen.

Bei der Verfolgung dieses Zweckes habe ich mich einer Methode der Bearbeitung technischer Wörterbücher bedient, die von der bisherigen Bearbeitungsweise lexikalischen Stoffes grundsätzliche Abweichungen verzeichnet und die sich kurz charakterisiert als

»Fachgruppenbearbeitung mit gleichzeitiger Einführung der Skizze in das technische Wörterbuch«.

Diese Fachgruppenbearbeitung wird von Fachingenieuren derart vorgenommen, daß das betreffende Fach mit seinen allgemeinen, theoretisch und praktisch wichtigen Ausdrücken in systematisch logischem Aufbau zusammengestellt wird, wobei sich der Stoff innerhalb des Fachs in einzelne Kapitel zergliedert.

Ein wesentlicher Vorzug dieser Einteilung nach Fachgruppen liegt darin begründet, daß sie meinem Wörterbuche neben dem des Nachschlagewerks bis zu einem gewissen Grade den Charakter als Lehrbuch verleiht. Namentlich die Fachkollegen, die ins Aus-

land gehen und die Studierenden der Technischen Hochschulen, an denen neuere Sprachen zum Prüfungsgegenstande gemacht sind, dürften es freudig begrüßen, die Materie in systematischem Zusammenhange dargestellt zu erhalten.

Die markanteste Abweichung von den bisherigen erhalten meine Wörterbücher insbesondere durch die Zuhilfenahme der überall verstandenen Zeichensprache, der Skizze, der Formel, des Symbols bei der Ermittlung der entsprechenden fremdsprachlichen Ausdrücke, und die Beibehaltung derselben in dem Texte. Auf Grund dieser Universalsprache des Ingenieurs wurden die Übersetzungen direkt in den Werkstätten und Bureaux des betreffenden Landes angefertigt und erheben den Anspruch auf große Genauigkeit. In keinem Falle wurden die termini lediglich technischen Wörterbüchern, Katalogen, Preislisten etc. entlehnt; eine große Anzahl derselben ist von mir zum erstenmal gesammelt und festgehalten worden, wodurch meiner Arbeit ein grundlegender Wert beizumessen sein dürfte. Da die technische Terminologie in den einzelnen Ländern noch keineswegs feststeht, so ist es einleuchtend, daß ich hierbei außerordentlichen Schwierigkeiten begegnet bin. Ich habe mich indes bemüht und werde dies in Zukunft in gleichem Maße tun, durch Heranziehung von Autoritäten eine Terminologie zu schaffen, die Anspruch auf allgemeine Beachtung machen kann.

Mit der Aufnahme der Skizze in den Text bezwecke ich sowohl den Ausdrücken ihre schärfste Erklärung zu geben, als auch den Charakter als Lehr- und Memorierbuch zu betonen, da bekanntermaßen die Ausdrücke am leichstesten im Gedächtnis haften, mit denen man eine Vorstellung verbindet.

Ein Blick in meine Wörterbücher zeigt ihre Dreiteilung in

1. Inhaltsübersicht,
2. systematischen Aufbau des Wortschatzes,
3. durchlaufendes alphabetisches Verzeichnis.

Schon mit Hilfe der vorangestellten Inhaltsübersicht dürfte sich der mit seinem Fache vertraute Ingenieur unschwer in dem nach Fachgruppen zergliederten Hauptteile zurechtfinden und ohne weiteres aus der Muttersprache in eine fremde übersetzen können. Um aber meine Wörterbücher auch für das Übersetzen aus der fremden in die Muttersprache, sowie einer fremden in eine andere fremde geeignet zu machen, gebe ich am Schlusse jedes Bandes eine

alphabetische Zusammenstellung des Wortschatzes, und zwar der fünf Sprachen Deutsch, Englisch, Französisch, Italienisch und Spanisch in einem einzigen durchlaufenden Alphabete, zu welchem dann das Russische, das sich aus leicht ersichtlichen Gründen dieser Anordnung nicht einfügen läßt, in gesonderter alphabetischer Reihe tritt.

Von der Zweckmäßigkeit und Nützlichkeit dieser Anordnung dürfte sich jeder bald überzeugen; der Vorteil tritt um so klarer hervor, als es ersichtlich ist, daß jedes nach meiner Methode bearbeitete Wörterbuch 30 zweisprachige ersetzt. Dieses in fünf Sprachen durchlaufende Alphabet hat vor dem getrennt bearbeiteten den Vorzug, daß man jedes Wort der fünf Sprachen in ein und derselben alphabetischen Reihe findet und sich somit wesentlich rascher orientieren kann.

Da die technische Ausdrucksweise in den einzelnen Landstrichen eines Staates nicht immer die gleiche ist, sind nur solche Ausdrücke aufgenommen, mit denen man in allen Landesteilen ein und denselben Gegenstand bezeichnet.

Ebenso wurde die Verschiedenheit der Terminologie in Großbritannien und Nordamerika berücksichtigt. Solche Ausdrücke, die nur oder mit Vorliebe in den Vereinigten Staaten von Nordamerika gebraucht werden, sind durch ein angefügtes (A) gekennzeichnet.

Meine Wörterbücher, die in dem Rahmen von Taschenwörterbüchern gehalten sind, sollen den Ingenieur, den technischen Kaufmann, den Studierenden auf Reisen, in die Werkstätten, in die Bibliotheken, in das Kolleg etc. begleiten. Ausdrücke, die sich auf nicht mehr zeitgemäße Konstruktionen beziehen, oder die nur noch einen historischen Wert haben, sind weggelassen worden. Der vorliegende Band enthält »Die Maschinenelemente und die gebräuchlichsten Werkzeuge für Metall- und Holzbearbeitung« nebst einem Anhang, in dem einige für technische Bureaux wertvolle Ausdrücke, betreffend »Technisches Zeichnen« und »Allgemeines«, aufgenommen sind. Von den Werkzeugen sind in diesem Bande nur solche aufgeführt, die sich in jeder Maschinenwerkstatt vorfinden, die daher an dieser Stelle als unbedingt zu den Maschinenelementen gehörig zu betrachten sind. Die Werkzeuge und Werkzeugmaschinen als Fach für sich bleiben einem besonderen Bande vorbehalten.

Ich bin mir wohl bewußt, daß meine Arbeit noch Mängel enthält. Ich bitte dies mit den großen Schwierigkeiten zu entschuldigen, die gerade dem Beginn,

meines Unternehmens, gerade der Bearbeitung des ersten Bandes entgegenstanden. Ich gebe mich der Hoffnung hin, daß diese Mängel durch die tatkräftige Mitarbeit aller derer, die den Kern meines Werkes für gut erkannt haben, aus den folgenden Bänden und den Neubearbeitungen des ersten mehr und mehr verschwinden werden.

Ich übergebe nunmehr meine Arbeit der Öffentlichkeit in der Hoffnung, weiten Kreisen mit ihr zu dienen. Ich sage meinen zahlreichen Mitarbeitern, insbesondere denen, die in meinem Auftrage die Reisen ins Ausland unternommen haben, meinen aufrichtigsten Dank, ebenso den Herren Professoren und Ingenieuren, den technischen Betrieben und technischen Körperschaften, die durch Beiträge oder sonstwie mein Unternehmen in entgegenkommender Weise gefördert haben.

Ferner möchte ich auch an dieser Stelle Herrn Dipl.-Ing. Paul Stülpnagel, Duisburg a. Rh., meinen herzlichsten Dank aussprechen für die wertvolle Mitarbeit, die er mir durch die Zusammenstellung des ersten Bandes geleistet hat. Der Verlagsbuchhandlung R. Oldenbourg, München-Berlin, die mit dem Verlag dieses Werkes große Opfer und Mühen in den Dienst der Technik gestellt hat, dürfte der Dank aller Fachgenossen gewiß sein.

Ich schließe meine Vorrede mit dem Wunsche, daß dieser Band mir das bisher entgegengebrachte Interesse erhalten und mir in meinem Bestreben, der auch in ihrer Terminologie rastlos fortschreitenden Technik ein elastisches Sprachwerk zu schaffen, neue Förderer meiner Arbeiten zuführen möge.

Der Herausgeber.

Geleitwort zur unveränderten 2. Auflage.

Seit dem Waffenstillstand hat sich der Absatz der Wörterbücher derart gesteigert, daß die Bestände des I. Bandes wesentlich früher vergriffen waren, als vorauszusehen war. Infolgedessen richtete mein Verleger an mich die Bitte, so schnell als möglich eine Neuauflage des ersten Bandes der I. T. W. zu bearbeiten. Diesem Wunsche konnte ich leider nicht nachkommen. Der Dienst im Feldheer hat mich fast 5 Jahre voll in Anspruch genommen, so daß meine persönliche Anteilnahme an den Wörterbucharbeiten ausgeschaltet war. Die mir nach Wiederaufnahme meiner Ingenieurtätigkeit verbleibende Zeit muß ich zunächst der Vollendung der in Bearbeitung befindlichen Bände 15—18 der I. T. W. über die Faserstofftechnik und den Bergbau widmen, abgesehen davon, daß die mir zurzeit verfügbaren Geldmittel für die Umgestaltung und Vervollständigung der ersten Auflagen der einzelnen Bände infolge der Valutaverhältnisse nicht ausreichen, Ich bedaure deswegen außerordentlich, daß ich die zahlreichen an mich ergangenen Wünsche nach vollständiger Umarbeitung des ersten Bandes zurzeit noch nicht erfüllen kann und mir aus den gleichen Gründen in der mir gestellten Frist eine Ausmerzung von Fehlern nicht möglich war, da meine Beziehungen zu den ausländischen Mitarbeitern bis jetzt nur zum kleinen Teil wiederhergestellt sind.

Ich verspreche aber den Freunden meiner Wörterbücher, alle Vorbereitungen für eine gänzliche Umgestaltung des ersten Bandes zu treffen, damit nach Absatz der zweiten Auflage die dritte sich allen berechtigten Wünschen anpaßt.

Im Dezember 1919.

Der Herausgeber.

Mitarbeiter:

Ingenieur Cyril Alexander, Barcelona.
» G. Richard, Paris.
» Jules Kahn, Zoppot.
» Otis A. Kenyon, New York.
» Eduardo Kirchner, Barcelona.
» Professor Alvaro Llatas, Barcelona.
» Piero Oldrini, Mailand.
» G. O. Lehmann, Berlin.
» Richard Schulze, Charlottenburg.
» J. Storey, Manchester.
» Alfred Thimm, Mannheim.
» Alexander Trettler, St. Petersburg.
» Federico de la Fuente, Madrid.

Ferner folgende Firmen:

Alexander Hermanos, Barcelona.
Allgemeine Elektrizitäts-Gesellschaft, Berlin.
Berlin-Anhaltische Maschinenbau-Aktien-Gesellschaft, Berlin Dessau.
Gerberei und Leder-Treibriemen-Fabrik Johann Biertz, Viersen (Rheinpreußen).
Maschinenfabrik Eßlingen, Eßlingen.
De Fries & Co., Aktien-Gesellschaft, Werkzeugmaschinen-Fabrik, Düsseldorf.
Deutsch-Amerikanische Fabrik für Präzisions-Maschinen, Flesch & Stein, Frankfurt a. M.
C. L. P. Fleck Söhne, Maschinenfabrik, Berlin-Reinickendorf.
Paul Joh[s]. Illing, Maschinen und Werkzeuge, Kiel.
La Maquinista Terrestre y Maritima, Barcelona.
Maschinenbau-Anstalt, Eisengießerei und Dampfkessel-Fabrik Aktien-Gesellschaft H. Paucksch, Landsberg a. W.
Petry-Dereux, G. m. b. H., Dampfkessel-Fabrik, Düren (Rheinland)
J. E. Reinecker, Werkzeugfabrik, Chemnitz-Gablenz.
Schuchardt & Schütte, Maschinen- und Maschinenbau-Artikel, Berlin-St. Petersburg.
Etablissements Sculfort-Malliar & Meurice à Maubeuge (Nord), Sculfort & Fockedey, Successeurs.
M. Selig jr. & Co., Maschinenbau-Bedarfsartikel, Berlin.
L. & C. Steinmüller, Röhrendampfkessel-Fabrik, Gummersbach (Rheinland).
Friedrich Stolzenberg & Co., G. m. b. H., Spezialfabrikation für Präzisions-Zahnräder, Berlin-Reinickendorf.
Maschinenbau-Aktien-Gesellschaft vorm. Ph. Swiderski, Leipzig
Franco Tosi, Legnano.
R. Wöste & Co., Düsseldorf.
Eisenwerk Wülfel, Hannover, usw.

I.

German / English / French		Russian / Italian / Spanish	No.
Schraubenlinie (f), Schneckenlinie (f) helical line hélice (f)	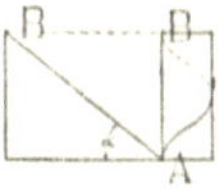	винтовая линія (f) elica (f) hélice (f)	1
Steigungswinkel (m), Neigungswinkel (m) angle of inclination angle (m) d'inclinaison	α	уголъ (m) подъема, (уклона) angolo(m)d'inclinazione ángulo (m) de inclinación	2
Steigung (f) pitch pas (m)	$tg\ \alpha$	подъемъ (m) passo (m), inclinazione (f) inclinación (f)	3
Schraubenfläche (f) helicoidal surface surface (f) hélicoïdale		винтовая поверхность (f) superficie (f) elicoidale superficie (f) helicoidal	4
Schraubengang (m), Schraubenwindung (f) thread of screw spire (f) de vis	A–B	ходъ (m) винта spira (f) d'una vite espira (f) del tornillo	5
die Schraube hat x Gänge auf einen Zoll the screw has x threads per inch la vis a x pas au pouce		на дюймъ винта приходится х нарѣзокъ la vite a x passi per pollice el tornillo tiene x pasos por pulgada	6
Schraubengewinde (n) screw-thread filet (m) d'une vis		винтовая нарѣзка (f) filetto (m) d'una vite, verme (m) d'una vite filete (m) de un tornillo	7
Ganghöhe (f) der Schraube pitch of a screw pas (m) d'une vis	a	высота (f) хода passo (m) d'una vite paso (m) de un tornillo	8

1	**Gangtiefe (f) der Schraube** depth of thread profondeur (f) du filet	b	глубина (f) нарѣзки profondità (f) del filetto profundidad (f) del filete
2	**Gangbreite (f) der Schraube** width of thread largeur (f) du filet, largeur (f) de la spire	c	ширина (f) нарѣзки altezza (f) del filetto ancho (m) del filete
3	**Kerndurchmesser (m), innerer Gewindedurchmesser (m)** diameter at bottom of thread diamètre (m) du noyau, diamètre (m) intérieur du filet	d	діаметръ (m) стержня винта, внутренній діаметръ (m) нарѣзки diametro (m) interno del filetto diámetro (m) en el fondo del perno
4	**äußerer Gewindedurchmesser (m)** diameter of screw diamètre (m) extérieur du filet	e	внѣшній діаметръ (m) нарѣзки diametro (m) esterno del filetto diámetro (m) exterior del perno
5	**Kern (m), Schraubenkern (m)** body of a screw noyau (m) de la vis	f	стержень (m) винта anima (f) della vite núcleo (m)
6	**Rechtsgewinde (n)** right-handed thread filet (m) à droite	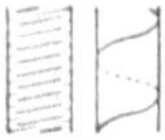	правая винтовая нарѣзка (f) impanatura (f) destrorsa filete (m) á la derecha
7	**rechtsgängig** righthand, right-handed [avec pas (m)] à droite		[винтъ (m)] съ правымъ ходомъ [vite (f)] a pane destrorsa, [vite (f)] a pane destro de paso derecho
8	**Linksgewinde (n)** left-handed thread filet (m) renversé, filet (m) à gauche	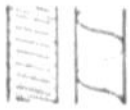	лѣвая винтовая нарѣзка (f) impanatura (f) sinistrorsa filete (m) á la izquierda
9	**linksgängig** left hand, left-handed [avec pas (m)] à gauche		[винтъ (m)] съ лѣвымъ ходомъ [vite (f)] a pane sinistrorsa, [vite (f)] a pane sinistro de paso izquierdo

einfaches Gewinde (n), eingängiges Gewinde (n)
single thread
pas (m) simple, vis (f) à pas simple

однооборотная (одноходовая) нарѣзка (f)
passo (m) semplice, 1
vite (f) a passo semplice
filete (m) de un paso

---

doppeltes Gewinde (n), zweigängiges Gewinde (n)
double thread
double pas (m), vis (f) à double pas

двухоборотная (двухходовая) нарѣзка (f) 2
impanatura (f) doppia, vite (f) a verme doppio
filete (m) doble

---

dreigängiges Gewinde (n)
triple thread
triple pas (m), vis (f) à triple pas

трехоборотная (трехходовая) нарѣзка (f) 3
impanatura (f) tripla, vite (f) a verme triplo
filete (m) triple

---

mehrgängiges Gewinde (n)
multiplex thread
pas (m) multiple, vis (f) à pas multiple

многооборотная (многоходовая) нарѣзка (f) 4
impanatura (f) multipla
filete (m) múltiple

---

scharfes Gewinde (n), dreieckiges Gewinde (n), Dreiecksgewinde (n)
triangular thread, angular thread, V-thread
filet (m) triangulaire, filet (m) pointu, filet (m) tranchant

остроугольная (треугольная) нарѣзка (f)
impanatura (f) triangolare 5
filete (m) triangular

---

scharfgängig
triangular threaded, V-threaded
à filet (m) triangulaire

[винтъ (m)] съ острымъ ходомъ
a verme (m triangolare, 6
a pane (m) triangolare
á paso (m) triangular

---

flaches Gewinde (n), viereckiges Gewinde (n), Flachgewinde (n)
square thread
filet (m) plat, filet (m) rectangulaire, filet (m) carré

прямоугольная нарѣзка (f) 7
impanatura (f) quadrangolare
filete (m) cuadrado

1	flachgängig square threaded à filet plat		[винтъ (m)] съ прямоугольной нарѣзкой a verme (m) quadrangolare, a pane (m) quadrangolare á paso (m) cuadrado
2	rundes Gewinde (n) round thread filet (m) rond		круглая нарѣзка (f) impanatura (f) tonda filete (m) redondo
3	rundgängig round threaded, rounded à filet (m) rond		[винтъ (m)] съ круглымъ ходомъ a verme (m) tondo, a pane (m) tondo á paso (m) retondo
4	Trapezgewinde (n) buttress thread filet (m) trapézoïdal		трапецевидная нарѣзка (f) impanatura (f) trapezia filete (m) trapezoidal
5	Muttergewinde (n), Hohlgewinde (n) female thread filet (m) femelle	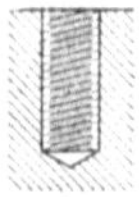	нарѣзка (f) гайки, винтовыя впадины (f pl.) полаго цилиндра madrevite (f) filete (m) matriz
6	Gasgewinde (n) gaspipe-thread filet (m) des tuyaux à gaz	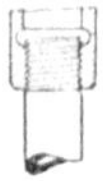	нарѣзка (f) газовыхъ трубъ filettatura (f) per tubi da gas filete (m) para tubos de gas
7	Feingewinde (n) fine thread filet (m) fin		мелкая нарѣзка (f) filettatura (f) fina, impanatura (f) fina filete (m) fino
8	Feinheit (f) des Gewindes fineness of the screw nature (f) du filet		степень (f) тонкости нарѣзки finezza (f) del filetto finura (m) del filete
9	toter Gang (m), leerer Gang (m) back-lash jeu (m) inutile		мертвый ходъ (m) giuoco (m) inutile holgura (f) inútil, espacio (m) hueco de la rosca
10	Selbstsperrung (f) automatic locking, self stopping, self catching arrêt (m) automatique		самотормаженіе (n) serramento (m) automatico cierre (m) automático

Verschraubung (f), Verbolzung (f) bolted joint (A) vissage (m), boulonnage (m)		скрѣпленіе (n) (стягиваніе (n)) болтами accoppiamento (m) a vite, collegamento (m) a vite, giunzione (m) a vite acoplamiento (m) por tornillo	*1*
Schraube (f), Schraubenbolzen (m) screw, screw-bolt, through bolt vis (f), boulon (m) à vis	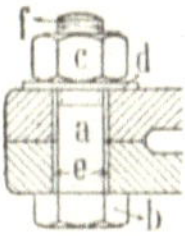	винтъ (m), болтъ (m) vite (f), bullone (m) tornillo (m)	*2*
Schaft (m) bolt, body or shank corps (m)	a	стержень (m) gambo (m) perno (m)	*3*
Kopf (m) head tête (f)	b	головка (f) testa (f) cabeza (f)	*4*
Mutter (f), Schraubenmutter (f) nut, screw-nut écrou (m)	c	гайка (f) dado (m) tuerca (f)	*5*
Unterlagscheibe (f) washer rondelle (f)	d	шайба (f) ranella (f), rosetta (f), piastra (f) arandela (f), ovalillo (m)	*6*
Schraubenloch (n) bolt-hole trou (m) de boulon	e	отверстіе (n) для винта (болта) foro (m) della vite, foro (m) del bullone agujero (m)	*7*
Bolzendurchmesser (m) diameter of bolt diamètre (m) du boulon	f	діаметръ (m) болта diametro (m) del bullone diámetro (m) del tornillo	*8*
Mutterschraube (f), Bolzen (m) mit Kopf und Mutter bolt with head and nut boulon (m) à tête et écrou	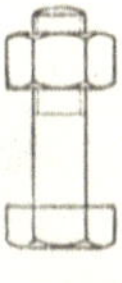	болтъ (m) съ головкой и гайкой bullone (m) con testa e dado tuerca (f) y tornillo (m), tornillo (m) con cabeza (f) y tuerca (f)	*9*
Sechskantkopf (m), Sechskant (m) hexagon head tête (f) à six pans	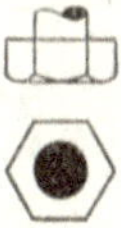	шестигранная головка (f) testa (f) esagonale cabeza (f) hexagonal	*10*

1 Vierkantkopf (m), Vierkant (m)
square-head
tête (f) carrée

четырехгранная головка (f)
testa (f) quadra
cabeza (f) cuadrada

---

2 runder Kopf (m)
cheese-head, fillister head
tête (f) ronde

круглая головка (f)
testa (f) tonda
cabeza (f) redonda

---

3 versenkter Kopf (m)
counter-sunk head, machine screw (A)
tête (f) noyée

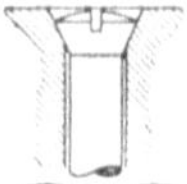

потайная головка (f)
testa (f) incassata
cabeza (f) embutida

---

4 Hammerkopf (m)
T head
tête (f) à T

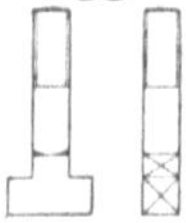

тавровая головка (f)
testa (f) ad ancora, testa (f) a T
cabeza (f) de martillo

---

5 Sechskantmutter (f)
hexagon nut
écrou (m) à six pans

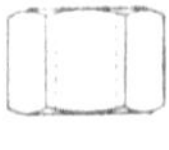

шестигранная гайка (f)
dado (m) esagonale
tuerca (f) hexagonal

---

6 Kronenmutter (f)
castellated nut
écrou (m) à entailles, écrou (m) crénelé

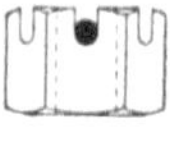

тычковая гайка (f)
dado (m) ad intagli
tuerca (f) hexagonal con entallas

---

7 Flügelmutter (f)
thumb-nut, fly nut, winged nut
écrou (m) à oreilles

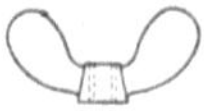

барашекъ (m), крылатая гайка (f), крылатка (f), гайка (f) съ ушками
dado (m) ad alette
tuerca (f) de oreja

---

8 Bundmutter (f)
flange nut, collar nut
écrou (m) à collet

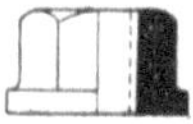

соединительная гайка (f)
dado (m) a colletto, dado (m) lavorato
tuerca (f) con basa

---

9 Stellmutter (f), Lochmutter (f)
adjusting-nut, circular nut
écrou (m) à trous, écrou (m) de fixage

регулировочная (установочная) гайка (f)
dado (m) a fori, dado (m) di fissamento
tuerca (f) de presión

---

10 gerändelte Mutter (f), gerippte Mutter (f)
milled nut, knurled nut
écrou (m) moleté

гайка (f) съ накаткой
dado (m) rotondo
tuerca (f) redonda rayada

Überwurfmutter (f) cap nut, screw-cap écrou (m) à chapeau, écrou (m) creux, écrou (m) à raccord	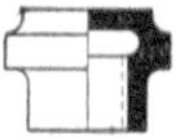	гаечный затворъ (m), кожуха (f) tappo (m) a vite tuerca (f) tapón con rosca	1
Gegenmutter (f) lock-nut, jam-nut, check-nut contre-écrou (m)	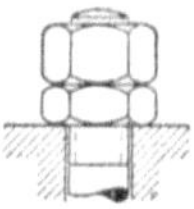	контръ-гайка (f), закрѣпная гайка (f), подгаешникъ (m) contro-dado (m) contra-tuerca (f), tuerca (f) de seguridad	2
Schraubensicherung (f) screw-locking-device arrêt (m) de sûreté de vis		приспособленіе (n), противъ отвинчиванія arresto (m) di sicurezza della vite aparato (m) de seguridad del tornillo	3
Befestigungsschraube (f) fixing screw, set screw, fastening screw boulon (m) de fixation, vis (f) de fixation		установочный винтъ (m), закрѣпляющій винтъ (m) vite (f) d'attacco, vite (f) di collegamento tornillo (m) de sujeción	4
Verschlußschraube (f) screw plug boulon (m) de fermeture, vis (f) de fermeture		скрѣпляющій винтъ (m) vite (f) di chiusura tornillo (m) de cierre	5
Bewegungsschraube (f) adjusting screw vis (f) de mouvement		винтъ (m), передающій движеніе vite (f) di aggiustamento tornillo (m) de movimiento	6
Preßschraube (f), Druckschraube (f) forcing screw, thrust screw vis (f) de pression		прессующій винтъ (m), прессовый винтъ (m) vite (f) di pressione tornillo (m) de presión	7
Stiftschraube (f) stud, stud-bolt goujon (m), prisonnier (m)	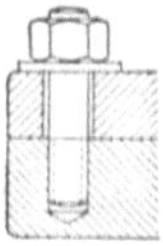	шпилька (f) vite (f) prigioniera espárrago (m)	8
Kopfschraube (f) tap bolt, set screw, cap screw (A) vis (f) à tête	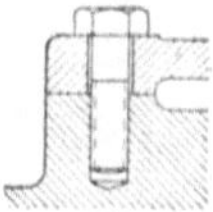	винтъ (m) съ головкою vite (f) mordente tornillo (m) central	9
Paßschraube (f), eingepaßte Schraube (f) tight fitting screw, reamed bolt (A) boulon (m) ajusté	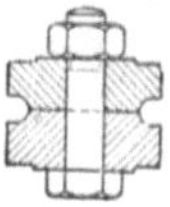	пригнанный винтъ (m) vite (f) passante tornillo (m) con fiador embutido	10

1	eine Schraube (f) einpassen to fit a screw tight ajuster un boulon		пригнать } винтъ пригонять } (m) infilare un bullone ajustar un tornillo
2	Ösenschraube (f) eye-screw, eye-bolt vis (f) à œil, piton (m) à tige taraudée		винтъ (m) съ петлей vite (f) ad occhio hembrilla (f) terrajada
3	Klappschraube (f), Gelenkschraube (f) swing-bolt boulon (m) articulé	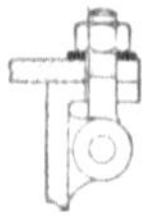	шарнирный болтъ (m), перекидной зажимный болтъ (m) bullone (m) a snodo tornillo (m) con cabeza articulada
4	versenkte Schraube (f), eingelassene Schraube (f) counter sunk screw, counter-sunk-head and nut boulon (m) noyé, fraisé	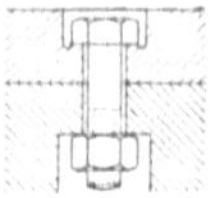	винтъ (m) съ потайкой головкой vite (f) a testa e dado incassati tornillo (m) embutido, tornillo (m) con cabeza y tuerca empotradas
5	Stehbolzen (m) pillar-bolt, stay bolt entretoise (f)	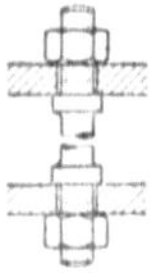	распорный болтъ (m) tirantino (m) tirante (m)
6	Distanzbolzen (m) distance-sink-bolt boulon (m) d'entretoisement		болтовая связь (f) tirante (m) tornillo (m) arriostrado
7	Distanzhülse (f) distance-sink-tube douille (f) d'entretoisement		распорная труба (f) viera (f) del tirante tubo (m) arriostrado
8	Schließbolzen (m), Bolzen (m) mit Vorsteckkeil, Bolzen (m) mit Splint cotter bolt, eye bolt and key, joint bolt boulon (m) à clavette	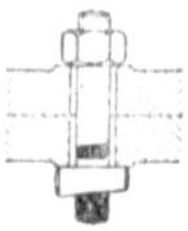	болтъ (m) съ чекою bullone (f) a chiavella tornillo (m) con sujeción por chaveta
9	einen Bolzen versplinten to cottar a bolt goupiller un boulon		закрѣпить } болтъ закрѣплять } чекою calettare un bullone chavetear un perno

Klemmschraube (f), Stellschraube (f)
clamping-screw, set-screw
vis (f) d'arrêt, vis (f) de réglage, vis (f) de serrage

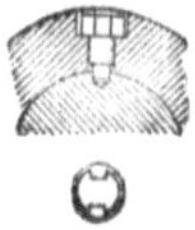

нажимной винтъ (m)
vite (f) d'arresto, vite (f) di pressione 1
tornillo (m) de presión, tornillo (m) ajuste

Schnittschraube (f), Gewindestift (m)
grub screw, headless screw
cheville (f) taraudée

винтъ (m) съ прорѣзомъ
caviglia (f) a vite prigioniera 2
tornillo (m) prisionero

Knebelschraube (f)
tommy-screw
vis (f) a clef

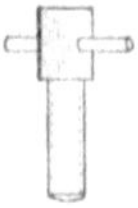

верстачный винтъ (m); тисковый винтъ (m) 3
vite (f) con testa a spinetta
tornillo (m) de muletilla

Flügelschraube (f), Daumenschraube (f), Lappenschraube (f)
thumb-screw, wing screw
vis (f) à ailettes

винтъ (m) съ лапками; барашка (f); барашковый винтъ (m) 4
vite (f) ad alette
tornillo (m) de oreja, rosca (f) con mariposa

Mikrometerschraube (f)
milled edge thumb screw; micrometer-screw
vis (f) micrométrique

микрометрическій винтъ (m)
vite (f) micrometrica 5
tornillo (m) micrométrico

Steinschraube (f)
rag-bolt, stone bolt, fang bolt
boulon (m) de scellement

анкерный болтъ (m)
bullone (m) a mazzetta, chiavarda (f) da murare 6
tornillo (m) para empotrar en piedra ó fábrica

Grundschraube (f), Fundamentschraube (f), Fundamentanker (m), Fundamentbolzen (m)
cotter bolt; foundation-bolt
boulon (m) de fondation, boulon (m) à ancre

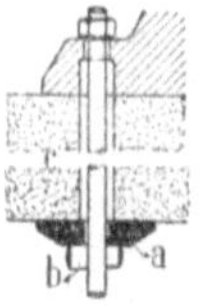

фундаментный болтъ (m)
bullone (m) di fondazione, bullone (m) ad ancora 7
tornillo (m) para sujeción ó fundación

Ankerplatte (f)
anchor plate, back stay, foundation washer
contreplaque (f)

a

анкерная доска (f); анкерная плита (f); 8
rosetta (f)
plato (m) de sujeción

1	Vorsteckkeil (m), Splint (m) forelock-key, cotter, split pin clavette (f) d'arrêt	b	чека (f) chiavetta (f) chaveta (f)
2	Grundplatte (f), Fundamentplatte (f) foundation-plate, base-plate plaque (f) de fondation	c	фундаментная плита (f) piastra (f) di fondamento, piastra (f) di fondazione placa (f) de fundación
3	mehrgängige Schraube (f) multiple thread screw, screw with many threads vis (f) à plusieurs filets		многооборотный винтъ (m) многоходовой винтъ (m) vite (f) a più pani, vite (f) a più filetti tornillo (m) de varios filetes
4	Holzschraube (f) wood-screw vis (f) à bois		шурупъ (m) vite (f) da legno tornillo (m) de rosca de madera
5	Schraubenschlüssel (m), Mutterschlüssel (m) spanner, wrench (A) clef (f)	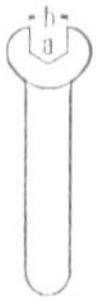	винтовой } ключъ гаечный } (m) chiave (f) llave (f) para tuercas
6	Maul (n) des Schraubenschlüssels jaw of spanner, opening of wrench (A) mâchoires (f. pl.) de la clef	a	зѣвъ (m) ключа guancie (f pl.) della chiave, bocca (f) della chiave boca (f) de la llave
7	Schlüsselweite (f), Maulweite (f) size of jaw, span of jaw ouverture (f) de la clef	b	величина (f) (отверстіе (n)) ключа apertura (f) della chiave abertura (f) de la llave
8	einfacher Schraubenschlüssel (m) single ended spanner, single ended wrench (A) clef (f) simple		одинарный (односторонній) ключъ (m) chiave (f) semplice llave (f) sencilla, llave (f) simple

Doppelschlüssel (m), doppelmäuliger Schlüssel (m)
double ended spanner, double ended wrench (A)
clef (f) double

двойной (двусторонній) ключъ (m)
chiave (f) doppia
llave (f) de dos bocas, llave (f) doble 1

Wendeschlüssel (m)
bent spanner, bent wrench
clef (f) coudée

прикладный ключъ (m)
chiave (f) obliqua
llave (f) con mango curvado, llave (f) con mango de ángulo, llave (f) acodada 2

Stellschraubenschlüssel (m)
set screw-spanner or wrench
clef (f) à vis d'arrêt

ключъ (m) для подвинчиванія, ключъ (m) для подтягиванія
chiave (f) a vite d'arresto
llave (f) del tornillo de presión 3

Steckschlüssel (m), Aufsatzschlüssel (m)
socket-wrench
clef (f) à douille

торцовый ключъ (m)
chiave (f) femmina
llave (f) tubular, llave (f) de vaso, llave (f) de muletilla 4

Hülsenschlüssel (m)
cap key, box-wrench (A)
clef (f) fermée

ключъ (m) съ замкнутымъ зѣвомъ; накладной ключъ (m)
chiave (f) a collare
llave (f) cerrada, llave (f) de grifos 5

Hahnschlüssel (m)
cock-spanner, cock-wrench
clef (f) de robinets

ключъ (m) отъ крана
chiave (f) da rubinetto
llave (f) para espita, llave (f) espitera 6

Hakenschlüssel (m)
hook-spanner
clef (f) à crochet, clef (f) à téton

ключъ (m) для круглыхъ головокъ
chiave (f) a gancio
llave (f) para tuercas circulares, llave (f) de gancho 7

Gabel[schrauben]-schlüssel (m)
fork spanner, pin spanner
clef (f) à griffes

циркульный ключъ (m); вилочный ключъ (m)
chiave (f) a forchetta
llave (f) de horquilla, llave (f) tenedor 8

1 verstellbarer Schraubenschlüssel (m)
adjustable spanner or wrench
clef (f) à ouverture réglable

раздвижной ключъ (m)
chiave (f) ad apertura regolabile
llave (f) de abertura variable, llave (f) semifija

---

2 englischer Schraubenschlüssel (m), Franzose (m), Engländer (m)
coach-wrench, shifting-spanner, monkey-wrench (A)
clef (f) anglaise

англійскій (французскій) гаечный ключъ (m)
chiave (f) inglese
llave (f) inglesa

---

3 Schraubenzieher (m)
screw-driver, turn-screw
tournevis (m)

отвертка (f)
cacciavite (m)
destornillador (m)

---

4 verbolzen
to bolt
boulonner

скрѣпить / скрѣплять } болтами
collegare con bulloni
empernar

---

5 verschrauben
to screw
visser

свинтить
свинчивать
collegare a vite, avvitare
atornillar

---

6 verankern
to tie
ancrer

скрѣпить связями (анкерными болтами)
fissare con tiranti
arriostrar

---

7 anschrauben
to screw, to screw on
serrer la vis

привинтить, привинчивать
collegare a vite, avvitare
afianzar con tornillos

---

8 einschrauben
to screw in
visser

ввинтить, ввинчивать
avvitare
atornillar

---

9 festschrauben
to fasten with screws, to secure by screws
fixer par boulons

свинтить свинчивать
fissare a vite
fijar con tornillos

zuschrauben to screw or to bolt up fermer par boulons	завинтить, завинчивать chiudere a vite cerrar con tornillos, asegurar con tornillos	1
zusammenschrauben to screw together, to fasten with screws assembler par boulons	свинтить свинчивать unire a vite unir con tornillos	2
abschrauben, losschrauben, lösen to screw off, to unscrew dévisser	отвинтить, отвинчивать svitare destornillar	3
eine Schraube lockern to loosen a screw, to slacken a screw déserrer	отпустить } винтъ отпускать } (m) allentare una vite aflojar	4
locker werden to get loose se déserrer	отвинтиться, отвинчиваться; винтъ (m) сдаеть allentarsi (delle viti) aflojarse	5
eine Schraube anziehen to screw up serrer	притянуть (притягивать) винтъ (m) stringere una vite apretar	6
eine Schraube nachspannen, eine Schraube nachziehen to tighten a screw reserrer	подтянуть (подтягивать) винтъ (m) serrare a fondo, riserrare apretar de nuevo, reparar los tornillos	7
eine Schraube überdrehen to strip the thread of a screw déformer la vis	сорвать } рѣзьбу срывать } strappare il verme ad una vite torcer el tornillo	8
Schrauben (f. pl.) schneiden, Gewinde (n) schneiden to cut screws, to thread a screw fileter, tarauder	нарѣзать (нарѣзáть) болты; рѣзьбу filettare filetear	9
Schrauben (f. pl.) aus freier Hand schneiden to cut screws by hand tarauder à la volée (f)	нарѣ́зать } винты нарѣзáть } отъ руки filettare a mano filetear á mano	10

1 Schrauben (f pl.) nachschneiden, Gewinde (n) nachschneiden
to chase a screw-thread
fileter au peigne (m)

подрѣзать, подрѣза́ть } рѣзьбу товъ
ripassare il filetto
repasar un tornillo

---

2 Schneideisen (n), Gewindeeisen (n)
screw-plate, die-plate
filière (f) simple

винтовая, винтовальная } доска (f)
filiera (f) semplice, trafila (f)
terraja (f)

---

3 Schrauben (f. pl.) mit Gewindeeisen schneiden
to cut screws with a die
fileter à la filière (f)

нарѣзать (нарѣза́ть) винты доскою
filettare alla filiera (f)
cortar los tornillos con terraja

---

4 Schrauben (f. pl.) mit dem Drehstahl schneiden
to cut screws with a chaser
fileter au tour (m)

нарѣзать (нарѣза́ть) винты на токарномъ станкѣ
filettare col pettine, flettare coll' ugnetto
filetear con plantilla

---

5 Schraubstahl (m), Gewindestahl (m), Gewindestrehler (m)
chaser, chasing-tool
peigne (m)

гребенка (f)
pettine (m), ugnetto (m)
plantilla (f) para filetear, peine (m)

---

6 inwendiger Schraubstahl (m), Innenstrehler (m)
inside chaser, inside chasing-tool
peigne (m) femelle

гребенка (f) для нарѣзки гаекъ
pettine (m) femmina
plantilla (f) interior para filetear, peine (m) de interiores

---

7 auswendiger Schraubstahl (m), Außenstrehler (m)
outside chaser
peigne (m) mâle

гребенка (f) для нарѣзки винтовъ
pettine (m) maschio
plantilla (f) exterior para filetear, peine (m) de exteriores

---

8 Gewindefräser (m)
thread-milling-cutter
fraise (f) à fileter

шарошка (f) для нарѣзокъ
impanatrice (f), fresa (f) per filettare
fresa (f) para filetear

---

9 Wendeisen (n), Windeisen (n)
stocks and dies
tourne-à-gauche (m)

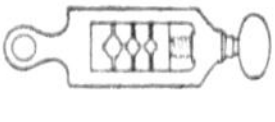

малый клуппъ (m) съ кольцомъ
воротокъ (m)
filiera (f) ad anello, trafila (f) ad anello
terraja (f) de cojinete

Schneidkluppe (f), Kluppe (f) screw-stock, die stock filière (f)		клуппъ (m) filiera (f) a cuscinetti, trafila (f) a cuscinetti terraja (f) de anillo	*1*
Schneidbacken (f. pl.) dies, screw-dies coussinets (m. pl.)	a	плашка (f), лисичка (f) cuscinetti (m. pl.) cojinetes (m pl.)	*2*
Gewindebohrer (m), Schraubenbohrer (m) tap, screw-tap taraud (m)		метчикъ (m) mastio (m), maschio (m) creatore macho (m) de aterrajar	*3*
Gewinde bohren to tap tarauder		нарѣзать (нарѣза́ть) рѣзьбу метчикомъ maschiettare terrajar	*4*
Schraubenschneid- maschine (f) screw-cutting-machine machine (f) à fileter, machine (f) à tarauder		болторѣзный ста- нокъ (m) macchina (f) da filet- tare, impanatrice (f) máquina (f) de roscar	*5*

II.

Keil (m) wedge coin (m)		клинъ (m) cuneo (m) cuña (f), chaveta (f)	*6*
Keilfläche (f) wedge-surface pente (f), face (f) de coin	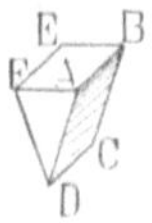ABCD	щека (f) клина superficie (f) del cuneo cara (f) de la cuña	*7*
Keilrücken (m) back of the wedge dos (m) de coin	ABEF	основаніе (n) (голов- ка f) клина testa (f) del cuneo cabeza (f) de la cuña	*8*
Keilwinkel (m) angle of wedge angle (m) du coin	α	уголъ (m) клина angolo (m) d'inclina- zione ángulo (m) de la cuña	*9*

1	Anzug (m) des Keils, Steigung (f) des Keils taper of wedge serrage (m) du coin	$tg\ \alpha$	натягъ (m) клина, уклонъ (m) клина inclinazione (f) del cuneo inclinación (f) de la cuña
2	Holzkeil (m) wooden wedge coin (m) en bois		деревянный клинъ (m) cuneo (m) di legno cuña (f) de madera
3	Eisenkeil (m) iron wedge coin (m) en fer		желѣзный клинъ (m) cuneo (m) di ferro chaveta (f) [de hierro]
4	Stahlkeil (m) steel wedge coin (m) en acier		стальной клинъ (m) cuneo (m) d'acciaio chaveta (f) de acero
5	Keilverbindung (f), Verkeilung (f) keying, cottering calage (m), coinçage (m)		клиновое соединеніе (n) calettamento (m) a chiavella, calettatura (f) a bietta unión (f) por chaveta
6	Querkeil (m) cotter, key clavette (f) transversale	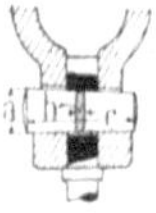	поперечный клинъ (m) chiavella (f) trasversale, bietta (f) trasversale chaveta (f) transversal
7	Längskeil (m) key clavette (f) longitudinale	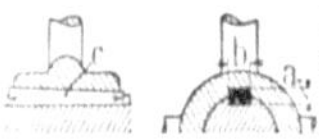	шпонка (f) chiavella (f), bietta (f) longitudinale chaveta (f) de torsión
8	Keilhöhe (f) thickness of a key, depth of a cotter hauteur (f) de clavette	a	высота (f) клина altezza (f) della chiavella altura (f) de la chaveta
9	Keilbreite (f), Keilstärke (f) width of a key, thickness of a cotter largeur (f) de clavette	b	ширина (f) клина larghezza (f) della chiavella, spessore (m) della chiavella ancho (m) de la chaveta
10	Keillänge (f) length of a cotter or key longueur (f) de clavette	c	длина (f) клина lunghezza (f) della chiavella longitud (f) de la chaveta

Keilloch (n) slot for cotter or key trou (m) de clavette		отверстіе (n) для клина, клиновое отверстіе (n) apertura (f) della chiavella agujero (m) para chaveta	1
Keilauflager (n) bearing surface of cotter or key surface (f) d'appui de clavette		опорная плоскость (f) клина piano (m) d'appoggio del cuneo superficie (f) de la chaveta, lecho (m) de la chaveta	2
Keilnut (f) groove, key-way, slot rainure (f)		пазъ (m), сквозной прорѣзъ (m) scanalatura (f), incasso (m) ranura (f) de la chaveta, caja (f)	3
Nuten (f. pl.) stoßen to slot, to cut a key-way faire des rainures (f. pl.)		долбить, желобить scanalare abrir ranuras, cajear	4
Nuteisen (n) cold-chisel, groove-cutting-chisel, plough-bit (only for wood) bec d'âne (m)	a	долбёжное зубило (n) ferro (m) per scanalare buril (m)	5
Nutenstoßmaschine (f) slotting machine machine (f) à faire des rainures (f. pl.)		долбёжная машина (f) stozzatrice (f), macchina (f) per scanalare máquina (f) de escoplar ranuras	6
Nuten (f. pl.) fräsen to cut grooves, to mill grooves fraiser des rainures (f. pl.)		нарѣ́зать, нарѣзáть } пазы, желоба scanalare alla fresa (f) fresar ranuras	7
Nasenkeil (m) key, gibheaded key, gib clavette (f) à talon		клинъ (m) съ выступомъ chiavella (f) a nasello chaveta (f) de cabeza	8
Nase (f) head talon (m)	a	выступъ (m) клина nasello (m) cabeza (f)	9
Nutenkeil (m) sunk key clavette (f) à rainure		шпунтовый клинъ (m), шпонка (f) chiavella (f) incastrata chaveta (f) encastrada	10

1	Quadratkeil (m) square key clavette (f) carrée		квадратный клинъ (m) chiavella (f) quadra chaveta (f) cuadrada
2	Rundkeil (m) round key clavette (f) ronde		круглая шпонка (f) chiavella (f) rotonda chaveta (f) redonda
3	Flachkeil (m) flat key, key on flat clavette (f) sur méplat, clavette (f) plate		шпонка (f) на лыскѣ chiavella (f) piatta chaveta (f) plana
4	Hohlkeil (m), Schluß- keil (m) hollow key, saddle key clavette (f) creuse		фрикціонная шпонка (f) chiavella (f) concava chaveta (f) cóncava
5	Tangentialkeil (m) tangent wedge clavette (f) tangentielle		тангенціальная (косая) шпонка (f) chiavella (f) tangenziale chaveta (f) tangencial
6	Doppelkeil (m) fox wedges or keys double-clavetage (m)	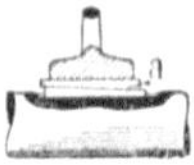	шпонка (f) съ контръ-клиномъ chiavella (f) doppia chaveta (f) doble
7	Gegenkeil (m) cotter, tightening-key contre-clavette (f)	a	контръ-клинъ (m) chiavella (f) chaveta (f)
8	Keilbeilage (f) gib and cotter contre-clavette (f)	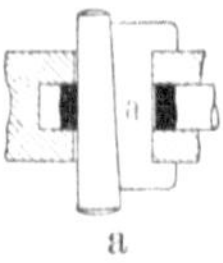	причека (f) contro-chiavella (f) contra-chaveta (f)
9	Vorsteckkeil (m), Schließe (f) cotter clavette (f)	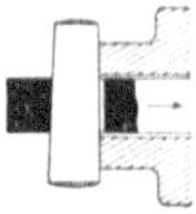	чека (f) chiavella (f) chaveta (f)
10	Splint (m) split-pin goupille (f)		шплинтъ (m) spillo (m) pasador (m) de aletas
11	Anzugsstift (m), Stell- stift (m) taper-pin cheville (f)		штифтъ (m), spina (f) pasador (m)

Stellkeil (m), Nachstellkeil (m)
tightening-key, wedge-bolt, cotter with screw end
clavette (f) de serrage, clavette (f) de réglage

натяжная чека (f), установительный клинъ (m)
cuneo (m) per aggiustamento 1
cuña (f) de ajuste, cuña (f) de presión

Ringkeil (m)
taper-washer
douille (f) conique

кольцевая чека (f)
chiavella (f) anulare 2
chaveta (f) anillo

Nut (f) und Feder (f)
slot and key
rainure (f) et languette (f)

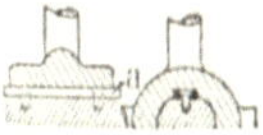

дорожка (f) и шпонка (f)
scanalatura (f) e linguetta 3
ranura (f) y lengüeta

Feder (f), Federkeil (m)
joint-tongue, feather
languette (f)

a

шпонка (f)
linguetta (f) 4
lengüeta (f)

Keilsicherung (f)
key-securing-device
arrêt (m) de sûreté des clavettes

замокъ (m) клина
arresto (m) di sicurezza della chiavella 5
fijador (m) de la chaveta

---

aufkeilen
to key on
claveter, caler

заклинить (заклинивать)
calettare, collegare 6
entrar, enmangar

---

loskeilen
to knock the key out
déclaveter

расклинить (расклинивать)
disgiungere 7
quitar, sacar, desmangar

---

einen Keil (m) eintreiben
to drive in a cotter
serrer une clavette (f)

вогнать (вгонять) загнать (загонять) клинъ 8
serrare una chiavella
encuñar

---

einen Keil (m) antreiben, einen Keil (m) anziehen
to tighten up a cotter
reserrer une clavette (f)

подтянуть (подтягивать) клинъ 9
riserrare una chiavella
calar

III.

1	Niete (f) rivet, pin, clinch rivet (m)	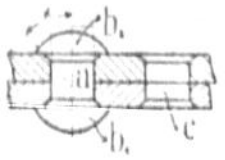	заклёпка (f) chiodo (m) remache (m)
2	Nietschaft (m) shank of a rivet corps (m) de rivet, tige (f) de rivet	a	стержень (m) заклёпки gambo (m) del chiodo cuerpo (m) del remache
3	Nietkopf (m) rivet-head tête (f) de rivet	b	головка (f) заклёпки testa (f) del chiodo, capocchia (f) cabeza (f) del remache
4	Setzkopf (m) swage-head, die-head tête (f) de pose, première tête (f)	b_1	начальная (закладная) головка (f) заклёпки testa (f) di posa cabeza (f) estampa
5	Schließkopf (m) rivet-point, closing-head tête (f) fermante, seconde tête (f)	b_2	замыкающая головка (f) заклёпки testa (f) ribadita cabeza (f) de cierre
6	Versenkungswinkel (m) angle of countersinking angle (m) du fraisage de rivet	α	уголъ (m) зинкованія отверстій angolo (m) di svasatura ángulo (m) de rebajamiento
7	Nietloch (n) rivet hole trou (m) de rivet	c	заклёпочная дыра (f), заклёпочное отверстіе (n) foro (m) del chiodo agujero de remache (m)
8	Niete (f) mit versenktem Kopf, versenkte Niete (f) flush rivet, rivet with countersunk head rivet (m) à tête noyée, rivet (m) noyé	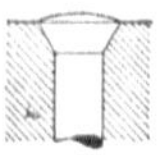	заклёпка (f) съ потайной (утопленной) головкой capocchia (f) incassata, capocchia (f) rasata remache (m) á cabeza hundida
9	Niete (f) mit halbversenktem Kopf, halbversenkte Niete (f) rivet with half countersunk head rivet (m) à tête saillante		заклёпка (f) съ полупотайной головкой capocchia (f) semirasata remache (m) á cabeza semi-hundida

Niete (f) mit geschelltem Kopf rivet with cup head, rivet with snap head rivet (m) à tête bombée, rivet (m) à tête bouterollée	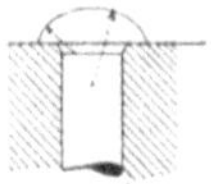	заклёпка (f) съ головкой подъ обжимку capocchia (f) emisferica remache (m) á cabeza de casquete, de gota (f) de sebo	1
Niete (f) mit gehämmertem Kopf rivet with hand-made head rivet (m) à tête martellée		заклёпка (f) съ головкой подъ молотокъ chiodo (m) a testa ribadita remache (m) á cabeza martillada, de diamante	2
Heftniete (f) binding rivet, dummy rivet rivet (m) [posé d'avance]	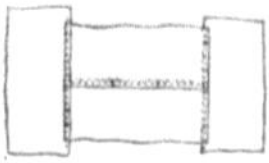	временная заклёпка (f) chiodo (m) (per collegamenti provisori) remache (m) de costura	3
Vernietung (f), Nietung (f) riveting, riveted joint (A) rivure (f)	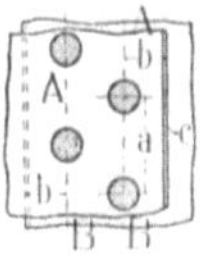	склёпка (f), клёпка (f) chiodatura (f) roblonado (m), remachado (m)	4
Nietnaht (f) row of rivets trace (f) de rivets, ligne (f) de rivets, rang (m) de rivets	A B	заклёпочный шовъ (m) fila (f) di chiodi costura (f)	5
Nietteilung (f) pitch of rivets écartement (m) des rivets	a	шагъ (m) шва; разстоянie (n) между заклёпками passo (m) dei chiodi paso (m) de remache	6
Randabstand (m) distance from edge of plate distance (f) au bord (de la tôle)	b	разстоянie (n) отъ края листа labbro (m) distancia (f) de la orilla	7
warme Nietung (f), Warmvernietung (f) hot riveting rivure (f) à chaud		горячая склёпка (f), горячая клёпка (f) chiodatura (f) a caldo remachado (m) en caliente	8
kalte Nietung (f) cold riveting rivure (f) à froid		холодная склёпка (f), холодная клёпка (f) chiodatura (f) a freddo remachado (m) en frio	9

1 feste Nietung (f), Kraftnietung (f), Festigkeitsnietung (f)
strength riveting, riveting of high efficiency
rivure (f) solide

прочная склёпка (f), прочная клёпка (f)
chiodatura (f) solida
remachado (m) sólido, remachado (m) de fuerza

---

2 dichte Nietung (f), Gefäßnietung (f), Dichtungsnietung (f)
tight riveting, riveting of low efficiency
rivure (f) étanche

плотная склёпка (f), плотная клёпка (f)
chiodatura (f) ermetica
remachado (m) hermético, remachado (m) para recipiente

---

3 einschnittige Nietung (f)
single shear riveting
rivure (f) [par des rivets] à une section de cisaillement, rivure (f) à une coupe

заклёпочный шовъ (m) съ одиночнымъ перерѣзываніемъ
chiodatura (f) a taglio semplice
remachado (m) sencillo

---

4 Abscherungsquerschnitt (m)
shearing-section
section (f) de cisaillement

a

площадь (f) срѣза
sezione (f) di resistenza al taglio
sección (f) de resistencia al corte

---

5 zweischnittige Nietung (f)
double shear riveting
rivure (f) [par des rivets] à deux sections de cisaillement, rivure (f) à deux coupes

заклёпочный шовъ (m) съ двойнымъ перерѣзываніемъ
chiodatura (f) a taglio doppio
remachado (m) doble

---

6 mehrschnittige Nietung (f)
multiple shear riveting
rivure [par des rivets] à sections de cisaillement multiples, rivure (f) à plusieurs coupes

заклепочный шовъ (m) съ многократнымъ перерѣзываніемъ
chiodatura (f) a più tagli
remachado (m) múltiple

---

7 Überlappungsnietung (f)
lap-riveting
rivure (f) droite à plat joint, rivure (f) à simple recouvrement

заклёпочное соединеніе (n) въ нахлестку (напускъ)
chiodatura (f) a sovrapposizione
roblonado (m) por superposición, remachado (m) por superposición

Laschennietung (f)
butt joint with single butt strap, single cover-plate riveting
rivure (f) à couvre-joint

заклёпочное соединенiе (n) съ одной накладкой
chiodatura (f) a coprigiunto
remachado (m) á eclise, remachado (m) de cubrejunta 1

Doppellaschennietung (f)
butt joint with double butt strap, double cover-plate riveting
rivure (f) à couvre-joint double

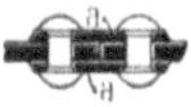

заклёпочное соединенiе (n) съ двумя накладками
chiodatura (f) a doppio coprigiunto 2
remachado (m) á doble eclise, remachado (m) de doble cubrejunta

---

Lasche (f)
butt strap, cover-plate
couvre-joint (m)

a

накладка (f)
coprigiunto (m)
eclise (m), brida (f), cubrejunta (f) 3

Bördelnietung (f)
angle seam, flanged seam
assemblage (m) à tôle emboutie

склёпка (f) бортовъ
chiodatura (f) d'angolo 4
remachado (m) angular

---

einreihige Nietung (f)
single riveting
rivure (f) simple

одиночный шовъ (m)
chiodatura (f) semplice 5
remachado (m) en costura sencilla

---

zweireihige Nietung (f)
double riveting
rivure (f) double

двойной шовъ (m)
chiodatura (f) doppia
remachado (m) en costura doble 6

---

mehrreihige Nietung (f)
multiple riveting
rivure (f) à plusieurs rangs

многорядный шовъ (m), заклёпочный шовъ (m) въ нѣсколько рядовъ, многорядное заклёпочное соединенiе (n) 7
chiodatura (f) multipla
remachado (m) en costura múltiple

1 Zickzack-Nietung f), Versatznietung (f)
zig-zag-riveting
rivure (f) en zig-zag, rivure (f) en échiquier

заклёпочное соединеніе (n) съ шахматнымъ (зигзагообразнымъ) расположеніемъ заклёпокъ
chiodatura (f) a zig-zag, chiodatura (f) a file sfalsate.
remachado (m) alternado, remachado (m) al tresbolillo

---

2 Kettennietung (f), Parallelnietung (f)
chain-riveting
rivure (f) à chaîne, rivure (f) en carré, rivure (f) parallèle

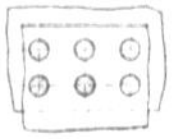

заклёпочное соединеніе (n) съ параллельнымъ (цѣпнымъ) расположеніемъ заклёпокъ
chiodatura (f) parallela
remachado (m) de cadena, remachado (m) paralelo

---

3 verjüngte Nietung (f)
riveting in groops
rivure (f) convergeante

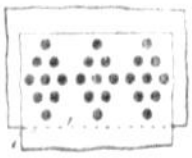

ступенчатая склепка (f)
chiodatura (f) convergente
remachado (m) converjente

---

4 Schenkelabstand (m)
distance from rivet center to side of angle
distance (f) à l'aile

a

разстояніе (n) отъ полокъ угольника
distanza (f) dall' ala
distancia (f) de la arista del ángulo

---

5 nieten, vernieten
to rivet
river

заклепать, заклёпывать
chiodare
remachar

---

6 die Niete (f) einlassen, die Niete (f) versenken
to countersink a rivet, to sink in a rivet
fraiser le rivet

углубить } заклёпку
углублять } въ потай
infilare il chiodo
pasar el roblón

---

7 die Niete (f) eintreiben, die Niete (f) einziehen
to drive in a rivet
placer le rivet

вогнать заклёпку, вгонять заклёпку
introdurre il chiodo
introducir el roblón

---

8 Nietenzieher (m)
riveting-set
riveur (m)

зажимъ (m)
ribattitore (m)
embutidor(m) del roblón

[Nieten (f. pl.)] verstemmen
to caulk
mater

подчеканить, подчеканивать, зачеканить, зачеканивать 1
accecare, calafatare, presellare
afolar, calafatear

Stemmeißel (m), Stemmsetze (f.)
caulking-chisel, caulking iron
matoir (m)

чеканка (f)
presello (m), scalpello (m) da accecare 2
cortafrio (m) de afolar, punceta (f) de calafatear

---

entnieten, Nieten (f pl.) losschlagen
to unrivet, to cut out the rivets
enlever les rivets

расклепать, расклёпывать 3
schiodare
deshacer el roblonado

---

den Nietkopf (m) auskreuzen
to remove the rivet with cross-chisel
couper la tête du rivet

вырубить (вырубать) заклёпочную головку 4
tagliare la testa al chiodo
rebordear la cabeza del roblón

Handnietung (f)
hand-riveting
rivure (f) à la main

ручная клёпка (f)
chiodatura (f) a mano 5
remachado (m) á mano

Maschinennietung (f)
machine-riveting
rivure (f) mécanique

машинная клёпка (f)
chiodatura (f) a macchina 6
remachado (m) á máquina

Nietmaschine (f)
riveting-machine, riveter
machine (f) à river, riveuse (f)

клепальная машина (f) 7
chiodatrice (f)
remachadora (f)

Schelleisen (n), Döpper (m)
riveting-set, cup, snap-tool
bouterolle (f), chasse-rivet (m)

обжимъ (m), державка (f), штампа (f) для заклёпокъ, заклёпочное желѣзо (n) 8
stampo (m) per chiodi
estampa (f) para roblones, doile (m)

1 Niethammer (m)
riveting-hammer
marteau (m) à river, rivoir (m)

клепало (n), заклёпникъ (m), заклёпочный молотъ (m), заклёпный молотъ (m)
martello (m) da ribadire
martillo (m) de peña

---

2 Schellhammer (m)
cup-shaped-dies
bouterolle (f) à œil

кантовалка (f), кантовка (f) обжимка (f)
martello (m) a stampo
martillo (m) estampa

---

3 Vorhalter (m)
riveting-knob, holding on tool
contre-bouterolle (f)

поддержка (f) для заклёпокъ
contro-stampo (m)
taco (m) para remachar, sufridera (f) de remachar

---

4 Nietwinde (f)
shrew-dolly
truc (m) à vis

подпорка (f) для заклёпокъ
martinetto (m)
torno (m) de remachar

---

5 Nietpfanne (f)
dolly
contre-bouterolle (f)

поддержка (f) для заклёпокъ
cunetta
cazoleta (f)

---

6 Nietwippe (f)
lever-dolly
contre-bouterolle (f), support (m) à levier de contre-bouterolle

журавъ (m), журавликъ (m)
punzone (m) del martinetto
báscula (f) para roblonar, palanca (f) para roblonar

---

7 Nietzange (f)
riveting-tongs (pl.)
pince (f) à rivets

заклёпочныя клещи (f. pl.); клещи (m. pl.) для заклёпокъ
tanaglia (f) da chiodi
tenazas (f. pl.) para roblones

---

8 Nietkluppe (f)
riveting-tongs (pl.), riveting-clamp
pince (f) à rivets

клуппъ (m) для заклёпокъ
tanaglia (f) mordente per chiodi
tenaza (f) para roblones

---

9 Nietenglühofen (m)
rivet-furnace
four (m) à rivets

переносное горно (n)
fucina (f) per scaldare i chiodi, fucina (f) per arroventare i chiodi
fragua (f) para calentar los roblones

Nietfeuer (n) rivet-hearth or forge four (m) à rivets		горнъ (m) для нагрѣванія заклёпокъ fucina (f) da chiodi hornillo (n) para calentar los roblones	1
Achse (f) axle essieu (m), axe (m)	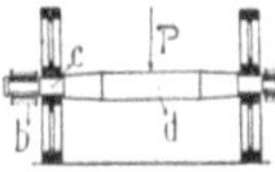	ось (f) asse (m) eje (m), árbol (m)	2
Achsschenkel (m), Achshals (m) axle-journal, axle-neck fusée (f)	a	осевая шейка (f) perno (m) dell' asse gorrón (m) del eje, cuello (m) del eje	3
Achslager (n) axle-bearing, journal-bearing support (m) de l'essieu	b	шейка (f), поддерживающая ось sopporto (m) del perno soporte (m) del eje	4
Achskopf (m) wheel-seat fuseau (m)	c	головка (f) оси testa (f) dell' asse cabeza (f) del eje	5
Achsschaft (m) axle renflement (m)	d	ось (f) corpo (m) dell' asse cuerpo (m) del eje	6
Achsdruck (m), Achsbelastung (f) load on axle charge (f) de l'essieu	P	нагрузка (f) оси carico (m) dell' asse carga (f) del eje	7
Achsenreibung (f) axle friction frottement (m) de l'essieu		тренiе (n) оси attrito (m) dell' asse fricción (f) del eje	8
Achsschenkelreibung (f) journal friction frottement (m) de fuseau		тренiе (n) шейки оси attrito (m) del perno fricción (f) del gorrón del eje	9
feste Achse (f) rigid axle, stationary shaft essieu (m) fixe		неподвижная ось (f) asse (m) fisso eje (m) fijo	10
bewegliche Achse (f) turning axle, revolving axle (A) essieu (m) mobile		подвижная ось (f) asse (m) mobile eje (m) móvil	11

1	gekuppelte Achse (f) coupled axle essieu (m) accouplé	спаренная ось (f) asse (m) a giunto, asse (m) accoppiato eje (m) acoplado
2	ungekuppelte Achse (f) uncoupled axle essieu (m) libre	свободная ось (f) asse (m) libero, asse (m) senza giunto eje (m) libre
3	verschiebbare Achse (f) movable axle, sliding axle (A) essieu (m) mobile	передвижная ось (f) asse (m) mobile eje (m) corredizo
4	Leitachse (f) leading axle, forward axle essieu (m) d'avant	ведущая ось (f) asse (m) di guida eje (m) de guia
5	Drehachse (f), Umdrehungsachse (f) axis of rotation axe (m) de rotation	ось (f) вращенія asse (m) di rotazione eje (m) de rotación
6	Radachse (f) axle axe (m) de la roue 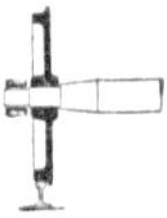	ось (f) колеса asse (m) della ruota eje (m) de una rueda
7	Achsenumdrehung (f) rotation of an axle, revolution of an axle rotation (f) de l'axe	вращеніе (n) оси rotazione (f) dell' asse rotación (f) del eje
8	Achsprobe (f) test of an axle épreuve (f) de l'axe, essai (m) de l'essieu	испытаніе (n) проба (f) оси prova (f) dell' asse prueba (f) del eje
9	Achsbruch (m) axle-fracture rupture (f) de l'axe, rupture (f) de l'essieu	поломка (f) оси rottura (f) dell' asse rotura (f) del eje
10	eine Achse (f) auswechseln to exchange an axle, to renew an axle changer d'axe, changer d'essieu	смѣнить } ось смѣнять } cambiare un asse, mutare un asse cambiar un eje
11	Auswechslung (f) einer Achse renewing of an axle changement (m) d'un axe, changement (m) d'un essieu	смѣна (f) оси cambiamento (m) di un asse, mutamento (m) di un asse cambio (m) de un eje

Achsendrehbank (f) axle-lathe tour (m) à essieux		токарный станокъ (m) для обточки осей tornio (m) per assi torno (m) para ejes	*1*
Achsendreherei (f) axle-turning shop atelier (m) des tours (à essieux)		мастерская (f) для обточки осей torneria (f) d'assi torneria (f) de ejes, cuadra (f) de tornear ejes, taller (m) de tornero	*2*
Achsen (f. pl.) abdrehen to turn axles (shafts) tourner des essieux		обточить } оси обтачивать } tornire gli assi tornear los ejes	*3*
Wellenleitung (f) shafting transmission (f)		трансмиссія (f) trasmissione (f) ad albero transmisión (f)	*4*
Welle (f) shaft arbre (m)		валъ (m) albero (m) árbol (m) de transmisión	*5*
Wellenzapfen (m) journal tourillon (m)	a	шипъ (m) вала perno (m) d'estremità dell'albero gorrón (m) del árbol	*6*
Wellenhals (m) neck tourillon (m) intermédiaire, tourillon (m) à collets		шейка (f) вала perno (m) intermedio gorrón (m) intermedio	*7*
volle Welle (f) solid shaft arbre (m) massif		массивный валъ (m) albero (m) pieno, albero (m) massiccio árbol (m) macizo	*8*
hohle Welle (f) hollow shaft arbre (m) creux		полый валъ (m) albero (m) cavo árbol (m) hueco	*9*
Vierkantwelle (f) square shaft arbre (m) carré		квадратный валъ (m) albero (m) quadro árbol (m) cuadrado	*10*
durchgehende Welle (f) continuous line of shafting, shaft in one piece arbre (m) de transmission		сквозной валъ (m) albero (m) di trasmissione árbol (m) longitudinal	*11*

1 liegende Welle (f)
horizontal shaft
arbre (m) horizontal

a

b

горизонтальный валъ (m)
albero (m) orizzontale
árbol (m) horizontal

---

2 stehende Welle (f)
vertical shaft
arbre (m) vertical

вертикальный валъ (m), стоячій валъ (m)
albero (m) verticale
árbol (m) vertical

---

3 biegsame Welle (f)
flexible shaft
arbre (m) flexible

упругій валъ (m)
albero (m) flessibile
árbol (m) flexible

---

4 Antriebswelle (f)
driving shaft
arbre (m) de couche

приводный валъ (m)
albero (m) di comando, albero (m) motore
árbol (m) de impulsión

---

5 Vorgelegewelle (f), Zwischenwelle (f)
intermediate shaft, jack shaft (A)
arbre (m) intermédiaire, arbre (m) de renvoi

промежуточный (передаточный) валъ (m)
albero (m) intermedio
árbol (m) intermedio

---

6 Ausrückwelle (f)
disengaging shaft
arbre (m) de débrayage

разобщающійся валъ (m)
albero (m) di disinnesto
árbol (m) de desembrague

---

7 Wellenbund (m)
collar, swell
portée (f)

обварка (f) вала
anello (m) fisso, collare (m)
anillo (m) fijo

---

8 Stellring (m)
adjusting ring, set collar, loose collar
bague (f) d'arrêt.

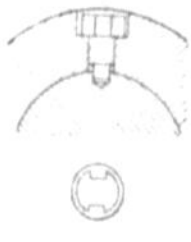

установочное кольцо (n), зажимное кольцо (n)
anello (m) d'arresto
anillo (m) móvil aprisionado

---

9 gekröpfte Welle (f)
[single throw] crank shaft
arbre (m) coudé

колѣнчатый валъ (m)
albero (m) a gomito
árbol (m) cigüeñal, árbol (m) de berbiquí

---

10 Kröpfung (f)
crank
coude (m)

колѣно (n)
gomito (m)
cigüeña (f)

kröpfen
to crank, to make a crank
couder

согнуть } колѣно
сгибать }
fare il gomito
formar el cigüeñal 1

---

doppelt gekröpfte Welle (f)
double throw crank shaft
arbre (m) àcoude double

двухколѣнчатый валъ (m)
albero (m) a doppio gomito
árbol (m) de dos cigüeñales, árbol (m) de doble berbiquí 2

---

eine Achse, Welle abstechen
to cut off an axle [a shaft]
couper un arbre [un essieu]

подрѣзать } ось,
подрѣза́ть } валъ
tagliare un asse [un albero]
cortar un eje [un árbol] 3

Steuerwelle (f)
excentric shaft (A), governing shaft, regulating shaft
arbre (m) d'excentrique

распредѣлительный валъ (m)
albero (m) di distribuzione, albero (m) di regolazione
árbol (m) de distribución 4

Umsteuerwelle (f)
reversing shaft
arbre (m) de renversement

валъ (m) для перемѣны хода
albero (m) di rinvio
eje (m) de cambio de marcha 5

V.

Zapfen (m)
journal
tourillon (m)

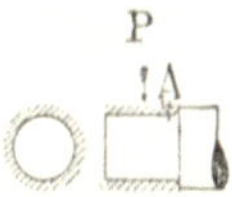

цапфа (f)
perno (m)
gorrón (m), collete (m), espiga (f) 6

Anpaß (m)
shoulder
embase (m)

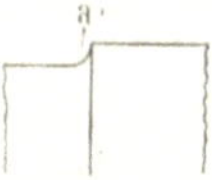

пригонъ (m) плечо (n)
spalla (f), bordo (m)
rebajo (m) 7

Schulterhöhe (f)
height of shoulder
hauteur (f) d'épaulement

A

высота (f) заплечика
altezza (f) del bordo
cota (f) de rebajo 8

Zapfendruck (m)
journal pressure
pression (f) sur le tourillon

P

давленіе (n) на цапфы
carico (m) sul perno
presión (f) en el muñón, carga (f) en el muñón 9

1 Zapfenreibung (f)
friction of journal
frottement (m) du tourillon

трение (n) цапфъ
attrito (m) del perno
fricción (f) del gorrón

---

2 Laufflâche (f)
surface of contact
surface (f) de frottement

трущаяся поверхность (f)
superficie (f) di contatto, superficie (f) di scorrimento
superficie (f) de contacto

---

3 eingelaufener Zapfen (m)
journal which has settled in its place, worn-in journal (A)
tourillon (m) rodé

приработавшаяся цапфа (f)
perno (m) logorato, perno (m) che si è adattato nei suoi cuscini
gorrón (m) desgastado

---

4 Tragzapfen (m)
journal in middle of shaft, neck-journal (A)
tourillon (m) d'appui

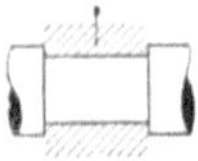

шейка (f)
perno (m) portante, perno (m) d'appoggio
collete (m)

---

5 Halszapfen (m)
journal with collars, neck-collar-journal (A)
tourillon (m) intermédiaire, tourillon (m) à collets

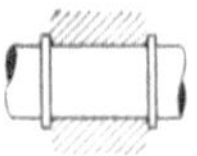

шейка (f)
perno (m) a colletto, perno (m) intermedio
collete (m) intermedio

---

6 Stirnzapfen (m)
journal on end of shaft, end-journal (A)
tourillon (m) frontal

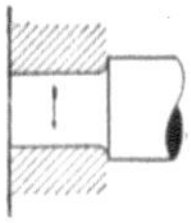

концевая папфа (f)
корневой шипъ (m)
perno (m) frontale, perno (m) d'estremità
collete (m) extremo

---

7 Spurzapfen (m), Stützzapfen (m)
vertical journal, pivot-journal (A)
pivot (m)

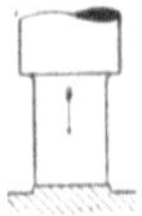

пята (f)
cardine (m), perno (m) di spinta, perno (m) di base
gorrón (m) de grapal
dina

---

8 Ringzapfen (m)
hollow-pivot, ring-pivot (A)
pivot (m) annulaire

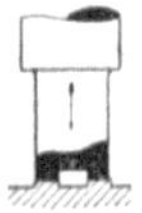

кольцевая пята (f)
perno (m) di spinta ad anello, cardine (m) ad anello
grapaldina (f), gorrón (m) de anillo

---

9 Kammzapfen (m)
thrust journal, journal with (three, four . . .) collars, journal to go in a thrust-block, collar journal (A)
tourillon (m) à cannelures

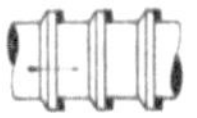

гребенчатая шейка (f)
perno (m) multiplo ad anelli
perno (m) con anillos, vástago (m) con anillos

Spitzzapfen (m) pointed journal, conical pivot (A) tourillon (m) à pointe	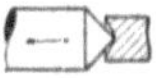	центръ (m) perno (m) a punta perno (m) apuntado	1
cylindrischer Zapfen (m) cylindrical journal tourillon (m) cylindrique		цилиндрическій шипъ (m); цилиндрическая цапфа (f) perno (m) cilindrico perno (m) cilíndrico, vástago (m) cilíndrico	2
konischer Zapfen (m) conical journal tourillon (m) conique		коническій шипъ (m) коническая цапфа perno (m) conico perno (m) cónico, vástago (m) cónico	3
Kugelzapfen (m) ball journal, spherical journal (A) tourillon (m) sphérique	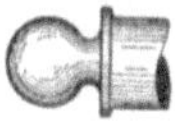	шаровой шипъ (m) perno (m) sferico perno (m) esférico, vástago (m) esférico	4
Gabelzapfen (m) forked journal tourillon (m) à fourchette		шипъ (m) въ развилку perno (m) a forchetta gorrón (m) de horquilla	5
eingesetzter Zapfen (m) inserted journal (crank pin), gudgeon tourillon (m) rapporté	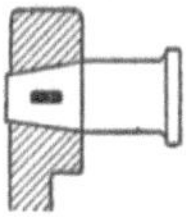	палецъ (m) perno (m) incastrato perno (m) empotrado, vástago (m) empotrado	6
Drehzapfen (m) journal tourillon (m) de rotation		вращающаяся цапфа (f) perno (m) di rotazione vástago (m) de rotación, espárrago (m) de rotación	7
sich auf einem Zapfen drehen to turn on a journal tourner sur un tourillon		вращаться на шипѣ rotare sopra un perno, girare sopra un perno girar sobre un vástago	8

VI.

1	Lager (n) bearing palier (m)	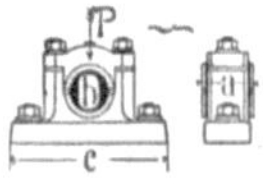	подшипникъ (m) sopporto (m) soporte (m)
2	Länge (f) des Lagers length of the bearing longueur (f) du palier	a	длина (f) вкладыша lunghezza (f) del sopporto longitud (f) del soporte
3	Bohrung (f) des Lagers, Durchmesser (m) des Lagers diameter of the bearing alésage (m) du palier, diamètre (m) du palier, diamètre (m) de l'alésage du palier	b	отверстіе (n) подшипника, діаметръ (m) вала diametro (m) del sopporto diámetro (m) interior del soporte
4	Baulänge (f) des Lagers length of the base longueur (f) de construction du palier	c	длина (f) подшипника lunghezza (f) alla base longitud (f) de la base del soporte
5	Auflagerfläche (f) area of bearing surface (f) d'appui	$a \cdot b$	площадь (f) опоры superficie (f) d'appoggio superficie (f) de contacto
6	Auflagerdruck (m), Lagerdruck (m) pressure on bearing pression (f) d'appui	P	давленіе (n) на подшипникъ pressione (f) d'appoggio presión (f) en la base del soporte
7	spezifischer Auflagerdruck (m), Flächenpressung (f) specific pressure, pressure per unit of area pression (f) par unité de surface	$\frac{P}{a \cdot b}$	давленіе (n) на единицу поверхности pressione (f) specifica, pressione (f) per unità di area presión (f) específica del soporte
8	Spurlager (n), Stützlager (n) step-bearing crapaudine (f)	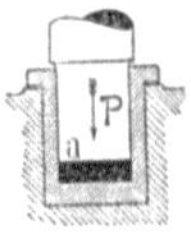	подпятникъ (m) sopporto (m) per perni di base tejuelo (m), rangua (f)
9	Spurplatte (f), Spurpfanne (f) bearing disc, step, thrust-bearing grain (m)	a	вкладышъ (m) подпятника piastra (f) di base, ralla (f) quicionera (f)

Ringspurlager (n) collar-step-bearing crapaudine (f) annulaire	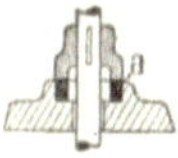	кольцевой под-пятникъ (m) sopporto (m) di base ad anello cojinete-anillo (m), rangua (f) anular	1
Spurring (m) collar step anneau (m) de fond	a	кольцевой (n) вкладышъ (m) подпятника anello (m) di base anillo (m) de apoyo, corona (f) de asiento	2
Kugelspurlager (n) ball collar thrust-bearing crapaudine (f) à billes		подпятникъ (m) съ шариками sopporto (m) di base a palle cojinete (m) de esferas	3
Kammlager (n), Drucklager (n) collar-thrust-bearing palier (m) à cannelures	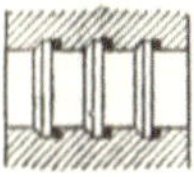	гребенчатый подшипникъ (m) cuscinetto (m) di spinta cojinete (m) á presión longitudinal, cojinete (m) de anillos	4
Traglager (n) journal-bearing palier (m) d'appui		подшипникъ (m) sopporto (m) intermedio soporte (m) intermedio	5
Stirnlager (n) end-journal-bearing palier (m)	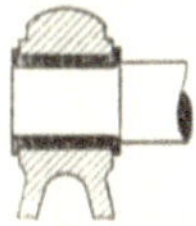	концевой подшипникъ (m) sopporto (m) frontale, sopporto (m) d'estremità soporte (m) frontal, soporte (m) extremo	6
Halslager (n) neck-journal-bearing palier (m) à collets		промежуточный подшипникъ (m) sopporto (m) per perni a colletto soporte (m) de extrangulamiento, collar (m)	7
Augenlager (n), einteiliges Lager (n), geschlossenes Lager (n) solid journal-bearing, plain pedestal, solid pedestal, filbore palier (m) fermé	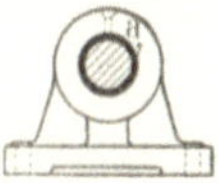	стаканъ (m) sopporto (m) chiuso soporte (m) cerrado	8

1	Lagerbüchse (f), Lagerhülse (f) bush, bushing, journal box coussinet (m)	a	втулка (f) стакана boccola (f), bossolo (m) dado (m)
2	das Lager ausbüchsen to bush a bearing mettre un coussinet		вставить (вставлять) втулку въ стаканъ mettere una boccola, mettere un bossolo poner un dado
3	Stehlager (n) plummer-block, pedestal, pillow block palier (m) ordinaire		нормальный (обыкновенный) подшипникъ (m) sopporto (m) ordinario, sopporto (m) ritto soporte (m) recto, soporte (m) de silla

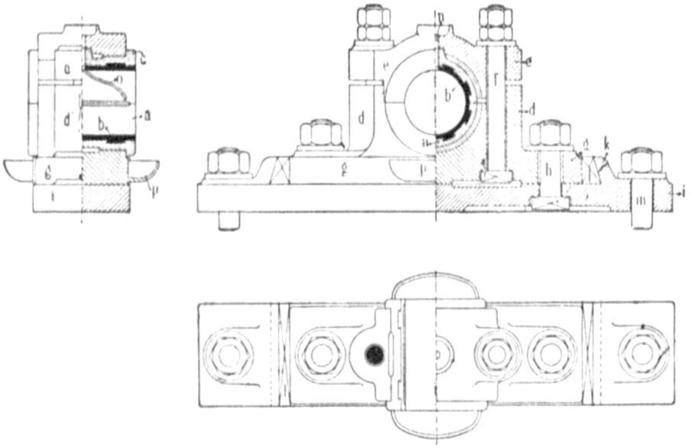

4	Lagerschale (f) bush, brass, pillow coussinet (m), coquille (f) de coussinet	a	вкладышъ (m) cuscinetto (m) cojinete (m)
5	nachstellbare Lagerschale (f) adjustable brass coussinet (m) réglable		регулируемый вкладышъ (m) cuscinetto (m) regolabile cojinete (m) ajustable
6	Lagerfutter (n) lining of the bearing, the babbit garniture (f), fourrure (f) pour revêtir un coussinet	b	прокладка (f) (футеровка f) вкладыша guancialetto (m), guarnitura (f) revestimiento (m)

ein Lager (n) ausfüttern to line a bearing, to babbit garnir un coussinet		набить (набивать) вкладышъ прокладкой guarnire un sopporto rellenar el cojinete	1
ein Lager (n) mit Weißmetall ausgießen to babbit a bearing garnir un coussinet de métal blanc		залить (заливать) вкладышъ бѣлымъ металломъ guarnire un sopporto con metallo bianco revestir un soporte (cojinete) con metal blanco	2
Schalenrand (m), Schalenbund (m) flange of the brasses rebord (m) du coussinet	c	бортъ (m), закраина (f) } вкладыша orlo (m), bordo (m) borde (m) de cojinete, pestaña (f) del cojinete	3
Lagerkörper (m), Lagerrumpf (m) pedestal body corps (m) de palier	d	кузовъ (m) подшипника castello (m) del sopporto, corpo (m) del sopporto cuerpo (m) del soporte	4
Lagerdeckel (m) cap, binder chapeau (m) de palier	e	крышка (f) подшипника cappello (m) del sopporto, coperchio (m) del sopporto tapa (f) del soporte	5
Deckelschraube (f), Lagerschraube (f) cap-screw, cap-bolt, binder bolt boulon (m) de chapeau	f	болтъ (m) отъ крышки подшипника bullone (m) del coperchio, bullone (m) del sopporto tornillo (m) de la tapa	6
Lagerfuß (m), Lagersohle (f) pedestal base patin (m), semelle (f)	g	основанiе (n) подшипника piede (m) del sopporto pie (m) del soporte	7
Lagerfußschraube (f) holding down bolt boulon (m) pour palier	h	болтъ (m) основанiя подшипника bullone (m) per il piede del sopporto tornillo (m) del soporte	8
Sohlplatte (f), Grundplatte (f), Lagerplatte (f) sole-plate plaque (f) de fondation	i	основная плита (f) подшипника piastra (f) di fondazione placa (f) del soporte	9

1	Nase (f) joggle, lip butoir (m)	k	выступъ (m) плиты tacchetto (m), nasello (m) taco (m)
2	Stellkeil (m) adjusting key cale (f)	l	установочный клинъ (m), cuneo (m) di aggiustamento, chiavetta (f) di calettamento cuña (f) de ajuste
3	Ankerschraube (f), Fundamentschraube (f) foundation-bolt boulon (m) de fondation	m	фундаментный болтъ (m) bullone (m) di fondazione tornillo (m) de asiento
4	Schmierloch (n) oil-hole trou (m) de graissage	n	смазочное отверстіе (n) orifizio (m) per oliatura, feritoia (f) della boccola agujero (m) para la lubrificación
5	Schmiernut (f) oil-groove patte (f) d'araignée	o	смазочная канавка (f), смазочный каналъ (m) canale (m) per la lubrificazione pata (f) de araña, ranura (f) de engrase
6	Ölfänger (m), Tropfbehälter (m), Tropfschale (f) oil-dish, drip-pan, dripping cup cuvette (f) d'huile	p	маслоуловитель (m) raccoglitore (m) d'olio colector (m) de aceite
7	Rumpflager (n) pedestal-bearing, pillow-block-bearing, plummer-block-bearing palier (m) ordinaire	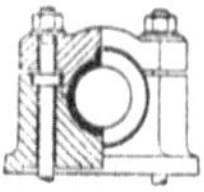	подшипникъ (m) безъ лапокъ sopporto (m) diritto ordinario soporte (m) recto ordinario
8	Schräglager (n) angle-pedestal-bearing, oblique pillow-block-bearing, oblique plummer block-bearing palier (m) oblique	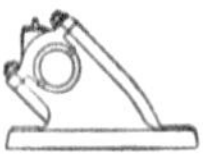	скошенный подшипникъ (m), косой подшипникъ (m), наклонный подшипникъ (m) sopporto (m) obliquo soporte (m) oblicuo

Stehlager (n) mit Kugelbewegung, Sellerslager (n) Sellers-bearing, swivel bearing palier (m) Sellers, palier (m) à rotule, palier (m) articulé	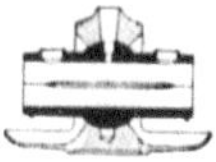	подшипникъ (m) Селлерса sopporto (m) Sellers, sopporto (m) a snodo soporte (m) Sellers, Sellers apoyo	*1*
Ringschmierlager (n) ring lubricating bearing, self lubricating bearing, oil saving bearing graisseur (m) à bague	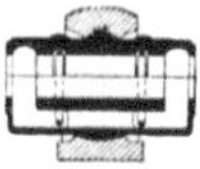	подшипникъ (m) съ кольцевою смазкою sopporto (m) con oliatura automatica ad anello soporte (m) de engrase automático con anillos	*2*
Kugellager (n) ball-bearing palier (m) à billes	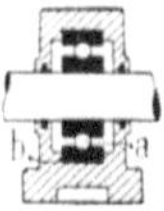	подшипникъ (m) на шарикахъ sopporto (m) a palle soporte (m) á bolas	*3*
Laufkugel (f) ball bille (f)	a	шарикъ (m) palla (f) scorrevole bola (f) corredera	*4*
Laufring (m), Kugelspur (f) ball-race anneau (m) de fond	b	обойма (f) anello (m) di guida anillo (m) de guía	*5*
Kugelzapfenlager (n) ball and socket bearing palier (m) à tourillon sphérique	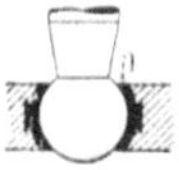	шаровой подшипникъ (m) sopporto (m) per perno sferico soporte (m) para gorrón esférico	*6*
Kugellagerschale (f) spherical bush coussinet (n) sphérique	a	вкладышъ (m) шарового подшипника cuscinetto (m) per perno sferico cojinete (m) para el soporte esférico	*7*
Rollenlager (n), Walzenlager (n) roller-bearing palier (m) à rouleaux	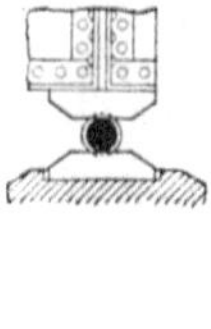	опора (f) на каткѣ sopporto (m) a rulli, appoggio (m) a rulli soporte (m) de rodillos	*8*

1	Schneidenlager (n) blade-bearing, fulcrum-bearing, knife-edge bearing support (m) à couteau	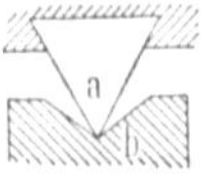	ножевая (призматическая) опора (f) appoggio (m) a coltello soporte (m) de cuña, soporte (m) de fiel
2	Schneide (f) blade, fulcrum, knife-edge couteau (m)	a	опорная призма (f) coltello (m) cuña (f) del soporte, fiel (m) del soporte
3	Pfanne (f) seat grain (m) de couteau	b	подушка (f) призматической опоры base (f) del coltello base (f) de soporte de cuña, apoyo (m) del fiel
4	Wandlager (n), Mauerlager (n) wall bracket-bearing chaise (f) murale	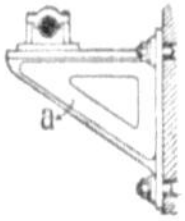	подшипникъ (m) на кронштейнѣ sopporto (m) a mensola soporte (m) de pared, soporte (m) de silleta, palomilla (f)
5	Wandkonsole (f), Wandbock (m), Wandlagerstuhl (m) wall-bracket console (f)	a	кронштейнъ (m), mensola (f) soporte (m) de ménsula, soporte (m) de cónsola de pared, soporte (m) de cartela
6	Hängelager (n) drop-hanger-bearing (A) chaise (f)	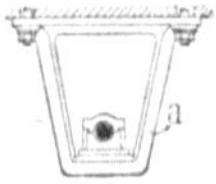	подшипникъ (m) на подвѣскѣ sopporto (m) pendente soporte (m) de suspensión, silla (m) de suspensión
7	Hängebock (m) drop-hanger-frame (A) chaise (f) suspendue	a	подвѣска (f) cavalletto (m) pendente silleta (f) de soporte de suspensión, colgante (m)
8	geschlossenes Hängelager (n) drop-hanger-frame V-form (A) chaise (f) fermée	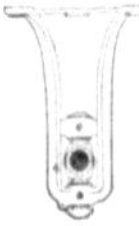	двуплечая подвѣска (f) Селлерса sopporto (m) pendente chiuso soporte (m) colgante cerrado
9	offenes Hängelager (n) drop-hanger-frame T-form (A) chaise (f) ouverte	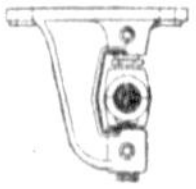	открытая подвѣска (f) Селлерса sopporto (m) pendente aperto soporte (m) colgante abierto

offenes Hängelager (n) mit Stangenschluß
drop hanger frame T-form with detachable links (A)
chaise (f) ouverte assemblée par tige

открытая подвѣска (f) Селлерса со струною
sopporto (m) pendente con traversa di 1
chiusura
soporte (m) colgante abierto con travesaño de cierre

Lagerstuhl (m), Lagerbock (m), Stehbock (m)
floor-stand, floor-frame (A)
chevalet (m)

стойка (f) для подшипниковъ
cavalletto (m) 2
caballete (m)

Mauerkasten (m)
wall-box-frame (A)
œillard (m)

стѣнная коробка (f)
ящикъ (m) 3
cassetta (m) da muro
cuadro (m) de pared

Säulen[konsol]lager (n)
post-bearing (A), post hanger-bearing (A)
palier-console (m) à colonne

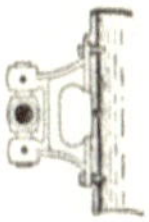

стѣнной кронштейнъ (m) Селлерса
sopporto (m) a mensola 4
per colonne
soporte (m) de cónsola para columna

Längskonsollager (n)
longitudinal wall hanger-bearing (A)
palier-console (m) fermé

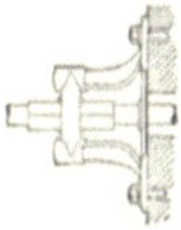

стѣнной кронштейнъ (m) Селлерса для вала нормальнаго къ стѣнѣ 5
sopporto (m) a mensola longitudinale
soporte (m) de cónsola longitudinal

Winkelkonsole (f)
angle-bracket, end wall bracket
console (f) à équerre

стѣнной угольникъ (m)
mensola (f) ad angolo,
mensola (f) angolare 6
cónsola (f) en ángulo,
cónsola (f) angular

Hauptlager (n)
main bearing, crank bearing (A)
palier (m) principal

a

коренной подшипникъ (m) 7
sopporto (m) principale
soporte (m) principal

Innenlager (n)
inside bearing
palier (m) intérieur

b

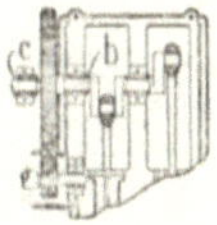

внутреннiй подшипникъ (m) 8
sopporto (m) interno
soporte (m) interior

1	Außenlager (n) outside bearing palier (m) extérieur	c	наружный подшипникъ (m) sopporto (m) esterno soporte (m) exterior
2	das Lager (n) einer Maschine läuft sich warm the machine has a hot bearing, box (A), the engine runs hot le palier d'une machine chauffe		подшипникъ (m) грѣется il sopporto (m) di una macchina si riscalda el soporte (m) de una máquina se calienta
3	Warmlaufen (n) des Lagers heating of a bearing, getting hot of a bearing échauffement (m) du palier		нагрѣваніе (n) подшипника riscaldamento (m) del sopporto el calentamiento (m) del soporte
4	das Lager (n) läuft sich aus the bearing wears out le palier se rode		подшипникъ (m) выплавляется (изнашивается) il cuscinetto (m) si logora el cojinete (m) se desgasta
5	das Lager (n) frißt the bearing seizes le palier (m) grippe		подшипникъ (m) заѣдается il sopporto si ingrana el cojinete (m) se consume
6	das Lager (n) nachstellen to adjust the bearing régler les coussinets		подтянуть / подтягивать } подшипникъ (m) regolare il cuscinetto ajustar el cojinete
7	das Lager (n) schmieren to oil, to grease, to lubricate graisser le palier (m)		смазать (смазывать) подшипникъ, подпятникъ lubrificare il cuscinetto lubrificar, engrasar
8	Schmierschicht (f) film of oil couche (f) d'huile		слой (m) смазки strato (m) di grasso capa (f) de lubrificante

VII.

Schmierung (f) oiling, lubrication graissage (m)	смазка (f) lubrificazione (f) lubrificación (f), engrase (m)	1
beständige Schmierung (f) continuous oiling, continuous lubrication graissage (m) continu	непрерывная смазка (f) lubrificazione (f) continua engrase (m) continuo	2
unterbrochene Schmierung (f) intermittant oiling graissage (m) périodique	періодическая смазка (f) lubrificazione (f) periodica engrase (m) intermitente	3
Handschmierung (f) hand oiling graissage (m) à la main	ручная смазка (f) lubrificazione (f) a mano engrase (m) á mano	4
Handschmiervorrichtung (f) lubricator actuated by hand appareil (m) de graissage à la main	приспособленіе (n) для ручной смазки lubrificatore (m) a mano engrasador (m) á mano	5
selbsttätige Schmierung (f) self-oiling, automatic oiling graissage (m) automatique	автоматическая смазка (f) lubrificazione (f) automatica engrasado (m) automático	6
Selbstöler (m), selbsttätige Schmiervorrichtung (f) automatic lubricator, self-acting lubricator graisseur (m) automatique	лубрикаторъ (m), устройство (n) для автоматической смазки lubrificatore (m) automatico engrasador (m) automático, disposición (f) para engrasado automático	7
Einzelschmierung (f) separate oiling graissage (m) séparé	мѣстная смазка (f) lubrificazione (f) separata engrasado (m) por piezas	8

1	Einzelöler (m) separate lubricator, separate lubrication graisseur (m) séparé	маслянка (f) для мѣстной смазки oliatore (m) speciale, oliatore (m) separato engrasador (m) aislado
2	Centralschmierung (f) central lubrication graissage (m) central	центральная смазка (f) lubrificazione (f) centrale engrase (m) central
3	Centralschmiervorrichtung (f) oil distributing box appareil (m) de graissage central	устройство (n) для центральной смазки lubrificatore (m) centrale disposición (f) de engrase central
4	Schmiermittel (n), Schmiere (f) oil, grease, lubricant matière (f) lubrifiante, graisse (f)	смазочный матеріалъ (m) materia (f) lubrificante, grasso (m) materia (f) lubrificante
5	flüssige Schmiere (f) oil, liquid lubricant matière (f) lubrifiante liquide	жидкая смазка (f) lubrificante (m) liquido engrase (m) liquido
6	Starrschmiere (f) grease, consistent fat matière (f) lubrifiante solide	твердая смазка (f), мазь (f) lubrificante (m) solido grasa (f) consistente, lubrificante (m) sólido
7	Flüssigkeitsgrad (m) der Schmiere degree of consistency degré (m) de fluidité de la graisse	тягучесть (f) смазки grado (m) di fluidità grado (m) de fluidez
8	Schmieröl (n) lubricating oil huile (f) de graissage	смазочное масло (n) olio (m) aceite (m) de engrase
9	Schlüpfrigkeit (f) des Schmieröls lubricity of the oil viscosité (f) de l'huile	вязкость (f) смазочнаго масла viscosità (f) dell' olio untuosidad (f)
10	das Schmieröl (n) verharzt to become resinous, to thicken l'huile se résinifie	смазочное масло (n) густѣетъ l'olio (m) si resinifica el aceite se resinifica

Verharzung (f) des Öls
resinification of the oil
résinification (f) de l'huile

затвердѣніе (n) масла
resinificazione (f) dell' olio 1
resinificación (f) del aceite

Tieröl (n)
animal fat
huile (f) animale

животное масло (n)
olio (m) animale 2
aceite (m) animal

Pflanzenöl (n)
vegetable fat, vegetable oil
huile (f) végétale

растительное масло (n) 3
olio (m) vegetale
aceite (m) vegetal

Mineralöl (n)
mineral oil
huile (f) minérale

минеральное масло (n) 4
olio (m) minerale
aceite (m) mineral

Maschinenöl (n)
machine-oil
huile (f) de machines

машинное масло (n)
olio (m) per macchine 5
aceite (m) para maquinaria

Cylinderöl (n)
cylinder-oil
huile (f) pour cylindres

цилиндровое масло (n) 6
olio (m) per cilindri
aceite (m) para cilindros

Spindelöl (n)
watch-maker's-oil
huile (f) fine

веретенное масло (n)
olio (m) fino 7
aceite (m) para husos

Ölbehälter (m)
oil-tank, oil-reservoir
récipient (m) pour huile

a

резервуаръ (m) для масла 8
recipiente (m) per olio
depósito (m) para aceite

Ölkanne (f), Schmierkanne (f)
oil-can
burette (f)

b

ручная маслёнка (f)
oliatore (m), bidone 9
alenza (f), aceitera (f)

Ventilölkanne (f)
valve-oil-can, oil-can with thumb-button
burette (f) à valve

ручная маслёнка (f)
съ клапаномъ 10
oliatore (m) a valvola
alenza (f) con válvula

1	Olspritzkanne (f) thumb-pressure oil-can, oiler burette (f) à huile		ручная маслёнка (f) съ пружиннымъ дномъ buretta (f) aceitera (f) de resorte
2	Olspritze (f), Schmierspritze (f) syringe for lubricating injecteur (m) à huile		спринцовка (f) для масла siringa (f) lubrificatrice jeringa (f) para engrase
3	Olzufluß (m) oil-feed, oil-supply conduite (f) d'huile		притокъ (m) масла conduttura (f) d'olio afluencia (f) del aceite
4	Olschmierung (f) oil-lubrication graissage (m) par huile	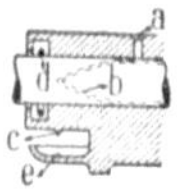	смазка (f) масломъ lubrificazione (f) ad olio engrase (m) con aceite
5	Schmierloch (n) oil-hole trou (m) de graissage	a	смазочное отверстіе (n) foro (m) per lubrificare agujero (m) de engrase
6	Schmiernute (f), Olnute (f) oil-groove patte (f) d'araignée	b	смазочная канавка (f) scanalatura (f) per l'olio ranura (f) de engrase, pata (f) de araña
7	Tropfring (m) drip-ring bague (f) d'égouttage	c	капельный кольцевой стокъ (m) sgocciolatore (m) anillo (m) metálico para engrasar
8	Spritzring (m) revolving oil dip-ring anneau (m) de graissage	d	смазочное кольцо (n) anello (m) lubrificatore anillo (m) protector
9	Olfänger (m), Tropfschale (f) drip cup, oil-cup under bearing, oil-catcher under bearing cuvette (f) d'égouttage, godet (m) à huile	e	маслоловитель (m), чашечка (f) для масла sgocciolatoio (m) colector (m) de aceite, recogedor (m) de aceite

1

Ölreiniger (m), Ölreinigungsvorrichtung (f)
oil-filter
filtre (m) à huile

приборъ (m) для очистки масла, аппаратъ (m) для очищенія масла
filtro (m) dell' olio, apparecchio (m) purificatore dell' olio
purificador (m) de aceite

2

gereinigtes Öl (n)
refined or purified oil, refiltered oil
huile (f) filtrée

очищенное масло n)
olio (m) purificato
aceite (m) purificado

3

Schmiervorrichtung (f)
lubricator
appareil (m) de graissage

смазочный приборъ (m)
apparecchio (m) lubrificatore
lubrificador (m), engrasador (m)

4

Schmierröhrchen (n)
oil-pipe
tube (f) de graissage

a

смазочная трубка (f)
canaletto (m) per la lubrificazione
tubito (m) de engrase

5

Schmierbüchse (f)
lubricator box
boite (f) à graisse

b

маслёнка (смазочная коробка (f))
scattola (f) lubrificatrice
engrasador (m), caja (f) para el engrase

6

Schmierhahn (m)
steam oiler grease cup, tallow-cup or cock, grease-cup with cocks
robinet (m) de graissage, robinet-graisseur (m)

маслёнка (f) съ двумя кранами
rubinetto (m) lubrificatore
grifo (m) engrasador, llave (f) de paso del engrasador

7

Öler (m), Schmiergefäß (n)
lubricator
godet (m) graisseur

маслёнка (f)
oliatore (m), vaso (m) lubrificatore
vasija (f) de engrasador, aceitera (f)

8

Ölvase (f), Schmiervase (f)
oil-cup
godet (m) graisseur

маслёнка (смазочная коробка (f))
vaso (m) dell'olio
copa (f) de aceite, engrasador (m) de copa

9

Ölerglas (n)
glass oil cup
godet (m) graisseur en verre

стеклянная маслёнка (f)
oliatore (m) di vetro
engrasador (m) de vidrio, engrasador (m) con bombillo de cristal

1 Dochtschmierung (f)
wick-oiling
graissage (m) à mèche

смазка (f) фитилёмъ
lubrificazione (f) a stoppino
engrase (m) por torcida, engrase (m) por mecha capilar

---

2 Dochtschmierer (m), Dochtschmierbüchse (f)
oil-syphon, wick lubricator
graisseur (m) à mèche

фитильная масленка (f)
lubrificatore (m) a stoppino
engrasador (m) de torcida, engrasador (m) de mecha capilar

---

3 Ölerdocht (m)
wick for oil-syphon
mèche (f) du graisseur

фитиль (m)
stoppino
mecha (f) capilar

---

4 der Docht verfilzt
the wick is clogged up
la mèche se feutre

фитиль (m) сваливается
lo stoppino (m) si scioglie, lo stoppino (m) si feltra
la mecha se obstruye

---

5 Nadelschmiergefäß (n), Nadelschmierer (m)
needle-lubricator
graisseur (m) à aiguille

игольчатая масленка (f)
lubrificatore (m) ad ago
engrasador (m) de aguja

---

6 Tropfschmiergefäß (n), Tropföler (m)
sight feed oiler
graisseur (m) compte-gouttes

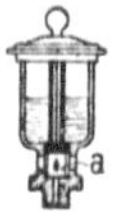

капельчатая маслёнка (f), аппаратъ (m) для смазыванія по каплямъ
oliatore (m) contagoccie
engrasador (m) cuentagotas

---

7 Tropfdüse (f)
sight feed nozzle
tube (f) de distribution du graisseur

a

каплеуказатель (m)
tubetto (m) gocciolatore
tubo (m) capilar de salida

---

8 umlaufendes Schmiergefäß (n)
rotating crank lubricator
graisseur (m) rotatif

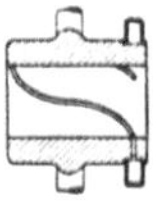

круговая маслёнка (f)
lubrificatore (m) girante
engrasador (m) circular

---

9 Centrifugalschmierung (f)
centrifugal lubrication
graisseur (m) centrifuge

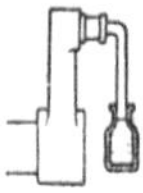

центробѣжная смазка (f)
lubrificatore (m) centrifugo
engrase (m) centrífugo, engrase (m) de telescopio

Ringschmierung (f) ring lubrication graissage (m) à bagues		кольцевая смазка (f) lubrificazione (f) ad anello engrase (m) con anillo	1
Schmierring (m) revolving ring, oiling ring bague (f) de graissage	a	смазывающее кольцо (n) anello (m) lubrificatore anillo (m) de engrase	2
Ölbad (n) oil-bath bain (m) d'huile	b	масляная ванна (f), масляная баня (f) bagno (m) d'olio baño (m) de aceite	3
Ölkammer (f) oil-chamber, oil-container chambre (f) d'huile	c	резервуаръ (m) для масла, камера (f) для масла camera (f) d'olio cámara (f) de aceite	4
Ölablaß (m) oil-drainer vidange (m) d'huile	d	маслоспускное отверстіе (n) scarico (m) dell' olio tubo (m) de salida	5
Öl ablassen to let off the oil, to drain the oil vider l'huile		выпустить масло, выпускать масло scaricare l'olio, lasciar uscire l'olio vaciar el aceite	6
Ölpumpe (f) oil-pump pompe (f) à huile		смазочный прессъ (m) pompa (f) d'olio bomba (f) de aceite	7
Staufferbüchse (f) Stauffer-lubricator graisseur (m) Stauffer		маслёнка Штауфера ingrassatore (m) Stauffer engrasador (m) Stauffer	8
Winkelschmierbüchse (f) angle-lubricator graisseur (m) à équerre	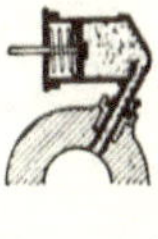	угловая маслёнка (f) ingrassatore (m) ad angolo engrasador (m) angular	9

VIII.

1	Kupplung (f) coupling accouplement (m)		сцѣпленіе (n), соединеніе (n), сопряженіе (n), муфта giunto (m) acoplamiento (m)
2	Wellenkupplung (f) shaft-coupling accouplement (m) des arbres		сцѣпленіе (n) / соединеніе (n) / сопряженіе (n) } валовъ accoppiamento (m) d'alberi acoplamiento (m) axial
3	feste Kupplung (f) fast coupling accouplement (m) fixe		постоянная муфта (f) глухое { сцѣпленіе (n) / соединеніе (n) / сопряженіе (n) giunto (m) fisso acoplamiento (m) fijo
4	Muffenkupplung (f) muff-coupling, box coupling accouplement (m) par manchon	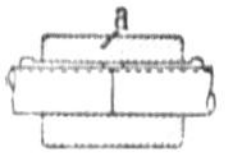	соединсніе (n) муфтою giunto (m) a manicotto acoplamiento (m) de manguito, manguito (m) de unión
5	Muffe (f), Muffenhülse (f) coupling-box manchon (m) d'accouplement	a	втулка (f) муфты manicotto (m) d'accoppiamento manguito (m)
6	Gewindekupplung (f), Schraubenkupplung (f) screw-coupling, screw-joint accouplement (m) à vis	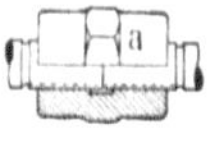	винтовое соединеніе (n) giunto (m) a vite acoplamiento (m) roscado, acoplamiento (m) de rosca
7	Gewindemuffe (f), Schraubenkupplungsmuffe (f) screw-coupling box manchon (m) à vis	a	винтовая муфта (f) manicotto (m) filettato, manicotto (m) a vite manguito (m) roscado
8	Hülsenkupplung (f) sleeve-coupling accouplement (m) à douille	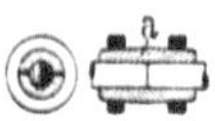	муфта (f) съ натяжными кольцами; патронная муфта (f) giunto (m) conico acoplamiento (m) de manguito

Kupplungshülse (f) sleeve douille (f) d'accouplement	a	кожухъ (m) соединительной муфты, кожухъ (m) сцѣпляющей муфты bossolo (m) del giunto manguito (m) de acoplamiento, de unión	*1*
Schalenkupplung (f) split-coupling accouplement (m) à coquilles	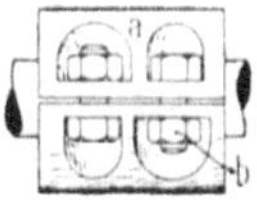	фланцевая } муфта тарелочная } (f) giunto (m) a conchiglia acoplamiento (m) de cojinetes	*2*
Kupplungsschale (f) bush coquille (f) d'accouplement	a	фланецъ (m) муфты, тарелка (f) муфты, тазъ (m) муфты conchiglia (f) cojinete (m)	*3*
Kupplungsschraube (f) coupling-bolt boulon (m) d'accouplement	b	соединительный болтъ (m), стяжной болтъ(m), скрѣпляющій болтъ (m), винтовая стяжка (f), винтовая сцѣпка (f) bullone (m) del giunto tornillo (m) del acoplamiento	*4*
Scheibenkupplung (f), Flanschenkupplung (f) flange-coupling, plate-coupling accouplement (m) à plateaux		дисковая муфта (f), дисковое соединеніе (n), дисковое сцѣпленіе (n), дисковое сопряженіе (n) giunto (m) a dischi acoplamiento (m) de disco, acoplamiento (m) de plato	*5*
Kupplungsscheibe (f), Kupplungsflansch (m) flange of coupling plateau (m) d'accouplement	a	стяжная шайба (f), стяжной фланцъ (m) disco (m) d'accoppiamento plato (m) de acoplamiento	*6*

1 Sellerskupplung (f), Doppelkegelkupplung (f)
Sellers-coupling
accouplement (m) Sellers, accouplement (m) à pince, accouplement (m) à double cône

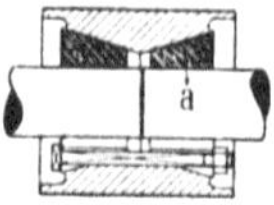

муфта (f) Селлерса, зажимная двухъконусная муфта (f)
giunto (m) Sellers, giunto (m) a doppio cono
acoplamiento (m) de Sellers, acoplamiento (m) de doble cono

---

2 Klemmkegel (m)
wedge for coupling
cône (m) de pression

a

зажимный конусъ (m)
viera (f) conica d'innesto
cono (m) de sujeción

---

3 bewegliche Kupplung (f)
movable coupling
accouplement (m) mobile

подвижная муфта (f)
innesto (m) mobile
acoplamiento (m) móvil

---

4 Ausdehnungskupplung (f), längsbewegliche Kupplung (f)
expansion-coupling, flexible coupling
accouplement (m) à mouvement longitudinal, accouplement (m) extensible

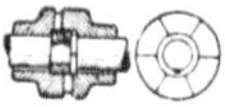

раздвижная муфта (f)
giunto (m) d'espansione, innesto (m) a movimento longitudinale
acoplamiento (m) graduable

---

5 elastische Kupplung (f)
elastic-coupling
accouplement (m) élastique

упругая муфта (f)
giunto (m) elastico
acoplamiento (m) elástico

---

6 Ausrückkupplung (f), Auslösungskupplung (f), lösbare Kupplung (f)
engaging and disengaging gear, clutch
accouplement (m) à débrayage

раздвижная соединительная муфта (f)
innesto (m)
acoplamiento (m) de interrupción, acoplamiento (m) de engranaje

---

7 Antrieb (m) mittels Ausrückkupplung
driving with clutch
commande (f) par accouplement à débrayage

приводъ (m) съ зубчатою муфтою
comando (m) ad innesto
impulsión (f) por acoplamiento de engranaje

---

8 Ausrückvorrichtung (f)
disengaging gear
appareil (m) à débrayage

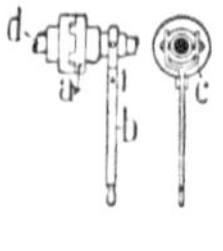

разобщительный механизмъ (m)
meccanismo (m) di disinnesto
juego (m) de granada, juego (m) de embrague

Ausrückmuffe (f), lösbare Kupplungsmuffe (f) disengaging clutch manchon (m) mobile	a	разобщающая муфта (f) manicotto (m) di disinnesto manguito (m) de embrague, manguito (m) de interrupción	*1*
Kupplungshebel (m), Ausrücker (m) disengaging lever levier (m) de débrayage	b	приводный / разъединительный } рычагъ (m) leva (f) d'innesto palanca (f) de interrupción, palanca (f) de embrague	*2*
Ausrückgabel (f) disengaging fork fourche (f) de débrayage	c	вилка (f) приводнаго рычага, вилка (f) разъединительнаго рычага forchetta (f) d'innesto horquilla (f) de la palanca de interrupción	*3*
Ausrückwelle (f) disengaging shaft arbre (m) de débrayage	d	разобщительный валъ (m), разъединительный валъ (m) albero (m) d'innesto eje (m) de interrupción	*4*
die Kupplung (f) einrücken to connect, to put in gear, to throw in the clutch embrayer		сцѣпить муфту, сцѣплять муфту innestare embragar el acoplamiento	*5*
die Kupplung (f) ausrücken, die Kupplung (f) auslösen to disconnect, to throw out of gear, to throw out the clutch débrayer		разобщить / разобщать / разъединить / разъединять } муфту disinnestare desembragar, desacoplar	*6*
Ausrückung (f) throwing out of gear débrayage (m)		разобщеніе (n), разъединеніе (n) disinnesto (m) desembrague (m), interrupción (f), desacoplamiento (m)	7

1	selbsttätige Auslösung (f), selbsttätige Ausrückung (f) automatic disconnecting débrayage (m) automatique		самодѣйствующее (автоматическое) разобщеніе (n), самодѣйствующее (автоматическое) разъединеніе (n) disinnesto (m) automatico desembrague (m) automático, interrupción (f) automática
2	Klauenkupplung (f), Zahnkupplung (f) claw-coupling, clutch-coupling accouplement (m) à griffes	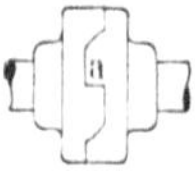	раздвижная зубчатая муфта (f), сцѣпленіе (n) за лапку innesto (m) a denti acoplamiento (m) dentado
3	Klaue (f), Zahn (f) claw, clutch griffe (f)	a	выступъ (m), зубецъ (m), лапка (f) dente (m) diente (m)
4	Klauenausrückung (f) disconnecting with a claw-coupling débrayage (m) à griffes		разобщеніе (n) посредствомъ раздвижной зубчатой муфты disinnesto (m) a denti desacoplamiento (m) de los platos dentados
5	Klinkenkupplung (f) pawl-coupling accouplement (m) à cliquet		храповая муфта (f) innesto (m) a nottolino, innesto (m) a scatto acoplamiento (m) de trinquete
6	Klinke (f) pawl cliquet (m)	a	собачка (f) nottolino (m) gatillo (m) del trinquete
7	Reibungskupplung (f) friction clutch coupling accouplement (m) à friction		муфта (f) тренія, трущееся сцѣпленіе (n), сцѣпленіе (n) треніемъ innesto (m) a frizione acoplamiento (m) de fricción

Konuskupplung (f) cone coupling accouplement (m) à cône de friction	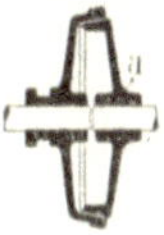	коническое сцѣпленіе (n) треніемъ innesto (m) a cono di frizione acoplamiento (m) cónico	1
Friktionsscheibe (f) friction disc plateau (m) à friction	a	фрикціонный дискъ (m) disco (m) di frizione plato (m) de fricción	2
Bürstenkupplung (f) brush-coupling accouplement (m) à brosses		щеточная муфта (f) innesto (m) a spazzola acoplamiento (m) de escobilla	3
Lederkupplung (f) leather-coupling accouplement (m) à cuir	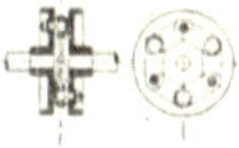	кожаная муфта (f) innesto (m) a cuoio acoplamiento (m) de cuero	4
Elektromagnet-kupplung (f) electro-magnetic coupling accouplement (m) électro-magnétique	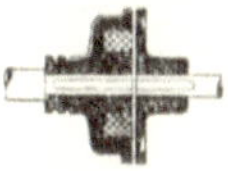	электромагнитное сцѣпленіе (n), (сопряженіе n), электромагнитная муфта (f) innesto (m) elettro-magnetico acoplamiento (m) electromagnético	5
Bandkupplung (f) Riemenkupplung (f) band-coupling accouplement (m) à ruban	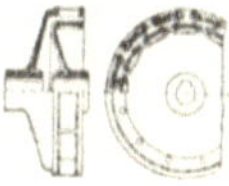	ленточная муфта (f), ременная муфта (f) innesto (m) a nastro, innesto (m) a cinghia acoplamiento (m) de correa	6
Stangenkupplung (f) rod coupling accouplement (m) de tiges		стержневая (штанговая) муфта (f) innesto (m) di aste acoplamiento (m) de vástago	7
Gelenkkupplung (f) jointed coupling accouplement (m) à articulation		суставчатая муфта (f) innesto (m) articolato, innesto (m) mobile acoplamiento (m) articulado	8
Gelenk (n) link, eye joint articulation (f)		суставъ (m) articolazione (f) articulación (f)	9

1	Gelenkzapfen (m) link-pin (m) tourillon d'articulation	a	цапфа (f) сустава perno (m) d'articolazione pasador (m) de la articulación
2	Kreuzgelenkkupplung (f), Universalgelenk (n), Cardansches Gelenk (n) universal joint, Hooke's joint accouplement (m) articulé, joint (m) universel, joint (m) Cardan	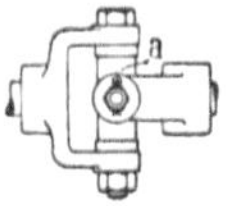	шарнирная муфта (f), универсальный шарниръ (m), шарниръ (m) Кардана innesto (m) universale, giunto (m) universale, giunto (m) di Cardano acoplamiento (m) de doble articulación, acoplamiento (m) de Cardano, acoplamiento (m) de articulación cruciforme
3	Kreuzstutzen (m) cross-piece croisilon (m)	a	двухшарнирный крейцкопфъ (m) appoggio (m) a croce articulación (f) en cruz
4	Kugelgelenk (n) ball and socket joint joint (m) à boulet, joint (m) sphérique	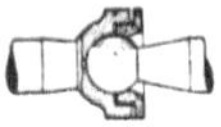	шаровое шарнирное соединенie (n) articolazione (f) sferica articulación (f) esférica, articulación (f) de rodilla
5	kuppeln, ankuppeln, zusammenkuppeln to couple up accoupler		сцѣпить, сцѣплять, соединить, соединять innestare acoplar, embragar
6	gekuppelt coupled accouplé		сцѣпленъ (a, o), соединенъ (a, o), сопряженъ (a, o) innestato acoplado, embragado
7	direkt gekuppelt mit . . . coupled direct with . . . accouplé directement avec . . .		сцѣпленъ (a, o) [соединенъ (a, o), сопряженъ (a, o)] непосредственно съ . . . innestato direttamente con . . . acoplado directamente á . . .

loskuppeln, entkuppeln, die Kupplung lösen
to uncouple, to disengage, to throw out of gear
débrayer

разобщить, разобщать, разъединить, разъединять
disinnestare
desacoplar 1

IX.

Verzahnung (f)
gearing
engrenage (m)

зацѣпленіе (n)
ingranaggio (m)
engranaje (m) 2

Zahnrad (n)
toothed wheel
roue (f) d'engrenage, roue (f) dentée

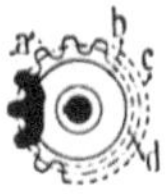

зубчатое колесо (n)
ruota (f) d'ingranaggio, ruota (f) dentata
rueda (f) dentada, rueda (f) de engranaje 3

Zahnteilung (f)
circular pitch
pas (m) circulaire

a

шагъ (m) зацѣпленія
passo (m) della dentatura
paso (m) del engranaje 4

Teilkreis (m)
pitch-circle, pitch-line
cercle (m) primitif

b

начальная (дѣлительная) окружность (f)
circolo (m) primitivo
circulo (m) primitivo 5

Kopfkreis (m), Kronenkreis (m)
addendum-circle, addendum-line
cercle (m) de couronne, cercle (m) de tête, cercle (m) extérieur

c

головочная окружность (f) кругъ (m) выступовъ
circolo (m) di testa
circulo (m) de cabeza, periferia 6

Fußkreis (m), Wurzelkreis (m)
root-circle, root-line, dedendum line
cercle (m) de racine, cercle (m) de pied, cercle (m) intérieur

d

корневая окружность (f) кругъ (m) впадинъ
circolo (m) di base
circulo (m) de pie, circulo (m) interno 7

---

eingreifen
to engage
engrener

находиться въ зацѣпленіи
ingranare
engranar 8

Eingriff (m)
contact
engrènement (m)

сцѣпленіе (n), зацѣпленіе (n)
ingranaggio (m)
engrane (m) 9

1	Eingriffslinie (f) line of contact ligne (f) d'engrènement		линія (f) зацѣпленія linea (f) dell'ingranaggio línea (f) de engrane
2	Eingriffsstrecke (f) path of contact étendu (m) de l'engrènement	a o b	сцѣпляющійся отрѣзокъ (m), (длина (f) зацѣпленія) linea (f) d'imbocco, curva (f) d'imbocco extensión (f) de engrane, curva (f) de engrane
3	Eingriffsbogen (m) arc of action arc (m) d'engrènement	i_1 o k_1 i_2 o k_2	дуга (f) зацѣпленія arco (m) d'ingranamento arco (m) de engrane
4	Eingriffsdauer (f) period of contact durée (f) d'engrènement		продолжительность (f) зацѣпленія durata (f) del contatto duración (f) del engrane
5	in Eingriff bringen to throw into gear, to engage faire engrener, mettre en prise		сцѣпить, сцѣплять fare ingranare engranar
6	außer Eingriff bringen to throw out of gear, to disengage désengrener		разобщить, разобщать disingranare desengranar
7	Kopfbahn (f) travel of the tooth during contact trajet (m) de la tête de la dent		траекторія (f) [путь (f)] головки зубца (зуба) traiettoria (f) della testa del dente camino (m) recorrido por la cabeza del diente
8	Zahn (m) tooth dent (f)	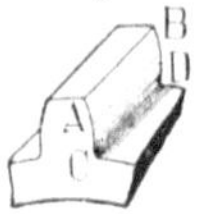	зубъ (m) зубецъ (m) dente (m) diente (m)
9	Zahnform (f), Zahnprofil (n) tooth-outline, tooth-profile profil (m) de la dent	A C	профиль (f) зубца (зуба) profilo (m) del dente perfil (m) del diente
10	Zahnflanke (f) flank of a tooth, face of tooth (A) flanc (m) de la dent	A B D C	очертаніе (n) зубца (зуба) fianco (m) del dente flanco (m) del diente

Zahnkopf (m), Zahnkrone (f) face of a tooth, addendum of tooth (A) tête (f) de la dent, saillie (f) de la dent	 A B C D	головка (f) зубца (зуба) testa (f) del dente cabeza (f) del diente	1
Kopfhöhe (f) length outside pitch-line, addendum (A) hauteur (f) de la tête, longueur (f) de la tête	a	высота (f) головки зубца (зуба) altezza (f) della testa del dente altura (f) de la cabeza [del diente]	2
Zahnfuß (m), Zahnwurzel (f) root of the tooth pied (m) de la dent, base (f) de la dent	D C F E	корень (m) зубца, ножка (f) зуба base (f) del dente pie (m) del diente	3
Fußhöhe (f) length inside pitch-line, root (A), dedendum (A) hauteur (f) du pied, longueur (f) du pied	b	высота (f) корня зубца, высота (f) ножки зуба altezza (f) della base altura (f) del pie [del diente]	4
Zahnlänge (f) total length, length of tooth, depth of tooth (A) hauteur (f) de la dent, longueur (f) de la dent	c	высота (f) зубца (зуба) altezza (f) del dente longitud (f) del diente	5
Zahnstärke (f) thickness at root of tooth épaisseur (f) de la dent	d	толщина (f) зубца (зуба) spessore (m) del dente espesor (m) del diente	6
Zahnlücke (f) space of tooth vide (m), creux (m)	e	ширина (f) впадины vano (m) [fra due denti] hueco (m) del diente	7
Zahnbreite (f) breadth of tooth, width of tooth largeur (f) de la dent	f	ширина (f) зубца, длина (f) зуба larghezza (f) del dente ancho (m) del diente	8
roh gegossener Zahn (m) rough tooth, cast tooth (A) dent (f) brute de fonte		литой зубецъ (m) [зубъ (m)] dente (m) greggio diente (m) fundido en bruto	9

1 gehobelter Zahn (m), geschnittener Zahn (m)
cut tooth, planed tooth
dent (f) rabottée

строганный } зубъ
нарѣзанный } (m)
dente (m) lavorato, dente (m) piallato
diente (m) tallado, diente (m) cepillado

---

2 gefräster Zahn (m)
cut tooth, milled tooth
dent (f) taillée à la fraise

фрезированный зубъ (m)
dente (m) fresato
diente (m) fresado

---

3 Zahndruck (m)
pressure at pitch-line
pression (f) sur la dent

давленіе (n) на зубъ (m)
pressione (f) sul dente
presión (f) sobre el diente

---

4 spezifischer Zahndruck (m)
specific pressure at pitch-line
pression (f) unitaire sur la dent

удѣльное давленіе (n на зубъ
pressione (f) specifica sul dente
presión (f) por unidad de superficie del diente

---

5 Zahnreibung (f)
tooth-friction
frottement (m) des dents

треніе (n) зубьевъ
attrito (m) fra i denti
fricción (f) del diente

---

6 Zahnreibungsarbeit (f)
work done by tooth friction
travail (m) de frottement des dents

работа (f) тренія зубьевъ
lavoro (m) d'attrito fra i denti
trabajo (m) de fricción del diente

---

7 Cykloidenverzahnung (f)
cycloidal gear system
denture (f) cycloïdale

циклоидальное зацѣпленіе (n)
dentatura (f) cicloidale
engranaje (m) cicloidal

---

8 Epicykloide (f)
epicycloid
épicycloïde (f)

эпициклоида (f)
epicicloide (f)
epicicloide (f)

---

9 gemeine Cykloide (f)
cycloid
cycloïde (f)

циклоида (f)
cicloide (f)
cicloide (f)

---

10 Hypocykloide (f)
hypocycloid
hypocycloïde (f)

гипоциклоида (f)
ipocicloide (f)
hipocicloide (f)

Pericykloide (f) pericycloid péricycloïde (f)		перициклоида (f) pericicloide (f) pericicloide (f)	*1*
Grundkreis (m) pitch-circle, base circle cercle (m) primitif	a_1	основной кругъ (m) начальная окружность (f) circolo (m) primitivo círculo (m) primitivo	*2*
Rollkreis (m) rolling circle, generating circle cercle (m) de roulement, cercle (m) roulant	a_2	катящійся кругъ (m) образуюшая окржность (f) epiciclo (m) circulo (m) de rotadura	*3*
Triebstockverzahnung (f) pin wheel, mangle gear denture (f) à fuseaux	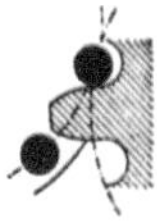	цѣвочное зацѣпленіе (n) ingranaggio (m) a lanterna engranaje (m) de linterna de husillos	*4*
Doppelpunktverzahnung (f) double pin gearing denture (f) à double point		очертаніе (n) зубцовъ по двумъ точкамъ ingranaggio (m) a doppio punto engranaje (m) de doble punto	*5*
Geradflankenverzahnung (f) rectilineal face toothing denture (f) à flancs droits		прямобочное зацѣпленіе (n) ingranaggio (m) a profilo rettilineo engranaje (m) de flancos rectilíneos	*6*
Innenverzahnung (f) internal gear denture (f) intérieure	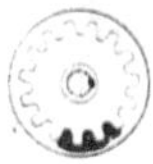	внутреннее зацѣпленіе (n) dentatura (m) interna engranaje (m) interior	*7*
Evolventenverzahnung (f) involute system, single curve gear denture (f) à [en] développante [de cercle]		разверточное зацѣпленіе (n) ingranaggio (m) a sviluppante engranaje (m) de evolventes	*8*
Evolvente (f) involute développante (f)		развертка (f) sviluppante (f) evolvente (f)	*9*

No.	Deutsch / English / Français		Русский / Italiano / Español
1	Zahnradgetriebe (n) toothed gearing engrenage (m)		зубчатая передача (f) trasmissione (f) per ingranaggi sistema (m) de engranaje, transmisión (f) por engranaje
2	Zahnradvorgelege (n) shaft with wheel gearing renvoi (m) à engrenage		зубчатый переборъ (m) rinvio (m) ad ingranaggi contramarcha (f) de engranaje
3	Satzräder (n. pl.) interchangeable gear wheels, change gears roues (f. pl.) de série		смѣнныя (гармоническія) колеса (pl.n.) ruote (f. pl.) d'assortimento ruedas(f.pl.) harmónicas, surtido (m) de ruedas
4	Krafträder (n. pl.) heavy duty gears roues (f. pl.) de force		тяжелыя колеса(n.pl.); колеса (pl. n.) съ тихимъ ходомъ ruote (f. pl.) di forza ruedas (f.pl.) de potencia
5	Arbeitsräder (n. pl.) transmitting gears roues (f. pl.) de travail, roues (f. pl.) de transmission		легкія колеса (n. pl.); колеса (pl. n.) съ быстрымъ ходомъ ruote (f. pl.) di trasmissione ruedas (f. pl.) de trabajo
6	Stirnradgetriebe (n) spur gear system engrenage (m) cylindrique	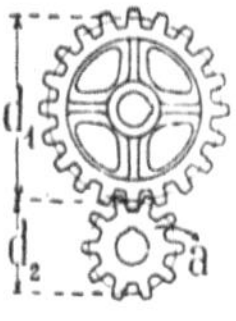	цилиндрическая зубчатая передача (f) ingranaggio (m) cilindrico engranaje (m) cilíndrico
7	Trieb (m), Treibrad (n), Antriebsrad (n), Ritzel (n) pinion, driver pignon (m)	a	приводное (ведущее) колесо (n) pignone (m), rocchetto (m) piñón (m), rueda (f) motriz
8	Übersetzung (f), Übersetzungsverhältnis (n) ratio of gearing rapport (m) de transmission	$\frac{d_1}{d_2}$	передача (f), передаточное число (n) rapporto (m) di trasmissione relación (f) de ruedas

Stirnrad (n) spur gear wheel, spur gear (A) roue (f) cylindrique, roue (f) droite		цилиндрическое колесо (n) ruota (f) cilindrica rueda (f) cilindrica, rueda (f) recta	*1*
Zahnkranz (m) rim of gear wheel couronne (f) dentée	a	зубчатый вѣнецъ (m) [ободъ (m)] corona (f) dentata corona (f) dentada de la rueda	*2*
Kranzwulst (f) rim collar, rib of the rim nervure (f) de la couronne	b	выступъ (m) обода nervatura (f) della corona engrosamiento (m) de la llanta, aumento(m) de grueso de la llanta, pestaña (f) de refuerzo de la corona	*3*
Radnabe (f) nave, boss, hub (A) moyeu (m) de la roue	c	втулка (f) колеса mozzo (m) della ruota cubo (m) de la rueda	*4*
Nabenwulst (f) nave collar, rib of the hub collet (m) du moyeu	d	приливъ (m) втулки nervatura (f) del mozzo aumento (m) de grueso del cubo de la rueda, pestaña (f) del cubo de la rueda	*5*
Bohrung (f) bore alésage (m)	e	отверстіе (n) втулки foro (m) mandrilado (m)	*6*
Radarm (m), Speiche (f) arm of a wheel, spoke bras (m) de la roue	f	спица (f) razza (f) brazo (m) de la rueda, radio (m) de la rueda	*7*
aufgesetzter Kranz (m built up rim couronne (f) rapportée		насаженный ободъ (m) corona (f) riportata corona (f) postiza	*8*
geteiltes Rad (n) built up wheel roue (f) partagée		разъемное колесо (n) ruota (f) in più pezzi rueda (f) partida, rueda (f) en dos mitades	*9*
gesprengtes Rad (n) split wheel roue (f) en plusieurs pièces		съ разрѣзнымъ ободомъ колесо (n) ruota (f) spaccata rueda (f) quebrada	*10*

1	Getriebe (n) mit Innenverzahnung internal gear, annular gear and pinion (A) engrenage (m) à denture intérieure	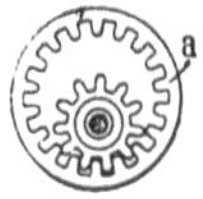	зубчатыя колеса (n. pl.) со внутреннимъ зацѣпленіемъ ingranaggio (m) a dentatura interna engranaje (m) interior
2	Rad (n) mit Innenverzahnung internal tooth wheel roue (f) à denture intérieure	a	колесо (n) со внутреннимъ зацѣпленіемъ ruota (f) a dentatura interna rueda (f) de engranaje interior
3	Rad (n) mit Winkelzähnen, Pfeilrad (n) double helical spur wheel, herringbone gear (A) roue (f) à denture à chevrons	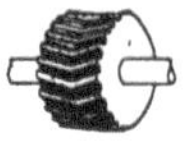	колесо (n) съ угловыми зубцами (зубьями) ruota (f) a dentatura a cuspide rueda (f) de ángulo
4	Winkelzahn (m) double helical tooth, herringbone tooth dent (f) à chevron, chevron (m)	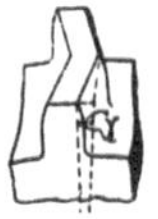	угловой зубъ (m) dente (m) a cuspide diente (m) angular
5	Sprung (m) angle of advance saut (m), fente (f)	γ	скосъ (m) зуба salto (m) salto (m)
6	Zahnstangengetriebe (n) rack and pinion engrenage (m) à crémaillère		передача (f) зубчатой рейкой ingranaggio (m) a dentiera engranaje (m) de cremallera
7	Zahnstange (f) (gear) rack crémaillère (f)	a	зубчатая рейка (f) dentiera (f) cremallera (f)
8	Kegelradgetriebe (n) bevil gear system engrenage (m) conique	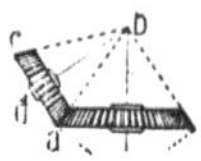	коническая зубчатая передача (f), коническое зубчатое сцѣпленіе (n) ingranaggio (m) a ruote coniche engranaje (m) cónico
9	Grundkegel (m) pitch-cone cône (m) de base	a b c	основной (начальный, дѣлительный) конусъ (m) cono (m) primitivo cono (m) primitivo

a d c

Ergänzungskegel (m)
generating-cone
cône (m) complémentaire

дополнительный конусъ (m)
cono (m) complementare
cono (m) complementario 1

Kegelrad (n)
bevil gear wheel
roue (f) conique

коническое колесо (n)
ruota (f) conica
rueda (f) cónica 2

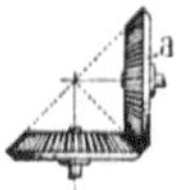

Winkelgetriebe (n)
mitre wheel gearing, right angle bevil gear system, mitre gear (A)
engrenage (m) d'angle

коническая зубчатая передача (f)
ingranaggio (m) conico ad angolo retto
engranaje (m) cónico de ángulo recto 3

---

a

Winkelrad (n)
mitre wheel, bevil gear wheel
roue (f) d'angle

коническое колесо (n)
ruota (f) conica ad angolo retto
rueda (f) cónica para ángulo recto 4

Schneckengetriebe (n), Wurmgetriebe (n)
worm gear, worm and wheel
engrenage (m) à vis sans fin

червячная передача (f)
ingranaggio (m) a vite perpetua, ingranaggio (m) a vite senza fine
engranaje (m) de tornillo sin fin 5

---

a

Schneckenrad (n)
worm wheel
roue (f) hélicoïdale

червячное колесо (n)
ruota (f) elicoidale
rueda (f) helizoidal 6

---

b

Schnecke (f), Wurm (m), Schraube (f) ohne Ende
worm, endless screw
vis (f) sans fin

безконечный винтъ (m) червякъ (m)
vite (f) perpetua, vite (f) senza fine
tornillo (m) sin fin 7

Schraubenrad (n)
worm-wheel, screw-wheel, spiral gear (A)
roue (f) cylindrique hélicoïdale

червячное колесо (n), винтовое колесо (n)
ruota (f) elicoidale
rueda (f) helizoidal 8

Hyperboloidrad (n)
hyperbolical wheel, skew gear (A)
roue (f) hyperbolique

гиперболоидальное (гиперболическое) колесо (n)
ruota (f) iperboloidica
rueda (f) hiperbólica 9

1 Kammrad (n)
mortice wheel, cog-wheel, cogged wheel
roue (f) à dents de bois

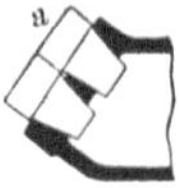

колесо (n) съ деревянными зубьями
ruota (f) a denti di legno
rueda (f) con dientes de madera

---

2 eingesetzter Zahn (m), Kamm (m)
cog, mortice wheel tooth
dent (f) rapportée

a

вставленный зубъ (m),
dente (m) mobile
diente (m) empotrado

---

3 Holzzahn (m)
wood tooth, cog
dent (f) de bois

a

кулакъ (m), деревянный зубъ (m)
dente (m) di legno
diente (m) de madera

---

4 Eisen-Eisen-Verzahnung (f)
iron-gearing
engrenage (m) en fer sur fer

зацѣпленіе (n) желѣзныхъ зубьевъ съ желѣзными
ingranaggio (m) ferro con ferro
engranaje (m) de hierro con hierro

---

5 Holz-Eisen-Verzahnung (f)
wood on iron-gearing
engrenage (m) en bois sur fer

зацѣпленіе (n) деревянныхъ зубьевъ съ желѣзными
ingranaggio (m) legno con ferro
engranaje (m) de hierro con madera

---

6 kämmen
to engage, to cog (A)
engrener

зацѣпить, зацѣплять, сцѣпить, сцѣплять
ingranare
engranar los dientes de madera

---

7 aufkämmen
to mortise cogs into a gear wheel
mortaiser des dents dans une roue

вставить (вставлять) зубья въ колесо
mettere denti di legno ad una ruota
dentar una rueda [con dientes de madera]

---

8 die Räder (n. pl.) tönen
the wheels squeak
les roues cognent

колеса (n. pl.) гремятъ
le ruote (f. pl.) stridono
las ruedas (f. pl.) rechinan

Räderformmaschine (f)
wheel moulding machine, gear moulding machine
machine (f) à mouler les engrenages

машина (f) для формовки зубчатыхъ колесъ
macchina (f) per formare [modellare] ruote 1
máquina (f) para formar [modelar] ruedas

Räderschneidmaschine (f), Räderfräsmaschine (f)
wheel cutting machine, gear cutting machine
machine (f) à tailler les engrenages

станокъ (m) для нарѣзки зубчатыхъ колесъ, зуборѣзная машина (f) 2
macchina (f) per tagliare ingranaggi, dentatrice (f)
máquina (f) de tallar dientes, máquina (f) de fresar dientes

X.

Reibungsgetriebe (n)
friction drive, friction gearing
transmission (f) à friction

фрикціонная передача (f)
trasmissione (f) a ruote di frizione 3
transmisión (f) por fricción

Reibungsrad (n), Reibrad (n)
friction wheel, friction pulley
roue (f) à friction, poulie (f) à friction

a

фрикціонное колесо (n), колесо (n) тренія 4
ruota (f) di frizione
rueda (f) de fricción

Anpressungsdruck (m)
force acting on bearing-surface
pression (f) de friction

нажатіе (n)
pressione (f) producente la frizione 5
presión (f) de fricción

---

cylindrisches Reibungsrad (n)
circumferential friction wheel
roue (f) à friction cylindrique

цилиндрическое фрикціонное колесо (n), цилиндрическое колесо (n) тренія 6
ruota (f) di frizione cilindrica
rueda cilindrica (f) de fricción

1	Reibungskegelrad (n) friction bevil gear roue (f) à friction conique	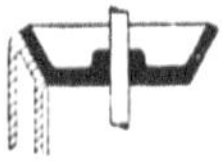	коническое фрикціонное колесо (n), коническое колесо (n) тренія ruota (f) di frizione conica rueda (f) cónica de fricción
2	Planscheibengetriebe (n), Diskusgetriebe (n) right angle friction wheels, disc friction wheels (A) transmission (f) par plateaux à friction		передача (f) помощью фрикціонныхъ дисковъ trasmissione (f) per dischi di frizione transmisión (f) por disco de fricción
3	Reibungsscheibe (f) friction wheel, disc plateau (m) à friction	a	фрикціонный дискъ (m) disco (m) di frizione, puleggia (f) di frizione disco (m) de fricción
4	Reibungswalze (f) friction roll rouleau (m) galet à friction, cylindre (m) de friction	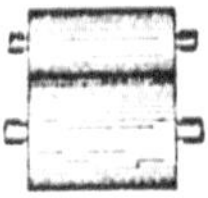	фрикціонный цилиндръ (m) cilindro (m) a frizione cilindro (m) de fricción
5	Reibungskegel (m) conical roll tambour (m) conique à friction	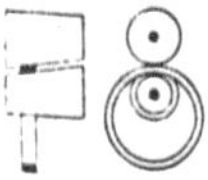	фрикціонный конусъ (m) конусъ (m) тренія cono (m) a frizione cono (m) de fricción
6	Keilrädergetriebe (n) wedge-friction-gear, multiple V-gear, frictional grooved gearing engrenage (m) à friction, transmission (f) à friction par poulies à gorge	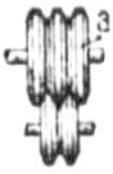	передача (f) помощью клиновыхъ (клинчатыхъ, желобчатыхъ) колесъ trasmissione (f) a frizione con ruote a gola transmisión (f) por ruedas de canal
7	Keilrad (n), Rillenrad (n) wedge friction wheel, grooved friction wheel roue [poulie] (f) à gorge, roue [poulie] (f) à coin	a	клиновое (клинчатое, желобчатое) колесо (n) ruota (f) a gola rueda (f) de canal

Keilnute (f), Keilrille (f) groove gorge (f)	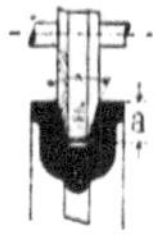	клиновидный (клинообразный) желобъ (m) gola (f) canal (m), garganta (f)	1
Keilnutenwinkel (m) angle of the groove angle (m) de la gorge	α	уклонъ (m) желоба (m) angolo (m) della gola ángulo (m) de canal	2
Eingriffstiefe (f) depth of engagement profondeur (f) d'engrènement	a	глубина (f) захвата profondità (f) della gola profundidad (f) del canal	3
Reibungsvorgelege (n) transmitting friction gearing, frictional gearing renvoi (m) à friction		фрикціонная передача (f) rinvio (m) a frizione contra-marcha (f) á fricción	4

XI.

Riementrieb (m) belt driving, flexible gearing (A) transmission (f) par courroie	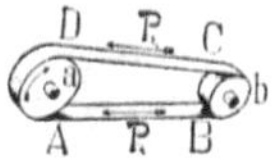	ременная передача (f) trasmissione (f) per cinghia transmisión (f) por correas	5
Antriebsscheibe (f), treibende Scheibe (f), Treibrolle (f) driving-pulley, driver (A) poulie de commande, poulie (f) motrice ou menante	a	ведущій шкивъ (m) puleggia (f) motrice polea (f) motriz	6
getriebene Scheibe (f) driven pulley, follower (A) poulie (f) commandée ou menée	b	ведомый шкивъ (m) puleggia (f) mossa polea (f) impulsada, polea (f) dirigida	7
Riemenspannung (f) belt tension tension (f) de courroie	P_1, P_2	натяженіе (n) ремня tensione (f) della cinghia tensión (f) de la correa	8
übertragene Kraft (f) effective pull force (f) transmise	P_1-P_2	передаваемое усиліе (n) forza (f) trasmessa fuerza (f) transmitida	9
ziehendes Trum (n) driving side of belt, tight side of belt brin (m) conducteur	A B	ведущая часть (f) ремня tratto (m) conduttore cable (m) tirante	10

1	gezogenes Trum (n) driven side of belt, slack side of belt, loose side of belt brin (m) conduit	C D	ведомая часть (f) ремня tratto (m) condotto cable (m) atirantado, cable (m) flojo
2	Pfeilhöhe (f), Durchhängung (f) deflection, sag (A) flèche (f)	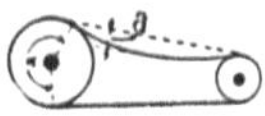 a	провѣсъ (m) saetta (f) d'incurvamento [della fune] altura (f) de flecha [de la curva del cable]
3	Umschlingungswinkel (m) angle of contact, arc of contact arc (m) embrassé	α	уголъ (m) обхвата angolo (m) abbracciato ángulo (m) de contacto, arco (m) abrasado
4	eine Welle durch Riemen antreiben to drive a shaft by belting commander un arbre par courroie		привести (приводить) валъ въ движеніе посредствомъ ремня muovere un' albero con cinghia mover un eje por correa
5	Riemen (m) belt courroie (f)	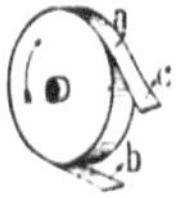 a	ремень (m) cinghia (f) correa (f)
6	auflaufendes Riemenende (n) side engaging with pulley brin (m) montant	b	набѣгающій конецъ (m) ремня tratto (m) che viene, tratto (m) ascendente extremo (m) conductor
7	ablaufendes Riemenende (n) side of delivery brin (m) descendant	c	сбѣгающій конецъ (m) ремня tratto (m) che va, tratto (m) discendente extremo (m) conducido
8	Riemenbreite (f) width of belt largeur (f) de la courroie	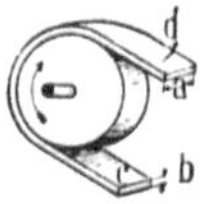 a	ширина (f) ремня larghezza (f) della cinghia ancho (m) de la correa
9	Riemendicke (f), Riemenstärke (f) thickness of belt épaisseur (f) de la courroie	b	толщина (f) ремня spessore (m) della cinghia grueso (m) de la correa

Fleischseite (f) des Riemens flesh-side côté (m) chair de la courroie	c	задняя (рабочая сторона (f)) ремня parte (f) naturale della cinghia lado (m) brillante de la correa	1
Haarseite (f) des Riemens hair-side côté (m) poil de la courroie	d	лицевая сторона (f) ремня, гладкая сторона (f) ремня parte (f) conciata della cinghia lado (m) rugoso de la correa	2
Riemenvorgelege (n) intermediate belt gearing renvoi (m) à courroie		ременная передача (f) rinvio (m) a cinghia transmisión (f) intermedia por correa	3
Riemenantrieb (m) belt drive commande (f) par courroie		ременной приводъ (m) trasmissione (f) a cinghia impulsión (f) por correa	4
offener Riemen (m) open belt courroie (f) ouverte	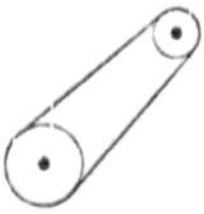	открытый (неперекрёстный) ремень (m) cinghia (f) aperta correa (f) abierta	5
gekreuzter Riemen (m), geschränkter Riemen (m) crossed belt courroie (f) croisée		закрытый перекрёстный, перекрещенный ремень (m) cinghia (f) incrociata correa (f) cruzada	6
halbgeschränkter Riemen (m), Halbkreuzriemen (m) half-cross belt, quarter turn belt (A) courroie (f) demi-croisée		полуперекрестный (полуперекрещенный) ремень (m) cinghia (f) semi-incrociata correa (f) semi-cruzada	7
Winkeltrieb (m) angle drive transmission (f) à angle	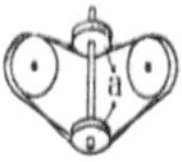	передача (f) подъ угломъ trasmissione (f) ad angolo transmisión (f) angular	8
Leitrolle (f), Führungsrolle (f) guide, idler (A) galet (m) [de guide]	a	направляющій роликъ (m) puleggia (m) di guida rodillo (m) guía	9

1	Betrieb (m) mit Belastungsspannung drive with weighted belt-tightener transmission (f) par tension provoquée		передача (f) съ натягивающимъ грузомъ trasmissione (f) con tensione a peso impulsión (f) con tensión por peso
2	Spannrolle (f) tension pulley, idler (A), tightener (A) galet (m) tendeur	a	натяжной роликъ (m) rullo (m) tenditore polea (f) de tensión, rodillo (m) tensor
3	Kegelscheibentrieb (m) cone pulley drive, continuous speed cone (A) transmission (f) par tambours cônes, commande (f) par poulies cônes		передача (f) при помощи коническихъ барабановъ trasmissione (f) a puleggie coniche transmisión (f) por poleas cónicas
4	horizontaler Riemen (m) horizontal belt courroie (f) horizontale		горизонтальный ремень (m) cinghia (f) orizzontale correa (f) horizontal
5	senkrechter Riemen (m) vertical belt courroie (f) verticale		вертикальный ремень (m) cinghia (f) verticale correa (f) vertical
6	schiefer Riemen (m) von links unten nach rechts oben oblique belt, driver below, driven pulley above courroie montante de gauche à droite	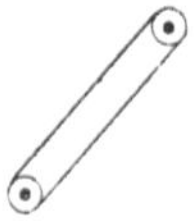	наклонный вправо кверху ремень (m) cinghia (f) inclinata da sinistra a destra correa (f) inclinada de izquierda á derecha
7	schiefer Riemen von rechts unten nach links oben oblique belt, driver right, driven left courroie montante de droite à gauche		наклонный влаво книзу ремень (m) cinghia (f) inclinata da destra a sinistra correa (f) inclinada de derecha á izquierda
8	der Riemen (m) schlägt the belt flaps la courroie flotte		ремень (m) бьетъ la cinghia (f) sbatte la correa (f) salta

der Riemen (m) gleitet, der Riemen (m) rutscht
the belt slips
la courroie glisse

ремень (m) скользитъ (буксуетъ)
la cinghia (f) scorre, la cinghia (f) slitta
la correa (f) resbala 1

---

der Riemen (m) klettert
the belt creeps, climbs
la courroie monte

ремень (m) набѣгаетъ
la cinghia (f) sormonta
la correa (f) trepa 2

---

den Riemen (m) nachspannen
to tighten the belt
tendre la courroie

подтянуть (подтягивать) ремень
tendere la cinghia
tensar la correa 3

---

den Riemen (m) kürzen
to take up the belt, to shorten the belt
raccourcir la courroie

укоротить (укорачивать) ремень
accorciare la cinghia
acortar la correa, recortar la correa 4

---

der Riemen (m) springt von der Scheibe ab
the belt runs off the pulley
la courroie tombe de la poulie

ремень (m) соскакиваетъ со шкива
la cinghia salta dalla puleggia
la correa (f) salta de la polea 5

Riemenaufleger (m)
belt-shifter
monte-courroie (m)

надѣватель (m) ремня, ремненадѣватель (m)
monta-cinghia (m)
monta (m) correas 6

---

einen Riemen (m) auf die Scheibe auflegen
to put a belt on a pulley
mettre une courroie sur la poulie

надѣть (надѣвать) ремень на шкивъ
montare una cinghia sulla puleggia
montar una correa, colocar una correa sobre la polea 7

---

einen Riemen (m) von der Scheibe abwerfen
to throw a belt off the pulley, to throw off a belt
enlever une courroie de la poulie

сбросить (сбрасывать) ремень со шкива
smontare una cinghia dalla puleggia, togliere una cinghia
quitar la correa de la polea 8

1	der Riemen (m) ruht auf der Welle auf the belt is lying on the shaft la courroie pose sur l'arbre		ремень (m) покоится на валѣ la cinghia posa sull' albero la correa está colocada sobre el eje de transmisión
2	Doppelriemen (m) double-belt courroie (f) double		двойной ремень (m) cinghia (f) doppia correa (f) doble
3	mehrfacher Riemen (m) belt composed of several layers of material, multiple belt courroie (f) multiple		сложный ремень (m) cinghia (f) multipla correa (f) múltiple
4	Riemenleder (n) belt leather cuir (m) de courroie		кожа (f) для ремней cuoio (m) da cinghia cuero (m) de correa
5	Treibriemen (m) driving belt courroie (f) de commande		приводный ремень (m) cinghia (f) motrice correa (f) motriz
6	Gliederriemen (m), Kettenriemen link belt courroie (f) articulée, courroie (f) à chaînons		суставный ремень (m) cinghia (f) articolata correa (f) articulada
7	Riemenverbindung (f) belt joint, belt fastening attache (f) de courroie		соединенiе (n) ремней giuntura (f) della cinghia unión (f) de correas
8	Riemenspanner (m) belt stretcher tendeur (m) de courroie	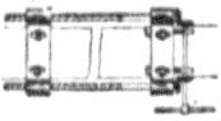	натяжной для ремней приборъ (m) apparecchio (m) tenditore della cinghia atesador (m) de correa, tensor (m) de correa
9	geleimter Riemen (m) cemented belt joint, glued belt joint courroie (f) collée		клеенный ремень (m) cinghia (f) incollata correa (f) encolada
10	den Riemen (m) leimen to make a belt joint with cement, to glue the belt coller la courroie		склеить (склеивать) ремень incollare la cinghia encolar la correa
11	Lederleim (m) leather cement, leather glue colle (f) de cuir		клей (m) для ремней mastice (m), colla (f) per cuoio cola (f) para cuero

genähter Riemen (m) laced belt courroie (f) cousue		сшитый ремень (m) cinghia (f) cucita correa (f) cosida	1
den Riemen (m) nähen to lace the belt coudre la courroie	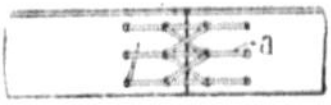	сшить (сшивать) ремень cucire la cinghia coser la correa	2
Nähriemen (m), Binderiemen (m) belt-lace lanière (f) pour attache	a	дратва (f), сшивающій ремешокъ (m) striscia (f) di cuoio per cucire correa (f) de costura	3
Riemenschloß (n) belt fastening agrafe (f) de courroie		замокъ (m) для ремней agraffa (f) per cinghia labros (m. pl.) de la correa	4
Riemenschraube (f) screw belt fastener vis agrafe (f) de courroie,		винтъ (m) ременной застежки vite (f) per congiungere cinghie tornillo (m) para correa	5
Riemenkralle (f) claw, belt fastener (A) agrafe (f) griffe pour courroie		соединитель (m) для ремней grappa (f) per cinghie corchete (m) para correa	6
Riemscheibe (f) belt pulley poulie (f)	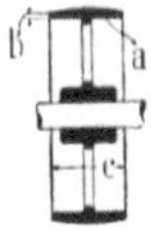	шкивъ (m) puleggia (f) polea (f)	7
Scheibenkranz (m) pulley rim, rim of pulley jante (f) de poulie,	a	ободъ (m) шкива corona (f) della puleggia anillo (m) de la polea, llanta (f) de la polea	8
Randstärke (f) thickness of rim épaisseur (f) de la jante	b	толщина (f) края обода spessore (m) della corona grueso (m) de la llanta	9
Breite (f) der Riemscheibe breadth of rim, breadth of pulley face (A) largeur (f) de la poulie	c	ширина (f) обода шкива larghezza (f) della puleggia ancho (m) de la polea	10

No.	Deutsch / English / Français		Русский / Italiano / Español
1	gerade gedrehte Riemscheibe (f) flat face pulley, pulley with flat face poulie (f) cylindrique	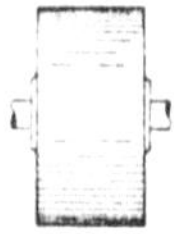	цилиндрическій шкивъ (m) puleggia (f) cilindrica polea (f) de llanta plana
2	ballig gedrehte Riemscheibe (f), ballig gewölbte Riemscheibe (f) crowned pulley poulie (f) bombée	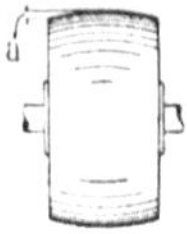	выпуклый шкивъ (m) puleggia (f) a corona curvata polea (f) de llanta curvada
3	Wölbung (f) crowning, swell bombage (m), flèche (f) de la poulie	a	выпуклость (f) curvatura (f) curvatura (f) de la llanta
4	Riemscheibe (f) mit geraden Armen straight-armed pulley poulie (f) à rayons droits, poulie (f) à bras rectilignes		шкивъ (m) съ прямыми спицами (ручками) puleggia (f) a razze dritte polea (f) con brazos rectos
5	Riemscheibe (f) mit geschweiften Armen curved armed pulley poulie (f) à rayons courbés		шкивъ (m) съ изогнутыми спицами (ручками) puleggia (f) con razze curve polea (f) con brazos curvos
6	Scheibe (f) mit Doppelarmkreuz pulley with two sets of arms poulie (f) à double bras		шкивъ (m) съ двойнымъ рядомъ прямыхъ спицъ puleggia (f) con doppia corona di razze polea (f) con doble fila de brazos
7	gußeiserne Riemscheibe (f) cast-iron belt pulley poulie (f) en fonte		чугунный шкивъ (m) puleggia (f) di ghisa polea (f) de fundición
8	schmiedeeiserne Riemscheibe (f) wrought-iron belt pulley poulie (f) en fer		желѣзный шкивъ (m) puleggia (f) di ferro polea (f) de hierro forjado

hölzerne Riemscheibe (f)
wood belt pulley
poulie (f) en bois

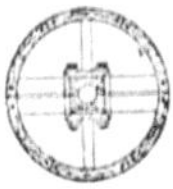

деревянный шкивъ (m) 1
puleggia (f) di legno
polea (f) de madera

---

ganze Riemscheibe (f), ungeteilte Riemscheibe (f), einteilige Riemscheibe (f)
solid belt pulley
poulie (f) en une pièce

цѣльный шкивъ (m)
puleggia (f) intera 2
polea (f) entera

---

geteilte Riemscheibe (f)
split belt pulley
poulie (f) à deux [plusieurs] pièces

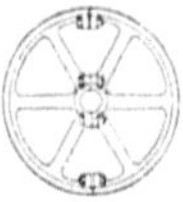

свертный шкивъ (m)
puleggia (f) divisa 3
polea (f) partida, polea (f) en dos mitades (m)

Riemkegel, Kegelscheibe (f)
cone pulley
cône (m)

коническій шкивъ (m) 4
puleggia (f) a cono
polea (f) cónica

Stufenscheibe (f), Stufenrad (n)
step cones, step pulley
cône (m) à gradins

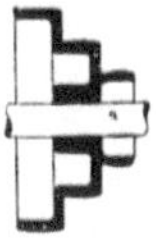

раздвижной (ступенчатый) шкивъ (m) 5
puleggia (f) multipla
polea (f) múltiple

Fest- und Losscheibe (f)
fast and loose pulley
poulie (f) fixe et poulie (f) folle

рабочій и холостой шкивъ (m) 6
puleggia (f) fissa e folle
polea (f) fija y loca

---

feste Riemscheibe (f), Festscheibe (f)
fast pulley, tight pulley
poulie (f) fixe

a

рабочій шкивъ (m)
puleggia (f) fissa 7
polea (f) fija

---

lose Riemscheibe (f), Losscheibe (f)
loose pulley
poulie (f) folle

b

холостой шкивъ (m)
puleggia (f) folle 8
polea (f) loca

Nabenbüchse (f), Leerlaufbüchse (f)
bushing
manchon (m) de la poulie folle

c

втулка (f) ступицы
foro (m) del mozzo della puleggia folle 9
caja (f) de la polea loca, estómago (m) de la polea loca

1	einen Riemen (m) von der Losscheibe auf die Festscheibe schieben to shift the belt from loose to fast pulley passer la courroie de la poulie folle à la poulie fixe		передвинуть (передвигать) ремень съ холостаго на рабочій шкивъ fare passare la cinghia dalla puleggia folle sulla fissa pasar la correa de la polea loca á la fija
2	einrücken und ausrücken to throw in and out of gear, to throw in and to throw off embrayer et débrayer		включить и выключить, (включать и выключать) mettere e togliere la cinghia embragar y desembragar
3	Riemenausrücker (m) the belt-shifter appareil (m) de débrayage	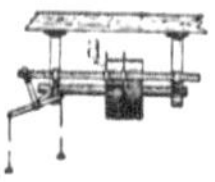	разобщительный приводъ (m), разъединительный рычагъ (m) sposta-cinghia (m), svia-cinghia (m) desviador (m) de la correa, cambia-correa (f), disparador (m) de la correa
4	Riemengabel (f) belt guider, belt fork fourchette (f) de débrayage	a	направляющая вилка (f) forchetta di guida horquilla (f) de la guía, horquilla (f) del disparador
5	Seiltrieb (m) rope drive transmission (f) par câble, commande (f) par câble	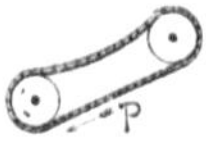	канатная передача (f) trasmissione (f) a corda transmisión (f) por cuerdas
6	Seilspannung (f) rope tension tension (f) du câble	P	натяженіе (n) каната tensione (f) della corda tensión (f) de la cuerda
7	Seilführungsrolle (f), Leitrolle (f) guide pulley of rope, idler (A) galet (m) guide câble		шкивъ (m) направляющій канатъ puleggia (f) di guida della corda polea (f) guía de la cuerda
8	Kreisseiltrieb (m) continuous rope drive system transmission (f) cyclique par câble, transmission (f) à brins multiples	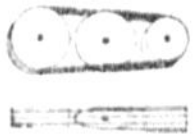	круговая канатная передача (f) trasmissione (f) circolare a corda transmisión (f) circular por cuerda

Deutsch / English / Français		Русский / Italiano / Español	
Seil (n) rope câble (m), corde (f)		канатъ (m) corda (f) cuerda (f), cable (m)	1
Litze (f), Strähne (f) strand tresse (f) de corde, toron (m)	a	жила (f), пастма (f), прядь (f) trefolo (m) filástica (f)	2
Seele (f) core âme (f)	b	сердцевина (f) anima (f) alma (f)	3
das Seil (n) schlagen, das Seil (n) zusammenschlagen to spin the rope, to twist the rope battre la corde		скрутить канатъ, скручивать канатъ intrecciare la corda torcer la cuerda	4
Seilschlagmaschine (f) rope spinning machine machine (f) à battre les cordes		машина (f) для скручиванія каната macchina (f) per intrecciare la corda máquina (f) para torcer la cuerda	5
Spiralseil (n) twisted rope, spiral rope câble (m) à spirale		спиральный канатъ (m) corda (f) a spirale cuerda (f) á espiral	6
vollschlächtiges Seil (n), verschlossenesSeil(n) locked cable, locked rope câble (m) fermé		сомкнутый канатъ (m) corda (f) chiusa cuerda (f) de cable revestido	7
Seilverbindung (f) rope splice joint (m) du câble, épissure (f) du câble		канатное соединеніе (n) unione (f) di corde unión (f) de cuerda, empalme (m) de la cuerda	8
das Seil (n) verspleißen to splice a rope épisser le câble		сращивать канатъ (m) piombare la corda unir los extremos de las cuerdas, empalmar	9
Spleißstelle (f) joint, splice épissure (f)		мѣсто (n) срощенія punto (m) di piombatura d'una corda empalme (m), punto (m) de unión	10

1 Seilschloß (n)
joint
attache (f) de câbles

замокъ (m) для канатовъ
apparecchio (m) d'attacco delle corde
cierre (m) de la cuerda, corchete (m) de cable

---

2 Seilreibung (f)
rope friction
frottement (m) du câble

треніе (n) каната
attrito (m) della corda
fricción (f) de la cuerda

---

3 Seilsteifigkeit (f)
strength of rope
rigidité (m) du câble

жесткость (f) каната
rigidezza (f) della corda
rigidez (f) de la cuerda

---

4 Seilschmiere (f)
rope lubricant
graisse (f) de câble

смазка (f) для канатовъ
lubrificante (m) della corda
engrase (m) de la cuerda

---

5 laufendes Seil (n)
rope in motion, working rope
corde (f) mobile

подвижный канатъ (m)
corda (f) in moto
cuerda (f) en movimiento

---

6 stehendes Seil (n)
rope at rest
corde (f) fixe

неподвижный канатъ (m)
corda (f) ferma
cuerda (f) fija

---

7 Drahtseil (n)
wire-rope, cable
câble (m) métallique

проволочный канатъ (m)
fune (f) metallica
cable (m) metálico

---

8 Stahldrahtseil (n)
steel-wire-rope
câble (m) en acier

канатъ (m) изъ стальной проволоки, тросъ (m)
fune (f) d'acciaio
cable (m) de hilos de acero

---

9 Hanfseil (n)
hemp rope, manila rope
câble (m) de chanvre, corde (f) de chanvre

пеньковый канатъ (m)
corda (f) di canape, cavo (m) di canape
cuerda (f) de cáñamo

---

10 Baumwollseil (n)
cotton rope
câble (m) de coton, corde (f) de coton

хлопчатобумажный канатъ (m)
corda (f) di cotone
cuerda (f) de algodón

Deutsch / English / Français		Русский / Italiano / Español	No.
Seilrolle (f), Seilscheibe (f) rope pulley, rope sheave poulie (f) à câble, poulie (f) à corde	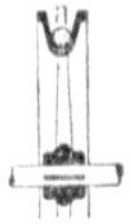	бороздчатый шкивъ (m) для канатовъ puleggia (f) a fune, puleggia (f) a corda polea (f) para cables, polea (f) para cuerdas	*1*
Seilrille (f), Seilnute (f) groove gorge (f) de la poulie	a	желобокъ (m) шкива, бороздка (f) шкива gola (f) della puleggia garganta (f)	*2*
Drahtseilscheibe (f) wire rope pulley poulie (f) à câble métallique		шкивъ (m) для проволочнаго каната puleggia (f) a fune metallica polea (f) para cables metálicos	*3*
Hanfseilscheibe (f) rope pulley poulie (f) à câble de chanvre, poulie (f) à corde		шкивъ (m) для пеньковаго каната puleggia (f) a fune di canape polea (f) para cuerda de cáñamo	*4*
Triebwerksseil (n), Treibseil (n) transmission rope câble (m) de transmission		приводный канатъ (m) corda (f) motrice cuerda (f) motriz, cable (m) motor, cable (m) de transmisión	*5*
Antriebsseil (n) driving rope câble (m) de commande, corde (f) de commande		передаточный канатъ (m) corda (f) di trasmissione cuerda (f) de impulsión, cuerda (f) directora	*6*
Förderseil (n) winding rope, hoisting cable (A) câble (m) de levage		канатъ (m) рудничнаго элеватора fune (f) di sollevamento cable (m) de suspensión	*7*
Aufzugsseil (n) elevator cable, elevator rope câble (m) de monte-charges		подъемный канатъ (m) cavo (m) da ascensore cable (m) para ascensor	*8*
Kranseil (n) crane rope câble (m) de grues		канатъ (m) подъемнаго крана fune (f) da gru cable (m) para grúa	*9*

1	Kabelseil (n) cable câble (m)		кабельный канатъ (m) cavo (m) cable-cuerda (m), cable (m)
2	Haspelseil (n) winch rope câble (m) pour cabestans		гаспельный канатъ (m) fune (f) da argano cable (m) de cabrestante
3	das Seil (n) aufwickeln to wind up a rope enrouler un câble		намотать (наматывать) канатъ avvolgere una corda arrollar una cuerda
4	das Seil (n) abwickeln to unwind a rope dérouler un câble		размотать (разматывать) канатъ svolgere una corda desarrollar una cuerda

XII.

5	Kettentrieb (m) chain drive, chain gearing transmission (f) par chaînes		цѣпная передача (f) trasmissione (f) a catena transmisión (f) de cadena
6	Kette (f) chain chaîne (f)	a	цѣпь (f) catena (f) cadena (f)
7	Kettenrad (n) chain wheel roue (f) à chaîne	b	цѣпной блокъ (m) ruota (f) a catena polea (f) de cadena
8	Gliederkette (f), Schakenkette (f) open link chain chaîne (f) ordinaire		грузовая (обыкновенная) цѣпь (f) catena (f) a maglie cadena (f) de eslabones
9	Schake (f), Kettenglied (n) link of a chain anneau de la chaîne, maillon (m)		звено (n) цѣпи maglia (f) della catena eslabón (m)
10	Teilung (f), Baulänge (f), lichte Gliederlänge (f) inside length pas (m) du maillon	a	длина (f) отверстія звена lunghezza (f) interna della maglia longitud (f) interior del eslabón

lichte Gliederbreite (f) inside breadth largeur (f) intérieure du maillon	b	ширина (f) отверстія звена larghezza (f) interna della maglia ancho (m) interior del eslabón	1
Ketteneisen (n) chain iron (A), link of a chain maillon (m)	c	кольцо (n) ferro (m) per le maglie, maglia (f) eslabón (m)	2
Kettenreibung (f) chain friction frottement (m) de chaînes		треніе (n) цѣпи attrito (m) della catena fricción (f) de la cadena	3
Kettenschloß (n) chain joint joint (m) de chaîne, manille (f)		соединитель (m), замокъ (m) для цѣпи, соединительное звено giunto (m) della catena cierre (m) de la cadena	4
geschweißte Kette (f) welded chain chaîne (f) soudée		сваренная цѣпь (f) catena (f) a maglie saldate cadena (f) de eslabones soldados	5
Kopfschweiße (f) end lap weld soudure (f) en tête		сварка (f) въ стыкъ maglia (f) saldata in testa eslabón (m) soldado por el extremo	6
Seitenschweiße (f) side lap weld soudure (f) latérale, soudure (f) sur côté		сварка (f) въ напускъ maglia (f) saldata in fianco eslabón (m) soldado por el lado	7
kurzgliedrige Kette (f) short-link chain chaîne (f) à maillons courts		цѣпь (f) съ короткими звеньями catena (f) a maglia corta cadena (f) de eslabón corto	8
langgliedrige Kette (f) long-link chain chaîne (f) à maillons longs		цѣпь (f) съ длинными звеньями catena (f) a maglia lunga cadena (f) de eslabón largo	9

1 Stegkette (f)
stud link chain
chaîne (f) étançonnée, chaîne (f) à étançons, chaîne (f) entretoisée

цѣпь (f) съ распорками
catena (f) a maglia rinforzata, catena (f) a puntelli
cadena (f) de eslabón con traversaño

---

2 Steg (m)
stud
étançon (m), entretoise (f)

a

распорка (f)
rinforzo (m), puntello (m), traverso (m)
refuerzo (m) de eslabón
contrete (m)

---

3 kalibrirte Kette (f)
calibrated chain, tested chain
chaîne (f) calibre

калиброванная (точная) цѣпь
catena (f) calibrata
cadena (f) calibrada

---

4 Hakenkette (f)
hook link chain
chaîne (f) à crochets

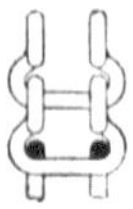

крючковая цѣпь (f)
catena (f) a ganci
cadena (f) abierta

---

5 Kettennuß (f), Kettenwirbel (m)
chain wheel
pignon (m) à chaîne

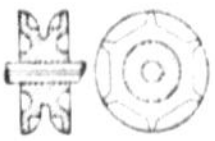

шестерня (f)
rocchetto (m)
rueda (f) de engrane de cadenas, piñón (m) de cadena

---

6 Haspelrad (n)
chain wheel, chain sheave
roue (f) à chaîne

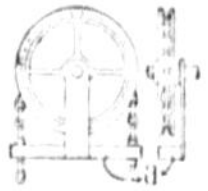

колесо (n) ручнаго ворота
ruota (f) d'argano
rueda (f) de cabrestante

---

7 Kettenführungsbügel (m)
chain guard
chape (f) guide chaîne

a

направляющій бюгель (m) (хомутъ (m)) цѣпной передачи
guida (f) della catena
guardacadena (f)

---

8 Kettenrolle (f)
chain wheel
poulie (f) de [à] chaînes

блокъ (m) для цѣпей
puleggia (f) per catena
polea (f) para cadena

---

9 Gelenkkette (f), Laschenkette (f)
flat link chain, sprocket chain
chaîne (f) d'articulations, chaîne (f) de maillons

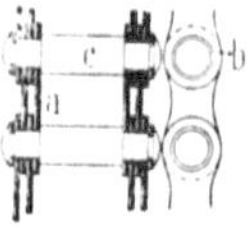

шарнирная цѣпь (f)
catena (f) articolata
cadena (f) articulada, cadena (f) de gallo

---

10 Kettenlasche (f)
link-plate
maille (f) de chaîne

накладка (f) цѣпи
piastrella (f)
malla (f), eclise (f) de cadena

Laschenkopf (m) enlarged end of plate œil (m) de maille, tête (f) de maille	b	головка (f) накладки testa (f) della piastrella cabeza (f) de la malla	1
Kettenbolzen (m) link pin tourillon (m)	c	болтъ (m) цѣпи perno (m) della catena articolata tornillo (m) de la cadena articulada	2
Gallsche Kette (f) Gall's chain chaîne (f) Galle,		цѣпь (f) Галля catena (f) Galle cadena (f) Galle	3
verzahntes Kettenrad (n), Daumenrad (n), Daumenrolle (f) sprocket roue (f) à chaîne dentée		звѣздочка (f), зубчатый цѣпной блокъ (m) puleggia (f) dentata da catena rueda (f) de cabillas	4
Kettenachse (f) chain axle arbre (m) à chaîne		цѣпной валикъ (роликъ (m)) albero (m) da catena eje (m) para cadena	5
Treibkette (f) driving chain chaîne (f) motrice		приводная цѣпь (f) catena (f) motrice cadena (f) de transmisión	6
Lastkette (f) load chain chaîne (f) de charge		подъемная цѣпь (f) catena (f) da pesi cadena (f) para pesos	7
Krankette (f) crane-chain chaîne (f) de grue		цѣпь (f) для крановъ catena (f) da gru cadena (f) de grúa, cadena (f) de cabrestante	8
Ankerkette (f) anchor chain chaîne (f) d'ancre		якорная цѣпь (f) catena (f) da ancora, catena (f) d'ormeggio cadena (f) de áncora, cadena (f) de aparejo	9
Kettenlauf (m) path of a chain course (f) de chaîne		цѣпная передача (f) corsa (f) della catena carrera (f) de la cadena	10
Kette (f) ohne Ende, endlose Kette (f) endless chain chaîne (f) sans fin		безконечная цѣпь (f) catena (f) senza fine, catena (f) continua cadena (f) sin fin, cadena (f) cerrada	11

1 Haken (m)
hook
crochet (m)

крюкъ (m)
gancio (m)
gancho (m)

---

2 Hakenmaul (n)
mouth of hook, jaw (A)
ouverture (f) du crochet,
bec (m) du crochet

a

отверстіе (n) крюка
apertura (f) del gancio,
bocca (f) del gancia,
becco (m) del gancio
boca (f) del gancho

---

3 Hakenschaft (m)
neck (of hook)
tige (f) du crochet

b

цапфа (f) крюка
gambo (m) del gancio
cuello (m) del gancho

---

4 Hakenkehle (f)
throat (of hook)
coude (m) du crochet

c

стержень (m) крюка
collo (m) del gancio
cuerpo (m) del gancho

---

5 Schekel (n)
shackle
anneau (m)

a

душка (f) крюка
traversa (f)
eslabón (m) giratorio

---

6 Doppelhaken (m),
Widderkopf (m)
double hook
crochet (m) double

двойной крюкъ (m)
gancio (m) doppio
gancho (m) doble

---

7 Seilhaken (m)
rope hook
crochet (m) à [de] câble

крюкъ (m) для канатовъ
gancio (m) per corda
gancho (m) para cuerda

---

8 Kettenhaken (m)
chain hook
crochet (m) à [de] chaîne

крюкъ (m) для цѣпей
gancio (m) per catena
gancho (m) para cadena

---

9 Hakengeschirr (n)
hook utensils
accessoires (m. pl.) de
crochet

принадлежности (f. pl.)
къ крюку
accessori (m. pl.) del
gancio
herramientas (f. pl.) de
gancho, accesorios
(m. pl.) del gancho

---

10 Öse (f)
eye
œillet (m)

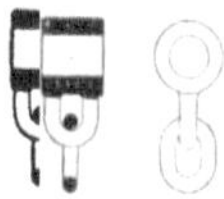

ушко (n), петля (f)
occhiello (m)
grillete (m), ojal (m)

Schlaufe (f) loop, triangular lifting eye crochet (m) fermé	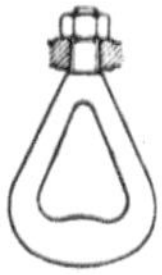	замкнутый крюкъ (m) gancio (m) chiuso assa (f), ojuelo (m)	1

XIII.

Rolle (f) pulley, sheave poulie (f)		блокъ (m) carrucola (f), puleggia (f) polea (f)	2
feste Rolle (f) fixed pulley poulie (f) fixe		неподвижный (глухой) блокъ (m) carrucola (f) fissa polea (f) fija	3
lose Rolle (f) moveable pulley, loose pulley poulie (f) folle, poulie (f) mobile	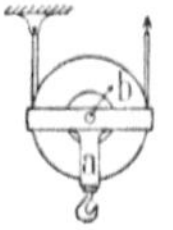	холостой (передвижной) блокъ (m) carrucola (f) folle, carrucola (f) mobile polea (f) móvil	4
Rollenbügel (m) pulley fork, yoke chape (f) de la poulie	a	обойма (f) блока staffa (f) amarre (f), abrazadera (f), armadura (f) de la polea	5
Rollenachse (f) pulley axle axe (m) de la poulie	b	ось (f) блока asse (f) della carrucola, perno (m) della carrucola eje (m) de la polea	6
Flaschenzug (m), Rollenzug (m), Talje (f) pulley blocks moufle (f)	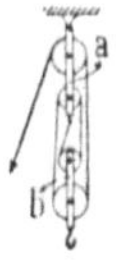	полиспастъ (m), сложный (бутылочный) блокъ (m) paranco (m) aparejo (m), polipasto (m)	7
Rollenkloben (m), Flasche (f) block moufle (f)	a, b	коробка (f) (обойма (f)) блока taglia (f) cepo (m) de polea	8
este Flasche (f) fixed block moufle (f) fixe	a	неподвижная коробка (f) (обойма (f)) taglia (f) fissa juego (m) de poleas fijas	9

No.	Deutsch / English / Français		Русскій / Italiano / Español
1	lose Flasche (f) moveable block moufle (f) mobile	b	холостая коробка (f) (обойма (f)) taglia (f) mobile juego (m) de poleas móviles
2	Oberflasche (f) upper block moufle (f) du haut	a	верхній блокъ (m), верхняя коробка (f) (обойма (f)) taglia (f) superiore aparejo (m) fijo, polea (f) fija
3	Unterflasche (f) lower block moufle (f) du bas	b	нижній блокъ (m), нижняя коробка (f) обойма (f) taglia (f) inferiore aparejo (m) móvil, polea (f) móvil
4	Differentialflaschenzug (m), Treibflaschenzug (m) differential pulley block moufle (f) différentielle	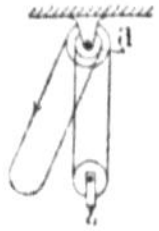	дифференціальный полиспастъ (m) paranco (m) differenziale aparejo (m) diferencial
5	Differentialscheibe (f), Differentialrolle (f) differential pulley, differential sheave poulie (f) différentielle	a	дифференціальный блокъ (m) puleggia (f) differenziale polea (f) diferencial
6	Seilflaschenzug (m), Seilzug (m) rope tackle block moufle (f) à corde		канатный полиспастъ (m) paranco (m) a corda aparejo (m) de cuerda
7	Kettenflaschenzug (m), Kettenzug (m) chain tackle block palan (m), moufle (f) à chaîne		цѣпной полиспастъ (m) paranco (m) a catena aparejo (m) de cadena
8	Trommel (f) drum tambour (m)	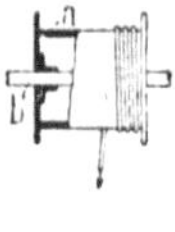	барабанъ (m) tamburo (m) tambor (m), plegador (m)
9	Trommelmantel (m) drum-jacket or shell enveloppe (f) du tambour	a	цилиндръ (m) барабана involucro (m) del tamburo envolvente (m) del tambor

German / English / French		Russian / Italian / Spanish	
Trommelwelle (f) drum axle arbre (m) du tambour, axe (m) du tambour	b	валъ (m) барабана albero (m) del tamburo, asse (f) del tamburo, perno (m) del tamburo •eje (m) del tambor	1
Seiltrommel (f) rope drum tambour (m) à corde		барабанъ (m) для канатовъ tamburo (m) per corda, tamburo (m) per fune tambor (m) para cable, tambor (m) para cuerda	2
Kettentrommel (f) chain drum tambour (m) à chaîne		барабанъ (m) для цѣпей tamburo (m) a catena tambor (m) para cadena	3

XIV.

German / English / French		Russian / Italian / Spanish	
Gesperre (n) lock mechanism, locking mechanism encliquetage (m)		защелкивающій механизмъ (m) arresto (m) trinquete (m), gatillo (m) de parada	4
Zahngesperre (n) ratchet rochet (m), encliquetage (m) à dents		зубчатые остановы (m. pl.) arresto (m) a denti juego (m) de trinquete	5
Sperrad (n), Schaltrad (n) ratchet wheel roue (f) à cliquet, roue (f) à rochet	a	храповое колесо (n), храповикъ (m), тормазное колесо (n) ruota (f) d'arresto rueda (f) de trinquete	6
Sperrhaken (m), Schaltklinke (f) pawl cliquet (m)	b	кулачекъ (m), собачка (f) nottolino (m) gatillo (m) de trinquete	7
Klemmgesperre (n) friction-ratchet gear encliquetage (m) à coin	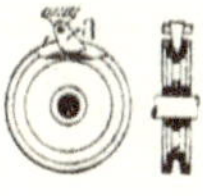	зажимающіе остановы (m. pl.) arresto (m) di frizione mecanismo (m) de paro por mordiente	8
Klemmkegel (m) friction-ratchet cliquet (m) à friction	a	зажимающій конусъ (m) nottolino (m) eccentrico cono (m) mordiente, trinquete (m) de fricción	9

1	Bremse (f), Brems- vorrichtung (f) brake, brake device frein (m)		тормазъ (m), тормаз- ной аппаратъ (m) freno (m) freno(m), mecanismo(m) de freno
2	Backenbremse (f), Klotzbremse (f) shoe-brake frein (m) à sabot	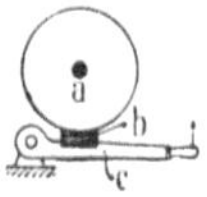	тормазъ (m) съ ко- лодками (нащечи- нами) freno (m) a ceppo freno (m) de zapato
3	Bremsscheibe (f) brake pulley poulie (f) de frein	a	тормозной шкивъ (m), тор- мозное колесо (n) puleggia (f) del freno polea (f) del freno
4	Bremsklotz (m), Brems- backe (f) brake shoe sabot (m) de frein	b	тормозная колодка(f), тормозной баш- макъ (m) ceppo (m) del freno cepo (m) de freno, placa (f) de freno, al- mohadilla, zapata (f) del freno
5	Bremshebel (m) brake lever levier (m) de frein	c	тормозной рычагъ (m) leva (f) del freno palanca (f) del freno
6	Bremskraft (f) brake pressure force (f) du frein		тормозящая сила (f) forza (f) frenatrice fuerza (f) de frenado, frenatriz (f)
7	Keilradbremse (f) V-shaped brake frein (m) à gorge		клиновой тормазъ(m) freno (m) ad incastro freno (m) de ranura
8	Kegelbremse (f) friction clutch frein (m) à cône	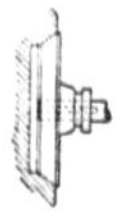	коническій тор- мазъ (m), тор- мазъ (m) съ кони- ческимъ колесомъ freno (m) conico freno (m) cónico
9	Bandbremse (f) band brake, strap brake frein (m) à bande	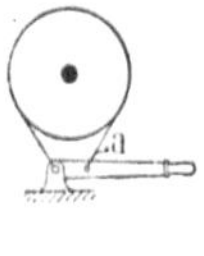	ленточный тор- мазъ (m) freno (m) a nastro freno (m) de cinta

Bremsband (n) band, strap of the brake bande (m) de frein	a	тормозная лента (f) (полоса (f)) nastro (m) del freno cinta (f) del freno	1
Differentialbremse (f) differential brake frein (m) différentiel	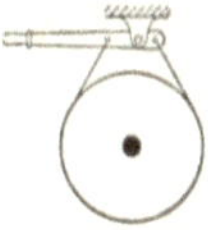	дифференціальный тормазъ (m) freno (m) differenziale freno (m) diferencial	2
Schleuderbremse (f) centrifugal brake frein (m) centrifuge		центробѣжный тор- мазъ (m) freno (m) centrifugo freno (m) centrífugo	3

XV.

Rohr (n) pipe, tube tuyau (m), tube (m)		труба (f) tubo (m) tubo (m)	4
röhrenförmig tubular tubulaire		трубообразн-ый, -ая, -ое (adj.); трубообраз-енъ, -на, -но (adv.) tubolare tubular	5
lichte Weite (f) des Rohres, Rohrweite (f) inside diameter of pipe, bore of pipe diamètre (m) intérieur du tuyau	a	внутренній діа- метръ (m) трубы diametro (m) interno del tubo diámetro (m) interior del tubo, luz (f) del tubo	6
das Rohr (n) hat x mm lichte Weite, das Rohr (n) mißt x mm im Lichten the pipe has a bore of x mm le tuyau a x mm de dia- mètre intérieur, c'est un tuyau de x mm		внутренній діа- метръ (m) трубы равенъ x мм il tubo ha x mm di dia- metro interno, un tu- bo di x mm el tubo (m) tiene x mm de diámetro interior, el tubo (m) tiene x mm de luz	7
Rohrwand (f) wall of a pipe, shell of a pipe paroi (f) du tuyau	b	стѣнка (f) трубы parete (f) del tubo pared (f) del tubo, casco (m) del tubo	8

1	Wandstärke (f) thickness of pipe épaisseur (f) de paroi du tuyau	c	толщина (f) стѣнки spessore (m) della parete grueso (m) del casco, espesor (m) de la pared
2	Nutzlänge (f) length over the flanges longueur (f) utile		полезная длина (f) lunghezza (f) utile longitud (f) útil
3	Rohranstrich (m) pipe-paint peinture (f) du tuyau		окраска (f) трубъ vernice (f) del tubo pintura (f) del tubo
4	Rohrbekleidung (f) pipe covering revêtement (m) du tuyau, enveloppe (f) du tuyau		обмотка (f) трубы rivestimento (m) d'un tubo rivestimiento (m) del tubo
5	Rohrverbindung (f) pipe joint joint (m) de tuyaux, assemblage (m) de tuyaux		трубчатое (трубное) соединенiе (n) giunzione (f) dei tubi, unione (f) dei tubi junta (f) de tubos, unión (f) de tubos
6	Rohrverschraubung (f) screwed-pipe-coupling joint (m) à vis de tuyaux, assemblage (m) à vis de tuyaux		винтовое соединенiе (n) трубъ giunzione (f) a vite dei tubi, avvitamento (m) dei tubi roscado (m) de tubos, unión (f) por casquillos roscados
7	Flanschenverbindung (f) flange-coupling joint (m) à brides	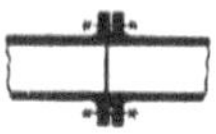	соединенiе (n) помощью флянцовъ unione (f) a flangia, giunto (m) a flangia unión (f) por bridas
8	Flanschenverschraubung (f) screw-flange-coupling, bolted flanges joint (m) à brides et à boulons		соединенiе (n) помощью флянцовъ и болтовъ giunto (f) a flangie e bulloni unión (f) á tornillo de las bridas
9	Flanschenrohr (n) flanged pipe, flanged tube tuyau (m) à brides	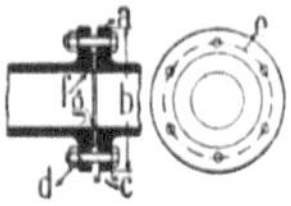	труба (f) съ флянцемъ tubo (m) a flangie tubo (m) con bridas
10	Flansch (m), Rohrflansch (m) flange bride (f)	a	флянецъ (m), флянцъ (m), фланецъ (m) flangia (f) brida (f)

Flanschendurchmesser (m) diameter of flange diamètre (m) de la bride	b	діаметръ (m) фланца diametro (m) della flangia diámetro (m) de la brida	1
Flanschendicke (f) thickness of flange épaisseur (f) de la bride	c	толщина (f) фланца spessore (m) della flangia grueso (m) de la brida	2
Flanschenschraube (f) bolt of flange boulon (m) de brides	d	болтъ (m) фланца vite (f) delle flangie, bullone (f) delle flangie tornillo (m) de las bridas	3
Lochkreis (m) bolt circle cercle (m) des trous de boulons	e	окружность (f) центровъ отверстій diametro (m) dei fori dei bulloni círculo (m) de tornillos	4
Dichtungsleiste (f) joint face portée (f) de la bride	f	напускъ (m) фланца orlo (m), superficie (f) di contatto per la tenuta reborde (m) de hermeticidad, cara (f) de la brida	5
Flanschendichtung (f), Flanschenpackung (f) joint-packing, gasket garniture (f) des brides	g	прокладка (f) между фланцами guarnizione (f) delle flangie empaque (m) de bridas	6
Dichtungsring (m), Dichtungsschnur (f) packing ring, gasket-ring anneau (m) [obturateur] de joint		прокладочное (уплотняющее) кольцо (n) anello (m) di guarnizione disco (m) de empaque, corona (f) de empaque, anillo (m) de empaquetado	7
Flansch (m) mit Vor- und Rücksprung recessed flanged joint bride (f) à emboîtement		фланцъ (m) съ выступомъ и уступомъ flangia (f) con orlo sporgente e rientrante brida (f) de enchufe	8

1 Flansch (m) mit Feder und Nut
flange with circular tongue and groove
bride (f) à emboîtement

флянецъ съ перомъ (n) и гребнемъ (m)
flangia (f) ad incastro
brida (f) de pestaña

---

2 Gegenflansch (m)
flanged branch
contre-bride (f)

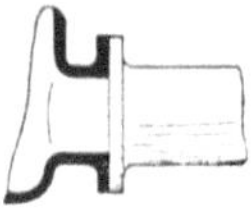

контръ-флянецъ (m)
contro-flangia (f)
contrabrida (f)

---

3 Winkelflansch (m)
angle flange, collar flange
bride (f) à cornière

угловой флянецъ (m)
flangia (f) riportata
brida (f) de ángulo

---

4 fester Flansch (m)
fixed flange, cast flange
bride (f) fixe

глухой флянецъ (m),
flangia (f) fissa
brida (f) fija

---

5 loser Flansch (m), Flanschenring (m)
loose flange
bride (f) rapportée

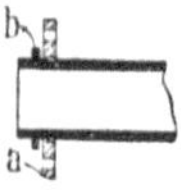

a

свободный флянецъ (m)
flangia (f) mobile, flangia (f) ad anello
brida (f) móvil

---

6 Lötring (m)
flange brazed on
bague (f) soudée

b

припаянное кольцо (n)
anello (m) saldato
anillo (m) soldado

---

7 aufgenieteter Flansch (m)
riveted flange
bride (f) rivée

приклепанный флянецъ (m),
flangia (f) chiodata
brida (f) remachada

---

8 aufgelöteter Flansch (m)
brazed flange
bride (f) soudée

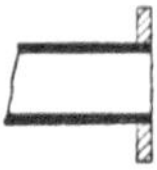

напаянный флянецъ (m)
flangia (f) saldata
brida (f) soldada

---

9 aufgeschraubter Flansch (m)
screwed flange
bride (f) vissée

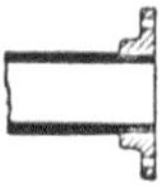

привинченный флянецъ (m)
flangia (f) avvitata
brida (f) roscada

Flanschenschlüssel (m) flange-wrench, screw-key clef (f) pour brides		ключъ (m) для флянцевъ chiave (f) per flangie llave (f) de brida	*1*
Muffenverbindung (f) spigot and socket joint joint (m) à manchon, assemblage (m) à manchon	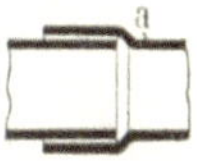	соединенie (n) трубъ муфтами giunto (m) a manicotto, giunto (m) a bicchiere junta (f) de enchufe	*2*
Muffenrohr (n) socket pipe tuyau (m) à manchon, tuyau (m) à emboîtement	a	труба (f) съ муфтой tubo (m) a manicotto tubo (m) de enchufe	*3*
Rohrmuffe (f) socket manchon (m) de tuyau	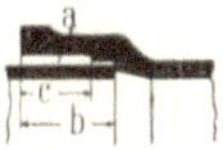	муфта (f) трубы manicotto (m) del tubo enchufe (m)	*4*
Rohrdichtung (f), Rohrpackung (f) pipe packing, packing space garniture (f) de tuyau	a	набивка (f) guarnizione (f) del tubo empaquetadura (f) del tubo	*5*
Muffentiefe (f) depth of socket profondeur (f) du manchon	b	глубина (f) муфты profondità (f) del manicotto profundidad (f) del enchufe	*6*
Dichtungstiefe (f) depth of packing profondeur (f) de la garniture, longueur (f) de la garniture	c	длина (f) набивки profondità (f) della guarnizione profundidad (f) de la empaquetadura	*7*
das Rohr (n) mit Blei ausgießen to pour lead in the joint faire un joint de plomb		залить трубу свинцомъ guarnire con piombo guarnecer con plomo	*8*
gußeisernes Rohr (n) cast iron pipe tuyau (m) en fonte		чугунная труба (f) tubo (m) di ghisa tubo (m) de hierro fundido	*9*
stehend gegossenes Rohr (n) tube cast vertically tuyau (m) coulé [fondu] debout		вертикально отлитая труба (f) tubo (m) fuso verticalmente tubo (m) fundido verticalmente	*10*

1 liegend gegossenes Rohr (n)
tube cast horizontally
tuyau (m) coulé [fondu], couché

горизонтально отлитая труба (f)
tubo (m) fuso orizzontalmente
tubo (m) fundido horizontalmente

---

2 schmiedeeisernes Rohr (n)
wrought iron pipe
tuyau (m) en tôle

труба (f) изъ полосового желѣза
tubo (m) di ferro dolce
tubo (m) de hierro dulce

---

3 genietetes Rohr (n)
riveted pipe, riveted tube
tuyau (m) rivé

склепанная (клепанная) труба (f)
tubo (m) chiodato
tubo (m) remachado, tubo (m) cosido

---

4 geschweißtes Rohr (n)
welded pipe, welded tube
tuyau (m) soudé

сваренная труба (f)
tubo (m) saldato
tubo (m) soldado

---

5 stumpfgeschweißtes Rohr (n)
butt welded pipe
tuyau (m) soudé à rapprochement

сваренная въ стыкъ труба (f)
tubo (m) con pareti saldate a smusso
tubo (m) soldado á tope

---

6 überlappt geschweißtes Rohr (n)
lap welded pipe
tuyau (m) soudé à recouvrement

сваренная въ напускъ труба (f)
tubo (m) con pareti saldate a sovvraposizione
tubo (m) soldado á solapa

---

7 spiral geschweißtes Rohr (n)
spiral welded pipe
tuyau (m) soudé en spirale

спирально сваренная труба (f)
tubo (m) saldato a spirale
tubo (m) soldado en espiral

---

8 gelötetes Rohr (n)
soldered pipe
tube (m) brasé, tube (m) soudé

спаянная труба (f)
tubo (m) saldato
tubo (m) soldado

---

9 nahtloses Rohr (n)
seamless pipe, seamless tube
tube (m) sans soudure

труба (f) безъ шва
tubo (m) senza saldatura
tubo (m) sin soldadura

gewalztes Rohr (n) rolled tube tuyau (m) laminé		прокатанная труба (f) tubo (m) fatto al laminatoio, tubo (m) laminato, tubo (m) cilindrato tubo (m) cilindrado	1
Rohrwalzapparat (m) tube-rolling mill train (m) de laminoirs à tuyaux		трубопрокатный станокъ (m) apparato (m) laminatore per tubi aparato (m) para laminar tubos	2
Röhrenwalzwerk (n) tube-rolling works laminoir (m) à tuyaux		трубопрокатный заводъ (m) laminatoio (m) da tubi laminador (m) de tubos	3
gezogenes Rohr (n) drawn tube, solid drawn tube tuyau (m) étiré		тянутая труба (f) tubo (m) stirato tubo (m) estirado	4
Röhren (n. pl) ziehen to draw tubes étirer des tuyaux		тянуть трубы stirare tubi estirar tubos	5
Kupferrohr (n) copper-tube, copper-pipe tuyau (m) en cuivre		мѣдная труба (f) tubo (m) di rame tubo (m) de cobre	6
Messingrohr (n) brass-tube, brass-pipe tuyau (m) en laiton		латунная труба (f) tubo (m) d'ottone tubo (m) de latón	7
umgebördeltes Rohr (n) mit losem Flansch flanged pipe with loose back flange tuyau embouti avec bride rapportée	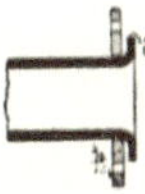 a	отогнутая труба (f) со свободнымъ фланцемъ tubo (m) con bordo a flangia mobile tubo (m) de reborde con brida móvil	8
Umbördelung (f) flanging bord (m) rabattu, emboutissage (m)	a	отгибаніе (n) края трубы bordo (m), collare (m) reborde (m)	9
das Rohr (n) umbördeln to flange the tube emboutir le tuyau, rabattre le collet du tuyau		отогнуть край трубы fare il bordo ad un tubo doblar el borde de un tubo, rebordear	10

1	Ausgleichungsrohr (n), Dehnungsrohr (n) expansion pipe, compensating pipe tuyau (m) compensateur, tuyau (m) extensible		компенсаторъ (m) tubo (m) di dilatazione, tubo (m) compensatore tubo (m) de dilatación
2	Federrohr (n) expansion pipe tuyau (m) élastique	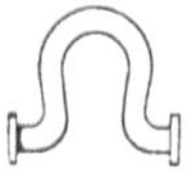	пружинящая труба (f) tubo (m) elastico (per compensare la dilatazione) tubo (m) elástico
3	Wellrohr (n) corrugated pipe, corrugated tube tuyau (m) ondulé		волнообразная (волнистая) труба (f) tubo (m) ondulato tubo (m) ondulado
4	Stopfbüchsenrohr (n) gland expansion joint, stuffing box joint tuyau (m) à presse-étoupe	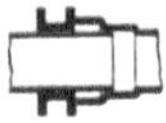	нажимная втулка (f) сальника tubo (m) con scattola a stoppa tubo (m) con prensa-estopas
5	Rippenrohr (n) ribbed pipe tuyau (m) à ailettes	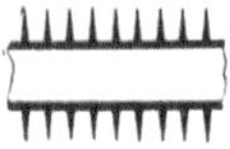	ребристая труба (f) tubo (m) a nervature tubo (m) acostillado, tubo (m) de aletas
6	Schlangenrohr (n) worm-pipe, coil-pipe serpentin (m)		змѣевикъ (m) serpentino (m) tubo (m) de serpentín
7	Kühlschlange (f) cooling coil, condensing coil serpentin (m) refroidisseur		змѣевикъ (m) холодильника tubo (m) refrigerante serpentín (m) refrigerante
8	Heizschlange (f) heating coil serpentin (m) réchauffeur		нагрѣвательный змѣевикъ (m) tubo (m) a serpentino bollitore serpentín (m) de calefacción
9	Rohrverschluß (m) pipe-closier, blank flange obturateur (m) de tuyau		затворъ трубы otturatura (f) del tubo, chiusura (f) del tubo cierre (m) del tubo

Verschlußpfropfen (m), Verschlußschraube (f), Stopfen (m) screwed plug bouchon (m) à vis		пробка (f) tappo (m) a vite tapón (m) roscado	1
Verschlußkappe (f) screwed cap chapeau (m) de fermeture		колпакъ (m) otturatore (m) esterno a vite, cappello (m) a vite di chiusura obturador (m) extremo roscado, casquete (m) roscado	2
Blindflansch (m), Deckelflansch (m) blank-flange, blind-flange bride (f) d'obturation		затворный фланецъ (m) flangia (f) cieca brida (f) ciega, brida (f) tapada	3
Formstück (n), Paßrohr (n) pipe-fitting raccord (m), tubulure (f)		фасонная труба (f) pezzo (m) d'adattamento tubo (m) de comunicación, casquillo (m) de unión	4
Uberschiebmuffe (f) double-socket manchon (m) double	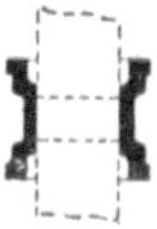	двойная надвижная муфта manicotto (m) doppio manguito (m) doble	5
Krümmer (m) elbow coude (m)		колѣно (n), колѣнчатая труба (f) tubo (m) curvo codo (m) curvado, tubo (m) acodado recto	6
Bogenrohr (n) angle pipe raccord (m) courbé		дуговая (колѣнчатая) труба (f), колѣно (n) tubo (m) ad arco tubo (m) curvo, tubo (m) arqueado, tubo (m) acodado abierto	7
Doppelbogen (m) U-pipe raccord (m) en U	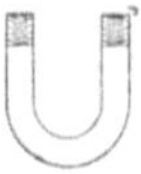	U-образная труба (f) tubo (m) ad arco doppio, tubo (m) a U, tubo (m) biforcato doble (m) codo, tubo (m) forma U	8
Ubergangsrohr (n) reducing pipe raccord (m) avec réduction de diamètre	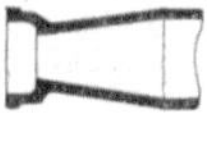	труба (f) передаточная tubo (m) di riduzione tubo (m) de paso, tubo (m) cónico, casquillo (m) de reducción	9

1 Rohrverzweigung (f)
pipe-branch
branchement (m)

развѣтвленіе (n) трубъ
diramazione (f)
embranque (m) de tubo, ingerto (m) de tubo

---

2 rechtwinklige Abzweigung (f)
right angled branch
branchement (m) à angle droit, branchement (m) à T

прямоугольный отводъ (m)
diramazione (f) ad angolo retto
embranque (m) en ángulo recto, ingerto (m) recto

---

3 spitzwinklige Abzweigung (f)
Y-pipe
branchement (m) à angle aigu

остроугольный отводъ (m)
diramazione (f) ad angolo acuto
embranque (m) en ángulo agudo, ingerto (m) oblicuo

---

4 Abzweigrohr (n), Zweigrohr (n), Abzweig (m)
branch-pipe
tuyau (m) de branchement

a

вѣтвь (f) трубы
tubo (m) di diramazione
tubo (m) de embranque, tubo (m) de ingerto

---

5 Kreuzstück (n)
cross-pipe
tuyau (m) en croix, croix (f)

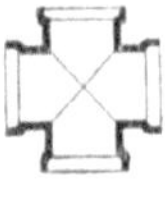

крестовина (f)
tubo (m) a croce
cruzamiento (m) de tubos, unión (f) de doble T para tubos

---

6 T-Stück (n)
T-pipe, tee
joint (m) à T

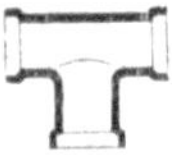

Т-образная труба (f)
tubo (m) a T
tubo (m) de T

---

7 Dreiwegestück (n)
three-way-pipe
tuyau (m) à trois voies

тройникъ (m), трехходовая труба (f)
tubo (m) a tre vie
codo (m) de tres pasos

---

8 Vierwegestück (n)
four-way-pipe
tuyau (m) à quatre voies

четырехходовая труба (f)
tubo (m) a quattro vie
codo (m) de cuatro pasos

---

9 Gewindemuffe (f)
screwed socket
manchon (m) à vis

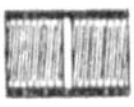

муфта (f) съ нарѣзкой, винтовая муфта
manicotto (m) a vite, manicotto (m) filettato
manguito (m) roscado

verjüngte Muffe (f), Absatzmuffe (f) reducing socket, reducer manchon (m) de réduction		переходная муфта (f) manicotto (m) di riduzione manguito (m) de dos luces	1
Nippel (m) nipple, close nipple raccord (m) à vis	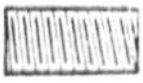	ниппель (m) manicotto (m) interno, raccordo (m) a vite boquilla (f) roscada del tubo	2
Doppelnippel (m) double nipple double raccord (m) à vis, manchon (m) droit		двойной ниппель (m) manicotto (m) doppio interno, raccordo (m) doppio a vite tubo (m) con dos bocas roscadas	3
Knierohr (n), Kniestück (n) elbow genou (m)		колѣнчатая труба (f), угольникъ (m), колѣно (n), gomito (m) tubo (m) acodado	4
scharfes Knierohr (n) square elbow genou (m) vif	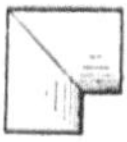	прямой угольникъ (m) gomito (m) ad angolo retto codo (m) de ángulo recto	5
scharfes verjüngtes Knierohr (n) reducing elbow, angle reducer genou (m) de réduction		прямой переходный угольникъ (m) gomito (m) di riduzione codo (m) de dos luces	6
abgerundetes Knierohr (n) round elbow genou (m) arrondi		круглый угольникъ (m) gomito (m) arrotondato tubo (m) redondeado	7
Gasrohr (n) gas-pipe tuyau (m) à gaz		газовая труба (f) tubo (m) da gas tubo (m) de gas	8
Wasserrohr (n) water-pipe tuyau (m) à eau		водопроводная труба (f) tubo (m) per acqua tubo (m) de agua	9
Kesselrohr (n) boiler-tube tube (m) de chaudière		котельная труба (f) tubo (m) bollitore da caldaia tubo (m) de caldera	10

1	Flammrohr (n) fire-tube, flue-tube tube (m) à feu		жаровая труба (f) tubo (m) da focolare tubo (m) de llama
2	Feuerrohr (n) furnace-tube tube (m) de retour de flamme		огневая труба (f) tubo (m) da fumo tubo (m) de humo
3	Siederohr (n) water-tube bouilleur (m)		кипятильная труба (f) tubo (m) riscaldatore tubo (m) hervidor
4	Heizrohr (n) heating pipe tuyau (m) de chauffage		дымогарная труба (f) tubo (m) bollitore tubo (m) de calefacción
5	Saugrohr (n) suction-pipe tuyau (m) d'aspiration	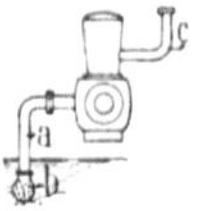	всасывающая труба (f) tubo (m) aspirante tubo (m) aspirante
6	Saugkorb (m) rose-pipe, strainer crépine (f)	b	всасывающая сѣтка (f) staccio (m) aspirante colador (m) aspirante, alcachofa (f)
7	Saugleitung (f) suction-pipe conduite (f) d'aspiration	a	всасывающія трубы (f. pl.) conduttura (f) d'aspirazione conducción (f) de aspiración
8	Druckrohr (n) delivery-pipe tuyau(m) de refoulement	c	нагнетательная труба (f) tubo (m) di pressione tubo (m) de descarga
9	Druckleitung (f) delivery-pipe conduite (f) de refoulement		трубопроводъ (m) высокаго давленія, система (f) трубъ для провода воды подъ напоромъ conduttura (f) di pressione conducción (f) de descarga
10	Rohransatz (m), Rohrstutzen (m) flanged socket tubulure (f)		натрубокъ (m), рожокъ (m), штуцеръ (m) bocchetta (f) tubuladura (f), muñón (m) tubular

Rohrleitung (f) pipe-line, line piping conduite (f) de tuyaux		трубопроводъ (m) tubazione (f), condut- tura (f) conducción (f)	1
Zuleitungsrohr (n), Zuflußrohr (n) inlet-pipe tuyau (m) d'admission, tuyau (m) d'arrivée		впускная труба (f) tubo (m) d'ammissione tubo (m) de alimenta- ción, tubo (m) de ad- misión	2
Abflußrohr (n) waste-pipe, drain pipe tuyau (m) d'échappe- ment		спускная труба (f) tubo (m) di scarica tubo (m) de descarga	3
Rohrnetz (n) pipe-installation tuyauterie (f)		трубопроводная сѣть (f) rete (f) di tubi red (f) tubular, instala- ción (f) de tubos, tubería (f)	4
Rohrplan (m) plan of pipe-installation, piping plan (A) plan (m) de tuyauterie		планъ (m) располо- женія трубъ piano (m) della tuba- zione plano (m) de la instala- ción de tubos	5
das Rohr (n) verlegen to lay a pipe poser un tuyau		проложить (прокла- дывать) трубу mettere in opera un tubo colocar un tubo	6
Rohrschelle (f) clip, pipe hanger (A) étrier (m)	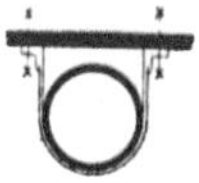	хомутикъ (m) sopporto (m) per tubi, sostegno (m) per tubi, graffa (f) brida (f) para tubo	7
Rohrhaken (m) wall hook agrafe (f) pour tubes		поддерживающій крюкъ (m) для трубопровода gancio (m) per tubi clavo-gancho (m) para tubería, alcayata (f) para tubería	8
Dampfleitung (f) steam-piping conduite (f) de vapeur		паропроводъ (m) conduttura (f) di vapore conducción (f) para va- por, tubería (f) para vapor	9
Wasserleitung (f) water-piping conduite (f) d'eau		водопроводъ (m) conduttura (f) d'acqua conducción (f) para agua, tubería (f) para agua	10

1 Gasleitung (f)
gas-pipe line
conduite (f) de gaz, conduite (f) à gaz

газопроводъ (m)
tubazione (f) del gas, conduttura (f) di gas
conduccion (f) para gas, tubería (f) para gas

---

2 Wassersack (m)
water-trap
sac (m) d'eau, sac (m) à eau

резервуаръ (m) для воды
serbatoio (m) d'acqua
sifón (m)

---

3 Wasserschlag (m)
water hammering
coup (m) de bélier

ударъ (m) воды
colpo (m) d'ariete
golpe (m) de ariete, choque (m) de agua

---

4 Rohrbruch (m)
pipe burst, pipe explosion
rupture (f) de tuyau

разрывъ (m) (поломка (f)) трубы
rottura (f) del tubo
rotura (f) del tubo

---

5 Rohrbruchventil (n)
isolating valve, self closing valve
valve (f) de sûreté

предохранительный на случай разрыва трубы клапанъ (m)
valvola (f) di sicurezza
válvula (f) de seguridad para tubos

---

6 Rohrschlüssel (m)
pipe-wrench, alligator wrench
clef (f) à tubes

ключъ (m) для трубъ
chiave (f) per tubi
llave (f) para tubos

---

7 Rohrzange (f)
pipe-tongs
pince (f) à tubes

клещи (m. pl.) для трубъ
tanaglia (f) per tubi
tenazas (f. pl.) para tubos

---

8 Rohrabschneider (m)
pipe-cutter
coupe-tubes (m)

труборѣзъ (m)
taglia-tubi (m)
corta-tubos (m)

---

9 Rohrwischer (m)
tube-brush
hérisson (m)

спиральный скребокъ (m) (спиральная щетка) для трубъ
spazza-tubi (m)
escobilla (f) para limpiar tubos, sacatrapos (m)

Rohrauskratzer (m) tube-scraper grattoir (m) à tubes		скребокъ (m) } для банница (f) } чистки щетка (f) } трубъ raschiatoio (m) per tubi rascador (m) de tubos	*1*
Wasserstandszeiger (m) water-gauge indicateur (m) de niveau d'eau	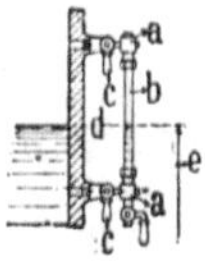	указатель (m) уровня воды, водоуказательный приборъ (m) indicatore (m) di livello indicador (m) de nivel de agua	*2*
Wasserstands-gehäuse (m) water-gauge-casting boîte (f) du niveau d'eau	a	футляръ (m) для водоуказателя scatola (f) dell' indicatore di livello caja (f) del indicador del nivel de agua	*3*
Wasserstandsglas (n) water-gauge-glass tube (m) de verre du niveau d'eau	b	водомѣрное стекло (n) vetro (m) dell' indicatore di livello cristal (m) del indicador de nivel	*4*
Wasserstandshahn (m) gauge-cock, water-gauge-cock robinet (m) du niveau d'eau	c	водомѣрный кранъ (m) robinetto (m) dell' indicatore di livello grifo (m) del indicador de nivel	*5*
Wasserstandslinie (f), Wasserstandsmarke (f) water-line, water-mark niveau (m) supérieur, niveau (m) maximum	d	линія (f) уровня воды linea (f) del livello d'acqua linea (f) de nivel del agua	*6*
Wassersäule (f) water-column colonne (f) d'eau	e	водяной столбъ (m) colonna (f) d'acqua columna (f) de agua	*7*

XVI.

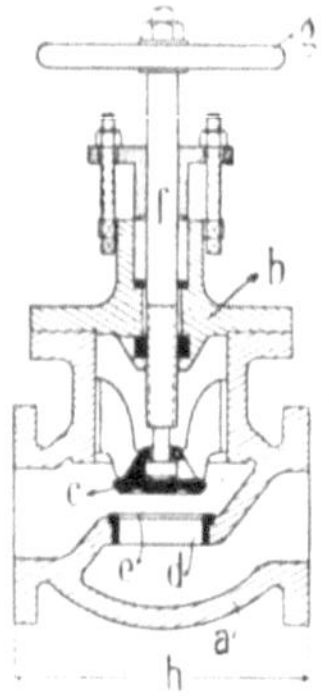

1 Ventil (n)
valve, globe valve (A)
valve (f), soupape (f)

клапанъ (m), вентиль (m)
valvola (f)
válvula (f)

---

2 Ventilgehäuse (n), Ventilkammer (f)
valve-box, valve chamber
chapelle (f) de soupape, corps (m) de soupape, lanterne (f) de soupape

клапанная коробка (f)
camera (f) della valvola
cámara (f) de la válvula, caja (f) de la válvula

---

3 Ventildeckel (m), Ventilgehäusedeckel (m)
valve cover, bonnet (A)
couvercle (m) de soupape

крышка (f) клапанной коробки
coperchio (m) della valvola, cappello (m) della valvola
tapa (f) de la válvula

---

4 Ventildeckelschraube (f)
bonnet-bolt (A), bolt for the valve cover
boulon (m) du couvercle de soupape

болтъ (m) съ крышки клапана
bullone (m) del coperchio, vite (f) del coperchio
tornillo (m) de la tapa de la válvula

---

5 lichte Weite (f)
internal diameter of inlet
orifice (m) d'entrée, diamètre (m) intérieur

внутренній діаметръ (m) клапана
luce (f) interna, diametro (m) interno
diámetro (m) interior de la válvula

---

6 Durchgang (m)
internal diameter of valve seat, passage
passage (m)

проходъ (m)
passaggio (m)
paso (m) de la válvula

Deutsch / English / Français		Русский / Italiano / Español	
Durchgangsöffnung (f) width of passage largeur (f) du passage, ouverture (m) de passage		проходное (пропускное) отверстіе (n) apertura (f) di passaggio, sezione di passaggio luz (f) del paso, diámetro (m) del paso	1
Durchgangsquerschnitt (m) sectional area of the passage section (f) de passage		поперечное сѣченіе (n) пропускнаго (проходнаго) отверстія area (f) di passaggio sección del paso	2
Ventilkörper (m) valve disk corps (m) de soupape	c	тѣло (n) клапана corpo (m) della valvola cuerpo (m) de la válvula	3
Ventilsitz (m) valve seat, seat of the valve siège (m) de la soupape	d	сѣдло (n) клапана sede (f) della valvola asiento (m) de la válvula	4
Sitzfläche (f) contact surface of the seat, valve seating surface (f) de contact, surface (f) d'obturation	e	площадь (f) соприкосновенія superficie (f) di contatto superficie (f) de contacto, zona (f) de contacto	5
das Ventil (n) auf den Ventilsitz aufschleifen to grind in the seat, to emery the valve into its seat roder la soupape sur son siège		пришлифовать (пришлифовывать) клапанъ къ своему сѣдлу smerigliare la sede della valvola afinar la válvula	6
Ventilspindel (f) valve-spindle, valve stem tige (f) de soupape	f	шпиндель (m) клапана stelo (m) della valvola vástago (m) de la válvula	7
Handrad (n) hand-wheel manette (f)	g	маховичёкъ (m) volantino (m) rueda (f) manubrio	8
Baulänge (f) length over all longueur (f) totale	h	длина (f) коробки клапана lunghezza (f) totale longitud (f) de la válvula	9

1	Ventilhub (m) lift of a valve, valve lift course (f) de soupape	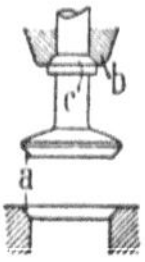 a	ходъ (m) клапана alzata (f) della valvola salto (m) de la válvula
2	Hubbegrenzung (f) shoulder on valve stem to limit lift butée (f), butoir (m)	b	упоръ (m) limite (m) d'alzata della valvola limite (m) del salto de la válvula
3	Hubbegrenzungskegel (m) shoulder on valve stem to limit lift taquet (m) limitant la course	c	конусообразный упоръ (m) cono (m) limite dell' alzata cono (m) alto de la válvula
4	Ventilüberdruck (m) pressure on valve face surpression (f) de la soupape		избытокъ (m) давленія soprapressione (f) della valvola sobrecarga (f) de la válvula
5	Ventilmasse (f) inertia of the valve inertie (f) de la soupape		масса (f) клапана massa (f) della valvola masa (f) de la válvula
6	Ventilbeschleunigung(f) valve acceleration accélération (f) de la soupape		ускореніе (n) клапана accelerazione (f) della valvola aceleración (f) de la válvula
7	das Ventil (n) klemmt sich the valve binds, the valve is too tight la soupape coince		клапанъ (m) заѣдается (защемляется) la valvola (f) si ingrana la válvula (f) se agarra
8	das Ventil (n) bleibt hängen the valve seizes la soupape se bloque		клапанъ (m) застряваетъ la valvola (f) resta sospesa la válvula (f) queda suspensa
9	das Ventil (n) flattert the valve knocks la soupape oscille		клапанъ (m) прыгаетъ (скачетъ) la valvola (f) oscilla, la valvola (f) vacilla la válvula (f) oscila

das Ventil (n) klappert the valve chatters la soupape cogne	клапанъ (m) стучитъ la valvola (f) batte la válvula canta, la válvula traquetea	1
das Ventil (n) öffnen to open the valve ouvrir la soupape	открыть(открывать) клапанъ (m) aprire la valvola abrir la válvula	2
das Ventil (n) schließen to close the valve fermer la soupape	закрыть (закрывать) клапанъ (m) chiudere la valvola cerrar la válvula	3
das Spiel (n) des Ventils the play of the valve jeu (m) de la soupape	игра (f) клапана gioco (m) della valvola juego (m) de la válvula	4
Ventilschluß (m) closing of the valve fermeture (f) de la soupape	закрытіе (n) клапана chiusura (f) della valvola cierre (m) de la válvula	5
Ventileröffnung (f) opening of the valve ouverture (f) de la soupape	открытіе (n) клапана apertura (f) della valvola abertura (f) de la válvula	6
Ventilerhebung (f) lifting of the valve levée (f) de la soupape	поднятіе (n) клапана alzata (f) della valvola carrera (f) de la válvula	7
Ventilerhebungsdiagramm valve-lift-diagram diagramme (m) de la levée de la soupape	діаграмма (f) поднятія клапана diagramma (f) dell' alzata della valvola diagrama (m) de la carrera de la válvula	8
das Ventil (n) entlasten to balance the valve équilibrer la soupape	разгрузить (разгружать) клапанъ sgravare la valvola, scaricare la valvola descargar la válvula	9
Ventilentlastung (f) balancing of the valve équilibrage (m) de la soupape 	разгрузка (f) клапана scarica (f) della valvola descarga (f) de la válvula	10

1	Entlastungsventil (n), Hilfsventil (n) bye-pass valve, auxiliary valve (to facilitate opening main valve) soupape (f) auxiliaire pour faciliter l'ouverture de la soupape principale	a	разгрузной (вспомогательный) клапанъ (m) valvola (f) ausiliaria, valvola (f) sussidiaria válvula (f) auxiliar
2	Hubventil (n) lift-valve soupape (f) à course rectiligne		подъемный клапанъ (m) valvola (f) ad alzata válvula (f) de alza
3	Tellerventil (n) disc-valve soupape (f) à siège plan, soupape (f) à plateau	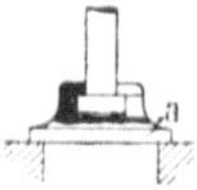	тарельчатый (тарелочный, плоскій) клапанъ (m) valvola (f) a sede piana válvula (f) de disco
4	Ventilteller (m) valve-disc plateau (m) de la soupape	a	тарелка (f) клапана piatto (m) della valvola plato (m) de la válvula
5	Kegelventil (n) conical valve soupape (f) à siège conique, soupape (f) à cône	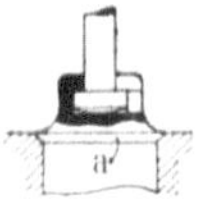	коническій (конусообразный) клапанъ (m) valvola (f) a sede conica, valvola (f) a cono válvula (f) cónica
6	Ventilkegel (m) cone of valve cône (m) de la soupape	a	конусъ (m) клапана cono (m) della valvola cono (m) de la válvula
7	Kugelventil (n) ball valve soupape (f) à boulet, soupape (f) sphérique		шаровой (m) клапанъ valvola (f) a palla, valvola (f) sferica válvula (f) esférica, válvula (f) de contrapeso
8	Ventilkugel (f) ball of valve boulet (m) de la soupape	b	шаръ (m) клапана palla (f) della valvola esfera (f) de la válvula
9	Fangbügel (m) guard chape (f) d'arrêt	a	упорный хомутъ (m) staffa (f) d' arresto brida-tope (f)
10	Ventilführung (f) valve guide guide (f) de soupape, guidage (m) de soupape		направляющія (m.pl.) клапана guida (f) della valvola guía (f) de la válvula

Rippenführung (f), Flügelführung (f)
valve guide wings
guide (f) à ailettes, guide (f) à croisillon

направляющія ребра (m. pl.)
guida (f) ad alette, guida (f) a costole
guía (f) de aletas 1

Ventil (n) mit oberer Rippenführung (f)
valve wings on top, valve guided above
soupape (f) avec guide à ailettes en haut

клапанъ (m) съ верхними направляющими ребрами
valvola (f) con costole superiori
válvula (f) de guía superior 2

Ventil (n) mit unterer Rippenführung
valve wings on bottom, valve guided below
soupape (f) avec guide à ailettes en bas

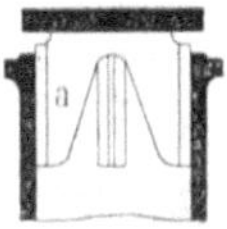

клапанъ (m) съ нижними направляющими ребрами
valvola (f) con costole inferiori
válvula (f) de guía inferior 3

Führungsrippe (f)
guide
ailette (f)

a

направляющее ребро (n)
aletta (f), costola (f)
aleta-guía (f) 4

Stiftführung (f)
stem wing, stem guide
guide (f) à cheville

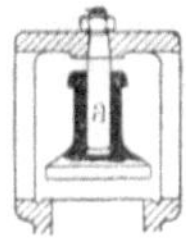

направляющая стержня клапана
guida (f) a caviglia
guía (f) de la espiga 5

Führungsstift (m)
guide stem, guide pin
cheville (f) de guidage

a

направляющій стержень (m)
caviglia (f) di guida
espiga (f) 6

Ventilstangenführung (f)
valve-spindle-guide
guidage (m) de la soupape par sa tige

направляющая (f) штангу клапана
guida (f) dello stelo della valvola
guía (f) del vastago de la válvula 7

Durchgangsventil (n)
through-way valve, globe valve
soupape (f) droite, soupape (f) ordinaire

промежуточная пропускная захлопка (f)
valvola (f) ordinaria
válvula (f) de paso recto 8

Eckventil (n)
angle valve
soupape (f) d'équerre

угловой клапанъ (m)
valvola (f) ad angolo
válvula (f) de paso de ángulo, válvula (f) de paso angular 9

1 Wechselventil (n), Dreiwegventil (n)
change valve, cross valve, three-way-valve
soupape (f) à trois voies

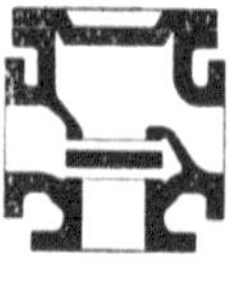

трехходовой клапанъ (m), клапанъ (m) о трехъ ходахъ
valvola (f) di scambio, valvola (f) a tre vie
válvula (f) de efecto alternativo, válvula (f) de triple paso

---

2 Ringventil (n)
ring valve
soupape (f) à siège annulaire

кольцевой клапанъ (m)
valvola (f) a sede anulare
válvula (f) anular

---

3 einfaches Ringventil (n)
single ring valve
soupape (f) à un siège annulaire

простой (обыкновенный) кольцевой клапанъ (m)
valvola (f) ad una sede annulare, valvola (f) semplice ad anello
válvula (f) anular sencilla

---

4 doppeltes Ringventil (n)
double ring valve
soupape (f) à siège annulaire double

двойной кольцевой клапанъ (m)
valvola (f) a due sedi annulari
válvula (f) anular doble

---

5 mehrfaches Ringventil (n)
multiple ring valve
soupape (f) à sièges annulaires multiples

составной кольцевой клапанъ (m)
valvola (f) a più sedi annulari
válvula (f) anular múltiple

---

6 Stufenventil (n)
step-valve
soupape (f) à gradins, soupape (f) à échelons

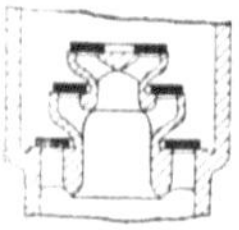

ступенчатый клапанъ (m)
valvola (f) a gradinata
válvula (f) escalonada

---

7 Doppelsitzventil (n)
double-seat valve, double-beat valve
soupape (f) à double siège

клапанъ (m) съ двойнымъ сѣдломъ
valvola (f) a doppia sede
válvula (f) doble golpe

---

8 Rohrventil (n)
pocketed valve, poppet valve (A)
vanne (f)

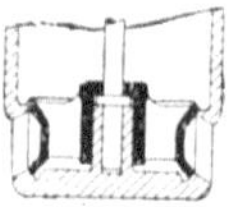

трубный (трубчатый, сквозной) клапанъ (m)
valvola (f) a tubo
válvula (f) á tubo

Glockenventil (n), Kronenventil (n)
cup valve, bell-shaped valve
soupape (f) à cloche, clapet (m) à couronne

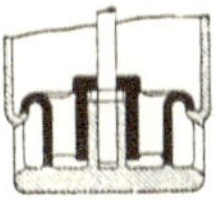

чашечный (колокольный, корончатый) клапанъ (m)
valvola (f) a campana, valvola (f) a doppia sede
válvula (f) de copa, válvula (f) hemisférica 1

Gewichtsventil (n)
dead-weight valve, weighted valve
soupape (f) à charge directe

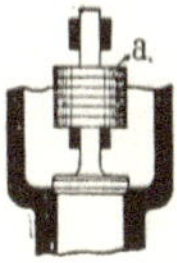

грузовой клапанъ (m)
valvola (f) a pesi
válvula (f) de contrapeso 2

Ventilbelastung (f)
load on the valve
charge (f) de soupape

a

нагрузка (f) клапана
carico (m) della valvola
carga (f) de la válvula 3

Federventil (n)
spring loaded valve, spring valve
soupape (f) à ressort

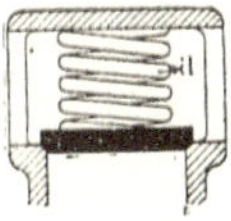

пружинный клапанъ (m)
valvola (f) a molla
válvula (f) de resorte 4

Ventilfeder (f)
valve spring
ressort (m) de soupape

a

пружина (f) клапана
molla (f) della valvola
resorte (m) de la válvula 5

Sicherheitsventil (n)
safety valve
soupape (f) de sûreté

предохранительный клапанъ (m)
valvola (f) di sicurezza
válvula (f) de seguridad 6

Sicherheitsventil (n) mit Gewichtsbelastung
lever-weighted safety valve
soupape (f) de sûreté à contre-poids

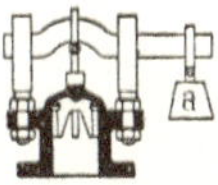

предохранительный клапанъ (m) съ нагрузкой
valvola (f) di sicurezza con carico a peso
válvula (f) de seguridad con contrapeso 7

Belastungsgewicht (n) des Ventils
weight on the valve
contre-poids (m) de la soupape

a

нагрузка (f) предохранительнаго клапана
peso (m) di carico della valvola
contrapeso (m) de la válvula 8

Ventilhebel (m)
valve lever
levier (m) de la soupape

рычагъ (m) клапана
leva (f) della valvola
palanca (f) de la válvula 9

1	Sicherheitsventil (n) mit Federbelastung spring-loaded safety-valve soupape (f) de sûreté à ressort		предохранительный клапанъ (m) съ пружинной нагрузкой valvola (f) di sicurezza a molla válvula (f) de seguridad con resorte
2	Belastungsfeder (f) des Ventils, Ventilfeder spring load of the safety-valve ressort (m) [de charge] de la soupape		нагрузочная пружина (f) клапана molla (f) della valvola resorte (m) de la válvula
3	das Ventil (n) belasten to load the valve charger la soupape		нагрузить (нагружать) клапанъ caricare la valvola cargar la válvula
4	die Belastung (f) des Ventils richtig bemessen to regulate the load on the valve régler la charge de la soupape		урегулировать (регулировать) нагрузку клапана regolare il carico della valvola regular la carga de la válvula
5	das Ventil (n) überlasten to overload the valve surcharger la soupape		перегрузить (перегружать) клапанъ sopracaricare la valvola sobrecargar la válvula
6	Fußventil (n), Bodenventil (n) foot valve clapet (m) de fond	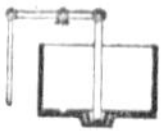	подовый клапанъ (m) valvola (f) di fondo válvula (f) de pie
7	selbsttätiges Ventil (n), ungesteuertes Ventil (n) self-acting valve soupape (f) automatique		автоматическiй клапанъ (m) valvola (f) automatica válvula (f) automática
8	gesteuertes Ventil (n), Steuerventil (n) valve actuated by valve gear soupape (f) commandée		парораспредѣлительный клапанъ (m) valvola (f) comandata válvula (f) de distribución
9	Ventilsteuerung (f) distributing valve motion, valve gear mécanisme (m) de distribution (f) par valves, distribution (f) à soupapes		клапанное парораспредѣленie (n) mecanismo (m) di comando della valvola distribución (f) por válvula

Absperrventil (n)
shut-off valve, stop-valve, stopping-valve (A)
soupape (f) d'arrêt

стопорный (запорный, ручной) клапанъ (m)
valvola (f) d'arresto 1
válvula (f) de cierre, válvula (f) de cerradura, válvula (f) de obstrucción

---

Dampfabsperrventil (n)
steam-stop-valve, check-valve
soupape (f) d'arrêt de vapeur

паровой запорный клапанъ (m)
valvola (f) d'arresto per vapore 2
válvula (f) de cerradura de vapor

Rückschlagventil (n)
non return valve, back pressure valve
soupape (f) de retenue

возвратный (пріемный, подъемный) клапанъ (m) 3
valvola (f) di ritegno
válvula (f) de retención

Rohrbruchventil (n)
steam pipe isolating valve
soupape (f) de rupture

самодѣйствующій клапанъ (m) при поломкѣ трубъ
valvola (f) di sicurezza per tubi 4
válvula (f) de seguridad contra la rotura de tubos

Reduktionsventil (n), Reduzierventil (n)
transforming valve, reduction valve
soupape (f) de réduction

редукціонный клапанъ (m) 5
valvola (f) di riduzione
válvula (f) de reducción

Saugventil (n)
suction valve
soupape (f) d'aspiration

всасывающій клапанъ (m) 6
valvola (f) di pressione
válvula (f) de descarga

Druckventil (n)
forcing valve, delivery valve
soupape (f) de refoulement

нагнетательный клапанъ (m) 7
valvola (f) premente
válvula (f) de impulsión

Luftventil (n), atmosphärisches Ventil (n)
atmospheric valve
soupape (f) atmosphérique, soupape (f) de rentrée d'air

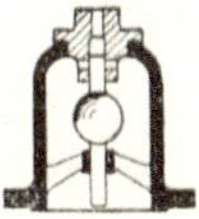

воздушный клапанъ (m) 8
valvola (f) atmosferica
válvula (f) atmosférica

1	Schnüffelventil (n), Schnarchventil (n) snifting valve, over-pressure-valve soupape (f) reniflante, renifflard (m)	фыркающій клапанъ (m), выдувной клапанъ (m) valvola (f) di scappamento válvula (f) de escape
2	Einlaßventil (n) admission valve soupape (f) d'admission	паровпускной клапанъ (m) valvola (f) di ammissione válvula (f) de admisión
3	Auslaßventil (n) exhaust valve soupape d'échappement	паровыпускной клапанъ (m) valvola (f) di emissione válvula (f) de emisión
4	Abblaseventil (n), Ausblaseventil (n) blow off valve, eduction valve soupape (f) de vidange, soupape d'évacuation	выдувательный клапанъ (m) valvola (f) di scarica, valvola (f) d'evacuazione válvula (f) de evacuación, válvula (f) de toma, válvula (f) de educción
5	Durchblaseventil (n) blow-through-valve soupape (f) d'émission	продувательный клапанъ (m) valvola (f) di passaggio válvula (f) de limpieza
6	Ablaßventil (n), Abflußventil (n) draining valve soupape (f) de vidange	спускной (выпускной) клапанъ (m) valvola (f) di scarica válvula (f) de descarga
7	Speiseventil (n) feed valve soupape (f) d'alimentation	питательный (подающій) клапанъ (m) valvola (f) d'alimentazione válvula (f) de alimentación
8	Probierventil (n) testing valve soupape (f) à épreuve, soupape (f) de jauge	пробный (испытательный) клапанъ (m) valvola (f) di prova válvula (f) de prueba
9	Schlammventil (n), Schmutzventil (n) mud-valve soupape (f) de purge	сточный клапанъ (m) valvola (f) di spurgo válvula (f) de purga

Klappenventil (n) clack valve, flap valve soupape (f) à clapet	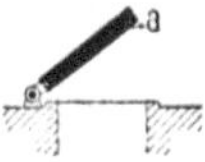 	створный створчатый откидной заслонный } клапанъ (m) valvola (f) a cerniera válvula (f) de disco, válvula (f) de visagra	1
Ventilklappe (f) valve clack, valve flap clapet (m)	a	заслонка (f) disco (m) della valvola disco (m) de la válvula	2
Lederklappenventil (n) flap valve faced with leather soupape (f) à clapet en cuir		кожанный створный (створчатый, откидной, заслонный) клапанъ (m) valvola (f) a cerniera di cuoio válvula (f) de disco de cuero	3
Gummiklappenventil (n) india-rubber valve soupape (f) à clapet en caoutchouc	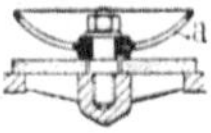 	резиновый (створный (створчатый, откидной, заслонный) клапанъ (m) valvola (f) a cerniera di gomma válvula (f) de disco de goma	4
Ventilfänger (m) catcher, guard garde (f) du clapet	a	ограничитель (m) для тарелки клапана rosetta (f) guarda-gomas (m)	5
Sicherheitsklappe (f) safety flap clapet (m) de sûreté		предохранительная заслонка (f), заслонка (f) предохранительнаго клапана valvola (f) di sicurezza válvula (f) de visagra de seguridad	6
Rückschlagklappe (f) reaction-trap, non-return flap clapet (m) de retenue, chapelle (f) d'alimentation		возвратная заслонка (f), заслонка (f) возвратнаго клапана valvola (f) di ritegno válvula (f) de visagra de retención	7

1 Absperrklappe (f)
shutting clack or flap
clapet (m) d'arrêt
выпускная заслонка (f), заслонка (f) выпускнаго клапана
valvola (f) d'arresto
válvula (f) de visagra de paro

---

2 Saugklappe (f)
suction clack or flap
clapet (m) d'aspiration

a

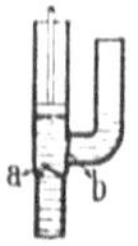

всасывающій клапанъ (m)
valvola (f) d'aspirazione
válvula (f) de visagra aspirante

---

3 Druckklappe (f)
pressure clack, delivery clack or flap
clapet (m) de refoulement

b

напорный клапанъ (m), нагнетательный клапанъ (m)
valvola (f) premente
válvula (f) de visagra impelente

---

4 Einlaßklappe (f)
inlet clack or flap
clapet (m) d'admission
впускной клапанъ (m)
valvola (f) d'ammissione
válvula (f) de visagra de admisión

---

5 Auslaßklappe (f)
exhaust clack or flap
clapet (m) d'échappement
выпускной клапанъ (m)
valvola (f) di scarico
válvula (f) de visagra de descarga

---

6 Drosselklappe (f)
throttle valve, butterfly valve
papillon (m), soupape (f) à gorge

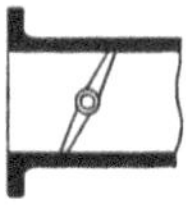

дроссель (m)
valvola (f) a farfalla
válvula (f) de mariposa

---

7 drosseln
to throttle
étrangler le passage
съузить, съуживать
strozzare, ridurre la sezione di passaggio
ocluir, estrangular

---

8 Drosselung (f)
the throtteling gear
étranglement (m) du passage
съуживаніе (n)
strozzamento (m) della valvola, riduzione (f) della sezione di passaggio
oclusión (f), estrangulación (f)

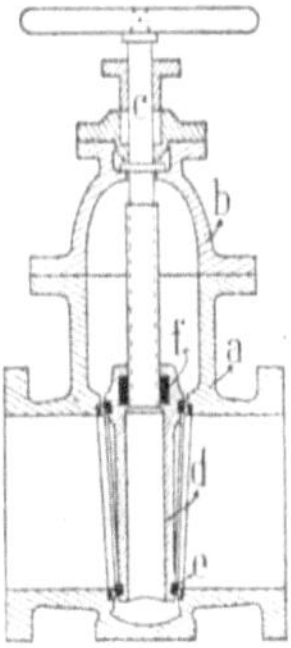

Schieber (m) double-faced sluice gate valve, slide valve, sliding sluice valve, gate valve (A) vanne (f)		задвижка (f) saracinesca (f) válvula (f) de compuerta, válvula (f) de corredera	1
Schiebergehäuse (n) slide valve case or chamber chambre (f) de la vanne, cage (m) de la vanne	a	ящикъ (m) (коробка (f)) задвижки camera (f) della saracinesca cámara (f) de la válvula	2
Schieberdeckel (m) valve-cap, cover, bonnet couvercle (m) de la vanne	b	крышка (f) задвижки coperchio (m) della saracinesca tapa (f) de la válvula	3
Schieberspindel (f) stem tige (f) de vanne	c	стержень (f) задвижки stelo (m) della saracinesca varilla (f) de la válvula	4
Schieberkörper (m) body of the sluice valve (gate A) corps (m) de la vanne	d	тѣло (n) задвижки corpo (m) della saracinesca cuerpo (m) de la válvula	5
Schieberspiegel (m) valve-face siège (m) de la vanne, faces (f. pl.) de la vanne	e	запирающая поверхность (f), зеркало (n), лицо (n) specchio (m) della saracinesca cara (1) de la válvula	6
Dichtungsring (m) packing-ring anneau (m) d'obturation		прокладочное кольцо (n) anello (m) di guarnizione anillo (m) de la válvula	7
Schieberführung (f) sliding guide guide-tiroir (m)		направляющая (f) золотника guida (f) della saracinesca guía (f) de la válvula	8

1 Führungsleiste (f)
guide-bar
guide-tiroir, liteau (m) de guidage, barre (f)

направляющая планка (f)
listello (m) di guida
varilla (f) de corredera

---

2 Führungsmutter (f)
guiding nut
écrou (m) guide-tiroir

направляющая гайка (f)
madrevite (f) di guida
tope (m) de la varilla

---

3 Absperrschieber (m)
slide valve, gate valve (A)
vanne (f) d'arrêt

запирающая задвижка (f)
saracinesca (f) d'arresto
válvula (f) corredera de retención

---

4 Wasserschieber (m)
water sluice gate, water gate valve (A)
vanne (f) à eau

водопроводная задвижка (f)
saracinesca (f) per acqua
válvula (f) corredera para agua

---

5 Gasschieber (m)
gas-valve, gas gate valve (A)
vanne (f) à gaz

газопроводная задвижка (f)
saracinesca (f) per gas
válvula (f) corredera para gas

---

6 Dampfabsperrschieber (m)
steam-cut-off-valve, steam gate valve (A)
vanne (f) de vapeur

паропроводная задвижка (f)
saracinesca (f) d'arresto per vapore
válvula (f) del cortavapor

---

7 Rundschieber (m)
corliss valve, oscillating cylindrical valve
tiroir (m) Corliss, tiroir (m) oscillant

цилиндрическая задвижка (f)
valvola (f) cilindrica
válvula (f) cilíndrica, válvula (f) circular

---

8 Drehschieber (m), Kreisschieber (m)
turning slide valve, rotary disk valve
tiroir (m) rotatif

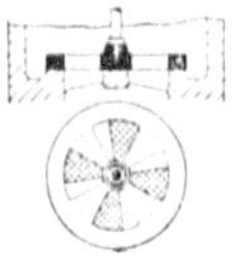

вращающаяся задвижка (f)
valvola (f) di distribuzione rotativa
válvula (f) de distribución circular

---

9 Verteilungsschieber (m)
distributing slide valve
tiroir (m) de distribution

золотникъ (m)
cassetto (m) di distribuzione
caja (f) de distribución

Flachschieber (m) common slide valve tiroir (m) plat	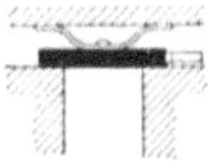	плоскій скользящій золотникъ (m) cassetto (m) piano válvula (f) corredera plana	*1*
Muschelschieber (m) three-port slide valve, D-slide valve tiroir (m) à coquille		коробчатый золотникъ (m) cassetto (m) a conchiglia valvula (f) corredera de concha	*2*
Schieberstange (f) valve rod or stem tige (f) de tiroir	a	штокъ (m), золотниковая тяга (f) stelo (m) del cassetto vástago (m) del distribuidor	*3*
Kolbenschieber (m) piston valve tiroir-piston (m), tiroir (m) rond		поршневой золотникъ (m) distributore (m) cilindrico, distributore (m) a stantuffo distribuidor (m) cilindrico	*4*
entlasteter Schieber (m) equilibrium slide valve tiroir (m) équilibré		разгруженный золотникъ (m) cassetto (m) equilibrato corredera (f) descargada	*5*
Schiebersteuerung (f) slide valve gear distribution (f) par tiroir		золотниковое парораспредѣленіе (n) distribuzione (f) a cassetto distribución (f) de caja	*6*
Hahn (m) plug cock, cock robinet (m)	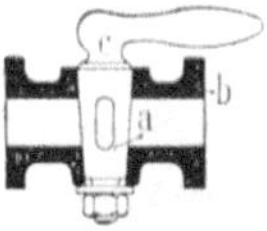	кранъ (m) rubinetto (m), robinetto (m) grifo (m), llave (f) de macho	*7*
Hahnkegel (m), Hahnkücken (n), Hahnwirbel (m) plug of cock clef (f) de robinet	a	конусъ (m) крана maschio (m), chiave (f) del rubinetto macho (m)	*8*
Hahnkopf (m) head of cock tête (f) de robinet	c	головка (f) крана testa (f) del rubinetto cabeza (f) del grifo	*9*
Hahngehäuse (n) body of cock boisseau (m)	b	коробка (f) крана bossolo (m) del rubinetto armazón (f) del grifo	*10*

1 den Hahn (m) aufdrehen
to open the cock
ouvrir le robinet

открыть (открывать) кранъ
aprire il rubinetto
abrir el grifo

---

2 den Hahn (m) zudrehen
to shut the cock
fermer le robinet

закрыть (закрывать) кранъ
chiudere il rubinetto
cerrar el grifo

---

3 Konushahn (m)
conical plug
robinet (m) conique

конусообразный кранъ (m)
rubinetto (m) conico
grifo (m) cónico

---

4 Ventilhahn (m)
valve cock
robinet-valve (m)

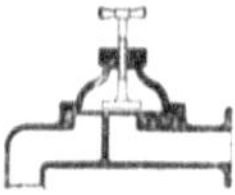

клапанный кранъ (m)
rubinetto (m) a valvola
grifo (m) de válvula

---

5 Niederschraubhahn (m)
bibb cock, globe valve with bibb
robinet (m) à vis

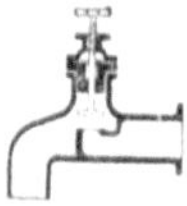

кранъ (m) съ винтовымъ затворомъ
rubinetto (m) con movimento a vite
grifo (m) de válvula á tornillo

---

6 Packhahn (m), Stopfbüchsenhahn (m)
stuffing box cock, plug cock with packed gland
robinet (m) avec presse-étoupe

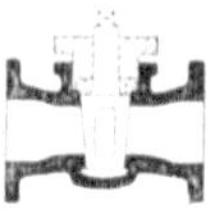

кранъ (m) съ сальникомъ
rubinetto (m) con guarnizione, rubinetto (m) con premistoppa
grifo (m) con empaquetadura, grifo (m) con prensa estopa

---

7 Durchgangshahn (m)
globe cock, straight-way cock
robinet (m) droit, robinet (m) ordinaire

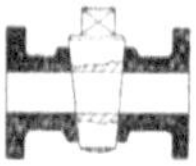

проходной кранъ (m)
rubinetto (m) semplice
grifo (m) de paso

---

8 Winkelhahn (m)
angle cock
robinet (m) d'angle

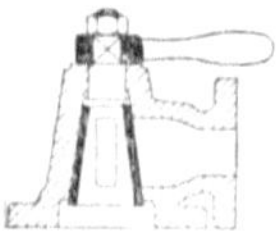

угольный кранъ (m)
rubinetto (m) ad angolo
grifo (m) de paso angular

---

9 Dreiwegehahn (m)
three-way cock
robinet (m) à trois voies

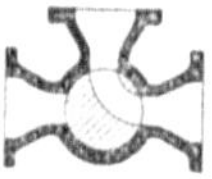

трехходный (трехходовой) кранъ (m)
rubinetto (m) a tre vie
grifo (m) de paso triple, grifo (m) de tres vias

Vierwegehahn (m)
four-way cock
robinet (m) à quatre voies

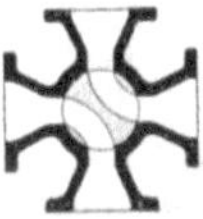

четырехходный (четырехходовой) кранъ (m)
rubinetto (m) a quattro vie 1
grifo (m) de paso cuádruple, grifo (m) de cuatro vias

Auslaufhahn (m)
bibb cock, draining cock
robinet (m) de vidange

спускной кранъ (m)
rubinetto (m) di scarica 2
llave (f) de descarga

Mischhahn (m)
mixing cock
robinet (m) de mélange

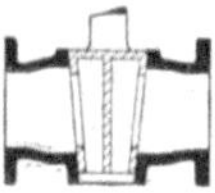

смѣсительный кранъ (m)
rubinetto (m) per miscuglio 3
grifo (m) mezclador

Absperrhahn (m)
cock, shut-off cock
robinet (m) d'arrêt

затворный кранъ (m)
rubinetto (m) d'arresto
grifo (m) de cierre, grifo (m) de aislamiento 4

Wasserhahn (m)
water cock, water faucet (A)
robinet (m) d'eau

водоспускной кранъ (m) 5
rubinetto (m) d'acqua
grifo (m) de agua

Gashahn (m)
gas-cock
robinet (m) à gaz

газовый кранъ (m)
rubinetto (m) da gas 6
grifo (m) para gas

Abblasehahn (m), Ausblasehahn (m)
blow-off cock
robinet(m) d'évacuation

продувательный кранъ (m)
rubinetto (m) d'evacuazione 7
grifo (m) de descarga, grifo (m) de purga

Ablaßhahn (m), Auslaßhahn (m)
discharge-cock
robinet (m) de vidange

выпускной кранъ (m)
rubinetto (m) di scarica
grifo (m) de emisión, grifo (m) de evacuación 8

Speisehahn (m)
feed-cock
robinet (m) d'alimentation

питательный кранъ (m)
rubinetto (m) d'alimentazione 9
grifo (m) de alimentación

Probierhahn (m)
testing cock
robinet (m) de jauge

пробный кранъ (m)
rubinetto (m) di prova 10
grifo (m) de prueba

XVII.

1	Cylinder (m) cylinder cylindre (m)	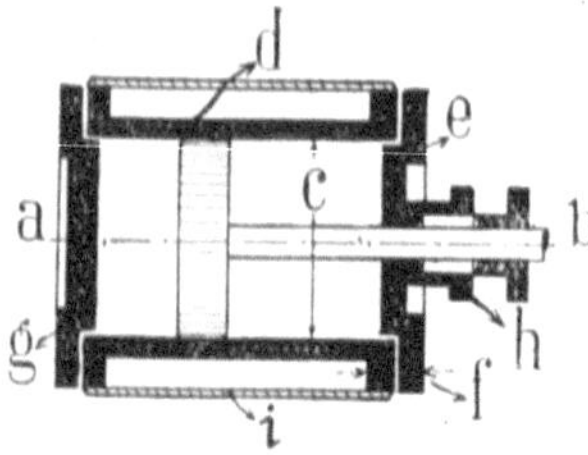	цилиндръ (m) cilindro (m) cilindro (m)
2	Cylinderachse (f) cylinder axis, center line of cylinder axe (m) du cylindre	a—b	ось (f) цилиндра asse (f) del cilindro eje (m) del cilindro
3	Cylinderbohrung (f), Cylinderdurchmesser (m) cylinder inside diameter, cylinder bore diameter diamètre (m) du cylindre	c	діаметръ (m) цилиндра diametro (m) del cilindro diámetro (m) del cilindro
4	Cylindermantel (m), Cylinderwandung (f) cylinder casing, cylinder jacket paroi (f) du cylindre, chemise (f) du cylindre	d	стѣнка (f) цилиндра camicia (f) del cilindro, parete (f) del cilindro camisa (f) del cilindro, paredes (f. pl.) del cilindro
5	Cylinderdeckel (m) cylinder head couvercle (m) du cylindre	e	крышка (f) цилиндра coperchio (m) del cilindro tapa (f) del cilindro
6	Deckelschraube (f) cylinder-bolt, cylinder-head bolt (A) boulon (m) du couvercle	f	болтъ (m) крышки цилиндра vite (f) del coperchio, bullone (m) del coperchio tornillo (m) de la tapa
7	Deckelverschraubung (f) head-bolting boulons (m. pl.) du couvercle		закрѣпленіе (n) болтами крышки цилиндра avvitatura (f) del coperchio roscado (m) de la tapa
8	Cylinderboden (m) cylinder bottom, cylinder head, back end fond (m) du cylindre	g	дно (n) цилиндра fondo (m) del cilindro fondo (m) del cilindro

Cylinderstopfbüchse (f) cylinder stuffing box presse-étoupe (m) du cylindre	h	сальникъ (m) цилиндра premistoppa (m) del cilindro prensaestopas (m) del cilindro	1
Cylinderverkleidung (f) cylinder clothing, cylinder lagging enveloppe(f) du cylindre	i	обшивка (f) цилиндра rivestimento (m) del cilindro, involucro (m) del cilindro revestimiento (m) del cilindro, envolvente (f) del cilindro	2
einen Cylinder (m) ausdrehen to turn out a cylinder creuser un cylindre		выточить цилиндръ tornire un cilindro tornear un cilindro	3
einen Cylinder (m) nachdrehen to re bore a cylinder réaléser un cylindre		подтачивать цилиндръ ripassare al tornio un cilindro, ritornire un cilindro retornear un cilindro	4
einen Cylinder (m) ausbohren to bore out a cylinder aléser un cylindre		высверлить цилиндръ alesare un cilindro, trapanare un cilindro mandrilar un cilindro	5
Cylinderbohrmaschine (f) cylinder boring machine machine (f) à aléser les cylindres		машина (f) для растачиванія цилиндровъ alesatrice (f) per cilindri máquina (f) de mandrilar cilindros	6
Cylinderschmierung (f) cylinder oiling, cylinder lubrication graissage (m) des cylindres		смазка (f) цилиндровъ lubrificazione (f) del cilindro lubrificación (f) del cilindro	7
einfachwirkender Cylinder (m) single acting cylinder cylindre (m) à simple effet		цилиндръ (m) простого или одиночнаго дѣйствія cilindro (m) a semplice effetto cilindro (m) de simple efecto	8

1 doppeltwirkender Cylinder (m)
double acting cylinder
cylindre (m) à double effet

цилиндръ (m) двойного дѣйствія
cilindro (m) a doppio effetto
cilindro (m) de doble efecto

---

2 Dampfcylinder (m)
steam-cylinder
cylindre (m) à vapeur

паровой цилиндръ (m)
cilindro (m) a vapore
cilindro (m) de vapor

---

3 Pumpencylinder (m)
pump-cylinder
cylindre (m) de pompe

цилиндръ (m) насоса
cilindro (m) della pompa, corpo (m) della pompa
cilindro (m) de bomba

---

4 Preßcylinder (m)
pressure-cylinder
cylindre (m) à pression, cylindre (m) de presse

цилиндръ (m) пресса, прессовый цилиндръ
cilindro (m) da torchio
cilindro (m) de presión

XVIII.

5 Stopfbüchse (f)
stuffing box, gland stuffing box
presse-étoupe (m), boîte (f) à étoupes

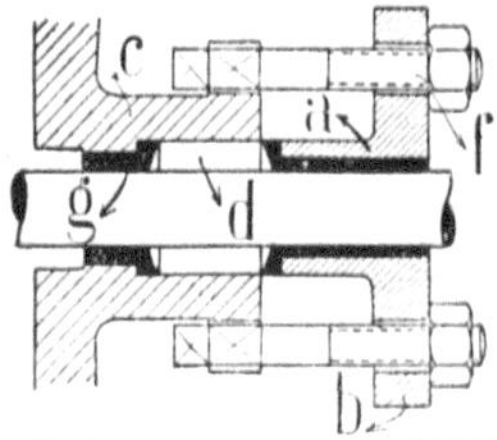

сальникъ (m)
scatola (f) a stoppa
caja (f) de estopas de relleno

---

6 Brille (f), Deckel (m)
gland, follower
chapeau (m), bague (f)

a

втулка (f)
premistoppa (m)
casquillo (m) del prensa-estopas

---

7 Brillenflansch (m)
flange of gland, flange-follower
bride (f) de chapeau

b

фланецъ (m) втулки
flangia (f) del premistoppa
brida (f) del prensa-estopas

---

8 Büchse (f)
box
boîte (f)

c

букса (f)
scatola (f), bossolo (m)
caja (f)

---

9 Packung (f), Dichtung (f) Liderung (f)
packing, jointing
garniture (f)

набивка (f)
guarnizione (f)
empaquetadura (f)

Packungsraum (m) stuffing-box, packing space logement (m) de garniture, stuffing-box	d	камера (f) для набивки spazio (m) della guarnizione cámara (f) de la estopada	1
Packungsdicke (f) size of jointing épaisseur (f) de la garniture		толщина (f) набивки spessore (m) della guarnizione espesor (m) de la estopada	2
Stopfbüchsenschraube (f) stuffing-box bolt, gland bolt boulon (m) de presse-étoupe	f	болтъ (m) сальника bullone (m) del premistoppa tornillo (m) del prensaestopas	3
Grundbüchse (f) bottom, bush bague (f) de fond	g	грундъ-букса (m) bossolo (m) di fondo caja (f) estopa de fondo	4
Grundring (m) wedge ring, taper ring, neck ring bague (f) de fond conique	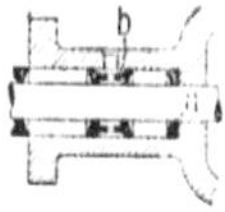 a	основное кольцо (n) anello (m) di fondo anillo (m) de la base	5
Olring (m) oil ring bague (f) de graissage	b	маслодержатель (m) anello (m) lubrificatore anillo (m) de lubrificación	6
Dampfstopfbüchse (f) steam stuffing-box presse-étoupe (m) à vapeur		сальникъ (m) парового цилиндра scatola (f) a stoppa per vapore caja (f) de estopas á presión de vapor	7
Lederstopfbüchse (f) stuffing-box with leather lining presse-étoupe (m) à garniture en cuir	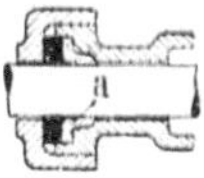	сальникъ (m) съ кожаной набивкой scatola (f) a stoppa a guarnizione di cuoio caja (f) de estopas de cuero, caja (f) de guarnición de cuero, caja (f) de empaquetadura de cuero	8

1 Ledermanschette (f), Lederstulp (m)
leather packing ring, leather packing collar
garniture (f) en cuir, anneau (m) en cuir embouti

a

кожаная манжета (f)
guarnizione (f) di cuoio
manga (f) de cuero, cuello (m) de cuero

---

2 Metallstopfbüchse (f)
metallic stuffing-box, V-ring metallic gland packing
presse-étoupe (m) à garniture métallique

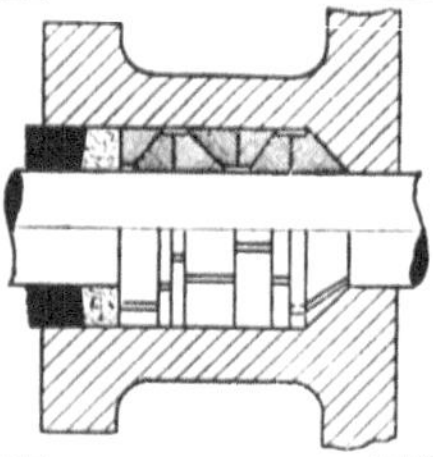

сальникъ съ металлической набивкой
scatola (f) di tenuta a guarnizione metallica
caja (f) de guarnición metálica, caja (f) de empaquetadura metálica

---

3 Stopfbüchsenreibung (f)
stuffing-box friction
frottement (m) de presse-étoupe

треніе (n) въ сальникахъ
attrito (m) della scatola a stoppa
fricción (f) de la estopada, fricción (f) de la empaquetadura

---

4 die Stopfbüchse (f) anziehen
to readjust the stuffing-box
serrer le presse-étoupe

затянуть (затягивать) сальникъ
serrare il premistoppa
atornillar el prensaestopas, cerrar la estopada

---

5 die Stopfbüchse (f) klemmt sich, die Stopfbüchse (f) eckt
the stuffing-box binds
le presse-étoupe coince
le presse-étoupe serre de travers

сальникъ (m) защемляется
la scatola (f) a stoppa s'ingrana
la estopada (f) se enclava, se agarrota

---

6 die Stopfbüchse (f) ist undicht
the stuffing-box leaks
le presse-étoupe perd

сальникъ (m) неплотенъ
la scatola (f) a stoppa non tiene, la scatola (f) a stoppa non fa tenuta
la caja (f) de estopas no cierra

---

7 die Stopfbüchse (f) dichtet; die Stopfbüchse (f) ist dicht
the stuffing-box is made tight
le presse-étoupe est étanche

сальникъ (m) плотенъ (m)
la scatola a stoppa tiene, la scatola (f) a stoppa fa tenuta
la caja (f) de estopas cierra hermeticamente

der Cylinder (m) ist durch eine Stopfbüchse abgedichtet
the cylinder is kept tight by means of a stuffing-box
le cylindre est rendu étanche par un presse-étoupe

цилиндръ (m) уплотненъ сальникомъ
il cilindro è chiuso a tenuta con una scatola a stoppa 1
el cilindro (m) está cerrado hermeticamente con un prensa-estopas

---

packen, verpacken, lidern
to joint, to pack
garnir un presse-étoupe

набить (набивать) сальникъ (m) 2
guarnire la scatola a stoppa
estopar, empaquetar

Hanfpackung (f), Hanfdichtung (f), Hanfliderung (f)
hemp-jointing, hemp-packing
garniture (f) de chanvre

пеньковая набивка (f)
guarnizione (f) di canape 3
estopada (f) de cáñamo

Hanfzopf (m)
hemp-cord, hemp-rope, hemp-twist
tresse (f) de chanvre

пеньковый плетень (m) 4
treccia (f) di canape
trenza (f) de cáñamo

Asbestpackung (f)
asbestos-jointing or packing
garniture (f) d'amiante

асбестовая набивка (f)
guarnizione (f) d'amianto 5
estopada (f) amianto

Asbestschnur (f)
asbestos-cord
tresse (f) d'amiante

асбестовая тесьма (f)
corda (f) d'amianto 6
cuerda (f) de amianto, trenza (f) de amianto

Gummipackung (f)
rubber-jointing or packing
garniture (f) en caoutchouc

каучуковая набивка (f)
guarnizione (f) di gomma 7
estopada (f) goma

Metallpackung (f), metallische Packung (f)
metal-jointing, metallic-jointing or packing
garniture (f) métallique

металлическая набивка (f)
guarnizione (f) metallica 8
empaquetadura (f) metálica

XIX.

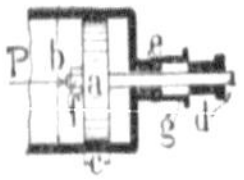

No.	Deutsch / English / Français		Русский / Italiano / Español
1	Kolben (m) piston piston (m)	a	поршень (m) stantuffo (m) émbolo (m)
2	Kolbendurchmesser (m) diameter of the piston diamètre (m) du piston	b	діаметръ (m) поршня diametro (m) dello stantuffo diámetro (m) del émbolo
3	Kolbenhöhe (f) depth of the piston épaisseur (f) du piston	c	высота (f) поршня spessore (m) dello stantuffo altura (f) del émbolo
4	Kolbenspielraum (m) clearance of the piston jeu (m) du piston		зазоръ (m), прозоръ (m), вредное пространство (n) gioco (m) dello stantuffo juego (m) del émbolo
5	Kolbenkraft (f) power of piston, piston-power, load on piston (A) force (f) du piston	P	сила (f) поршня forza (f) dello stantuffo fuerza (f) del émbolo
6	Kolbenstange (f) piston rod tige (f) du piston	d	штокъ (m) (стержень (m)) поршня, штанга (f) stelo (m) dello stantuffo vástago (m) del émbolo
7	Kolbenstangenende (n) piston rod end, tail-piece of the piston rod queue (f) de la tige du piston		конецъ (m) поршневого стержня estremità (f) dello stelo dello stantuffo extremo (m) del vástago
8	Kolbenstangenführung (f) piston rod guide guide (m) de la tige du piston	e	направляющія (f. pl.) поршневого штока guida (f) dello stelo dello stantuffo guía (f) del vástago
9	Kolbenschraube (f) piston nut vis (f) du piston	f	болтъ (m) поршня vite (f) dello stantuffo rosca (f) del vástago

Kolbenschlüssel (m) piston wrench clef (f) du piston		поршневой ключъ (m) chiave (f) dello stantuffo llave (f) del vástago	1
Kolbenstopfbüchse (f) piston stuffing box presse-étoupe (m) du piston	g	сальникъ (m) поршня scatola (f) dello stantuffo prensaestopas (m) del émbolo	2
Kolbenschmierung (f) piston lubrication, piston oiling graissage (m) du piston		смазка (f) поршня lubrificazione (f) dello stantuffo engrase (m) del émbolo	3
Kolbengeschwindigkeit (f) piston speed vitesse (f) du piston		скорость (f) поршня velocità (f) dello stantuffo velocidad (f) del émbolo	4
Kolbenbeschleunigung (f) piston acceleration accélération (f) du piston		ускоренie (n) поршня accelerazione (f) dello stantuffo aceleración (f) del émbolo	5
Kolbenreibung (f) piston friction frottement (m) du piston		тренie (n) поршня attrito (m) dello stantuffo fricción (f) del émbolo	6
Kolbenhub (m), Kolbenweg (m) stroke of piston course (f) du piston	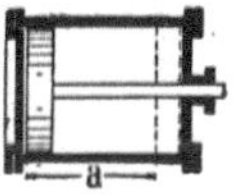 a	ходъ (m) поршня corsa (f) dello stantuffo carrera (f) del émbolo, golpe (m) del émbolo	7
Kolbenspiel (n) travel of piston, double stroke tour (m) du piston, coup (m) double de piston		игра (f) поршня corsa (f) dello stantuffo curso (m) del émbolo	8
Kolbenhingang (m) forward stroke of the piston avance (f) du piston, marche (f) en avant du piston		прямой ходъ (m) поршня corsa (f) di andata dello stantuffo carrera (f) de avance del émbolo	9
Kolbenrückgang (m) backward stroke of the piston retour (m) du piston, marche (f) en arrière du piston		обратный ходъ (m) поршня corsa (f) di ritorno dello stantuffo carrera (f) atrás, retroceso (m) del émbolo	10

1 Kolbenaufgang (m)
up-stroke of the piston
montée (f) du piston

подъемъ (m) поршня, ходъ (m) поршня вверхъ
salita (f) dello stantuffo
ascenso (m) del émbolo

2 Kolbenniedergang (m)
down-stroke of the piston
descente (f) du piston

ходъ (m) поршня внизъ
discesa (f) dello stantuffo
descenso (m) del émbolo

---

3 Kolbendichtung (f), Kolbenliderung (f), Kolbenpackung (f)
piston-packing
garniture (f) du piston

набивка (f) поршня
guarnizione (f) dello stantuffo
empaquetadura (f) del émbolo, guarnición (f) del émbolo

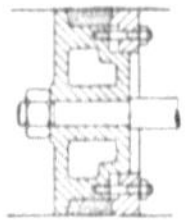

4 Kolben (m) mit Hanfliderung
hemp packed piston
piston (m) à garniture de chanvre

поршень (m) съ пеньковой набивкой
stantuffo (m) con guarnizione di canape
émbolo (m) con empaquetadura de cáñamo

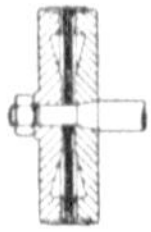

5 Kolben (m) mit Lederliderung
piston with leather packing
piston (m) à garniture de cuir

поршень (m) съ кожаной набивкой
stantuffo (m) con guarnizione di cuoio
émbolo (m) con empaquetadura de cuero

---

6 einen Kolben (m) beledern
to pack the piston with leather
garnir un piston de cuir

обшить (обшивать) поршень кожей
guarnire uno stantuffo con cuoio
guarnecer un émbolo con cuero

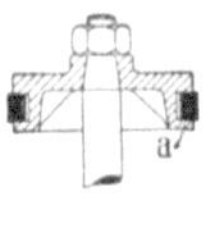

7 Kolben (m) mit Metallliderung
piston with metallic packing
piston (m) à garniture métallique

поршень (m) съ металлической набивкой
stantuffo (m) a guarnizione metallica
émbolo (m) con empaquetadura metálica

Kolbenring (m) Liderungsring (m) piston ring, packing ring segment (m) de piston, anneau (m) de garniture	a	поршневое (набивочное) кольцо (n) anello (m) di guarnizione anillo (m) del émbolo	*1*
Kolbenringschloß (n) spring ring joint, piston ring lock (A) joint (m) du segment de piston		кольцевой замокъ (m) поршня giunto (m) dell' anello dello stantuffo cierre (m) del anillo de guarnición	*2*
selbstspannender Kolbenring (m) spring ring segment (m) de piston élastique		самонажимающее поршневое кольцо (n) anello (m) a tensione automatica anillo (m) de tensión automática	*3*
Kolbenkörper (m) piston-body, body of the piston corps (m) du piston	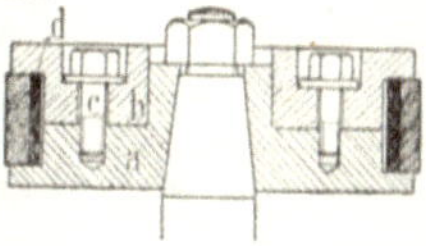 a	тѣло (n) поршня corpo (m) dello stantuffo cuerpo (m) del émbolo	*4*
Kolbendeckel (m), Kolbendecke (f) follower-plate (A), junk ring of the piston plateau (m) du piston, couvercle (m) du piston	b	крышка (f) поршня coperchio (m) dello stantuffo tapa (f) del émbolo	*5*
Kolbendeckelschraube (f) piston-bolt, piston-follower-bolt (A) vis (f) de couvercle du piston	c	болтъ (m) крышки поршня vite (f) del coperchio dello stantuffo tornillo (m) de la tapa del émbolo	*6*
Spannring (m) piston curl, piston spring anneau (m) tendeur	d	обичайка (f) anello (m) tenditore anillo (m) de tensión	*7*
Kolben (m) mit Labyrinthdichtung grooved piston, water grooved piston piston (m) à garniture en cannelures	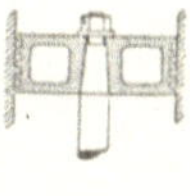	ныряло (n) съ лабиринтомъ stantuffo (m) con scanalature di guarnizione émbolo (m) con ranuras de ajuste	*8*

1 eingeschliffener Kolben (m)
ground and polished piston
piston (m) rodé

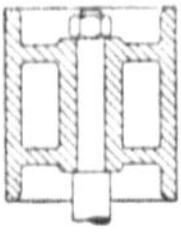

пришлифованный поршень (m)
stantuffo (m) senza guarnizione, stantuffo (m) smerigliato
émbolo (m) esmerilado

---

2 einen Kolben (m) einschleifen
to grind in a piston
roder un piston

пришлифовать поршень (m)
smerigliare uno stantuffo
pulimentar, esmerilar un émbolo

---

3 Scheibenkolben (m)
disk piston, solid piston
piston (m) plein

дисковый поршень (m)
stantuffo (m) a disco
émbolo (m) de disco

---

4 Tauchkolben (m), Plungerkolben (m), Plunger (m)
plunger
piston (m) plongeur

ныряло (n), плунжеръ (m)
stantuffo (m) massiccio, stantuffo (m) tuffante
émbolo (m) buzo, émbolo (m) sólido

---

5 Dampfkolben (m)
steam piston
piston (m) à vapeur

паровой поршень (m)
stantuffo (m) a vapore
émbolo (m) de vapor

---

6 Pumpenkolben (m)
pump-piston
piston (m) de pompe

поршень (m) насоса
stantuffo (m) di pompa
émbolo (m) para bomba

---

7 Ersatzkolben (m)
spare-piston
piston (m) de rechange

запасной (резервный) поршень (m)
stantuffo (m) di riserva, stantuffo (m) di cambio
émbolo (m) de recambio

XX.

8 Kurbeltrieb (m), Kurbelgetriebe (n)
crank-gear
transmission (f) par manivelle

передача (f) кривошипомъ
manovellismo (m), trasmissione (f) per manovella
impulsión (f) á manivela, transmisión (f) de manivela

---

9 Totstellung (f), Totlage (f)
dead centre position
position (f) au point mort

въ положенiи мертвой точки
posizione (f) del punot morto
posición (f) muerta

Totpunkt (m), toter Punkt (m)
dead center
point (m) mort

A

мертвая точка (f)
punto (m) morto 1
punto (m) muerto

Kurbel (f)
crank
manivelle (f)

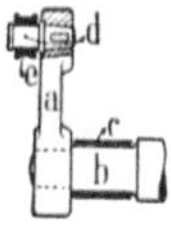

кривошипъ (m)
manovella (f) 2
manivela (f)

Kurbelkörper (m), Kurbelarm (m)
body of the crank, crank web, crank arm (A)
corps (m) de manivelle

a

тѣло (n) (плечо (n)) кривошипа
braccio (m) della manovella 3
brazo (m) de la manivela

Kurbelwelle (f)
crank shaft
arbre (m) de [à] manivelle

b

ось (f) кривошипа
albero (m) della manovella 4
eje (m) de la manivela

Kurbellager (n), Kurbelwellenlager (n)
crank shaft bearing
palier (m) de l'arbre de [à] manivelle, palier (m) principal, palier (m) de l'arbre de couche

c

подшипникъ (m) кривошипнаго вала
sopporto (m) dell' albero della manovella 5
soporte (m) del eje de la manivela

Kurbelzapfen (m)
crank pin
bouton (m) de manivelle, manneton (m)

d

цапфа (f) (палецъ (m)) кривошипа
perno (m) della manovella 6
clavija (f) de la manivela, botón (m) de la manivela

Kurbelzapfenlager (n)
crank pin steps, crank pin brasses
palier (m) de manneton

подшипникъ (m) для цапфъ вала
sopporto (m) del perno della manovella 7
soporte (m) de la clavija de la manivela

Stirnkurbel (f)
crank
manivelle (f) frontale, manivelle (f) en bout

концевой кривошипъ (m)
manovella (f) frontale, manovella (f) d'estremità 8
manivela (f) extrema

1	Gegenkurbel (f) return-crank contre-manivelle (f)	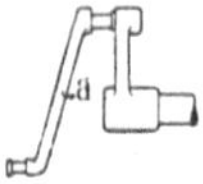 a	контръ-криво- шипъ (m) contro-manovella (f) contra-manivela (f)
2	Kurbelscheibe (f) crank-disc plateau (m) manivelle	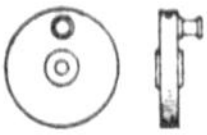	дискъ (m) кривошипа manovella (f) a disco manivela (f) de disco
3	Handkurbel (f) windlass, winch and crank handle manivelle (f) à main, manivelle (f) à bras		ручной криво- шипъ (m) manovella (f) a mano cigüeñuela (f), mani- vela (f) á mano, cabria (f)
4	Kurbelgriff (m) handle of windlass manche (m) de mani- velle, poignée (f) de manivelle	a	рукоятка (f) криво- шипа impugnatura (f), manu- brio (m) manubrio (m) de cabria, mango (m) de la mani- vela
5	einmännische Kurbel (f) windlass for a single man manivelle (f) à un homme		ручной криво- шипъ (m) на одного человѣка manovella (f) ad un uomo manivela (f) á dos manos
6	zweimännischeKurbel(f) windlass for two men manivelle (f) à deux hommes		ручной криво- шипъ (m) на двухъ человѣкъ manovella (f) a due uomini manivela (f) á cuatro manos
7	Sicherheitskurbel (f) safety crank manivelle (f) de sûreté		безопасный криво- шипъ (m) manovella (f) di sicu- rezza manivela (f) de seguridad
8	Kurbelschlag (m) knocking in the crank cogne (m) dans la mani- velle		отдача (f) рукоятки colpo (m) della mano- vella golpe (m) de la ma- nivela
9	kurbeln to turn, to work, to wind tourner la manivelle		вращать рукоятку manovrare la mano- vella dar á la manivela, mani- obrar la manivela

Kurbelschleife (f)
slot and crank
coulisse-manivelle (f)

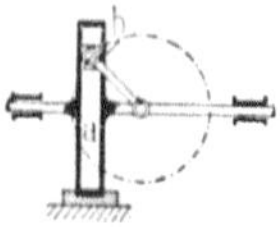

кривошипъ (m) съ кулиссою
manovella (f) a glifo 1
manivela (f) de doble codo, guía (f) bastidor

Schleife (f), Kulisse (f)
slot, link (A)
coulisseau (m)

a

кулисса (f)
guida (f) 2
guía (f), culisa (f)

Gleitklotz (m), Kulissenstein (m)
sliding block, link block (A)
glisseur (m)

b

скользящій камень (m), камень (m) кулиссы 3
pattino (m)
dado (m) de guía

Excenter (m)
eccentric
excentrique (m)

эксцентрикъ (m)
eccentrico (m) 4
excéntrica (f)

Excentrizität (f)
degree of eccentricity
excentricité (f)

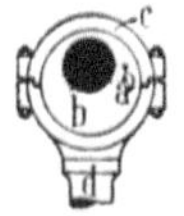

a

эксцентрицитетъ (m)
eccentricità (f) 5
excentricidad (f)

Excenterscheibe (f)
eccentric disk, eccentric sheave
plateau(m)-excentrique

b

эксцентриковый дискъ (m), эксцентриковая шайба (f) 6
disco (m) dell' eccentrico
disco (m) de la excéntrica

---

einteilige Excenterscheibe (f)
solid eccentric sheave
plateau(m)-excentrique en une pièce

простой эксцентриковый дискъ (m), простая эксцентриковая шайба (f) 7
disco (m) dell' eccentrico in un pezzo
disco (m) de la excéntrica de una pieza

---

zweiteilige Excenterscheibe (f)
eccentric sheave in two parts
plateau (m) excentrique en deux pièces

эксцентриковый дискъ, состоящій изъ двухъ частей, эксцентриковая шайба, состоящая изъ двухъ частей 8
disco (m) dell'eccentrico in due pezzi
disco (m) de la eccéntrica de dos piezas

No.	Deutsch / English / Français		Русский / Italiano / Español
1	Excenterring (m), Excenterbügel (m) eccentric strap, eccentric clip collier (m) d'excentrique	c	хомутъ (m) эксцентрика collare (m) dell' eccentrico collar (m) de la excéntrica
2	Excenterstange (f) eccentric rod tige (f) d'excentrique barre (f) d'excentrique	d	эксцентриковая тяга (f) stelo (m) dell' eccentrico, asta (f) dell' eccentrico varilla (f) de la excéntrica
3	Excenterdruck (m) eccentric pressure pression (f) d'excentrique		давленіе (n) эксцентрика pressione (f) dell' eccentrico presión (m) de la excéntrica
4	Excenterreibung (f) eccentric friction frottement (m) d'excentrique		треніе (n) эксцентрика attrito (m) all' eccentrico fricción (f) de la excéntrica
5	Excenterantrieb (m) eccentric, eccentric motion, eccentric action commande (f) par excentrique		эксцентриковая передача (f) movimento (m) ad eccentrico movimiento (m) por excéntrica
6	excentrisch eccentric excentrique		эксцентрично eccentrico excéntrico
7	Schubstange (f), Pleuelstange (f) connecting rod bielle (f)	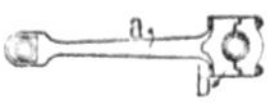	шатунъ (m) biella (f) biela (f)
8	Schaft (m) der Schubstange body of the connecting rod corps (m) de bielle	a	стержень (m), стволъ (m) шатуна stelo (m) della biella, asta (f) della biella, corpo (m) della biella cuerpo (m) de la biela
9	Schubstangenkopf (m), Pleuelkopf cross head end of the connecting rod tête (f) de bielle		головка (f) шатуна testa (f) di biella cabeza (f) de la biela

geschlossener Pleuelkopf (m)
solid head
tête (f) de bielle fermée

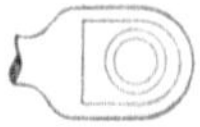

замкнутая головка (f)
testa (f) di biella chiusa 1
cabeza (f) cerrada

---

offener Pleuelkopf (m), Marinekopf (m)
marine end
tête (f) de bielle type marin

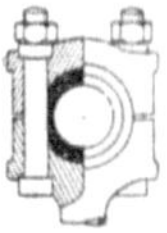

открытая головка (f)
testa (f) di marina 2
cabeza (f) abierta tipo marina

Kappenkopf (m)
connecting rod fork, strap and key end A, stub-end (A)
tête (f) de bielle avec chape

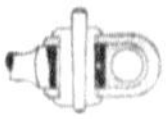

вилкообразная головка (f) 3
testa (f) di biella a staffa
cabeza (f) de brida

Kuppelstange (f)
coupling-rod, coupling link
bielle (f) d'accouplement

a

соединительная тяга (f), сцѣпной шатунъ (m), дышло (n) 4
biella (f) d'accoppiamento
biela (f) de acoplamiento

Geradführung (f)
slide bars, guide-bars
glissières (f. pl.)

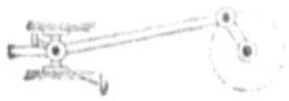

направляющія (f. pl.) прямолинейнаго движенія 5
guida (f) rettilinea
guía (f) recta

Gleitstück (n)
slide-block, slipper
patin (m)

a

скользунъ (m), ползунъ (m) 6
pattino (m)
patín (m)

Gleitbahn (f)
slide
glissière (f)

b

салазки (f pl.)
guida (f) del pattino
guía (f) del patín, deslizadera (f), paralelas (f. pl.) 7

Gleitfläche (f)
slide-face
surface (f) de glissière, surface (f) de glissement

скользящая поверхность (f)
superficie (f) di scorrimento 8
superficie (f) de resbalamiento

Bahndruck (m)
slide-block pressure
pression (f) sur la glissière

P

давленіе (n) на салазки 9
pressione (f) sulla guida
presión (f) en las guías

Bahnreibung (f)
slide-block friction
frottement (m) de la glissière

треніе (n) салазокъ
attrito (m) alla guida 10
fricción (f) en las guías

1	Stangenführung (f) rod guide tige-guide (m)	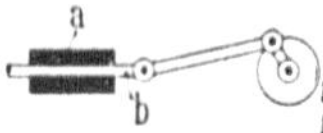	направляющая тяга (f), направляющая штанга (f) guida (f) a stelo guía (f) de la varilla
2	Führungsbüchse (f) guide box, guide bracket boîte de guidage (m)	a	направляющая букса (f) bossolo (m) di guida caja (f) de guía
3	Gleitstange (f) slide rod tige-glissière (f)	b	штокъ (m) asta (f) di guida varilla (f) de la guía
4	Kreuzkopfführung (f) cross-head and slipper guide (m) à crosse, guidage (m) à crosse		параллель (f) guida (f) a croce guía (f) por capacete
5	Kreuzkopf (m), Querhaupt (n) cross-head crosse (f), traverse (f), tête (f) de piston	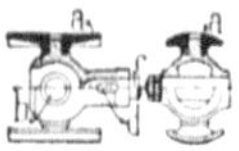	крейцкопфъ (m), ползунъ (m) крестовина (f), кулакъ (m) testa (f) a croce capacete (m), cruceta (f)
6	Gleitschuh (m), Schlitten (m) shoe patin (m)	a	салазки (f. pl.) pattino (m) patin (m)
7	Kreuzkopfbolzen (m), Kreuzkopfzapfen (m) cross-head center or pin tourillon (m) de crosse	b	болтъ (m) цапфа (f) } крейцкопфа; крестовины; кулака perno (m) della testa a croce tornillo (m) del capacete
8	Kreuzkopfstange (f) piston-rod tige (f) de crosse	c	штанга (f) тяга (f) } крейцкопфа крестовины кулака stelo (m) della testa a croce vástago (m) del capacete

Kreuzkopfkeil (m) cross-head cotter, cross-head key (A) clavette (f) de la crosse	d	клинъ (m) { крестовины / крейцкопфа / кулака chiavella (f) della testa a croce chaveta (f) del capacete	*1*

XXI.

Feder (f) spring ressort (m)		рессора (f) molla (f) muelle (m)	*2*
Biegungsfeder (f) flexion spring ressort (m) de flexion	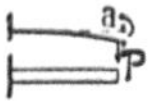	изгибающаяся рессора (f), рессора (f) на изгибъ molla (f) dritta resorte (m) de flexión, muelle (m) de flexión	*3*
Blattfeder (f) plate-spring, plateform-spring ressort (m) à lame, ressort (m) à feuille		рессорный листъ (m) molla (f) a foglia muelle (m) de hojas	*4*
Federung (f), Durchbiegung (f) deflection flèche (f)	a	прогибъ (m) saetta (f) d'inflessione flecha (f) del muelle, flecha (f) de la flexión	*5*
Blattfederwerk (n), geschichtete Feder (f) laminated plate waggon spring ressort (m) à lames superposées		листовая рессора (f) molla (f) a balestra muelle (m) de ballesta, muelle (f) de láminas múltiplas	*6*
Federbund (m) spring shackle, hoop of spring bride (f) de ressort	a	рессорный хомутъ (m) staffa (f) della molla brida (f) del muelle	*7*
Federauge (n) eye of spring plate oeil (m) de ressort	b	рессорный валикъ (m) occhiello (m) della molla oreja (f) del muelle	*8*
Federbock (m) spring-bracket support (m) de ressort	c	рессорная державка (f) cavalletto (m) della molla apoyo (m) del muelle	*9*

1 Spiralfeder (f)
spiral spring
ressort (m) en spirale

спиральная (витая) рессора (f)
molla (f) a spirale
muelle (m) espiral

---

2 Drehungsfeder (f)
torsional spring, ribbon spring
ressort (m) de torsion

скручивающаяся рессора (f), рессора (f) на скручиваніе
molla (f) di torsione
muelle (m) de torsión

---

3 cylindrische Schraubenfeder (f)
cylindrical spiral spring
ressort (m) à boudin, ressort (m) en hélice

цилиндрическая винтовая рессора (f)
molla (f) a spirale cilindrica
muelle (m) helizoidal cilíndrico

---

4 Kegelfeder (f)
volute spring (conical spiral spring)
ressort (m) conique

коническая рессора (f)
molla (f) a spirale conica
muelle (m) helizoidal cónico

---

5 Rechteckfeder (f)
square-bar-spiral spring
ressort (m) à lame plate, ressort (m) à section rectangulaire

рессора (f) прямоугольнаго сѣченія
molla (f) a sezione rettangolare
muelle (m) de sección rectangular

---

6 Rundfeder (f)
round-bar-spiral spring
ressort (m) à fil rond, ressort (m) à section circulaire

рессора (f) круглаго сѣченія
molla (f) a sezione circolare
resorte (m) de sección circular, muelle (m) de sección circular

---

7 Zusammendrückung (f) der Feder
compression of the spring
compression (f) du ressort

сжатіе (n) рессоры
compressione (f) della molla
compresión (f) del resorte, compresión (f) del muelle

---

8 eine Feder (f) zusammendrücken
to compress a spring
comprimer un ressort

сжать (сжимать) рессору
comprimere la molla
comprimir un muelle

---

9 eine Feder (f) auseinanderziehen, eine Feder spannen
to put a spring under tension
tendre un ressort

растянуть (растягивать) рессору
tendere una molla
distender un muelle, distender un resorte

Federwindung (f) turn of the spring, one coil of the spring spire (f) de ressort		витокъ (m) рессоры spira (f) della molla espira (f) del muelle	*1*
Windungszahl (f) der Feder number of coils, number of turns nombre (m) d'enroulements		число (n) витковъ numero (m) delle spire número (m) de espiras	*2*
federn to be elastic, to spring être élastique, être compressible		пружинить oscillare oscilar	*3*

XXII.

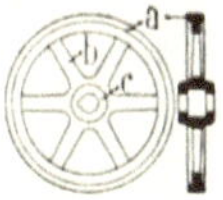

Schwungrad (n) fly-wheel volant (m)		маховикъ (m), маховое колесо (n) volano (m), volante (m) volante (m)	*4*
Schwungring (m), Schwungradkranz (m) rim of the fly-wheel, ring of the fly-wheel jante (f) du volant	a	ободъ(m) маховика(f), ободъ (m) махового колеса corona (f) del volano llanta (f) del volante, corona (f) del volante	*5*
Schwungradarm (m) arm of the fly-wheel bras (m) du volant	b	спица (f) маховика (f), спица (f) махового колеса (f) razza (f) del volano brazo (m) del volante	*6*
Schwungradnabe (f) boss of the fly-wheel, hub (A) moyeu (m) du volant	c	ступица (f) маховика (f) (махового колеса (f)) mozzo (m) del volano cubo (m) del volante	*7*
Ungleichförmigkeitsgrad (m) coefficient of variation in speed coëfficient (m) d'irrégularité		коэффиціентъ (m) неравномѣрности движенія grado (m) d'irregolarità grado (m) de desigualdad	*8*

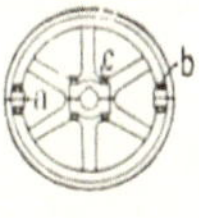

geteiltes Schwungrad (n) fly-wheel in halves flolant (m) en deux parties		составной маховикъ(m), составное маховое колесо (n) volano (m) diviso volante (m) de piezas armadas	*9*

1	Kranzstoß (m) rim joint joint (m) de la jante	a	стыкъ (m) обода giunzione (f) della corona junta (f) de la corona
2	Kranzschraube (f) rim joint bolt boulon (m) de jante	b	стыковый болтъ (m) обода bullone (m) della corona tornillo (m) de la corona
3	Nabenschraube (f) boss joint bolt, hub bolt (A) boulon (m) de moyeu	c	стыковый болтъ (m) ступицы bullone (m) del mozzo tornillo (m) del cubo
4	gezahntes Schwungrad (n) cogged fly-wheel volant (m) denté		зубчатый маховикъ (m), зубчатое маховое колесо (n) volano (m) dentato volante (m) dentado
5	Schwungradexplosion (f) bursting of the fly-wheel explosion (f) du volant		разрывъ (m) маховика (махового колеса) rottura (f) del volano rotura (f) del volante
6	Kranzbruch (m) breakage of the rim, fracture of the rim rupture (f) de la jante		поломка (f) маховика (махового колеса) rottura (f) della corona rotura (f) de la corona

XXIII.

7	Regler (m), Regulator (m) governor régulateur (m), modérateur (m)	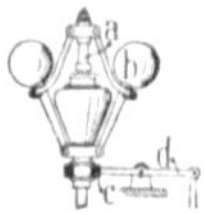	регуляторъ (m) regolatore (m) regulador (m)
8	Regulatorspindel (f), Reglerspindel (f) spindle of the governor arbre (m) du régulateur	a	ось (f) (шпиндель (f)) регулятора albero (m) del regolatore árbol (m) del regulador
9	Schwungmasse (f), Schwungkugel (f) governor balls (pl.) boule (f) du régulateur	b	вращающійся шаръ (m) massa (f) rotante, palla (f) rotante cuerpo (m) girante del regulador, bola (f) girante del regulador, esfera (f) girante del regulador, masa (f) centrífuga del regulador

Regulatormuffe (f), Reglermuffe (f) governor-socket manchon (m) du régulateur	c	муфта (f) регулятора manicotto (m) del regolatore manguito (m) del regulador	1
Muffenhub (m) des Regulators, des Reglers lift of the governor-socket course (f) du manchon du régulateur		подъемъ (m) муфты регулятора corsa (f) del manicotto del regolatore carrera (f) del manguito del regulador	2
Regulatorhebel (m), Reglerhebel (m) standard-lever, regulating lever levier (m) du regulateur	d	рычагъ (m) регулятора leva (f) del regolatore palanca (f) del regulador	3
Stellzeug (n) des Regulators, des Reglers adjusting gear of the governor réglage (m) du régulateur		установительный механизмъ (m) регулятора apparato (m) graduatore del regolatore aparato (m) graduador del regulador	4
Fliehkraftregler (m), Centrifugalregulator (m) centrifugal governor régulateur (m) à force centrifuge		центробѣжный регуляторъ (m) regolatore (m) a forza centrifuga regulador (m) centrifugo	5
Pendelregulator (m), Pendelregler (m) pendulum governor régulateur (m) à pendule		регуляторъ (m) - маятникъ (m) regolatore (m) a pendolo regulador (m) de péndulo	6
Kegelregulator (m), Kegelregler (m) cone governor régulateur (m) à cône		коническій регуляторъ (m) regolatore (m) conico regulador (m) cónico	7
Achsenregulator (m), Flachregler (m), Achsenregler (m) shaft governor, fly-wheel governor régulateur (m) axial		осевой регуляторъ (m) regolatore (m) assiale regulador (m) axial	8
Gewichtsregulator (m), Gewichtsregler (m) weighted governor, center-weight governor régulateur (m) à poids		грузовой регуляторъ (m), регуляторъ (m) съ нагрузкой regolatore (m) a contrappeso regulador (m) pesante	9

1 Regulatorgewicht (n), Reglergewicht (n)
governor weight, governor counterpoise
contrepoids (m) de régulateur
груз (m) (нагрузка (f)) регулятора
contrappeso (m) del regolatore
contrapeso (m) del regulador

---

2 Federregulator (m), Federregler (m)
spring governor
régulateur (m) à ressort
пружинный регулятор (m)
regolatore (m) a molla
regulador (m) de resorte

---

3 Regulatorfeder (f), Reglerfeder (f)
governor spring
ressort (m) du régulateur
пружина (f) регулятора
molla (f) del regolatore
resorte (f) del regulador

---

4 Geschwindigkeitsregulator (m), Geschwindigkeitsregler (m)
governor of velocity, speed governor
régulateur (m) de vitesse
регулятор (m) скорости
regolatore (m) della velocità
regulador (m) de velocidad

---

5 Leistungsregulator (m), Leistungsregler (m)
load governor
régulateur (m) de puissance
регулятор (m) работы (производительности) машины
regolatore (m) della potenza
regulador (m) de capacidad

---

6 regeln, reguliren
to govern, to regulate, to control
régler
урегулировать, регулировать
regolare
regular

XXIV.

Schraubstock (m) vice, jaw-vice étau (m)	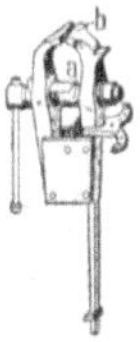	тиски (m. pl.) morsa (f) tornillo (m)	1
Bankschraubstock (m) bench-vice, bench-screw, standing-vice étau (m) d'établi		верстачные стоячіе стуловые } тиски (m. pl.) morsa (f) da banco tornillo (m) de banco	2
ein Werkstück (n) in den Schraubstock einspannen to screw a piece of work into the vice serrer une pièce dans l'étau		зажать (зажимать) обрабатываемый предметъ въ тиски serrare, stringere un pezzo (m) alla morsa fijar una pieza en el tornillo de banco	3
Schraubstockspindel (f) spindle vis (f) d'étau	a	шпиндель (m) тисковъ vite (f) per morsa vástago (m) del tornillo, husillo (m) del tornillo	4
Schraubstockbacken (f. pl.) jaws of the vice (pl.), bits of the vice (pl.) mâchoires (f. pl.) d'étau	b	тисочныя губы (f. pl.) ganascie (f. pl.) della morsa pezuña (f) del tornillo, boca (f) del tornillo	5
Backenfutter (n) vice-jaw mâchoire (f) d'étau		футеровка (f) fodera (f) delle ganascie suplementos (m. pl.) de la mordaza de tornillo de banco	6

1 Backeneinsatz (m)
jaw-socket, false jaws
plaque (f) pour étaux

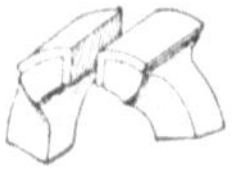

вставочныя тисочныя губы (f.pl.)
ganascie (f. pl.) addizionali
piezas (f. pl.) adicionales de mordaza, mordientes (m. pl.)

---

2 Parallel-Schraubstock (m)
parallel bench-vice, parallel vice
étau (m) parallèle

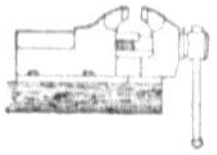

параллельные тиски (m. pl.)
morsa (f) parallela
tornillo (m) con movimiento paralelo, tornillo (m) paralelo

---

3 Gasrohrschraubstock (m)
tube-vice, pipe-vice (A)
étau (m) pour tubes

тиски (m. pl) (прижимъ (m)) для газовыхъ трубъ
morsa (f) per tubi
tornillo (m) para tubos

---

4 Schraubzwinge (f)
cramp, clamps (pl.), adjustable clamp
serre-joints (m), presse (f) à main

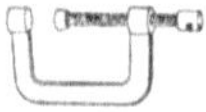

струбцинка (f)
sergente (m), strettoio (m) a vite
brida (f) de sujeción, prensa (f) de tornillo

---

5 Bankzwinge (f)
bench-clamp
presse (f) d'établi

верстачная (привертная) струбцинка (f)
strettoio (m) da banco
brida (f) de presión de cinta

---

6 Feilkloben (m), Handkloben (m)
hand-vice, filing-vice
étau (m) à main, étau (m) limeur

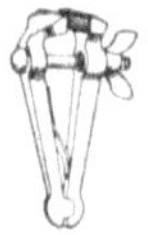

ручные тиски (m. pl.)
morsa (f) a mano
tornillo (m) de mano, entenallas (f. pl.)

---

7 Reifkloben (m)
vice-clamps (pl.), lockfiler's clamps
mordache (f) à chanfrein, tenaille (f) à chanfrein

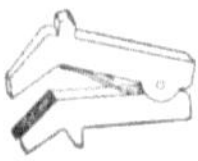

тисочки (m. pl.)
morsetto (m) obliquo
mordaza (f)

---

8 Spitzkloben (m)
pointed hand-vice
étau (m) à main [avec mâchoires étroites]

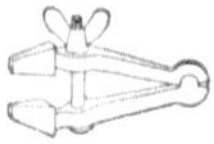

тисочки (m. pl.) съ барашкомъ
morsetto (m) appuntito
mordaza (f) de pico apuntado

Stiftkloben (m)
pin-vice
étau (m) à goupilles

тисочки (m. pl.) со штифтомъ
morsetto (m) tenditore
mordaza (f) de manguito — 1

Spannkluppe (f)
hand-vice, vice-clamps
mordache (f), crampon (m)

клупикъ (m)
morsetto (m) di legno
garabatillo (m) para tender — 2

XXV.

Zange (f)
tongs (pl.), pliers (pl.)
tenaille (f)

клещи (f. pl.)
tanaglia (f)
tenazas (f. pl.) — 3

Zangenmaul (n)
mouth of the tongs
bouche (f) de la tenaille

a

пасть (f) клещей
bocca (f) della tanaglia
boca (f) de tenazas — 4

Flachzange (f), Plattzange (f)
flat pliers (pl.), plat pliers (pl.)
tenaille (f) plate, tenaille (f) droite

(кузнечные) плоскогубцы (m. pl.)
tanaglia (f) piatta, pinzetta (f)
tenazas (f. pl.) de pico plano — 5

Rundzange (f)
round pliers (pl.)
tenaille (f) ronde

(кузнечные) круглогубцы (m. pl.)
tanaglia (f), pinzetta (f) a bocca tonda
tenazas (f. pl.) de pico redondo, tenazas (f. pl.) cañonas — 6

Kugelzange(f), Kappenzange (f)
gas-pliers (pl.), globe pliers (pl.), gas pipe tongs (A)
tenaille (f) à bouche ronde

клещи (f. pl.) для газовыхъ трубъ
pinzetta (f) a palla
tenazas (f. pl.) dentada — 7

Schiebzange (f)
pin-tongs, sliding tongs
tenaille (f) à boucle

клещи (f. pl.) съ хомутикомъ
tanaglia (f) a sdrucciolo
tenazas (f. pl.) con fiador, tenazas (f. pl.) con apresadera — 8

Drahtzange (f)
plyers, pliers (A)
pince (f) américaine

плоскогубцы (f. pl.)
tenaglino (m)
alicata (f), tenacillas (f. pl.) planas — 9

Drahtschneider (m)
wire-cutter
coupe-fils (m)

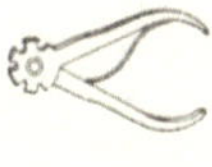

кусачки (f. pl.), кусцы (m. pl.)
tagliafili (m)
corta-alambres (m) — 10

1	Beißzange (f) cutting-nippers (pl.), nippers (A) pince (f) coupante		острогубцы (m. pl.) tronchese (m), tanaglia (f) tenazas (f. pl.) de corte
2	Kneifzange (f) nippers (pl.), pincers (pl.) pince (f), tenaille (f) à couper		щипцы (m. pl.) tanaglia (f) a taglio, pinza (f) tenazas (f. pl.) de sujeción
3	Nagelzieher (m), Nagelzange (f) nail-nippers (pl.), nail-puller arrache-clou (m)		гвоздодеръ (m) cava-chiodi (m), tira-chiodi (m) desclavador (m), tenazas (f. pl.) para clavos
4	Drückzange (f) swage, forming pliers pince (f) à emboutir		давильныя зажимныя пломбировочныя } клещи (f. pl.) tanaglia (f) premente tenazas (f. pl.) de presión
5	Ziehzange (f) plyer, nippers, dogs pince (f) à tirer	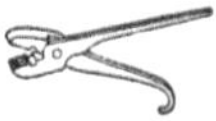	волочильныя клещи (f. pl.) tanaglia (f), pinzetta (f) tenazas (f. pl.) de tracción
6	Lötzange (f) forceps, small forceps, soldering tongs (pl.) (A) pince (f) du chalumeau		паяльныя клещи (f. pl.) tanaglia (f) da saldatore tenazas (f. pl.) de soldador
7	Brennerzange (f) gas-burner pliers pince (f) à gaz		клещи (f. pl.) для газовыхъ горѣлокъ tanaglia (f) per becchi a gas tenazas (f. pl.) de mordaza para tubos
8	Klappzange (f), Kornzange (f), Pinzette (f), Federzange (f) pincers (pl), tweezers (pl) pincette (f)		щипчики (m. pl.), пинцетъ (m) pinzetta (f) pinzas (f. pl.)
9	Schere (f) shears (pl.), scissors (pl.) ciseaux (m. pl.)	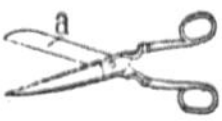	ножницы (f. pl.) forbice (f) cizallas (f. pl.), tijeras (f. pl.)
10	Scherblatt (n), Scherbacke (f) shear-blade tranchant (m), lame (f)	a	челюсть (f) ножницы lama (f) della forbice hoja (f) de las tijeras

Bogenschere (f) arc-shears cisaille (f) à arc		кривоносовыя (фасонныя) ножницы (f. pl.), ножницы (f. pl.) съ дугообразно выгнутыми лезвіями forbice (f) ad arco tijeras (f. pl.) de arco	1
Hebelschere (f) lever-shears (pl.) cisaille (f) à levier		рычажныя ножницы (f. pl.) forbice (f) a leva tijeras (f. pl.) de palanca	2
Stockschere (f), Bockschere (f) bench-shears, stock-shears, block-shears cisaille (f) à bras		стуловыя ножницы (f. pl.) cesoia (f) da banco tijeras (f. pl.) de zócalo, tijeras (f. pl.) de banco	3
Tafelschere (f) plate-shears fixed on the table cisoir (m)		кровельныя ножницы (f. pl.) cesoia (f) per tavola tijeras (f. pl.) de plancha, guillotina (f)	4
Parallelschere (f) parallel shears, cutter (A) cisaille (f) parallèle		параллельныя ножницы (f. pl.) cesoia (f) parallela tijeras (f. pl.) paralelas	5
Rahmenschere (f) frame-shears cisaille (f) à guillotine		рамочныя ножницы (f. pl.) trancia (f) tijeras (f. pl.) de marco	6
Handschere (f) hand shears, snips cisailles (f. pl.) à main		ручныя ножницы (f. pl.) forbice (f) a mano tijeras (f. pl.) de mano	7
Maschinenschere (f) shearing machine machine (f) à cisailler, cisailleuse (f)		приводныя ножницы (f. pl.) forbice (f) a macchina, forbice (f) meccanica tijeras (f. pl.) mecánicas	8
Blechschere (f), Metallschere (f) shears, plate-shears, tinner's shears or snips cisaille (f) pour ferblantiers		ножницы (f. pl.) для рѣзки жести forbicione (m), forbice (f) per lamiera tijeras (f. pl.) de plancha	9

No.	Deutsch / English / Français		Русский / Italiano / Español
1	Lochschere (f) shears for cutting holes cisaille (f) perforatrice		пробивныя, дыропробивныя клещи (f. pl.) traforatrice (f) tijeras (f. pl.) agujereadora
2	Drahtschere (f) wire-shears pince (f) à fil de fer		ножницы (f. pl.) для рѣзки проволоки cervia (f), forbice (f) per fili metallici escoplo (m), pinzas (f. pl.) de alambre

XXVI.

No.	Deutsch / English / Français		Русский / Italiano / Español
3	Amboß (m) anvil enclume (f)		наковальня (f) incudine (m) yunque (m)
4	Amboßbahn (f) anvil plate, face of the anvil face (f) de l'enclume	a	лицо (n) наковальни piano (m), area (f) dell'incudine cara (f) superior, tabla (f) del yunque
5	Amboßfutter (n), Amboßstock (m), Amboßuntersatz (m) anvil stand, anvil's bed, anvil's stock semelle (f) de l'enclume, socle (m) de l'enclume	b	подставка (f) для наковаленъ cepро (f) dell' incudine tajo (m) base, cepo (m)
6	Schmiedeamboß (m) black smith's anvil enclume (f) [de forge]		кузнечная наковальня (f) incudine (m), incudine (m) da fucina yunque (m) de forja
7	Handamboss (m) hand anvil, small anvil enclumette (f)		ручная наковальня (f) incudinella (f), incudine (m) a mano yunque (m) de mano
8	Bankamboß (m) bench-anvil, little beak-iron petite enclume (f), enclumeau (m)		верстачная наковальня (f) incudine (m) da banco yunque (m) de banco
9	Hornamboß (m) beak-iron, anvil with an arm enclume (f) à potence	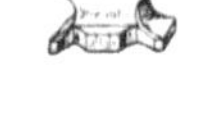	одноносовая, двуносовая наковальня (f) bicornia (f), incudine (m) a corno bigornia (f)

Deutsch / English / Français		Русский / Italiano / Español	
Amboßhorn (n) horn of the anvil beak corne (f) de l'enclume	a	носъ (m) (горнъ (m)) наковальни bicornio (m), corno (m) dell' incudine bicornio (m), cuerno (m) del yunque	1
Sperrhorn (n) beak iron, single arm anvil bigorne (f)		шперакъ (m) bicornietto (m) bigorneta (f)	2
Angel (f) tongue, spike queue (f)	a	хвостъ (m) шперака codolo (m) cuello (m) de yunque, espiga (f) del yunque	3
Bankhorn (n) two-beaked anvil, rising-anvil bigorne (f) d'établi		двуносовой шперакъ (m) bicornia (f) da banco bigornia (f) de banco	4
Stöckel (n), Amboßstöckel (n), Schlagstöckchen (n) anvil stake, stock anvil tasseau (m), tas (m) à queue		амбусъ (m) tassetto (m) da incudine estampa (f) plana, tás (m) de espiga	5
Spitzstöckel (m) filing board, filing block bigorne (f) d'enclume		тассо (m), рогъ (m) для наковаленъ tassetto (m) acuto estampa (f) de punta, tás (m) de punta	6
Umschlageisen (n) hatchet stake fer (m) à rabattre, tranchant (m)		наковальня (f) для загибанія желѣза ferro (m) da piegare suplemento (m) de corte para yunque, hierro (m) de volver pestañas	7
Bördeleisen (n) bordering tool, hatchet-stake bordoir (m)		стойка (f), бертелэйзенъ (m) ferro (m) da ripiegare, ferro (m) da doppiare suplemento (m) rebordeador, hierro (m) de rebordear	8
Bodenamboß (m), Kesselamboß (m) bottom anvil, round-head stake enclume (f) à former le fond	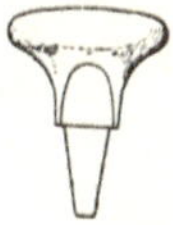	котельная наковальня (f) incudine (m) da calderaio suplemento (m) de bola para yunque, hierro (m) de rebatir	9

1 Polierplatte (f)
polishing plate, glazer, polisher
polissoire (f)

полировочная плита (f)
piastra (f) da brunire, piastra (f) da pulire
disco (m) para pulir, plano (m) para pulir

---

2 Gesenkplatte (f), Lochplatte (f)
swage block, boss, print
tas-étampe (f)

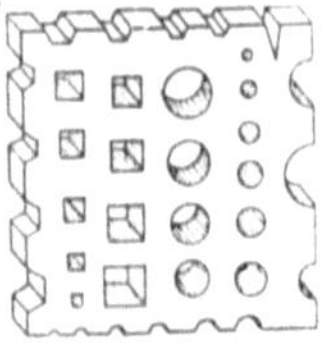

сварочная наковальня (f)
stampo (m)
estampa (f), tás (m) de banco

XXVII.

3 Hammer (m)
hammer
marteau (m)

молотъ (m), молотокъ (m)
martello (m)
martillo (m)

---

4 Hammerbahn (f)
hammer face, flat side of a hammer
face (f) du marteau

лобъ (m) (бой (m)) молота (молотка)
piano (m) del martello
plano (m) del martillo, boca (f) del martillo

---

5 Finne (f)
pane of a hammer
panne (f) du marteau

лицо (n) молота (молотка)
penna (f) del martello
corte (m) del martillo, peña (f) del martillo

---

6 Hammerstiel (m)
handle of a hammer, shaft of a hammer
manche (m) du marteau

ручка (f) (рукоятка (f)) молота (молотка)
manico (m)
mango (m) del martillo

---

7 hämmern
to hammer-dress, to forge, to hammer
marteler

ковать, обработать молотомъ
martellare
martillar

---

8 kalt hämmern
to cold-hammer, to cool-hammer, to hammer-harden
battre à froid, écrouir

ковать въ холодную
battere a freddo
martillar en frio

---

9 Schlosserhammer (m)
locksmith's hammer, fitter's hammer
marteau (m) de serrurier

столярный молотокъ (m)
martello (m) da calderaio, martello (m) da fabbro
martillo (m) de ajustador

Schmiedhammer (m) forge-hammer, trip-hammer marteau (m) de forge		кузнечный молотокъ (m) martello (m) da fucina martillo (m) de forja	1
Streckhammer (m) flat hammer, enlarging hammer marteau (m) à dégrossir, marteau (m) plat		расковочный молотокъ (m) martello (m) da digrossare, martello (m) piatto, martello (m) laminatore mallo (m), martillo (m) de rebatir	2
Vorschlaghammer (m), Zuschlaghammer (m) uphand sledge, sledge-hammer, two-handed-hammer marteau (m) de frappeur, marteau (m) à devant		боевой молотокъ (m) mazzetta (f) martillo (m) á dos manos, macho (m) de fragua con peña invertida	3
Fausthammer (m), Handhammer (m) hand hammer marteau (m) à main		ручной молотокъ (m) martello (m) a mano martillo (m) á mano	4
Bankhammer (m) bench-hammer, locksmith's hammer marteau (m) d'établi		верстачный молотокъ (m) martello (m) da banco martillo (m) de banco	5
Kreuzschlaghammer (m) about-sledge hammer, straight-peen sledge marteau (m) à devant avec panne en travers		боевой молотокъ (m) съ поперечнымъ лицомъ mazza (f) traversa, martello (m) a terzo mallo (m) de corte, macho (m) de fragua, mandarria (f), porra (f)	6
Schlägel (m) mall, sledge massette (f)		камнетесный молотокъ (m) mazza (f) maceta (f), porrilla (f)	7
Spitzhammer (m) pointed hammer, pointed-steel-hammer, wedge-ended-hammer marteau (m) à pointe		остроконечный молотокъ (m), молотокъ (m)-пробойникъ (m) martello (m) appuntito martillo (m) apuntado, punzón (m) de fragua	8
Flachhammer (m) flat hammer, flatter, set-hammer marteau (m) plat		рихтовальный молотъ (m) martello (m) piano martillo (m) plano	9

1	**Hammer (m) mit Kreuzfinne** **cross pane hammer, riveting hammer** **marteau (m) à panne de travers**		молотокъ (m) съ крестообразнымъ хвостомъ(лицомъ) **martello (m) con penna a croce** **martillo (m) cruzado**
2	**Hammer (m) mit Kugelfinne** **ball-pane hammer, half-round hammer** **marteau (m) à panne sphérique**		молотокъ (m) съ шарообразнымъ хвостомъ (лицомъ) **martello (m) con penna sferica** **martillo (m) de bola**
3	**Hammer (m) mit gespaltener Finne** **claw-hammer** **marteau (m) à panne fendue**		кабинетный молотокъ (m), молотокъ (m) съ раздвоеннымъ хвостомъ, молотокъ (m) для выдергиванія гвоздей **martello (m) da carpentiere, martello (m) con penna divisa** **martillo (m) de carpintero, martillo (m) de orejas**
4	**Setzhammer (m)** **square set-hammer, plane set-hammer** **chasse (f) carrée**		гладилка (f), осадочный молотъ (m) **spiana (f), registro (m), presella (f) da spianare** **destajador (m)**
5	**Schlichthammer (m)** **planishing hammer, smoothing hammer** **marteau (m) à planer**	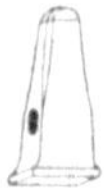	плоская обжимка (f), гладильный молотокъ (m) **martello (m) a pareggiare** **martillo (m) pilón, plana (f) de fragua**
6	**Ballhammer (m)** **round set-hammer** **dégorgeoir (m), marteau (m) à balle**		набойка (f), молотокъ (m) для круглыхъ предметовъ, молотокъ (m) съ шаровиднымъ боемъ **martello (m) a palla** **martillo (m) formón, degüello (m)**
7	**Kugelhammer (m)** **ball hammer** **marteau (m) rond**		молотокъ (m) съ круглымъ боемъ (лицомъ) **martello (m) a testa rotonda** **martillo (m) de bola de dos bocas**

Treibhammer (m)
chasing hammer
marteau (m) à emboutir

разгонный молотокъ (m) 1
martello (m) da ricalcare
martillo (m) de embutir

Pinnhammer (m)
paning hammer
marteau (m) à panne

столярный молотокъ (m) 2
martello (m) a penna
martillo (m) de corte

Lochhammer (m)
drift
poinçon (m), chasse (f) à percer

дыропробивный молотокъ (m)
martello (m) punteruolo 3
martillo (m) taladro, punzón (m) cuadrado

Kesselsteinhammer (m), Pickhammer
boiler scaling hammer
marteau (m) à piquage

молотокъ (m) для отбиванія накипи въ котлахъ
martello (m) scrostatore, martello (m) a scrostare 4
martillo (m) para desincrustar

Gesenkhammer (m), Kornsickenhammer (m)
top-swage
marteau (m) cannelé en sillons

штамповый молотъ (m)
martello (m) a stampo 5
martillo (m) acanalado

Holzhammer (m)
wooden hammer, round-mallet (A)
maillet (m) [en bois]

деревянный молотокъ (m), колотильный молотокъ (m) 6
mazzetta (f) di legno
mazo (m)

Zinkhammer (m)
zinc hammer
marteau (m) en métal blanc

молотокъ (m) изъ цинка
martello (m) di zinco 7
martillo (m) de zinc

Kupferhammer (m)
copper hammer
marteau (m) en cuivre

молотокъ (m) изъ красной мѣди 8
martello (m) di rame
martillo (m) de cobre

---

schmieden, ausschmieden
to forge, to hammer
forger

ковать
foggiare a martello, fucinare 9
forjar, fraguar

1	kalt schmieden to cool-hammer battre à froid, écrouir [le fer]		ковать въ холодную foggiare a freddo forjar en frio
2	warm schmieden to forge forger à chaud		ковать въ горячую foggiare a caldo forjar en caliente
3	im Gesenk schmieden to swage étamper		ковать штамповнымъ молотомъ foggiare entro stampi, marzellare estampar, forjar en estampa
4	Gesenk (n) swage, die, boss, shaper, print, mould étampe (f)		штамповный молотъ (m), штампа (f) stampo (m) estampa (f)
5	Untergesenk (n) bottom-swage, bottom-die étampe (f) inférieure	a	исподникъ (m), нижникъ (m) controstampo (m) estampa (f) de martillo
6	Obergesenk (n) top-swage, top-die étampe (f) supérieure	b	гладильникъ (m) stampo (m) superiore estampa (f) de yunque
7	stauchen to jolt, to up-set, to jump refouler		расковать, расковывать ribattere [il ferro] empujar, recalcar
8	Stauchen (n) upsetting matage (m)		расковка (f) ribattitura (f) recalcadura (f)
9	schweißen to weld souder		сварить, сваривать saldare, bollire soldar
10	Schweißen (n), Schweiße (f) weld (A), welding, process of welding soudure (f)		сварка (f) свариванie (f) saldatura (f), bollitura (f) soldadura (f)
11	anschweißen to weld on, to weld together souder		сварить, сваривать saldare, ferruminare soldar, resudar

Deutsch / English / Français		Русский / Italiano / Español	
zusammenschweißen to weld together souder, unir à chaud		сварить, сваривать saldare, congiungere insieme soldar, juntar con saldadura	1
Schweißstelle (f) weld soudure (f)		мѣсто (n) сварки saldatura (f) soldadura (f)	2
Schweißhitze (f) welding heat blanc (m) soudant		температура (f) сваривания caldo (m) saldante calor (m) soldante, calda (f) sudante	3
Schweißfehler (m) defect in welding défaut (m) de soudure		ошибка (f) при сваривании errore (m), sbaglio (m) di saldatura defecto (m) de soldadura	4
Schweißofen (m) reheating-furnace, welding-furnace four (m) à souder		сварочная печь (f) fornello (m) di ricottura horno (m) de soldar	5
abschroten to clip, to chop off trancher	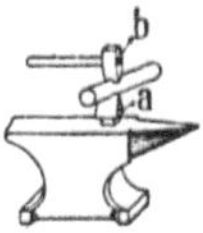 	прорубить, прорубать tagliare, recidere recortar, separar	6
Abschrot (m) chisel tranche (f) d'enclume	a	прорубное зубило (n) tagliuolo (m) yunque (m) de cincel, tajadera (f)	7
Schrotmeißel (m), Setzeisen (n) chisel, anvil-chisel tranche (f) à mange, tranche (f)	b	зубило (n) для разрубанія желѣзныхъ полосъ martello (m) a taglio, tagliuolo (m) martillo (m) cincel, tajadera (f) de astil	8
Warmschrotmeißel (m), Warmmeißel (m) chisel for warm metal, chisel for cutting iron, when heated tranche (f) à chaud		зубило (n) для горячаго металла tagliuolo (m) a caldo cincel (m) en caliente, tajadera (f) en caliente	9
Kaltschrotmeißel (m), Kaltmeißel (m) chisel for cold metal tranche (f) à froid, ciseau (m) à froid		зубило (n) для холоднаго металла tagliuolo (m) a freddo cincel (m) en frio, tajadera (f) en frio	10

1	Schmiede (f) forge, smithy forge (f)		кузница (f) fucina (f) herrería (f), forja (f), fragua (f)
2	Schmiedeherd (m) hearth, fire-place âtre (m) de forge	a	кузнечный горнъ (m) focolare (m) della fucina fogón (m), hogar (m)
3	Schmiedeesse (f) chimney cheminée (f) de forge	b	кузнечный горнъ (m) cammino (m) della fucina chiminea (f) de fragua
4	Schmiedefeuer (n) forge-fire feu (m) de forge	c	кузнечный огонь (m) fuoco (m) della fucina fuego (m) de fragua
5	Herdgeräte (n. pl) smith's tools accessoires (m. pl) de forge		принадлежности (f. pl.) къ горну utensili (m. pl), attrezzi (m. pl), arnesi (m. pl) da fucina herramientas (m. pl) de fragua
6	Löschspieß (m) straight-poker, poker tisonnier (m)		соколъ (m) spegnitoio (m) aguja (f) de forja, espetón (m)
7	Herdhaken (m) hook-poker ratissette (f)		кочерга (f) uncino (m), gancio (m) attizzatore gancho (m) de fragua, caidilla (f)
8	Löschhaken (m), Löschwedel (m) fire-hook, sprinkle crochet (m) de four, goupillon (m)		швабра (f) для смачиванія угля uncino (m), gancio (m), spegnitore gancho (m) de forja, escobillón (m)
9	Herdschaufel (f) shovel, scraper pelle (f) à feu		лопатка (f) (лопата (f)) для очищенія горновъ paletta (f) pala (f) de fogón
10	Schmiedezange (f) forge-tongs (pl.), smith's tongs (pl.) pince (f), tenaille (f) [pour forgerons]		кузнечныя клещи (f. pl.) tanaglia (f) da fucina, tanaglia (f) da fabbro tenazas (f. pl.) de forja

Schmiedegebläse (n)
smith's blowing machine, forge-bellows (pl.), blower (A)
soufflerie (f) de forge

кузнечный мѣхъ (m)
macchina (f) soffiante, soffiatrice (f) 1
fuelle (m) mecánico

Blasebalg (m)
bellows (pl.), pair of bellows
soufflet (m)

воздуходувный мѣхъ (m) 2
mantice (m)
fuelle (m)

Feldschmiede (f)
portable forge, field forge, travelling forge
forge (f) portative, forge (f) volante, forge (f) de campagne

переносный горнъ (m)
fucina (f) da campagna, fucina (f) portatile 3
fragua (f) portátil

XXVIII.

Meißel (m)
chisel
burin (m), ciseau (m), tranche (f)

зубило (n), долото (n)
scalpello (m) 4
escoplo (m)

Flachmeißel (m)
flat chisel
burin (m) plat

плоское зубило (n)
scalpello (m) piano 5
escoplo (m) plano

Kreuzmeißel (m)
bolt chisel, cross-cutting chisel, cape chisel
bédane (m), bec d'âne (m)

крейцмейсель (m), мечевидное зубило (n) 6
unghietta (f)
cincel (m) agudo

---

auskreuzen
to chisel out, to chase
buriner avec le bédane

обработать (обрабатывать) крейцмейселемъ 7
segnare coll'unghietta
acanalar

Steinmeißel (m)
stone chisel, chisel for working in stone
grain (m), ciseau (m) à pierre

камнетёсное долото (n)
scalpello (m), scalpello (m) per pietre 8
cincel (m)

Handmeißel (m)
hand cold chisel
ciseau (m) à main

ручное долото (n)
scalpello (m) a mano
escoplo (m) de mano, cortafrío 9

1 Bankmeißel (m)
cold chisel, chisel for cold metal
ciseau (m) d'établi
сѣкачъ (m) (рѣзакъ (m)) для холоднаго желѣза
scalpello (m) da fabbro, scalpello (m) a freddo, tagliaferro (m) a freddo
escoplo (m)

---

2 meißeln
to chisel, to work with a chisel
buriner, ciseler
долбить
scalpellare
escoplear, cincelar, desbarrozar

---

3 abmeißeln
to chisel off
enlever avec le burin
обрубить (обрубать) зубиломъ (рѣзакомъ); сгладить (сглаживать) долотомъ
scalpellare via, togliere allo scalpello
escoplear, quitar con escoplo, quitar con cortafrío

---

4 Körner (m), Ankörner (m)
center-point, center-punch
pointeau (m)

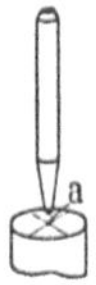

кернеръ (m), тычка (f)
punteruolo (m), bulino (m)
punzón (m) para marcar, granete (m)

---

5 Körnermarke (f), Körnerpunkt (m)
center-mark
coup (m) de pointeau

a

тычка (f), центръ (m), кернъ (m)
centro (m), punto (m), [segnato col punteruolo]
punto (m) de punzón

---

6 ankörnen
to mark the center with the center-punch
amorcer, centrer
отмѣтить (отмѣчать) тычкою (кернеромъ)
marcare, segnare col punteruolo
puntear, marcar con el granete

---

7 Durchschlag (m)
piercer, punch
chasse-pointes (m)

пробойникъ (m)
punzone (m)
punzón (m), taladro (m) contra-punzón (m)

Matrize (f), Lochscheibe (f)
matrice, die, bed, bed-die
matrice (f), perçoir (m)
матрица (f)
matrice (f)
matriz (f), sufridera (f) 1

Handdurchschlag (m)
hand-punch
chasse-pointes (m) à main
ручной пробойникъ (m)
punzone (m) a mano
punzón (m), taladro (m) á mano 2

Bankdurchschlag (m)
punch
poinçon (m)
пробойникъ (m) для станковъ
punzone (m) a freddo
punzón (m) 3

Locheisen (n), Ausschlageisen (n)
hollow-punch
emporte-pièce (m)
бродокъ (m), высѣчка (f)
fustella (f), foratoio (m)
punzón (m), sacabocados (m) 4

Lochzange (f)
punching-tongs (pl.)
pince (f) à trous, pince (f) à poinçonner
дыропробивныя клещи (f. pl.), клещп (f. pl.) для пробивки дыръ
tanaglia (f) a punzone, tanaglia (f) da forare
tenazas (f. pl.) punzón 5

---

lochen
to punch, to perforate
percer, perforer, poinçonner
пробить (пробивать) дыры
forare, bucare
taladrar 6

XXIX.

Feile (f)
file
lime (f)
напильникъ (m), напилокъ (m)
lima (f)
lima (f) 7

Feilenheft (n)
file-handle
manche (m) de lime
ручка (f) (черенокъ (m)) напильника (напилка)
manico (m) della lima
mango (m) de lima, cabo (m) de lima 8

1	Feilenhieb (m) cut of the file taille (f) [de lime]		насѣчка (f) напильника (напилка) taglio (m) della lima picadura (f) de la lima
2	Bastardhieb (m) bastard cut taille (f) moyenne, taille (f) bâtarde		крупная насѣчка (f) taglio (m) bastardo picadura (f) de bastarda
3	Schlichthieb (m) smooth cut, fine cut taille (f) douce		мелкая насѣчка (f) taglio (m) dolce picadura (f) fina
4	einfacher Hieb (m) single cut taille (f) simple		простая (обыкновенная) насѣчка (f) taglio (m) semplice picadura (f) simple
5	Kreuzhieb (m) second cut, cross-cut taille (f) croisée		перекрестная насѣчка (f) taglio (m) a croce picadura (f) en cruz
6	Oberhieb (m) upper cut, second cut seconde taille (f)	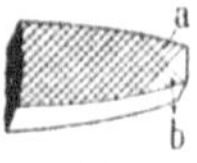 a	вторая / верхняя } насѣчка (f) taglio (m) superiore picadura (f) superior
7	Unterhieb (m) first cut, lower cut première taille (f)	b	первая / нижняя } насѣчка (f) taglio (m) inferiore picadura (f) inferior
8	Feilen (f. pl.) hauen to cut files tailler des limes		насѣчь (насѣкать) напильники (напилки) tagliare lime picar limas, tajar limas
9	Feilenhauer (m) file-cutter tailleur (m) de limes		машина (f) для насѣчки напильниковъ tagliatore (m) di lime picador (m) de limas
10	Feilenmeißel (m) file-chisel étoile (f) du tailleur de limes		зубило (n) для насѣчки напильниковъ (напилковъ) scalpello (m) per lime lima-escoplo (f), cincel (m) para limas
11	Feilenhammer (m) file-hammer marteau (m) à limes		насѣчной молотокъ (m) martello (m) per lime lima-martillo (f), martillo (m) para picar limas

Hauamboß (m) für Feilen, Feilenamboß (m) cutting block, file cutting anvil enclume (f) à limes	насѣчная наковальня (f) incudine (m) per lime yunque (m) para picar limas	1
die Feilen (f. pl.) aufhauen to re-cut files retailler les limes	пересѣчь (пересѣкать) напильники (напилки) ritagliare le lime repicar limas, retajar limas	2
aufgehauene Feile (f) re-cut file lime (f) retaillée	пересѣченный напильникъ (m) (напилокъ (m) lima (f) ritagliata lima (f) repicada	3
Feilen (f. pl.) härten to harden files tremper des limes	закалить, закаливать напильникъ (m), напилокъ (m) temperare lime templar limas	4
Feilenhärtung (f) file-hardening trempe (f) de limes	закалка (f) напильниковъ (напилковъ) tempratura (f) di lime temple (m) de limas	5
feilen, abfeilen, befeilen to file, to file off limer	подпилить, подпиливать limare limar	6
Feilstrich (m) file-stroke, touch coup (m) de lime	слѣдъ (m), штрихъ (m) отъ напильника, отъ напилка tratto (m) della lima raja (f) de lima, rasgo (m) de la lima	7
Feilspäne (m. pl.), Feilicht (n) filings limaille (f)	стружки (m. pl.) limature (f. pl.) virutas (f. pl.) de lima, limallas (f. pl.)	8
Feilstaub (m) file-dust limature (f)	спилки (m. pl.) polvere (f) di limatura limaduras (f. pl.)	9

1 Feilbank (f)
filing table, file-bench
banc (m) d'ajusteurs, banc (m) à limer

тиски (m. pl.)
banco (m) da limare
banco (m) para limar

2 Handfeile (f), Ansatzfeile (f)
hand-file, flat file
lime (f) plate, carreau (m) plat, plate (f) à main

ручной напильникъ (m) (напилокъ (m))
lima (f) a mano
lima (f) á mano, lima (f) carleta bombeada

3 Armfeile (f)
arm-file, rubber
lime (f) à bras, carreau (m)

брусовка (f), четырехгранный напильникъ (m) съ грубой насѣчкой
lima (f) a braccio, lima (f) da digrossare
lima (f) al brazo, limatón (m) cuadrado

4 Bastardfeile (f), Vorfeile (f)
bastard file
lime (f) bâtarde

драчевый напилокъ (m) (напильникъ (m))
lima (f) bastarda, lima (f) a taglio bastardo
lima (f) bastarda

5 Schlichtfeile (f), Abziehfeile (f)
smooth file
lime (f) douce

лицовка (f), мелкозубка (f), личная пила (f)
lima (f) dolce
lima (f) dulce [para alisar], lima (f) muza

6 Halbschlichtfeile (f)
second-cut-file
lime (f) demi-douce

полушлифной напильникъ (m) (напилокъ (m))
lima (f) semibastarda, lima (f) semidolce, lima (f) a taglio mezzo fino
lima (f) semifina

7 Feinschlichtfeile (f), Schlichtschlichtfeile (f) Doppelschlichtfeile (f)
super-fine file, dead smooth file
lime (f) superfine

тонкій шлифной напильникъ (m) (напилокъ (m))
lima (f) soprafina, lima (f) a taglio fino
lima (f) finísima

8 schlichten
to finish, to smooth
planer, doucir

шлихтовать
spianare, lisciare
igualar, alisar, planear

Polierfeile (f)
polishing file
brunissoir (m)

шлифной напильникъ (m) (напилокъ (m)) 1
lima (f) dolce da brunire
lima (f) de pulimentar, lima (f) bruñidor

Strohfeile (f), Packfeile (f)
straw-file, rough file
lime (f) au paquet

напильникъ (m) (напилокъ (m)) упакованный въ солому 2
lima (f) da digrossare, lima (f) germanica, lima (f) impagliata
lima (f) áspera, lima (f) basta

Grobfeile (f)
coarse file, rough file
lime (f) grosse

грубый напильникъ (m) (напилокъ (m)) 3
lima (f) a taglio grosso
lima (f) gruesa, lima (f) tabla

Flachfeile (f)
flat file
lime (f) plate

плоскій напильникъ (m) (напилокъ (m)) 4
lima (f) piatta
lima (f) plana

Stumpffeile (f)
blunt file
lime (f) obtuse, lime (f) carrée

тупоносый напильникъ (m) (напилокъ (m)) 5
lima (f) ottusa
lima (f) obtusa

Spitzfeile (f)
taper-file
lime (f) pointue

остроносый напильникъ (m) (напилокъ (m)) 6
lima (f) appuntita
lima (f) fina puntiaguda

flachspitze Feile (f)
taper flat file, taper hand file
lime (f) plate pointue

плоскій остроносый напильникъ (m) (напилокъ (m)) 7
lima (f) piatta appuntita
lima (f) plana-apuntada

1	flachstumpfe Feile (f) equalling file lime (f) rectangulaire		плоскій тупоносый напильникъ (m) (напилокъ (m)) lima (f) piatta ottusa lima (f) plana-roma
2	dreikantige Feile (f), Dreikantfeile (f) three-square-file, triangular file lime (f) triangulaire		трехгранный напильникъ (m) (напилокъ (m)) lima (f) triangolare, triangolo (m) lima (f) triangular
3	Vierkantfeile (f) square-file lime (f) carrée		четырехгранный напильникъ (m) (напилокъ (m)) lima (f) quadra lima (f) cuadrada

4	Rundfeile (f) round file lime (f) ronde		круглый напильникъ (m) (напилокъ (m)) lima (f) tonda lima (f) redonda
5	Halbrundfeile (f) half-round file lime (f) demi-ronde		полукруглый напильникъ (m) (напилокъ (m)) lima (f) mezzo tonda lima (f) de media caña
6	Barettfeile (f) barette-file, cant file barette (f)		трехгранный напильникъ (m) напилокъ (m)) lima (f) triangolare lima (f) bonete
7	Wälzfeile (f) round-off file, cabinet file lime (f) à arrondir		напильникъ (m) (напилокъ (m)) для закругленія колесныхъ зубцовъ lima (f) cilindrica lima (f) de redondear
8	Vogelzunge (f), Karpfenfeile (f) oval file, cross file, double half-round file lime (f) ovale		овальный напильникъ (m) (напилокъ (m)) lima (f) a foglia di salvia, lima (f) ovale lima (f) oval, lima (f) almendrada

Messerfeile (f)
knife-file, hack-file
lime (f) à couteaux

ножевка (f), ножевочный напильникъ (m) (напилокъ (m)) 1
lima (f) a coltello
lima (f) de navaja

Schwertfeile (f)
ensiform-file, feather edge
lime (f) à pignon

саблевый напильникъ (m) (напилокъ (m)) 2
lima (f) a spada
lima (f) de espada

Scharnierfeile (f)
joint-file, round-edge joint-file
lime (f) à charnière, lime (f) coulisses

шарнирный напильникъ (m) (напилокъ (m)) 3
lima (f) a cerniera
lima (f) de charnela

Schraubenkopffeile (f), Einstreichfeile (f)
slitting file, feather edged file
lime (f) à fendre

напильникъ (m) (напилокъ (m)) съ острымъ ребромъ 4
lima (f) a mandorla
lima (f) achaflanada

Nadelfeile (f)
needle-file
lime (f) à aiguille

проволочный напильникъ (m) (напилокъ (m)), терчужёкъ (m) 5
lima (f) ad ago
lima (f) cola de ratón

Hohlfeile (f)
hollowing-file, round-file
lime (f) à forer

вогнутый / желобчатый напильникъ (m), напилокъ (m) 6
lima (f) da forare
lima (f) de canal

Sägefeile (f)
saw-file
lime (f) pour [à] scies

напильникъ (m) (напилокъ (m)) для точки пилъ 7
lima (f) da sega
lima (f) para sierras, lima (f) para afilar sierras

1 Lochfeile (f)
riffler
lime (f) d'entrée, rifloir (m), riflurel (m)

риѳлуаръ (m), изогнутый напильникъ (m) (напилокъ (m))
lima (f) da fori
lima (f) para agujeros

2 Raspel (f)
rasp, grater, rasping-file
râpe (f), lime (f) mordante

рашпиль (m), терчугъ (m)
raspa (f)
escofina (f)

XXX.

3 Schaber (m)
scraper
grattoir (m)

шаберъ (m)
raschietto (m)
rascador (m), raspador (m)

4 Flachschaber (m)
flat scraper
racloir (m), grattoir (m)

плоскій шаберъ (m)
raschietto (m) piatto
rascador (m) plano

5 Hohlschaber (m)
fluted scraper
grattoir (m) cannelé, racloir (m) cannelé

желобчатый шаберъ (m)
raschietto (m) scanalato, raschietto (m) a scanalature
rascador (m) acanalado

6 Dreikantschaber (m)
three-square scraper, triangular scraper [shave hook]
racloir (m) triangulaire, grattoir (m) triangulaire

трехгранный шаберъ (m)
raschietto (m) triangolare
rascador (m) triangular

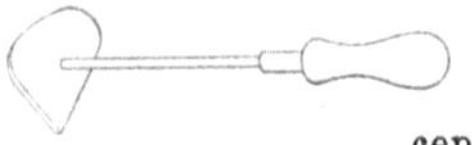

7 Herzschaber (m)
heart scraper [shave hook]
racloir (m) en forme de cœur

сердцевидный шаберъ (m)
raschietto (m) curvo, raschietto (m) a cuore
rascador (m) curvo

schaben
to scrape
gratter, racler

шабрить
raschiare 1
rascar

---

aufschaben
to scour, to scrape
aléser en grattant

пришабрить
raschiare 2
rascar

---

nachschaben
to rescrape
creuser en grattant

подшабрить
ripassare al raschietto 3
repasar con el raspador

Reibahle (f)
reamer
alésoir (m)

рейбалъ (m), развёртка (f) 4
alesatore (m), allargatoio (m)
escariador (m)

---

geschliffene Reibahle (f)
ground reamer
alésoir (m) aiguisé

шлифованная развёртка (f)
alesatore (m), [allargatoio (m)] affilato 5
escariador (m) afilado

Winkelreibahle (f)
angular reamer, angle drift
alésoir (m) rectangulaire

угловая развёртка (f)
alesatore (m), [allargatoio (m)] ad angolo 6
escariador (m) de ángulo

---

spiral genutete Reibahle (f)
spiral fluted reamer, reamer with spiral fluts
alésoir (m) à cannelures en spirale

развёртка (f) (рейбалъ (m)) со спиральными желобками
alesatore (m), [allargatoio (m)] con scanellature a spirale 7
escariador (m) con estrías en spiral

---

geriefelte Reibahle (f), gerade genutete Reibahle (f)
straight fluted reamer, reamer with straight fluts
alésoir (m) cannelé

развёртка (f) (рейбалъ (m)) съ дорожками
alesatore (m), [allargatoio (m)] con scanellature diritte 8
escariador (m) con estrías rectas

---

konische Reibahle (f)
taper reamer
alésoir (m) conique

коническая развёртка (f), коническій рейбалъ (m) 9
alesatore (m), [allargatoio (m)] conico
escariador (m) cónico

1 Zapfenreibahle (f)
pivot-reamer
alésoir (m) à pivots

развёртка (f) (рейбалъ (m)) съ цапфами
alesatore (m) per perni
escariador (m) hueco

---

2 Maschinenreibahle (f)
machine-reamer
alésoir (m) de machines

развёртка (f) вставляющаяся въ шпиндель станка, рейбалъ (m) вставляющійся въ шпиндель станка
alesatore (m) meccanico
escariador (m) mecánico

---

3 aufreiben
to broach, to enlarge with the reamer, to ream
aléser

развертѣть, развёртывать
alesare
alargar, escariar

XXXI.

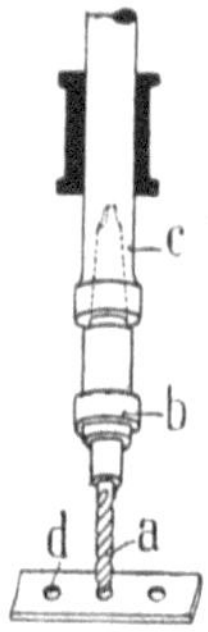

4 Bohrer (m)
borer, drill
foret (m), mèche (f)

a

сверло (n), перка (f), перковое сверло (n)
trapano (m)
taladro (m), barrena (f), broca (f)

---

5 Bohrfutter (n)
drill socket
manchon (m) pour foret, manchon (m) pour le faux-bouton

b

патронъ (m) для сверла (перки)
fodera (f) del trapano
mango (m), manguito (m) para la broca

---

6 Bohrspindel (f)
boring-bar, spindle
arbre (m) porte-foret

c

шпиндель (m) сверла (перки)
albero (m) del trapano
barra (f) del taladro, árbol (m) porta-brocas

Bohrloch (n)
bore-hole, bore
vide (m), creux (m), trou (m)

d

высверленная дыра (f), высверленное отверстіе (n)
foro (m) fatto al trapano, foratura (f)
barreno (m), taladro (m) 1

---

bohren, durchbohren
to bore, to drill, to perforate
forer, perforer, percer

сверлить, просверлить, просверливать, буравить, пробуравить, пробуравливать
forare, bucare, trapanare
taladrar, barrenar, agujerear 2

---

nachbohren, ausbohren
to rebore, to bore again, to widen, to enlarge
refaire [un trou]

высверлить, высверливать, подчистить сверломъ, подчищать сверломъ, разбуравить, разбуравливать
ripassare al trapano
taladrar otra vez, repasar con el taladro 3

Schlichtbohrer (m)
finishing bit
alésoir (m)

красное сверло (n)
trapano (m) fino
taladro (m) para refinar 4

Bohren (n)
drilling
forage (m), perçage (m)

сверленіе (n), буреніе (n)
forare (m)
taladrar (m) 5

Handbohrer (m)
hand-drill, drill worked by hand
perceuse (f) à main, perforatrice (f) à main

ручное сверло (n), ручной буравъ (m)
trapano (m) a mano
barrena (f) de mano, perforadora (f) á mano 6

Nagelbohrer (m)
gimlet
vrille (f)

буравчикъ (m), навёртка (f)
succhiello (m)
taladrador (m), parauso (m) 7

Zapfenbohrer (m)
pin-drill
tarière (f)

лопатень (m), бочечный буравъ (m)
bucafondi (m) [per bottai]
taladrador (m) de vástago, broca (f) de punto 8

1 einschneidiger Bohrer (m)
single-cutting-drill
mèche [foret] à une tranche

сверло (n) съ однимъ лезвіемъ
mecchia (m), trapano (m) ad un taglio
broca (f) de un corte

---

2 zweischneidiger Bohrer (m)
double cutting drill
mèche [foret] à deux tranches

сверло (n) съ двумя лезвіями
mecchia (f) a due tagli, trapano (m) a due tagli
broca (f) de doble corte

---

3 Spitzbohrer (m)
common bit, pointed-end drill
foret (m) à langue d'aspic

навёртное сверло (n)
mecchia (f) appuntita, trapano (m) appuntito
broca (f) ordinaria

---

4 Centrumsbohrer (m)
center-bit, cutter
foret (m) à centre, foret (m) à trois pointes, mèche (f) à centre

центура (f), центровая перка (f)
mecchia (f) a centro, trapano (m) a centro
barrena (f), broca (f) de tres puntas

---

5 Centrumsspitze (f)
nicker, center point
pointe (f) de centre

a

остріе (n) центуры, (центровой перки)
punta (f) centrale
centro (m) de la barrena, punto (m) de la broca

---

6 Spiralbohrer (m)
twist drill
foret (m) [mèche] hélicoïdal

спиральное сверло (n)
mecchia (f) spirale, trapano (m) a spirale
broca (f) salomónica

---

7 Versenker (m), Krauskopf (m)
countersink
foret (m) à fraiser

зенковка (f)
accecatoio (m)
barrena (f) cónica, broca (f) de fresar

---

8 Holzbohrer (m)
auger, wimble, gimlet
mèche (f) pour bois

плотничій буравъ (m)
mecchia (f), trapano (m) a legno
broca (f) para madera

Schneckenbohrer (m) twisted auger, half twist bit tarière (f) hélicoïdale		свитокъ (m), насосный буравъ (m), червячная перка (f) trapano (m) a chiocciola, succhiello (m) a chiocciola, trivella (f) ad elica taladrador (m) á hélice, barrena (f) de berbiquí	1
Öhrbohrer (m) twisted eye bit tarière (f) à douille		червячная перка (f) съ ушкомъ, буравъ (m) съ бочечнымъ ушкомъ trapano (m) a due mani, succhiello (m) a due mani barrena (f) de muletilla, taladro (m) de dos manos	2
Löffelbohrer (m) auger, shell auger tarière (f) à cuiller		ложечная перка (f) succhiello (m) a sgorbia barrena (f) de pala	3
Stangenbohrer (m) long eye auger tarière (f) torse		проходникъ (m), напарье (n) succhiello (m) barrena (f) de cola de marrano	4
Langlochbohrer (m) long-borer, slot-borer, slot driller, long auger esseret (m)		сверло (n) для продольныхъ дыръ trapano (m) lungo taladro (m) de media caña	5
Erdbohrer (m) churn-drill, ground-auger tarière (f) pour le sol, sonde (f)		земляной буравъ (m) trivella (f) a chiocciola per terreno sonda (f)	6
Steinbohrer (f) wall-chisel, mill-stone-piercer perce-meule (m), bonnet (m) de prêtre		буръ (m) для камня trapano (m) per pietre barrena (f) para piedra, puntero (m) para piedra	7

1	Bohrgerät (n) boring apparatus, boring-tools (pl.) outil (m) à forer		буровой инструментъ (m) utensili (m. pl.) per forare herramienta (f) para taladrar
2	Drillbohrer (m), Drehbohrer (m) Archimedian drill, spiral drill, wimble porte-foret (m), foret (m) à vis d'Archimède		дрель (f) trapano (m) berbiquí (m) helizoidal
3	Rollenbohrer (m) drill with ferrule, bow-drill foret (m) à l'archet	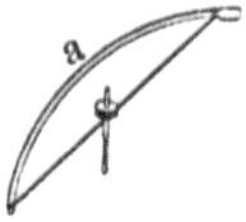	смычковая дрель (f) trapano (m) ad archetto berbiquí (m) de arco, berbiquí (m) de violin
4	Drillbogen (m), Fiedelbogen (m), Bohrbogen (m) drill-bow archet (m)	a	смычекъ (m) дрели archetto (m) berbiquí (m) de manubrio, arco (m) de violin
5	Brustbohrer (m), Faustleier (f), Brustleier (f) breast-drill, bit-brace, hand-brace, belly-brace vilebrequin (m)		грудной коловоротъ (m) girabecchino (m) berbiquí (m) de pecho, berbiquí (m) de mano
6	Bohreisen (n), Bohreinsatz (m) bore-bit foret (m), mèche (f)	a	стержень (m) { сверла, перки, бурава punta (f) da forare broca para perforar
7	Winkelbohrer (m), Eckbohrer (m) angle-brace, corner drill foret (m) à angle		коловоротъ (m) съ шестерней trapano (m) ad arco, girabecchino (m) a manovella berbiquí (m) de manivela
8	Bohrkurbel (f), Kurbel (f) brace fût (m) du drill	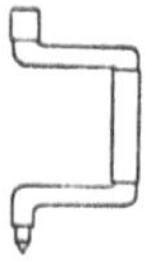	мотыль (m) (станокъ (m)) коловорота zanca (f) manubrio (m) de taladrar
9	Bohrknarre (f), Ratsche (f) ratchet-brace cliquet (m), rochet (m)	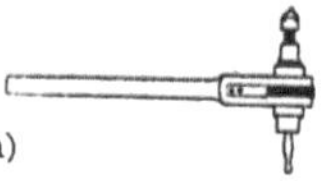	трещетка (f), рачка (f) cricchetto (m), trapano (m) a cricco chicharra (f), carraca (f)

Bohrmaschine (f) drilling-machine, drill-press machine (f) à percer, perceuse (f)		сверлильный станокъ (m) trapanatrice (f) perforadora (f), máquina de taladrar, máquina de barrenar	1

XXXII.

Fräser (m) milling-cutter, cutter fraise (f)	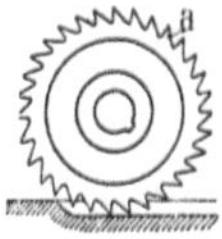	шарошка (f), фрезеръ (m) fresa (f) fresa (f)	2
Fräserzahn (m) tooth of the cutter dent (f) de fraise	a	зубецъ (m) шарошки (фрезера) dente (m) della fresa diente (m) de fresa	3
Fräser (m) mit eingesetzten Zähnen milling cutter with inserted teeth fraise (f) à dents rapportées	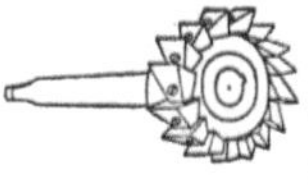	шарошка (f) (фрезеръ (m)) со вставными зубьями fresa (f) con denti regolabili, rimessi fresa (f) con dientes postizos	4
hinterdrehter Fräser (m) backed off cutter fraise (f) avec profil invariable		заточеная шарошка (f), заточеный фрезеръ (m) fresa (f) con profilo invariabile fresa (f) de torneado posterior, fresa (f) de media caña	5
Scheibenfräser (m) side-milling-cutter fraise (f) à disque, fraise (f) latérale		дисковая шарошка (f), дисковый фрезеръ (m) fresa (f) a disco fresa (f) de disco	6
Nutenfräser (m) slot-cutter, slot-milling-cutter fraise (f) pour rainures, fraise (f) pour cannelures	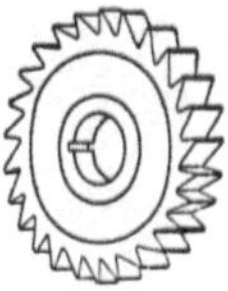	шарошка (f) (фрезеръ (m)) для пазовъ fresa (f) per scanalature, fresa (f) per incastri fresa (f) de muesca, fresa (f) de cajear	7

1 Walzenfräser (m)
cylindrical cutter, face-mill, facing-cutter
fraise (f) cylindrique

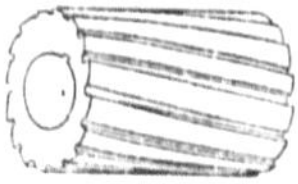

цилиндрическая шарошка (f) со спиральными зубьями
fresa (f) cilindrica, fresa (f) a rullo
fresa (f) cilíndrica

---

2 Schlitzfräser (m)
slot-cutter
fraise (f) raineuse

прорѣзная шарошка (f)
fresa (f) a taglio, fresa (f) per intagliare
fresa (f) de ojal

---

3 Schaftfräser (m)
shank-end-mill, end-mill
fraise (f) à queue

лобовая шарошка (f)
fresa (f) di fronte, fresa (f) a corda, fresa (f) tagliata in fondo
fresa (f) de frente

---

4 Planfräser (m)
face-milling-cutter
fraise (f) plane, de front

концевая шарошка (f)
fresa (f) piana
fresa (f) plana

---

5 Zahnradfräser (m), Räderfräser (m)
wheel cutter, cutter for gear wheels, gear cutter
fraise (f) pour engrenages

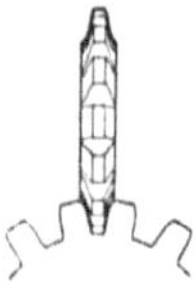

шарошка (f) для зубчатыхъ колёсъ
fresa (f) per ruote dentate
fresa (f) para ruedas dentadas

---

6 Schneckenfräser (m)
worm hobs
fraise (f) hélicoidale

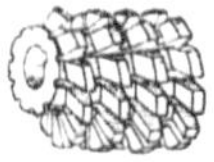

шарошка (f) для червячныхъ колёсъ
fresa (f) a vite senza fine
fresa (f) espiral

---

7 Außenfräser (m)
hollow mill, [cutting the exterior of tube]
fraise (f) extérieure, fraise (f) creuse

шарошка (f) для внѣшняго фрезерованія
fresa (f) per smussature esterne
fresa (f) para fresar [tubos] al exterior

---

8 Profilfräser (m)
formed cutter, profil-cutter
fraise (f) profilée, fraise (f) de forme

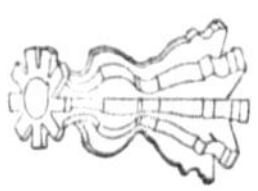

профильная шарошка (f)
fresa (f) a profilo
fresa (f) de perfilar

---

9 fräsen, ausfräsen
to cut, to mill with a cutter
fraiser

фрезеровать, шарошевать
fresare
acepillar, fresar

Fräsen (n) milling, cutting fraisage (m)		фрезерованіе (n), шарошеваніе (n) fresatura (f) fresado (m)	1
Fräsmaschine (f) milling machine machine (f) à fraiser, fraiseuse (f)		фрезерный (шарошечный) станокъ (m) fresatrice (f) máquina (f) de fresar	2

XXXIII.

Säge (f) saw scie (f)	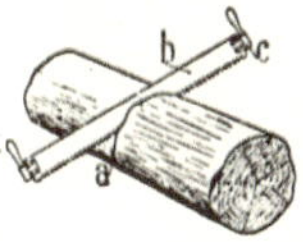	пила (f) sega (f) sierra (f)	3
Sägeschnitt (m) saw-notch, saw-cut trait (m) de scie	a	надрѣзъ (m) пилой tratto (m) della sega corte (m) de sierra	4
Sägeblatt (n), Sägeklinge (f), Band (n) der Säge saw-blade, saw-web lame (f) de scie	b	листъ (m), лента (f), полотно (n) } пилы lama (f) della sega hoja (f) de sierra	5
Sägeangel (f) blade holder porte-scie (m), agrafe (f) de scie	c	гнѣздо (n) для укрѣпленія пилы manico (m) della sega, portasega (m) mango (m) de la sierra	6
Sägezahn (m) tooth dent (f) de scie	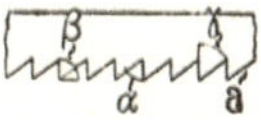 a	зубецъ (m) пилы, пильный зубъ (m), (зубецъ (m)) dente (m) della sega diente (m) de sierra	7
Brustwinkel (m) hook, bottom angle angle (m) des dents [entre elles]	α	уголъ (m) упора angolo (m) d'appoggio ángulo (m) radical del diente	8
Schneidwinkel (m) angle at top, cutting angle angle (m) de taille	β	уголъ (m) рѣзца angolo (m) di taglio ángulo (m) de corte	9

No.	Deutsch / English / Français		Русскій / Italiano / Español
1	Zuschärfungswinkel (m) angle of throat, front rake angle (m) d'une dent	γ	уголъ (m) заостренія angolo (m) d'affilamento ángulo (m) del filo, oblicuidad del filo
2	Zahnspitzenlinie (f) face line of teeth, top line of teeth ligne (f) des dents	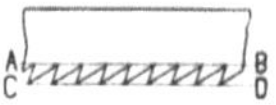 C—D	линія (f) вершинъ (оконечностей) зубьевъ linea (f) delle punte dei denti línea (f) de las puntas de los dientes
3	Sägerandlinie (f) bottom line of teeth ligne (f) supérieure des dents	A—B	линія (f) основанія зубьевъ linea (f) del labbro, dell' orlo, lembo (m) línea (f) de aserrado
4	Dreieckszahn (m) triangular tooth dent (f) triangulaire		треугольный зубецъ (m) dente (m) triangolare diente (m) triangular
5	Wolfszahn (m) briar tooth, gullet-tooth dent-de-loup (f)		волчій зубъ (m) dente (m) di lupo diente (m) de lobo
6	M-Zahn (m), Stockzahn (m) M-tooth dent (f) en M renversé	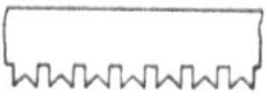	М-образный зубецъ (m), зубъ (m) въ видѣ буквы М dente (m) a M diente (m) de cola de Milano
7	hinterlochter Zahn (m) célérité tooth (perforated saw) dent (f) percée	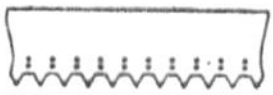	зубецъ (m) съ расположенными надъ нимъ отверстіями dente (m) perforato diente (m) ojalado
8	geschränkter Zahn (m) double tooth dent (f), qui a de la voie		разведенный зубецъ (m) dente (m) allicciato, dente (m) licciato diente (m) alaveado, diente (m) abarquillado
9	Schränkeisen (n) saw set fer (m) à contourner, tourne à gauche (m)		разводка (f) licciaiuola (f) calibre (m) para alavear los dientes de sierra, triscador (m)

schränken, aussetzen to set [the teeth] donner la voie [aux dents d'une scie]	развести (разводить) зубцы пилы alliciare alavear, triscar	1
Sägezähne (m. pl.) hauen to cut teeth faire les dents, tailler les dents	пробить (пробивать) зубцы tagliare denti cortar los dientes de sierra, dentar una sierra	2
sägen to saw scier	пилить segare serrar, aserrar	3
Sägespäne (m. pl.) saw-dust sciure (f)	опилки (m. pl.) segatura (f) aserraduras (f. pl.), virutas de sierra	4
kaltsägen to cold saw scier à froid	пилить . . . . . въ холодномъ видѣ segare a freddo aserrar en frio	5
warmsägen to warm saw scier à chaud	пилить . . . . . въ нагрѣтомъ видѣ segare a caldo aserrar en caliente	6
Kaltsäge (f) cold saw scie (f) à froid	пила (f) для холодной распиловки (холодныхъ металловъ) sega (f) a freddo sierra (f) en frio	7
Warmsäge (f) warm saw scie (f) à chaud	пила (f) для тёплой распиловки (нагрѣтыхъ металловъ) sega (f) a caldo sierra (f) en caliente	8
Metallsäge (f) iron cutting saw, metal-saw (A) scie (f) à métaux	пила (f) для металловъ sega (f) da metalli sierra (f) para metales	9
Holzsäge (f) saw, wood-saw (A) scie (f) [à bois]	пила (f) для дерева sega (f) da legno sierra (f) para madera	10

1 Handsäge (f)
hand-saw, arm-saw
scie (f) à main

ручная пила (f)
sega (f) a mano
sierra (f) de mano, serrucho

---

2 zweimännische Säge (f)
saw for two men
scie (f) à deux hommes

двуручная пила (f)
sega (f) a due uomini
sierra (f) de cuatro manos

---

3 ungespannte Säge (f)
unset saw
scie (f) ralentie

ненатянутая ленточная пила (f)
sega (f) allentata
sierra (f) floja

---

4 Schrotsäge (f), Brettsäge (f), Baumsäge (f)
long saw, pit saw
scie (f) de long, passe-partout (m)

продольная (маховая, садовническая) пила (f)
segone (m), sega (f) verticale
sierra (f) de leñador

---

5 Quersäge (f)
cross-cut-saw
scie (f) à découper, passe-partout (m)

поперечка (f), поперечная пила (f)
sega (f) trasversale
sierra (f) para trozar

---

6 Bauchsäge (f), Wiegensäge (f)
felling saw
scie (f) ventrée

выгнутая поперечка (f), выгнутая поперечная пила (f)
sega (f) ventrata
sierra (f) de hoja de lomo arqueado

---

7 Fuchsschwanz (m)
pad saw, hand saw
scie (f) à main, scie (f) à manche

ножевка (f), Фуксшванцъ (m)
saracco (m), sega (f) a mano
serrucho (m)

---

8 Rückensäge (f)
tenon-saw
scie (f) à dos

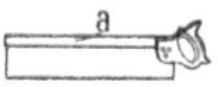

ножевка (f) съ обухомъ
saracco (m) a dorso
serrucho (m) de lomo reforzado, serrucho (m) de costilla

---

9 Sägenrücken (m)
back of the saw
dos (m) de la scie

a

обухъ (m) ножевки
dorso (m) della sega
lomo (m) de la sierra

---

10 Stichsäge (f), Lochsäge (f), Spitzsäge (f)
compass-saw, key-hole saw, piercing saw
scie (f) à guichet

узкая ножевка (f)
gattuccio (m), ladro (m)
serrucho (m) de calar

Einstreichsäge (f), Schraubenkopfsäge (f) slitting saw scie (f) à métaux à dos		ножевка (f) для прорѣзыванія пазовъ sega (f) per metallo a dorso serrucho (m) de cuchillo	1
Spannsäge (f), gespannte Säge (f) frame-saw, framed saw, span-saw scie (f) montée, scie (f) à châssis, scie (f) à monture		натянутая пила (f) sega (f) intelaiata sierra (f) de hoja tensa, sierra (f) de bastidor	2
Bogensäge (f) bow-saw scie (f) en archet, scie (f) à arc	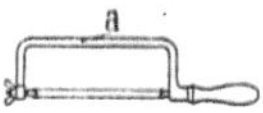	лучковая пила (f) sega (f) ad arco, sega (f) ad archetto sierra (f) de arco	3
Sägenbogen (m) saw-frame, bow châssis (m), archet (m), cadre (m) de la scie	a	лучекъ (m), станокъ (m) } пилы arco (m) della sega arco (m) de sierra, armazón de sierra	4
Laubsäge (f) fret-saw, scroll saw (A) scie (f) d'horloger		лобзикъ (m), волосная пила (f) sega (f) da traforo sierra (f) de marquetería	5
Klobsäge (f), Furniersäge (f) board-saw, frame-saw, veneer-saw scie (f) à placage	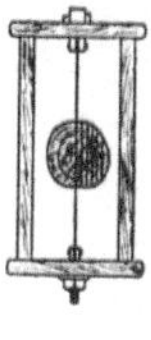	фанерочная, фурнирная } пила (f) sega (f) da cantiere, segone (m) ad arco sierra (f) de aserrador, sierra (f) de dos manos	6
Örtersäge (f) turning-saw, framed-whip-saw, great span-saw scie (f) à débiter	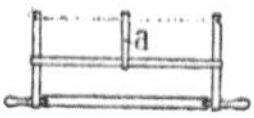	столярная лучковая пила (f) sega (f) da falegname sierra (f) de carpintero	7
Knebel (m) tongue, gag garrot (m)	a	закрутка (f), закрутень (m), язычекъ (m) nottola (f) taco (m), fiador (m), templador (m)	8
Schließsäge (f) sash-saw, slash-saw scie (f) allemande		небольшая лучковая пила (f) sega (f) da denti sierra (f) delgada	9

1 Schweifsäge (f)
bow-saw, fret-saw
scie (f) à chantourner

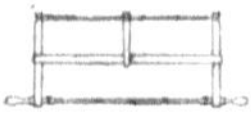

узенькая столярная лучковая пила (f)
seghetto (m), sega (f) da volgere
sierra (f) de embutir, sierra (f) de rodear

---

2 Sägemaschine (f)
sawing-machine, saw-bench
scie (f) mécanique, machine (f) à scier

пильный станокъ(m), машина (f) для распиловки
sega (f) meccanica, sega (f) a macchina
aserradora (f) mecánica, máquina (f) de aserrar

---

3 Bandsäge (f)
belt-saw, endless saw, band-saw (A)
scie (f) à lame sans fin, scie (f) à ruban

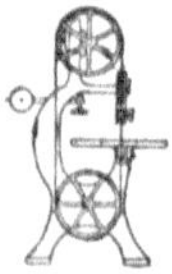

безконечная ленточная пила (f)
sega (f) a nastro, sega senza fine, sega (f) a lama continua
sierra (f) de cinta, sierra (f) continua, sierra (f) sin fin

---

4 Kreissäge (f)
circular saw, disk saw
scie (f) circulaire

циркульная } пила (f)
круглая
sega (f) circolare
sierra (f) circular

---

5 Sägegatter (n)
saw-sash, saw-frame, saw-gate
châssis (m) de scies

пильная рама (f)
telaio (m) d'una sega meccanica
bastidor (m) de sierra

---

6 Gattersäge (f)
frame-saw
scie (f) à cadre

лѣсопильная рама (f), рамная пила (f)
sega (f) a macchina
sierra (f) de marquetería

---

7 Sägeblock (m)
saw-block, saw-log
billot (m), grume (m)

бревно (n)
cavalletto (m) per segare
bloque (m) para serrar, caballete (m) para serrar

XXXIV.

8 Axt (f)
axe
hache (f), cognée (f)

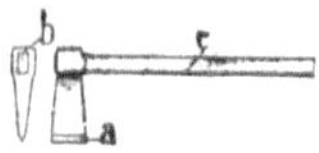

топоръ (m)
scure f
hacha (f)

---

9 Schneide (f)
edge, bit
tranchant (m)

лезвіе (n)
lama (f), taglio (m) della scure
corte (m) de hacha

Haube (f), Öhr (n), Haus (n) axe-hole, axe-eye oeil (m) de hache	b	проушина (f) occhio (m) della scure foro (m) della scure ojal (m) para mango de hacha	1
Axtstiel (m), Helm (m) axe-handle, shaft of an axe manche (m) de la hache	c	топорище (n), ручка (f) топора manico (m) della scure mango (m) de hacha	2
Handaxt (f) hand-axe hache (f) à main		топорикъ (m), ручной топоръ (m) scure (f) a mano hacha (f) de mano	3
Bankaxt (f) bench-axe hache (f) de charpentier		плотничій топоръ (m) scure (f) da banco hacha (f) de vaciar	4
Stoßaxt (f), Stichaxt (f) mortise axe bisaigue (f), pioche (f)		шиповая шляхта (f) bicciacuto, (m) scalpello (m) ugnato hacha (f) de choque	5
Beil (n) hatchet hachette (f)		топоръ (m) accetta (f), ascia (f) hacha (f), destral (m)	6
Handbeil (n) hacket, hatchet hachette (f) à poing		топорикъ (m) accetta (f) da falegname hachuela (f)	7
Texel (m), Dexel (m), Dechsel (m) adze herminette (f), essette (f)	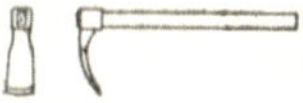	кирга (f) accetta (f) [da bottaio] azuela (f)	8
dechseln, texeln to dub, to adze dresser à l'herminette		зарубить } киргой зарубать } tagliare all' accetta sabotear (m), desbastar á la azuela	9
Hobel (m) plane rabot (m)	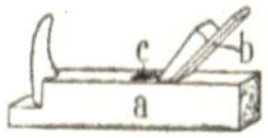 	рубанокъ (m), стругъ (m) pialla (f) cepillo (m), garlopa (f)	10
Hobelkasten (m) stock, plane-stock, plane-wood fût (m) de rabot	a	колодка (f) { рубанка, струга ceppo (m) della pialla caja (f) del cepillo	11
Hobeleisen (n) plane-iron fer (m) de rabot	b	желѣзко (n) { рубанка, струга lama (f) della pialla, ferro (m) da pialla hierro (m) de cepillo	12

1	Spannloch (n) des Hobels mouth of the plane lumière (f) du rabot	c	отверстіе (n) для желѣзокъ luce (f) della pialla agujero (m) de la cuña del cepillo
2	hobeln to plane raboter, aplanir		строгать piallare acepillar, cepillar
3	behobeln to plane smooth raboter, promener le rabot		обстругать, обстругивать ripiallare labrar con cepillo
4	abhobeln to plane, to shoot off, to smooth off donner un coup de rabot à qch.		состругать, состругивать piallare cepillar, pianear
5	Hobeln (n) planing rabotage (m)		строганіе (n) piallatura (f) cepillado (m)
6	Hobelspäne (m. pl.) shavings copeaux (m. pl.)		стружки (m. pl.) trucioli (m pl.) viruta (f), doladura (f), acepilladuras (f. pl.)
7	Doppelhobel (m) double iron plane rabot (m) à double fer, rabot (m) à contre-fer	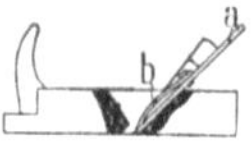	двойной рубанокъ (m), рубанокъ (m) съ двойнымъ желѣзкомъ pialla (f) doppia, pialla (f) a due ferri cepillo (m) de dos scutidos
8	Doppeleisen (n) double iron, back-iron fer (m) double de rabot	a	двойное желѣзко (n) ferro (m) doppio, lama (f) doppia cuchillo (m) doble de cepillo
9	Deckel (m), Kappe (f) top-plane-iron, break iron contre-fer (m), fer (m) de dessus	b	верхнее желѣзко (n) controlama (f), controferro (m) tapa (f) del cepillo
10	Schrupphobel (m), Schürfhobel (m) jack-plane riflard (m)		драчковый стругъ (m), шерхебель (m) cagnaccia (f), piallone (m), pialla (f) a sgrossare cepillo (m) de desbastar

Deutsch / English / Français		Русский / Italiano / Español	
Schlichthobel (m) smoothing plane varloppe (f)		фуганокъ (m) pialletto (m), barlotta (f) garlopa (f), cepillo (m) grande	1
Bankhobel (m) bench-plane, cooper jointer rabot (m) d'établi		столярный рубанокъ (m) pialla (f) da banco cepillo (m) de banco	2
Handhobel (m) hand-plane rabot (m) à main		ручной стругъ (m), ручной рубанокъ (m) pialla (f) a mano cepillo (m) de mano	3
Simshobel (m), Gesimshobel (m) side-rebate-plane, side-rabbet-plane guillaume (m)		закройникъ (m), зензубель (m) sponderuola (f) cepillo (m) de molduras, guillame (m)	4
Falzhobel (m) fillister feuilleret (m)		фальцовка (f), калёвка (f), фальцгубель (m) incorsatoio (m) cepillo (m) de media madera junterilla (f)	5
Nuthobel (m) tonging and grooving plane rabot (m) à rainures, bouvet (m) à rainures		дорожникъ (m), пазникъ (m), пазовикъ (m), шпунтгубель (m) incorsatoio (m) femmina, pialla (f) da intarsiatore cepillo (m) de machihembrar, acanalador (m)	6
Schiffshobel (m) compass-plane rabot (m) rond, rabot (m) cintré		горбачъ (m) sponderuola (f) a barca, sponderuola (f) a bastone cepillo (m) de carpintero de ribera	7
Profilhobel (m), Façonhobel (m) moulding plane rabot (m) pour profils, rabot (m) à moulures		фасонный рубанокъ (m) pialla (f) a profilo cepillo (m) de perfilar	8
Hobelbank (f) joiner's bench, carpenter's bench établi (m) de menusier	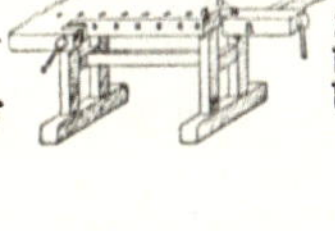	верстакъ (m) banco (m) da falegname banco (m) de carpintero	9

1 Zange (f) der Hobelbank
press of a joiner's bench
presse (f) d'établi de menusier

a

гребенка (f)
morsa (f) del banco
tornillo (m) de carpintero

---

2 Bankhaken (m), Bankeisen (n)
iron bench stop, holdfast
mentonnet (m), greppe (f) d'établi, valet (m) d'établi

b

клинокъ (m)
barletto (m)
cavas (f) del carpintero

---

3 Hobelmaschine (f)
planing machine
machine (f) à raboter, raboteuse (f)

строгалка (f), строгательный станокъ (m)
piallatrice (f), macchina (f) a piallare
cepilladora (f), garlopa (f), máquina para acepillar

---

4 Stemmeisen (n), Beitel (m), Holzmeißel (m)
chisel
ciseau (m)

стамеска (f), долото (n)
scalpello (m), incavatoio (m)
escoplo (m), cincel (m), formón (m)

---

5 stemmen
to chisel
tailler au ciseau

строгать стамеской, долбить долотомъ
incavare, scalpellare
agujerear con el formón, hacer mortajas

---

6 Stechbeitel (m)
ripping chisel, firmer chisel
ciseau (m) fort

прямая стамеска (f)
scalpello (m) a taglio
escoplo (m) punzón, formón (m) de barrilete

---

7 Lochbeitel (m)
mortise chisel
bédane (m)

долото (n)
pedano (m)
escoplo (m) para agujeros, escoplo (m) de fijas

Hohleisen (n)
gouge
gouge (f)

полукруглая стамеска (f)
scalpello (m) a sgorbia
escoplo (m) hueco, escoplo (m) de media caña, gubia (f) *1*

Geißfuß (m)
corner-chisel, parting tool
gouge (f) triangulaire

трехгранное долото (n)
sgorbia (f) triangolare
pico (m) de cabra, pie (m) de cabra, gubia (f) triangular *2*

Ziehmesser (n), Zugmesser (n), Schnitzmesser (n)
draw-knife, draw-shave, knife with two handles
plane (f), couteau (m) à deux manches

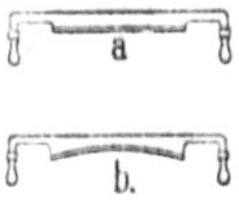

стругъ (m)
coltello (m) a due manichi
cuchillo (m) de dos mangos *3*

Geradeisen (n)
planishing knife
plane (f) à lame droite, plane (f) droite

a

стругъ (m) съ плоскимъ желѣзкомъ
coltello (m) a lama diritta
cuchillo (m) de dos manos *4*

Krummeisen (n)
hollowing knife
plane (f) à lame courbe, plane (f) creuse

b

стругъ (m) съ полукруглымъ желѣзкомъ
coltello (m) a lama curva
media luna (f) *5*

Nagel (m)
nail
cheville (f), clou (m)

гвоздь (m)
chiodo
clavo (m) *6*

---

nageln
to nail
clouer

пригвоздить, прибить (прибивать) гвоздемъ
chiodare
clavar *7*

1	zusammennageln to nail clouer, attacher par une cheville		сколотить (сколачивать) гвоздями inchiodare, unire con chiodi clavar, juntar con clavos
2	Nagelloch (n) pin-hole, nail-hole trou (m) de cheville, œuillet (m) de clou		дыра (f) отъ гвоздя foro (m) del chiodo agujero (m) del clavo
3	Nagelhammer (m) spike-driver marteau (m) à panne fendue		гвоздильный молотокъ (m) martello (m) da chiodi martillo (m) para clavar
4	Drahtstift (m) wire-tack wire-nail pointe (f) de Paris		шпилька (f), штифтъ (m) puntina (f) punta (f) de París, alfiler (m
5	Nageleisen (n) heading tool, bolt-header cloutière (f)		гвоздильня (f), гвоздарная оправка (f) chiodaia (f) hierro (m) de clavos
6	leimen to glue coller		клеить incollare encolar, pegar con cola
7	zusammenleimen to glue, to agglutinate coller ensemble		склеить, склеивать unire con colla encolar
8	Leim (m) glue colle (f) forte, colle (f)		клей (m) colla (f) cola (f)
9	Leimknecht (m), Schraubzwinge (f) glue-press, cramp-frame, hold-fast serre-joints (m), sergent (m), presse (f) à main	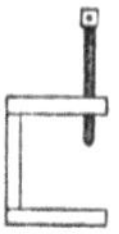	струбцинка (f) для склейки предметовъ sergente (m) da falegname, morsetta (f) cierra-junta (f)

XXXV.

10	Schleifstein (m) grindstone, grinding mill, grinding stone meule (f) à aiguiser	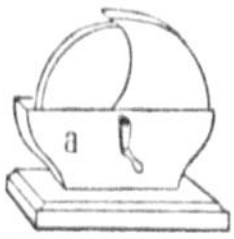	точило (n), точильный камень (m) mola (f) da affilare piedra (f) amoladera, muela (f) amoladera, asperón (m)

Deutsch / English / Français		Русскій / Italiano / Español	
Schleiftrog (m), Schleifsteintrog (m) chest below the grindstone, trough auget (m) de meule à aiguiser	a	корыто (n) (коробка (f)) точила (точильнаго камня) truogolo (m) artesón (m) de muelas, mollejón (m)	1
Körnung (f) des Schleifsteines grain of the grindstone grain (m) de la meule		сыпь (f) точила (точильнаго камня) grana (f) della mola picado (m) de la muela	2
Abziehstein(m), Brocken (m) rubber, slip, whet stone pierre (f) à adoucir		плоское точило (n) pietra (f) da affilare piedra (f) de repasar, piedra (f) de afilar	3
Ölstein (m) oil-stone, grinder's oil-stone pierre (f) à l'huile	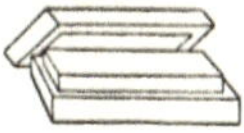	оселокъ (m) pietra (f) di Candia piedra (f) aceitada para afilar	4
schleifen to sharpen, to grind, to smooth, to whet, to rub aiguiser		точить affilare amolar, afilar, esmerilar	5
Schleifvorrichtung (f) grinding machine machine (f) à aiguiser, machine (f) à meuler		точильное приспособленіе (n) macchina (f), apparecchio (m) per affilare aparato (m) para afilar, máquina (f) de afilar	6
Schleifscheibe(f), Polierscheibe (f) wheel-mill, glazing-wheel, polishing wheel meule (f), polissoir (m)		точильный дискъ (m) disco (m) per affilare, disco (m) pulitore disco (m) esmerilador, disco (m) pulimentador	7
Schmirgel (m) emery émeri (m)		наждакъ (m) smeriglio (m) esmeril (m)	8
Schmirgelpapier (m) emery-paper papier (m) à émeri		наждачная бумага (f) carta (f) smerigliata papel (m) de esmeril, papel (m) esmerilado	9
Schmirgelleinen (n), Schmirgelleinwand (f) emery-cloth toile à émeri (f)		наждачное полотно (n) tela (f) smerigliata tela (f) de esmeril, tela (f) esmerilada	10

1	Schmirgelholz (n) emery-stick polissoir (m)		наждачный брусокъ (m) legno (m) smeriglio esmerilador (m) de madera
2	Schmirgelscheibe (f) emery-wheel, glazer, glazing-wheel meule (f) d'émeri, meule (f) à émeri	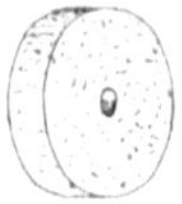	наждачный точильный кругъ (m) disco (m) di smeriglio muela (f) de esmeril
3	Schmirgelring (m), Schmirgelrad (n) emery-wheel, emery-cutter, emery-grinder anneau (m) d'émeri, roue (f) d'émeri	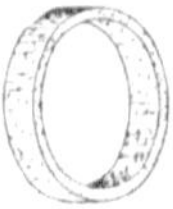	наждачное кольцо (n) anello (m) di smeriglio, ruota (f) di smeriglio rueda (f) de esmeril
4	Schmirgelcylinder (m), Schmirgelwalze (f) emery-cylinder tambour (m) d'émeri	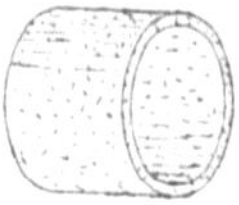	наждачный цилиндръ (m) (валикъ (m)) cilindro (m) di smeriglio cilindro (m) de esmerilar
5	Schmirgelstein (m) emery-wheel pierre (f) d'émeri		наждачный камень (m) pietra (f) di smeriglio piedra (f) esmeril
6	schmirgeln to rub, to polish, to grind with emery polir à l'émeri		полировать (шлифовать, точить) наждакомъ smerigliare esmerilar
7	Schmirgelschleifmaschine (f) emery grinding machine machine (f) de meules d'émeri		наждачное точило (n) smerigliatrice (f), macchina (f) da smerigliare máquina (f) de esmerilar
8	Schmirgelstaub (m), Schmirgelpulver (n) emery-dust poudre (f) d'émeri, émeri (m) en poudre		наждачная пыль (f) polvere (f) di smeriglio polvo (m) de esmeril

XXXVI.

9	härten to harden tremper	закаливать temperare templar, endurecer

Härten (n) hardening trempe (f)	закалка (f), закаливанie (n) tempra (f), tempratura (f) temple (m)	1
anlassen, nachlassen to temper adoucir, recuire	отпускать, отжигать ricuocere pavonar, repasar el temple	2
Anlassen (n), Nachlassen (n) tempering adoucissement (m), recuit (m)	смягченie (n) (отпусканie (n)) стали ricottura (f) pavonar (m), repaso (m) del temple	3
Anlaßfarbe (f), Anlauffarbe (f) tempering-colour, annealing colour couleur (f) du recuit	цвѣтъ (m) отпуска tinta (f) della tempra color (m) del temple	4
Härte (f) hardness dureté (f)	твердость (f) durezza (f) temple (m)	5
Naturhärte (f) natural hardness dureté (f) naturelle	природная твердость (f) tempra (f) naturale temple (m) natural	6
Glashärte (f) chilling trempe (f) glacée	крѣпкая закалка (f) tempera (f) indurita temple (m) vitreo, dureza (f) de vidrio	7
Härteskala (f) scale of hardness échelle (f) de dureté	скала (f) твёрдости scala (f) delle tempere escala (f) de dureza	8
Härtegrad (m) degree of hardness, temper degré (m) de dureté	степень (f) закалки grado (m) della tempera, grado (m) di durezza grado (m) de dureza, grado (m) de temple	9
Härtepulver (n) tempering powder poudre (f) à tremper	порошокъ (m) для закалки polvere (f) da temperare polvo (m) de temple	10
Härteriß (m), Hartborste (f) crack [in steel], fissure [in steel] taille (f) de trempe, perçure (f) de trempe, crevasse (f) de trempe	трещина (f) (рванина (f)) послѣ закалки frattura (f) per eccesso di tempera fractura (f), grieta (f) por exceso de temple	11

1	Oberflächenhärtung (f) case-hardening trempe (f) de la surface	закалка (f) поверхности tempera (f) a cartoccio, tempera (f) a fassetto temple (m) superficial
2	Härtung (f) durch Abkühlung hardening by cooling trempe (f) au bain	закаливаніе (n) посредствомъ охлажденія tempera (f) subitanea, tempera (f) improvvisa temple (m) por enfriamiento
3	Härtung (f) durch Hämmern hardening by hammering trempe (f) par martelage, trempe (f) par battre	закаливаніе (n) подъ молотомъ tempera (f) a martello temple (m) por forjado
4	Härtung (f) in Öl oil hardening trempe (f) à l'huile	закаливаніе (n) въ маслѣ tempera (f) all'olio temple (m) al aceite
5	Härtung (f) in Wasser water hardening trempe (f) à l'eau	закаливаніе (n) въ водѣ tempera (f) all'acqua temple (m) al agua

XXXVII.

6	löten to solder, to braze souder, braser	паять saldare soldar
7	zusammenlöten to solder together souder ensemble	спаять, спаивать saldare insieme juntar, unir por soldadura
8	anlöten to join by soldering joindre par soudure, souder	припаять, припаивать unire con saldatura unir por soldadura
9	loslöten to unsolder dessouder	отпаять, отпаивать dissaldare desoldar
10	Löten (n) brazing, soldering soudure (f), brasure (f)	паяніе (n) saldatura (f) soldadura (f)

Lötung (f) brazing, soldering soudure (f)		пайка (f), спайка (f) saldatura (f) soldadura (f)	1
Weichlöten (n) soft-soldering, tin-soldering soudure (f) tendre		пайка (f) мягкимъ припоемъ saldatura (f) debole, saldatura (f) tenera, saldatura (f) leggera soldadura (f) blanda	2
Hartlöten (n) brazing, hard-soldering soudure (f) forte		пайка (f) на крѣпкомъ припоѣ saldatura (f) forte soldadura (f) sólida	3
Lötnaht (f) soldering seam, brazing seam soudure (f), brasure (f)		шовъ (m) { пайки, спайки saldatura (f) soldadura (f), costura (f)	4
Lötstelle (f), Lötfuge (f) soldering seam, brazing seam soudure (f), brasure (f), noeud (m)		мѣсто (n) припоя saldatura (f) soldadura (f)	5
Lötkolben (m), Löteisen (n) soldering copper, copper bolt, copper bit fer (m) à souder, barre (f) à souder	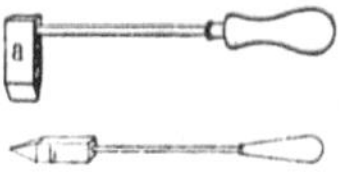	паяльникъ (m) saldatoio (m) soldador (m)	6
Hammerkolben (m) copper bit with an edge fer (m) à souder en marteau	a	молоткообразный паяльникъ (m) saldatoio (m) a martello soldador (m) de corte	7
Spitzkolben (m) copper bit with a point fer (m) à souder pointu	b	остроконечный паяльникъ (m) saldatoio (m) a punta soldador (m) apuntado	8
Gaslötkolben (m) gas soldering copper fer (m) à souder au gaz		газовый паяльникъ (m) saldatoio (m) a gas soldador (m) á gas	9
Lötbrenner (m) gas-blow-pipe, bellows-blow-pipe chalumeau (m)		паяльная горѣлка (f) becco (m) per saldare, becco (m) da saldatore mechero (m) para soldar	10

1 Lötlampe (f)
soldering lamp
lampe (f) à braser

паяльная лампа (f)
lampada (f) per saldare, lampada (f) da saldatore
lámpara (f) para soldar

---

2 Lötflamme (f), Stichflamme (f)
blow-pipe-flame
flamme (f) du chalumeau

a

паяльное пламя (n)
fiamma (f) saldante
llama (f) de soldadura

---

3 Lötofen (m)
soldering furnace
four (m) à souder

паяльная печь (f)
fornella (f) per saldare
fornillo (m) de hojalatero

---

4 Lot (n)
solder
matière (f) à souder

припой (m)
piombo (m)
soldadura (f)

---

5 Zinnlot (n), Weichlot (n), Weißlot (n)
tin-solder, soft solder
soudure (f) à l'étain tendre

мягкій припой (m), полуда (f)
stagno (m)
soldadura (f) de estaño

---

6 Schnellot (n)
soft solder
soudure (f) vive

мягкій легкоплавкій припой (m), третникъ (m), третнякъ (m)
saldatura (f) rapida
soldadura (f) rápida

---

7 Hartlot (n), Schlaglot (n)
hard solder
brasure (f), soudure (f) forte

крѣпкій припой (m)
saldatura (f) forte
soldadura (f) dura

---

8 Lötwasser (n)
soldering water, soldering fluid
eau (f) à soudure

кислота (f) для пайки (спайки)
acqua (f) per saldare
agua (f) para soldar

---

9 Lötsäure (f)
soldering acid
eau (f) forte

крѣпкая кислота (f) для пайки (спайки)
acqua (f) forte
ácido (m) para soldar

Lötrohr (n)
blow-pipe
chalumeau (m)

паяльная трубка (f), фейфка (f)
cannello (m) ferruminatorio, cannello (m) da saldare
soplete (m), tubo (m) soldador, soldador (m) *1*

Lötzange (f)
hawkill, hawkill-pliers (pl.), soldering tweezers (pl.)
pince (f) à souder

клещи (m) для захватки паяльника
tanaglia (f) da saldatore, pinzetta (f) da saldatore
pinzas (f. pl.) de soldador *2*

Lötprobe (f), Lötversuch (m)
blow-pipe-proof, blow-pipe-test
essai (m) au chalumeau

пробная { пайка (f) / спайка (f) }
prova (f) di saldatura
prueba (f) de soldadura, soldadura (f) de ensayo *3*

Gießlöffel (m)
ladle, casting ladle
poche (f) à couler

литейный ковшъ (m)
cucchiaio (m) da saldatore
cucharilla (f) de soldador *4*

XXXVIII.

1 feinmessen
to measure accurately
mesurer avec précision

измѣрить } точно
измѣрять }
misurare con precisione
medir con precisión

---

2 Feinmessen (n)
accurate measuring
[action (f) de mesurer avec précision] mesurage (m) précis

точное измѣренiе (n)
misura (f) di precisione
medida (f) de precisión

---

3 Lehre (f)
gauge
calibre (m) à vis

калибръ (m), лерка (f)
calibro (m)
calibre (m)

---

4 Schraubenlehre (f)
screw-gauge, caliper rule (A)
calibre (m) à vis

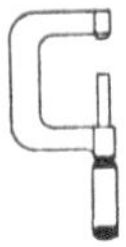

винтовой калибръ (m), винтовая лерка (f)
calibro (m) a vite
calibre (m) de rosca

---

5 Mikrometerlehre (f)
micrometer gauge
micromètre (m)

микрометрическiй калибръ(m), микрометрическая лерка (f)
micrometro (m)
calibre (m) micrométrico

---

6 Schublehre (f), Schieblehre (f)
sliding caliper, slide-gauge, vernier caliper
pied (m) à coulisse

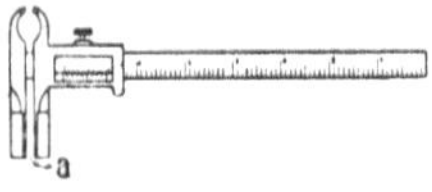

раз(вы-)движной калибръ (m), (штангенциркуль (m))
calibro (m) a corsoio
piés (m. pl.) de rey

Schnabel (m)
jaw
pied (m)

a

раздвижная часть (f) штангенциркуля, ползунъ (m) калибра
becco (m)
pico (m) del calibre, boca (f) del calibre 1

Stichmaß (n)
template, gauge, pattern
pige (f)

калибръ (m) съ остріями 2
calibro (m)
regla (f) de calibre

---

sphärisches Endmaß (n)
end measuring rods, end gauge
calibre (m) de hauteurs

нормальный стержневой калибръ (m) 3
calibro (m) normale
calibre (m) normal, calibre (m) esférico

Cylinderstichmaß (n), Cylindermaß (n)
caliper-gauge, inside micrometer-gauge
jauge (m) à coulisses

нутромѣръ (m) для измѣренія цилиндровъ 4
calibro (m) per tubi
calibre (m) para tubos, Palmer

Tasterlehre (f), Rachenlehre (f)
internal and external gauge, calliper-gauge, snap-gauge (A)
calibre (m)

необработанный калибръ (m) 5
calibro (m)
calibre (m) de compás

Tiefenlehre (f)
depth gauge
pied (m) à profondeur

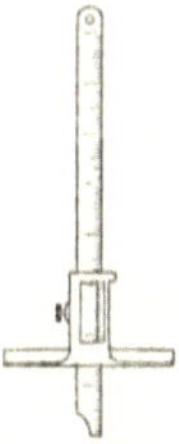

калибръ (m) для измѣренія глубины
calibro (m) per profondità 6
calibre (m) para huecos, calibre (m) para alturas

Lochlehre (f)
hole gauge
calibre (m) pour diamètre

дыромѣръ (m)
calibro (m) per fori, calibro (m) per diametri 7
calibre (m) para agujeros

Lehrdorn (m), Lochlehre (f)
internal cylindrical gauge, plug gauge (A)
calibre (m) de perçage

калибръ (m) цилиндрическій
calibro (m) cilindrico 8
calibre (m) cilindrico

1 Gewindelehre (f)
thread gauge
calibre (m) pour pas de vis

калибръ (m) винтовой нарѣзки
calibro (m) per impanature
calibre (m) para rosca

---

2 Gewindeschablone (f)
screw pitch gauge
calibre (m) de taraudage

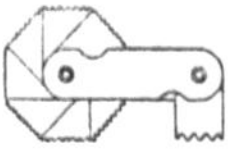

шаблонъ (m) винтовой нарѣзки
calibro (m) per viti
juego (m) de plantillas para rosca

---

3 Blechlehre (f)
standard gauge for steel plates, plate-gauge
jauge (m) pour les tôles

калиберная дощечка (f), дощечка (f) для измѣренія листовъ
calibro (m) per lastre metalliche
calibre (m) para plancha

---

4 Grenzlehre (f), Toleranzlehre (f)
limit gauge
calibre (m) de tolérance, calibre (m) limite

предѣльный калибръ (m) для проволоки
calibro (m) limite
plantilla (f) limite

---

5 Normallehre (f)
standard gauge
calibre (m) normal, calibre (m) étalon

нормальный калибръ (m)
calibro (m) normale
plantilla (f) normal

---

6 Drahtlehre (f)
wire gauge
jauge (m) pour fils de fer

калиберная дощечка (f)
calibro (m) per fili di ferro
calibrador (m) de alambres

---

7 Taster (m)
calipers (pl.)
compas (m)

кронциркуль (m)
compasso (m)
compás (m) de puntas secas

---

8 Außentaster (m)
outside calipers
compas (m) d'épaisseur

кронциркуль (m)
compasso (m) di spessore
compás (m) de gruesos

---

9 Lochtaster (m), Innentaster (m)
inside calipers
compas (m) d'extérieur

нутромѣръ (m)
compasso (m) d'interiore
compás (m) de huecos, compás (m) de patas, maestro (m) de baile

Federtaster (m) spring calipers compas (m) à ressort	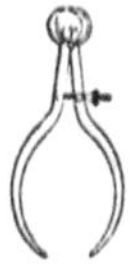	пружинный кронциркуль (m) compasso (m) a molla compás (m) con muelle	1
Gewindetaster (m) thread calipers compas (m) d'épaisseur à vis	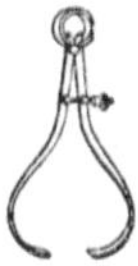	пружинный кронциркуль (m) для винтовой нарѣзки compasso (m) per impanature compás (m) para roscas	2
Kugeltaster (m) globe calipers compas (m) d'épaisseur pour billes		кольцеобразный кронциркуль (m) compasso (m) per spessore ad arco compás (m) para esferas	3
Spitzzirkel (m) compasses (pl.), dividers (pl.) compas (m) diviseur		остроконечный циркуль (m) compasso (m) diritto ad arco compás (m) de puntas secas	4
anreißen to mark out, to trace tracer, marquer		начертить, чертить segnare, marcare marcar, trazar	5
Reißnadel (f), Anreißnadel (f), Vorreißer (m) marking tool, mark scraper, drop-point pointe (f) à tracer		чертилка (f) punta (f) da segnare aguja (f) de marcar, rayador (m), punta (f) de trazar	6
Parallelreißer (m) surface gauge trusquin (m)	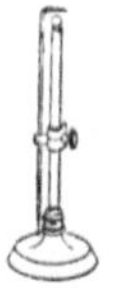	параллельная чертилка (f) truschino (m), traccia-parallele (m) marcador (m) paralelo, gramil (m) de mármol	7
Kreisreißer (m), Parallelzirkel (m) scribing-compasses compas (m) à pointe réglable	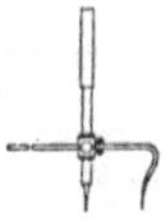	параллельный циркуль (m) compasso (m) a punte regolabili marcador (m) de circulos gramil (m) para circulos	8
Streichmaß (n) shifting gauge, marking gauge trusquin (m)		ресмусъ (m) truschino (m) a mano calibrador (m), gramil (m)	9

1 Winkel (m)
square, try square
équerre (f) [en fer]

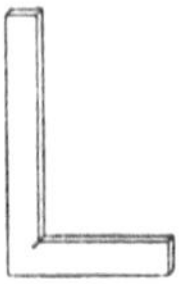

угольникъ (m)
squadra (f) [di ferro]
escuadra (f)

---

2 Anschlagwinkel (m)
back square
équerre (f) épaulée,
équerre (f) à chapeau

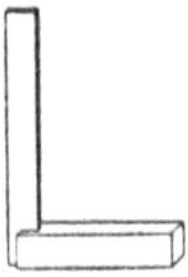

аншлажный угольникъ (m)
squadra (f) con spalla
escuadra (f) con espaldón

---

3 Kreuzwinkel (m)
T-square
équerre (f) à T,
équerre (f) double

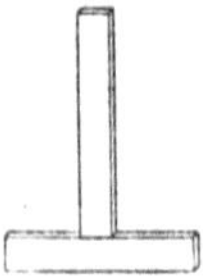

перекрёстный угольникъ (m)
squadra (f) a T,
squadra (f) doppia
escuadra (f) de T

---

4 Sechskantwinkel (m)
hexagonal angle
équerre (f) à six pans

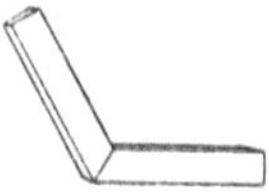

шестиугольникъ (m)
angolo (m) esagonale
falsa (f) escuadra

---

5 Schmiege (f)
bevel protractor
fausse équerre (f),
équerre mobile (f)

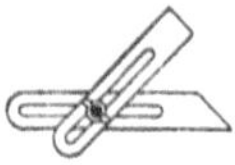

малка (f)
squadra (f) falsa, calandrino (m)
saltaregla (m), pantómetro (m), sentanilla (f), falsa escuadra (f) de tornillo

---

6 richten, gerade richten,
ausrichten
to dress, to straighten
dresser, redresser

вывѣрить, вывѣрять
eguagliare
enderezar

---

7 Richtplatte (f)
surface plate
planomètre (m),
plaque (f) à dresser,
marbre (m) [d'ajusteur]

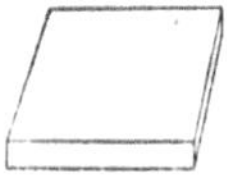

вывѣрочная плита (f)
tavola (f) per eguagliare, superficie (f) piana
plancha (f) á enderezar
mármol

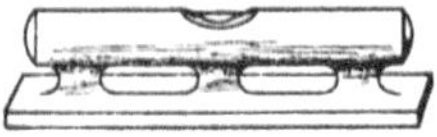

8 Wasserwage (f),
Libelle (f)
water-level, spirit-level,
air-level
niveau (m) à bulle d'air

ватерпасъ (m), уровень (m)
livello (m) a bolla d'aria
nivel (m) de aire

Deutsch / English / Français		Русский / Italiano / Español	
Dosenlibelle (m) round spirit level niveau (m) sphérique		уровень (m) въ круглой оправѣ livello (m) sferico nivel (m) de aire de caja	1
Senklot (n) plummet, plumb-line, plumb-bob fil (m) à plomb		отвѣсъ (m) piombino (m) plomada (f)	2
Hubzähler (m) counter, stroke-counter compteur (m) de courses	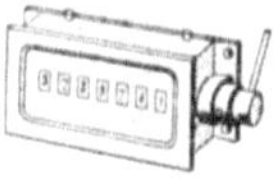	тахометръ (m), счетчикъ (m) хода, измѣритель (m) скорости хода contatore (m) alternativo contador (m) de carreras	3
Umlaufzähler (m) tachometer, speed indicator (A) compteur (m) de tours, tachimètre (m)		счетчикъ (m) числа оборотовъ, тахоскопъ (m) contagiri (m) contador (m) de revoluciones	4

XXXIX.

1	Eisen (n) iron fer (m)	Fe	желѣзо (n) ferro (m) hierro (m)
2	Eisenerz (n) iron-ore, iron-stone mineral (m) de fer		желѣзная руда (f) minerale (m) di ferro mineral (m) de hierro
3	Roheisen (n) pig, pig-iron fonte (f), fonte (f) crue, fonte (f) brute		чугунъ (m) ghisa (f) hierro (m) bruto, hierro (m) colado
4	weißes Roheisen (n) white pig-iron, forge-pick fonte (f) blanche, fonte (f) d'affinage		бѣлый передѣлочный чугунъ (m) ghisa (f) bianca hierro (m) colado blanco
5	graues Roheisen (n) grey pig-iron, foundry-pick fonte (f) grise, fonte (f) tendre, fonte (f) de moulage	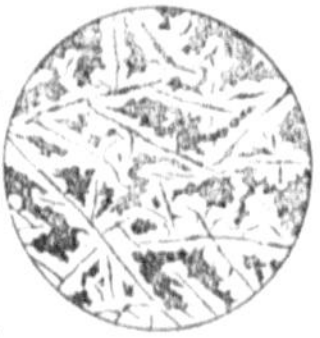	литейный чугунъ (m) ghisa (f) grigia hierro (m) colado gris
6	halbiertes Roheisen (n) mottled iron fonte (f) truitée	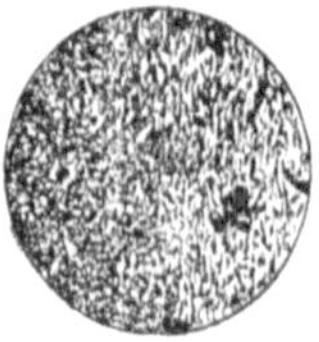	половинчатый (третной пестрый) чугунъ (m) ghisa (f) trotata hierro (m) colado manchando, mezclado, atruchado

Spiegeleisen (n)
spiegel-iron, specular-iron
fonte (f) spiegel

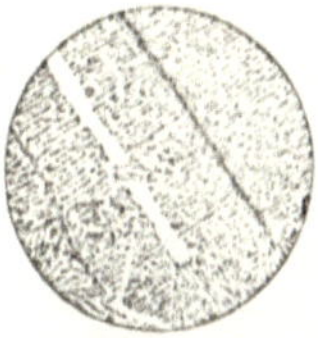

зеркальный чугунъ (m)
ferro (f) specolare
hierro (m) especular 1

Weißstrahleisen (n)
manganese cast-iron
fonte (f) manganésée,

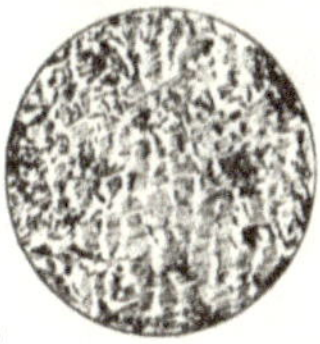

бѣлый лучистый чугунъ (m)
ferro-manganese (m), ferro (f) manganesato
hierro (m) manganisado 2

Gußeisen (n)
cast-iron
fonte (f) moulée

чугунъ (m)
ferraccio (m), ghisa (f)
hierro (m) fundido 3

Herdguß (m)
open sand-castings (pl.)
fonte (f) coulée à découvert

отливка (f) въ открытой песочной формѣ
getto (m) [in forme scoperte]
fundición (f) hecha [en moldes abiertas] 4

Kastenguß (m)
box-casting, casting moulded in the flask
coulage (m) en châssis, coulé (m) en châssis

отливка (f) въ опокахъ, опочная отливка (f)
getto (m) in staffe
fundición (f) en cajas 5

Sandguß (m)
sand-casting, casting in sand
coulage (m) en sable, coulé (m) en sable

отливка (f) въ песочныя формы
getto (m) in forme di sabbia
fundición (f) en arena 6

Guß (m) in trockenem Sand
dry-sand-casting
coulage (m) en sable sec, coulé (m) en sable sec

отливка (f) въ сухомъ пескѣ, отливка (f) въ массу
getto (m) in forme di sabbia secca [asciutta]
fundición (f) en arena seca, fundición (f) en tierra 7

Guß (m) in grünem Sand
green-sand-casting
coulage (m) en sable vert, coulé (m) en sable vert

отливка (f) въ зеленомъ пескѣ
getto (m) in forme di sabbia verde
fundición (f) en tierra verde 8

1 Lehmguß (m)
loam-casting, iron-cast in a loam mould
moulage (m) en terre

отливка (f) въ глинѣ, глиняная отливка(f)
getto (m) in forme d'argilla
fundición (f) hecha en moldes de arcilla

---

2 Hartguß (m)
case-hardening, chill casting
fonte (f) en coquille

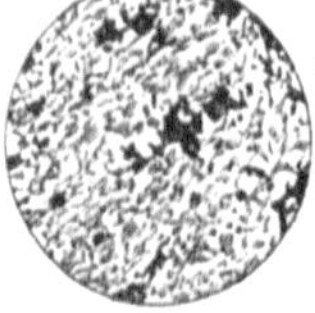

отливка (f) съ жесткою корою
ghisa (f) indurita
hierro (m) fundido endurecido, fundición (f) dura

---

3 Stahlguß (m)
steel-castings (pl.)
acier (m) coulé

сталеватый чугунъ (m)
acciaio (m) fuso
acero (m) colado, fundición (f) de acero

---

4 schmiedbarer Guß (m) Temperguß (m)
malleable cast-iron
fonte (f) malléable

ковкій чугунъ (m), обжигаемая отливка (f)
getto (m) malleabile
hierro (m) fundido maleable

---

5 Schmiedeeisen (n)
wrought-iron, malleable iron
fer (m) forgé

полосовое желѣзо (n)
ferro (m) battuto, ferro (m) malleabile
hierro (m) forjado, hierro (m) dulce

---

6 Schweißeisen (n)
wrought-iron
fer (m) soudé

сварочное желѣзо (n)
ferro (m) fucinato
hierro (m) dulce

---

7 Puddeleisen (n)
puddled iron
fer (m) puddlé

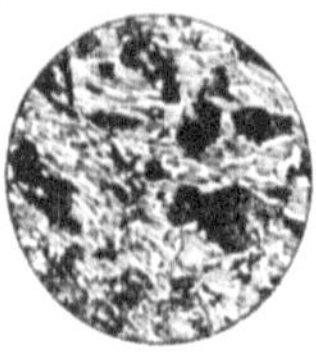

пудлинговое желѣзо (n)
ferro (m) pudellato
hierro (m) pudelado

Flußeisen (n)
ingot-iron
fer (m) homogène

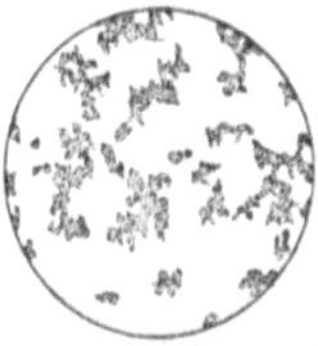

литое желѣзо (n)
ferro (m) fuso
hierro (m) dulce de fusión 1

Bessemereisen (n), Bessemerroheisen (n)
Bessemer iron, Bessemer pig
fer (m) Bessemer

бессемеровское желѣзо (n)
ferro (m) Bessemer
hierro (m) Bessemer 2

Thomaseisen (n), Thomasroheisen (n)
Thomas iron, Thomas pig
fer (m) Thomas

томасовское желѣзо (n)
ferro (m) Thomas
hierro (m) Thomas 3

Martineisen (n)
open hearth iron
fer (m) Martin

мартеновское желѣзо (n)
ferro (m) Martin
hierro (m) Martin 4

Stahl (m)
steel
acier (m)

сталь (f)
acciaio (m)
acero (m) 5

Schweißstahl (m)
weld-steel
acier (m) soudé

сварочная сталь (f)
acciaio (m) fucinato
acero (m) soldado 6

Puddelstahl (m)
puddled steel
acier (m) puddlé

пудлинговая сталь (f)
acciaio (m) puddellato
acero (m) pudelado 7

Flußstahl (m)
steel, ingot-steel
acier (m) fondu

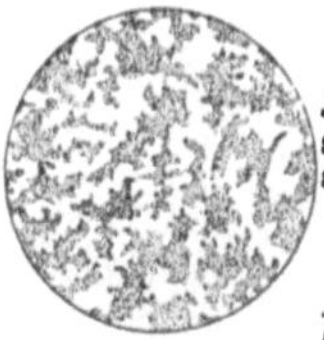

литая сталь (f)
acciaio (m) fuso
acero (m) de fusión, acero (m) de fundido 8

Bessemerstahl (m)
Bessemer steel
acier (m) Bessemer

бессемеровская сталь (f)
acciaio (m) Bessemer
acero (m) Bessemer 9

Thomasstahl (m)
Thomas steel
acier (m) Thomas

томасовская сталь (f)
acciaio (m) Thomas
acero (m) Thomas 10

1 Martinstahl (m), Siemens-Martinstahl (m)
open hearth steel
acier (m) Martin, acier (m) Siemens-Martin

мартеновская сталь (f)
acciaio (m) Martin, acciaio (m) Siemens-Martin
acero (m) Martin, acero (m) Siemens-Martin

---

2 Cementstahl (m), Blasenstahl (m)
cemented steel, blister steel
acier (m) cimenté

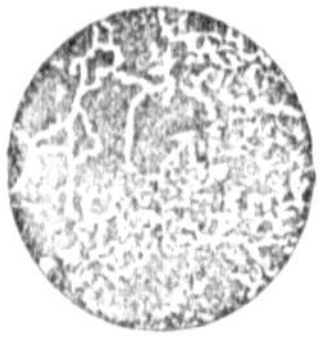

цементная сталь (f), томленка (f)
acciaio (m) di cementazione
acero (m) cementado

---

3 Gerbstahl (m)
shear-steel, refined-steel
acier (m) raffiné

складочная (рафинированная сварочная сталь (f)
acciaio (m) affinato
acero (m) afinado

---

4 Tiegelstahl (m), Tiegelflußstahl (m)
crucible steel
acier (m) au creuset, acier (m) fondu

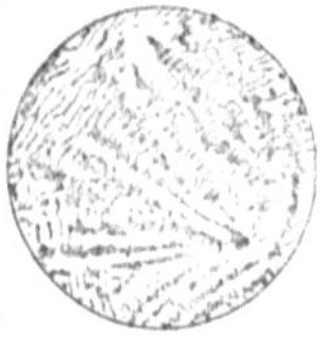

тигельная сталь (f)
acciaio (m) fuso in crogiuoli
acero (m) crisol

---

5 Nickelstahl (m)
nickel-steel
acier (m) au nickel

никкелевая сталь (f)
acciaio (m) al nickel
acero (m) niqueloso

---

6 Wolframstahl (m)
Wolfram steel, tungstic-steel
acier (m) au tungstène

вольфрамистая сталь ( )
acciaio (m) Wolfram
acero (m) tungstenoso, acero (m) tungstenado

---

7 Werkzeugstahl (m)
tool-steel
acier (m) pour outils

инструментальная сталь (f)
acciaio (m) per utensili
acero (m) para útiles, acero (m) para herramientas

---

8 Stabeisen (n)
bar-iron, iron-bar
fer (m) en barres

полосовое желѣзо (n)
ferro (m) in barre, ferro (m) in verghe
barra (f) de hierro, hierro (m) en barras

---

9 Rundeisen (n)
round bar-iron, round iron, round bar
fer (m) rond

круглое (прутковое, болтовое) желѣзо (n)
ferro (m) tondo
hierro (m) redondo

Quadrateisen (n), Vierkanteisen (n)
square-iron, square bar
fer (m) carré

квадратное (брусковое) желѣзо (n)
ferro (m) quadro
hierro (m) cuadrado 1

Sechskanteisen (n)
hexagon iron, hexagon bar
fer (m) hexagonal

шестигранное желѣзо (n)
ferro (m) esagonale
hierro (m) exagonal 2

Flacheisen (n)
flat bar iron, flat bar
fer (m) plat

плоское узкополосое желѣзо (n)
ferro (m) piatto
hierro (m) plano 3

Bandeisen (n)
hoop-iron, hoops (pl.), band-iron
fer (m) en rubans, feuillard (m)

обручное (шинное, кринолинное) желѣзо (n)
reggia (f) di ferro
hierro (m) llanta, hierro (m) pasamanos 4

Walzeisen (n)
rolled iron, drawn-out iron
fer (m) laminé

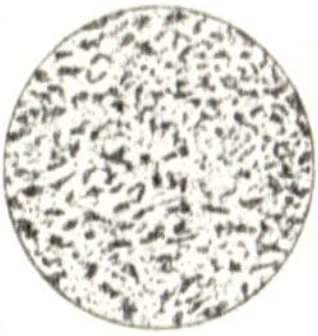

прокатное (вальцованное, фасонное) желѣзо (n)
ferro (m) laminato
hierro (m) cilindrado, hierro (m) calibrado 5

Winkeleisen (n)
angle-iron, angle bar
cornière (f) en fer, fer (m) cornière

угловое желѣзо (n)
ferro (m) ad angolo
hierro (m) angular 6

T-Eisen (n), T-Träger (m)
T-iron, T-bar
fer (m) à T

тавровое желѣзо (n)
ferro (m) a T
hierro (m) T, viga (f) de hierro T 7

Doppel-T-Eisen (n), Doppel-T-Träger (m), I-Eisen (n)
H-iron, double T-iron, I-beam (A)
fer (m) à double T

двутавровое желѣзо (n)
ferro (m) a doppio T, ferro (m) a I
hierro (m) I, hierro (m) doble T 8

U-Eisen (n)
U-iron, channel (A)
fer (m) en U

желобчатое желѣзо (n), [-образное желѣзо (n)
ferro (m) a U
hierro (m) U 9

Z-Eisen (n)
Z-iron, Z bar (A)
fer (m) en Z

Z-образное желѣзо (n)
ferro (m) a Z
hierro (m) Z 10

Eisenblech (n)
iron-plate
fer (m) en feuilles, tôle (f) de fer

листовое желѣзо (n)
lamiera (f) di ferro
palastro (m) de hierro, plancha (f) de hierro, chapa (f) de hierro 11

1 Blechtafel (f)
sheet-iron
feuille (f) de tôle

листъ (m) жести
foglio (f) di lamiera
lámina (f) de palastro, plancha (f) de palastro

---

2 Schwarzblech (n)
black sheet-iron, black iron-plate
tôle (f), fer (m) noir, tôle (f) russe

черная жесть (f)
lamiera (f) nera
palastro (m)

---

3 Feinblech (n)
thin-plate
feuille (f) de tôle

тонкое листовое желѣзо (n)
lamiera (f) fina
chapa (f)

---

4 Grobblech (n), Kesselblech (n)
boiler plate
tôle (f) à chaudière, tôle (f) forte, tôle (f) de chaudronnerie

толстое листовое (котельное) желѣзо (n)
lamiera (f) da caldaie
plancha (f) desbastada, plancha (f) para calderas

---

5 Riffelblech (n)
channeled plate
tôle (f) striée

гофрированный желѣзный листъ (m)
lamiera (f) striata
chapa (f) escamada

---

6 Wellblech (n)
undulated sheet-iron, corrugated sheet-iron (A)
tôle (f) ondulée

волнистое листовое желѣзо (n)
lamiera (f) ondulata
chapa (f) ondulada

---

7 Weißblech (n)
tinned sheet-iron, tinplate
fer blanc (m)

бѣлая жесть (f), луженое листовое желѣзо (n)
latta (f)
hoja (f) de lata

---

8 Kupfer (n)
copper
cuivre (m)

Cu

мѣдь (f)
rame (m)
cobre (m)

---

9 Zink (n)
zink, spelter
zinc (m)

Zn

цинкъ (m)
zinco (m)
zinc (m)

---

10 Zinn (n)
tin
étain (m)

Sn

олово (n)
stagno (m)
estaño (m)

---

11 Nickel (n)
nickel
nickel (m)

Ni

никкель (m)
nichelio (m), nickel (m)
níquel (m)

Blei (n) lead plomb (m)	Pb	свинецъ (m) piombo (m) plomo (m)	*1*
Gold (n) gold or (m)	Au	золото (n) oro (m) oro (m)	*2*
Silber (n) silver argent (m)	Ag	серебро (n) argento (m) plata (f)	*3*
Platin (n) platina, platinum platine (m)	Pt	платина (f) platino (m) platino (m)	*4*
Messing (n), Gelbguß (m) yellow-brass, brass, yellow-copper laiton (m), cuivre jaune (m)	$Cu + Zn$	латунь (f), желтая мѣдь (f) ottone (m) latón	5
Bronze (f) bronze, brass bronze (m)	$Cu + Sn$	бронза (f) bronzo (m) bronce (m)	6
Phosphorbronze (f) phosphor-bronze bronze (m) phosphoreux	$Cu + Sn + P$	фосфористая бронза (f) bronzo (m) fosforoso bronce (m) fosforoso, bronce (m) fosforado	*7*
Geschützbronze (f), Kanonenmetall (n) gun-metal bronze (m) à canons	$Cu + Sn$	пушечная бронза (f), пушечный металлъ (m), (сплавъ (m)) bronzo (m) da cannoni bronce (m) de cañón	*8*
Glockenmetall (n) bell-metal bronze (m) à cloches, métal (m) de cloches	$Cu + Sb$	колокольная бронза (f), колокольный металлъ (m), (сплавъ (m)) bronzo (m) da campane metal (m) para campanas, aleación (f) para campanas	*9*
Weißmetall (n), Weißguß (m) white-metal, Babbitt-metal, antifriction-metal métal (m) blanc	$Cu + Sb + Sn$	бѣлый { металлъ (m), сплавъ (m) } metallo (m) bianco metal (m) blanco	*10*
Delta-Metall (n) delta metal métal (m) delta	$Cu + Zn + Fe$	дельта-металлъ (m) metallo (m) delta aleación (f) delta, metal (m) delta	*11*

XL.

1 zeichnen
to draw
dessiner, tracer

чертить
disegnare
dibujar

---

2 in natürlicher Größe (f) zeichnen, in natürlichem Maßstabe (m) zeichnen
to draw to full size
dessiner en vraie grandeur

чертить въ натуральную величину
disegnare in grandezza naturale
dibujar en tamaño natural

---

3 maßstäblich zeichnen, in verjüngtem Maßstabe (m) zeichnen
to draw to scale
dessiner à l'échelle

чертить въ уменьшенномъ масштабѣ
disegnare in scala
dibujar en escala

---

4 Zeichenbureau (n), Konstruktionsbureau (n)
drawing office
bureau (m) de dessins

чертежное бюро (n)
ufficio (m) di disegno, studio (m) di disegno
oficina (f) de construcción

---

5 Zeichner (m)
draughtsman
dessinateur (m)

чертежникъ (m)
disegnatore (m)
dibujante (m)

---

6 Zeichnung (f)
drawing, plan
dessin (m)

чертежъ (m)
disegno (m)
dibujo (m)

---

7 Zeichentisch (m)
drawing desk or table
table (f) à dessin

чертежный столъ (m)
tavola (f) da disegno
tablero (m) de dibujo

---

8 Tischkasten (m), Schubkasten (m)
drawer
tiroir (m)

a

ящикъ (m) стола
cassetto (m)
cajón

verstellbarer Zeichentisch (m) adjustable drawing table table (f) à dessin ajustable		передвижной (переставной) чертежный столъ (m) tavola (f) da disegno regolabile tablero (m) de dibujo ajustable	1
Zeichenmappe (f), Zeichnungsmappe (f) portfolio carton (m) à dessin		папка (f) для чертежей cartella (f) per disegni cartera (m)	2
Mappenständer (m) portfolio-rack casier (m)		стойка (f) для папокъ porta-cartella (m) porta-cartera (m)	3
Reißbrett (n) drawing board planche (f) à dessin	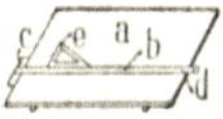 a	чертежная доска (f) tavoletta (f) di disegno tablero (m) de dibujo	4
Reißschiene (f) T-square T (m)	b	рейсшина (f), чертильная линейка (f) riga (f) a T gramil (m), doble escuadra (f)	5
Kopf (m) der Reißschiene head of T-square tête (f) du T	c	головка (f) рейсшины, головка (f) чертильной линейки testa (f) della riga a T escuadra (f) del gramil	6
Zunge (f) der Reißschiene leg of T-square, blade of T-square jambe (f) du T	d	линейка (f) рейсшины riga (f) regla (f) del gramil	7
Winkel (m), Dreieck (n) triangular set square équerre (f)	e	треугольникъ (m), угольникъ (m) squadra (f) escuadra (f)	8
Lineal (n) ruler règle (f) [plate]		линейка (f) lineale (m), regolo (m) regla (f)	9
Kurvenschiene (f), Kurvenlineal (n) curves, irregular curves pistolet (m), règle (f) courbe		лекало (n) curvilineo (m), lineale (m) curvo plantilla (f) de curvas múltiples, pistoletas (m)	10

1 Kurvenstab (m), Latte (f)
flexible curve
règle (f) flexible

гибкая планка (f)
riga (f) flessibile
plantilla (f) flexibile

---

2 Zeichenpapier (n)
drawing paper
papier (m) à dessin

чертежная бумага (f), бумага (f) для чертежей
carta (f) da disegno
papel (m) de dibujo

---

3 Zeichenbogen (m)
drawing sheet
feuille (f) de papier à dessin

листъ (m) чертежной бумаги
foglio (m) di carta da disegno
hoja (f) de papel de dibujo

---

4 Skizzierpapier (n)
sketching paper
papier (m) à croquis

бумага (f) для эскизовъ (набросковъ)
carta (f) per schizzi
papel (m) para croquis

---

5 Skizzierblock (m)
sketching pad
carnet (m) à croquis

блокъ (m) для эскизовъ (набросковъ)
block (m) per schizzi
bloque (m) de papel para croquis

---

6 Reißzwecke (f), Reißnagel (m) Heftzwecke (f)
thumb pin, drawing pin, thumb tack (A)
punaise (f)

кнопка (f), чертокъ (m)
puntina (f)
chinche (m)

---

7 messen
to measure
mesurer

измѣрить, измѣрять, мѣрить
misurare
medir

---

8 Maß (n)
measure, dimension
mesure (f), dimension (f)

мѣра (f)
misura (f)
medida (f)

---

9 Metermaß (n)
metric measure
mesure (f) métrique

метрическая мѣра (f)
misura (f) metrica
medida (f) métrica

---

10 Zollmaß (n)
foot measure
mesure (f) en pouce

дюймовая мѣра (f)
misura (f) in pollici
medida (f) en pulgadas

---

11 Normalmaß (n)
standard measure
mesure (f) étalon

нормальная мѣра (f)
misura (f) normale
medida (f) normal

Maßstab (m)
measure, rule
échelle (f)

масштабъ (m)
scala (f), misura (f) 1
escala (f)

Anlegemaßstab (m)
scale
double décimètre (m)

масштабная линейка (f) 2
doppio (m) decimetro
regla (f) graduada

Gliedermaßstab (m), Faltmaßstab (m), Zollstock (m)
folding pocket measure, folding pocket rule
mètre (m)

складной масштабъ (m)
metro (m) snodato 3
medida (f) plegable, metro (m) de bolsillo

Bandmaß (n)
tape-measure
mètre (m) à ruban

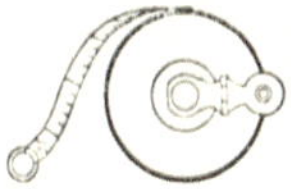

рулетка (f)
misura (f) a nastro 4
metro (m) de quincha, metro (m) de cinta

---

verjüngter Maßstab (m)
reduced scale
règle (f) à échelle de réduction

уменьшенный масштабъ (m)
scala (f) di riduzione 5
medida (f) de escala de reducción

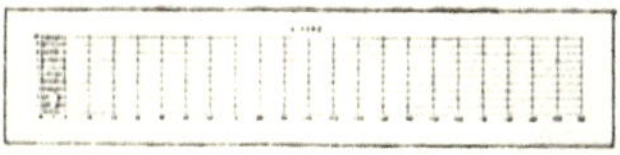

Transversalmaßstab (m)
transverse scale
échelle (f) des dimensions transversales

масштабъ (m) раздѣленный по діагоналѣ, поперечный масштабъ (m) 6
tavola (f) pitagorica
escala (f) universal

Metermaßstab (m)
metric scale
échelle (f) métrique

масштабъ (m) въ метрахъ 7
scala (f) metrica
escala (f) métrica

Zollstock (m), Zollstab (m)
foot rule
règle (f) graduée en pouces

футштокъ (m), штокъ (m)
passetto (m) diviso in pollici 8
regla (f) en pulgadas

Schwindmaß (n)
shrinkage rule
mesure (f) de contraction

мѣра (f) усадки (сжатія) 9
misura (f) di contrazione
escala (f) de contracción

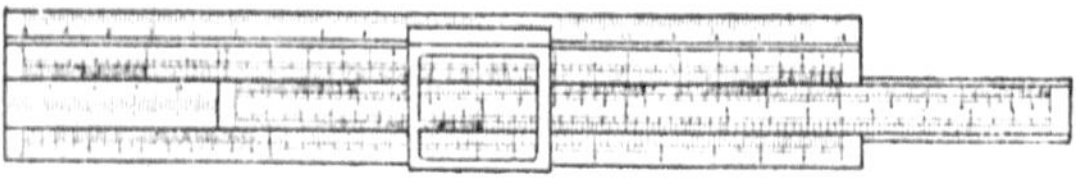

1 Rechenschieber (m), Rechenstab (m)
slide rule
règle (f) à calcul
счетная линейка (f)
regolo (m) calcolatore
regla (f) de cálculo

---

2 konstruieren
to design
construire
построить, строить
costruire
construir

---

3 Konstrukteur (m)
designer
constructeur (m)
конструкторъ (m)
costruttore (m)
constructor (m)

---

4 Konstruktion (f), Bauart (f)
design
construction (f)
конструкція (f)
costruzione (f)
construcción (f)

---

5 Konstruktionsfehler (m)
fault in design
faute (f) de construction, défaut (m) de construction
конструкціонная ошибка (f)
errore (m) di costruzione
error (m) en la construcción

---

6 Maschinenzeichnen (n)
machine drawing, mechanical drawing
dessinage (m) de machines
машинное черченіе (n)
disegno (m) di macchine
dibujo (m) de máquinas

---

7 Maschinenzeichnung (f)
drawing of a machine, plan of a machine
dessin (m) de machines
чертежъ (m) машины
disegno (m) di una macchina
dibujo (m) de una máquina

---

8 skizzieren
to sketch
esquisser
набросить, набросать } эскизъ
schizzare, abbozzare
hacer un croquis, croquizar

---

9 Skizze (f)
sketch
croquis (m)
эскизъ (m), набросокъ (m)
schizzo (m), abbozzo (m)
croquis (m)

---

10 Handzeichnung (f)
free hand sketch
dessin (m) à main levée
чертежъ (m) отъ руки
disegno (m) a mano libera
dibujo (m) á mano alzada, dibujo (m) á pulso

entwerfen to proiect projeter	проектировать studiare, progettare proyectar	1
Entwurf (m), Zeichnungsentwurf (m) project projet (m)	проектъ (m) studio (m), progetto (m), piano (m) proyecto (m), plano (m)	2
Entwurfsskizze (f) rough plan croquis (m) de projet, étude (m), esquisse (f)	эскизъ (m) проекта schizzo (m) croquis (m) de proyecto	3
Gesamtanordnung (f) general plan plan (m) d'ensemble, disposition (f) générale	общее расположеніе (n) (распредѣленіе (n)) disposizione (f) generale disposición (f) completa, plano (m) general	4
Detailzeichnung (f) detail drawing dessin (m) de détail	детальный (подробный) чертежъ (m) disegno (m) in particolare, disegno (m) di dettaglio dibujo (m) en detalle	5
Werkzeichnung (f) working drawing dessin (m) d'atelier, dessin (m) d'exécution	рабочій чертежъ (m) disegno (m) costruttivo, disegno (m) per officina dibujo (m) detallado para taller	6
Stückliste (f) list of details légende (f), liste (f) de pièces, nomenclature (f)	списокъ (m) (опись (f)) предметовъ lista (f) dei pezzi, lista (f) dei dettagli lista (f) de las partes	7
Maßskizze (f) dimensioned sketch croquis (m) cotés	эскизъ (m) (набросокъ (m)) съ соблюденіемъ размѣровъ schizzo (m) con misure croquis (m) acotado	8

1	einen Maschinenteil (m) in Ansicht darstellen to draw views of a machine part dessiner un détail de machine en vue extérieure	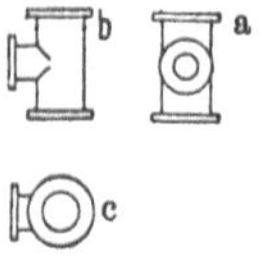	представить (представлять) деталь машины въ перспективѣ disegnare un pezzo di macchina in prospetto dibujar un detalle de una máquina en elevación
2	Stirnansicht (f) front view, front elevation vue (f) de face	a	видъ (m) спереди vista (f) frontale alzádo (m) de frente, elevación (f) de frente
3	Seitenansicht (f) side view, side elevation vue (f) de côté	b	видъ (m) сбоку vista (f) di profilo, vista (f) laterale elevación (f) lateral, alzado (m) lateral
4	Aufriß (m) elevation élévation (f)		вертикальный видъ (m) vista (f) di fianco, vista (f) di profilo elevación (f), alzado (m)
5	Längenaufriß (m) longitudinal view vue (f) longitudinale		продольный видъ (m) vista (f) longitudinale elevación (f) longitudinal, alzado (m) longitudinal
6	Grundriß (m) plan plan (m)	c	планъ (m) pianta (f) planta (f), proyección (f) horizontal
7	Umriß (m) form contour (m)		контуръ (m) contorno (m) perfil (m), contorno (m)
8	einen Maschinenteil (m) im Schnitt darstellen to draw a part of a machine in section dessiner un détail de machine en coupe	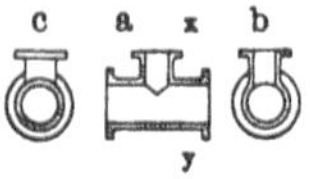	представить (представлять) деталь машины въ разрѣзѣ disegnare un pezzo di macchina in sezione dibujar un detalle de una máquina en sección
9	Längsschnitt (m) longitudinal section coupe (f) longitudinale	a	продольный разрѣзъ (m) sezione (f) longitudinale sección (f) longitudinal

Querschnitt (m) cross section coupe (f) transversale	b	поперечное сѣче- ніе (n) sezione (f) trasversale sección (f) transversal	1
Schnitt (m) [nach] x—y section through x—y coupe (f) x—y	c	разрѣзъ (m) по x—y sezione (f) x—y sección (f) x—y	2
Mittellinie (f) center line axe (m)	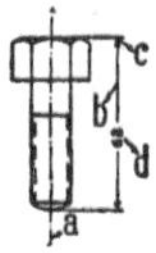 a	ось (f) mezzaria (f), asse (f) eje (m)	3
Maßlinie (f) dimension line ligne (f) de cote	b	размѣрная линія (f) linea (f) [indicatrice] di misura línea (f) de cota	4
Maßpfeil (m) arrow head flèche (f) de la cote	c	размѣрная стрѣлка (f) freccia (f) della linea di misura flecha (f) de la línea de cota	5
Maßzahl (f) dimension figure cote (f)	d	(цифровый) раз- мѣръ (m) misura (f), dimensione (f) cota (f)	6
von Mitte (f) zu Mitte distance between centre-lines d'axe en axe		отъ оси до оси da mezzaria (f) a mez- zaria de eje (m) á eje, de centro (m) á centro	7
Hauptmaße (n. pl.) principal dimensions cotes (f. pl.) principales		главные раз- мѣры (m. pl.) misure (f. pl.) principali, dimensioni (f. pl.) prin- cipali dimensiones (f. pl.) prin- cipales	8
Maße (n. pl.) eintragen to dimension, to figure, to fill in the figures coter		внести (вносить) размѣры mettere le misure acotar	9
Maßeintragung (f) figuring inscription (f) des cotes		внесеніе (n) размѣ- ровъ iscrizione (f) delle misure acotación (f)	10

1	eine Zeichnung (f) in Blei anfertigen to draw in lead tracer au crayon, dessiner au crayon		изготовить (изготовлять) чертежъ въ карандашѣ fare un disegno a matita hacer un dibujo en lápiz
2	stricheln to draw dash line faire du pointillé droit	– – – – – –	намѣтить, намѣчать штрихами (черточками) tratteggiare trazar, hacer líneas de trazos
3	punktieren to draw dotted line pointiller	················	пунктировать, нанести (наносить) пунктиръ punteggiare puntear
4	strichpunktieren to draw dot and dash-line faire du trait mixte	–·–·–·–·	нанести (наносить) смѣшанный пунктиръ tratteggiare e punteggiare trazar y puntear
5	schraffieren to hatch hacher		шраффировать, штриховать ombreggiare rayar
6	Schraffierung (f) hatching hachure (f)		шраффировка (f) ombreggiatura (f) sombreado (m)
7	Reißzeug (n) set of drawing instruments boîte (f) à compas	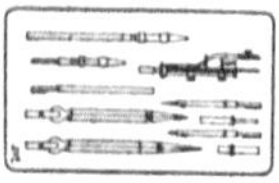	готовальня (f) scatola (f) di compassi, astuccio (m) di compassi estuche (m) de compases
8	Zirkel (m) pair of compasses compas (m)		циркуль (m) compasso (m) compás (m)
9	Zirkelschenkel (m), Zirkelbein (m) leg of compasses jambe (f) de compas	a	ножка (f) циркуля, циркульная ножка gamba (f) del compasso brazo (m) del compás
10	Zirkelfuß (m) foot of compasses pied (m) de compas	b	нижняя часть (f) циркульной ножки piede (m) del compasso pie (m) del compás

Zirkelspitze (f) point of compasses pointe (f) du compas	c	острiе (n) циркуля punta (f) del compasso punta (f) del compás	1
Zirkelkopf (m) handle of compasses tête (f) du compas	d	головка (f) циркуля testa (f) del compasso cabeza (f) del compás	2
Einsatzzirkel (m), Stückzirkel (m) compass with detachable legs compas (m) à rallonges	 a	циркуль (m) съ выемными ножками, циркуль (m) со вставными ножками compasso (m) di ricambio compás (m) de puntas móviles	3
Bleieinsatz (m) pencil-point crayon (m) du compas	b	вставка (f) съ карандашемъ matita (m) di ricambio pieza (f) para lápiz, porta-lápiz (m) del compás	4
Ziehfedereinsatz (m), Tinteneinsatz (m), Tuscheinsatz (m) pen-point tire-ligne (m) du compas	c	вставка (f) съ чертежнымъ перомъ, вставка (f) для чернилъ, (туши) tira-linee (m) di ricambio tiralineas (m) del compás, pieza (f) para tinta	5
Nadeleinsatz (m) needle-point pointe (f) sèche du compas	d	вставочная игла (f) punta (f) di ricambio porta-aguja (m) del compás	6
Nadelspitze (f), Nadelfuß (m) needle pointe (f) de compas	e	острiе (n) иглы punta (f) aguja-punta (f)	7
Zirkelverlängerung (f), Verlängerungsstange (f) lengthening bar rallonge (f)	f	удлиненiе (n) циркульной ножки allunga (m) pieza (f) de prolongación	8
Zirkelschlüssel (m) compass wrench, compass key clef (f) de compas	g	циркульный ключъ (m) chiave (f) del compasso llave (f) del compás	9

1 Bleistiftzirkel (m)
lead compass
compas (m) à crayon

карандашный циркуль (m)
compasso (m) a matita
compás (m) de lápiz

---

2 Handzirkel (m), Stechzirkel (m)
dividers (pl.), compasses (pl.)
compas (m) de mesure, compas (m) à pointes sèches

измѣрительный циркуль (m)
compasso (m) a punta fissa
compás (m) de puntas secas pequeño

---

3 Federzirkel (m), Teilzirkel (m)
spring bow dividers
compas (m) à ressort

дѣлительный (пружинный циркуль (m), (волосковый) циркуль (m)
compasso (m) di precisione a molla
compás (m) de muelle, compás (m) de precisión

---

4 Nullenzirkel (m)
bow compasses, spring bow compasses
compas (m) à pompe

кронциркуль (m)
balaustrino (m)
compás (m) de círculos

---

5 Reduktionszirkel (m)
reducing compasses, proportional compasses or dividers
compas(m)de réduction, compas (m) de proportion

редукціонный (пропорціонный) циркуль (m)
compasso (m) di riduzione
compás (m) de proporciones, compás (m) de reducción

---

6 Stangenzirkel (m)
beam-compasses, trammels
compas (m) à verge

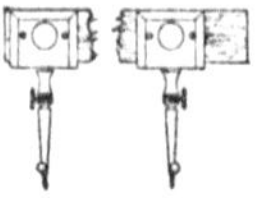

рычажный циркуль (m), штангенциркуль (m), чертильная линейка (f)
compasso (m) a verga
compás (m) de varas

---

7 Zentrumscheibe (f), Zentrumstift (m)
center, horn center
centre (m) à compas

a

центрикъ (m)
centrino (m)
centro (m)

Punktiernadel (f) dotting needle aiguille (f) à pointer		пунктирная игла (f) punta (f) da segnare aguja (f) para marcar	1
Punktierrädchen (m) dotting wheel roue (f) à pointillé		пунктирное (пунктировальное) колёсико (n) ruota (f) da punteggiare rueda (f) para hacer lineas de puntos	2
Bleibüchse (f) lead box, pencil box porte-mine (m)		футлярчикъ (m) для карандашей astuccio (m) per matite caja (f) de lápices	3
Transporteur (m) protractor rapporteur (m)	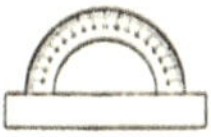	транспортиръ (m) goniometro (m) goniómetro (m), transportador (m)	4
Winkeltransporteur (m) protractor set square rapporteur (m) à équerre	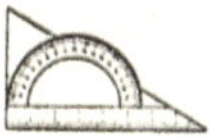	транспортиръ (m) съ угольникомъ, угольный транспортиръ (m) goniometro (m) ad angolo goniómetro (m) angular, transportador (m) angular	5
Ziehfeder (f), Reißfeder (f) drawing pen tire-ligne (m)		рейсфедеръ (m), чертежное перо (n) tira-linee (m) tiralineas (m)	6
Kurvenziehfeder (f) swivel pen tire-curviligne (m)		перо (n) для вычерчиванія кривыхъ tira-curvelinee (m) tiralineas (m) curvo	7
Doppelziehfeder (f) parallel line pen tire-ligne (m) double		двойной рейсфедеръ (m), двойное чертежное перо (n) tira-linee (m) doppio tiralineas (m) doble, tiralineas (m) de caminos	8
Punktierfeder (f) dotting pen tire-ligne (m) à pointillé		пунктирное (пунктировальное) перо (n) apparecchio (m) per punteggiare máquina (f) para trazar puntos	9

1 die Ziehfeder (f) anschleifen
to sharpen a drawing pen
aiguiser le tire-ligne

наточить (точить) рейсфедеръ, (чертежное перо (n))
affilare il tira-linee
afilar el tiralíneas

---

2 Zeichenstift (m), Bleistift (m)
drawing pencil
crayon (m)

карандашъ (m)
matita (f), lapis (m)
lápiz (m)

---

3 den Bleistift (m) anspitzen
to sharpen the pencil
tailler le crayon

очинить / чинить } карандашъ (m)
temperare la matita
hacer punta al lápiz

---

4 Bleistiftspitzer (m)
pencil sharpener
taille-crayons (m)

машинка (f) для очинки карандашей
apparecchio (m) da temperare matite, tempera-matite (m)
cortador (m) de lápiz, corta-lápiz (m)

---

5 Bleistiftschärfer (m)
pencil sharpener
planchette (f) à aiguiser les crayons

оселокъ (m) для точки карандашей
carta (f) vetrata per matite
raspador (m) de lápices

---

6 Bleistiftfeile (f)
file for sharpening pencil
lime (f) à crayons

напильникъ (m) для точки карандашей
lima (f) per matite
lima (f) para el lápiz

---

7 radieren
to erase, to rub out
gommer, effacer, gratter

стереть / стирать } резиной
cancellare, raschiare
borrar

---

8 Radiergummi (m)
eraser, rubber
gomme (f) à gratter

резина (f), резинка (f)
gomma (f)
goma (f) para borrar

---

9 Bleigummi (m)
lead eraser, lead rubber
gomme (f) [à crayon]

резина (f) (резинка (f)) для карандаша
gomma (f) per matita
goma (f) para lápiz

---

10 Tintengummi (m)
ink eraser
gomme (f) à encre

резина (f) (резинка (f)) для чернилъ
gomma (f) per inchiostro
goma (f) para tinta

Radiermesser (n) erasing knife grattoir (m)		ножичекъ (m) для подчистки чертежей raschino (m) cuchillo (m) raspador	1
ausziehen to ink in passer à l'encre		обвести (обводить) тушью passare a penna pasar en tinta	2
Ausziehtusche (f), flüssige Tusche (f) ink, Indian ink encre (m) de Chine		тушь (f), китайская тушь (f), жидкая тушь (f) inchiostro (m) di China tinta (f) China	3
Zeichenfeder (f) lettering pen plume (f) à dessin		чертежное (рисовальное) перышко (n) pennina (f) da disegnare pluma (f) de dibujo	4
die Zeichnung (f) beschreiben to letter a drawing écrire la légende		надписать (надписывать) чертежъ fare le indicazioni sul disegno, descrivere il disegno rotular un dibujo	5
Rundschrift (f) roundhand writing écriture (f) ronde		круглый шрифтъ (m) rotondo (m) redondilla (f)	6
Steilschrift (f) vertical writing écriture (f) droite		прямой шрифтъ (m) scrittura (f) verticale escritura (f) vertical	7
Rundschriftfeder (f) roundhand pen plume (f) de ronde	 a	перо (n) для круглаго шрифта (письма) pennina (f) di rotondo pluma (f) para redondilla	8
Uberfeder (f) ink holder porte-encre (m)	a	собачка (f) pennina (f) portainchiostro pluma-tintero (f)	9
austuschen, anlegen to tint, to colour colorer, teinter		затушевать, тушевать colorare pintar, pasar los colores	10

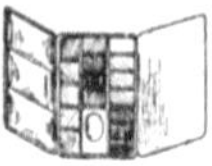

1 Tuschkasten (m), Farbenkasten (m)
box of water-colours
boîte (f) à couleurs
ящикъ (m) съ тушью, ящикъ (m) съ красками
scatola (f) di colori
caja (f) de colores

---

2 Stückfarben (f. pl.)
tablets of colours
couleurs (f. pl.) en morceaux
краски (f. pl.) въ плиткахъ
colori (m. pl.) in pezzi
colores (m. pl.) en pastilla

---

3 Feuchtwasserfarbe (f)
water-colour
couleur (f) d'aquarelles
акварельная краска (f)
colori (m. pl.) ad acquarello
colores (m. pl.) para acuarela

4 Farbentube (f)
colour tube
tube (m) de couleur
трубка (f) съ краскою
tubetto (m) di colore
tubo (m) de colores

5 Pinsel (m), Tuschpinsel (m)
colouring or tinting brush
pinceau (m)
кисть (f) (кисточка (f)) для туши
pennello (m)
pincel (m)

6 Tuschnapf (m), Tuschschale (f)
tinting or colouring saucer
godet (m)
чашечка (f) (блюдце (n)) для разведенія туши
ciotoletta (f), piattino (m)
platillo

---

7 Tusche (f) anrühren, Farbe (f) anrühren
to mix the colour
faire la couleur
развести } тушь
разводить } краску
mescolare un colore
mezclar un color

---

8 Tusche (f) anreiben, Farbe (f) anreiben
to grind the colour
broyer la couleur
растереть } тушь
растирать } краску
stemperare un colore
desleir un color

---

9 Fließpapier (n)
blotting-paper
papier (m) buvard
пропускная бумага (f)
carta (f) asciugante, carta (f) assorbente
papel (m) chupón

die Zeichnung (f) mit dem Schwamm abwaschen to sponge off a drawing éponger le dessin	смыть (смывать) чертежъ губкою lavare il disegno colla spugna lavar un dibujo con la esponja	1
Schwamm (m) sponge éponge (f)	губка (f) spugna (f) esponja (f)	2
die Zeichnung (f) verzieht sich the drawing is shrinking le dessin se plisse	чертежъ (m) коробится la carta di disegno si restringe el dibujo (m) se deforma, el dibujo (m) se estira disigualmente	3
Farbstift (m) coloured pencil crayon (m) de couleur, pastel (m)	цвѣтной карандашъ (m) matita (f) a colore lápiz (m) de color	4
Rotstift (m) red pencil crayon (m) rouge	красный карандашъ (m) matita (f) rossa lápiz (m) rojo	5
Blaustift (m) blue pencil crayon (m) bleu	синій карандашъ (m) matita (f) bleu, matita (f) azzurra lápiz (f) azul	6
pausen, durchpausen to trace calquer	калькировать, чертить (вычертить, вычерчивать) на калькѣ dilucidare, ricalcare calcar	7
Pause (f), Pauszeichnung (f) tracing calque (m)	чертежъ (m) на калькѣ lucido (m) calco (m)	8
Pauspapier (n) tracing paper papier(m) calque, papier (m) à calquer	восковая бумага (f) carta (f) da dilucidare papel (m) para calcar	9
Pausleinwand (f) tracing cloth toile (f) à calquer	калька (f) tela (f) da dilucidare tela (f) de calcar	10

1	Lichtpause (f) print héliographie (f), dessin (m) tiré, photocalque (m)	копія (f) на свѣточувствительной бумагѣ cianografia (f) calca (f) al sol, calca (f) heliográfica, marión (m)
2	Lichtpauspapier (n) printing paper papier (m) héliographique, papier (m) photocalque	свѣточувствительная бумага (f) carta (f) cianografica papel (m) heliográfico, papel (m) Marión
3	Blaupause (f) blue print bleu (m)	синяя копія (f) cianografia (f) azzurra foto-calco (m) azul, Marión (m) azul
4	Weißpause (f) white print dessin (m) tiré blanc	бѣлая копія (f) cianografia (f) bianca foto-calco (m) blanco, Marión (m) blanco
5	Lichtpausapparat (m) printing frame châssis (m) pour bleus	аппаратъ (m) для свѣтопечатанія torchietto (m) per cianografia cuadro (m) para mariones
6	Lichtpausatelier (n) printing gallery or room, blue printing room atelier (m) pour bleus	свѣтопечатня (f) laboratorio (m) cianografico taller (m) de calcado, taller (m) heliográfico

XLI.

7	Bewegung (f) movement, motion mouvement (m)	движеніе (n) moto (m), movimento (m) movimiento (m)
8	Bewegungslehre (f), Zwanglauflehre (f) kinematics cinématique (f)	кинематика (f) cinematica (f) cinemática (f)
9	geradlinige Bewegung (f) rectilinear motion mouvement (m) rectiligne	прямолинейное движеніе (n) movimento (m) rettilineo movimiento (m) rectilineo

gleichförmige Bewegung (f) uniform motion mouvement (m) uniforme	$c=\frac{s}{t}=\text{const.}$	равномѣрное движенiе (n) movimento (m) uniforme movimiento (m) uniforme	1
Weg (m) space espace (m) parcouru	s	путь (m) traiettoria (f) camino (m) recorrido, carrera (f)	2
Geschwindigkeit (f) velocity, speed vitesse (f)	c	скорость (f) velocità (f) velocidad (f)	3
Zeit (f) time temps (m)	t	время (n) tempo (m) tiempo (m)	4
ungleichförmige Bewegung (f) variable motion mouvement (m) varié		неравномѣрное движенiе (n) movimento (m) variabile, movimento (m) vario movimiento (m) variable	5
Beschleunigung (f) acceleration accélération (f)	$p=\frac{dc}{dt}=\frac{d^2s}{dt^2}$	ускоренiе (n) accelerazione (f) aceleración	6
Verzögerung (f) retardation ralentissement (m), accélération (f) négative		замедленiе (n) ritardo (m), accelerazione (f) negativa retardo (m)	7
Anfangsgeschwindigkeit (f) initial velocity vitesse (f) initiale		начальная скорость (f) velocità (f) iniziale velocidad (f) inicial	8
Endgeschwindigkeit (f) final velocity, terminal velocity vitesse (f) finale		конечная скорость (f) velocità (f) finale velocidad (f) final	9
mittlere Geschwindigkeit (f) mean velocity, average velocity vitesse (f) moyenne		средняя скорость (f) velocità (f) media velocidad (f) media	10
gleichförmig beschleunigte Bewegung (f) uniformly accelerated motion mouvement (m) uniformément accéléré		равномѣрно ускоренное движенiе (n) movimento (m) uniformemente accelerato movimiento (m) uniformemente acelerado	11

1	gleichförmig verzögerte Bewegung (f) uniformly retarded motion mouvement (m) uniformément retardé		равномѣрно замедленное движеніе(n) movimento (m) uniformemente ritardato movimiento (m) uniformemente retardado
2	freier Fall (m) fall, descent, free fall chute (f)	$v=\sqrt{2gh}$	свободное паденіе (n) caduta (f) libera caída (f) libre
3	Fallhöhe (f), Geschwindigkeitshöhe (f) height of fall, distance, through which a body falls hauteur (f) de chute	h	высота (f) паденія altezza (f) della caduta altura (f) de caída
4	Falldauer (f) time of fall durée (f) de chute		продолжительность (f) паденія durata (f) della caduta duración (f) de la caída
5	Steighöhe (f) height of ascent hauteur (f) du tir		высота (f) подъема altezza (f) del tiro, ascendenza (f) altura (f) alcanzada
6	Wurfdauer (f) time of passage durée (f) du tir		продолжительность (f) подъема durata (f) del tiro duración (f) del impulso
7	krummlinige Bewegung (f) curvilinear motion mouvement (m) curviligne	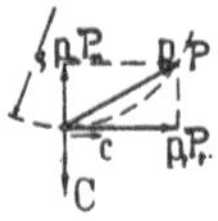	криволинейное движеніе (n) moto (m) curvilineo movimiento (m) curvilíneo
8	Tangentialbeschleunigung (f) tangential acceleration accélération (f) tangentielle	$p_t=\frac{dc}{dt}$	ускореніе (n) касательной, касательное (тангентіальное) ускореніе (n) accelerazione (f) tangenziale aceleración (f) tangencial
9	Normalbeschleunigung (f), Centripetalbeschleunigung (f) normal acceleration accélération (f) normale	$p_n=\frac{c^2}{\varrho}$	нормальное (центростремительное) ускореніе (n), ускореніе (n) по нормали accelerazione (f) normale, accelerazione(f) centripeta aceleración (f) normal, aceleración (f) centrípeta

Totalbeschleunigung (f) total acceleration accélération (f) totale	p	полное ускоренie (n) accelerazione (f) totale aceleración (f) total	*1*
Tangentialkraft (f) tangential force force (f) tangentielle	$P_t = m \cdot \frac{dc}{dt}$	касательная сила (f) forza (f) tangenziale fuerza (f) tangencial	*2*
Normalkraft (f), Centripetalkraft (f) centripetal force force (f) normale, force (f) centripète	$P_n = m \cdot \frac{c^2}{\varrho}$	нормальная (центростремительная) сила (f) forza (f) normale, forza (f) centripeta fuerza (f) normal, fuerza (f) centripeta	*3*
Centrifugalkraft (f), Fliehkraft (f) centrifugal force force (f) centrifuge	$C = -P_n$	центробѣжная сила (f) forza (f) centrifuga fuerza (f) centrifuga	*4*
schiefer Wurf (m) inclined projection tir (m) parabolique	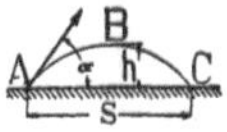	полетъ (m) наклонно къ горизонту tiro (m) parabolico, tiro (m) inclinato impulso (m) oblicuo	*5*
Wurfwinkel (m) angle of projection angle (m) du tir	α	уголъ (m) полета ampiezza (f) del tiro, angolo (m) del tiro ángulo (m) de impulsión	*6*
Wurfweite (f) horizontal range portée (f) du tir	S	дальность (f) полета amplitudine (f) del tiro, distanza (f) del tiro amplitud (f) de impulsión, alcance (m)	*7*
Wurfhöhe (f) height of projection, height of ascent hauteur (f) du tir	h	высота (f) полета altezza (f) del tiro altura (f) de impulsión	*8*
Wurfbahn (f), Flugbahn (f) trajectory, path of projectile trajectoire (f)	$\widehat{ABC}$	траекторія (f) полета traiettoria (f) trayectoria (f)	*9*
Wurfgeschwindigkeit (f) velocity of projection vitesse (f) du tir		скорость (f) полета velocità (f) del proiettile velocidad (f) de impulsión	*10*
ballistische Kurve (f) ballistical curve courbe (f) balistique		балистическая кривая (f) curva (f) balistica curva (f) balística, trayectoria (f)	*11*

1	wagrechter Wurf (m) horizontal projection jet (m) horizontal		полетъ (m) параллельно къ горизонту tiro (m) orizzontale impulsión (m) horizontal
2	senkrechter Wurf (m) vertical projection jet (m) vertical		полетъ (m) вертикально вверхъ tiro (m) verticale impulso (m) vertical
3	unfreie Bewegung (f) restricted motion, restricted movement mouvement (m) sollicité		несвободное движеніе (n) movimento (m) vincolato, movimento (m) forzato movimiento (m) obligado, movimiento (m) forzado
4	Bahnwiderstand (m) reaction on body résistance (f) de voie, réaction (f) sur un corps	N	сопротивленіе (n) движенію въ пути resistenza (f) della traiettoria resistencia (f) de la carrera
5	Normalwiderstand (m), Stützkraft (f) supporting or bearing force, supporting or bearing resistance résistance (f) normale, résistance (f) d'appui	N_p	нормальное сопротивленіе (n) resistenza (f) normale resistencia (f) normal
6	Tangentialwiderstand (m) tangential resistance résistance (f) tangentielle	N_t	сопротивленіе (n) по касательной resistenza (f) tangenziale resistencia (f) tangencial
7	Pendel (n) pendulum pendule (m)		маятникъ (m) pendolo (m) péndulo (m)
8	Kreispendel (n) circular pendulum pendule (m) circulaire		круговой маятникъ (m) pendolo (m) circolare péndulo (m) circular
9	Pendelausschlag (m) amplitude amplitude (f) de l'oscillation du pendule		размахъ (m) маятника, амплитуда (f) качанія маятника amplitudine (f) del pendolo desviación (f) del péndulo, carrera (f) del péndulo

Ausschlagwinkel (m) angle of oscillation, angle of displacement angle (m) d'amplitude	α	уголъ (m) отклоненія angolo (m) d'amplitudine ángulo (m) de desviación	1
Pendelschwingung (f) oscillation of the pendulum oscillation (f) du pendule		колебаніе (n) (качаніе (n)) маятника oscillazione (f) del pendolo oscilación (f) del péndulo	2
Schwingungsdauer (f) time of oscillation, duration of oscillation, period durée (f) d'oscillation		продолжительность (f) качанія (колебанія) маятника durata (f) dell' oscillazione duración (f) de la oscilación	3
Kegelpendel (n), Zentrifugalpendel (n) conical pendulum pendule (m) conique		коническій (центробѣжный) маятникъ (m) pendolo (m) conico péndulo (m) centrífugo	4
Cykloidenpendel (n) cycloidal pendulum pendule (m) cycloidal		циклоидальный маятникъ (m) pendolo (m) cicloidale péndulo (m) cicloidal	5
schiefe Ebene (f) inclined plane plan (m) incliné, pente (f)		наклонная плоскость (f) piano (m) inclinato plano (m) inclinado	6
Neigungswinkel (m) der schiefen Ebene angle of inclination angle (m) d'inclinaison	α	уголъ (m) наклона (наклоненія) angolo (m) d'inclinazione ángulo (m) de inclinación	7
Parallelogramm (n) der Geschwindigkeiten [Beschleunigungen], Geschwindigkeitsparallelogramm (n) [Beschleunigungsparallelogramm (n)] parallelogram of velocities [accelerations] parallélogramme (f) des vitesses [accélérations]	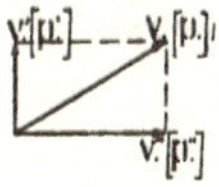	параллелограммъ (m) скоростей (ускореній) parallelogramma (f) delle velocità [accelerazioni] paralelogramo (m) de velocidades [aceleraciones]	8

1	eine Geschwindigkeit (f) [Beschleunigung (f)] in ihre Komponenten zerlegen to resolve a velocity [acceleration] into its components décomposer une vitesse [accélération] en ses composantes		разложить (разлагать) скорость (ускоренiе) на составляющiя (слагающiя) scomporre una velocità [accelerazione] nei suoi componenti descomponer una velocidad [aceleración] en sus componentes
2	Komponente (f) der Geschwindigkeit [Beschleunigung], Geschwindigkeits-komponente (f) [Beschleunigungskomponente (f)] component of velocity, [acceleration] composante (f) de la vitesse [accélération]	v', v'' $[p', p'']$	составляющая (f) (слагающая (f)) скорости (ускоренiя) componente (f) della velocità [accelerazione] componente (f) de velocidad [aceleración]
3	mehrere Geschwindigkeiten (f. pl.) [Beschleunigungen (f. pl.)] zu ihrer Resultierenden zusammensetzen to compound several component velocities [accelerations] into a single resultant velocity (acceleration) to find the resultant of several velocities [accelerations] réunir plusieurs vitesses [accélérations] en leur résultante		замѣнить (замѣнять) нѣсколько скоростей (ускоренiй) ихъ равнодѣйствующей comporre (sommare) più velocità [accelerazioni) in una risultante componer varias velocidades [aceleraciones] en una resultante
4	resultierende Geschwindigkeit (f) [Beschleunigung (f)] resultant velocity [acceleration] résultante (f) de la vitesse [accélération]	$v [p]$	равнодѣйствующая (f) скорости (ускоренiя) velocità (f) [accelerazione] risultante velocidad [aceleración] (f) resultante
5	Schiebung (f) motion of translation translation (f)		сдвиженiе (n) traslazione (f) traslación (f)
6	Drehung (f) motion of rotation rotation (f)	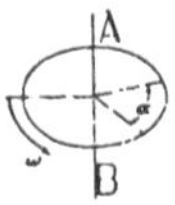	вращенiе (n) rotazione (f) giro (m)

Drehachse (f) axis of rotation axe (m) de rotation	AB	ось (f) вращенія asse (f) di rotazione eje (m) de torsión, eje (m) de giro	1
Drehwinkel (m) angle of rotation, angle through which the rotating body has turned angle (m) de rotation	α	уголъ (m) вращенія angolo (m) di rotazione ángulo (m) de torsión, ángulo (m) de giro	2
Winkelgeschwindigkeit (f), Winkelschnelle (f) angular velocity vitesse (f) angulaire	$w = \frac{d\alpha}{dt}$	угловая скорость (f) velocità (f) angolare velocidad (f) angular	3
Winkelbeschleunigung (f) angular acceleration accélération (f) angulaire	$\varepsilon = \frac{dw}{dt} = \frac{d^2\alpha}{dt^2}$	угловое ускореніе (n) accelerazione (f) angolare aceleración (f) angular	4
Kraft (f) force force (f)	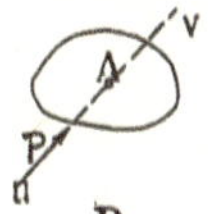 P	сила (f) forza (f) fuerza (f)	5
Kraftrichtung (f) direction of force, direction in which force acts direction (f) de la force	u—v	направленіе (n) силы direzione (f) della forza dirección (f) de la fuerza	6
Angriffspunkt (m) der Kraft point at which the force acts, origin of force point (m) d'application de la force, point (m) d'attaque de la force	A	точка (f) приложенія силы punto (m) d'applicazione delle forze punto (m) de aplicación de la fuerza	7
Parallelogramm (n) der Kräfte parallelogram of forces parallélogramme (f) des forces	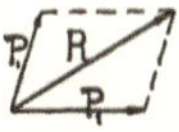	параллелограммъ (m) силъ parallelogramma (f) delle forze paralelogramo (m) de las fuerzas	8
Mittelkraft (f), Resultierende (f) resultant force, resultant force (f) résultante	R	равнодѣйствующая сила (f) forza (f) media, forza (f) risultante resultante (f), fuerza (f) resultante	0

1	Seitenkraft (f), Komponente (f) component composante (f) d'une force	P_1, P_2	слагающая сила (f) componente (f) componente (f)
2	Kräftedreieck (n) triangle of forces triangle (m) de forces	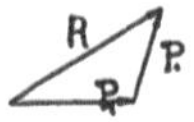	треугольникъ (m) силъ triangolo (m) delle forze triángulo (m) de las fuerzas
3	Kräftezug (m), Kräfteplan (m), Kräftepolygon (m) polygon of forces polygone (m) de forces	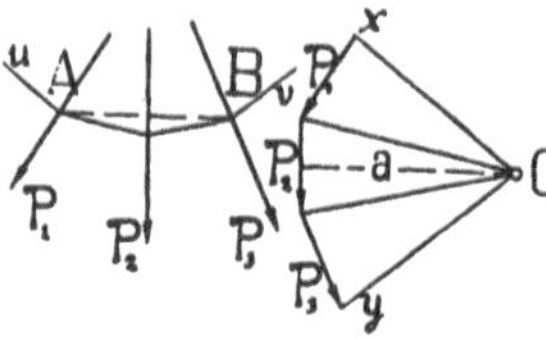 x—y	многоугольникъ (m) силъ poligono (m) delle forze polígono (m) de las fuerzas
4	Pol (m) pole pôle (m)	O	полюсъ (m) polo (m) polo (m)
5	Polabstand (m) polar distance distance (f) polaire	a	разстоянie (n) полюса distanza (f) dal polo distancia (f) polar
6	Seilplan (m), Seilpolygon (n) polygon of forces funiculaire (m), polygone (m) funiculaire	u—v	веревочный многоугольникъ (m) poligono (m) funicolare polígono (m) funicular
7	Schlußlinie (f) abutment-line, closing line ligne (f) de fermeture	A—B	замыкающая сторона (f) linea (f) di chiusa, retta (f) di chiusa línea (f) de cierre
8	geschlossener Kräfteplan (m) equilibrium polygon, stability polygon polygon (m) fermé		замкнутый многоугольникъ (m) силъ poligono (m) delle forze chiuso polígono (m) de fuerzas cerrado
9	die Kräfte (f. pl.) befinden sich im Gleichgewicht the forces are balanced les forces sont en équilibre		силы (f. pl.) находятся въ равновѣсiи le forze (f. pl.) si trovano in equilibrio las fuerzas (f. pl.) están equilibradas

Moment (n) der Kraft P in bezug auf den Drehpunkt O moment of the force P with reference to the centre of motion O moment (m) de la force P pour le centre de rotation O	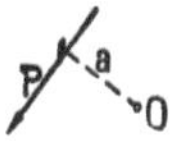 P. a	моментъ (m) силы P относительно точки вращенія O momento (m) della forza P rispetto al centro di rotazione O [rispetto al Polo] momento (m) de la fuerza con relación al punto de giro O	*1*
Hebelarm (m) der Kraft P in bezug auf den Drehpunkt O arm of lever of the force P with reference to the centre of motion O bras de levier (m) de la force P pour le centre de rotation O	a	рычагъ (m) силы P относительно точки вращенія O braccio (m) della forza P rispetto al punto di rotazione O [rispetto al polo O] brazo (m) de palanca de la fuerza P con relación al punto de giro O [al polo O]	*2*
Kräftepaar (n) couple of forces couple (m) de forces	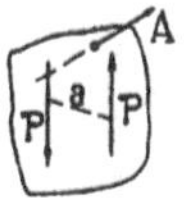	пара (f) силъ coppia (f) par (m) de fuerzas	*3*
Moment (n) des Kräftepaares moment of the couple moment (m) du couple	P. a	моментъ (m) пары силъ momento (m) della coppia momento (m) del par de fuerzas	*4*
Achse (f) des Kräftepaares axis of the couple axe (m) du couple	A	ось (f) пары силъ asse (f) della coppia eje (m) del par de fuerzas	*5*
statisches Moment (n) static moment moment (m) statique	 P. a	статическій моментъ (m) momento (m) statico momento (m) estático	*6*
Trägheitsmoment (n) moment of inertia moment (m) d'inertie		моментъ (m) инерціи momento (m) d'inerzia momento (m) de inercia	7
äquatoriales Trägheitsmoment (n) equatorial moment of inertia moment (m) d'inertie par rapport à un axe	 $\Sigma m x^2$	экваторіальный моментъ (m) инерціи momento (m) d'inerzia rispetto ad un asse [neutro] momento (m) de inercia ecuatorial	*8*

1	polares Trägheitsmoment (n) polar moment of inertia moment (m) d'inertie par rapport à un point	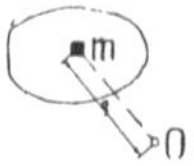 $\Sigma m x^2$	полярный моментъ (m) инерцiи momento (m) d'inerzia rispetto ad un punto momento (m) de inercia polar
2	Schwerpunkt (m), Massenmittelpunkt (m) center of gravity centre (m) de gravité	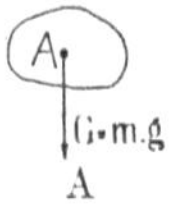	центръ (m) тяжести baricentro (m), centro (m) di gravità centro (m) de gravedad
3	Schwerkraft (f), Schwere (f) gravity poids (m), gravité (f)	G.	сила (f) тяжести gravità (f) gravedad (f)
4	Erdbeschleunigung (f) force of gravity accélération (f) de gravité	g	земное притяженie (n), натяженie (n) (ускоренie (n)) силы тяжести accelerazione (f) della gravità [della terra] aceleración (f) de la gravedad
5	Masse (f) mass masse (f)	m	масса (f) massa (f) masa (f)
6	Gleichgewicht (n) equilibrium équilibre (m)		равновѣсie (n) equilibrio (m) equilibrio (m)
7	Gleichgewichtslage (f) eines Körpers condition of equilibrium équilibre (m) d'un corps au repos		положенie (n) тѣла въ равновѣсiи equilibrio (m) d'un corpo in riposo posición (f) de equilibrio de un cuerpo
8	stabiles Gleichgewicht (n) stable equilibrium équilibre (m) stable		устойчивое равновѣсie (n) equilibrio (m) stabile equilibrio (m) estable
9	labiles Gleichgewicht (n) unstable equilibrium équilibre (m) instable	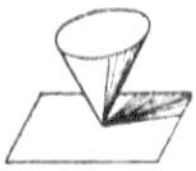	неустойчивое равновѣсie (n) equilibrio (m) instabile [labile] equilibrio (m) inestable
10	indifferentes Gleichgewicht (n) indifferent equilibrium équilibre (m) indifférent	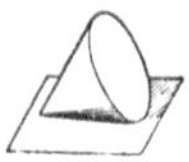	безразличное равновѣсie (n) equilibrio (m) indifferente equilibrio (m) indiferente

Arbeit (f) work travail (m)	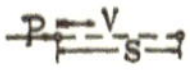 P. s	работа (f), механическая работа (f) lavoro (m) trabajo (m)	*1*
Leistung (f) capacity [of an engine], power puissance (f)	$\frac{P.s}{t} = P.v$	величина (f) работы, мощность (f), производительность (f), эффектъ (m) potenza (f) efecto (m)	*2*
Pferdestärke (f) horse-power cheval-vapeur (m) [chevaux]	HP	лошадинная сила (f) forza (f) d'un cavallo, cavallo (m) a vapore caballo (m) de fuerza	*3*
Arbeitsvermögen (n), lebendige Kraft (f), kinetische Energie (f) kinetic energy force (f) vive, énergie (f) cinète	$\frac{mv^2}{2}$	живая сила (f), кинетическая энергія (f) forza (f) viva, energia (f) cinetica fuerza (f) viva, energía (f) cinética	*4*
Prinzip (n) der Erhaltung der Kraft law of the conservation of energy principe (m) de la conservation de l'énergie		принципъ (m) (законъ (m)) сохраненія энергіи principio (m) di conservazione dell'energia principio (m) de la conservación de la fuerza viva	*5*
Reibung (f) friction frottement (m)	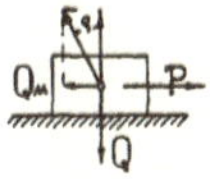	треніе (n) attrito (m) rozamiento (m), fricción (f)	*6*
Reibungswiderstand (m) force of friction, frictional resistance résistance (f) du frottement	$Q.\mu$	сопротивленіе (n) отъ тренія resistenza (f) dovuta all' attrito resistencia (f) de rozamiento	7
Reibungskoeffizient (m) coefficient of friction coëfficient (m) de frottement	μ	коэффиціентъ (m) тренія coefficiente (m) d'attrito coeficiente (m) de rozamiento	*8*
Reibungswinkel (m) angle of friction, angle of repose angle (m) de frottement	ρ	уголъ (m) тренія angolo (m) d'attrito ángulo (m) de rozamiento	*9*

1	Reibungsfläche (f) rubbing surfaces, surfaces in contact surface (f) de frottement		поверхность (f) тренія superficie (f) di contatto superficie (f) de rozamiento
2	Reibung (f) der Ruhe, ruhende Reibung (f) friction of rest, statical friction frottement (m) au départ, frottement (m) statique		треніе (n) въ покоѣ, опорное треніе (n) attrito (m) di primo distacco, attrito (m) all'inizio, attrito (m) allo spunto rozamiento (m) de adherencia
3	gleitende Reibung (f) sliding friction, friction of motion frottement (m) de glissement (m)		скользящее треніе (n), треніе (n) перваго рода attrito (m) radente, attrito (m) di scorrimento rozamiento (m) de resbalamiento
4	rollende Reibung (f), wälzende Reibung (f) rolling friction, friction of motion frottement (m) de roulement (m)		треніе (n) при катаніи, треніе (n) тѣлъ катящихся, треніе (n) второго рода attrito (m) volvente rozamiento (m) de rotación
5	Reibungsarbeit (f) work of friction travail (m) de frottement	$A_r = A_o - A$	работа (f) тренія lavoro (m) d'attrito trabajo (m) de rozamiento
6	Gesamtarbeit (f) total work travail (m) total	A_o	общая израсходованная работа (f) lavoro (m) totale trabajo (m) total
7	Nutzarbeit (f) useful effect, effective power, duty, mechanical power travail (m) utile	A	полезная работа (f) lavoro (m) utile efecto (m) útil
8	Wirkungsgrad (m) efficiency coëfficient (m) de rendement	$\eta = \frac{A}{A_o}$	степень (f) полезнаго дѣйствія rendimento (m), coefficiente (m) di rendimento rendimiento (m)

Deutsch / English / Français		Русский / Italiano / Español	
Festigkeit (f) resistance résistance (f)		сопротивленіе (n) [матеріаловъ] resistenza (f) solidez (f), resistencia (f)	1
Festigkeitslehre (f) science of strength of materials science (f) de la résistance des matériaux		ученіе (n) о сопротивленіи teoria (f) della resistenza dei materiali tratado (m) de resistencia de materiales	2
Spannung (f) tension tension (f)		напряженіе (n), натяженіе (n) tensione (f) tensión (f)	3
Normalspannung (f) normal tension tension (f) normale	σ	нормальное напряженіе (n) (натяженіе (n)) tensione (f) normale tensión (f) normal	4
Beanspruchung (f) strain charge (f), fatigue (f), effort (m)		подверженіе (n) дѣйствію силы sollecitazione (f) esfuerzo (m), carga (f), sujeción (f) á un esfuerzo	5
ein Körper ist auf Zug, Druck, Biegung beansprucht a body is under strain of tension, pressure, flexure or bending un corps est soumis à un effort de traction, de compression, de flexion		тѣло (n) подвержено растяженію, сжатію, изгибу un corpo (m) è sollecitato per tensione, compressione, flessione el cuerpo (m) está sujeto á esfuerzo de tracción, presión, flexión	6
zulässige Beanspruchung (f), zulässige Anstrengung (f) safe load charge (f) admissible, limite (f) admissible		допускаемое напряженіе (n) limite (m) di sollecitamento esfuerzo (m) requerido, esfuerzo (m) tolerable, esfuerzo (m) de trabajo	7
Belastungsweise (f) form of load mode (m) de chargement		способъ (m) нагрузки modo (m) di caricamento modo (m) de actuar la carga	8

1	ruhende Belastung (f) steady or dead load charge (f) constante	$P = \text{const.}$	спокойная нагрузка (f) carico (m) costante carga (f) estática, carga (f) constante, carga (f) en reposo
2	pulsierende Belastung (f) oscillatory load, oscillating load charge (f) variable [de 0 à $+\infty$]	$P = 0 \ldots\ldots \infty$	нагрузка (f), мѣняющаяся въ предѣлахъ отъ 0 до ∞, повторная нагрузка (f) въ предѣлахъ отъ 0 до ∞. carico (m) variabile, carico (m) intermittente carga (f) intermitente
3	wechselnde Belastung (f) varying load, live load charge (f) variable [de $+\infty$ à $-\infty$]	$P = +\infty \ldots -\infty$	нагрузка, попеременно мѣняющаяся въ предѣлахъ отъ $-\infty$ до $+\infty$ carico (m) variabile carga (f) variable
4	Formänderung (f) deformation déformation (f)		деформація (f) deformazione (f) deformación (f)
5	elastische Formänderung (f) elastic deformation déformation (f) élastique		измѣненіе (n) формы deformazione (f) elastica deformación (f) elástica
6	Formänderungsarbeit (f) resilience work of deformation travail (m) de déformation		упругое измѣненіе (n) формы lavoro (m) di deformazione trabajo (m) de deformación
7	Längenänderung (f) elongation allongement (m)	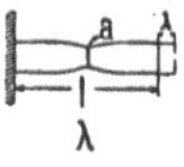	продольное измѣненіе (n) allungamento (m) alteración (f) de longitud
8	Einschnürung (f) lateral contraction retrécissement (m), striction (f)	a	съуженіе (n) restringimento (m) contracción (f)
9	Dehnung (f) relative elongation extension (f), allongement (m) relatif	$\varepsilon = \frac{\lambda}{l}$	удлиненіе (n) espansione (f), dilatazione (f) dilatación (f)

Dehnungskoeffizient (m) modulus of elasticity for tension coëfficient (m) d'allongement	$\alpha = \frac{\varepsilon}{\sigma}$	коэффиціентъ (m) удлиненія coefficiente (m) d'espansione, coefficiente (m) di dilatazione coeficiente (m) de dilatación	1
Elastizitätsmodul (n) modulus of elasticity module (m) d'élasticité	$\varepsilon = \frac{1}{\alpha}$	модуль (m) упругости modulo (m) d'elasticità módulo (m) de elasticidad	2
Bruchdehnung (f) stress of ultimate tenacity, elongation at rupture allongement (m) de rupture		удлиненіе (n) отъ разрыва allungamento (m) di rottura dilatación (f) de rotura	3
elastische Dehnung (f), Federung (f) elasticity of flexure or bending allongement (m) élastique		упругое удлиненіе (n), пружиненіе (n) allungamento (m) elastico dilatación (f) elástica	4
bleibende Längenänderung (f), Dehnungsrest (m) permanent elastic deformation, set déformation (f) permanente, reste (m) d'allongement		остающееся (остаточное) удлиненіе (n) deformazione (f) permanente dilatación (f) remanente	5
elastische Nachwirkung (f) elasticity déformation (f) élastique [action (f) consécutive d'élasticité]		упругое послѣдѣйствіе (n) reazione (f) elastica reacción (f) elástica	6
Elastizitätsgrenze (f) elastic limit limite (f) d'élasticité	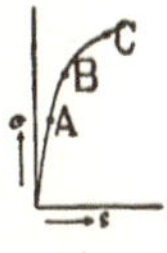 A	предѣлъ (m) упругости limite (m) d'elasticità limite (m) de elasticidad	7
Proportionalitätsgrenze (f) limit of proportionality limite (f) de proportionalité	B	предѣлъ (m) пропорціональности limite (m) di proporzionalità limite (m) de proportionalidad	8

1	Streckgrenze (f), Fließgrenze (f) limit of stretching strain limite (f) d'écoulement, limite (f) d'étirage	C	предѣлъ (m) вытягиванія, (вытеканія) limite (m) di duttilità limite (m) de estiraje
2	Zug (m) extension, stress, pull traction (f)	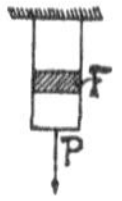	растяженіе (n) trazione (f) tracción (f)
3	Zugfestigkeit (f) tensile strength, resistance to tensile strain, strength for extension résistance (f) à la traction		сопротивленіе (n) растяженію resistenza (f) alla trazione resistencia (f) á la tracción
4	Zugbeanspruchung (f) tensile strain effort (m) de traction		напряженіе (n) при растяженіи sollecitamento (m) alla trazione esfuerzo (m) de tracción
5	Zugkraft (f) tensile or tensive force force (f) de traction	P	растягивающая сила (f), растягивающее усиліе (n) forza (f) di trazione fuerza (f) de tracción, intensidad (f) de la tracción
6	Zugspannung (f) tensive strain traction (f) unitaire, tension (f) de traction	$k_z = \frac{P}{F}$	напряженіе (n) при растяженіи tensione (f), coefficiente (m) di tensione tensión (f) de la tracción
7	Druck (m) pressure, compression compression (f)	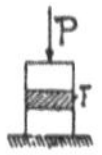	давленіе (n), сжатіе (n) pressione (f) presión (f)
8	Druckfestigkeit (f) compressive strength, elasticity of compression, resistance to compressive strain résistance (f) à la compression		сопротивленіе (n) сжатію resistenza (f) alla pressione resistencia (f) á la presión
9	Druckbeanspruchung (f) compressive strain effort (m) de compression		напряженіе (n) при сжатіи carico (m) di pressione, sforzo (m) di pressione, cimentazione (f) alla compressione esfuerzo (m) de presión

Druckkraft (f) force of pressure, force of compression force (f) de compression	P	сжимающая сила (f), сжимающее усиліе (n), сила (f) сжатія forza (f) di pressione fuerza (f) de presión, intensidad (f) de presión	1
Druckspannung (f) compressive strain compression (f) unitaire	$k_d = \frac{P}{F}$	напряженіе (n) при сжатіи pressione(f), coefficiente della compressione semplice tensión (f) de la presión	2
Biegung (f) flexure, bending flexion (f), courbage (m)		изгибъ (m) piegamento (m), flessione (f) flexión (f)	3
Biegungsfestigkeit (f) transverse strength, strength of flexure, resistance to bending strain résistance (f) à la flexion		сопротивленіе (n) при сжатіи resistenza (f) alla flessione resistencia (f) á la flexión	4
Biegungsbeanspruchung (f) strain of flexure effort (m) de flexion		напряженіе (n) на сжатіе sollecitazione (f) alla flessione esfuerzo (m) activo á la flexión, carga (m) á la flexión	5
Biegungsmoment (n) bending moment, moment of flexure moment (m) de flexion, moment (m) fléchissant	P. a	моментъ (m) изгиба, изгибающій моментъ (m) momento (m) di flessione momento (m) de flexión	6
Biegungsspannung (f) transverse strain flexion (f) unitaire, tension (f) de flexion	$k_b = \frac{P.a}{W}$	напряженіе (n) при изгибаніи flessione (f), coefficiente (m) di sollecitamento alla flessione tensión (f) de flexión	7
Widerstandsmoment (n) moment of resistance moment (m) de résistance	W	моментъ (m) сопротивленія momento (m) di resistenza, momento (m) resistente momento (m) de resistencia	8

1	Durchbiegung (f) deflection flèche (f), flexion (f) transversale	b	прогибъ (m) flessione (f), freccia (f) d'incurvamento flecha (f)
2	Knickung (f) breaking, break flexion (f) de pièces chargées debout, flexion (f) axiale par compression		выгибъ (m), выгибаніе (n), продольный изгибъ (m) rottura (f) per flessione quiebro (m) por flexión, rotura (f) por flexión
3	Knickfestigkeit (f) resistance to breaking strain résistance (f) à la flexion axiale par compression		сопротивленіе (n) изгибу resistenza (f) alla rottura resistencia (f) á la rotura por flexión
4	Knickbeanspruchung (f) breaking strain effort (m) de flexion		изгибающее усиліе (n) sollecitamento (m) alla flessione esfuerzo (m) de rotura por flexión
5	Schub (m) shearing cisaillement (m)	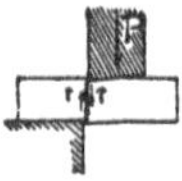	сдвигъ (m) taglio (m), rescissione empuje (m)
6	Schubfestigkeit (f) shearing strength, resistance to shearing strain résistance (f) au cisaillement		сопротивленіе (n) сдвигу resistenza (f) alla rescissione resistencia (f) al empuje
7	Schubbeanspruchung (f) shear effort (m) de cisaillement		сдвигающее усиліе (n) sollecitamento (m) alla rescissione esfuerzo (m) de empuje
8	Schubspannung (f) shearing stress cisaillement (m) unitaire, tension (f) de cisaillement	$\tau = \frac{P}{F}$	напряженіе (n) сдвига, напряженіе (n) при сдвигѣ forza (f) tagliante tensión (f) de empuje
9	Schubkoeffizient (m) modulus of shearing coëfficient (m) d'arrachement		коэффиціентъ (m) сдвига coefficiente (m) di rescissione coeficiente (m) de empuje

Gleitmodul (n) transverse modulus of elasticity, modulus of rigidity, modulus of sliding movement coëfficient (m) de glissement		модуль (m) скольженія modulo (m) di scorrimento módulo (m) de resbalamiento	1
Drehung (f) torsion, twist torsion (f)	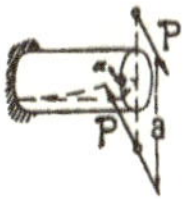	крученіе (n) torsione (f) torsión (f)	2
Drehungsbeanspruchung (f) torsional stress, torsional strain effort (m) de torsion		крутящее усиліе (n) sollecitamento (m) alla torsione esfuerzo (m) de torsión	3
Drehmoment (n) moment of torsion moment (m) de torsion	P. a	моментъ (m) крученія, крутящій моментъ (m) momento (m) di torsione momento (m) de torsión	4
Drehungswinkel (m) angle of torsion, torsion angle angle (m) de torsion	α	уголъ (m) крученія angolo (m) di torsione ángulo (m) de torsión	5
Maschine (f) machine, engine machine (f)		машина (f) macchina (f) máquina (f)	6
Maschinenteile (m. pl.) machine-parts organes (m. pl.) de machine		машинная часть (f), часть (f) машины organi (m. pl.) di macchina, pezzi (m. pl.) di macchina, parti (f. pl.) di macchina piezas (f. pl.) de maquinaria	7
eine Maschine (f) bauen to build a machine, to construct a machine, to make a machine construire une machine		построить } машину строить } costruire una macchina construir una máquina	8
Maschinenbau (m) mechanical engineering, construction of machines, engine-building construction (f) de machines		машиностроеніе (n) costruzione (f) di macchine construcción (f) de máquinas	9

1	Maschinenfabrik (f), Maschinenbauwerkstätte (f) workshop for constructing machines, shops for constructing machines, engine-works, machine-works atelier (m) de construction de machines, atelier (m) de constructions mécaniques	машиностроительный заводъ (m) officina (f) meccanica fábrica (f) de maquinaria, taller (m) de maquinaria
2	Maschinenfabrikant (m) manufacturer, maker of machinery constructeur (m) de machines	машинозаводчикъ (m) costruttore (m) di macchine constructor (m) de máquinas
3	Maschineningenieur (m) mechanical engineer ingénieur (m) mécanicien	инженеръ-механикъ (m), инженеръ-машиностроитель (m) ingegnere (m) meccanico ingeniero (m), mecánico (m)
4	Werkführer (m) head-foreman chef (m) d'atelier	завѣдующій (m) мастерскими capo-officina (m) primer (m) oficial, maestro (m), jefe (m) de taller
5	Meister (m) foreman maître (m), contremaître (m)	мастеръ (m) capo-tecnico (m) maestro (m), contramaestro (m)
6	Maschinenbauer (m), Maschinenschlosser (m) fitter, machinist mécanicien (m), constructeur (m) mécanicien	машиностроитель (m), заводскій слесарь (m) meccanico (m) montador (m), ajustador (m)
7	eine Maschine (f) montieren, eine Maschine (f) aufstellen to erect a machine, to fit up a machine monter une machine, ajuster une machine	собрать (собирать) машину, монтировать (установить, (устанавливать) машину montare una macchina montar una máquina, ajustar una máquina

Montage (f), Aufstellung (f) einer Maschine
erection of a machine, assembling of a machine, fitting up of a machine
montage (m), ajustage (m)

монтажъ (m), сборка (f), установка (f) 1
montatura (f)
montaje (m)

Monteur (m), Richtmeister (m)
machine-fitter, engine-fitter, erecting machinist
monteur (m)

монтеръ (m), сборщикъ (m) машинъ, установщикъ (m) 2
montatore (m)
montador (m)

Montierungswerkstätte (f)
erecting shop
atelier (m) de montage, atelier (m) d'ajustage

сборная мастерская (f)
officina (f) di montatura 3
talleres (m. pl.) de montaje, departamento (m) de montura

---

eine Maschine (f) demontieren, abbauen
to break off, to take down a machine
démonter une machine

разобрать (разбирать) машину 4
smontare una macchina
desmontar una máquina

Demontage (f), Abbau (m) einer Maschine
breaking off a machine
démontage (m) d'une machine

разборка (f) машины
smontatura (f) d'una macchina 5
desmontaje (m) de una máquina

---

eine Maschine (f) in Betrieb setzen, eine Maschine (f) in Gang setzen
to start, to set a machine going
mettre une machine en marche, mettre une machine en train

пустить (пускать) въ ходъ машину
mettere in movimento una macchina 6
poner en función una máquina, poner en marcha una máquina

---

im Gang (m) sein, im Betrieb (m) sein
to work, to be in action, to be at work, to be in gear
être en marche, fonctionner

находиться въ дѣйствіи
essere in movimento, funzionare 7
estar en función, estar en marcha, marchar, funcionar

---

eine Maschine (f) abstellen
to stop a machine, to shut down an engine
stopper, arrêter une machine

остановить (останавливать) машину, выключить (выключать) машину 8
arrestare, fermare una macchina
parar una máquina

1	Werkstätte (f) workshops (pl.), workroom, shops (pl.) atelier (m)	мастерская (f) officina (f) taller (m), obrador (m)
2	Arbeitstisch (m), Werkbank (f) work bench, vice-bench, bench établi (m)	верстакъ (m) banco (m) da lavoro banco (m)
3	Werkzeugkasten (m) tool box, tool chest coffre (m) d'outils, boîte (f) à outils	ящикъ (m) для инструмента, инструментальный ящикъ (m) cassetta (f) degli utensili, armadio (m) degli utensili caja (f) de herramientas
4	Werkzeug (n), Gerät (n) tools (pl.), implements (pl.) outil (m)	инструментъ (m) utensile (m) herramienta (f)
5	Handwerkzeug (n) hand-tools (pl.), tools (pl.) outillage (m)	ручной инструментъ (m) utensile (m) a mano herramientas (f. pl.) utensilios (m. pl.)
6	Arbeitsmaschine (f) working machine machine (f) à travailler	рабочая машина (f) macchina (f) operatrice máquina (f) útil, máquina (f) operadora
7	Kraftmaschine (f) motor engine moteur (m), machine-motrice (m)	двигатель (m), движитель (m), моторъ (m) motore (m) máquina (f) motriz, motor
8	Werkzeugmaschine (f) machine-tool machine-outil (f)	станокъ (m) macchina (f) utensile máquina (f) herramienta

A.

Abbau einer Maschine 255.5
Abbauen, eine Maschine 255.4
Abblasehahn . . 129.7
— ventil 122.4
Abbozzare . . . 222.8
Abbozzo 222.9
Abdrehen, Achsen 35.8
Abertura de la llave 16.7
— de la válvula 115.6
Abfeilen 171.6
Abflußrohr . . . 109.3
— ventil 122.6
Abgerundetes Knierohr 107.7
Abhobeln 192.4
Ablaßhahn . . . 129.8
— ventil 122.6
Ablaufendes Riemenende . . . 76.7
Abmeißeln . . . 168.3
About-sledge hammer 161.6
Abrazadera (polea) 93.5
Abrir ranuras . . 23.4
— el grifo . . . 128.1
— la válvula . . 115.2
Absatzmuffe . . 107.1
Abscherungsquerschnitt 28.4
Abschneider, Rohr-110.8
Abschrauben . . 19.8
Abschrot 165.7
Abschroten . . . 165.6
Absperrhahn . . 129.4
— klappe 124.1
— schieber . . . 126.8
— ventil 121.1
Abspringen, der Riemen springt von der Scheibe ab 79.5
Abstechen, eine Achse 37.8
Abutment-line . . 242.7
Abwaschen, die Zeichnung mit dem Schwamm . 233.1
Abwerfen, einen Riemen von der Scheibe . . . 79.8
Abwickeln, das Seil 88.4
Abziehfeile . . . 172.5
— stein 197.3
Abzweig-(Rohr) . 106.4
— rohr 106.4
Abzweigung, spitzwinkelige . . . 106.3
Acanalador . . . 193.6
Acanalar 167.7
Accecare 31.1
Accecatoio . . . 180.7
Acceleration . . 235.6
—, angular . . . 241.4
—, normal . . . 236.9
—, parallelogramm of 239.8
—, piston . . . 137.5
—, to resolve an — in its components 240.1
—, tangential . . 236.8
—, total 237.1
—, valve 114.6
Accélération . . 235.6
— angulaire . . 241.4
—, décomposer une — en ses composantes . . 240.1
— de gravité . . 244.4
— négative . . . 235.7
— normale . . . 236.9
— du piston . . 137.5
— de la soupape . 114.6
— tangentielle . . 236.8
— totale 237.1
—s, parallélogramme des 239.8
Accelerazione . . 235.6
— angolare . . . 241.4
Accelerazione centripeta 236.9
— della gravità . 244.4
— negativa . . . 235.7
— normale . . . 236.9
— risultante . . 240.4
— tangenziale . . 236.8
— totale 237.1
— della valvola . 114.6
Accessoires de crochet 92.9
— de forge . . . 166.5
Accesori del gancio 92.9
Accesorios del gancho 92.9
Accetta 191.6
— da bottaio . . 191.8
— da falegname . 191.7
—, tagliare all' . 191.9
Acciaio 213.5
— affinato . . . 214.3
— di cementazione 214.2
— Bessemer . . . 213.9
— fucinato . . . 213.6
— fuso 213.8
— fuso in crogiuoli 214.4
— Martin 214.1
— al nickel . . . 214.5
— puddellato . . 213.7
— Siemens Martin 214.1
— Thomas . . 213.10
— per utensili . . 214.7
— Wolfram . . . 214.6
Accoppiamento d'alberi 56.2
—, disco d' . . . 57.6
— a vite 11.1
Accorciare la cinghia 79.4
Accouplé 62.6
— directement avec 62.7
Accouplement . . 56.1
— des arbres . . 56.2
— à articulation . 61.8
— articulé . . . 62.2
—, boulon d' . . 57.4

Accouplement à brosses 61.3
— à cliquet . . . 60.5
— à cône de friction 61.1
—, coquille d' . . 57.3
— à coquilles . . 57.2
— à cuir 61.4
— à débrayage . 58.6
— à double cône 58.1
—, douille d' . . 57.1
— à douille . . 56.8
— élastique . . . 58.5
— électro-magnétique 61.5
— extensible . . 58.4
— fixe 56.3
— à friction . . . 60.7
— à griffes . . . 60.2
— par manchon . 56.4
— mobile 58.3
— à mouvement longitudinal . . 58.4
— à pince . . . 58.1
—, plateau d' . . 57.6
— à plateaux . . 57.5
— à ruban . . . 61.6
— Sellers 58.1
— de tiges . . . 61.7
— à vis 56.6
Accoupler . . . 62.5
Aceite, afluencia del 52.3
— animal 51.2
—, baño de . . . 55.3
—, bomba de . . 55.7
—, cámara de . . 55.4
— para cilindros . 51.6
—, depósito para . 51.8
— de engrase . . 50.8
—, engrase con . 52.4
— para husos . . 51.7
— para maquinaria 51.5
— mineral . . . 51.4
— purificado . . 53.2
—, purificador de . 53.1
—, recogedor de . 52.9
—, el — se resinifica 50.10
—, resinificación del 51.1
—, untuosidad del 50.9
—, vaciar el . . . 55.6
— vegetal 51.3
Aceitera 53.7
— de resorte . . 52.1
Aceleración . . . 235.6
— angular . . . 241.4
— centrípeta . . . 236.9
— de la gravedad 244.4
— normal 236.9
— resultante . . 240.4
— tangencial . . 236.8
— total 237.1
— de la válvula . 114.6
Acepilladuras . . 192.6
Acepillar 184.9
Acero 213.5
— afinado 214.3
— Bessemer . . . 213.9
— cementado . . 214.2
— colado 212.3
— crisol 214.4
— fundido . . . 213.8
— de fusión . . 213.8
— para herramientas 214.7
— niqueloso . . . 214.5
— pudelado . . . 213.7
— soldado . . . 213.6
— Thomas . . 213.10
— tungstenado . . 214.6
— tungstenoso . . 214.6
— para útiles . . 214.7
Achsbelastung . . 33.7
— bruch 34.9
— druck 33.7
— hals 33.3
— kopf 33.5
— lager 33.4
— probe 34.8
— schaft 33.6
— schenkel . . . 33.3
— schenkelreibung 33.9
Achse 33.2
—, eine — abstechen 37.8
—, eine — auswechseln . . . 34.10
—, Auswechslung einer 34.11
—, bewegliche . . 33.11
—, Zylinder- . . 130.2
—, Dreh- 34.5
—, Dreh- (Drehung) 241.1
—, feste 33.10
—, gekuppelte . . 34.1
—, Ketten- . . . 91.5
— des Kräftepaares 243.5
—, Leit- 34.4
—, Rad- 34.6
—, Rollen- . . . 93.6
—, Umdrehungs- . 34.5
—, ungekuppelte . 34.2
—, verschiebbare . 34.3
Achsen abdrehen . 35.3
— drehbank . . 35.1
— dreherei . . . 35.2
— regulator . . . 151.8
— reibung . . . 33.8
— umdrehung . . 34.7
Acid, soldering- . 202.9
Acido para soldar 202.9
Acier 213.5
— Bessemer . . . 213.9
— cimenté . . . 214.2
— coulé 212.3
— au creuset . . 214.4
— fondu 213.8
Acier Martin . . 214.1
— au nickel . . 214.5
— pour outils . . 214.7
— puddlé . . . 213.7
— raffiné 214.3
— Siemens-Martin 214.1
— soudé 213.6
— Thomas . . 213.10
— au tungstène . 214.6
Acoplado 62.6
— directamente á 62.7
Acoplamiento . . 56.1
— de doble articulación 62.2
— de articulación cruciforme . . 62.2
— articulado . . 61.8
— axial 56.2
— de Cardano . . 62.2
—, cojinete del . 57.3
— de cojinetes . 57.2
— de doble cono . 58.1
— cónico 61.1
— de correa . . 61.6
— de cuero . . . 61.4
— dentado . . . 60.2
— de disco . . . 57.5
— elástico . . . 58.5
— electromagnético 61.5
— de engranaje . 58.6
— de escobilla . . 61.3
— fijo 56.3
— de fricción . . 60.7
— graduable . . 58.4
— de interrupción 58.6
— de manguito . 56.8
—, manguito de . 57.1
— móvil 58.3
— de plato . . . 57.5
—, plato de . . . 57.6
— de rosca . . . 56.6
— roscado . . . 56.6
— de Sellers . . 58.1
— por tornillo . . 11.1
—, tornillo del . 57.4
— de trinquete . 60.5
— de vástago . . 61.7
Acoplar 62.5
Acortar la correa 79.4
Acotación . . 225.10
Acotar 225.9
Acqua, conduttura d' 109.10
— forte (saldare) . 202.9
—, rubinetto d' . 129.5
— per saldare . . 202.8
Action, to be in . 255.7
—, eccentric . . 144.5
Addendum . . . 65.2
— circle 63.6
— line 63.6
— of a tooth . . 65.1
Adjust, to — the bearing . . . 48.6

Adjustable brass . 42.5
— clamp 154.4
— drawing table . 219.1
— spanner . . . 18.1
— wrench . . . 18.1
Adjusting gear of the governor . 151.4
— key (bearing) . 44.2
— -nut 12.9
— ring 36.8
— screw 13.6
Admission valve . 122.2
Adoucir 199.2
Adoucissement . 199.3
Adze 191.8
—, to 191.9
Afianzar con tornillos 18.7
Afilare 197.5
— il tira-linee . . 230.1
Afilar 197.5
— el tiralineas . . 230.1
Afinar la válvula . 113.6
Aflojar 19.4
Aflojarse 19.5
Afluencia del aceite 52.3
Afolar 31.1
Agglutinate, to . . 196.7
Agrafe de courroie 81.4
— griffe pour courroie 81.6
— de scie 185.6
— pour tubes . . 109.8
Agraffa per cinghia 81.4
Agua, conducción para 109.10
—, grifo de . . . 129.5
— para soldar . . 202.8
Aguja de forja . . 166.6
— de marcar . . 207.6
— para marcar . 229.1
— punta 227.7
Agujerear 179.2
— con el formón . 194.5
Agujero para chaveta 23.1
— del clavo . . 196.2
— de engrase . . 52.5
— para la lubrificación (soporte) 44.4
— del remache . 26.7
— del tornillo . . 11.7
Ahle, Reib- . . . 177.4
Aiguille, graisseur à 54.5
—, lime à . . . 175.5
— à pointer . . . 229.1
Aiguiser 197.5
—, machine à . . 197.6
— le tire-ligne . . 230.1
Ailette (soupape) . 117.4
—s, tuyau à . . 104.5
Air-level 208.8
Ajustador . . . 254.6
Ajustage 255.1
Ajustar el cojinete 48.6
— una máquina 254.7
— un tornillo . . 14.1
Ajuster un boulon 14.1
— une machine . 254.7
Ajusteur, banc d'—s 172.1
Alargar 178.3
Alavear 187.1
Albero 35.5
— da catena . . 91.5
— cavo 35.9
— di comando . 36.4
— di disinnesto . 36.6
— di distribuzione 37.4
— flessibile . . . 36.3
— a gomito . . . 36.9
— a doppio gomito 37.2
— d' innesto . . 59.4
— intermedio . . 36.5
— massiccio . . . 35.8
— motore . . . 36.4
—, muovere un' — con cinghia . . 76.4
— orizzontale . . 36.1
—, perno d'estremità dell' . . . 35.6
— pieno 35.8
— quadro . . . 35.10
— di regolazione . 37.4
— di rinvio . . . 37.5
—, tagliare un . . 37.3
— di trasmissione 35.11
— trasmissione ad 35.4
— verticale . . . 36.2
Alcachota . . . 108.6
Alcance 237.7
Alcayata para tubería 109.8
Aleación delta 217.11
— para campanas 217.9
Alenza 51.9
— con válvula . . 51.10
Alésage 69.6
—, diamètre de l' — du palier . . . 40.3
— du palier . . 40.3
Alesare 178.3
— un cilindro . . 131.5
Alesatore 177.4
— affilato . . . 177.5
— ad angolo . . 177.6
— conico 177.9
— meccanico . . 178.2
— per perni . . . 178.1
— con scanellature diritte . . 177.8
— con scanellature a spirale . . . 177.7
Alesatrice per cilindri 131.6
Aléser 178.3
— un cylindre . . 131.5
— en grattant . . 177.2
Aléser, machine à — les cylindres 131.6
Alésoir 177.4
— (foret) 179.4
— aiguisé . . . 177.5
— cannelé . . . 177.8
— à cannelures en spirale 177.7
— conique . . . 177.9
— de machines . 178.2
— à pivots . . . 178.1
— rectangulaire . 177.6
Aleta-guía (válvula) 117.4
Aletta (valvola) . 117.4
Alfiler 196.4
Alicata 155.9
Alimentation, robinet d' . . . 129.9
Alisar 172.8
Allargatoio . . . 177.4
Allentare una vite 19.4
Allentarsi . . . 19.5
Alliciare 187.1
Alligator wrench . 110.6
Allongement . . 248.7
—, coëfficient d' . 249.1
— élastique . . . 249.4
— relatif 248.9
—, reste d' . . . 249.5
— de rupture . . 249.3
Allunga 227.8
Allungamento . . 248.7
— elastico . . . 249.4
— di rottura . . 249.3
Alma (cuerda) . . 85.3
Almohadilla (freno) 96.4
Alteración de longitud 248.7
— della base del dente 65.4
Altezza del bordo (perno) 37.8
— della caduta . 236.3
— della chiavella . 22.8
— del dente . . 65.5
— del filetto . . 8.2
— della testa del dente 65.2
— del tiro . . . 237.8
Altura alcanzada . 236.5
— de la cabeza del diente 65.2
— de caída . . . 236.3
— de la chaveta . 22.8
— de flecha (cable) 76.2
— de impulsión . 237.8
— del pie del diente 65.4
Alzado 224.4
— de frente . . . 224.2
— lateral 224.3
— longitudinal . 224.5
Alzata della valvola 114.1
—, cono limite dell' 114.3

Alzata, diagramma dell' 115.8
—, limite d' . . 114.2
Amarre (polea) . 93.5
Amboß 158.3
— bahn 158.4
—, Bank- 158.8
—, Boden- . . . 159.9
—, Feilen- . . . 171.1
— futter 158.5
—, Hand- . . . 158.7
—, Hau- für Feilen 171.1
—, Horn- 158.9
— horn 159.1
—, Kessel- . . . 159.9
—, Schmiede- . . 158.6
— stock 158.5
— stöckel . . . 159.5
— untersatz . . . 158.5
Ame 85.8
Amiante, garniture d' 135.5
—, tresse d' . . 135.6
Amianto, corda d'—135.6
—, cuerda de . . 135.6
Amoladera . . 196.10
Amolar 197.5
Ampiezza del tiro 237.6
Amplitud de impulsión 237.7
Amplitude . . . 238.9
— angle d' . . . 239.1
— de l'oscillation du pendule . . 238.9
Amplitudine del tiro 237.7
— del pendolo . . 238.9
— angolo d' . . 239.1
Ancho de la chaveta 22.9
— de la correa . 76.8
— del diente . . 65.8
— del filete . . . 8.2
— de la polea . . 81.10
Anchor chain . . 91.9
— plate 15.8
Ancre, boulon à . 15.7
—, chaîne d'- . . 91.9
Ancrer 18.6
Anello d'arresto . 36.8
— di base (sopporto) 41.2
— fisso 36.7
— di fondo . . . 133.5
— di guarnizione . 99.7
— di guarnizione (saracinesca) . . 125.5
— di guida (sopporto) 45.5
— lubrificatore (lubrificazione ad anello) 55.2
— saldato (flangia) 100.6
— di smeriglio . . 198.3
Anello a tensione automatica . . 139.3
Anfangsgeschwindigkeit 235.8
Angel, (Sperrhorn) 159.3
—, Säge- 185.6
Angle of advance (double helical tooth) 70.5
— d'amplitude . . 239.1
— bar 215.6
— brace 182.7
— bracket . . . 47.6
— cock 128.8
— du coin . . . 21.9
— of contact (belt) 76.3
— of countersinking (rivet) . . . 26.6
— d'une dent . . 186.1
— des dents . . 185.8
— of displacement 239.1
— drift 177.6
— drive (belt) . . 77.8
— flange 100.3
— du fraisage de rivet 26.6
— of friction . . 245.9
— de frottement . 245.9
— de la gorge (transmission à friction) 75.2
— of the groove (friction gearing) 75.2
—, hexagonal . . 208.4
— d'inclinaison . 7.2
— of inclination . 7.2
— iron 215.6
— lubricator . . 55.9
— of oscillation . 239.1
— pedestal bearing 44.8
— pipe 105.7
— of projection . 237.6
— reducer . . . 107.6
— of repose . . 245.9
— de rotation . . 241.2
— of rotation . . 241.2
— seam 29.4
— of throat . . . 186.1
— through which the rotating body has turned . . 241.2
— at top 185.9
—, transmission à (par courroie) . 77.8
— du tir 237.6
— de torsion . . 253.5
— of torsion . . 253.5
—, torsion- . . . 253.5
— valve 117.9
— of wedge . . . 21.9
Angolo abbracciato (fune) 76.3
— d'affilamento (sega) 186.1
Angolo d'appoggio (sega) 185.8
— d'attrito . . . 245.9
— esagonale . . 208.4
— della gola . . 75.2
— d'inclinazione (elica) 7.2
— d'inclinazione (cuneo) 21.9
— d'inclinazione (piano) 239.7
— di rotazione . 241.2
— di svasatura 26.6
— di taglio (sega) 185.9
— del tiro . . . 237.6
— di torsione . . 253.5
Angriffspunkt der Kraft 241.7
Angular acceleration 241.4
— reamer . . . 177.6
— thread 9.5
— velocity . . . 241.3
Angulo de canal . 75.2
— de contacto (cable) 76.3
— de corte (sierra) 185.9
— de la cuña . . 21.9
— del filo (sierra) 186.1
— de impulsión . 237.6
— de inclinación (hélice) 7.2
— de inclinación (plano) 239.7
— radical del diente (sierra) . . . 185.8
— de rebajamiento 26.6
— de rozamiento . 245.9
— de torsión . . 253.5
Anillo de apoyo (cojinete) . . . 41.2
— de la base . . 133.5
— de empaquetado 99.7
— de engrase . . 55.2
— fijo 36.7
— de guia (soporte) 45.5
— de lubrificación 133.6
— metálico para engrasar . . . 52.7
— móvil aprisionado 36.8
— de la polea . . 81.8
— protector . . . 52.8
— soldado . . . 100.6
— de tensión automática 139.3
Anima (corda) . . 85.3
— della vite . . 8.5
Animal fat . . . 51.2
Animale, huile . 51.2
Anker, Fundament- 15.7
— kette 91.9
— platte 15.8
— schraube (Lager) 44.8

Ankörnen 168.6
Ankörner 168.4
Ankuppeln . . . 62,5
Anlassen 199.3
— (verb.) 199.2
Anlaßfarbe . . . 199.4
Anlauffarbe . . . 199.4
Anlegen (Zeichnung) . . . 231.10
Anlegemaßstab . 221.2
Anlöten 200.8
Annealing colour . 199.4
Anneau 92.5
— de la chaîne . 88.9
— en cuir embouti (presse-étoupe) . 134.1
— d'émeri . . . 198.3
— de fond . . . 41.2
— de fond (palier) 45.5
— de garniture . 139.1
— de graissage . 52.8
— de joint . . . 99.7
— d'obturation . 125.7
— tendeur . . . 139.7
Annular gear and pinion 70.1
Anpaß 37.7
Anpressungsdruck (Reibungsgetriebe) 73.5
Anreißen 207.5
Anreißnadel . . . 207.6
Ansatzfeile . . . 172.2
Anschlagwinkel . 208.2
Anschleifen, die Ziehfeder . . . 230.1
Anschrauben . . 18.7
Anschweißen . 164.11
Ansicht, einen Maschinenteil in — darstellen . . . 224.1
—, Seiten- . . . 224.3
—, Stirn- 224.2
Anspitzen, den Bleistift 230.3
Anstrengung, zulässige 247.7
Anstrich, Rohr- . 98.3
Antifriction-metal 217.10
Antreiben, einen Keil 25.9
—, eine Welle durch Riemen 76.4
Antrieb mittels Ausrückkupplung . 58.7
—, Exzenter- . . 144.5
— rad 68.7
— riemen . . . 77.4
— scheibe . . . 75.6
— seil 87.6
— welle 36.4
Anvil 158.3
— with an arm . 158.9
—s bed 158.5
—, bench 158.8
Anvil, black smith's 158.6
—, bottom . . . 159.9
— chisel 165.8
—, face of the . . 158.4
—, file cutting . . 171.1
—, hand 158.7
—, horn of the — beak 159.1
— plate 158.4
—, rising 159.4
—, single arm . . 159.2
—, small 158.7
— stake 159.6
— stand 158.5
—'s stock 158.5
—, stock 159.5
—, two-beaked . . 159.4
Anziehen, ein. Keil 25.9
—, eine Schraube . 19.6
—, die Stopfbüchse 134.4
Anzug des Keils . 22.1
— stift 24.11
Aparato para afilar 197.6
— para laminar tubos 103.2
— de seguridad del tornillo 13.3
Aparejo 93.7
— de cadena . . 94.7
— de cuerda . . 94.6
— diferencial . . 94.4
— fijo 94.2
— móvil 94.3
Apertura della chiave 16.7
— della chiavella . 23.1
— della valvola . 115.6
Aplanir 192.2
Apoyo del fiel . . 46.3
Apparato laminatore per tubi . . 103.2
Apparecchio per affilare 197.6
— d'attacco delle corde 86.1
— lubrificatore . . 53.3
— per punteggiare 229.9
— purificatore dell' olio 53.1
— da temperare matite 230.4
— tenditore della cinghia 80.8
Appareil à débrayage 58.8
— de débrayage . 84.3
— de graissage . 53.3
— de graissage central 50.3
— de graissage à la main 49.5
Appoggio a coltello 46.1
— a croce (innesto) 62.8
— a rulli 45.8
Apretar de nuevo . 19.7
— un tornillo . . 19.6
Aprire il rubinetto 128.1
— la valvola . . 115.2
Aquarelles, couleur d' 232.3
Äquatoriales Trägheitsmoment . . 243.8
Arandela [tornillo] 11.9
Arbeit 245.1
—, Formänderungs- 248.6
—, Gesamt- . . . 246.6
—smaschine . . . 256.6
—, Nutz- 246.7
—sräder 68.5
—, Reibungs- . . 246.5
—stisch 256.2
—svermögen . . 245.4
Arbol 33.2
— de berbiquí . . 36.9
— de doble berbiquí 37.2
— cigüeñal . . . 36,9
— de dos cigüeñales 37.2
—, cortar un . . 37.3
— cuadrado . . . 35.10
— de desembrague 36.6
— de distribución 37.4
— flexible . . . 36.3
—, gorrón del . . 35.6
— horizontal . . 36.1
— hueco 35.9
— de impulsión . 36.4
— intermedio . . 36.5
— longitudinal . 35.11
— macizo . . . 35.8
— porta-brocas . . 178.6
— de transmisión 35.5
— vertical . . . 36.2
Arbre 35.5
—s, accouplement des 56.2
— carré 35.10
— à chaîne . . . 91.5
—, commander un — par courroie . 76.4
— de couche . . 36.4
— coudé 36.9
— à coude double 37.2
—, couper un . . 37.3
—, la courroie pose sur l' 80.1
— creux 35.9
— de débrayage . 36.6
— d'excentrique . 37.4
— flexible . . . 36.3
— horizontal . . 36.1
— intermédiaire . 36,5
— de manivelle . 141.4
— massif 35.8
—, palier de l' — de couche . . . 141.5
— porte-foret . . 178.6
— du régulateur . 150.3

Arbre de renversement 37.5
— de renvoi . . 36.5
— du tambour . . 95.1
— de transmission 35.11
— vertical . . . 36.2
Arc of action . . 64.3
— embrassé (courroie) 76.3
— of contact (belt) 76.3
— d'engrènement 64.1
— -shears 157.3
Archet 182.4
Archet de la scie 189.4
Archetto 182.4
Archimedian drill 182.2
Arco abrasado . . 76.3
— de engrane . . 64.3
— d'ingranamento 64.3
— della sega . . 189.4
— de violín . . 182.4
Area of bearing . 40.5
Argano, ruota d' . 90.6
Argent 217.3
Armadura de la polea 93.5
Argento 217.3
Armazón del grifo 127.10
— de sierra . . . 189.4
Armfeile 172.3
— -file 172.3
— of the fly-wheel 149.6
—, Rad- 69.7
— of lever of the force P with reference to the centre of motion O . 243.2
— -saw 188.1
— of a wheel . . 69.7
Arnesi da fucina . 166.5
Arrache-clou . . 156.3
Arrachement, coëfficient d'. . 252.9
Arrestare una macchina 255.8
Arresto 95.4
— a denti . . . 95.5
— di frizione . . 95.8
—, ruota d' . . 95.6
— di sicurezza della chiavella . . . 25.5
— di sicurezza della vite 13.3
Arrêt automatique 10.10 (vis)
—, robinet d' . . 129.4
— de sûreté des clavettes . . . 25.5
— de sûreté de vis 13.3
Arrêter une machine 255.8
Arriostrar . . . 18.6
Arrollar una cuerda 88.3
Arrow head . . . 225.5
Artesón de muelas 197.1
Articulación . . . 61.9
— en cruz (acoplamiento) . . 62.3
— esférica . . . 62.5
—, pasador de la . 62.1
— de rodilla . . 62.4
Articulation (accouplement) . . 61.9
—s, chaîne d' . . 90.9
—, tourillon d' . 62.1
Articolazione . . 61.9
—, perno d'. . . 62.1
— sferica 62.4
Asbestos-cord. . . 135.6
— -jointing . . . 135.5
Asbestpackung . . 135.5
— schnur . . . 135.6
Ascendenza . . . 236.5
Ascent 236.5
—, height of . . 237.3
Ascia 191.6
Asegurar con tornillos 19.1
Aserraduras de sierra 187.4
Aserrar 187.3
— en caliente . . 187.6
— en frío 187.5
Aserradora mecánica 190.2
Asperón . . . 196.10
Aspiration, conduite d' . . . 108.7
—, tuyau d'. . . 108.5
Assa 93.1
Asse 33.2
— accoppiato . . 34.1
—, attrito dell' . 33.8
—, cambiamento di un 34.11
—, cambiare un . 34.10
—, carico dell' . 33.7
— del cilindro . 130.2
— della coppia . 243.5
—, corpo dell'. . 33.6
— fisso 33.10
— senza giunto . 34.2
— a giunto . . . 34.1
— di giuda . . . 34.4
— libero 34.2
— mobile 33.11
—, mutamento di un 34.11
—, mutare un . 34.10
—, perno dell' . . 33.3
—, prova dell' . . 34.8
— di rotazione . 34.5
— di rotazione (rotazione) 241.1
—, rotazione dell' 34.7
—, rottura dell' . 34.9
— della ruota . . 34.6
—, tagliare un . 37.3
—, testa dell' . . 33.5
Assi, torneria d' . 35.2
—, tornire gli . . 35.3
—, tornio per . . 35.1
Assemblage à manchon 101.2
— à tôle emboutie (rivure) 29,4
— de tuyaux . . 98.5
— à vis de tuyaux 98.6
Assembler par boulons 19.2
Assembling of a machine . . . 255.1
Astuccio di compassi 226.7
— per matite . . 229.3
Atelier 256.1
— d'ajustage . . 255.3
— pour bleus . . 234.6
—, chef d' . . . 254.4
— de construction de machines . . 254.1
— de constructions mécaniques . . 254.1
— à essieux . . . 35.2
— de montage . . 255.3
— des tours . . . 35.2
Atesador de correa 80.8
Atmospheric valve 121.8
Atornillar . . . 18.5
Atre de forge . . 166.2
Attache de câbles 86.1
— de courroie . . 80.7
—, lanière pour . 81.3
Attacher par une cheville . . . 196.1
Attrezzi da fucina 166.5
Attrito 245.6
— dell'asse . . . 33.8
— della catena . 89.3
— della corda . . 86.2
— fra i denti . . 66.5
— all'inizio . . . 246.2
— di primo distacco 246.2
— del perno . . 38.1
— del perno . . 33.9
— radente . . . 246.3
— di scorrimento 246.3
— allo spunto . . 246.2
— volvente . . . 246.4
Aufdrehen, d. Hahn 128.1
Aufgehauene Feile 171.3
Aufgelöteter Flansch . . . 100.8
Aufgenieteter Flansch . . . 100.7
Aufgeschraubter Flansch . . . 100.9
Aufgesetzter Kranz 69.8
Aufhauen, d. Feilen 171.2
Auflagerdruck (Lager) 40.6
—, spezifischer . 40.7

Auflagerfläche (Lager) 40.5
Auflager, Keil . . 23.2
Auflaufendes Riemenende . . . 76.6
Auflegen, einen Riemen auf die Scheibe 79.7
Aufkämmen (Kammrad) . . 72.7
Aufkeilen 25.6
Aufreiben . . . 178.3
Aufriß 224.4
—, Längen- . . . 224.5
Aufruhen, der Riemen ruht auf der Welle auf . . . 80.1
Aufsatzschlüssel . 17.4
Aufschaben . . . 177.2
Aufstellen, eine Maschine . . . 254.7
Aufstellung einer Maschine . . . 255.1
Aufwickeln, d. Seil 88.3
Aufzugsseil . . . 87.8
Augenlager . . . 41.8
Auger 180.8
—, ground . . . 181.6
—, long 181.5
—, long eye . . . 181.4
—, twisted . . . 181.1
Auget de meule à aiguiser . . . 197.1
Aumento de grueso del cubo de la rueda 69.5
— de la llanta . . 69.3
Ausblasehahn . . 129.7
— ventil 122.4
Ausbohren . . . 179.3
—, einen Zylinder . 131.5
Ausbüchsen, das Lager 42.2
Ausdehnungskupplung . . . 58.4
Ausdrehen, einen Zylinder . . . 131.3
Auseinanderziehen, eine Feder . 148.9
Ausfräsen 184.9
Ausfüttern, ein Lager 43.1
Ausgießen, ein Lager m. Weißmetall 43.2
—, das Rohr m. Blei 101.8
Ausgleichungsrohr 104.1
Auskreuzen . . . 167.7
—, den Nietkopf . 31.4
Auslaßhahn . . . 129.8
— klappe . . . 124.5
— ventil 122.3
Auslaufen, das Lager läuft sich aus 48.4
Auslaufhahn . . 129.2
Auslösen, d. Kupplung 59.6
Auslösung, selbsttätige (Kupplung) 60.1
Auslösungskupplung 58.6
Ausrichten . . . 208.6
Ausrücken (Riemen) 84.2
—, die Kupplung . 59.6
Ausrücker . . . 59.2
—, Riemen- . . . 84.3
Ausrückgabel . . 59.3
— kupplung . . 58.6
—, Antrieb mittels 58.7
— muffe 59.1
— vorrichtung . . 58.8
— welle 36.6
Ausrückung . . . 59.7
—, Klauen- . . . 60.4
—, selbsttätige (Kupplung) . . 60.1
Ausschlageisen . 169.4
— winkel (Pendel) 239.1
Ausschmieden . 163.9
Außenfräser . . 184.7
— lager 48.1
— strehler . . . 20.7
— taster 206.8
Äußerer Gewindedurchmesser . . 8.4
Aussetzen (schränken) 187.1
Austuschen . . 231.10
Auswechseln, eine Achse 34.10
Auswechslung einer Achse . . 34.11
Auswendiger Schraubstahl . . 20.7
Ausziehen (Zeichnung) . . . 231.2
Ausziehtusche . . 231.3
Automatic disconnecting (coupling) 60.1
— locking (screw) 10.10
— lubricator . . 49.7
— oiling 49.6
Auxiliary valve . 116.1
Avance du piston . 137.9
Average velocity 235.10
Avvitamento dei tubi 98.6
Avvitare . . 18.5; 18.8
Avvitatura del coperchio del cilindro 130.7
Avvolgere una corda 88.3
Axe 33.2
Axe 225.3
Axe (tool) . . . 190.8
—, changement d'un 34.11
Axe, changer d' . 34.10
— du couple . . 243.5
— du cylindre . . 130.2
—, d' — en . . . 225.7
—, épreuve de l' . 34.8
— eye 191.1
—, hand- 191.3
— handle 191.2
— -hole 191.1
—, moment d'inertie par rapport à un 243.8
—, mortise . . . 191.5
— de la poulie . 93,6
— de rotation . . 34.5
— de rotation . . 241.1
—, rotation de l' . 34.7
—, rupture de l' . 34.9
— du tambour . . 95.1
Axiale par compression . . . 252.3
Axis of the couple 243.5
—, cylinder . . . 130.2
— of rotation . . 34.5
— of rotation . . 241.1
Axle 33.2
— (of the wheel) . 34.6
— -bearing . . . 33.4
—, chain 91.5
—, coupled . . . 34.1
—, to cut off an . 37.3
—, drum 95.1
—, to exchange an 34.10
—, forward . . . 34.4
— -fracture . . . 34.9
— friction . . . 33.8
— -journal . . . 33.3
— -lathe 35.1
—, leading . . . 34.4
—, load on . . . 33.7
—, movable . . . 34.3
— -neck 33.3
—, pulley . . . 93.6
—, to renew an . 34.10
—, renewing of an 34.11
—, revolving . . 33.11
—, revolution of an 34.7
—, rigid 33.10
—, rotation of an 34.7
—, sliding . . . 34.3
—, test of an . . 34.8
—, to turn —s . . 35.3
—, turning . . . 33.11
—, -turning - shop 35.2
—, uncoupled . . 34.2
Axt 190.8
—, Bank- 191.4
—, Hand- 191.3
—, Stich- 191.5
— stiel 191.2
—, Stoß- 191.5
Azuela 191.8
—, desbastar á la 191.9

B.

Babbit 42.6
—, to 43.1
— -metal . . . 217.10
—, to — a bearing 43.2
Back end (cylinder) 130.8
— flange, flanged pipe with loose . 103.8
— -iron 192.8
—-lash (of the screw) 10.9
— pressure valve . 121.3
— of the saw . . 188.9
— square 208.2
— stay 15.8
— of the wedge . 21.8
Backed off cutter . 183.5
Backe, Scher- . 156.10
Backenbremse . . 96.2
— einsatz 154.1
— futter 153.6
—, Schraubstock- . 153.5
Backward stroke of the piston . . 137.10
Bagno d'olio . . 55.8
Bague (presse-étoupe) 132.6
— d'arrêt 36.8
— d'égouttage . . 52.7
— de fond (presse-étoupe) 133.4
— de fond conique 133.5
— de graissage . 55.2
— de graissage (presse-étoupe) . 133.6
— soudée . . . 100.6
Bahn, Hammer- . 160.4
— druck (Gleitbahn) 145.9
— reibung (Gleitbahn) . . . 145.10
— widerstand . . 238.4
Bain d'huile . . . 55.8
Balance, to — the valve 115.9
Balancing of the valve 115.10
Balaustrino . . . 228.4
Ball (bearing) . . 45.4
— -bearing . . . 45.8
— collar thrust-bearing 41.8
— hammer . . . 162.6
— -hammer . . . 162.7
— journal . . . 39.4
— -pane hammer . 162.2
— -race (bearing) . 45.5
— and socket bearing 45.6
— and socket joint 62.4
— of valve . . . 116.8
— valve 116.7
Ballig gedrehte Riemscheibe . . 82.2
Ballig gewölbte Riemscheibe . . 82.2
Ballistische Kurve 237.11
Ballistical curve 237.11
Banc d'ajusteur . 172.1
— à limer . . . 172.1
Banco 256.2
— de carpintero . 193.9
— da falegname . 193.9
— da lavoro . . . 256.2
— da limare . . 172.1
— para limar . . 172.1
Band (of the brake) 97.1
— brake 96.9
— bremse . . . 96.9
— -coupling . . . 61.6
— eisen 215.4
— -iron 215.4
— kupplung . . . 61.6
— maß 221.4
— der Säge . . . 185.5
— säge 190.8
— -saw 190.8
Bande de frein . 97.1
Bankaxt 191.4
— durchschlag . . 169.8
— eisen 194.2
— hammer . . . 161.5
— haken 194.2
— hobel 193.2
— meißel 168.1
— schraubstock . 153.2
— zwinge 154.5
Baño de aceite . 55.8
Bar, angle . . . 215.6
—, boring- . . . 178.6
—, flat 215.8
—, hexagon . . . 215.2
—, iron 214.8
—, round 214.9
—, square . . . 215.1
—, T- 215.7
—, Z- 215.10
— iron 214.8
—, flat 215.8
—, round . . . 214.9
Barette (lime) . . 174.6
— -file 174.6
Barettfeile . . . 174.6
Baricentro . . . 244.2
Barletto 194.2
Barlotta 193.1
Barra de hierro . 214.8
Barre à souder . 201.6
— d'excentrique . 144.2
Barrena 180.4
— de berbiquí . . 181.1
—, centro de la . 180.5
— de cola de marrano 181.4
— cónica 180.7
— de mano . . . 179.6
Barrena de muletilla 181.2
— de pala . . . 181.3
— para piedra . . 181.7
Barrenar 179.2
Barreno 179.1
Barrilete 194.6
Báscula para roblonar 32.6
Base circle (tooth) 67.2
— del coltello (appoggio) . . . 46.8
— de la dent . . . 65.8
— del dente . . . 65.8
— -plate 16.2
— de soporte de cuña 46.3
Bastard cut (file) . 170.2
— feile 172.4
— file 172.4
— hieb (Feile) . . 170.2
Bastidor de sierra 190.5
Bâtard, lime . . 172.4
Battere a freddo . 160.8
Battre la corde . 85.4
— à froid . . . 160.8
Bauart 222.4
Bauchsäge . . . 188.6
Bauen, eine Maschine 253.8
Baulänge (d. Kette) 88.10
— des Lagers . . 40.4
— (Ventil) . . . 113.9
Baumsäge . . . 188.4
— wollseil . . . 86.10
Beak, horn of the anvil 159.1
— -iron 158.9
—, little 158.8
Beam-compasses . 228.6
Beanspruchen, ein Körper ist auf Biegung beansprucht 247.6
—, ein Körper ist auf Druck beansprucht . . . 247.6
—, ein Körper ist auf Zug beansprucht 247.6
Beanspruchung . 247.5
—, Biegungs- . . 251.5
—, Drehungs- . . 253.3
—, Druck- . . . 250.9
—, Knick- . . . 252.4
—, Schub- . . . 252.7
—, Zug- 250.4
—, zulässige . . 247.7
Bearing 40.1
—, to adjust the . 48.6
—, angle-pedestal- 44.8
—, area of . . . 40.5
—, axle- 33.4
—, to babbit a . 43.2

Bearing, ball . . 45.3
—, ball and socket 45.6
—, ball collar thrust- 41.8
—, blade- . . . 46.1
—, to bush a . . 42.2
—, collar-step- . 41.1
—, collar-thrust- . 41.4
—, crank 47.7
—, crank shaft . 141.5
—, diameter of the 40.3
— disc 40.9
—, drop-hanger- . 46.6
—, end-journal- . 41.6
— force 238.5
—, fulcrum- . . 46.1
—, getting hot of a 48.3
—, to grease the . 48.7
—, heating of a . 48.3
—, inside . . . 47.8
—, journal- . . . 33.4
—, knife-edge . . 46.1
—, length of the . 40.2
—, to line a . . 43.1
—, lining of the . 42.6
—, longitudinal wall hanger- . 47.5
—, to lubricate the 48.7
—, the machine has a hot . . . 48.2
—, main 47.7
—, neck-journal- . 41.7
—, oblique pillow-block- 44,8
—, oblique plummer-block- . . 44.8
—, oil catcher under 52.9
—, oil-cup under 52.9
—, oil-saving . . 45.2
—, to oil the . . 48.7
—, outside . . . 48.1
—, pedestal . . 44.7
—, pillow-block- . 44.7
—, plummer-block- 44.7
—, post- 47.4
—, post-hanger- . 47.4
—, pressure on . 40.6
— resistance . . 238.5
—, ringlubricating 45.2
—, roller- . . . 45.8
—, the — seizes . 48.5
—, self lubricating 45.2
—, Sellers- . . . 45.1
—, solid journal- 41.8
—, step- 40.8
— surface of cotter 23.2
— surface of key 23.2
—, swivel 45.1
—, wall-bracket- . 46.4
—, the — wears out 48.4
Bec d'âne 23.5
— du crochet . . 92.2
Becco per saldare 201.10
— da saldatore 201.10
Bed 169.1
—, anvil's . . . 158.5
— -die 169.1
Bédane 167.6
— 194.7
—, buriner avec le 167.7
Befeilen 171.6
Befestigungs-schraube . . . 13.4
Behälter, Öl- . . 51.8
Behobeln 192.3
Beil 191.6
—, Hand- 191.7
Beißzange . . . 156.1
Beitel 194.4
—, Loch- 194.7
—, Stech- 194.6
Bekleidung, Rohr- 98.4
Belasten, das Ventil 120.3
Belastungsfeder d. Ventils 120.2
—sgewicht (Ventil) 119.8
—, pulsierende . 248.2
—, ruhende . . . 248.1
—sspannung, Betrieb mit . . . 78.1
—, die — des Ventils richtig bemessen 120.4
—sweise 247.8
—, wechselnde . . 248.3
Bélier, coup de . 110.3
Bell-chaped valve 119.1
— -metal 217.9
Bellows 167.2
— -blow-pipe . 201.10
—, forge- 167.1
—, pair of . . . 167.2
Belly-brace . . . 182.5
Belt 76.5
—, breadth of . . 76.8
—, cemented — joint 80.9
— composed of several layers of material . . . 80.3
— the — creeps . 79.2
—, crossed . . . 77.6
—, double . . . 80.2
—, drive 77.4
—, driven side of 76.1
—, driving . . . 80.5
— driving . . . 75.5
—, driving side of 75.10
— fastener . . . 81.6
— fastening . . . 81.4
—, the — flaps . 78.8
— fork 84.4
—, glued — joint 80.9
—, to glue the . 80.10
— guider 84.4
—, half-cross . . 77.7
—, horizontal . . 78.4
—, intermediate — gearing 77.3
— joint 80.7
Belt-lace 81.3
—, to lace the . . 81.2
—, laced 81.1
— leather 80.4
—, link 80.6
—, loose side of . 76.1
—, the — is lying on the shaft . . . 80.1
—, multiple . . . 80.3
—, oblique —, driver below, driven pulley above . .
—, oblique —, driver right, driven left 78.7
—, open 77.5
— pulley 81.7
— cast-iron — pulley 82.7
— -pulley, solid . 83.2
— -pulley, split . 83.3
— -pulley, wood . 83.1
— -pulley, wrought-iron 82.8
—, to put a — on a pulley . . . 79.7
—, quarter turn . 77.7
—, the — runs off the pulley . . . 79.5
— -saw 190.3
— -shifter . . . 84.3
—, to shift the — from loose to fast pulley 84.1
—, to shorten the 79.4
—, slack side of . 76.1
—, the — slips . . 79.1
— stretcher . . . 80.8
—, to take up the 79.4
— tension . . . 75.8
—, thickness of . 76.9
—, to throw off a 79.8
—, to throw a — off the pulley . 79.8
—, tight side of . 75.10
—, to tighten the 79.3
— -tightener, drive with weighted . 78.1
—, vertical . . . 78.5
Belting, to drive a shaft by . . . 76.4
— system, continuous rope . . . 84.8
Bench 256.2
— -anvil 158.8
— -axe 191.4
—, carpenter's . . 193.9
— -clamp 154.5
— -hammer . . . 161.5
—, joiner's . . . 193.9
— -plane 193.2
—, press of a joiner's 194.1
— -screw 153.2
— -shears . . . 157.3

Bench-vice . . . 153.2
— -vice, parallel . 154.2
—, vice- 256.2
—, work 256.2
Bending 251.3
— moment . . . 251.6
Bent spanner . . 17.2
— wrench . . . 17.2
Berbiquí de arco . 182.3
— helizoidal . . 182.2
— de manivela . 182.7
— de mano . . . 182.5
— de manubrio . 182.4
— de pecho . . . 182.5
— de violin . . . 182.3
Beschleunigung . 235.6
—, Centripetal- . 236.9
—, Erd- 244.4
—, Kolben- . . . 137.5
—, Komponente der 240.2
—skomponente . 240.2
—, eine — in ihre Komponenten zerlegen . . . 240.1
—, Normal- . . . 236.9
—sparallelogramm 239.8
—, Parallelogramm der —en . . . 239.8
—, resultierende . 240.4
— mehrere —en zu ihrer Resultierenden zusammensetzen 240.3
—, Tangential- . . 236.8
—, Total- 237.1
—, Ventil- . . . 114.6
—, Winkel- . . . 241.4
Beschreiben, die Zeichnung . . 231.5
Bessemer, acier . 213.9
— eisen 213.2
—, fer 213.2
— iron 213.2
— pig 213.2
— roheisen . . . 213.2
— stahl 213.9
— steel 213.9
Beständige Schmierung 49.2
Betrieb mit Belastungsspannung 78.1
—, eine Maschine in — setzen . . 255.6
—, im — sein . . 255.7
Bevel protractor . 208.5
Bevil gear, friction 74.1
— system 70.8
—, right angle — system 71.3
— wheel 71.2
Bewegliche Achse 33.11
— Kupplung . . 58.3
Bewegung . . . 234.7
—, gleichförmige . 235.1
Bewegung, gleichförmig beschleunigte 235.11
—, gleichförmig verzögerte . . . 236.1
—, gradlinige . . 234.9
—, krummlinige . 236.7
—slehre 234.8
—sschraube . . . 13.6
—, unfreie . . . 238.3
—, ungleichförmige 235.5
Bibb cock . . . 128.5
Bicciacuto . . . 191.5
Bicornia 158.9
— da banco . . . 159.4
Bicornietto . . . 159.2
—, codolo del . . 159.3
Bidone 51.9
Biegsame Welle . 36.3
Biegung 251.3
—sbeanspruchung 251.5
—, Durch- . . . 252.1
—sfeder 147.3
—sfestigkeit . . . 251.4
—, ein Körper ist auf — beansprucht . 247.6
—smoment . . . 251.6
—sspannung . . . 251.7
Biela 144.7
—, cabeza de la . 144.9
—, cabeza abierta tipo marina . . 145.2
—, cabeza de brida 145.3
—, cabeza cerrada . 145.1
— de acoplamiento 145.4
—, cuerpo de la . 144.8
Biella 144.7
— d'accoppiamento 145.4
—, asta della . . 144.8
—, corpo della . . 144.8
—, stelo della . . 144.8
—, testa di . . . 144.9
—, testa di - chiusa 145.1
—, testa di marina 145.2
—, testa di biella a staffa 145.3
Bielle 144.7
— d'accouplement 145.4
—, corps de . . 144.8
—, tête de . . . 144.9
—, tête de — avec chape 145.3
—, tête de — fermée 145.1
—, tête de — type marine 145.2
Bietta longitudinale 22.7
— trasversale . . 22.6
Bigorne 159.2
— d'enclume . . 159.6
Bigorneta . . . 159.2
Bigornia de banco 158.9
—, bicornio de la 159.1
Bille (palier) . . 45.4
Billot 190.7
Bind, to —, the stuffing-box binds 134.5
Binder 43.5
— bolt 43.6
Binderiemen . . 81.3
Binding rivet . . 27.3
Bisaigue 191.5
Bit (axe) 190.9
— -brace 182.5
—, center . . . 180.4
—, common . . 180.3
—, finishing . . 179.4
—, half twist . 181.1
—, twisted eye . 181.2
—s of the vice . 153.5
Black iron-plate . 216.2
— sheet-iron . . 216.2
— smith's anvil . 158.6
Blade (bearing) . 46.2
— -bearing . . . 46.1
— holder . . . 185.6
—, shear- . . . 156.10
— of T-square . . 219.7
Blanc soudant . . 165.3
Blank-flange . . 105.3
Blasenstahl . . . 214.2
Blattfeder . . . 147.4
— federwerk . . 147.6
—, Scher- . . . 156.10
Blaupause . . . 234.3
— stift 233.6
Blech, Eisen- . . 215.11
—, Fein- 216.3
—, Grob- 216.4
—, Kessel- . . . 216.4
— lehre 206.3
—, Riffel- . . . 216.5
— schere 157.9
—, Schwarz- . . 216.2
— tafel 216.1
—, Weiß- . . . 216.7
—, Well- 216.6
Blei 217.1
—, das Rohr mit — ausgießen . 101.8
— büchse . . . 229.3
— einsatz (Zirkel) 227.4
— gummi . . . 230.9
— stift 230.2
— — feile . . . 230.6
— — schärfer . . 230.5
— — spitzer . . 230.4
— — zirkel . . . 228.1
Bleu 234.3
Blind-flange . . 105.3
— flansch . . . 105.3
Blister steel . . 214.2
Block 93.8
— chain tackle . 94.7
—, cutting (file) . 171.1
— differential pulley 94.4
—, filing 159.6

Block, fixed . . 93.9
—, link 143.8
—, lower . . . 49.8
—, moveable . . 94.1
—, pillow . . . 42.8
—, plummer. . . 42.8
—, rope tackle . 94.6
— per schizzi . . 220.5
— -shears . . . 157.8
—, sliding (slot) . 143.8
—, swage . . . 160.2
—, upper . . . 94.2
Bloque de papel para croquis . 220.5
— para serrar . . 190.7
Blotting-paper . . 232.9
Blow-off cock . . 129.7
— -off valve. . . 122.4
— -pipe 203.1
— printing room . 234.6
— -pipe-flame . . 202.2
— -pipe-proof . . 203.8
— -pipe-test . . 203.8
— -trough-valve . 122.5
Blower (forge) . . 167.1
Blowing machine, smith's . . . 167.1
Blue pencil . . . 233.6
— print 234.8
— printing room . 234.6
Blunt file 173.5
Board, filing . . 159.6
— -saw 189.6
Boca del calibre . 205.2
— de la llave . . 16.6
— del martillo . . 160.4
Bocca della chiave 16.6
Bocchetta . . 108.10
Boccola (sopporto) 42.1
—, mettere una . 42.2
Bock, Hänge- . . 46.7
—, Lager- . . . 47.2
— schere 157.8
—, Steh- 47.2
—, Wand- 46.5
Bodenamboß . . 159.9
— ventil . . . 120.6
Body 11.8
— of the connecting rod 144.8
— of the crank . 141.8
—, pedestal . . . 43.4
— of the piston . 139.4
— of a screw . . 8.5
— of the sluice valve 125.5
Bogenrohr . . . 105.7
— säge 189.8
— schere 157.1
Bohrbogen . . . 182.4
— einsatz . . . 182.6
— eisen 182.6
— futter 178.5
— gerät 182.1
— knarre . . . 182.9
Bohrkurbel . . . 182.8
— loch 179.1
— maschine . . . 183.1
— maschine, Cylinder- 131.6
— spindel . . . 178.6
Bohren 179.5
— (verb) 179.2
—, Gewinde . . . 21.4
Bohrer 178.4
—, Brust- 182.5
—, Centrums- . . 180.4
—, Dreh- 182.2
—, Drill- 182.2
—, Eck- 182.7
—, einschneidiger 180.1
—, Erd- 181.6
—, Gewinde- . . 21.3
—, Hand- 179.6
—, Holz- 180.8
—, Langloch- . . 181.5
—, Löffel- . . . 181.3
—, Nagel- . . . 179.7
—, Rollen- . . . 182.3
—, Schlicht- . . 179.4
—, Schrauben- . . 21.3
—, Spiral- . . . 180.6
—, Spitz- 180.3
—, Stangen- . . . 181.4
—, Stein- 181.7
—, Winkel- . . . 182.7
—, Zapfen- . . . 179.8
—, zweischneidiger 180.2
Bohrung (Stirnrad) 69.6
—, Cylinder- . . 130.8
— des Lagers . . 40.3
Boiler plate . . . 216.4
— scaling hammer 163.4
— tube . . . 107.10
Boisseau . . . 127.10
Boîte 132.8
— à compas . . 226.7
— à couleurs . . 232.1
— à étoupes . . 132.5
— à graisse . . . 53.5
— du niveau d'eau 111.3
— à outils . . . 256.3
Bola corredera (soporte) . . . 45.4
Bollire 164.9
Bollitura 164.10
Bolt (screw) . . . 11.3
—, binder . . . 43.6
—, bonnet-(valve) 112.4
—, boss joint . . 150.3
—, cap 43.6
— chisel 167.6
— circle 99.4
—, copper . . . 201.6
—, cotter 15.7
—, coupling- . . 57.4
—, cotter 14.8
—, to cottar a . . 14.9
—, cylinder- . . 130.6
Bolt, diameter of . 11.8
—, distance-sink- . 14.6
—, eye — . . . 14.2
—, eye — and key 14.8
—, fang 15.6
— of flange . . . 99.8
—, foundation- . 15.7
—, foundation- (bearing) . . . 44.3
—, gland 133.3
— with head and nut 11.9
— -header . . . 196.5
—, holding down (bearing) . . . 43.8
— -hole 11.7
—, joint 14.8
—, pillar 14.5
—, piston 136.9
—, piston-follower- 139.6
—, rag- 15.6
—, reamed . . 13.10
—, rim joint . . 150.2
—, screw- . . . 11.2
—, stay 14.5
—, stone 25.6
—, stud- 13.8
—, stuffing-box . 133.3
—, swing- . . . 14.3
—, tap 13.9
—, through . . . 11.2
— for the valve cover 112.4
—, wedge- . . . 25.1
—, to 18.4
—, to — up . . . 19.1
Bolted flanges . . 98.8
Bolzen, Distanz- . 14.6
— durchmesser . 11.8
—, Fundament- . 15.7
—, Ketten- . . . 91.2
— mit Kopf und Mutter 11.9
—, Kreuzkopf- . . 146.7
—, Schließ- . . . 14.8
—, Schrauben- . . 11.2
— mit Splint . . 14.8
—, Steh- 14.5
—, einen — versplinten . . . 14.9
— mit Vorsteckkeil 14.8
Bomba de aceite . 55.7
Bombage 82.3
Bonnet 125.3
— (valve) 112.3
— -bolt (valve) . 112.4
— de prêtre . . . 181.7
Boquilla roscada del tubo . . . 107.2
Bord rabattu . . 103.9
Borde de cojinete 43.3
—, doblar el — de un tubo . . 103.10
Bördeleisen . . . 159.8
— nietung 29.4

Bordering tool . . 159.8
Bordo 103.9
— (cuscinetto) . . 43.8
— (perno) . . . 37.7
—, fare il — ad un tubo 103.10
Bordoir 159.8
Bore 69.6
— -bit 182.6
— -hole 179.1
— of pipe . . . 97.7
—, the pipe has a — of x mm . . . 97.7
—, to 179.2
—, to — again . . 179.3
— out, to — a cylinder 131.5
Borer 178.4
—, long 181.5
—, slot 181.5
Boring apparatus . 182.1
— -bar 178.6
— machine, cylindre 131.6
— -tools 182.1
Borrar 230.7
Boss 69.4
— of the fly-wheel 149.7
— joint bolt . . . 150.3
Bossolo 132.8
— (sopporto) . . 42.1
— di fondo . . . 133.4
— del giunto . . 57.1
—, mettere un . . 42.2
— del rubinetto 127.10
Bottom anvil . . 159.9
— die 164.5
— line of teeth . 186.3
— -swage 164.5
— (stuffing-box) . 133.4
Bouche de la tenaille 155.4
—, tenaille à — ronde 155.7
Bouchon à vis (tuyau) 105.1
Boucle, tenaille à 155.8
Bouilleur 108.3
Boule du régulateur 150.9
Boulet de la soupape 116.8
Boulon (à vis) . . 11.2
— d'accouplement 57.4
— ajusté 13.10
—, ajuster un . . 14.1
— à ancre . . . 15.7
— articulé . . . 14.3
—, assembler par —s 19.2
— de brides . . . 99.3
—s, cercle des trous de 99.4
— de chapeau (palier) 43.6
— à clavette . . 14.8
Boulon du couvercle (cylindre) . . . 130.6
—s du couvercle (cylindre) . . . 130.7
— du couvercle de soupape 112.4
—, diamètre du . 11.8
—d'entretoisement 14.6
—, fermer par —s 19.1
— de fermeture . 13.5
— de fixation . . 13.4
—s, fixer par . . 18.9
— de fondation . 15.7
— de fondation (palier) 44.3
— fraisé 14.4
— goupiller un . 14.9
— de jante . . . 150.2
—s, joint à brides et à 98.8
— de moyeu . . 150.3
— noyé 14.4
— pour palier . . 43.8
— de presse étoupe 133.3
— de scellement . 15.6
— à tête et écrou 11.9
—, trou de . . . 11.7
Boulonnage . . . 11.1
Boulonner . . . 18.4
Bouterolle . . . 31.8
— à œil 32.2
Bouton de manivelle 141.6
Bouvet à rainures 193.6
Bow 189.4
— compasses . . 228.4
— -drill 182.3
— -saw 189.3
Box 132.8
— -casting . . . 211.5
— coupling . . . 56.4
—, guide 146.2
—, journal . . . 42.1
—, the machine has a hot 48.2
—, oil distributing 50.3
—, valve 112.2
— of water-colours 232.1
— -wrench . 17.4, 17.5
Braccio della forza P rispetto al punto di rotazione O 243.2
Brace 182.8
—, angle- 182.7
—, belly- 182.5
—, hand- 182.5
Bracket, angle- . 47.6
—, end wall . . . 47.6
—, guide 146.2
—, spring- . . . 147.9
—, wall- 46.5
Brake 96.1
—, band 96.9
—, centrifugal . . 97.3
Brake device . . 96.1
—, differential . . 97.2
— lever 96.5
— pressure . . . 96.6
— pulley 96.3
—, shoe- 96.2
— shoe 96.4
—, strap 96.9
—, strap of the . 97.1
—, V-shaped . . 96.7
Branch, pipe- . . 106.1
— -pipe 106.4
—, right angled (pipe) 106.2
Branchement (tuyau) 106.1
— à angle aigu (tuyau) 106.3
— à angle droit (tuyau) 106.2
— à T (tuyau) . . 106.2
—, tuyau de . . 106.4
Bras, cisaille à . . 157.3
— de levier de la force P pour le centre de rotation O 243.2
— de la roue . . 69.7
— du volant . . 149.6
Braser 200.6
—, lampe à . . . 202.1
—, tube 102.8
Brass 217.5
— (bearing) . . . 42.4
—, adjustable . . 42.5
—, crank pin —es 141.7
—, flange of the —es 43.3
— -pipe 103.7
— -tube 103.7
—, yellow- . . . 217.5
Brasure 200.10
— 201.5
— forte 202.7
Braze, to 200.6
Brazed flange . . 100.8
Brazing 200.10
— 201.1
— seam 201.5
Brazo de palanca de la fuerza P con relación al punto de giro O . . . 243.2
— de la rueda . . 69.7
Breadth of belt . 76.8
— of pulley face . 81.10
— of rim 81.10
— of tooth . . . 65.8
Break 252.2
— iron (plane) . . 192.9
— off, to — a machine 255.4
Breakage of the rim 150.6
Breaking 252.2
— off a machine . 255.5

Breaking strain . 252.4
Breast-drill . . . 182.5
Breite der Riemscheibe 81.10
Bremsbacke . . . 96.4
— band 97.1
— hebel 96.5
— klotz 96.4
— kraft 96.6
— scheibe . . . 96.3
— vorrichtung . . 96.1
Bremse 96.1
—, Backen- . . . 96.2
—, Band- 96.9
—, Differential- . 97.2
—, Kegel- . . . 96.8
—, Keilrad- . . . 96.7
—, Klotz- . . . 96.2
—, Schleuder- . . 97.3
Brennerzange . . 156.7
Brettsäge 188.4
Briar tooth . . . 186.5
Brida 29.3
— 98.10
— 217.4
— de ángulo . . 100.3
—, cara de la . . 99.5
— ciega 105.3
—, diámetro de la 99.1
—s, empaque de . 99.6
— de enchufe . . 99.8
— fija 100.4
—, grueso de la . 99.2
— móvil 100.5
— de pestaña . . 100.1
— del prensaestopas 132.7
— remachada . . 100.7
— roscada . . . 100.9
— soldada . . . 100.8
— de sujeción . . 154.4
— tapada 105.3
— -tope de la válvula 116.9
— para tubo . . 109.7
—s, tornillo de las 99.3
Bride 98.10
—, boulon de . . 99.3
— de chapeau (presse-étoupe) . 132.7
—s, clef pour . . 101.1
—, contre . . . 100.2
— à cornière . . 100.3
—, diamètre de la 99.1
— à emboîtement 99.8
—, épaisseur de la 99.2
— fixe 100.4
—s, garniture des 99.6
—s, joint à . . . 98.7
—. joint à —s et à boulons. . . . 98.8
— d'obturation . 105.3
—, portée de la . 99.5
— rapportée . 100.5
Bride de ressort . 147.7
— rivée 100.7
— souéde 100.8
—, tuyau à —s . 98.9
—, tuyau embouti avec — rapportée 103.8
— vissée 100.9
Brille(Stopfbüchse) 132.6
—nflansch (Stopfbüchse) 132.7
Brin conducteur . 75.10
— conduit . . . 76.1
— descendant . . 76.7
— montant . . . 76.6
Broach, to . . . 178.3
Broca 178.4
— de doble corte . 180.2
— de un corte . . 180.1
— de fresar . . . 180.7
— para madera . 180.8
—, manguito para la 178.5
— con ojo . . . 181.2
— ordinaria . . . 180.3
— para perforar . 182.6
— de tres puntas . 180.4
— de punto . . . 179.8
— salomónica . . 180.6
Brocken 197.3
Bronce 217.6
— de cañón . . . 217.8
— fosforado . . . 217.7
— fosforoso . . . 217.7
Bronze 217.6
— à canons . . . 217.8
— à cloches . . . 217.9
—, Geschütz- . . 217.8
—, Phosphor- . . 217.7
— phosphoreux . 217.7
Bronzo 217.6
— da campane . 217.9
— da cannoni . . 217.8
— fosforoso . . . 217.7
Brosse, accouplement à 61.3
Broyer la couleur 232.8
Bruchdehnung . . 249.3
—, Rohr- . . . 110.4
Brunissoir . . . 173.1
Brustbohrer . . . 182.5
—bohrerleier . . 182.5
—winkel 185.8
Brush-coupling . 61.3
—, tinting . . . 232.5
—, tube- 110.9
Bucafondi . . . 179.8
Bucare 179.2
Büchse 132.8
—, Führungs- . . 146.2
—, Grund- (Stopfbüchse) 133.4
—, Lager- 42.1
—, Leerlauf- . . 83.9
—, Naben- . . . 83.9
Büchse, Schmier- 53.5
—, Stauffer- . . 55.8
Bügel, Kettenführungs- 90.7
Built up rim . . 69.8
— wheel 69.9
Bulino 168.4
Bullone 11.2
— ad ancora . . 15.7
—, calettare un . 14.9
— del coperchio (sopporto) . . . 43.6
—, diametro del . 11.8
— della flangie . 99.3
— di fondazione . 15.7
— — (sopporto) . 44.3
— del giunto . . 57.4
—, infilare un . . 14.1
— a linguetta . . 14.8
— a mazzetta . . 15.6
— a snodo . . . 14.3
— per il piede del sopporto . . . 43.8
— del sopporto . 43.6
— con testa e dado 11.9
Bundmutter . . . 12.8
Bureau de dessins 218.4
—, Konstruktions- 218.4
—, Zeichen- . . . 218.4
Buretta 52.1
Burette 51.9
— à huile . . . 52.1
— à valve . . . 51.10
Buril 23.5
Burin 167.4
—, enlever acec le 168.3
— plat 167.5
Buriner 168.2
— avec le bédane 167.7
Burst, pipe . . . 110.4
Bursting of the flywheel 150.5
Bürstenkupplung . 61.3
Bush (bearing) . . 42.1
— (coupling) . . 57.3
— (stuffing box) . 133.4
—, to — a bearing 42.2
—, spherical (bearing) 45.7
Bushing 83.9
— (bearing) . . . 42.1
Butée (soupape) . 114.2
Butoir (palier) . . 44.1
— (soupape) . . . 114.2
Butterfly valve . 124.6
Butt joint with double butt strap . 29.2
— joint with single butt strap . . . 29.1
— strap (rivet) . . 29.3
— welded pipe . 102.5
Buttress thread . 10.4
Bye-pass valve . . 116.1

C.

Caballete 47.2
— para serrar . . 190.7
Caballo de fuerza 245.8
Cabestan, cable pour 88.2
Cabeza (chaveta) . 23.9
— (tornillo) . . . 11.4
— de cierre . . . 26.5
— cuadrada (tornillo) 12.1
— de la cuña . . 21.8
— del diente . . 65.1
— —, altura de la 65.2
— del eje . . . 33.5
— embutida (tornillo) 12.3
— estampa . . . 26.4
— hexagonal (tornillo) 11.10
— de martillo (tornillo) 12.4
— redonda (tornillo) 12.2
— del remache . 26.3
Cabinet file . . . 174.7
Cable 85.1
— 88.1
—, altura de flecha de la curva del 76.2
— para ascensor . 87.8
— atirantado . . 76.1
— de cabrestante 88.2
—, corchete de . 86.1
— -cuerda . . . 88.1
—, elevator . . . 87.8
— flojo 76.1
— para grúa . . 87.9
— de hilos de acero 86.8
—, locked . . . 85.7
— metálico . . . 86.7
— motor 87.5
— de suspensión 87.7
— tirante . . . 75.10
— de transmisión 87.5
Câble 88.1
— en acier . . . 86.8
—, attache de —s. 86.1
— pour cabestans 88.2
— de chanvre . . 86.9
—, commande par 84.5
— de commande . 87.6
— de coton . . . 86.10
—, dérouler un . 88.4
—, enrouler un . 88.3
—, épisser le . . 85.9
—, épissure du . 85.8
— fermé 85.7
—, frottement du 86.2
—, galot guide . 84.7
—, graisse de . . 86.4
— de grues . . . 87.9
Câble, joint du . 85.8
— de levage . . 87.7
— métallique . . 86.7
— de monte-charges 87.8
—, poulie à . . 87.1
—, rigidité du . 86.8
— à spirale . . . 85.6
—, tension du . . 84.6
—, transmission par 84.5
—, transmission cyclique par . 84.8
— de transmission 87.5
Cabrestante, rueda de 90.6
Cabria 142.3
—, manubrio de . 142.4
Cacciavite . . . 18.3
Cadena 88.6
— abierta . . . 90.4
— de áncora . . 91.9
— de aparejo . . 91.9
— articulada . . 90.9
— —, tornillo de la 91.2
— de cabrestante 91.8
— calibrada . . 90.8
—, carrera de la . 91.10
— cerrada . . . 91.11
—, cierre de la . 89.4
—, eclise de . . 90.10
—, eje para . . 91.5
— de eslabones . 88.8
— de eslabón corto 89.8
— de eslabón largo 89.9
— de eslabones soldados . . . 89.5
— de eslabón con traversaño . . 90.1
— sin fin . . . 91.11
—, fricción de la 89.3
— Galle 91.3
— de gallo . . . 90.9
— de grúa . . . 91.8
— para pesos . . 91.7
—, piñón de . . 90.5
—, polea para . . 90.8
— de transmisión 91.6
Cadre de la scie . 189.4
Caduta, altezza della 236.3
—, durata della . 236.4
— libera 236.2
Cage de la vanne 125.2
Cagnaccia . . 192.10
Caja 132.8
— (chaveta) . . . 23.8
— de colores . . 232.1
— de distribución 126.9
— de empaquetadura de cuero . 133.8
— de empaquetadura metálica . 134.2
Caja para el engrase 53.5
— de estopas, la — no cierra . . . 134.6
— —, la — cierra hermeticamente 134.7
— — de cuero . . 133.8
— — á presión de vapor 133.7
— de relleno . . 132.5
— estopa de fondo 133.4
— de guarnición de cuero . . . 133.8
— — metálica . . 134.2
— de herramientas 256.3
— de lápices . . 229.8
— de la polea loca 83.9
Cajear 23.4
Caida, altura de . 236.3
—, duración de la 236.4
— libre 236.2
Caidilla 166.7
Cajón 218.8
Calafatare . . . 31.1
Calafatear . . . 31.1
Calage 22.5
Calandrino . . . 208.5
Calar (chaveta) . 25.9
Calca heliográfica . 234.1
— al sol 234.1
Calcar 233.7
Calco 233.8
Calda sudante . . 165.8
Caldo saldante . . 165.8
Cale (palier) . . . 44.2
Calentamiento del soporte 48.8
Caler 25.6
Calettamento a chiavetta . . . 22.5
Calettare 25.6
— un bullone . . 14.9
Calettatura a bietta 22.5
Calibrador . . . 207.9
— de alambres . 206.6
Calibrated chain . 90.8
Calibre 205.5
— pour diamètre . 205.7
— étalon 206.5
— de hauteurs . . 205.8
— limite 206.4
— normal . . . 206.5
— pour pas de vis 206.1
— de perçage . . 205.8
— de taraudage . 206.2
— de tolérance . . 206.4
— à vis 204.4
Calibre 204.3
— para agujeros . 205.7
— para alavear los dientes de sierra 186.9
— para alturas . 205.6
— cilíndrico . . . 205.8

Calibre de compás . 205.5
— esférico . . . 205.3
— para huecos . 205.6
— micrométrico . 204.5
— normal . . . 205.3
—, pico del . . . 205.1
— para plancha . 206.3
—, regla de . . . 205.2
— de rosca . . . 204.4
— para rosca . . 206.1
— para tubos . . 205.4
Calibro 204.8
— cilindrico . . 205.8
— a corsoio . . . 204.6
— — becco del . 205.1
— per diametri . 205.7
— per fili di ferro 206.6
— per fori . . . 205.7
— per impanature 206.1
— per lastre metalliche 206.3
— limite 206.4
— normale . . . 206.5
— per profondità . 205.6
— per tubi . . . 205.4
— a vite 204.4
— per viti . . . 206.2
Caliper-gauge . . 205.4
—, sliding . . . 204.6
—, globe 207.3
— rule 204.4
Calipers 206.7
—, outside . . . 206.8
—, spring . . . 207.1
—, thread . . . 207.2
Calor soldante . . 165.3
Calque 233.8
Calquer 233.7
Cámara de aceite 55.4
— de la válvula . 112.2
Cambia-correa . . 84.3
Cambiamento di un asse 34.11
Cambiar un eje . 34.10
Cambiare un asse 34.10
Cambio de un eje 34.11
Camera d'olio . . 55.4
— della valvola . 112.2
Camicia del cilindro 130.4
Camino recorrido . 235.2
— — por la cabeza del diente . . . 64.7
Camisa del cilindro 130.4
Cammino della fucina 166.3
Can, oil 51.9
Canal 75.1
—, ángulo de . . 75.2
—, profundidad del 75.3
Canale per la lubrificazione (sopporto) 44.5
Canaletto per la lubrificazione . 53.4
Cáñamo, trenza de 135.4
Canape, treccia di 135.4
Cancellare . . . 230.7
Cannello ferruminatorio 203.1
— da saldare . . 203.1
Cant file 174.6
Caoutchouc, garniture de 135.7
Cap (bearing) . . 43.5
— -bolt (bearing) . 43.6
— key 17.5
— nut 13.1
— -screw 13.9
— -screw (bearing) 43.6
—, screwed (pipe) 105.2
Capa de lubrificante 48.8
Capacete 146.5
—, chaveta del . 147.1
—, patin del . . 146.6
—, tornillo del . . 146.7
—, vástago del . 146.8
Capacity (of an engine) 245.2
Cape chisel . . . 167.6
Capo-officina . . 254.4
— -tecnico . . . 254.5
Capocchia . . . 26.3
— emisferica . . 27.1
— incassata . . . 26.8
— rasata 26.8
— semirasata . . 26.9
Cappello del sopporto 43.5
— a vite di chiusura 105.2
Cara de la cuña . 21.7
— de la brida . . 99.5
Cardan, joint . . 62.2
—sches Gelenk . . 62.2
Cardano, acoplamiento de . . . 62.2
—, giunto di . . 62.2
Cardine 38.7
— ad anello . . . 38.8
Carga 247.5
— constante . . . 248.1
— del eje 33.7
— estática . . . 248.1
— á la flexión . . 251.5
— intermitente . 248.2
— en el muñón . 37.9
— en reposo . . 248.1
— de la válvula . 119.3
— —, regular la . 120.4
— variable . . . 248.3
Cargar la válvula . 120.3
Caricare la valvola 120.3
Carico dell'asse . 33.7
— costante . . . 248.1
— intermittente . 248.2
— sul perno . . . 37.9
— di pressione . . 250.9
Carico della valvola 119.3
— —, regolare il . 120.4
— variabile . . . 248.3
Carnet à croquis . 220.5
Carpenter's bench 193.9
Carraca 182.9
Carreau 172.3
— plat 172.2
Carrera 235.2
— atrás del émbolo 137.10
— de avance del émbolo 137.9
— de la cadena . 91.10
— del émbolo . . 137.7
— del péndulo . . 238.9
— de la válvula . 115.7
— —, diagrama de la 115.8
Carrucola 93.2
—, asse della . . 93.6
— fissa 93.3
— folle 93.4
— mobile 93.4
—, perno della . . 93.6
Carta asciugante . 232.9
— assorbente . . 232.9
— cianografica . . 234.2
— da diluciadare . 233.9
— da disegno . . 220.2
— per schizzi . . 220.4
— smerigliata . . 197.9
— vetrata per matite 230.5
Cartella per disegni 219.2
Cartera 219.2
Carton à dessin . 219.2
Casco del tubo . . 97.9
— —, grueso del . 98.1
Case-hardening . . 200.1
Casier 219.3
Casing, cylinder . 130.4
Casquete roscado . 105.2
Casquillo del prensaestopas . . . 132.6
— de reducción . 105.9
— de unión . . . 105.4
Cassetta da muro . 47.3
— degli utensili . 256.3
Cassetto (tavola) . 218.8
— a conchiglia . . 127.2
— di distribuzione 126.9
— equilibrato . . 127.5
— piano 127.1
—, stelo del . . 127.3
Cast flange . . . 100.4
Cast-iron 211.3
— belt pulley . . 82.7
—, malleable . . 212.4
—, manganese . . 211.2
— pipe 101.9
Cast tooth . . . 65.9
Castellated nut . 12.6
Castello del sopporto 43.4

Casting, box- 211.5
—, chill- 212.2
—, dry-sand- 211.7
—, green-sand- 211.8
— ladle 203.4
—, loam- 212.1
— moulded in the flask 211.5
—, sand- 211.6
— in sand 211.6
—s, open sand 211.4
—s, steel- 212.3
—, water-gauge- 111.3
Catcher 123.5
Catena 88.6
—, albero a 91.5
— da ancora 91.9
— articolata 90.9
— —, perno della 91.2
—, attrito della 89.3
— calibrata 90.3
— continua 91.11
—, corsa della 91.10
— Galle 91.3
— a ganci 90.4
—, giunto della 89.4
— da gru 91.8
—, guida della 90.7
— a maglia corta 89.8
— — lunga 89.9
— — rinforzata 90.1
— a maglie 88.8
— — saldate 89.5
— motrice 91.6
— d'ormeggio 91.9
— da pesi 91.7
—, puleggia per 90.8
—, puleggia dentata da 91.4
— a puntelli 90.1
— senza fine 91.11
Caulk, to (rivets) 31.1
Caulking-chisel 31.2
— -iron 31.2
Cava-chiodi 156.3
Cavalletto 47.2
— pendente 46.7
— per segare 190.7
Cavallo a vapore 245.3
Cavas del carpintero 194.2
Caviglia di guida 117.6
— a vite prigioniera 15.2
Cavo 88.1
— di canape 86.9
— da ascensore 87.8
Cazoleta (torno de remachar) 32.5
Célérité tooth 186.7
Cement, leather 80.11
—, to make a belt joint with 80.10
Cemented belt joint 80.9
— steel 214.2
Center-bit 180.4
—, dead (crank) 141.1
— of gravity 244.2
— line 225.3
— line of cylinder 130.2
— weight governor 151.9
— -mark 168.5
— -point 168.4
— 180.5
— -punch 168.4
— —, to mark the center with the 168.6
Central lubrication 50.2
Centre 228.7
— à compas 228.7
— de gravité 244.2
Centrifugal brake 97.3
— force 237.4
— governor 151.5
— lubrication 54.9
— regulator 151.5
— schmierung 54.9
Centrino 228.7
Centripetal-beschleunigung 236.9
— kraft 237.3
Centro 228.7
— (punteruolo) 168.5
—, de — á 225.7
— de gravedad 244.2
— di gravità 244.2
Centrumsbohrer 180.4
— spitze 180.5
Cepillado 192.5
Cepilladora 194.3
Cepillar 192.2
Cepillo 191.10
—, agujero de la cuña del 192.1
— de banco 193.2
—, caja del 191.11
— de carpintero de ribera 193.7
—, cuchillo doble de 192.8
— de desbastar 192.10
— grande 193.1
—, hierro de 191.12
— de machihembrar 193.6
— de mano 193.3
— de media madera 193.5
— de molduras 193.4
— de perfilar 193.8
— de dos scutidos 192.7
—, tapa del 192.9
Cepo 158.5
— de freno 96.4
— de polea 93.8
Ceppo del freno 96.4
Cercle de couronne 63.6
— extérieur 63.6
— intérieur 63.7
— de pied 63.7
Cercle primitif 63.5
— primitif (dent) 67.2
— de racine 63.7
— roulant (dent) 67.3
— de roulement (dent) 67.3
— de tête 63.6
— des trous de boulons 99.4
Cerrar el grifo 128.2
— con tornillos 19.1
— la válvula 115.3
Cervia 158.2
Cesoia da banco 157.3
— parallela 157.5
— per tavolo 157.4
Chain 88.6
—, anchor 91.9
— axle 91.5
—, calibrated 90.3
—, crane 91.8
— drive 88.5
—, driving 91.6
— drum 95.3
—, endless 91.11
—, flat link 90.9
— friction 89.3
—, Gall's 91.3
— gearing 88.5
— guard 90.7
— hook 92.3
—, hook link 90.4
—, inside length of the 88.10
— joint 89.4
— iron 89.2
—, link of a 88.9
—, load 91.7
—, long-link 89.9
—, open link 88.8
—, path of 91.10
— riveting 30.2
— sheave 90.6
—, short-link 89.8
—, sprocket 90.9
—, stud link 90.1
— tackle block 94.7
—, tested 90.3
—, welded 89.5
— wheel 88.7
— wheel 90.8
Chaîne 88.6
— d'ancre 91.9
—, anneau de la 88.9
—, arbre à 91.5
— d'articulations 90.9
—, chape guide 90.7
— de charge 91.7
— crochet à (de) 92.3
— à crochets 90.4
—, course de 91.10
— étançonnée 90.1
— à étançons 90.1
— entretoisée 90.1

Chaîne sans fin . 91.11
—s, frottement de 89.3
— Galle 91.3
— de grue . . . 91.8
—, joint de . . . 89.4
—, maille de . . 90.10
— de maillons . . 90.9
— à maillons courts 89.8
— à maillons longs 89.9
— motrice . . . 91.6
— ordinaire . . . 88.8
—, pignon à . . 90.5
—s, poulie de (à) . 90.8
—, roue à . . . 88.7
— roue à 90.6
— dentée, roue à . 91.4
— soudée . . . 89.5
—, tambour à . . 95.3
—s, transmission par 88.5
Chaînons, courroie à 80.6
Chaise 46.6
— fermée 46.8
— murale . . . 46.4
— ouverte . . . 46.9
— — assemblée par tipe 47.1
— suspendue . . 46.7
Chalumeau . . 201.10
—, essai au . . . 203.8
Chambre d'huile . 55.4
— de la vanne . . 125.2
Chanfrein, mordache à . . . 154.7
—, tenaille à . . 154.7
Change gears . . 68.3
— valve 118.1
Changement d'un axe 34.11
— d'un essieu . . 34.11
Changer d'axe . 34.10
— d'essieu . . . 34.10
Channel 215.9
Channeled plate . 216.5
Chanvre, câble de 86.9
—, corde de . . 86.9
—, garniture de . 135.3
—, piston à garniture de 138.4
—, tresse de . . 135.4
Chapa 216.3
— escamada . . 216.5
— de hierro . . 215.11
— ondulada . . . 216.6
Chape d'arrêt (soupape à boulet) . 116.9
— guide chaîne . 90.7
Chapeau (presse-étoupe) 132.6
—, boulon de (palier) 43.6
—, bride de (presse-étoupe) . . . 132.7
Chapeau de fermeture (tuyau) . . 105.2
— de palier . . . 43.5
Chapelle d'alimentation 123.7
— de soupape . . 112.2
Charge 247.5
— admissible . . 247.7
—, chaîne de . . 91.7
— constante . . 248.1
— de l'essieu . . 33.7
— de soupape . . 119.3
— variable (de 0 à +∞) 248.2
— variable (de +∞ à —∞) 248.3
Chargement, mode de 247.8
Charger la soupape 120.3
Charnière, lime à 175.3
Chase, to 167.7
—, to — a screw-thread 20.1
Chaser 20.5
—, to cut screws with a 20.4
—, inside 20.6
—, outside . . . 20.7
Chasing hammer 163.1
— -tool 20.5
— —, inside . . 20.6
Chasse carrée . . 162.4
— à percer . . . 163.3
— -pointes . . . 168.7
— — à main . . 169.2
— -rivet 31.8
Châssis pour bleus 234.5
— de la scie . . 189.4
— de scies . . . 190.5
Chaudière, tube de 107.10
Chauffage, tuyau de 108.4
Chauffer, le palier d'une machine chauffe 48.2
Chaveta 24.7
— de acero . . . 22.4
—, agujero para . 23.1
—, altura de la . 22.8
—, ancho de la . 22.9
— anillo 25.2
— de cabeza . . 23.8
— cóncava . . . 24.4
— cuadrada . . . 24.1
— doble 24.6
— encastrada . . 23.10
— (de hierro) . . 22.3
—, lecho de la . 23.2
—, longitud de la 22.10
— plana 24.3
— redonda . . . 24.2
—, superficie de la 23.2
— tangencial . . 24.5
— (tornillo para fundación) . . 16.1
Chaveta de torsión 22.7
— transversal . . 22.6
Chavetear un perno 14.9
Check-nut . . . 13.2
— -valve 121.2
Cheese-head (screw) 12.2
Chef d'atelier . . 254.4
Cheminée de forge 166.3
Chemise du cylindre 130.4
Chest below the grindstone . . 197.1
—, valve 112.2
Cheval-vapeur (chevaux-) . . 245.8
Chevalet 47.2
Cheville 24.11
— de guidage . . 117.6
— taraudée . . . 15.2
—, trou de . . . 196.2
Chevron 70.4
—, dent à . . . 70.4
—s, roue à denture à 70.3
Chiavarda da murare 15.6
Chiave 16.5
—, apertura della 16.7
— ad apertura regolabile . . . 18.1
—, bocca della . 16.6
— a collare . . . 17.5
— doppia . . . 17.1
— femmina . . . 17.4
— per flangie . . 101.1
— a forchetta . . 17.8
— a gancio . . . 17.7
— inglese . . . 18.2
— obliqua . . . 17.2
— da rubinetto . 17.6
— semplice . . . 16.8
— per tubi . . . 110.6
— a vite d'arresto 17.3
Chiavella 24.7
—, altezza della . 22.8
— anulare . . . 25.2
—, apertura della 23.1
—, arresto di sicurezza della . . 25.5
— di calettamento (sopporto) . . 44.2
— concava . . . 24.4
— doppia . . . 24.6
— incastrata . . 23.10
—, larghezza della 22.9
—, lunghezza della 22.10
— a nasello . . . 23.8
— piatta 24.3
— quadra . . . 24.1
—, riserrare una . 25.9
— rotonda . . . 24.2
—, serrare una . . 25.8

Chiavella, spessore della 22.9
— tangenziale . . 24.5
— trasversale . . 22.6
Chiavetta (bullone di fundazione) . 16.1
Chicharra . . . 182.9
Chill casting . . 212.2
Chilling 199.7
Chiminea de fragua 166.3
Chimney (forge) . 166.3
Chinche 220.6
Chiodaia 196.5
Chiodare . . . 30.5
— 195.7
Chiodatrice . . . 31.7
Chiodatura . . . 27.4
— d'angolo . . . 29.4
— a caldo . . . 27.8
— convergente . 30.3
— a coprigiunto . 29.1
— doppia . . . 29.6
— a doppio coprigiunto 29.2
— ermetica . . . 28.2
— a file sfalsate . 30.1
— a freddo . . . 27.9
— a macchina . . 31.6
— a mano . . . 31.5
— multipla . . . 29.7
— parallela . . . 30.2
— a più tagli . . 28.6
— semplice . . . 29.5
— solida 28.1
— a sovrapposizione 28.7
— a taglio doppio 28.5
— — semplice . 28.8
— a zig-zag . . . 30.1
Chiodo 26.1
— 195.6
— per collegamenti provisori . . . 27.8
—, foro del . . . 26.7
—, foro del . . . 196.2
—, gambo del . . 26.2
—, infilare il . . 30.6
—, introdurre il . 30.7
—, tagliare la testa al 31.4
—, testa del . . 26.3
—, testa di posa del 26.4
— a testa ribadita 27.2
—, testa ribadita del 26.5
Chiodi, fila di . . 27.5
—, fucina per arroventare i . . . 32.9
— fucina per scaldare i 32.9
—, fuoco per . . 33.1
—, passo dei . . 27.6
—, stampo per . 31.8
—, tanaglia da . 32.7
Chipping-chisel . 23.5
Chisel 165.7
— 167.4
— 194.4
—, anvil- 165.8
—, bolt 167.6
—, cape 167.6
—, caulking- . . 31.2
—, cold- 23.5
—, cold 168.1
— for cold metal 165.10
—, corner- . . . 195.2
—, cross-cutting . 167.6
— for cutting iron, when heated . . 165.9
—, file- . . . 170.10
—, firmer 194.6
—, flat 167.5
—, hand cold . . 167.9
—, groove cutting 23.5
—, mortise . . . 194.7
—, ripping . . . 194.6
—, stone 167.8
—, wall- 181.7
— for warm metal 165.9
—, to work with a 168.2
— for working in stone 167.8
—, to 194.5
—, to 168.2
—, to — off . . 168.3
—, to — out . . . 167.7
Chiudere il rubinetto 128.2
— la valvola . . 115.3
— a vite 19.1
Chiusura del tubo 104.9
— della valvola . 115.5
Chop off, to . . . 165.6
Choque de agua . 110.3
Churn-drill . . . 181.6
Chute 236.2
Cianografia . . . 234.1
— azzurra . . . 234.3
— bianca 234.4
Cicloide 66.9
Cierra-junta . . . 196.9
Cierre del anillo de guarnición . . 139.2
— automático (rosca) 10.10
— de la cadena . 89.4
— de la cuerda . 86.1
— del tubo . . . 104.9
— de la válvula . 115.5
Cigüeña 36.10
Cigüeñal, formar el 37.1
Cigüeñuela . . . 142.3
Cilindro 130.1
—, alesare un . . 131.5
—, alesatrice per cilindri 131.6
—, asse del . . . 130.2
—, camicia del . 130.4
Cilindro, il – è chiuso a tenuta con una scatola a stoppa 135.1
—, coperchio del . 130,5
—, diametro del . 130.3
— a doppio effetto 132.1
—, fondo del . . 130.8
— a frizione . . 74.4
—, involucro del . 131.2
—, lubrificazione del 131.7
—, olio per cilindri 51.6
—, parete del . . 130.4
— della pompa . 132.3
—, premistoppa del 131.1
—, ritornire un . 131.4
—, rivestimento del 131.2
— a semplice effetto 131.8
— di smeriglio . . 198.4
— da torchio . . 132.4
—, tornire un . . 131.3
— a vapore . . . 132.2
Cilindro 130.1
—, aceite para . . 51.6
— de bomba . . 132.3
—, camisa del . . 130.4
—, el — está cerrado hermeticamente con un prensaestopas 135.1
—, diámetro del . 130.3
— de doble efecto 132.1
—, eje del . . . 130.2
— de esmerilar . 198.4
—, fondo del . . 130.8
— de fricción . . 74.4
—, lubrificación del 131.7
— mandrilar un . 131.5
—s, máquina de mandrilar . . . 131.6
—, paredes del . 130.4
—, prensaestopas del 131.1
— de presión . . 132.4
—, retornear un . 131.4
—, revestimiento del 131.2
— de simple efecto 131.8
—, tapa del . . . 130.5
—, tornear un . . 131.3
— de vapor . . . 132.2
Cimentazione alla pressione . . . 250.9
Cincel 167.8
— agudo 167.6
— en caliente . . 165.9
— en frio . . 165.10
— para limas . 170.10
Cincelar 168.2
Cinematica . . . 234.8
Cinemática . . . 234.8
Cinématique . . 234.8
Cinghia 76.5

Cinghia, accorciare la 79.4
—, agraffa per . . 81.4
—, apparecchio tenditore della . 80.8
— aperta 77.5
— articolata . . 80.6
—, cucire la . . 81.2
— cucita 81.1
—, cuoio da . . 80.4
— doppia 80.2
—, giuntura della 80.7
—, grappa per cinghie 81.6
— inclinata da destra a sinistra 78.7
— inclinata da sinistra a destra . 78.6
—, incollare la . 80.10
— incollata . . . 80.9
— incrociata . . 77.6
—, larghezza della 76.8
—, monta- . . . 79.6
—, montar una — sulla puleggia . 79.7
— motrice . . . 80.5
— multipla . . . 80.3
— orizzontale . . 78.4
—, parte conciata della 77.2
—, parte naturale della 77.1
—, fare passare la — dalla puleggia folle sulla fissa . 84.1
—, la — posa sull' albero 80.1
—, la — salta dalla puleggia . . . 79.5
—, la — sbatte . 78.8
—, la — scorre . 79.1
— semi-incrociata 77.7
—, la — slitta . . 79.1
—, smontare una — dalla puleggia . 79.8
—, la — sormonta 79.2
—, spessore della . 76.9
—, tendere la . . 79.3
—, tensione della 75.8
— verticale . . . 78.5
—, vite per giungere cinghie . . 81.5
Cinta del freno . 97.1
Ciotoletta . . . 232.6
Circle, addendum- 63.6
—, base (tooth) . 67.2
—, generating (tooth) 67.3
—, pitch- 63.5
—, pitch- (tooth) . 67.2
—, rolling (tooth) 67.3
—, root- 63.7
Circolo di base (ingranaggio . . . 63.7
Circolo primitivo (pericicloide) . . 67.2
— primitivo (ingranaggio) 63.5
— di testa (ingranaggio) 63.6
Circular nut . . . 12.9
— pendulum . . 238.8
— pitch 63.4
— saw 190.4
— tongue and groove, flange with 100.1
Círculo de cabeza (engranaje) . . 63.6
— interno (engranaje) 63.7
— de pie (engranaje) 63.7
— primitivo (engranaje) 63.5
— primitivo (pericicloide) . . . 67.2
— de rotadura . . 67.3
— de tornillos . . 99.4
Circumferential friction wheel . 73.6
Cisaille à arc . . 157.1
— à bras 157.3
— à guillotine . . 157.6
— à levier . . . 157.2
—s à main . . . 157.7
— parallèle . . . 157.5
— perforatrice . . 158.1
Cisaillement . . . 252.5
—, effort de . . . 252.7
—, résistance au . 252.6
—, section de . . 28.4
—, tension de . . 252.8
— unitaire . . . 252.8
Cisailler, machine à 157.8
Cisailleuse . . . 157.8
Ciseau 194.4
— d'établi . . . 168.1
— fort 194.6
— à froid . . . 165.10
— à main . . . 167.9
— à pierre . . . 167.8
—, tailler un . . 194.5
Ciseaux 156.9
Ciseler 168.2
Cisoir 157.4
Cizallas 156.9
Clack, delivery . 124.3
—, exhaust . . . 124.5
—, inlet 124.4
—, pressure . . . 124.3
—, shutting . . . 124.1
—, suction . . . 124.2
—, valve 123.2
— valve 123.1
Clamping-screw . 15.1
Clamp, adjustable 154.4
Clamps (pl.) . . . 154.4
Clamps, bench . . 154.5
—, lockfiler's . . 154.7
—, vice- 154.7
Clapet 123.2
— d'admission . 124.4
— d'arrêt 124.1
— d'aspiration . . 124.2
— à couronne . . 119.1
— d'échappement 124.5
— de fond . . . 120.6
—, garde du . . 123.5
— de refoulement 124.3
— de retenue . . 123.7
— de sûreté . . . 123.6
Clavar 195.7
Clavetage, double- 24.6
Claveter 25.6
Clavette 24.9
— d'arrêt 16.1
—s, arrêt de sûreté des 25.5
—, boulon à . . . 14.8
— carrée 24.1
—, contre- . . . 24.8
— creuse 24.4
— de la crosse . . 147.1
—, hauteur de . . 22.8
—, largeur de . . 22.9
— longitudinale . 22.7
—, longueur de . 22.10
— sur méplat . . 24.3
— plate 24.3
— à rainure . . . 23.10
— de réglage . . 25.1
—, reserrer une . 25.9
— ronde 24.2
— de serrage . . 25.1
—, serrer une . . 25.8
—, surface d'appui de 23.2
— à talon . . . 23.8
— tangentielle . . 24.5
— transversale . . 22.6
—, trou de . . . 23.1
Clavo 195.6
— agujero del . . 196.2
— -gancho para tubería 109.8
Claw (belt) . . . 81.6
— (coupling) . . 60.3
— -coupling . . . 60.2
— —, disconnecting with a 60.4
— -hammer . . . 162.3
Clearance of the piston 136.4
Clef 16.5
— anglaise . . . 18.2
— pour brides . . 101.1
— de compas . . 227.9
— coudée 17.2
— à crochet . . . 17.7
— double 17.1
— à douille . . . 17.4

Clef fermée . . . 17.5
— à griffes . . . 17.8
—, mâchoires de la 16.6
—, ouverture de la 16.7
— à ouverture réglable 18.1
— du piston. . . 137.1
— de robinet . . 127.8
— de robinets . . 17.6
— simple 16.8
— à téton . . . 17.7
— à tubes . . . 110.6
—, vis à 15.3
— à vis d'arrêt . 17.3
Clinch 26.1
Clip (pipe) . . . 109.7
—, eccentric. . . 144.1
—, to 165.6
Cliquet. 95.7
— (accouplement) 60.6
—, accouplement à 60.5
— à friction. . . 95.9
—, roue à . . . 95.6
Clog, to —, the wick is clogged up . 54.4
Close nipple . . 107.2
Closing-head (rivet) 26.5
— line. 242.7
— of the valve . . 115.5
Clothing, cylinder 131.2
Clou 195.6
—, oeuillet de . . 196.2
Clouer 195.7
Cloutière 196.5
Clutch 60.3
— -coupling. . . 60.2
— disengaging . . 59.1
—, driving with . 58.7
—, friction . . . 96.8
—, to throw in the 59.5
—, to throw out the 59.6
Coach-wrench . . 18.2
Coarse file . . . 173.3
Cobre 216.8
Cock 127.7
—, (globe) . . . 128.7
—, angle 128.8
—, bibb 128.5
—, blow-off . . . 129.7
—, body of . . 127.10
—, discharge- . . 129.8
—, draining. . . 129.2
—, feed- 129.9
—, four-way . . . 129.1
—, gas- 129.6
—, gauge- . . . 111.5
—, grease- . . . 53.6
—, head of . . . 127.9
—, mixing . . . 129.3
—, to open the . 128.1
—, plug — with packed gland . 128.6
—, plug of . . . 127.8
Cock, shut-off . . 129.4
—, to shut the. . 128.2
— -spanner . . . 17.6
—, straight-way . 128.7
—, stuffing box . 128.6
—, tallow . . . 53.6
—, testing . . 129.10
—, three-way . . 128.9
—, valve 128.4
—, water 129.5
—, water-gauge- . 111.5
— -wrench . . . 17.6
Codo de ángulo recto 107.5
— de cuatro pasos 106.8
— curvado . . . 105.6
— de dos luces . 107.6
— de tres pasos . 106.7
Coëfficient d'allongement 249.1
— d'arrachement . 252.9
— of friction . . 245.8
— de frottement . 245.8
— de glissement . 253.1
— d'irrégularité (volant) 149.8
— de rendement . 246.8
— of variation in speed (fly wheel) 149.8
Coefficiente d'attrito 245.8
— della compressione semplice . 251.2
— di dilatazione . 249.1
— d'espansione . 249.1
— del rendimento 246.8
— di rescissione . 252.9
— di sollecitamento alla flessione . . 251.7
— di tensione . . 250.6
Coeficiente de dilatación . . 249.1
— de empuje . . 252.9
— de rozamiento . 245.8
Coffre d'outils . . 256.3
Cog 72.2
— to mortise —s into a gear wheel 72.7
—, pluck 127.7
— -wheel 72.1
—, to 72.6
Cogged fly-wheel . 150.4
— wheel 72.1
Cogne dans la manivelle 142.8
Cognée 190.8
Cojinete 42.4
— (acoplamiento) . 57.3
—s (terraja) . . . 21.2
— ajustable . . . 42.5
—, ajustar el . . 48.6
— -anillo 41.1
— de anillos . . 41.4
—, borde de . . . 43.3
Cojinete, el — consume 48.5
—, el — se desgasta 48.4
— de esferas . . 41.3
—, lubrificar el . 48.7
— á presión longitudinal 41.4
—, rellenar el . . 43.1
— para el soporte esférico 45.7
Coil, condensating 104.7
—, cooling . . . 104.7
—, heating . . . 104.8
—s, number of . . 149.2
— -pipe 104.6
Coin. 21.6
— en acier . . . 22.4
—, angle du. . . 21.9
— en bois . . . 22.2
—, dos de . . . 21.8
—, face de . . . 21.7
— en fer 22.3
—, pente de. . . 21.7
—, poulie à . . . 74.7
—, roue à . . . 74.7
—, serrage du . . 22.1
Coinçage 22.5
Coincer, le presse-étoupe coince . 134.5
Cola. 196.8
— para cuero . . 80.11
Colador aspirante 108.6
Cold-chisel . . . 23.5
— -hammer, to . 160.8
— riveting . . . 27.9
— saw 187.7
— —, to 187.5
Colector de aceite 52.9
— — (soporte) . . 44.6
Colgante 46.7
Colla 196.8
— per cuoio . . 80.11
Collar (shaft) . . 36.7
— flange 100.3
— journal . . . 38.9
—s, journal with . 38.5
—s, journal with (three, four . . .) 38.9
—, leather packing 134.1
—, loose 36.8
—, nave 69.5
—, neck- — journal 38.5
— nut 12.8
—, rim 69.3
—, set 36.8
— step 41.2
— — -bearing . . 40.1
— -thrust-bearing . 41.4
Collare 36.7
Colle 196.8
— de cuir . . . 80.11
— forte 196.8
Collegamento a vite 11.1

Collegare chiavella) 25.6
— con bulloni . . 18.4
— a vite 18.5
Coller 196.6
— la courroie . . 80.10
— ensemble . . . 196.7
Collet du moyeu . 69.5
—, rabattre le — du tuyau . . 103.10
Collete 38.4
— extremo . . . 38.6
— intermedio . . 38.5
Collier d'excentrique 144.1
Colocar una correa sobre la polea . 79.7
Colonna d'acqua . 111.7
Colonne d'eau . . 111.7
Color del temple . 199.4
Colorare . . . 231.10
Colorer. . . . 231.10
Colores para acuarela 232.3
— en pastilla . . 232.2
Colori ad acquarello 232.3
— in pezzi . . . 232.2
Colour, to grind the 232.8
—, to mix the . . 232.7
— tube 232.4
—, to 231.10
Coloured pencil . 233.4
Colouring brush . 232.5
Colpo d'ariete . . 110.3
Coltello (appoggio) 46.2
— a lama curva . 195.5
— a lama diritta . 195.4
— a due manichi 195.3
Columna de agua . 111.7
Comando ad innesto 58.7
— della valvola, mecanismo di . 120.9
Commande par accouplement à débrayage 58.7
— par câble . . . 84.5
— — courroie . . 77.4
— — excentrique . 144.5
— — poulies cônes 78.3
Commander un arbre par courroie . . 76.4
Common bit . . . 180.3
— slide valve . . 127.1
Compas 206.7
— 226.8
—, boite à . . . 226.7
—, clef de . . . 227.9
— à crayon . . . 228.1
— diviseur . . . 207.4
— d'épaisseur . 206.8
— — pour billes . 207.3
— — à vis . . . 207.2
— d'extérieur . . 206.9
Compas, jambe de 226.9
— de mesure . . 228.2
—, pied de . . 226.10
— à pointe réglable 207.8
—, pointe sèche du 227.6
— à pointes sèches 228.2
— à pompe . . . 228.4
— de proportion . 228.5
— à rallonges . . 227.8
— de réduction . 228.5
— à ressort . . . 207.1
— — 228.3
—, tête du . . . 227.2
—, tire-ligne du . 227.5
— à verge . . . 228.6
Compás 226.8
—, brazo del . . 226.9
—, cabeza del . . 227.2
— de círculos . . 228.4
— para esferas . 207.3
— de gruesos . . 206.8
— de huecos . . 206.9
— de lápiz . . . 228.1
—, llave del . . 227.9
— de muelle . . 228.3
— con muelle . . 207.1
— de patas . . . 206.9
—, pie del . . 226.10
—, pieza para tinta 227.5
—, porta-lápiz del 227.4
— de precisión . 228.3
— de proporciones 228.5
—, punta del . . 227.1
— de puntas móviles . . . 227.8
— de puntas secas 206.7
— — — pequeño . 228.2
— de reducción . 228.5
— para roscas . . 207.2
—, tiralíneas del . 227.5
— de varas . . . 228.6
Compass with detachable legs 227.8
— key 227.9
— -plane . . . 193.7
— -saw . . . 188.10
— wrench . . . 227.9
Compasses . . . 228.2
—, beam- 228.6
—, bow 228.4
—, foot of . . 226.10
—, handle of . . 227.2
—, lead 228.1
—, leg of 226.9
—, pair of . . . 226.8
—, point of . . . 227.1
—, proportional . 228.5
—, reducing . . . 228.5
—, scribing . . . 207.8
—, set of 226.7
—, spring bow . . 228.4
Compasso 206.7
— 226.8
—, chiave del . . 227.9
Compasso diritto ad arco 207.4
—, gamba del . . 226.9
— per impanature 207.2
— d'interiore . . 206.9
— a matita . . . 228.1
— a molla . . . 207.1
—, piede del . 226.10
— di precisione a molla 228.8
—, punta del . . 227.1
— a punta fissa . 228.2
— a punte regolabili 207.8
— di ricambio . . 227.3
— di riduzione . 228.5
— di spessore . . 206.8
— per spessore ad arco 207.3
—, testa del . . 227.2
— a verga . . . 228.6
Compensateur, tuyau 104.1
Compensating pipe 104.1
Component . . . 242.1
—s, to resolve an acceleration in its 240.1
—, to resolve a velocity in its . 240.1
— of velocity . . 240.2
Componente . . . 242.1
— de aceleración . 240.2
— de velocidad . 240.2
Componenti della accelerazione . 240.2
— della velocità . 240.2
Componer varias aceleraciones en una resultante . 240.3
— varias velocidades en una resultante 240.3
Comporre più accelerazioni in una risultante . . . 240.3
— più velocità in una risultante . 240.3
Composante d'une force 242.1
— de la vitesse . 240.2
Composantes, décomposer une accélération en ses 240.1
—, décomposer une vitesse en ses 240.1
Compresión del muelle 148.7
Compress, to — a spring 148.8
Compressible, être 149.3
Compression . . 250.7
—, un corps est soumis à un effort de 247.6

Compression, effort de 250.9
—, elasticity of . 250.8
—, force de . . . 251.1
—, force of . . . 251.1
—, résistance à la 250.8
— du ressort . . 148.7
— of the spring . 148.7
— unitaire . . . 251.2
Compressione della molla 148.7
Compressive strain 251.2
— strength . . . 250.8
Comprimer un ressort 148.8
Comprimere la molla 148.8
Comprimir un muelle 148.8
Compteur de courses 209.3
— de tours . . . 209.4
Conchiglia (giunto) 57.8
Condensating coil 104.7
Condition of equilibrium 244.7
Conducción . . . 109.1
— para agua . 109.10
— de aspiración . 108.7
— de descarga . . 108.9
— para gas . . . 110.1
— para vapor . . 109.9
Conduite d'aspiration 108.7
— d'eau . . . 109.10
— à gaz 110.1
— d'huile . . . 52.3
— de refoulement 108.9
— de tuyaux . . 109.1
— de vapeur . . 109.9
Conduttura . . . 109.1
— d'acqua . . 109.10
— d'aspirazione . 108.7
— di gas 110.1
— d'olio 52.3
— pressione . . . 108.9
— di vapore . . 109.9
Cone, continuous speed 78.3
— coupling . . . 61.1
—, generating- (bevil gear wheel) . 71.1
— governor . . . 151.7
— pulley 83.4
— — drive . . . 78.3
— of valve . . . 116.6
Cône 83.4
—, accouplement à — de friction . 61.1
— de base (roue conique) . . . 70.9
—s. commande par poulies 78.3
Cône complémentaire (roue conique) 71.1
— à gradins . . . 83.5
— de pression . . 58.2
— de la soupape . 116.6
—s, transmission par tambours . 78.3
Congiungere insieme 165.1
Conical journal . 39.3
— pendulum . . 239.4
— pivot 39.1
— plug 128.3
— roll 74.5
— valve 116.5
Connecting rod . 144.7
—, body of the . 144.8
—, cross head end of the 144.9
— fork 145.3
Cono complementare 71.1
— complementario 71.1
— de fricción . . 74.5
— a frizione . . . 74.5
— limite dell' alzata 114.3
— mordiente . . 95.9
— primitivo . . . 70.9
— de sujeción (acoplamiento) . 58.2
Consistency, degree of 50.7
Consistent fat . . 50.6
Cónsola angular . 47.6
— en ángulo . . 47.6
— de pared . . . 46.5
Console 46.5
— à équerre . . . 47.6
Construcción . . 222.4
— de máquinas . 253.9
Construct, to — a machine . . . 253.8
Constructeur . . 222.8
— de machines . 254.2
— mécanicien . . 254.6
Construction . . 222.4
—, défaut de . . 222.5
—, faute de . . . 222.5
— de machines . 253.9
— of machines . 253.9
Constructor . . . 222.3
— de máquinas . 254.2
Construir 222.2
— una máquina . 253.8
Construire . . . 222.2
— une machine . 253.8
Contact 63.9
—, angle of (belt) 76.3
—, arc of (belt) . 76.3
—, line of . . . 64.1
—, path of . . . 64.2
Contact, surface de (soupape) . . 113.5
— surface of the seat (valve) . . 113.5
Contador de carreras 209.3
— de revoluciones 209.4
Contagiri 209.4
Contatore alternativo 209.3
Continu, graissage 49.2
Continuous line of shafting . . . 35.1
— lubrication . . 49.2
— oiling 49.2
—rope drive system 84.8
— speed cone . . 78.3
Contorno 224.7
Contour 224.7
Contra-brida . . 100.2
Contra-chaveta . . 24.8
Contramaestro . . 254.5
Contramarcha de engranaje . . . 68.2
Contra-marcha á friccion 75.4
Contra-punzón . . 168.7
Contra-tuerca . . 13.2
Contracción . . . 248.8
Contraction, lateral 248.8
Contre-bouterolle . 32.3
— -bride 100.2
— -clavette . . . 24.7
— -écrou 13.2
— -fer (rabot) . . 192.9
— -maître . . . 254.5
— -manivelle . . 142.1
Contreplaque . . 15.8
Contrepoids de régulateur . . . 152.1
Contrete (cadena) . 90.2
Contro-chiavella . 24.8
— -dado 13.2
Contro-flangia . . 100.2
— -manovella . . 142.1
Controstampo . . 32.3
— 164.5
Control, to . . . 152.6
Cool-hammer, to . 160.8
Cooling coil . . . 104.7
Cooper jointer . . 193.2
Copa de aceite . . 53.8
Copeaux 192.6
Coperchio del cilindro 130.5
— —, avvitatura del 130.7
— —, bullone del . 130.6
— —, vite del . . 130.6
— del sopporto . 43.5
— della valvola . 112.3
— —, bullone del 112.4
Copper 216.8
— bit 201.6

Copper bit with an edge 201.7
— — with a point 201.8
— bolt. 201.6
— hammer . . . 163.8
— -pipe 103.6
— -tube 103.6
—, yellow- . . . 217.5
Coppia 243.3
—, asse della . . 243.5
—, momento della 243.4
Coprigiunto . . . 29.3
Coquille de coussinet 42.4
—, accouplement à —s 57,2
— d'accouplement 57.3
Corchete de cable 86.1
— para correa . . 81.6
Corda 85.1
— d'amianto . . 135.6
—, attrito della . 86.2
—, avvolgere una 88.3
— di canape . . 86.9
— chiusa 85.7
— di cotone . . 86.10
— ferma 86.6
—, intrecciare la . 85.4
—, lubrificante della 86.4
— in moto . . . 86.5
— motrice . . . 87.5
—, piombare la . 85.9
—, puleggia di guida della . . 84.7
—, punto di piombatura d'una . . 85.10
—, rigidezza della 86.3
— a spirale . . . 85,6
—, svolgere una . 88.4
—, tensione della . 84.6
— di trasmissione 87.6
Corde 85.1
—, apparecchio d'attacco delle . 86.1
—, battre la . . . 85.4
— de chanvre . . 86.9
— de commande . 87.6
— de coton . . . 86.10
— fixe 86.6
— mobile 86.5
—, machine à battre les —s 85.5
—, poulie à . . . 87.1
—, tambour à . . 95.2
—, tresse de . . 85.2
—, unione di . . 85.8
Core 85.3
Corliss, tiroir . . 126.7
— valve 126.7
Corne de l'enclume 159.1
Corner-chisel . . 195.2
— -chisel drill . . 182.7
Cornière en fer . 215.6
Corona de asiento (cojinete) . . 41.2
— dentada (rueda) 69.2
— dentata (ruota) 69.2
— de empaque . . 99.7
— postiza (rueda) 69.8
— della puleggia . 81.8
— riportata (ruota) 69.8
Corpo dell' asse . 33.6
— della pompa . 132.3
— del sopporto . 43.4
Corps (vis) . . . 11.3
— de bielle . . . 144.8
— de manivelle . 141.3
— de palier . . . 43.4
— du piston . . 139.4
— de rivet . . . 26.2
— de soupape . . 113.8
— de la vanne . . 125.5
Correa 76.5
— abierta 77.5
—, acortar la . . 79.4
—, ancho de la . 76.8
— articulada . . 80.6
—, atesador de . 80.8
—, la — está colocada sobre el eje de transmisión 80.1
—, corchete para . 81.6
— cosida 81.1
—, coser la . . . 81.2
— de costura . . 81.8
— cruzada . . . 77.6
—, cuero de . . 80.4
—, desviador de la 84.3
— doble 80.2
— encolada . . . 80.9
—, encolar la . . 80.10
—, estirar la . . 79.3
—, grueso de la . 76.9
— horizontal . . 78.4
— inclinada de derecha á izquierda 78.7
— inclinada de izquierda á derecha 78.6
—, labros de la . 81.4
—, lado brillante de la 77.1
—, lado rugoso de la 77.2
—s, monta . . . 79.6
—, montar una — sobre la polea . 79.7
— motriz 80.5
— múltiple . . . 80.3
—, pasar la — de la polea loca á la fija 84.1
—, quitar la — de la polea . . . 79.8
Correa, recortar la 79.4
—, la — resbala . 79.1
—, la — salta . . 78.8
Correa, la — salta de la polea . . 79.5
— semi-cruzada . 77.7
—, tensión de la . 75.8
—, tornillo para . 81.5
—, la — trepa . . 79.2
—s, unión de . . 80.7
— vertical . . . 78.5
Corredera descargada 127.5
Corrugated pipe . 104.3
— tube 104.3
— sheet iron . . 216.6
Corsa di andata dello stantuffo . 137.9
— della catena . 91.10
— di ritorno dello stantuffo . . 137.10
— dello stantuffo . 137.7
Corta-alambres . 155.10
Corta-frío 167.9
— de afolar . . . 31.2
Corta-lápiz . . . 230.4
Corta-tubos . . . 110.8
Cortador de lápiz 230.4
Cortar los dientes de sierra . . . 187.2
— un eje 37.3
— los tornillos con terraja 20.3
Corte de sierra . 185.4
Coser la correa . 81.2
Costola (valvola) . 117.4
Costruire 222.2
— una macchina . 253.8
Costruttore . . . 222.3
— di macchine . 254.2
Costruzione . . . 222.4
— di macchine . 253.9
Costura (remachado) 27.5
Cota 225.6
— de rebajo (gorrón) 37.8
Cote 225.6
Côté chair de la courroie . . . 77.1
— poil de la courroie 77.2
Coter 225.9
Cotes principales . 225.8
Coton, câble de . 86.10
—, corde de . . 86.10
Cottar, to — a bolt 14.9
Cotter . . . 16.1; 24.6
—, bearing surface of 23.2
— bolt. . . 14.8; 15.7
—, depth of a . . 22.8
—, to drive in a . 25.8
—, gib and . . . 24.8
—, length of a . . 22.10
— with screw end 25.1
—, slot for . . . 23.1

Cotter, thickness of a 22.9
—, to tighten up a 25.9
Cottering 22.5
Cotton rope . . . 86.10
Couche d'huile . 48.8
Couché, tuyau . . 102.1
Coude (arbre) . . 36.10
— (tuyau) . . . 105.6
—, arbre à — double 37.2
— du crochet . . 92.4
Couder 37.1
Coudre la courroie 81.2
Coulage en châssis 211.5
— en sable . . . 211.6
— — — sec . . . 211.7
— — — vert . . 211.8
Coulé en châssis . 211.5
— en sable . . . 211.6
— — — sec . . . 211.7
— — — vert . . 211.8
Couleur d'aquarelles 232.3
—, broyer la . . 232.8
—, faire la . . . 232.7
—s en morceaux . 232.2
— du recuit . . . 199.4
Coulisse, jauge à —s 205.4
—, pied à . . . 204.6
— -manivelle . . 143.1
Coulisseau (manivelle) 143.2
Counter 209.3
Counterpoise, governor 152.1
Countersink . . . 180.7
—, to — a rivet . 30.6
Counter-sunk head 12.3
— — head and nut 14.4
— — screw . . . 14.4
Coup de bélier . . 110.3
— double du piston 137.8
— de lime . . . 171.7
— de pointeau . 168.5
Coupe, dessiner un détail de machine en 224.8
— -fils 155.10
— longitudinale . 224.9
— transversale . . 225.1
— -tubes 110.8
— x—y 225.2
Couper un arbre . 37.3
—, tenaille à . . 156.2
— la tête du rivet 31.4
Couple de forces . 243.8
— of forces . . . 243.3
—, moment du . 243.4
—, moment of the 243.4
—, to — up . . . 62.5
Coupled 62.6
— axle 34.1
— direct with . . 62.7
Coupling 56.1
—, band- 61.6
— -bolt . . . 57.4
— -box 56.5
—, box 56.4
—, brush- 61.3
—, claw- 60.2
—, cone 61.1
—, to connect the 59.5
—, to disconnect the 59.6
—, elastic . . . 58.5
—, electro-magnetic 61.5
—, expansion- . . 58.4'
—, fast 56.3
—, flange 98.7
—, flange of . . . 57.6
—, flexible . . . 58.4
—, friction clutch 60.7
—, jointed . . . 61.8
—, leather- . . . 61.4
— link . . . 145.4
—, movable . . . 58.3
—, muff- 56.4
—, pawl- 60.5
—, plate- 57.5
—, rod- 61.7
— -rod 145.4
—, screw 56.6
—, screw- — box 56.7
—, screw-flange- . 98.8
—, screwed-pipe- . 98.6
—, Sellers- . . . 58.1
—, shaft- 56.2
—, sleeve- . . . 56.8
—, split- 57.2
—, wedge for . . 58.2
Courbage 251.3
Courbe ballistique 237.11
Couronne, cercle de 63.6
— dentée 69.2
—, nervure de la . 69.3
— rapportée . . . 69.8
Courroie 76.5
—, agrafe de . . 81.4
—, agrafe griffe pour 81.6
— articulée . . . 80.6
—, attache de . . 80.7
— à chainons . . 80.6
— collée 80.9
—, coller la . . . 80.10
— de commande . 80.5
—, commande par 77.4
—, commander un arbre par . . . 76.4
—, côté chair de la 77.1
—, côté poil de la 77.2
—, coudre la . . 81.2
— cousue 81.1
— croisée 77.6
—, cuir de . . . 80.4
— demi croisée . 77.7
— double 80.2
Courroie, enlever une — de la poulie 79.8
—, épaisseur de la 76.9
—, la — flotte . . 78.8
—, la — glisse . . 79.1
— horizontale . . 78.4
—, largeur de la . 76.8
—, mettre une — sur la poulie . . 79.7
— montante de droite à gauche 78.7
— montante de gauche à droite 78.6
—, monte- . . . 79.6
—, la — monte . 79.2
— multiple . . . 80.3
— ouverte . . . 77.5
—, passer la — de la poulie folle à la poulie fixe . 84.1
—, la — pose sur l'arbre 80.1
—, raccourcir la . 79.4
—, renvoi à . . . 77.3
—, tendeur de . . 80.8
—, tendre la . . 79.3
—, tension de . . 75.8
—, la — tombe de la poulie . . . 79.5
—, transmission par 75.5
— verticale . . . 78.5
—, vis agrafe de . 81.5
Course de chaîne . 91.10
—s, compteur de . 209.3
— du manchon du régulateur . . . 151.2
— du piston . . . 137.7
— de soupape . . 114.1
—, taquet limitant la 114.3
Coussinet 42.1
—s 21.2
—, coquille de . . 42.4
—, fourrure pour revêtir un . . . 42.6
—, garnir un . . 43.1
—, garnir un — de métal blanc . . 43.2
—, garniture pour revêtir un . . . 42.6
—, mettre un . . 42.2
— sphérique (bearing) 45.7
—, rebord du . . 43.3
— réglable . . . 42.5
—s, régler les . . 48.6
Couteau (palier) . 46.2
—, lime à —x . . 175.1
— à deux manches 195.3
Couvercle, boulon du 130.6
— du cylindre . . 130.5
— du piston . . 139.5

Couvercle du piston, vis de . 139.6
— de soupape . . 112.3
— —, boulon du . 112.4
— de la vanne. . 125.3
Couvre-joint (rivet) 29.8
Cover-plate (rivet). 29.8
—, valve 112.8
Covering, pipe . . 98.4
Crack (in steel) 199.11
Cramp 154.4
— -frame 196.9
Crampon 155.2
Crane-chain . . . 91.8
— rope 87.9
Crank 141.2
—, to make a . . 37.1
— (shaft) 36.10
— arm 141.3
— bearing . . . 47.7
—, body of the . 141.3
— -disk 142.2
—, double throw — shaft 37.2
— -gear 140.8
— knocking in the 142.8
— pin 141.6
— pin brasses . . 141.7
—, return- . . . 142.1
—, safety- . . . 142.7
— shaft 141.4
— — bearing . . 141.5
—, slot and . . . 143.1
— steps 141.7
—, to 37.1
— web 141.3
—, winch and — handle 142.3
Crapaudine . . . 40.8
— annulaire . . 41.1
— à billes . . . 41.3
Crayon 230.2
— bleu 233.6
— du compas . 227.4
— de couleur . . 233.4
—s, lime à . . . 230.6
— rouge 233.5
— tailler le . . . 230.3
Creep, to, the belt creeps 79.2
Crémaillère . . . 70.7
—, engrenage à . 70.6
Cremallera . . . 70.7
Crépine 108.6
Creuser un cylindre 131.3
— en grattant . . 177.3
Creux 65.7
— 179.1
Crevasse de trempe 199.11
Cricchetto . . . 182.9
Crochet 92.1
—, accessoires de 92.9
—, bec du . . . 92.2
— à (de) câble . 92.7
Crochet à (de) chaîne 92.8
—, coude du . . 92.4
— double . . . 92.6
— fermé 93.1
— de four . . . 166.8
—, ouverture du . 92.2
—, tige du . . . 92.3
Croisilon 62.3
Croix (tuyau) . . 106.5
Croquis 222.9
— acotado . . . 223.8
—, carnet à . . . 220.5
— cotés 223.8
—, papier à . . . 220.4
— de projet . . . 223.3
— de proyecto. . 223.3
Croquizar 222.8
Cross-cut 170.5
— — -saw 188.5
— -cutting chisel . 167.6
— file 174.8
— -head 146.5
— — center . . . 146.7
— — cotter . . . 147.1
— — end of the connecting rod . 144.9
— — and slipper . 146.4
— pane hammer . 162.1
— -piece 62.3
— -pipe 106.5
— section . . . 225.1
— valve 118.1
Crosse 146.5
—, clavette de la 147.1
—, tige de . . . 146.8
—, tourillon de . 146.7
Crossed belt. . . 77.6
Crowned pulley . 82.2
Crowning (pulley) 82.3
Cruceta 146.5
Crucible steel . . 214.4
Cruzamiento de tubos 106.5
Cuadra de tornear ejes 35.2
Cuadro para mariones 234.5
— de pared . . . 47.3
Cubo de la rueda . 69.4
— —, aumento de grueso del . . 69.5
Cubrejunta . . . 29.3
Cucchiaio da saldatore 203.4
Cucharilla de soldador 203.4
Cuchillo 195.3
— de dos mangos 195.3
— de dos manos . 195.4
— raspador . . . 231.1
Cucire la cinghia . 81.2
Cuello de cuero . 134.1
— del eje . . . 33.3
Cuerda 85.1
— de algodón . . 86.10
— de amianto . . 135.6
—, arrollar una . 88.3
— de cable revestido 85.7
— de cáñamo . . 86.9
—, cierre de la . 86.1
—, desarrollar una 88.4
— directora . . . 87.6
—, empalme de la 85.10
—, engrase de la . 86.4
— á espiral . . . 85.6
— fija 86.6
—, fricción de la . 86.2
—, guía de la . . 84.7
— de impulsión . 87.6
— motriz 87.5
— en movimiento . 86.5
—, rigidez de la . 86.3
—, tensión de la . 84.6
—, torcer la . . 85.4
—, unión de . . 85.8
Cuerno del yunque 159.1
Cuero de correa . 80.4
Cuerpo del eje . 33.6
— del remache . 26.2
— del soporte . . 43.4
Cuir, colle de . . 80.11
— de courroie . . 80.4
—, garnir un piston de 138.6
—, piston à garniture de 138.5
Cuivre 216.8
— jaune 217.5
—, marteau en . . 163.8
—, tuyau en . . 103.6
Culisa (manivela) . 143.2
Cuña 21.6
— de ajuste . . . 25.1
— de ajuste (soporte) 44.2
—, cabeza de la . 21.8
—, cara de la . . 21.7
—, inclinación de la 22.1
— de madera . . 22.2
— de presión . . 25.1
— del soporte . . 46.2
Cuneo 21.6
— d'acciaio . . . 22.4
— di aggiustamento (sopporto) . . . 44.2
— per aggiustamento 25.1
—, piano d' appoggio del . . . 23.2
— di ferro . . . 22.3
—, inclinazione del 22.1
— di legno . . . 22.2
—, superficie del . 21.7
—, testa del. . . 21.8
Cunetta (martinetto) 32.5
Cuoio da cinghia . 80.4

Cup 31.8
— -chaped-dies . 32.2
—, drip 52.9
— -valve 119.1
Curl, piston . . . 139.7
Curso del émbolo 137.8
Curva balistica 237.11
— balistica . . 237.11
— de engrane . . 64.2
— d'imbocco . . 64.2
Curvatura (corona della puleggia) . 82.8
— de la llanta (polea) 82.8
Curve, ballistical 237.11
—, flexible . . . 220.1
Curved armed pulley 82.5
Curves 219.10
—, irregular . 219.10
Curvilinear motion 236.7
Curvilineo . . 219.10
Cuscinetti (filiera) . 21.2
Cuscinetto . . . 42.4
—, il — si logora . 48.4
—, lubrificare il . 48.7
— per perno sferico 45.7
— regolabile . . 42.5
—, regolare il . . 48.6
— di spinta . . . 41.4
Cut, bastard (file) . 170.2
—, cross- (file) . . 170.5
— of the file . . 170.1
—, fine (file) . . 170.8
—, first (file) . . 170.7
—, lower (file) . . 170.7
—, second (file) . 170.5
—, single (file) . . 170.4
—, smooth (file) . 170.8
— tooth 66.1
—, upper (file) . . 170.6
—, to 184.9
—, to — files . . 170.8
—, to — grooves . 23.7
—, to — a key-way 23.4
—, to — off an axle 37.8
—, to — off a shaft 37.8
—, to — screws with a chaser . 20.4
—, to — screws with a die . . . 20.8
—, to — screws by hand 19.10
—, to — teeth . . 187.2
Cutter 183.2
— (A) 157.5
— (center-bit) . . 180.4
—, backed off . . 183.5
—, cylindrical . . 184.1
—, face-milling . 184.4
—, formed . . . 184.8
— for gear wheels 184.5
Cutter, milling- . 183.2
—, pipe- 110.8
—, profil 184.8
—, screw-milling- . 20.8
—, side-milling . 183.6
—, slot- 183.7
—, slot- 184.2
—, tooth of the . 183.3
—, wheel 184.5
Cutting 185.1
— angle 185.9
— block (file) . . 171.1
— machine, wheel 73.2
— -nippers . . . 156.1
Cuvette d'égouttage 52.9
— d'huile (palier) 44.6
Cycloid 66.9
Cycloidal gear system 66.7
— pendulum . . 239.5
Cycloïde 66.9
Cykloide, Epi- . . 66.8
—, gemeine . . . 66.9
—, Hypo- 66.10
—npendel 239.5
—, Peri- 67.1
—nverzahnung . . 66.7
Cylinder 130.1
— achse 130.2
—, einen — ausbohren 131.5
—, einen — ausdrehen 131.3
— axis 130.2
— boden 130.8
— bohrmaschine . 131.6
— bohrung . . . 130.3
— -bolt 130.6
— bore diameter . 130.3
—, to bore out a . 131.5
— boring machine 131.6
— bottom . . . 130.8
— casing 130.4
—, center line of . 130.2
— clothing . . . 131.2
—, Dampf- . . . 132.2
— deckel 130.5
—, doppelt wirkender 132.1
—, double acting . 132.1
— durchmesser . 130.3
—, einfach wirkend 131.8
— head 130.5
— — bolt 130.6
— jacket 130.4
— inside diameter 130.3
— lagging . . . 131.2
— mantel . . . 130.4
— maß 205.4
Cylinder, einen — nachdrehen . . 131.4
— -oil 51.6
— oiling 131.7
— öl 51.6
—, Preß- 132.4
—, pressure . . . 132.4
—, pump- 132.3
—, Pumpen- . . . 132.3
—, to re-bore a . 131.4
— schmierung . . 131.7
—, single acting . 131.8
—, steam- 132.2
— stichmaß . . . 205.4
— stopfbüchse . . 131.1
— der — ist durch eine Stopfbüchse abgedichtet . . 135.1
— stuffing box . . 131.1
—, the — is kept tight by means of a stuffing-box 135.1
—, to turn out a . 131.3
— verkleidung . . 131.2
— wandung . . . 130.4
Cylindre 130.1
—, aléser un . . 131.5
—, axe du . . . 130.2
—, boulons du . . 130.7
—, chemise du . . 130.4
—, couvercle du . 130.5
—, creuser un . . 131.3
—, diamètre du . 130.3
— à double effet . 132.1
—, enveloppe du . 131.2
—, fond du . . . 130.8
— de friction . . 74.4
—s, graissage des . 131.7
—s, huile pour . . 51.6
— lubrication . . 131.7
—s, machine à aléser les . . . 131.6
—, paroi du . . 130.4
— de pompe . . 132.3
— de presse . . . 132.4
—, presse-étoupe du 131.1
—, le — est rendu étanche par un presse-étoupe . 135.1
— à pression . . 132.4
—, réaléser un . . 131.4
— à simple effet . 131.8
— à vapeur . . . 132.2
Cylindrical cutter . 184.1
— journal . . . 39.2
— spiral spring . 148.3
Cylindrisches Reibungsrad . . . 73.6
Cylindrische Schraubenfeder . 148.3
Cylindrisch. Zapfen 39.2

D.

D-slide valve . . 127.2
Dado (soporte) . . 42.1
— (vite) 11.5
— ad alette . . . 12.7
— a colletto . . 12.8
— esagonale (vite) 12.5
— di fissamento . 12.9
— a fori 12.9
— de guía (manivela) 143.3
— ad intagli . . 12.6
— lavorato . . . 12.8
—, poner un . . 42.2
— rotondo . . . 12.10
Dampfabsperrschieber . . . 126.6
— absperrventil . 121.2
— cylinder . . . 132.2
— kolben . . . 140.5
— leitung . . . 109.9
— stopfbüchse . . 133.7
Daumenrad . . . 91.4
— rolle 91.4
— schraube . . . 15.4
Dead center (crank) 141.1
— — position (crank) 140.9
— smooth file . . 172.7
— weight valve . 119.2
Débrayage . . . 59.7
—, accouplement à 58.6
—, appareil à . . 58.8
—, appareil de . . 84.3
—, arbre de . . . 59.4
— automatique . 60.1
—, commande par accouplement à 58.7
—, fourche de . . 59.8
—, fourchette de . 84.4
— à griffes . . . 60.4
—, levier de . . 59.2
Débrayer (accouplement) . . . 59.6
—, embrayer et . 84.2
Dechsel 191.8
Dechseln 191.9
—, Cylinder- . . 130.5
Deckel (Hobel) . . 192.9
— (Stopfbüchse) . 132.6
— flansch 105.3
—, Kolben- . . . 139.5
—, Lager- . . . 43.5
—, Ventil- . . . 112.3
—, Ventilgehäuse- 112.3
Deckelschraube (Cylinder) . . . 130.6
—, Kolben- . . . 139.6
— (Lager) . . . 43.6
Deckelverschraubung (Cylinder) . 130.7
Déclaveter . . . 25.7
Dedendum . . . 65.4
Dedendum line . 63.7
Défaut de construction 222.5
— de soudure . . 165.4
Defect in welding 165.4
Deflection . . . 252.1
— (belt) 67.2
— (spring) . . . 147.5
Deformación . . 248.4
— elástica . . . 248.5
Deformation . . 248.4
—, elastic . . . 248.5
—, permanent elastic 249.5
—, resilience work of 248.6
Déformation . . . 248.4
— élastique . . . 248.5
— élastique (action consécutive d'élasticité . . . 249.6
— permanente . . 249.5
—, travail de . . 248.6
Deformazione . . 248.4
— elastica . . . 248.5
— permanente . 249.5
Déformer la vis . 19.8
Dégorgeoir . . . 162.6
Degré de duretè . 199.9
— de fluidité de la graisse 50.7
Degree of consistency 50.7
— of eccentricity . 143.5
— of hardness . . 199.9
Degüello 162.6
Dehnung 248.9
—, Bruch- . . . 249.3
—, elastische . . 249.4
—skoefficient . . 249.1
—srest 249.5
—srohr 104.1
Delivery clack . . 124.3
— pipe 108.8
— valve 121.7
Delta-Metall . . 217.11
— metal . . . 217.11
Démontage d'une machine . . . 255.5
Demontage einer Maschine . . . 255.5
Démonter une machine 255.4
Demontieren, eine Maschine . . . 255.4
Dent 64.8
—s, angle des . . 185.8
—, angle d'une . 186.1
—, base de la . . 65.3
— de bois . . . 72.3
— —, roue à . . 72.1
— brute de fonte . 65.9
Dent à chevron . 70.4
—, donner la voie (aux —s d'une scie) 187.1
—, épaisseur de la 65.6
—, faire les —s . 187.2
—, flanc de la . . 64.10
— de fraise . . . 183.3
—, frottement des —s 66.5
—, hauteur de la . 65.5
—, largeur de la . 65.8
—, ligne des —s . 186.2
—, ligne supérieure des —s 186.3
—, longueur de la 65.5
— -de-loup . . . 186.5
—, mortaiser des —s dans une roue 72.7
— en M renversé . 186.6
— percée 186.7
—, pied de la . . 65.3
—, profil de la . . 64.9
—, pression sur la 66.3
—, pression unitaire sur la . . 66.4
— rabottée . . . 66.1
— rapportée . . 72.2
—, saillie de la . 65.1
— de scie . . . 185.7
— taillée à la fraise 66.2
—, tailler les —s . 187.2
—, tête de la . . 65.1
—, trajet de la tête de la 64.7
—, travail de frottement des —s . . 66.6
— triangulaire . . 186.4
—, qui a de la voie 186.8
Dentar una rueda con dientes de madera 72.7
— una sierra . . 187.2
Dentatrice . . . 73.2
Dentatura cicloidale 66.7
— interna . . . 67.7
—, passo della . . 63.4
Dente (ingranaggio) 64.8
— (innesto) . . . 60.3
— allicciato . . . 186.8
—, altezza del . . 65.5
—, altezza della base del . . . 65.4
—, base del . . . 65.3
— a cuspide . . 70.4
—, fianco del . . 64.10
— fresato 66.2
— greggio . . . 65.9
—, larghezza del . 65.8
— lavorato . . . 66.1
— di legno . . . 72.3

Dente licciato . . 186.8
— di lupo . . . 186.5
— a M 186.6
— mobile 72.2
— perforato . . . 186.7
— piallato . . . 66.1
—, pressione sul . 66.3
—, pressione specifica di regime sul 66.4
—, profilo del . . 64.9
Dente della sega . 185.7
—, angolo d'affilamento 186.1
—, angolo d'appoggio 185.8
—, angolo di taglio 185.9
— —, linea del labbro 186.3
—, linea dell'orlo 186.3
—, linea delle punte dei denti . . . 186.2
Dente, spessore de 65.6
—, testa del . . 65.1
— triangolare . . 186.4
Denti, attrito fra i 66.5
—, lavoro d'attrito fra i 66.6
—, vano fra due . 65.7
Dentiera 70.7
Denture à chevrons, roue à . . 70.3
— cycloïdale . . 66.7
— à (en) développante (de cercle) 67.8
— à double points 67.5
—, engrenage à — intérieure . . . 70.1
— à fancs droits . 67.6
— à fuseaux . . 67.4
— intérieure . . 67.7
— —, roue à . . 70.2
Departamento de montura . . . 255.3
Depósito para aceite 51.8
Depth of a cotter. 22.8
— of engagement 75.3
— gauge 205.6
— of packing . . 101.7
— of the piston . 136.3
— of socket . . . 101.6
— of thoot . . . 65.5
— of thread . . . 8.1
— (wedge friction gear) 75.3
Dérouler un câble 88.4
Desacoplamiento . 59.7
— de los platos dentados . . . 60.4
Desacoplar . . . 63.1
Desarrollar una cuerda 88.4
Desbarrozar . . . 168.2
Desbastar á la azuela 191.9
Descarga de la válvula 115.10
Descargar la válvula 115.9
Descent 236.2
Descente du piston 138.2
Desclavador . . . 156.3
Descomponer una aceleración en sus componentes 240.1
— una velocidad en sus componentes 240.1
Descrivere il disegno 231.5
Desembragar . . 59.6
Desembrague . . 59.7
— automático . . 60.1
Desengranar . . 64.6
Désengrener . . . 64.6
Déserrer 19.4
—, se 19.5
Deshacer el roblonado 31.3
Design 222.4
—, fault in . . . 222.5
—, to 222.2
Designer 222.3
Desleir un color . 232.8
Deslizadera . . . 145.7
Desmangar (chaveta) 25.7
Desmontaje de una máquina . . . 255.5
Desmontar una máquina 255.4
Desoldar 200.9
Dessin 218.6
— d'atelier . . . 223.6
— de détail . . . 223.5
— d'exécution . . 223.6
— de machines . 222.7
— à main levée 222.10
—, papier à . . . 220.2
—, le — se plisse 233.3
—, table à . . . 218.7
— tiré 234.1
— tiré blanc . . 234.4
Dessinage de machines 222.6
Dessinateur . . . 218.5
Dessiner 218.1
— au crayon . . 226.1
— un détail de machine en coupe . 224.8
— — en vue extérieure 224.1
— à l'échelle . . 218.3
— en vraie grandeur 218.2
Dessouder . . . 200.9
Destornillador . . 18.3
Destornillar . . . 19.3
Destral 191.6
Desviación del péndulo 238.9
— —, ángulo de . 239.1
Desviador de la correa 84.3
Detail drawing . . 223.5
— zeichnung . . 223.5
Développante . . 67.9
— (de cercle), denture à 67.8
Dévisser 19.3
Dexel 191.8
Diagram, valve-lift- 115.8
Diagramm, Ventilerhebungs- . . 115.8
Diagramme de la levée de la soupape 115.8
Diameter of the bearing 40.3
— of bolt . . . 11.8
— at bottom of thread 8.3
—, cylinder inside 130.3
— of flange . . . 99.1
—, inside — of pipe 97.6
— of the piston . 136.2
— of screw . . . 8.4
Diamètre de l'alésage du palier . 40.3
— du boulon . . 11.8
— de la bride . . 99.1
— du cylindre . . 130.3
— extérieur du filet 8.4
— intérieur (soupape) 112.5
— — du filet . . 8.3
— — du tuyau . 97.6
— —, le tuyau a x mm de . . . 97.7
— du noyau . . 8.3
— du palier . . . 40.3
— du piston . . 136.2
Diametro del bullone 11.8
— del cilindro . . 130.3
— esterno del filetto 8.4
— interno del filetto 8.3
— del sopporto . 40.3
Diámetro del cilindro 130.3
— exterior del perno 8.4
— en el fondo del perno 8.3
— interior del soporte 40.3
— — del tubo . . 97.6
— del tornillo . . 11.8

Dibujante . . . 218.5
Dibujar 218.1
— un detalle de una máquina en elevación . . . 224.1
— — — en sección 224.8
— en escala . . . 218.3
— en tamaño natural 218.2
Dibujo 218.6
—, el — se deforma 233.8
— detallado para taller 223.6
— en detalle . . 223.5
—, el — se estira disigualmente . 233.8
—, lavar un — con la esponja . . . 233.1
— á mano alzada 222.10
— de una máquina 222.7
— á pulso . . 222.10
—, rotular un . . 231.5
Dicht, die Stopfbüchse ist . . . 134.7
Dichte Nietung . 28.2
Dichten, die Stopfbüchse dichtet . 134.7
Dichtung (Stopfbüchse) 132.9
Dichtung, Flanschen- 99.6
—, Hanf- 135.3
—, Kolben- . . . 138.3
—, Rohr- 101.5
Dichtungsleiste (Rohr) 99.5
— nietung . . . 28.2
— ring 99.7
— ring (Schieber) . 125.7
— schnur 99.7
— tiefe 101.7
Die 164.4
—s 21.2
—, bed- 169.1
—, bottom . . . 164.5
—s, cup-shaped- . 32.2
—, to cut screws with a 20.8
— head (rivet) . . 26.4
— -plate 20.2
—s, screw- . . . 21.2
—stock 21.1
—s, stocks and . 20.9
—, top 164.6
Diente (acoplamiento) 60.3
— (engranaje) . . 64.8
— abarquillado . 186.8
— alaveado . . . 186.8
—, altura del pie del 65.4
—, ancho del . . 65.8
— angular . . . 70.4
—, cabeza del . . 65.1
— cepillado . . . 66.1
Diente de cola de Milano 186.6
— empotrado . . 72.2
—, espesor del . . 65.6
—, flanco del . . 64.10
— fresado . . . 66.2
—, fricción del . . 66.5
— fundido en bruto 65.9
—, hueco del . . 65.7
— de lobo . . . 186.5
—, longitud del . 65.5
— de madera . . 72.8
— ojalado . . . 186.7
—, perfil del . . 64.9
—, pie del . . . 65.3
—, presión por unidad de superficie del 66.4
—, presión sobre el 66.3
Diente de sierra . 185.7
—, ángulo de corte 185.9
—, ángulo del filo 186.1
—, ángulo radical del 185.8
—, linea de aserrado 186.3
—, linea de las puntas de los dientes 186.2
—, oblicuidad del filo 186.1
Diente tallado . . 66.1
—, trabajo de fricción del . . . 66.9
— triangular . . 186.4
Differential brake . 97.2
— bremse . . . 97.2
— flaschenzug . . 94.4
— pulley 94.5
— — block . . . 94.4
— rolle 94.5
— scheibe 94.5
— sheave 94.5
Dilatación . . . 248.9
—, coeficiente de 249.1
— elástica . . . 249.4
— remanente . . 249.5
— de rotura . . 249.3
Dilatazione . . . 248.9
—, coefficiente di . 249.1
Dilucidare . . . 233.7
Dimension . . . 220.8
— figure 225.6
— line 225.4
—s, principal . . 225.8
—, to 225.9
Dimensione . . . 225.6
—s principales . . 225.8
Dimensioned sketch 223.8
Dimensioni principali 225.8
Diramazione (tubo) 106.1
— ad angolo acuto 106.3
Diramazione ad angolo retto . . . 106.2
Direction de la force 241.6
— of force . . . 241.6
— in which force acts 241.6
Direkt gekuppelt mit 62.7
Disc 74.3
— friction wheels 74.2
Discharge cock . 129.8
Disco d'accoppiamento 57.6
— per affilare . . 197.7
— de empaque . . 99.7
— esmerilador . . 197.7
— de fricción . . 74.3
— di frizione . . 74.3
— — (innesto) . . 61.2
— pulimentador . 197.7
— para pulir . . 160.1
— pulitore . . . 197.7
— di smeriglio . . 198.2
— della valvola . 123.2
— de la válvula . 123.2
Disconnecting, automatic (coupling) 60.1
— with a claw-coupling . . . 60.4
Disegnare 218.1
— in grandezza naturale 218.2
— un pezzo di macchina in prospetto 224.1
— — in sezione . 224.8
— in scala . . . 218.3
Disegnatore . . . 218.5
Disegno 218.6
—, la carta di — si restringe . . 233.8
— costruttivo . . 223.6
—, descrivere il . 231.5
— di dettaglio . . 223.5
—, lavare il — colla spugna . . 233.1
— di macchina . 222.6
— a mano libera 222.10
— per officina . . 223.6
— in particolare . 223.5
Disengage, to . . 63.1
Disengaging clutch 59.1
— fork 59.3
— gear 58.8
— lever 59.2
— shaft 36.6
Disgiungere (chiavella) 25.7
Disingranare . . . 64.6
Disinnestare . . . 59.6
Disinnesto . . . 59.7
—, albero di . . 36.6

Disinnesto automatico 60.1
— a denti . . . 60.4
—, manicotto di . 59.1
Disk, crank- . . . 142.2
—, eccentric . . 143.6
— piston 140.8
— saw 190.4
— -valve 116.8
Diskusgetriebe . . 74.2
Disparador de la correa 84.8
Disposición completa 223.4
— para engrasado automático . . 49.7
— de engrase central 50.8
Disposition générale 223.4
Disposizione generale 223.4
Dissaldare . . . 200.9
Distance à l'aile . 30.4
— between center-lines 225.7
— from rivet center to side of angle 30.4
— polaire 242.5
— sink-bolt . . . 14.6
— sink-tube . . 14.7
—, through which a body falls . . 236.8
Distancia de la arista del ángulo (remachado) . . 30.4
— de la orilla (remachado) . . 27.7
— polar 242.5
Distanzbolzen . . 14.6
— hülse 14.7
Distanza dall'ala (chiodatura) . . 30.4
— dal polo . . . 242.5
Distender un muelle 148.9
Distribución de caja 127.6
— por válvula . . 120.9
Distribuidor cilíndrico 127.4
—, vástago del . 127.3
Distributing slide valve 126.9
Distribution, tiroir de 126.9
— par tiroir . . 127.6
Distributore cilindrico 127.4
— a stantuffo . . 127.4
Distribuzione a cassetto . . . 127.6
Dividers 207.4
— 228.2
Doble codo . . . 105.8
— escuadra . . . 219.5
Docht, Öler- . . . 54.3
— schmierbüchse . 54.2
— schmierer . . 54.2
— schmierung . . 54.1
—, der — verfilzt . 54.4
Dogs 156.5
Doile 31.8
Doladura 192.6
Dolly 32.5
—, lever- 32.6
—, shrew- . . . 32.4
Doppelbogen (Rohr) 105.8
— eisen 192.8
— haken 92.6
— hobel 192.7
— kegelkupplung . 58.1
— keil 24.6
— laschennietung 29.2
— mäuliger Schlüssel . . . 17.1
— nippel 107.3
— punktverzahnung 67.5
— riemen . . . 80.2
— schlichtfeile . 172.7
— schlüssel . . . 17.1
— sitzventil . . . 118.7
— -T-Eisen . . . 215.8
— ziehfeder . . . 229.8
Doppelt gekröpfte Welle 37.2
— wirkender Cylinder 132.1
Doppeltes Gewinde 9.2
Döpper 31.8
Doppio decimetro 221.2
Dorn, Lehr- . . . 205.8
Dos de coin . . . 21.8
— de la scie . . 188.9
Dosenlibelle . . . 209.1
Dotting needle . . 229.1
— pen 229.9
— wheel 229.2
Double acting cylinder . . . 132.1
— -beat valve . . 118.7
— -belt 80.2
— -clavetage . . 24.6
— cover-plate riveting 29.2
— décimètre . . 221.2
— ended spanner 17.1
— ended wrench . 17.1
— -faced sluice gate valve 125.1
— half round file 174.8
— helical spur wheel 70.3
— helical tooth . 70.4
— hook 92.6
— iron 192.8
Double nipple . . 107.3
— pas 9.2
— pin gearing . . 67.5
— plane 192.7
— raccord à vis . 107.3
— riveting . . . 29.6
— seat valve . . 118.7
— shear riveting . 28.5
— -socket . . . 105.5
— stroke 137.8
— thread 9.2
— throw crank shaft 37.2
— T-iron 215.8
— tooth 186.8
Doucir (lime) . . 172.8
Douille, accouplement à 56.8
— d'accouplement 57.1
— conique 25.2
— d'entretoisement 14.7
Down-stroke of the piston 138.2
Drahtlehre . . . 206.6
— schere 158.2
— schneider . 155.10
— seil 86.7
— seil, Stahl- . . 86.8
— seilscheibe . . 87.3
— stift 196.4
— zange 155.9
Drain pipe . . . 109.3
Draining cock . . 129.2
— valve 122.6
Draughtsman . . 218.5
Draw, to 218.1
—, to — dash line 226.2
—, to — dotted line 226.3
—, to — dot and dash line . . . 226.4
— -knife 195.3
—, to — in lead . 226.1
— -shave 195.3
—, to — to full size 218.2
—, to — to scale . 218.3
—, to — tubes . . 103.5
—, to — views of a machine part. 224.1
Drawer 218.8
Drawing 218.6
— board 219.4
— desk 218.7
—, detail 223.5
— instruments . . 226.7
—, to letter a . . 231.5
—, machine . . . 222.6
— of a machine . 222.7
—, mechanical . . 222.6
— office 218.4
— paper 220.2
— pen 229.6
— pen, to sharpen a 230.1
— pencil 230.2

Drawing pin . . 220.6
— sheet 220.3
—, the — is shrinking 233.3
—, to sponge off a 233.1
— table, adjustable 219.1
—, working . . . 223.6
Drawn-out iron . 215.5
— tube 103.4
— —, solid . . . 103.4
Drehachse . . . 34.5
— 241.1
— bank, Achsen- . 35.1
— bohrer 182.2
— moment . . . 253.4
— punkt, Moment der Kraft P in bezug auf — O . 243.1
— schieber . . . 126.8
— stahl, Schrauben mit dem — schneiden . . . 20.4
— zapfen 39.7
Dreherei, Achsen- . 35.2
Drehung 240.6
— 253.2
—sbeanspruchung . 253.3
—sfeder 148.2
—swinkel 253.5
Dreieck 219.8
—, Kräfte- . . . 242.2
Dreieckiges Gewinde 9.5
Dreiecksgewinde . 9.5
—zahn 186.4
Dreigäng. Gewinde 9.3
Dreikantige Feile . 174.2
Dreikantschaber . 176.6
Dreiwegehahn . . 128.9
Dreiwegestück (Rohr) 106.7
— ventil 118.1
Dress, to 208.6
Dresser 208.6
— à l'herminette . 191.9
Drift 163.3
—, angle 177.6
Drill 178.4
—, Archimedian . 182.2
— bogen 182.4
— bohrer 182.2
—, bow- 182.4
—, breast- . . . 182.5
—, churn- . . . 181.6
—, corner . . . 182.7
—, double cutting 180.2
— with ferrule . . 182.3
—, hand- 179.6
—, pin- 179.8
—, pointed end . 180.3
— -press 183.1
—, single-cutting- 180.1
Drill socket . . . 178.5
—, spiral 182.2
—, twist 180.6
— worked by hand 179.6
—, to 179.2
Driller, slot . . . 181.5
Drilling 179.5
— -machine . . . 183.1
Drip cup 52.9
— -pan (bearing) . 44.6
— ring 52.7
Dripping cup (bearing) . . . 44.6
Drive, angle (belt) 77.8
—, belt 77.4
— with weighted belt-tightener . 78.1
—, chain 88.5
—, cone pulley . 78.3
—, friction . . . 73.3
—, rope 84.5
—, to — in a cotter 25.8
—, to — in a rivet 30.7
—, to — a shaft by belting 76.4
Driven pulley . . 75.7
— side of belt . . 76.1
Driver (flexible gearing) . . . 75.6
— (gearing) . . . 68.7
Driving belt . . 80.5
—, belt 75.5
— chain 91.6
— with clutch . . 58.7
— pulley 75.6
— rope 87.6
— shaft 36.4
— side of belt . . 75.10
Droite, avec pas à 8.7
—, filet à 8.6
Drop-hanger-bearing 46.6
Drop-hanger-frame 46.7
— T-form . . . 46.9
— T-form with detachable links . 47.1
— V-form . . . 46.8
Drop-point . . . 207.6
Drosselklappe . . 124.6
Drosseln 124.7
Drosselung . . . 124.8
Druck 250.7
— beanspruchung 250.9
—, Exzenter- . . 144.3
— festigkeit . . . 250.8
— klappe 124.3
—, ein Körper ist auf — beansprucht 247.6
— kraft 251.1
— lager 41.4
— leitung . . . 108.9
Druckrohr . . . 108.8
— schraube . . . 13.7
— spannung . . 251.2
— ventil 121.7
Drückzange . . . 156.4
Drum 94.8
— axle 95.1
—, chain 95.3
— -jacket 94.9
—, rope 95.2
— -shell 94.9
Dry-sand-casting 211.7
Dub, to 191.9
Dummy rivet . . 27.3
Duración de la caida 236.4
— del engrane . . 64.4
— del impulso . . 236.6
Durata della caduta 236.4
— del contatto (ingranaggio) . . 64.4
— del tiro . . . 236.6
Duration of oscillation 239.3
Durchbiegung . . 252.1
— — (Feder) . . 147.5
Durchblaseventil . 122.5
Durchbohren . . 179.2
Durchgang . . . 112.6
— shahn 128.7
— söffnung (Ventil) 113.1
— squerschnitt (Ventil) 113.2
— sventil . . . 117.8
Durchgehende Welle 35.11
Durchhängung (Riemen) . . . 76.2
Durchmesser, Cylinder- 130.3
—, Flanschen- . . 99.1
— Kolben . . . 136.2
— des Lagers . . 40.3
Durchpausen . . 233.7
Durchschlag . . . 168.7
—, Bank- 169.3
—, Hand- . . . 169.2
Durée de chute . 236.4
— d'engrènement . 64.4
— d'oscillation . . 239.3
— du tir 236.6
Dureté 199.5
—, degré de . . . 199.9
— naturelle . . . 199.6
Dureza, escala de . 199.8
—, grado de . . . 199.9
— de vidrio . . . 199.7
Durezza 199.5
—, grado di . . . 199.9
Düse, Tropf . . . 54.7
Dust, file- . . . 171.9
Duty 246.7

E.

Eau, colonne d' . 111.7
—, conduite d' 109.10
— forte 202.9
—, robinet d' . . 129.5
—, sac d' (à) . . 110.2
— à soudure . . 202.8
Ebene, Neigungswinkel der schiefen 239.7
—, schiefe . . . 239.6
Ecartement des rivets 27.6
Eccentric 143.4
— 144.5
— action 144.5
— clip 144.1
— disk 143.6
— friction . . . 144.4
— motion . . . 144.5
— pressure . . . 144.3
— rod 144.2
— shaft 37.4
Eccentric sheave . 143.6
— —, solid . . . 143.7
— — in two parts 143.8
Eccentric strap . 144.1
Eccéntrica, disco de la — de dos piezas 143.8
Eccentricità . . . 143.5
Eccentrico . . . 143.4
— (adj.) 144.6
—, asta dell' . . 144.2
—, attrito all' . . 144.4
—, collare dell' . 144.1
—, disco dell' . . 143.6
—, disco dell' — in due pezzi . . . 143.8
—, disco dell' — in un pezzo . . . 143.7
—, movimento ad 144.5
—, pressione dell' 144.3
— stelo dell' . . 144.2
Echauffement du palier 48.3
Echelle 221.1
—, dessiner à l' . 218.3
— des dimensions transversales . . 221.6
— de dureté . . 199.8
— métrique . . . 221.7
Eckbohrer . . . 182.7
— ventil 117.9
Ecken, die Stopfbüchse eckt . . 134.5
Eclise 29.3
— de cadena . . 90.10
Ecoulement, limite d' 250.1
Ecrire la légende . 231.5
Ecriture droite . 231.7
— ronde 231.6
Ecrou 11.5
—, boulon à tête et 11.9
— à chapeau . . 13.1
— à collet . . . 12.8
—, contre- . . . 13.2
— crénelé . . . 12.6
— creux 13.1
— à entailles . . 12.6
— de fixage . . . 12.9
— guide-tiroir . . 126.2
— moleté . . . 12.10
— à oreilles . . . 12.7
— à raccord . . 13.1
— à six pans (vis) 12.5
— à trous . . . 12.9
Ecrouir (le fer) . 164.1
Edge (axe) . . . 190.9
—, feather . . . 175.2
Eduction valve . 122.4
Efecto 245.2
— útil (rozamiento) 246.7
Effacer 230.7
Effect, useful . . 246.7
Effective power . 246.7
— pull (belt driving) 75.9
Efficiency . . . 246.8
Effort 247.5
— de cisaillement 252.7
— de compression 250.9
— de flexion . . 251.5
— de torsion . . 253.3
— de traction . . 250.4
Egouttage, cuvette d' 52.9
—, bague d' . . 52.7
Eguagliare . . . 208.6
Eje 33.2
— 225.3
— acoplado . . . 34.1
—, cabeza del . . 33.5
— para cadena . 91.5
—, cambiar un . 34.10
—, cambio de un 34.11
— de cambio de marcha 37.5
—, carga del . . 33.7
— del cilindro . . 130.2
— corredizo . . . 34.3
—, cortar un . . 37.3
—s, cuadra de tornear 35.2
—, cuello del . . 33.3
—, cuerpo del . . 33.6
—, de — á . . . 225.7
— fijo 33.10
—, fricción del . 33.8
— del par de fuerzas 243.5
—, gorrón del . . 33.3
— de guia . . . 34.4
— de interrupción 59.4
— libre 34.2
Eje, mover un — por correa. . . 76.4
— móvil 33.11
—, prueba del . . 34.8
—, rotación del . 34.7
— de rotación . . 34.5
—, rotura del . . 34.9
— de una rueda . 34.6
—, soporte del. . 33.4
—s, tornear los . 35.3
—s, tornería de . 35.2
—s, torno para . 35.1
— de torsión . . 241.1
Einfach wirkender Cylinder . . . 131.8
Einfacher Hieb . 170.4
— Schraubenschlüssel . . . 16.8
Einfaches Gewinde 9.1
Eingängiges Gewinde 9.1
Eingelassene Schraube . . . 14.4
Eingelaufener Zapfen 38.3
Eingepaßte Schraube . . . 13.10
Eingeschliffener Kolben 140.1
Eingesetzter Zahn 72.2
— Zapfen 39.6
Eingreifen . . . 63.8
Eingriff 63.9
—, außer — bringen 64.6
—, in — bringen . 64.5
Eingriffsbogen . . 64.3
— dauer 64.4
— linie 64.1
— strecke 64.2
— tiefe (Reibungsgetriebe) . . . 75.3
Einlaßklappe . . 124.4
— ventil 122.2
Einmännische Kurbel 142.5
Einpassen, eine Schraube . . . 14.1
Einreihige Nietung 29.5
Einrücken (Riemen) 84.2
—, die Kupplung . 59.5
Einsatzzirkel . . 227.3
Einschleifen, einen Kolben 140.2
Einschnittige Nietung 28.3
Einschnürung . . 248.8
Einschrauben . . 18.8
Einspannen, ein Werkstück in den Schraubstock . 153.8
Einstreichfeile . . 175.4
— säge 189.1

Einteilige Excenterscheibe . 143.7
— Riemscheibe . 83.2
Einteiliges Lager . 41.8
Eintragen, Maße . 225.9
Eintreiben, einen Keil 25.8
—, die Niete . . 30.7
Einzelöler . . . 50.1
— schmierung . . 49.8
Einziehen, d. Niete 30.7
Eisen 210.1
—, Band- 215.4
—, Bessemer- . . 213.2
— blech . . . 215.11
—-Eisenverzahnung 72.4
— erz 210.2
—, Flach- 215.8
—, Fluß- 213.1
—, Guß- 211.8
— keil 22.8
—, Martin- . . . 213.4
—, Puddel- . . . 212.7
—, Quadrat- . . . 215.1
—, Roh- 210.3
—, Rund- 214.9
—, Schmiede- . . 212.5
—, Schweiß- . . 212.6
—, Sechskant- . . 215.2
—, Spiegel- . . . 211.1
—, Stab- 214.8
—, T- 215.7
—, Thomas- . . . 213.8
—, U- 215.9
—, Vierkant- . . 215.1
—, Walz- 215.5
—, Weißstrahl- . 211.2
—, Winkel- . . . 215.6
—, Z- 215.10
Elastic, to be . . 149.8
— coupling . . . 58.5
— limit 249.7
Elasticité, limite d' 249.7
—, module d' . . 249.2
Elasticity 249.6
— of compression 250.8
— of flexure . . 249.4
—, modulus of . 249.2
—, modulus of — for tension . . 249.1
Elastique, être . . 149.8
—, tuyau 104.2
Elastische Dehnung 249.4
— Kupplung . . 58.5
— Nachwirkung . 249.6
Elastizitätsgrenze . 249.7
— modul 249.2
Elbow (pipe) . . 105.6
—, reducing . . . 107.6
—, round 107.7
—, square . . . 107.5
Elektromagnetkupplung . . . 61.5
Electro-magnetic coupling . . . 61.5
Electro-magnétique, accouplement . 61.5
Elevación . . . 224.4
— de frente . . . 224.2
— lateral 224.3
— longitudinal . 224.5
Elevation 224.4
—, front 224.2
—, side 224.3
Elevator cable . . 87.8
— rope 87.8
Elica 7.1
Elicoidale, superficie 7.4
Elongation . . . 248.7
—, relative . . . 248.9
— at rupture . . 249.3
Embase 37.7
Emboîtement, bride à 100.1
—, tuyau à . . . 101.3
Embolo 136.1
—, aceleración del 137.5
—, altura del . . 136.3
—, anillo del . . 139.1
—, anillo de tensión 139.7
—, ascenso del . 138.1
— para bomba . . 140.6
— buzo 140.4
—, carrera del . . 137.7
—, carrera atrás del 137.10
—, carrera de avance del . . 137.9
—, cuerpo del . . 139.4
—, descenso del . 138.2
—, diámetro del . 136.2
— de disco . . . 140.3
—, empaquetadura del 138.3
— con empaquetadura de cáñamo 138.4
— con empaquetadura de cuero . 138.5
— con empaquetadura metálica . 138.7
—, engrase del . 137.3
— esmerilado . . 140.1
—, esmerilar un . 140.2
—, fricción del . 137.6
—, fuerza del . . 136.5
—, golpe del . . 137.7
—, guarnecer un — con cuero . . . 138.6
—, guarnición del 138.3
—, juego del . . 136.4
—, prensaestopas del 137.2
— pulimentar un . 140.2
— con ranuras de ajuste 139.8
— de recambio . 140.7
—, retroceso del 137.10
Embolo sólido . . 140.4
—, tapa del . . . 139.5
—, tornillo de la tapa del . . . 139.6
— de vapor . . . 140.5
—, vástago del . 136.6
—, velocidad del . 137.4
Embouti, tuyau — avec bride rapportée 103.8
Emboutir, marteau à 163.1
—, pince à . . . 156.4
— le tuyau . . 103.10
Emboutissage . . 103.9
Embragado . . . 62.6
Embragar 62.5
— el acoplamiento 59.5
— y desembragar 84.2
Embrague, manguito de . . . 59.1
—, palanca de . . 59.2
Embranque en ángulo agudo . . 106.3
— — recto . . . 106.2
— de tubo . . . 106.1
Embrayer 59.5
— et débrayer . . 84.2
Embutidor del roblón 30.8
Emeri 197.8
— en poudre . . 198.8
—, toile à . . . 197.10
Emery 197.8
— -cloth . . . 197.10
— -cutter 198.3
— -cylinder . . . 198.4
— -dust 198.8
— -grinder . . . 198.3
— grinding machine 198.7
— -paper 197.9
— -stick 198.1
— -wheel 198.5
Empalmar 85.9
Empalme (cuerda) 85.10
— de la cuerda . 85.8
Empaque, disco de 99.7
— de bridas . . 99.6
Empaquetadura . 132.9
—, fricción de la . 134.3
— metálica . . . 135.8
—, profundidad de la 101.7
— del tubo . . . 101.5
Empaquetar (prensaestopas) . . . 135.2
Empernar 18.4
Emporte-pièce . . 169.4
Empujar 164.7
Empuje 252.5
Enchufe 101.4

Enchufe, profundidad del 101.6
Encliquetage . . 95.4
— à coin 95.8
— à dents . . . 95.5
Enclume 158.3
— (de forge) . . 158.6
—, bigorne d' . . 159.6
—, corne de l' . . 159.1
—, face de l' . . 158.4
— à former le fond 159.9
— à limes . . . 171.1
— petite 158.8
— à potence . . 158.9
—, semelle de l' . 158.5
—, soile de l' . . 158.5
—, tranche d' . . 165.7
Enclumeau . . . 158.8
Enclumette . . . 158.7
Encolar 196.6
— la correa . . . 80.10
Encre de Chine . 231.3
Encuñar 25.8
End gauge . . . 205.3
Endgeschwindigkeit 235.9
End-journal . . . 38.6
— — -bearing . . 41.6
End lap weld (of the links of chain) . 89.6
Endmaß, sphärisches 205.3
End measuring rods 205.3
End-mill 184.3
End wall bracket . 47.6
Enderezar . . . 208.6
Endless chain . . 91.11
— saw 190.3
— screw 71.7
Endlose Kette . . 91.11
Endurecer . . . 198.9
Energía cinética . 245.4
Energie cinète . . 245.4
—, kinetische . . 245.4
—, principe de la conservation de l' 245.5
Energy, kinetic . 245.4
—, law of the conservation of . . 245.5
Engage, to . . . 63,8
— (cog wheel) . . 72.6
Engaging and disengaging gear . 58.6
Engine 253.6
— -building . . . 253.9
— -fitter 255.2
—, motor 256.7
—, to shut down an 255.8
—, to stop an . . 255.8
— -works 254.1
Engineer, mechanical 254.8
Engineering, mechanical . . . 253.9
Engländer . . . 18.2
Englischer Schraubenschlüssel . . 18.2
Engranaje . . . 63.2
— cicloidal . . . 66.7
— cilíndrico . . . 68.6
— cónico 70.8
— cónico de ángulo recto 71.3
— de cremallera . 70.6
— de doble punto 67.5
— de evolventes . 67.8
— de flancos rectilíneos 67.6
— interior . . . 70.1
— de hierro con hierro 72.4
— de linterna de husillos 67.4
— de madera con hierro 72.5
—, paso del . . . 63.4
—, rueda de . . 63.3
— de tornillo sin fin 71.5
Engranar 64.5
— los dientes de madera 72.6
Engrane 63.9
—, arco de . . . 64.3
—, curva de . . 64.2
—, duración del . 64.4
—, línea de . . . 64.1
Engrasado automático 49.6
— —, disposición para 49.7
Engrasado por piezas 49.8
Engrasador . . . 53.3
— angular . . . 55.9
— de aguja . . . 54.5
— aislado . . . 50.1
— automático . . 49.7
— con bombillo de cristal 53.9
— circular . . . 54.8
— de copa . . . 53.8
— cuentagotas . . 54.6
— á mano . . . 49.5
— de mecha capilar 54.2
— Stauffer . . . 55.8
— de torcida . . 54.2
— de vidrio . . . 53.9
Engrasar el cojinete 48.7
Engrase 49.1
— con aceite . . 52.4
—, agujero de . . 52.5
— con anillo . . 55.1
—, caja para el . 53.5
— central . . . 50.2
Engrase centrífugo 54.9
— continuo . . . 49.2
— de la cuerda . 86.4
— intermitente . 49.3
— líquido . . . 50.5
— á mano . . . 49.4
— por mecha capilar 54.1
—, ranura de . . 52.6
— de telescopio . 54.9
— por torcida . . 54.1
—, tubito de . . 53.4
Engrenage . . . 63.2
— d'angle . . . 71.3
— en bois sur fer 72.5
— conique . . . 70.8
— à crémaillère . 70.6
— cylindrique . . 68.6
— à denture intérieure 70.1
— en fer sur fer . 72.4
—s, fraise pour . 184.5
— à friction . . . 74.6
—s, machine à mouler les . . 73.1
—s, machine à tailler les 73.2
—, renvoi à . . . 68.2
—, roue d' . . . 63.3
— à vis sans fin . 71.5
Engrènement . . 63.9
—, étendu de l' . 64.2
—, ligne d' . . . 64.1
Engrener 63.8
— 72.6
—, faire 64.5
Engrosamiento de la llanta . . . 69.3
Enlarge, to . . . 179.3
Enlarged end of plate 91.1
Enlarging hammer 161.2
Enlever avec le burin 168.3
— une courroie de la poulie . . . 79.8
— les rivets . . . 31.3
Enmangar (chaveta) 25.6
Enroulements, nombre d' . . . 149.2
Enrouler un câble 88.3
Ensiform-file . . 175.2
Entenallas . . . 154.6
Entkuppeln . . . 63.1
Entlastung, Ventil-115.10
—sventil 116.1
Entnieten 31.3
Entrar (chaveta) . 25.6
Entretoise . . . 14.5
— (chaîne) . . . 90.2
Entwerfen . . . 223.1
Entwurf 223.2
—sskizze 223.3

Enveloppe du cylindre 131.2
— du tambour . . 94.9
— du tuyau . . 98.4
Envolvente del cilindro . . . 131.2
Epaisseur de la bride 99.2
— de la courroie . 76.9
— de la dent . . 65.6
— de la garniture (presse-étoupe) . 133.2
— de la jante . . 81.9
— de paroi du tuyau 98.1
— du piston . . 136.3
Epiciclo (pericicloide) 67.3
Epicycloid . . . 66.8
Epicycloïde . . . 66.8
Epicykloide . . . 66.8
Episser le câble . 85.9
Epissure 85.10
— du câble . . . 85.8
Eponge 233.2
Eponger le dessin 233.1
Epreuve de l'axe . 34.8
Equalling file . . 174.1
Equatorial moment of inertia . . . 243.8
Equerre 219.8
— (en fer) . . . 208.1
— 219.8
— à chapeau . . 208.2
— double . . . 208.3
— épaulée . . . 208.2
—, fausse 208.5
— mobile 208.5
— à six pans . . 208.4
— à T 208.3
Equilibrage de la soupape . . 115.10
Equilibre 244.6
— d'un corps au repos 244.7
— indifférent . 244.10
— instable . . . 244.9
— stable 244.8
Equilibrer la soupape 115.9
Equilibrio . . . 244.6
— d'un corpo in riposo 244.7
— estable . . . 244.8
— indiferente . 244.10
— indifferente . 244.10
— inestable . . 244.9
— stabile . . . 244.8
Equilibrium . . 244.6
—, condition of . 244.7
— indifferent . 244.10
— polygon . . . 242.8
— slide valve . . 127.5
—, stable 244.8
Equilibrium, unstable 244.9
Erase, to 230.7
Eraser 230.8
—, ink . . . 230.10
—, lead 230.9
Erasing knife . . 231.1
Erdbeschleunigung 244.4
Erdbohrer . . . 181.6
Erect, to — a machine 254.7
Erecting of a machine 255.1
— machinist . . 255.2
— shop 255.3
Ergänzungskegel (Kegelrad) . . . 71.1
Error en la construcción . . . 222.5
Errore di costruzione 222.5
Ersatzkolben . . 140.7
Erz, Eisen- . . . 210.2
Escala 221.1
— de contracción . 221.9
— de dureza . . 199.8
— métrica . . . 221.7
— universal . . . 221.6
Escariador . . . 177.4
— afilado 177.5
— de ángulo . . 177.6
— con estrías rectas 177.8
— con estrías en spiral 177.7
— cónico 177.9
— hueco 178.1
— mecánico . . . 178.2
Escariar 178.3
Escobilla para limpiar tubos . . . 110.9
Escobillón . . . 166.8
Escofina 176.2
Escoplear 168.2
Escoplo 167.4
— para agujeros . 194.7
— de fijas . . . 194.7
— hueco 195.1
—, lima- . . . 170.10
— de mano . . . 167.9
— de media caña . 195.1
— plano 167.5
— punzón 194.6
—, quitar con . . 168.3
Escritura vertical . 231.7
Escuadra 208.1
— 219.8
— con espaldón . 208.2
—, falsa 208.4
— del gramil . . 219.6
Esfuerzo 247.5
— activo á la flexión 251.5
Esfuerzo de empuje 252.1
— de presión . . 250.9
— requerido . . . 247.1
— de rotura por flexión 252.4
— de T 208.3
— de torsión . . 253.3
— de trabajo . . 247.7
— de tracción . . 250.4
— tolerable . . . 247.7
Eslabón 88.9
—, ancho interior del 89.1
— giratorio . . . 92.5
—, longitud interior del 88.10
— soldado por el extremo . . . 89.6
— soldado por el lado 89.7
Esmeril 197.8
Esmerilador de madera 198.1
Esmerilar 198.6
Espace parcouru . 235.2
Espacio hueco de la rosca . . . 10.9
Espansione . . . 248.9
Espárrago . . . 13.8
— de rotación . . 39.7
Espesor del diente 65.6
— de la pared . . 98.1
Espetón 166.6
Espiga 37.6
— (válvula) . . . 117.6
— del yunque . . 159.8
Espira del muelle 149.1
— — —, número de espiras 149.2
— del tornillo . . 7.5
Esponja 233.2
Esquisse 223.3
Esquisser 222.8
Essai de l'essieu . 34.8
Esse, Schmiede- . 166.3
Esseret 181.5
Essette 191.8
Essieu 33.2
— accouplé . . . 34.1
—x, atelier à . . . 35.2
— d'avant . . . 34.4
—, changement d'un 34.11
—, changer d' . . 34.10
—, charge de l' . 33.7
—, couper un . . 37.3
—, essai de l' . . 34.8
— -fixe 33.10
—, frottement de l' 33.8
— libre 34.2
— mobile 33.11
—, rupture de l' . 34.9
—, support de l' . 33.4

Essieux, tour à . 35.1
—, tourner des . 35.3
Estampa 164.4
— de martillo . . 164.5
— plana 159.5
— de punta . . . 159.6
— para roblones . 31.3
— de yunque . . 164.6
Estampar 164.3
Estaño 216.10
Estirar tubos . . 103.5
Estómago de la polea loca 83.9
Estopada amianto 135.5
—, cámara de la . 133.1
— de cáñamo . . 135.3
—, cerrar la . . . 134.4
—, la — se enclava 134.5
—, espesor de la . 133.2
—, fricción de la . 134.3
— goma 135.7
Estopar (prensa-estopas 135.2
Estrangulación . . 124.8
Estrangular . . . 124.7
Estuche de compases 226.7
Etabli 256.2
— de menusier . 193.9
Etain 216.10
Etampe 164.4
— inférieure . . 164.5
— supérieure . . 164.6
—, tas- 160.2
Etamper 164.3
Etanche, le presse-étoupe est . . 134.7
Etançon (chaîne) . 90.2
Etau 153.1
— d'établi . . . 153.2
— à goupilles . . 155.1
— limeur 154.6
—, mâchoire d' . 153.6
— à main . . . 154.6
— — (avec mâchoires étroites) 154.8
Etau parallèle . . 154.2
—x, plaque pour . 154.1
—, serrer une pièce dans l' 153.3
— pour tubes . . 154.3
—, vis d' 153.4
Etendu de l'engrènement . . 64.2
Etirage, limite d' . 250.1
Etirer des tuyaux . 103.5
Etoile du tailleur de limes . . 170.10
Etoupe, boîte à —s 132.5
—, presse- . . . 132.5
Etranglement du passage 124.8
Etrangler le passage 124.7
Etrier (tuyau) . . 109.7
Etude 223.3
Evacuation, robinet d' 129.7
Evolvente . . . 67.9
—nverzahnung . . 67.8
Excenter 143.4
— antrieb . . . 144.5
— bügel 144.1
— druck 144.3
— reibung . . . 144.4
— ring 144.1
Excenterscheibe . 143.6
—, einteilige . . 143.7
—, zweiteilige . . 143.8
Excenterstange . 144.2
Excéntrica . . . 143.4
—, collar de la . 144.1
—, disco de la . . 143.6
—, disco de la — de una pieza . 143.7
—, fricción de la . 144.4
—, movimiento por 144.5
—, presión de la . 144.3
—, varilla de la . 144.2
Excentricidad . . 143.5
Excentricity, degree of 143.5
Excentricité . . . 143.5
Excéntrico . . . 144.6
Excentrique . . . 143.4
— (adj.) 144.6
—, collier d' . . . 144.1
—, commande par 144.5
—, barre d' . . . 144.2
—, frottement d' . 144.4
—, plateau- . . . 143.6
—, plateau — en deux pièces . . 143.8
—, plateau — en une pièce . . . 143.7
—, pression d' . . 144.3
—, tige d' . . . 144.2
Excentrisch . . . 144.6
Excentrizität . . 143.5
Exchange, to — an axle 34.10
Exhaust clack . . 124.5
— valve 122.3
Expansion-coupling 58.4
—, gland — joint 104.4
— pipe 104.2
Explosion, pipe . 110.4
—, Schwungrad- . 150.5
— du volant . . 150.5
Extensible, tuyau 104.1
Extension . . . 250.2
—, strength for . 250.3
Extensión de engrane 64.2
Extremo conducido (correa) . . 76.7
— conductor (correa) 76.6
Eye 92.10
— -bolt 14.2
— bolt and key . 14.3
— joint (coupling) 61.9
—, triangular lifting 93.1
— -screw 14.2
— of spring plate 147.3

F.

Fábrica de maquinaria 254.1
Fabrik, Maschinen- 254.1
Fabrikant, Maschinen- 254.2
Face of the anvil . 158.4
— de coin . . . 21.7
— de l'enclume . 158.4
—, hammer . . . 160.4
— line of teeth . 186.2
— du marteau . . 160.4
— -mill 184.1
— -milling-cutter . 184.4
— of a tooth . . 65.1
Faces de la vanne 125.6
Facing cutter . . 184.1
Façonhobel . . . 193.8
Faire engrener . . 64.5
— un joint de plomb 101.8
— du pointillé droit 226.2
— des rainures . 23.4
— du trait mixte . 226.4
Fall 236.2
— dauer 236.4
—, freier 236.2
— höhe 236.3
False jaws . . . 154.1
Faltmaßstab . . . 221.3
Falzhobel 193.5
Fang bolt . . . 15.6
Fangbügel (Kugelventil 116.9
Farbstift 233.4
—tube 232.4
Farbe anreiben . . 232.3
— anrühren . . 232.7
Farbenkasten . . 232.1
Fare un disegno a matita 226.1
— il gomito . . . 37.1

Fare le indicazioni sul disegno . . 231.5
— ingranare . . 64.5
Fast coupling . . 56.3
— and loose pulley 83.6
Fasten, to — with screws 18.9
Fastener, belt . . 81.6
—, screw belt . . 81.5
Fastening, belt . 80.7
— screw 13.4
Fat, animal . . . 51.2
—, consistent . . 50.6
—, vegetable . . 51.3
Fatigue 247.5
Faucet, water . . 129.5
Fault in design . 222.5
Fausse équerre . 208.5
Fausthammer . . 161.4
— leier 182.5
Faute de construction 222.5
Feather 25.4
— edge 175.2
— edged file . . 175.4
Feder (Keil) . . . 25.4
— 147.2
— auge 147.8
—, eine — auseinanderziehen . . 148.9
— belastung, Sicherheitsventil mit . 120.1
—, Biegungs- . . 147.3
—, Blatt 147.4
—, Blatt—werk . 147.6
— bock 147.9
— bund 147.7
—, cylindrische Schrauben- . . 148.3
—, Drehungs- . . 148.2
—, Flansch mit — und Nut . . . 100.1
—, Kegel- . . . 148.4
— keil 25.4
—, Nut und . . . 25.8
—, Rechteck- . . 148.5
—, Regulator- . . 152.3
— regulator . . . 152.2
— rohr 104.2
—, Rund- 148.6
—, Schicht- . . . 147.6
—, eine — spannen 148.9
—, Spiral- . . . 148.1
— taster 207.1
— ventil 119.4
— windung . . . 149.1
—, Windungszahl der 149.2
— zange 155.8
— zirkel 228.3
—, Zusammendrücken der . . 148.7
—, eine — zusammendrücken . . 148.8
Federn 149.8
Federung (Durchbiegung) . . . 147.5
— 249.4
Feed-cock . . . 129.9
—, oil 52.3
— valve 122.7
Fehler, Schweiß- . 165.4
Feilbank 172.1
— kloben 154.6
— späne 171.8
— staub 171.9
— strich 171.7
Feile 169.7
—, Abzieh- . . . 172.5
— namboß . . . 171.1
—, Ansatz- . . . 172.2
—, Arm- 172.3
—, aufgehauene . 171.3
—, die —n aufhauen 171.2
—, Barett- . . . 174.6
—, Bastard- . . . 172.4
—, Bleistift- . . . 230.6
—, dreikantige . . 174.2
—, Einstreich- . . 175.4
—, Feinschlicht- . 172.7
—, Flach- 173.4
—, flachspitze . . 173.7
—, flachstumpfe . 174.1
—, Grob- 173.3
—, Halbrund- . . 174.5
—, Halbschlicht- . 172.6
— nhammer . . 170.11
—, Hand- . . . 172.3
— nhärten 171.4
— nhärtung . . . 171.5
— n, Hauamboß für 171.1
— n hauen . . . 170.8
— nhauer 170.9
— nheft 169.8
— nhieb 170.1
—, Hohl- 175.6
—, Karpfen- . . . 174.8
—, Loch- 176.1
— nmeißel . . 170.10
—, Messer- . . . 175.1
—, Nadel- . . . 175.5
—, Pack- 173.2
—, Polier- . . . 173.1
—, Rund- 174.4
—, Säge- 175.7
—, Scharnier- . . 175.3
—, Schlicht- . . 172.5
—, Schlichtschlicht- 172.7
—, Schraubenkopf- 175.4
—, Schwert- . . . 175.2
—, Spitz- 173.6
—, Stroh- 173.2
—, Stumpf- . . . 173.5
—, Vierkant- . . 174.3
—, Vor- 172.4
—, Wälz- 174.7
Feilen (verb) . . 171.6
Feilicht 171.8
Feinblech . . . 216.3
— gewinde . . . 10.7
Feinheit des Gewindes 10.8
Feinmessen . . . 204.2
— (verb) 204.1
Feinschlichtfeile . 172.7
Feldschmiede . . 167.3
Felling saw . . . 188.6
Female thread . . 10.5
Fendre, lime à . . 175.4
Fente (chevron) . 70.5
Fer 210.1
— en barres . . 214.8
— Bessemer . . . 213.2
— blanc 216.7
— carré 215.1
— à contourner . 186.9
— cornière . . . 215.6
— de dessus (rabot) 192.9
— double de rabot 192.8
— à double T . . 215.8
— en feuilles . 215.11
— forgé 212.5
— hexagonal . . 215.2
— homogène . . 213.1
— laminé 215.5
— Martin 213.4
—, mineral de . . 210.2
— noir 216.2
— plat 215.3
— puddlé . . . 212.7
— à rabbattre . . 159.7
— de rabot . . 191.12
— rond 214.9
— en rubans . . 215.4
— soudé 212.6
— à souder . . . 201.6
— à souder au gaz 201.9
— — en marteau . 201.7
— — pointu . . . 201.8
— à T 215.7
— Thomas . . . 213.3
— en U 215.9
— en Z . . . 215.10
Feritoia della boccola (sopporto) . 44.4
Fermer par boulons 19.1
Fermeture de la soupape . . . 115.5
—, chapeau de — (tuyau) 105.2
Ferraccio 211.3
Ferro 210.1
— ad angolo . . 215.6
— in barre . . . 214.8
— battuto . . . 212.5
— Bessemer . . . 213.2
— da doppiare . . 159.8
— doppio (pialla) . 192.8
— a doppio T . . 215.8
— esagonale . . 215.2
— fucinato . . . 212.6

Ferro fuso . . . 213.1
— laminato . . . 215.5
— malleabile . . 212.5
— -manganese . . 211.2
— manganesato . 211.2
— Martin 213.4
—, minerale di . 210.2
— piatto 215.3
— da piegare . . 159.7
— pudellato . . 212.7
— quadro . . . 215.1
— da ripiegare . 159.8
— per scanalare . 23.5
— specolare . . . 211.1
— a T 215.7
— a I 215.8
— Thomas . . . 213.3
— tondo 214.9
— a U 215.9
— in verghe . . . 214.8
— a Z 215.10
Ferruminare . 164.11
Festscheibe . . . 83.7
—, einen Riemen von der Losscheibe auf die — schieben . . 84.1
Fest- und Losscheibe 83.6
Festschrauben . . 18.9
Feste Achse . . . 33.10
—r Flansch . . . 100.4
— Flasche . . . 93.9
— Kupplung . . 56.3
— Nietung . . . 28.1
— Riemscheibe . 83.7
— Rolle 93.3
Festigkeit . . . 247.1
—, Biegungs- . . 251.4
—, Druck- . . . 250.8
—, Knick- . . . 252.3
—slehre 247.2
—snietung . . . 28.1
—, Schub- . . . 252.6
—, Zug- 250.3
Feu de forge . . 166.4
Feuchtwasserfarbe 232.3
Feuer, Niet- . . . 33.1
— rohr 108.2
—, Schmiede- . . 166.4
Feuillard 215.4
Feuille de papier à dessin . . . 220.8
— de tôle . . . 216.1
Feuilleret . . . 193.5
Feutrer, la mèche se feutre . . . 54.4
Fiamma saldante . 202.2
Fianco del dente . 64.10
Fiedelbogen . . . 182.4
Fiel del soporte . 46.2
Field forge . . . 167.8
Figure, to . . . 225.9
—s, to fill in the . 225.9
Figuring . . . 225.10
Fijador de la chaveta 25.5
Fijar una pieza en el tornillo de banco 153.3
— con tornillos . 18.9
Fil, pinceà — de fer 158.2
— à plomb . . . 209.2
Fila di chiodi . . 27.5
Filástica (cuerda) . 85.2
Filbore 41.8
File 169.7
—, arm- 172.3
—, barette- . . . 174.6
—, bastard . . . 172.4
— -bench 172.1
—, blunt 173.5
—, cabinet . . . 174.7
—, cant 174.6
— -chisel . . . 170.10
—, coarse . . . 173.3
—, cross 174.8
—, cut of the . . 170.1
—s, to cut . . . 170.8
— -cutter 170.9
— cutting anvil . 171.1
—, dead smooth . 172.7
— -dust 171.9
—, ensiform- . . 175.2
—, equalling . . 174.1
—, feather edged . 175.4
—, flat 172.2
—, hack- 175.1
—, half-round . . 174.5
— -hammer . . 170.11
—, hand- 172.2
— -handle . . . 169.8
—s, to harden . . 171.4
— -hardening . . 171.5
—, hollowing . . 175.6
—, joint- 175.3
—, knife- 175.1
—, needle- . . . 175.5
—, oval 174.8
—, polishing . . 173.1
—, rasping- . . . 176.2
—, rough 173.2
—, round 174.4
—, round-edge joint- 175.3
—, round-off . . 174.7
—s, to re-cut . . 171.2
—, re-cut . . . 171.3
—, saw- 175.7
—, second-cut- . . 172.6
— for sharpening pencil 230.6
—, slitting . . . 175.4
—, smooth . . . 172.5
—, square- . . . 174.3
—, straw- 173.2
— -stroke 171.7
—, super-fine . . 172.7
File, taper- . . . 173.6
—, taper flat . . 173.7
—, taper hand . . 173.7
—, three-square- . 174.2
—, triangular . . 174.2
—, to 171.6
— off, to 171.6
Filet carré . . . 9.7
—, diamètre extérieur du . . . 8.4
—, diamètre intérieur du . . . 8.3
— à droite . . . 8.5
— femelle . . . 10.6
— fin 10.7
— à gauche . . . 8.8
—, largeur du . . 8.2
—, nature du . . 10.8
— plat 9.7
—, à — plat . . 10.1
— pointu 9.5
—, profondeur du 8.1
— rectangulaire . 9.7
— renversé . . . 8.8
— rond 10.2
—, à — rond . . 10.3
— tranchant . . 9.5
— trapézoidal . . 10.4
— triangulaire . . 9.5
—, à — triangulaire 9.6
— des tuyaux à gaz 10.6
— d'une vis . . . 7.7
Filete, ancho del . 8.2
— cuadrado . . . 9.7
— à la derecha . 8.6
— doble 9.2
— fino 10.7
—, finura del . . 10.8
— à la izquierda . 8.8
— matriz 10.5
— múltiple . . . 9.4
— de un paso . . 9.1
—, profundidad del 8.1
— redondo . . . 10.2
— del tornillo . . 7.7
— trapezoidal . . 10.4
— triangular . . 9.5
— triple 9.3
— para tubos de gas 10.6
Filetear 19.9
— á mano . . . 19.10
— con plantilla . 20.4
Fileter 19.9
— à la filière . . 20.3
—, fraise à . . . 20.8
—, machine à . . 21.5
— au peigne (vis) 20.1
— au tour . . . 20.4
Filettare 19.9
— alla filiera . . 20.3
— a mano . . . 19.10
— col pettine . . 20.4
— coll' ugnetto . 20.4

Filettatura fina . 10.7
— per tubi da gas 10.6
Filetto, altezza del 8.2
—, diametro esterno del 8.4
—, diametro interno del . . . 8.3
— giuoco inutile . 10.9
—, natura del . . 10.8
—, profondità del 8.1
—, serraggio automatico del . . 10.10
— d'una vite . . 7.7
Filiera ad anello . 20.9
— a cuscinetti . . 21.1
— semplice . . . 20.2
Filière 21.1
—, fileter à la . . 20.3
— simple 20.2
Filing block . . . 159.6
— board 159.6
— vice 154.6
— table 172.1
Filings 171.8
Fill in, to — the figures 225.9
Fillister 193.5
— head 12.2
Film of oil . . . 49.8
Filter, oil- . . . 53.1
Filtre à huile . . 53.1
Filtro del' olio . 53.1
Final velocity . . 235.9
Fine cut 170.8
— thread 10.7
Fineness of the screw 10.8
Finezza del filetto 10.8
Finishing bit . . 179.4
Finne (Hammer) . 160.5
—, Hammer mit gespaltener . . 162.3
—, Hammer mit Kreuz- 162.1
—, Hammer mit Kugel- 162.2
Finura del filete . 10.8
Fire-hook 166.8
— -place (forge) . 166.2
— -tube 108.1
Firmer chisel . . 194.6
First cut 170.7
Fissare con tiranti 18.6
— a vite 18.6
Fissure (in steel) 199.10
Fit, to — up a machine . . . 254.7
—, to — a screw tight 14.1
Fitter 254.6
— 's hammer . . 160.9
Fitting up of a machine . . . 255.1
—, pipe- 105.4
Fixed block . . . 93.9
— flange 100.4
— pulley 93.3
Fixer par boulons 18.9
Fixing screw . . 13.4
Flacheisen . . . 215.3
— feile 173.4
— gängig 10.1
— gewinde . . . 9.7
— hammer . . . 161.9
— keil 24.3
— meißel 167.5
— regler 151.8
— schaber . . . 176.4
— schieber . . . 127.1
— spitze Feile . . 173.7
— stumpfe Feile . 174.1
— zange 155.5
Flächenpressung (Lager) 40.7
Flaches Gewinde . 9.7
Flamme du chalumeau 202.2
Flammrohr . . . 108.1
Flanc de la dent . 64.10
—s droits, denture à 67.6
Flanco del diente 64.10
Flange 98.10
—, angle 100.3
—, blank- . . . 105.3
—, blind- 105.3
—, bolt of . . . 99.3
—s, bolted . . . 98.8
— of the brasses . 43.3
— brazed on . . 100.6
—, brazed . . . 100.8
—, cast 100.4
— with circular tongue and groove 100.1
—, collar 100.3
— -coupling . . . 57.5
— — 98.7
— of coupling . . 57.6
—, diameter of . 99.1
—, fixed 100.4
—, flanged pipe with loose back 103.8
— -follower (stuffing box) 132.7
—s, length over the 98.2
—, loose 100.5
— nut 12.8
—, riveted . . . 100.7
—, screwed . . . 100.9
—, thickness of . 99.2
— -wrench . . . 101.1
—, to — the tube 103.10
Flanged branch . 100.2
— pipe 98.9
— pipe with loose back flange . . 103.8
— seam (rivet) . . 29.4
Flanged socket . 108.10
— tube 98.9
Flangia 98.10
— ad anello . . 100.5
— avvitata . . . 100.9
— chiodata . . . 100.7
— cieca 105.3
—, diametro della 99.1
— fissa 100.4
—, guarnizione delle flangie . . 99.6
— mobile 100.5
— ad incastro . . 100.1
— con orlo sporgente e rientrante 99.8
— del premistoppa 132.7
— riportata . . . 100.3
— saldata . . . 100.8
—, spessore della . 99.2
—, vite delle flangie 99.3
Flanging 103.9
Flank of a tooth . 64.10
Flansch 98.10
—, angenieteter . 100.7
—, aufgelöteter . 100.8
—, aufgeschraubter 100.9
—, Blind- 105.3
—, Brillen- . . . 132.7
—, Deckel- . . . 105.3
— mit Feder und Nut 100.1
—, fester 100.4
—, Gegen- . . . 100.2
—, Kupplungs- . 57.6
—, loser 100.5
—, umgebördeltes Rohr mit losem 103.8
— mit Vor- und Rücksprung . . 99.8
—, Winkel- . . . 100.3
Flanschendichtung 99.6
—dicke 99.2
—durchmesser . . 99.1
—kupplung . . . 57.5
—packung . . . 99.6
—ring 100.5
—rohr 98.9
—schlüssel . . . 101.1
—schraube . . . 99.3
—verbindung . . 98.7
—verschraubung . 98.8
Flap, non-return . 123.7
—, safety 123.6
—, valve 123.2
— valve 123.1
— — faced with leather 123.3
—, to —, the belt flaps 78.8
Flasche 93.8
—, feste 93.9
—, lose 94.1
—, Ober- 42.2
—, Unter- . . . 94.3

Flaschenzug . . . 93.7
—, Differential- . 94.4
—, Ketten- . . . 94.7
—, Seil- 94.6
—, Treib- 94.4
Flat bar 215.3
— bar iron . . . 215.3
— chisel 167.5
— face pulley . . 82.1
— file 173.4
— hammer . . . 161.2
— — 161.9
— key 24.3
— link chain . . 90.9
— pliers 155.5
— scraper . . . 176.4
— side of a hammer 160.4
Flatter 161.9
Flecha 252.1
— de la flexión . 147.5
— de la línea de cota 225.5
— del muelle . . 147.5
Flèche 252.1
— (courroie) . . 76.2
— (ressort) . . . 147.5
— de la cote . . 225.5
— de la poulie . 82.3
Fleischseite des Riemens . . . 77.1
Flesh side (of belt) 77.1
Flessione 252.1
Flexible coupling 58.4
— curve 220.1
— gearing . . . 75.5
— shaft 36.3
Flexion 251.3
— axiale par compression . . . 252.2
—, effort de . . 251.5
—, effort de . . 252.4
—, un corps est soumis à un effort de 247.6
—, moment de . 251.6
— de pièces chargées debout . . 252.2
—, résistance à la 251.4
—, résistance à la 252.3
— spring 147.3
—, tension de . . 251.7
— transversale . 252.1
— unitaire . . . 251.7
Flexure 251.3
—, a body is under strain of . . . 247.6
—, elasticity of . 249.4
—, moment of . . 251.6
—, strain of . . . 251.5
—, strength of . . 251.4
Fliehkraft . . . 237.4
— -regler 151.5
Fließgrenze . . . 250.1
Fließpapier . . . 232.9
Floor-frame . . . 47.2
— -stand 47.2
Flotter, la courroie flotte 78.8
Flue tube 108.1
Flugbahn 237.9
Flügelführung (Ventil) 117.1
— mutter 12.7
— schraube . . . 15.4
Fluidité, degré de — de la graisse 50.7
Flush rivet . . . 26.8
Flußeisen 213.1
Flüssige Schmiere 50.5
— Tusche . . . 231.3
Flüssigkeitsgrad der Schmiere . 50.7
Flußstahl 213.8
—, Tiegel 214.4
Fluted scraper . 176.5
Fly-nut 12.7
Fly-wheel 149.4
—, arm of the . . 149.6
—, boss of the . . 149.7
—, bursting of the 150.5
—, cogged . . . 150.4
— in halves . . . 149.9
— governor . . . 151.8
—, rim of the . . 149.5
—, ring of the . . 149.5
Focolare della fucina 166.2
Foggiare a caldo . 164.2
— a freddo . . . 164.1
— a martello . . 163.9
— entro stampi . 164.3
Foglio di carta da disegno 220.3
— di lamiera . . 216.1
Fogón 166.2
Folding pocket measure . . . 221.3
— pocket rule . . 221.3
Follower (flexible gearing) . . . 75.7
— (stuffing box) . 132.6
—, flange- — (stuffing box) . . . 132.7
— -plate (piston) . 139.5
Fonctionner . . . 255.7
Fond du cylindre 130.8
—, enclume à former le . . . 159.9
Fondation, plaque de 16.2
Fondo del cilindro 130.8
Fonte 210.3
— d'affinage . . 210.4
— blanche . . . 210.4
— brute 210.3
— en coquille . . 212.2
Fonte coulée à découvert 211.4
— crue 210.3
— grise 210.5
— malléable . . 212.4
— manganésée . . 211.2
— de moulage . . 210.5
— moulée . . . 211.3
— tendre 210.5
— truitée 210.6
—, tuyau en . . 101.9
Foot of compasses 226.10
— measure . . 220.10
— rule 221.3
— valve 120.6
Forage 179.5
Forare 179.2
— 179.5
Foratoio 169.4
Forbice 156.9
— ad arco . . . 157.1
— per fili metallici 158.2
—, lama della . 156.10
— per lamiera . . 157.9
— a leva 157.2
— a macchina . . 157.8
— a mano . . . 157.7
— meccanica . . 157.8
Forbicione . . . 157.9
Force 241.5
— acting on bearing surface . 73.5
—, the —s are balanced 242.9
—, bearing . . . 238.5
—, centrifugal . . 237.4
— centrifuge . . 237.4
—, composante d'une 242.1
— de compression 251.1
— of compression 251.1
—s, couple de . . 243.3
—s, couple of . . 243.3
—, direction de la 241.6
—, direction of . 241.6
—, les —s sont en équilibre . . . 242.9
— du frein . . . 96.6
— of friction . . 245.7
— of gravity . . 244.4
—, moment de la — P pour le centre de rotation O . 243.1
—, moment of the — P with reference to the centre of motion O . . . 243.1
—, origin of . . 241.7
—s, parallelogram of 241.8
—s, parallélogramme des 241.8

Force, point d'application de la . . 241.7
—, point d'attaque de la 241.7
—, point at which the — acts . . 241.7
—s, polygon of . 242.6
—s, — 242.3
—s, polygone de . 242.3
— of pressure . . 251.1
—, resultant . . . 241.9
— résultante . . 241.9
—, supporting . . 238.5
— tangentielle . . 237.2
— de traction . . 250.5
— transmise (par courroie) . . . 75.9
—s, triangle de . 242.2
—s, triangle of . 242.2
— vive 245.4
Forceps 156.6
—, small 156.6
Forchetta di guida (sposta-cinti) . . 84.4
— d'innesto . . . 59.3
Forcing screw . . 13.7
— valve 121.7
Förderseil . . . 87.7
Forelock-key . . 16.1
Foreman 254.5
—, head- 254.4
Forer 179.2
—, lime à . . . 175.6
Foret 178.4
— à angle . . . 182.7
— à l'archet . . 182.3
— à centre . . . 180.4
— à fraiser . . . 180.7
— hélicoïdal . . 180.6
— à langue d'aspic 180.3
—, manchon pour 178.5
—, porte- 182.2
— à trois pointes 180.4
— à vis d'Archimède 182.2
Forge 166.1
—, accessoires de 166.5
—, âtre de . . . 166.2
— -bellows . . . 167.1
— de campagne . 167.3
—, cheminée de . 166.3
—, feu de . . . 166.4
—, field 167.3
— fire 166.4
— -hammer . . . 161.1
—, marteau de . 161.1
— -pick 210.4
—, portable . . . 167.3
— portative . . . 167.3
—, rivet- 33.1
—, smith's . . . 166.3
—, smith's . . . 166.4
—, soufflerie de . 167.1
— -tongs . . . 166.10
Forge, travelling . 167.3
— volante . . . 167.3
—, to 160.7
—, to 163.9
Forger 163.9
— à chaud . . . 164.2
Forja 166.1
—, aguja de . . . 166.6
—, gancho de . . 166.8
—, tenaza de . 166.10
Forjar 163.9
— en caliente . . 164.2
— en estampa . . 164.3
— en frío 164.1
Fork, belt . . . 84.4
—, connecting rod 145.3
— spanner . . . 17.8
Forked journal . . 39.5
Form 224.7
— of load . . . 247.8
— maschine, Räder- 73.1
— stück (Rohr) . 105.4
Formänderung . . 248.4
—sarbeit 248.6
—, elastische . . 248.5
Formar el cigüeñal 37.1
Formed cutter . . 184.8
Forming pliers . . 156.4
Formón 194.4
— de barrilete . . 194.6
Fornello per saldare 202.3
Fornello di ricottura 165.5
Fornillo de hojalatero 202.3
Foro (ruota) . . . 69.6
— del bullone . . 11.7
— del chiodo . . 26.7
— — 196.2
— per lubrificare . 52.5
— del mozzo della puleggia folle . 83.9
— della vite . . 11.7
Forward axle . . 34.4
— stroke of piston 137.9
Forza 241.5
— d'un cavallo . 245.3
— centrifuga . . 237.4
— centripeta . . 237.3
—, direzione della 241.6
— frenatrice . . 96.6
— media 241.9
— normale . . . 237.3
— di pressione . 251.1
— risultante . . 241.9
— tagliante . . . 252.8
— tangenziale . . 237.2
— trasmessa (trasmissione per cinghia) . . . 75.9
— di trazione . . 250.5
— viva 245.4
Foto-calco azul . 234.3
— — blanco . . . 234.4
Foundation-bolt . 15.7
— — (bearing) . . 44.3
Foundation-plate . 16.2
— washer 15.8
Foundry-pick . . 210.5
Four, crochet de . 166.8
— à rivets . . . 32.9
— à souder . . . 202.3
Four-way cock . . 129.1
— — pipe . . . 106.8
Fourche de débrayage 59.3
Fourchette de débrayage 84.4
—, tourillon à . . 39.5
Fourrure pour revêtir un coussinet 42.6
Fox wedges . . . 24.6
Fractura por exceso de temple 199.11
Fracture of the rim 150.6
Fragua 166.1
— para calentar los roblones . . . 32.9
—, chiminea de . 166.3
—, fuego de . . 166.4
—, gancho de . . 166.7
—, herramientas de 166.5
— portátil . . . 167.3
Fraguar 163.9
Fraisage 185.1
Fraise 183.2
— pour cannelures 183.7
— creuse 184.7
— cylindrique . . 184.1
—, dent de . . . 183.3
— à dents rapportées 183.4
— à disque . . 183.6
— pour engrenages 184.5
— extérieure . . 184.7
— à fileter . . . 20.8
— de forme . . . 184.8
— de front . . . 184.4
— hélicoidale . . 184.6
— latérale . . . 183.6
— plane 184.4
— profilée . . . 184.8
— avec profil invariable . . . 183.5
— à queue . . . 184.3
— pour rainures . 183.7
— raineuse . . . 184.2
Fraiser 184.9
—, machine à . . 185.2
— des rainures . 23.7
— le rivet . . . 30.6
Fraiseuse 185.2
Frame-saw . . . 189.2
— — 190.6
— -shears . . . 157.6
Framed saw . . . 189.2
— -wip-shaw . . 189.7
Franzose 18.2

Fräsen 185.1
— 184.9
—, Nuten 23.7
Fräser 183.2
—, Außen- 184.7
— mit eingesetzten Zähnen 183.4
—, Gewinde- 20.8
—, hinterdrehter 183.5
—, Nuten- 183.7
—, Plan- 184.4
—, Profil- 184.8
—, Räder- 184.5
—, Schaft- 184.3
—, Schlitz- 184.2
—, Schnecken- 184.6
—, Walzen- 184.1
— zahn 183.3
—, Zahnrad- 184.5
Fräsmaschine 185.2
—, Räder- 73.2
Frattura per eccesso di tempera 199.11
Freccia della linea di misura 225.5
— d'incurvamento 252.1
Free fall 236.2
— hand sketch 222.10
Freier Fall 236.2
Frein 96.1
—, bande de 97.1
— à bande 96.9
— centrifuge 97.3
— à cône 96.8
— différentiel 97.2
—, force du 96.6
— à gorge 96.7
—, levier de 96.5
—, poulie de 96.3
—, sabot de 96.4
— à sabot 96.2
Frenatriz 96.6
Freno 96.1
— centrifugo 97.3
— centrifugo 97.3
—, cepo de 96.4
— a ceppo 96.2
—, ceppo del 96.4
—, cinta del 97.1
— de cinta 96.9
— cónico 96.8
— conico 96.8
— diferencial 97.2
— differenziale 97.2
— ad incastro 96.7
—, leva del 96.5
—, nastro del 97.1
— a nastro 96.9
—, palanca del 96.5
—, polea del 96.3
—, puleggia del 96.3
— de ranura 96.7
— de zapato 96.2
—, zapata del 96.4
Fresa 183.2
— de cajear 183.7
Fresa cilindrica 184.1
— cilindrica 184.1
— a corda 184.3
—, dente della 183.3
— con denti regolabili 183.4
—, diente de 183.3
— con dientes postizos 183.4
— de disco 183.6
— espiral 184.6
— para filetear 20.8
— per filettare 20.8
— de frente 184.3
— para fresar al exterior 184.7
— di fronte 184.3
— per incastri 183.7
— per intagliare 184.2
— de media caña 183.5
— de muesca 183.7
— de ojal 184.2
— de perfilar 184.8
— piana 184.4
— plana 184.4
— a profilo 184.8
— con profilo invariabile 183.5
— para ruedas dentadas 184.5
— a rullo 184.1
— per ruote dentate 184.5
— per scanalature 183.7
— per smussature esterne 184.7
— tagliata in fondo 184.3
— a taglio 184.2
— de torneado posterior 183.5
— a vite senza fine 184.6
Fresado 185.1
Fresar 184.9
—, máquina de 185.2
— ranuras 23.7
Fresare 184.9
Fresatrice 185.2
Fresatura 185.1
Fressen, das Lager frißt 48.5
Fret saw 189.5
Fricción 245.6
— de la cuerda 86.2
— del diente 66.5
— del eje 33.8
— del gorrón 38.1
— — del eje 33.9
Friction 245.6
—, accouplement à 60.7
—, angle of 245.9
—, axle 33.8
— bevil gear 74.1
—, chain 89.3
Friction clutch 96.8
— — coupling 60.7
—, coefficient of 245.8
—, cylindre de 74.4
— disc 61.2
— drive 73.3
—, eccentric 144.4
—, engrenage à 74.6
—, force of 245.7
— -gear, wedge 74.6
— gearing 73.3
—, journal 33.9
— of journal 38.1
— of motion 246.3
—, piston 137.6
—, plateau à 74.3
—, poulie à 73.4
—, pression de 73.5
— pulley 73.4
— -ratchet 95.6
— — gear 95.8
—, renvoi à 75.4
— of rest 246.2
—, rolling 246.4
—, rope 86.2
—, roue à 73.4
—, roue à — conique 74.1
—, roue à — cylindrique 73.6
—, rouleau galet à 74.4
—, sliding 246.3
—, stuffing-box 134.8
—, tambour conique à 74.5
—, transmission à 73.3
—, transmission à — par poulie à gorge 74.6
—, transmission par plateaux à 74.2
—, transmitting — gearing 75.4
— wheel 74.3
— —, circumferential 73.6
— —, grooved 74.7
— —, right angle 74.2
— —, wedge 74.7
—, work of 246.5
Frictional gearing 75.4
— grooved gearing 74.6
Friktionsscheibe 61.2
Froid, battre à 160.8
Front elevation 224.2
— rake 186.1
— view 224.2
Frottement 245.6
— du câble 86.2
— de chaînes 89.3
—, coëfficient de 245.8
— des dents 66.5
— —, travail de 66.6
— au départ 246.2

Frottement de l'essieu 33.8
— d'excentrique . 144.4
— de fuseau . . 33.9
— de glissement . 246.8
— de la glissière 145.10
— du piston . . 137.6
— de presse-étoupe 134.8
—, résistance du . 245.7
— de roulement . 246.4
— statique . . . 246.2
—, surface de . . 246.1
— du tourillon . 38.1
—, travail de . . 246.5
Fuchsschwanz . . 188.7
Fucina 166.1
— per arroventare i chiodi . . . 32.9
—, cammino della 166.8
— da campagna . 167.8
— da chiodi . . . 33.1
—, focolare della . 166.2
—, fuoco dêlla . 166.4
— portatile . . . 167.8
— per scaldare i chiodi 32.9
—, tanaglia da . 166.10
—, utensili da . . 166.5
Fucinare 163.9
Fuego de fragua . 166.4
Fuelle 167.2
— mecánico . . . 167.1
Fuerza 241.5
— centrifuga . . 237.4
Fuerza centripeta . 237.8
—, dirección de la 241.6
— de frenado . . 96.6
— normal . . . 237.8
— de presión . . 251.1
— resultante . . 241.9
— tangencial . . 237.2
— de tracción . . 250.5
— transmitida . . 75.9
— viva 245.4
Führung, Schieber- 125.8
Führungsbüchse . 146.2
—leiste 126.1
—mutter 126.2
—rippe 117.4
—rolle 77.9
—stift 117.6
Fulcrum (bearing) 46.2
— -bearing . . . 46.1
Función, estar en 255.7
Funcionar . . . 255.7
Fundamentanker . 15.7
— bolzen 15.7
— platte 16.2
— schraube . . . 15.7
— — (Lager) . . . 44.8
Fundición de acero 212.8
— en arena . . . 211.6
— en arena seca . 211.7
— en cajas . . . 211.5
— dura 212.2
— hecha (en moldes abiertas) . . . 211.4
Fundición hecha en moldes de arcilla 212.1
— en tierra . . . 211.7
— — verde . . . 211.8
Fune d'acciaio . . 86.8
— da argano . . 88.2
— da ascensore . 87.8
— da gru 87.9
— metallica . . . 86.7
—, saetta d'incurvamento della . 76.2
— di sollevamento 87.7
Funiculaire . . . 242.6
Funzionare . . . 255.7
— della fucina . . 166.4
Furnace, reheating 165.5
—, soldering . . 202.8
— -tube 108.2
—, welding- . . . 165.5
Furniersäge . . . 189.6
Fuseau (axe) . . 33.5
—x, denture à . . 67.4
Fusée (axe) . . . 33.3
Fußhöhe (Zahnrad) 65.4
— kreis 63.7
—, Lager- . . . 43.7
— ventil 120.6
Fustella 169.4
Fût du drill . . . 182.8
— de rabot . . 191.11
Futter, Bohr- . . 178.5
—, Lager- . . . 42.6

G.

Gabel, Riemen- . 84.4
— (schrauben) schlüssel . . . 17.8
— zapfen 39.5
Gag 189.8
Galet (de guide) (transmission par courroie) . . . 77.9
— guide câble . . 84.7
— tendeur . . . 78.2
Galle, chaîne . . 91.8
Gall's chain . . . 91.8
Gallsche Kette . . 91.8
Gambo (vite) . . 11.8
— del chiodo . . 26.2
Ganascie addizionali 154.1
— della morsa . . 153.5
— —, fodera delle 153.6
Gancho 92.1
—, boca del . . . 92.2
— para cadena . . 92.8
Gancho, cuello del 92.3
— para cuerda . . 92.7
Gancho, cuerpo del 92.4
— doble 92.6
— de fragua . . . 166.7
—, herramientas de 92.9
Gancio 92.1
—, accessori del . 92.9
—, apertura del . 92.2
— attizzatore . . 166.7
—, becco del . . 92.2
—, bocca del . . 92.2
— per catena . . 92.8
— chiuso 93.1
—, collo del . . . 92.4
— per corda . . . 92.7
— doppio 92.6
—, gambo del . . 92.3
— per tubi . . . 109.8
Gang, leerer (Schraube) . . . 10.9
—, im — sein 255.7
—, eine Maschine in — setzen . . 255.6
—, toter (Schraube) 10.9
Gangbreite der Schraube . . . 8.2
— höhe der Schraube . . . 7.8
— tiefe der Schraube . . . 8.1
Ganze Riemscheibe 83.2
Garabatillo para tender 155.2
Garde du clapet . 123.5
Garganta 75.1
— de la polea . . 87.2
Garlopa . . . 191.10
Garnir un coussinet 43.1
— — de métal blanc 43.2
— un piston de cuir 138.6
— un presse-étoupe 135.2
Garniture (presse-étoupe 132.9
— d'amiante . . 135.5
—, anneau de . . 139.1

Garniture des brides 99.6
— en caoutchouc . 135.7
— de chanvre . . 135.3
— en cuir (presse-étoupe) 134.1
—, épaisseur de la (presse-étoupe) . 133.2
—, logement de (presse-étoupe) . 133.1
—, longueur de la 101.7
— métallique . . 135.8
— —, piston à . . 138.7
—, piston à — en cannelures . . 139.8
—, piston à — de chanvre 138.4
—, piston à — de cuir 138.5
— du piston . . 138.3
—, presse-étoupe à — en cuir . . . 133.8
—, presse-étoupe à — métallique . 134.2
—, profondeur de la 101.7
— pour revêtir un coussinet . . . 42.6
— de tuyau . . . 101.5
Garrot (scie) . . . 189.8
Gas-blow-pipe . 201.10
— -burner pliers . 156.7
— -cock 129.6
—, conducción para 110.1
— gewinde . . . 10.6
—, grifo para . . 129.6
— hahn 129.6
— leitung . . . 110.1
— lötkolben . . . 201.9
— -pipe 107.8
— — line 110.1
— — thread . . . 10.6
— — tongs . . . 155.7
— pliers 155.7
— rohr 107.8
— rohrschraubstock 154.3
—, rubinetto da . 129.6
— schieber . . . 126.5
— soldering copper 201.9
—, tubazione del . 110.1
— -valve 126.5
Gasket 99.6
— ring 99.7
Gate, gas 126.5
— valve 125.1
—, water 126.4
Gatillo de parada . 95.4
— de trinquete . 95.7
Gatter, Säge- . . 190.5
— säge 190.6
Gattuccio . . . 188.10
Gauche (avec pas) à 8.9
Gauge 204.3
—, caliper- . . . 205.4
Gauge-cock . . . 111.5
— -cock depth- . 205.6
—, end 205.3
—, hole 205.7
—, inside micrometer- 205.4
—, internal cylindrical 205.8
—, internal and external 205.5
—, limit 206.4
—, marking . . . 207.9
—, micrometer . 204.5
—, screw pitch . 206.2
—, shifting . . . 207.9
—, slide- 204.6
—, standard . . . 206.5
—, standard — for steel plates . . 206.3
—, surface . . . 207.7
—, thread . . . 206.1
—, water- . . . 111.2
—, wire 206.6
Gaz, conduite de (à) 111.1
—, fer à souder au 201.9
—, filet des tuyaux à 10.6
—, robinet à . . 129.6
—, tuyau à . . . 107.8
Gear, annular — and pinion . . 70.1
—, to be in . . . 255.7
—, bevil — system 70.8
—, bevil — wheel 71.2
—, bevil — wheel 71.4
—, change . . . 68.3
—, crank- . . . 140.8
— cutter 184.5
— cutting machine 73.2
—, disengaging . 58.8
—, engaging and disengaging . . 58.6
—, friction bevil . 74.1
—, friction-ratchet- 95.8
—s, heavy duty . 68.4
—, herringbone . 70.3
— wheels, interchangeable . . 68.3
—, internal . . . 67.7
—, mangle . . . 67.4
—, mitre 71.3
—, moulding machine 73.1
—, multiple V- . 74.6
—, to put in . . 59.5
—, right angle bevil — system . 71.3
—, single curve . 67.8
—, skew 71.9
—, slide valve . 127.6
—, spiral 71.8
—, spur — system 68.6
—, spur — wheel . 69.1
— system, cycloidal 66.7
Gear, throtteling . 124.8
—, to throw in . 84.2
—, to throw into . 64.5
—, to throw out of 64.6
—, throwing out of 59.7
—s, transmitting . 68.5
—, wedge-friction- 74.6
— wheel, to mortice cogs into a . . 72.7
— wheel, rim of . 69.2
—, worm 71.5
Gearing 63.2
—, chain 88.5
—, double pin . . 67.5
—, flexible . . . 75.5
—, friction . . . 73.3
—, frictional . . 75.4
—, intermediate belt 77.3
—, iron- 72.4
—, mitre wheel . 71.3
—, ratio of . . . 68.8
—, shaft with wheel 68.2
—, toothed . . . 68.1
—, transmitting friction 75.4
—, wood on iron- 72.5
Gebläse, Schmiede- 167.1
Gefäßnietung . . 28.2
Gefräster Zahn . . 66.2
Gegenflansch . . 100.2
— keil 24.7
— kurbel 142.1
— mutter . . . 13.2
Gehäuse, Wasserstands- 111.3
—, Ventil- . . . 112.2
Gehobelter Zahn . 66.1
Geißfuß 195.2
Gekreuzter Riemen 77.6
Gekröpfte Welle . 36.9
Gekuppelt . . . 62.6
—e Achse . . . 34.1
—, direkt — mit . 62.7
Gekröpft, doppelt —e Welle . . . 37.2
Gelbguß 217.5
Geleimter Riemen 80.9
Gelenk (Kupplung) 61.9
—, Cardansches . 62.2
— kette 90.9
—, Kugel- . . . 62.4
— kupplung . . . 61.8
— schraube . . . 14.3
—, Universal- . . 62.2
— zapfen . . . 62.1
Gelötetes Rohr . 102.8
Gemeine Cykloide 66.9
Genähter Riemen 81.1
General plan . . 223.4
Generating circle (tooth) 67.3
— cone (bevil gear wheel) 71.1

Genietetes Rohr . 102.8
Genou (tuyau) . . 107.5
— arrondi . . . 107.7
— de réduction . 107.6
— vif 107.5
Geradeisen . . . 195.4
— flankenverzahnung 67.6
Gerade gedrehte Riemscheibe . . 82.1
— richten . . . 208.6
Gerändelte Mutter 12.10
Gerät 256.4
—, Herd- 166.5
Gerbstahl 214.2
Gerippte Mutter . 12.10
Gesamtanordnung 223.4
— arbeit 246.6
Geschirr, Haken- 92.9
Geschlossener Kräfteplan . . 242.8
— Pleuelkopf . . 145.1
Geschlossenes Hängelager . . 46.8
— Lager 41.8
Geschnittener Zahn 66.1
Geschränkter Riemen 77.6
— Zahn 186.8
Geschützbronze . 217.8
Geschweißte Kette 89.5
Geschweißtes Rohr 102.4
— —, stumpf . . 102.5
— —, überlappt . 102.6
Geschwindigkeit . 235.5
—shöhe 236.8
—, Kolben- . . . 137.4
—, Komponente der 240.2
—skomponente . 240.2
—, eine — in ihre Komponenten zerlegen . . . 240.1
—, mittlere . . 235.10
—en, Parallelogramm der . . 239.8
—sparallelogramm 239.8
—sregulator . . . 152.4
—, resultierende . 240.4
—en, mehrere — zu ihrer Resultierenden zusammensetzen 240.3
—, Winkel- . . . 241.3
—, Wurf- . . . 237.10
Gesenk 164.4
— hammer . . . 163.5
—, Ober- 164.6
— platte 160.2
—, im—schmieden 164.3
—, Unter- . . . 164.5
Gesimshobel . . 193.4
Gespannte Säge . 189.2
Gesperre 95.4
Gesperre, Klemm- 95.8
—, Zahn- 95.5
Gesprengtes Rad . 69.10
Get, to — loose . 19.5
Geteilte Riemscheibe 83.3
Geteiltes Rad . . 69.9
— Schwungrad . . 149.9
Getriebe, Diskus- 74.2
— mit Innenverzahnung . . . 70.1
—, Kegelrad- . . 70.8
—, Keilräder- . . 74.6
—, Kurbel- . . . 140.8
—, Planscheiben- . 74.2
—, Reibungs- . . 73.8
—, Schnecken- . . 71.5
—, Stirnrad- . . . 68.6
—, Winkel- . . . 71.3
—, Wurm- . . . 71.5
—, Zahnrad- . . 68.1
—, Zahnstangen- . 70.6
Getriebene Scheibe 75.7
Getting hot of a bearing 48.3
Getto (in forme scoperte) . . . 211.4
— malleabile . . 212.4
— in forme d'argilla 212.1
— in forme di sabbia 211.6
— in forme di sabbia secca . . . 211.7
— — — verde . . 211.8
— in staffe . . . 211.5
Gewalztes Rohr . 103.1
Gewichtsbelastung, Sicherheitsventil mit 119.7
Gewichtsregulator 151.9
— ventil 119.2
Gewinde bohren . 21.4
— bohrer 21.3
—, dreieckiges . . 9.5
—, Dreiecks . . . 9.5
—, dreigängiges . 9.3
—, doppeltes- . . 9.2
— durchmesser, äußerer 8.4
— —, innerer . . 8.3
—, einfaches . . 9.1
—, eingängiges . 9.1
— eisen 20.2
— —, Schrauben mit — schneiden 20.3
—s, Feinheit des . 10.8
—, Flach- . . . 9.7
—, flaches . . . 9.7
— fräser 20.8
—, Gas- 10.6
—, Hohl- 10.5
— kupplung . . . 56.6
— lehre 206.1
Gewinde, Links- . 8.8
—, mehrgängiges . 9.4
— muffe 106.9
—, Mutter- . . . 10.5
— nachschneiden 20.1
—, Rechts- . . . 8.6
—, rundes . . . 10.2
— schablone . . 206.2
—, scharfes . . . 9.5
— schneiden . . 19.9
—, Schrauben . . 7.7
— stahl 20.5
— stift 15.2
— strehler . . . 20.5
— taster 207.2
—, Trapez- . . . 10.4
—, viereckiges . . 9.7
—, zweigängiges . 9.2
Gezahntes Schwungrad 150.4
Gezogenes Rohr . 103.4
— Trum 76.1
Ghisa 210.8
— bianca . . . 210.4
— grigia 210.5
— indurita . . . 212.2
— trotata . . . 210.6
Gib 24.8
— and cotter . . 24.8
—, headed key . 23.8
Gießlöffel 203.4
Gimlet 179.7
Gioco della valvola 115.4
Girabecchino . . 182.5
— a manovella . 182.7
Girar sobre un vástago 39.8
Girare sopra un perno 39.8
Giro 240.6
—, ángulo de . . 241.2
—, eje de . . . 241.1
Giunto 56.1
— dell'anello dello stantuffo . . . 139.2
— a bicchiere . . 101.2
—, bossolo del . . 57.1
—, bullone del . 57.4
— di Cardano . . 62.2
— della catena . 89.4
—, conchiglia del 57.3
— a conchiglia . 57.2
— conico 56.8
— a dischi . . . 57.5
— a doppio cono . 58.1
— elastico . . . 58.5
— d'espansione . 58.4
— fisso 56.3
— a flangia . . . 98.7
— a flangie e bulloni 98.8
— a manicotto . 56.4
— — — 101.2

Giunto Sellers . . 58.1
— universale . . 62.2
— a vite 56.6
Giuntura della cinghia 80.7
Giunzione dei tubi 98.5
— a vite 11.1
— — dei tubi . . 98.6
Giuoco inutile (filetto) . . . 10.9
Gland 132.6
— (stuffing box) . 132.6
— bolt 133.3
— expansion joint 104.4
—, flange of . . 132.7
— stuffing box . 132.5
—, V-ring metallic — packing . . 134.2
Glashärte 199.7
—, Wasserstands- . 111.4
Glass oil-cup . . 53.9
—, water-gauge- 111.4
Glazer 198.2
Glazing-wheel . . 197.7
Gleichförmig beschleunigte Bewegung . . . 235.11
--e Bewegung . . 235.1
— verzögerte Bewegung 236.1
Gleichgewicht . . 244.6
—, indifferentes 244.10
—, die Kräfte befinden sich im . 242.9
—, labiles . . . 244.9
—slage eines Körpers 244.7
—, stabiles . . . 244.8
Gleitbahn . . . 145.7
— fläche 145.8
— klotz (Kulisse) . 143.3
— modul 253.1
— schuh 146.6
— stange 146.3
— stück 145.6
Gleiten, der Riemen gleitet . . 79.1
Gleitende Reibung 246.3
Gliederbreite, lichte — (der Kettenglieder) 89.1
— kette 88.8
— länge, lichte — der Kette . . . 88.10
— maßstab . . . 221.3
— riemen 80.6
Glissement, coëfficient de . . . 253.1
—, surface de . . 145.8
Glisser, la courroie glisse 79.1
Glisseur (coulisseau) 143.3
Glissière 145.7
—, —s 145.5
—, frottement de la 145.10
—, pression sur la 145.9
— surface de . . 145.8
Globe calipers . . 207.3
— pliers 155.7
— valve 112.1
Glockenmetall . . 217.9
— ventil 119.1
Glue 196.8
—, leather . . . 80.11
— -press 196.9
—, to 196.6
—, to — the belt . 80.10
Glued belt joint . 80.9
Glühofen, Nieten- . 32.9
Godet 232.6
— graisseur . . . 53.7
— — en verre . . 53.9
— à huile . . . 52.9
Gola 75.1
—, angolo della . 75,2
—, profondità della 75.3
— della puleggia . 87,2
Gold 217.2
Golpe de ariete . 110.3
— del émbolo . . 137.7
Goma para borrar 230.8
— para lápiz . . 230.9
— para tinta . . 230.10
Gomito 36.10
— 107.4
— ad angolo retto 107.5
— arrotondato . . 107.7
—, fare il . . . 37.1
— di riduzione . 107.6
Gomma 230.8
— per inchiostro 230.10
— per matita . . 230.9
Gomme (à crayon) 230.9
— à encre . . . 230.10
— à gratter . . . 230.8
Gommer 230.7
Goniometro . . . 229.4
— ad angolo . . 229.5
Goniómetro . . . 229.4
— angular . . . 229.5
Gorge (transmission à friction) 75.1
—, angle de la (transmission à friction) . . . 75.2
—, poulies à . . 74.7
— de la poulie . 87.2
—, roue à . . . 74.7
—, transmission à friction par poulies à . . . 74.6
Gorrón 37.6
— de anillo . . . 38.8
— del árbol . . . 35.6
— desgastado . . 38.3
— del eje . . . 33.3
Gorrón del eje, fricción del . . 33.9
—, fricción del . 38.1
— de grapaldina . 38.7
— de horquilla . 39.5
— intermedio . . 35.7
Gouge 195.1
— triangulaire . . 195.2
Goujon 13.8
Goupille 24.10
—, étau à . . . 155.1
Goupiller un boulon 14.9
Goupillon . . . 166.8
Govern, to . . . 152.6
Governor 150.7
—, adjusting gear of the . 151.4
— balls 150.9
— center weight . 151.9
—, centrifugal . . 151.5
—, cone 151.7
—, fly wheel . . 151.8
— counterpoise . 152.1
—, load 152.5
—, pendulum . . 151.6
—, shaft 151.3
— -socket . . . 151.1
— —, lift of the . 151.2
—, speed 152.4
—, spindle of the 150.8
—, spring 152.2
— spring 152.3
— of velocity . . 152.4
—, weighted . . 151.9
— weight . . . 152.1
Gradführung . . 145.5
Grado di fluidez . 50.7
— di fluidità . . 50.7
— de temple . . 199.9
Graffa (tubo) . . 109.7
Grain 167.8
— (palier) . . . 40.9
— de couteau (palier) 46.3
— of the grindstone 197.2
— de la meule . . 197.2
Graissage 49.1
—, anneau de . . 52.8
—, appareil de . 53.3
—, appareil de — central 50.3
— automatique . 49.6
— à bagues . . . 55.1
—, bague de . . 55.2
—, bague de (presse-étoupe) 133.6
— central . . . 50.2
— continu . . . 49.2
— des cylindres . 131.7
—, huile de . . . 50.8
— par huile . . 52.4
— à la main . . 49.4
— —, appareil de 49.5

Graissage à mèche 54.1
— périodique . . 49.3
— du piston . . 137.3
—, robinet de . . 53.6
— séparé 49.8
—, trou de . . . 52.5
—, tube de . . . 53.4
Graisse 50.4
—, boîte à . . . 53.5
— de câble . . . 86.4
—, degré de fluidité de la 50.7
Graisser le palier . 48.7
Graisseur à aiguille 54.5
— automatique . 49.7
— à bague . . . 45.2
— centrifuge . . 54.9
— comptegouttes . 54.6
— à équerre . . . 55.9
—, godet . . . 53.8
— à mèche . . . 54.2
—, robinet . . . 53.6
— rotatif 54.8
— séparé 50.1
— Stauffer . . . 55.8
—, tube de distribution du . . . 54.7
Gramil 207.9
— para círculos . 207.8
— de mármol . . 207.7
Grana della mola . 197.2
Granete 168.4
—, marcar con el 168.6
—, puntear con el 168.6
Grapaldina . . . 38.8
Grappa per cinghie 81.6
Grasa consistente 50.6
Grasso 50.4
Grater 176.2
Gratter 177.1
— 230.7
Grattoir 176.3
— 231.1
— cannelé . . . 176.5
— triangulaire . . 176.6
— à tubes . . . 111.1
Graues Roheisen . 210.5
Gravedad 244.3
Gravità 244.3
Gravité 244.3
—, centre de . . 244.2
Gravity 244.3
—, center of . . 244.2
—, force of . . . 244.4
Grease 50.6
— -cock 53.6
— -cup with cocks 53.6
—, to — the bearing 48.7
Great span saw . 189.7
Green-sand-casting 211.8
Grenzlehre . . . 206.4
Greppe d'établi . 194.2
Grey pig-iron . . 210.5
Grieta por exceso de temple . . 199.11
Griff, Kurbel- . . 142.4
Griffe (accouplement) 60.3
—s, débrayage à . 60.4
Grifo 127.7
—, abrir el . . . 128.1
— de agua . . . 129.5
— de aislamiento . 129.4
— de alimentación 129.9
—, armazón del 127.10
—, cabeza del . . 127.9
—, cerrar el . . 128.2
— de cierre . . . 129.4
— cónico 128.3
— de cuatro vías . 129.1
— de descarga . 129.7
— de emisión . . 129.8
— con empaquetadura 128.6
— engrasador . . 53.6
— de evacuación . 129.8
— para gas . . . 129.6
—, macho del . . 127.8
— mezclador . . 129.3
— de paso . . . 128.7
— — angular . . 128.8
— — cuadruple . 129.1
— — triple . . . 128.9
— con prensa estopa 128.6
— de prueba . 129.10
— de purga . . . 129.7
— de tres vías . . 128.9
— de válvula . . 128.4
— — á tornillo . 128.5
Grillete 92.10
Grind, to 197.5
—, to — with emery 198.6
—, to — in a piston 140.2
Grindstone . . 196.10
—, chest below the 197.1
—, grain of the . 197.2
Grinder's oilstone . 197.4
Grinding machine 197.6
— mill 196.10
— stone . . . 196.10
Gripper, le palier grippe 48.5
Grobblech . . . 216.4
— feile 173.8
Groove 23.3
— (friction gearing) 75.1
—, angle of the (friction gearing) 75.2
—s, to cut . . . 23.7
— cutting chisel . 23.5
—s, to mill . . . 23.7
—, oil 52.6
Grooved friction wheel 74.7
— piston 139.8
Ground-auger . . 181.6
— and polished piston 140.1
— reamer . . . 177.5
Grub screw . . . 15.2
Grue, câble de —s 87.9
—, chaîne de . . 91.8
Grueso de la llanta (polea) 81.9
— de la correa . 76.9
Grume 190.7
Grundbüchse (Stopfbüchse) 133.4
— kegel (Kegelrad) 70.9
— kreis (Zahnrad) 67.2
— platte 16.2
— ring 133.5
— riß 224.6
— schraube . . . 15.7
Guancialetto . . 42.6
Guancie della chiave 16.6
Guard (ball valve) 116.9
—, chain 90.7
Guardacadena . . 90.7
Guarnecer con plomo (tubo) . 101.8
Guarnire con piombo (tubo) . 101.8
— la scatola a stoppa 135.2
— un sopporto . 43.1
— — con metallo bianco 43.2
Guarnitura (cuscinetto) 42.6
Guarnizione (scatola a stoppa) . 132.9
— d'amianto . . 135.5
—, anello di . . . 99.7
—, anello di . . . 139.1
— di canape . . 135.3
— di cuoio . . . 134.1
— delle flangie . 99.6
— di gomma . . 135.7
— metallica . . . 135.8
—, spazio della . 133.1
—, spessore della . 133.2
— del tubo . . . 101.5
— —, profondità della 101.7
Gubia 195.1
— triangular . . 195.2
Gudgeon, inserted 39.6
Guía (manivela) . 143.2
— bastidor . . . 143.1
— por capacete . 146.4
— de la cuerda . 84.7
— del patín, fricción en las guías 145.10
— —, presión en las guías . . . 145.9
— recta 145.5
— —, patín . . . 145.6

Guía de la válvula 116.4
— de la varilla 146.1
— —, caja de 146.2
— —, varilla de la 146.3
Guida (manovella) 143.2
— della catena 90.7
— a caviglia 117.5
— —, pattino 145.6
— a croce 146.4
— del pattino 145.7
— —, attrito alla 145.10
— —, pressione sulla 145.9
— rettilinea 145.5
— a stelo 146.1
— —, asta di 146.3
— —, bossolo di 146.2
— della valvola 116.10
Guidage à crosse 146.4
— de soupape 116.10
— de la soupape par sa tige 117.7
Guide (belt driving) 77.9
Guide à ailettes 117.1
— -bar 126.1
— bars 145.5
— box 146.2
— bracket 146.2
— à cheville 117.5
— à croisillon 117.1
— à crosse 146.4
— pin 117.6
— pulley of rope 84.7
— de soupape 116.10
— stem 117.6
— de la tige du piston 136.8
— -tiroir 125.8
Guide (valve) 117.4
Guider, belt 84.4
Guiding nut 126.2
Guillame 193.4
Guillaume 193.4
Guillotina 157.4
Gullet-tooth 186.5
Gummi, Blei- 230.9
Gummiklappenventil 123.4
— packung 135.7
—, Radier- 230.8
—, Tinten- 230.10
Gun-metal 217.8
Guß, Gelb- 217.5
— in grünem Sand 211.8
—, Hart- 212.2
—, Herd- 211.4
—, Kasten- 211.5
—, Lehm- 212.1
—, Sand- 211.6
—, schmiedbarer 212.4
—, Stahl- 212.3
—, Temper- 212.4
— in trockenem Sand 211.7
—, Weiß- 217.10
Gußeisen 211.3
Gußeiserne Riemscheibe 82.7
Gußeisernes Rohr 101.9

H.

Haarseite des Riemens 77.2
Hacer un dibujo en lápiz 226.1
— mortajas 194.5
— punta al lápiz 230.3
Hacha 190.8
— de choque 191.5
—, corte de 190.9
—, mango de 191.2
— de mano 191.3
—, ojal para mango de 191.1
— de vaciar 191.4
Hache 190.8
— de charpentier 191.4
— à main 191.3
—, œil de 191.1
Hacher 226.5
Hachette 191.6
— à poing 191.7
Hachuela 191.7
Hachure 226.6
Hacket 191.7
Hack-file 175.1
Hahn 127.7
—, Abblase- 129.7
—, Ablaß- 129.8
—, Absperr- 129.4
—, den — aufdrehen 128.1
—, Ausblase- 129.7
—, Auslaß- 129.8
—, Auslauf- 129.2
Hahn, Dreiwege- 128.9
—, Durchgangs- 128.7
—, Gas- 129.6
— gehäuse 127.10
— kegel 127.8
—, Konus- 128.3
— kopf 127.9
— küken 127.8
—, Misch- 129.3
—, Niederschraub- 128.5
—, Pack- 128.6
—, Probier- 129.10
— schlüssel 17.6
—, Schmier- 53.6
—, Speise- 129.9
—, Stopfbüchsen- 128.6
—, Ventil- 128.4
—, Vierweg- 129.1
—, Wasser- 129.5
—, Wasserstands- 111.5
—, Winkel- 128.8
— wirbel 127.8
—, den — zudrehen 128.2
Hair-side (of belt) 77.2
Haken 92.1
—, Doppel- 92.6
— geschirr 92.9
— kehle 92.4
—, Ketten- 92.8
— kette 90.4
— maul 92.2
—, Rohr- 109.8
— schaft 92.3
— schlüssel 17.7
Haken, Seil- 92.7
Halbiertes Roheisen 210.6
Halbgeschränkter Riemen 77.7
Halbkreuzriemen 77.7
Halbrundfeile 174.5
Halbschlichtfeile 172.6
Halb versenkte Niete 26.9
Half-cross belt 77.7
— -round file 174.5
— -round hammer 162.2
— twist bit 181.1
Halslager 41.7
—, Wellen- 35.7
— zapfen 38.5
Hammer 160.3
—, about-sledge 161.6
— bahn 160.4
—, Ball- 162.6
—, ball- 162.7
—, ball-pane 162.2
—, Bank- 161.5
—, bench- 161.5
—, boiler scaling 163.4
—, chasing 163.1
—, claw- 162.3
—, copper 163.8
—, cross pane 162.1
— -dress, to 160.7
—, enlarging 161.2
— face 160.4
—, Faust- 161.4

Hammer, Feilen- 170.11
—, file- . . . 170.11
—, fitter's . . . 160.9
—, Flach- . . . 161.9
—, flat- 161.2
—, flat side of a . 160.4
—, forge- 161.1
—, Gesenk- . . . 163.5
— mit gespaltener Finne 162.3
—, halfround . . 162.2
—, Hand- 161.4
—, hand 161.4
—, handle of a . 160.6
—, to — -harden . 160.8
—, Holz- 163.6
—, Kesselstein- . 163.4
— kolben 201.7
— kopf (Schraube) 12.4
—, Kornsicken- . 163.5
— mit Kreuzfinne . 162.1
—, Kreuzschlag- . 161.6
—, Kugel- . . . 162.7
— mit Kugelfinne . 162.2
—, Kupfer- . . . 163.8
—, Loch- 163.3
—, locksmith's . 160.9
—, Nagel- 196.3
—, Niet- 37.1
—, pane of a . . 160.5
—, paning . . . 163.2
—, Pick- 163.4
—, Pinn- 163.2
—, planishing . . 162.5
—, pointed . . . 161.8
—, pointed steel- . 161.8
—, riveting- . . . 32.1
—, round set- . . 162.6
—, Schell- . . . 32.2
—, Schlicht- . . . 162.5
—, Schlosser- . . 160.9
—, Schmied- . . 161.1
—, set- 161.9
—, Setz- 162.4
—, sledge- . . . 161.3
—, smoothing . . 162.5
—, Spitz- 161.8
—, square set- . . 162.4
— stiel 160.6
—, Streck- . . . 161.2
—, Treib- 163.1
—, trip- 161.1
—, two-handed . 161.3
—, Vorschlag- . . 161.3
—, wedge-ended- . 161.8
—, wooden . . . 163.6
—, zinc 163.7
—, Zink- 163.7
—, Zuschlag- . . 161.3
—, to 160.7
—, to 163.9
—, to cold- . . . 160.8
—, to cool- . . . 160.8
—, to cool- . . . 164.1
Hammering, water 110.3
Hämmern 160.7
—, kalt 160.8
Handamboß . . . 158.7
— anvil 158.7
— -axe 191.3
— axt 191.3
— beil 191.7
— bohrer 179.6
— -brace 182.5
— cold chisel . . 167.9
— -drill 179.6
— durchschlag . . 169.2
— feile 172.2
— -file 172.2
— hammer . . . 161.4
— hobel 193.3
— kloben 154.6
— kurbel 142.3
— meißel 167.9
— nietung . . . 31.5
— oiling 49.4
— plane 193.3
— -punch 169.2
— rad 113.8
— -riveting . . . 31.5
— säge 188.1
— -saw 188.1
— saw 188.7
— schere 157.7
— schmierung . . 49.4
— schmiervorrichtung 49.5
— -shears 157.7
— -tools 256.5
— -vice 154.6
— -vice, pointed . 154.8
— werkzeug . . . 256.5
— -wheel 113.8
— zeichnung . . 222.10
— zirkel 228.2
Handle of compasses 227.2
—, file- 169.8
— of a hammer . 160.6
—, winch and crank 142.3
— of windlass . . 142.4
Hanfdichtung . . 135.3
— liderung . . . 135.3
— —, Kolben mit 138.4
— packung . . . 135.3
— seil 86.9
— — scheibe . . 87.4
— zopf 135.4
Hängebock . . . 46.7
— lager 46.6
— —, geschlossenes 46.8
— —, offenes . . 46.9
— —, offenes — mit Stangenschluß . 47.1
Hard solder . . . 202.7
— -soldering . . 201.3
Harden, to . . . 198.9
Harden, to — files 171.4
Hardening . . . 199.1
—, case- 200.1
— by cooling . . 200.2
—, file- 171.5
— by hammering . 200.3
—, oil 200.4
—, water 200.5
Hardness 199.5
—, degree of . . 199.9
—, natural . . . 199.6
Hartborste . . 199.11
— guß 212.2
— lot 202.7
— löten 201.3
Härte 199.5
—, Glas- 199.7
— grad 199.9
—, Natur- . . . 199.6
— pulver . . . 199.10
— riß 199.11
— skala 199.8
Härten 199.1
— (verb) 198.9
—, Feilen . . . 171.4
Härtung durch Abkühlung . . . 200.2
—, Feilen- . . . 171.5
— durch Hämmern 200.3
—, Oberflächen- . 200.1
— in Öl 200.4
— in Wasser . . 200.5
Haspelrad . . . 90.6
— seil 88.2
Hatch, to 226.5
Hatched stake . . 159.7
Hatchet 191.6
Hatching 226.6
Hauamboß f. Feilen 171.1
Haube (Axt) . . 191.1
Hauen, Feilen . . 170.8
—, Sägezähne . . 187.2
Hauptlager . . . 47.7
— maße 225.8
Haus (Axt) . . . 191.1
Hauteur de chute 236.3
— de clavette . . 22.8
— de la dent . . 65.5
— d'épaulement (tourillon) . . . 37.8
— du pied . . . 65.4
— de la tête . . 65.2
— du tir 236.5
Hawkill 203.2
— -pliers 203.2
Head (key) . . . 23.9
— (screw) . . . 11.4
—, cunter-sunk . 12.3
— -bolts (cylinder) 130.7
—, cheese- (screw) 12.2
—, fillister . . . 12.2
— -foreman . . . 254.4
—, hexagon (screw) 11.10
—less screw . . 15.2

Head, solid (of connecting rod) . . 145.1
—, square- (screw) 12.1
—, sunk (screw) . 12.3
—, T- (screw) . . 12.4
Heading tool . . 196.5
Heat, welding . . 165.3
Heating of a bearing 48.3
— coil 104.8
— -pipe 108.4
Heart-scraper . . 176.7
Hearth (forge) . . 166.2
—, forge- 166.4
—, smith's . . . 166.3
Heavy duty gears 68.4
Hebelarm d. Kraft P in bezug auf den Drehpunkt O 243.2
Hebelschere . . . 157.2
Heft, Feilen- . . 169.8
— niete 27.3
— zwecke . . . 220.6
Height of ascent . 237.8
— of fall 236.3
— of projection . 237.8
— of shoulder (journal) . . . 37.8
Heizrohr 108.4
— schlange . . . 104.8
Helical line . . . 7.1
Hélice 7.1
Helicoidal surface 7.4
Helicoidal, superficie 7.4
Hélicoïdale, surface 7.4
Héliographie . . 234.1
Helm 191.2
Hembrilla terrajada 14.2
Hemp-cord . . . 135.4
— -jointing . . . 135.3
— packed piston . 138.4
— -packing . . . 135.3
— rope 86.9
— -twist 135.4
Herdgeräte . . . 166.5
— guß 211.4
— haken . . . 166.7
— schaufel . . . 166.9
—, Schmiede- . . 166.2
Hérisson 110.9
Herminette . . . 191.8
Herramienta . . 256.4
— para taladrar . 182.1
Herramientas . . 256.5
—, caja de . . . 256.3
— de fragua . . 166.5
— de gancho . . 92.9
Herrería 166.1
Herringbone gear 70.3
— tooth 70.4
Herzschaber . . . 176.7
Hexagon bar . . 215.2
Hexagon head (screw) 11.10
— iron 215.2
— nut (screw) . . 12.5
Hexagonal angle . 208.4
— -iron 215.8
Hieb, Bastard- (Feile) 170.2
—, einfacher (Feile) 170.4
—, Feilen- . . . 170.1
—, Kreuz- —(Feile) 170.5
—, Ober- (Feile) . 170.6
—, Schlicht- (Feile) 170.3
—, Unter- (Feile) . 170.7
Hierro 210.1
— angular . . . 215.6
— atruchado . . 210.6
— en barras . . 214.8
— Bessemer . . . 213.2
— bruto 210.3
— calibrado . . . 215.5
— cilindrado . . 215.5
— de clavos . . 196.5
— colado 210.3
— — blanco . . 210.4
— — gris 210.5
— — manchando . 210.6
— cuadrado . . . 215.1
— doble T . . . 215.8
— dulce 212.6
— — de fusión . 213.1
— especular . . 211.1
— exagonal . . . 215.2
— forjado . . . 212.5
— fundido . . . 211.3
— — endurecido . 212.2
— — maleable . . 212.4
— I 215.8
— llanta 215.4
— manganisado . 211.2
— Martin 213.4
— mezclado . . . 210.6
—, mineral de . . 210.2
— pasamanos . . 215.4
— plano 215.3
— pudelado . . . 212.7
— de rebatir . . 159.9
— de rebordear . 159.8
— redondo . . . 214.9
— T 215.7
— Thomas . . . 213.3
— U 215.9
— de volver pestañas 159.9
— Z 215.10
Hilfsventil . . . 116.1
Hinterdrehter Fräser 183.5
Hinterlochter Zahn 186.7
Hipocicloide . . 66.10
Hitze, Schweiß- . 165.3
Hobel 191.10
—, Bank- 193.2
— bank 193.9
Hobelbank, Zange der 194.1
—, Doppel- . . . 192.7
— eisen . . . 191.12
—, Façon- . . . 193.8
—, Falz- 193.5
—, Gesims- . . . 193.4
— kasten . . . 191.11
— maschine . . . 194.3
—, Nut- 193.6
—, Profil- 193.8
—, Schiffs- . . . 193.7
—, Schlicht- . . 193.1
—, Schrupp- . . 192.10
—, Schurf- . . . 192.10
—, Sims- 193.4
— späne 192.6
—s, Spannloch des 192.1
Hobeln 192.5
— (verb) 192.2
—, ab- 192.4
—, be- 192.3
Hogar 166.2
Hohleisen . . . 195.1
— feile 175.6
— gewinde . . . 10.5
— keil 24.4
— schaber . . . 176.5
Hohle Welle . . . 35.9
Hoja de lata . . 216.7
— -latero, fornillo de 202.3
— de papel de dibujo 220.8
— de sierra . . . 185.5
Hold-fast 194.2
— — 196.9
Holding down bolt (bearing) . . . 43.8
— on tool . . . 32.8
Hole gauge . . . 205.7
Holgura inútil de la rosca . . . 10.9
Hollow key . . . 24.4
— mill 184.7
— -pivot 38.8
— -punch 169.4
— shaft 35.9
Hollowing file . . 175.6
— knife 195.5
Holzbohrer . . . 180.8
— -Eisen - Verzahnung 72.5
— hammer . . . 163.6
— keil 22.2
— meißel 194.4
— säge 187.10
— schraube . . . 16.4
— zahn 72.3
Hölzerne Riemscheibe 83.1
Hook 92.1
— (saw) 185.8
—, chain 92.8

Hook, double . . 92.6
— link chain . . 90.4
—, mouth of . . 92.2
—, neck of . . . 92.3
— -poker 166.7
—, roop 92.7
— -spanner . . . 17.7
—, throat of . . 92.4
— utensils . . . 92.9
—, wall 109.8
Hooke's joint . . 62.2
Hoop-iron . . . 215.4
— of spring . . . 147.7
Hoops 215.4
Horizontal belt . 78.4
— projection . . 238.1
— range 237.7
— shaft 36.1
Horizontaler Riemen 78.4
Horizontally, tube cast 102.1
Horn, Amboß- . . 159.1
— -amboß . . . 158.9
— of the anvil beak 159.1
—, Bank- 159.4
— center 228.7
—, Sperr- 159.2
Hornillo para calentar los roblones . 33.1
Horno de soldar . 165.5
Horquilla del disparador 84.4
— de la guía (cambia-correa) 84.4
— de la palanca de interrupción . . 59.3
Horse-power . . 245.3
Hot riveting . . 27.8
Hub 69.4
— begrenzung (Ventil) 114.2
— —skegel . . . 114.3
—, rib of the . . 69.5
—, Ventil- . . . 114.1
— ventil 116.2
— zähler 209.3
Hueco del diente 65.7
Huile animale . . 51.2
—, bain d' . . . 55.3
—, burette à . . 52.1
—, chambre d' . . 55.4
—, conduite d' . 52.3
—, couche d' . 48.8
— pour cylindres 51.6
—, filtre à . . . 53.1
Huile filtrée . . . 53.2
— fine 51.7
—, godet à . . . 52.9
— de graissage . 50.8
—, graissage par . 52.4
—, injecteur à . . 52.2
— de machines . 51.5
— minérale . . . 51.4
—, pierre à l' . . 197.4
—, pompe à . . . 55.7
—, récipient pour 51.8
—, résinification de l' 51.1
—, l' — se résinifie 50.10
— végétale . . . 51.3
—, vidange d' . . 55.5
—, vider l' . . . 55.6
—, viscosité de l' . 50.9
Hülse, Distanz- . 14.7
—, Kupplungs- . . 57.1
—, Lager- . . . 42.1
Hülsenkupplung . 56.8
—schlüssel . . . 17.5
Husillo del tornillo 153.4
Hyperbolical wheel 71.9
Hyperboloidrad . 71.9
Hypocycloid . . 66.10
Hypocykloide . 66.10

I. J.

I-beam 215.8
Jack-plane . . 192.10
— shaft 36.5
Jambe de compas . 226.9
— du T 219.7
Jante, boulon de . 150.2
—, épaisseur de la 81.9
—, joint de la . . 150.1
— de poulie . . 81.8
—, rupture de la . 150.6
— du volant . . 149.5
Jauge à coulisses . 205.4
— pour fils de fer 206.6
— pour les tôles . 206.3
—, robinet de . 129.10
Jaw of the gauge 205.1
— of hook . . . 92.2
—, size of . . . 16.7
— -socket 154.1
—, span of . . . 16.7
— of spanner . . 16.6
—, vice 153.6
— -vice 153.1
Jaws, false . . . 154.1
— of the vice . . 153.5
Idler (flexible gearing) 77.9
— (flexible gearing) 78.2
Jefe de taller . . 254.4
Jeringa para engrase 52.2
Jet horizontal . . 238.1
Jet vertical . . . 238.2
Jeu inutile (de la vis) 10.9
— du piston . . 136.4
— de la soupape . 115.4
Igualar 172.8
Imbocco, curva d' 64.2
Impanatrice . . . 20.8
Impanatura destrorsa 8.6
— doppia 9.2
— fina 10.7
— multipla . . . 9.4
— quadrangolare 9.7
— sinistrorsa . . 8.8
— tonda 10.2
— trapezia . . . 10.4
— triangolare . . 9.5
— tripla 9.3
Implements . . . 256.4
Impugnatura . . 142.4
Impulsión por acoplamiento de engranaje 58.7
—, altura de . . 237.8
—, amplitud de . 237.7
—, ángulo de . . 237.6
— por correa . . 77.4
— horizontal . . 238.1
— á manivela . . 140.8
— con tensión por peso 78.1
Impulsión, velocidad de . . 237.10
Impulso, duración del 236.6
— ad innesto . . 58.7
— obliquo . . . 237.5
— vertical . . . 238.2
Incasso 23.3
Incavare 194.5
Incavatoio . . . 194.4
Inchiodare . . . 196.1
Inchiostro di China 231.3
Inclinación . . . 7.3
— de la cuña . . 22.1
Inclinaison, angle d' 7.2
Inclination angle of 7.2
Inclinazione . . . 7.3
— del cuneo . . 22.1
Inclined plane . . 239.6
— projection . . 237.5
Incollare 196.6
— la cinghia . . 80.10
Incorsatoio . . . 193.5
— femmina . . . 193.6
Incudine 158.3
—, area dell' . . 158.4
— da banco . . . 158.8
—, bicornio dell' . 159.1
— da calderaio . 159.9
—, ceppo dell' . . 158.5
— a corno . . . 158.9
—, corno dell' . . 159.1

Incudine da fucina 158.6
— per lime . . . 171.1
— a mano . . . 158.7
—, piano dell' . . 158.4
—, tassetto da . . 159.5
Incudinella . . . 158.7
India-rubber valve 123.4
Indian ink . . . 231.3
Indicador de nivel de agua . . . 111.2
— —, caja del . . 111.3
— —, cristal del . 111.4
— —, grifo del . . 111.5
Indicateur de niveau d'eau . 111.2
Indicatore di livello 111.2
— —, robinetto dell' 111.5
— —, scatola dell' 111.3
— —, vetro dell' . 111.4
Indicatrice di misura 225.4
Indifferent equilibrium . . . 244.10
Indifferentes Gleichgewicht 244.10
Inertia, moment of 243.7
— of the valve . 114.5
Inertie, moment d' 243.7
— de la soupape . 114.5
Infilare un bullone 14.1
— il chiodo . . . 30.6
Ingegnere meccanico 254.3
Ingeniero 254.3
Ingenieur, Maschinen- 254.3
Ingénieur mécanicien 254.3
Ingerto oblicuo . 106.3
— recto 100.2
—, tubo de . . . 106.4
— de tubo . . . 106.1
Ingot-iron . . . 213.1
— -steel 213.3
Ingranaggio . . . 63.2
— 63.9
— cilindrico . . . 68.6
— conico ad angolo retto 71.3
— a crimagliera . 70.6
— a dentatura interna 70.1
— a dentiera . . 70.6
— a doppio punto 67.5
— ferro con ferro 72.4
— a lanterna . . 67.4
— legno con ferro 72.5
—, linea dell' . . 64.1
— a profilo rettilineo 67.6
—, ruota d' . . . 63.3
— a ruote coniche 70.3
—, arco d' . . . 64.3
Ingranaggio a sviluppante . . . 67.8
— a vite perpetua 71.5
— a vite senza fine 71.5
Ingranamento, arco d' 64.3
Ingranare 63.8
— 72.6
Ingrassatore Stauffer. . . . 55.8
— ad angolo . . 55.9
Injecteur à huile . 52.2
Initial velocity . . 235.8
Ink 231.3
— eraser . . . 230.10
— holder 231.9
—, Indian . . . 231.3
— in, to 231.2
Inlet clack . . . 124.4
— -pipe 109.2
Innenlager . . . 47.8
— strehler . . . 20.6
— taster 206.9
Innenverzahnung . 67.7
—, Getriebe mit 70.1
Innerer Gewindedurchmesser . . 8.3
Innestare 59.5
— 62.5
Innestato 62.6
— direttamente con 62.7
Innesto 58.6
—, albero d' . . 59.4
— articolato . . 61.8
— di aste . . . 61.7
— a cinghia . . 61.6
— a cono di frizione 61.1
— a cuoio . . . 61.4
— a denti . . . 60.2
— elettromagnetico 61.5
—, forchetta d' . 59.3
— a frizione . . 60.7
—, leva d' . . . 59.2
— mobile 58.3
— — 61.8
— a movimento longitudinale . 58.4
— a nastro . . . 61.6
— a nottolino . . 60.5
— a scatto . . . 60.5
— a spazzola . . 61.3
— universale . . 62.2
Inscription des cotes . . . 225.10
Inserted gudgeon 39.6
— journal . . . 39.6
Inside bearing . . 47.8
— breadth (link of a chain) . . . 89.1
— calipers . . . 206.9
— chaser 20.6
— chasing-tool . 20.6
— diameter of pipe 97.6
Inside length of the chain . . . 88.10
— micrometer-gauge 205.4
Instalación de tubos 109.4
Installation, pipe- 109.4
Intensidad de presión 251.1
— de la tracción . 250.5
Interchangeable gear wheels . . 68.3
Intermediate belt gearing 77.3
— shaft 36.5
Intermittant oiling 49.3
Internal cylindrical gauge 205.8
— diameter of inlet (valve) . . . 112.5
— diameter of valve seat 112.6
— and external gauge 205.5
— gear 67.7
— — 70.1
— tooth wheel . . 70.2
Interrupción . . . 59.7
— automática . . 60.1
Intrecciare la corda 85.4
Introducir el roblón 30.7
Introdurre il chiodo 30.7
Involucro del cilindro 131.2
Involute 67.9
— system (tooth) . 67.8
Inwendiger Schraubstahl . . 20.6
Joggle (bearing) . 44.1
Join, to — by soldering 200.8
Joindre par soudure 200.8
Joiner's bench . . 193.9
Joint 85.10
— (rope) 86.1
—, anneau de . . 99.7
—, ball and socket 62.4
—, belt 80.7
— bolt 14.8
— à boulet . . . 62.4
— à brides . . . 98.7
— — et à boulons 98.8
— du câble . . . 85.8
— Cardan 62.2
—, cemented belt 80.9
—, chain 89.4
— de chaine . . 89.4
— face 99.5
—, faire un — de plomb 101.8
— -file 175.3
— —, round-edge . 175.3

Joint, gland expansion . . . 104.4
—, glued belt . . 80.9
— de la jante . . 150.1
— à manchon . . 101.2
— -packing . . . 99.6
—, pipe 98.5
—, to pour lead in the 101.8
—, recessed flanged 99.8
—, riveted . . . 27.4
—, rim 150.1
—, screw 56.6
— du segment de piston 139.2
— sphérique . . . 62.4
—, spigot and socket 101.2
—, spring ring . . 139.2
—, stuffing-box . 104.4
— à T (tuyau) . . 106.6
— -tongue . . . 25.4
— de tuyaux . . 98.5
— universal . . . 62.2
— universel . . . 62.2
— à vis de tuyaux 98.6
—, to (stuffing-box) 135.2
Jointed coupling . 61.8
Jointer cooper . . 193.2
Jointing (stuffing-box) 132.9
—, asbestos- . . . 135.5
—, hemp- 135.3
—, metal- . . . 135.8
—, metallic . . . 135.8
—, rubber- . . . 135.7
—, size of (stuffing-box) 133.2
Jolt, to 164.7
Journal 37.6
—, axle- 33.3
—, ball 39.4
— -bearing . . . 41.5
— box 42.1
—, collar 38.9
Journal with collars 38.5
— with (three, four) collars 38.9
—, conical . . . 39.3
—, cylindrical . . 39.2
—, end- 38.6
— on end of shaft 38.6
—, forked 39.5
— friction . . . 33.9
—, friction of . . 38.1
—, inserted . . . 39.6
— in middle of shaft 38.4
—, neck- 38.4
—, neck -collar- . 38.5
—, pivot- 38.7
—, pointed . . . 39.1
— pressure . . . 37.9
— which has settled in its place . 38.3
—, spherical . . . 39.4
—, thrust 38.9
— to go in a thrust-block 38.9
—, to turn on a . 39.8
—, vertical . . . 38.7
Ipocicloide . . . 66.10
Iron 210.1
—, angle- 215.6
— bar 214.9
—, bar- 214.8
— bench stop . . 194.2
—, Bessemer . . 213.2
—, cast- 211.3
—, cast — -pipe . 101.9
— -cast in a loam mould 212.1
— cutting saw . . 187.9
—, drawn-out . . 215.5
— -gearing . . . 72.4
—, H- 215.8
—, hexagon . . . 215.2
—, hoop- 215.4
—, ingot- 213.1
—, malleable . . 212.5
—, manganese-cast 211.2
Iron, mottled . . 210.6
—, open hearth . 213.4
— -ore 210.2
—, pig- 210.3
— -plate 215.11
— -plate, black . 216.2
—, puddled . . . 212.7
—, rolled 215.5
—, round 214.9
—, sheet 216.1
—, spiegel- . . . 211.1
—, square- . . . 215.1
— -stone 210.2
—, T- 215.7
—, Thomas . . . 213.3
—, U- 215.9
— wedge 22.3
—, wrought- . . 212.5
—, wrought- . . 212.6
—, wrought — pipe 102.2
—, Z- 215.10
Irregular curves 219.10
Irrégularité, coëfficient d' (volant) 149.8
Iscrizione delle misure 225.10
Isolating valve . . 110.5
Juego de embrague 58.8
— de granada . . 58.8
— de plantillas para rosca . . . 206.2
— de poleas fijas . 93.9
— — móviles . . 94.1
— de trinquete . 95.5
— de la válvula . 115.4
Jump, to 164.7
Junk ring of the piston 139.5
Junta de enchufe . 101.2
— de tubos . . . 98.5
Juntar con clavos 196.1
— con saldadura . 165.1
— por saldadura . 200.7
Junterilla 193.5

K.

Kabelseil 88.1
Kalibrierte Kette . 90.3
Kalt hämmern . . 160.8
— meißel . . 165.10
—e Nietung . . . 27.9
— säge 187.7
— sägen 187.5
— schmieden . . 164.1
— schrotmeißel 165.10
Kamm (Kammrad) 72.2
— lager 41.4
— rad 72.1
— zapfen 38.9
Kämmen (Zahnrad) 72.6
Kanne, Öl- . . . 51.9
—, Schmier- . . . 51.9
Kanonenmetall . 217.8
Kappe (Hobel) . . 192.9
—nkopf (Pleuelstange) 145.3
—, Verschluß- (Rohr) 105.2
—nzange 155.7
Karpfenfeile . . . 174.8
Kastenguß . . . 211.5
Kegelbremse . . 96.7
— feder 148.4
— pendel 239.4
Kegelrad 71.2
— —, Reibungs- . 74.1
— — getriebe . . 70.8
— regulator . . . 151.7
—, Reibungs- . . 74.5
— scheibe . . . 83.4
— —ntrieb . . . 78.3
— ventil 116.5
Kehle, Haken- . . 92.4
Keil 21.6
—, einen — antreiben 25.9
—, einen — anziehen 25.9

Keil, Anzug des —s . 22.1
— auflager . . . 23.2
— beilage . . . 24.8
— breite 22.9
—, Doppel- . . . 24.6
—, einen — eintreiben 25.8
—, Eisen- 22.3
—, Feder- . . . 25.4
—, Flach- . . . 24.3
— fläche 21.7
—, Gegen- . . . 24.7
— höhe 22.8
—, Hohl- 24.4
—, Holz- 22.2
— länge 22.10
—, Längs- . . . 22.7
— loch. 23.1
—, Nachstell- . . 25.1
—, Nasen- . . . 23.8
— nut 23.3
— nute (Reibungsgetriebe) . . . 75.1
— nutenwinkel . 75.2
—, Nuten- . . . 23.10
—, Quadrat- . . . 24.1
—, Quer- 22.6
— rad 74.7
— radbremse . . 96.7
— rädergetriebe . 74.6
— rille 75.1
—, Ring- 25.2
— rücken . . . 21.8
—, Rund- 24.2
—, Schluß- . . . 24.4
— sicherung . . 25.5
—, Stahl- 22.4
— stärke 22.0
—s, Steigung des 22.1
—, Stell- 25.1
—, Stell- (Lager) . 44.2
—, Tangential- . 24.5
— verbindung . . 22.5
—, Vorsteck- . . 16.1
— winkel 21.9
Keilen, auf- . . . 25.6
—, los- 25.7
Kern 8.5
— durchmesser . 8.3
Kesselamboß . . 159.9
— blech 216.4
— rohr . . . 107.10
— steinhammer . 163.4
Kette 88.6
—, Anker- . . . 91.9
—, Baulänge der . 88.10
— ohne Ende . . 91.11
—, endlose . . . 91.11
—, Gallsche . . . 91.3
—, Gelenk- . . . 90.9
—, geschweißte . 89.5
—, Glieder- . . . 88.8
—, Haken- . . . 90.4
—, kalibrierte . . 90.3
Kette, Kran- . . 91.8
—, kurzgliedrige . 89.8
—, langgliedrige . 89.9
—, Laschen- . . . 90.9
—, Last- 91.7
—, Schaken- . . 88.8
—, Steg- 90.1
—, Teilung der 88.10
—, Treib- 91.6
Kettenachse . . . 91.5
—bolzen 91.2
—eisen 89.2
—flaschenzug . . 94.7
—führungsbügel . 90.7
—glied 88.9
—haken 92.8
—lasche . . . 90.10
—lauf 91.10
—nietung 30.2
—nuß 90.5
—rad 88.7
—rad, verzahntes . 91.4
—reibung 89.3
—riemen 80.6
—rolle 90.8
—schloß 89.4
—trieb 88.5
—trommel . . . 95.3
—wirbel 90.5
—zug 94.7
Key 22.7
—, bearing surface of 23.2
—, cap 17.5
—, eye bolt and . 14.8
—, flat 24.3
— on flat 24.3
—, forelock- . . . 16.1
—, gibheaded . . 23.8
— -hole saw . 188.10
—, hollow . . . 24.4
—, to knock the — out 25.7
—, length of a . 22.10
—, round 24.2
—, saddle . . . 24.4
—, screw 101.1
— -securing-device 25.5
—, slot and . . . 25.3
—, slot for . . . 23.1
—, square . . . 24.1
—, sunk 23.10
—, thickness of a 22.8
—, tightening- . . 25.1
— -way 23.3
—, to cut a — -way 23.4
—, width of a . . 22.9
—, to — on . . . 25.6
Keying 22.5
Kinematics . . . 234.8
Kinetic energy . 245.4
Kinetische Energie 245.4
Klappschraube . . 14.3
— ventil 123.1
— zange 156.8
Klappe, Rückschlag- 123.7
—, Sicherheits- . 123.6
—, Ventil- . . . 123.2
Klaue 60.3
Klauenausrückung 60.4
— kupplung . . 60.2
Klemmgesperre . 95.8
— kegel 95.9
— kegel (Kupplung) 58.2
— schraube . . . 15.1
Klemmen, die Stopfbüchse klemmt sich 134.5
Klettern, der Riemen klettert . . 79.2
Klinke (Kupplung) 60.6
Klinkenkupplung . 60.5
Kloben, Feil- . . 154.6
—, Hand- 154.6
—, Reif- 154.7
—, Rollen- . . . 93.8
—, Spitz- 154.8
—, Stift- 155.1
Klobsäge 189.6
Klotzbremse . . . 96.2
Kluppe 21.1
—, Niet- 32.8
—, Schneid- . . . 21.1
—, Spann- . . . 155.2
Knarre, Bohr- . . 182.9
Knebel (Säge) . . 189.8
— schraube . . . 15.3
Kneifzange . . . 156.2
Knickbeanspruchung 252.4
— festigkeit . . . 252.3
Knickung 252.2
Knierohr 107.4
—, abgerundetes . 107.7
—, scharfes . . . 107.5
—, scharfes verjüngtes 107.6
Kniestück . . . 107.4
Knife-edge (bearing) 46.2
— -edge bearing . 46.1
— -file 175.1
— with two handles 195.3
Knock, to — the key out . . . 25.7
Knocking in the crank 142.8
Koeffizient, Dehnungs- 249.1
—, Reibungs- . . 245.8
—, Schub- . . . 252.9
Kolben 136.7
— aufgang . . . 138.1
— beschleunigung 137.5
—, Dampf- . . . 140.5
— decke 139.5
— deckel 139.5
— — schraube . . 139.6
— dichtung . . . 138.8

Kolbendurchmesser 136.2
—, eingeschliffener 140.1
—, einen — einschleifen . . . 140.2
—, Ersatz- . . . 140.7
—, Gaslöt- . . . 201.9
— geschwindigkeit 137.4
—, Hammer- . . 201.7
— mit Hanfliderung 138.4
— hingang . . . 137.9
— höhe 136.3
— hub 137.7
— körper 139.4
— kraft 136.5
— mit Labyrinthdichtung . . . 139.8
— mit Lederliderung 138.5
—, einen — beledern . . . 138.6
— liderung . . . 138.3
—, Löt- 201.6
— mit Metalliderung 138.7
— niedergang . . 138.2
— packung . . . 138.3
—, Plunger- . . . 140.4
—, Pumpen- . . . 140.6
— reibung . . . 137.6
— ring 139.1
— ring, selbstspannender 139.3
— ringschloß . . 139.2
— rückgang . . 137.10
—, Scheiben- . . 140.3
— schieber . . . 127.4
— schlüssel . . . 137.1
— schmierung . . 137.3
— schraube . . . 136.9
— spiel 137.8
— — raum . . . 136.4
—, Spitz- 201.8
— stange 136.6
— —nende . . . 136.7
— —nführung . . 136.8
— stopfbüchse . . 137.2
—, Tauch- . . . 140.4
— weg 137.7
Komponente . . 242.1
—, Beschleunigungs- 240.2
— der Beschleunigung 240.2
—, eine Beschleunigung in ihre —n zerlegen . . 240.1
—, Geschwindigkeits- 240.2
— der Geschwindigkeit 240.2
—, eine Geschwindigkeit in ihre —n zerlegen . . . 240.1
Konischer Zapfen 39.3
Konsollager, Längs- 47.5
Konsole, Wand- . 46.5
—, Winkel- . . . 47.6
Konstruieren . . 222.2
Konstrukteur . . 222.3
Konstruktion . . 222.4
—sbureau . . . 218.4
—sfehler 222.5
Konushahn . . . 128.3
— kupplung . . . 61.1
Kopf (Schraube) . 11.4
— bahn 64.7
—, Hammer- . . 12.4
— höhe (Zahnrad) 65.2
— kreis 63.6
— der Reißschiene 219.6
—, runder (Schraube) 12.2
— schraube . . . 13.9
— schweiße (der Kettenglieder) . 89.6
—, versenkter . . 12.3
Korb, Saug- . . . 108.6
Kornsickenhammer 163.5
— zange 156.8
Körner 168.4
— marke 168.5
— punkt 168.5
Körnung des Schleifsteines 197.2
Körper, Lager- . . 43.4
Kraft 241.5
—, Angriffspunkt der 241.7
—, Brems- . . . 96.6
—, Zentripetal- . 237.3
—, Druck- . . . 251.1
—, Flieh- 237.4
—, die Kräfte befinden sich im Gleichgewicht . 242.9
—, Hebelarm der — P in bezug auf den Drehpunkt O 243.2
— -maschine . . 256.7
—, Mittel- . . . 241.9
—, Moment der — P in bezug auf den Drehpunkt O . 243.1
— nietung . . . 28.1
—, Normal- . . . 237.8
—, Parallelogramm der Kräfte . . 241.8
—, Prinzip der Erhaltung der . . 245.5
— räder 68.4
— richtung . . . 241.6
—, Schwer- . . . 244.3
—, Seiten- . . . 242.1
—, Stütz- 238.5
—, Tangential- . 237.2
—, übertragene (Riementrieb) . 75.9
—, Zug- 250.5
Kräftedreieck . . 242.2
— paar 243.3
— —s, Moment des 243.4
— plan 242.3
— —, geschlossener 242.8
— polygon . . . 242.3
— zug 242.3
Krankette . . . 91.8
— seil 87.9
Kranz, aufgesetzter 69.3
— bruch 150.6
— schraube . . . 150.2
— stoß 150.1
— wulst 69.3
Krauskopf . . . 180.7
Kreis, Fuß- . . . 63.7
—, Kopf- 63.6
—, Kronen- . . . 63.6
— pendel 238.8
— reißer 207.8
— säge 190.4
— schieber . . . 126.8
— seiltrieb . . . 84.8
—, Teil- 63.5
—, Wurzel- . . . 63.7
Kreuzfinne . . . 162.1
— gelenkkupplung 62.2
— hieb 170.5
Kreuzkopf . . . 146.5
— bolzen . . . 146.7
— führung . . . 146.4
— keil 147.1
— stange . . . 146.8
— zapfen . . . 146.7
Kreuzmeißel . . 167.6
— schlaghammer . 161.6
— stück (Rohr) . 106.5
— stutzen . . . 62.3
— winkel 208.3
Kronenkreis . . . 63.6
— mutter 12.6
— ventil 119.1
Kröpfen 37.1
Kröpfung . . . 36.10
Krummeisen . . 195.5
Krummlinige Bewegung 236.7
Krümmer 105.6
Kugelbewegung, Stehlager mit . 45.1
— finne, Hammer mit 162.2
— gelenk 62.4
— hammer . . . 162.7
— lager 45.3
— lagerschale . . 45.7
—, Lauf- (Lager) . 45.4
— spur (Lager) . 45.5
— spurlager . . . 41.8
— taster 207.3
— ventil 116.7
— zange 155.7
— zapfen 39.4
— zapfenlager . . 45.6

Kühlschlange . . 104.7
Kulisse (Kurbel) . 143.2
—nstein 143.3
Kupfer 216.3
— hammer . . . 163.3
— rohr 103.6
Kuppelstange . . 145.4
Kuppeln 62.5
—, an- 62.5
—, ent- 63.1
—, los- 63.1
—, zusammen- . . 62.5
Kupplung . . . 56.1
—, Ausdehnungs- . 58.4
—, die — auslösen 59.6
—, Auslösungs- . 58.6
—, Ausrück- . . 58.6
—, die — ausrücken 59.6
—, Band- 61.6
—, bewegliche . . 58.3
—, Bürsten- . . 61.3
—, die — einrücken 59.5
—, elastische . . 58.5
—, Elektromagnet- 61.5
—, feste 56.3
—sflansch 57.6
—, Flanschen- . . 57.5
—, Gelenk- . . . 61.3
Kupplung, Gewinde 56.6
—shebel 59.2
—shülse 57.1
—, Hülsen- . . . 56.8
—, Klauen- . . . 60.2
—, Klinken- . . . 60.5
—, Konus- . . . 61.1
—, Kreuzgelenk- . 62.2
—, Leder- 61.4
—, lösbare . . . 58.6
—, die — lösen . 63.1
—smuffe, lösbare . 59.1
—, Muffen- . . . 56.4
—, Reibungs- . . 60.7
—, Riemen- . . . 61.6
—sschale 57.3
—, Schalen- . . . 57.2
—sscheibe . . . 57.6
—, Scheiben- . . 57.5
—sschraube . . . 57.4
—, Schrauben- . . 56.6
—, Sellers- . . . 58.1
—, Stangen- . . . 61.7
—, Wellen- . . . 56.2
—, Zahn- 60.2
Kurbel 141.2
—, (Bohr-) . . . 182.3
Kurbelarm . . . 141.3
—, Bohr- 182.3
—, einmännische . 142.5
—, Gegen- . . . 142.1
— getriebe . . . 140.3
— griff 142.4
—, Hand- . . . 142.3
— körper 141.3
— lager 141.5
— scheibe . . . 142.2
— schlag 142.8
— schleife . . . 143.1
—, Sicherheits- . 142.7
—, Stirn- 141.8
— trieb 140.8
— welle 141.4
— wellenlager . . 141.5
— zapfen 141.6
— lagerzapfen . . 141.7
—, zweimännische 142.6
Kurbeln (verb) . 142.9
Kurve, ballistische 237.11
Kurvenlineal . 219.10
—schiene . . . 219.10
—stab 220.1
—ziehfeder . . . 229.7
Kürzen, den Riemen 79.4
Kurzgliedrige Kette 89.8

L.

Labbro (chiodatura) 27.7
Labiles Gleichgewicht 244.0
Laboratorio cianografico 234.6
Labrar con cepillo 192.3
Labros de la correa 81.4
Labyrinthdichtung, Kolben mit . . 139.8
Lace, to — the belt 81.2
Laced belt . . . 81.1
Ladle 203.4
Lado brillante de la correa . . . 77.1
— rugoso de la correa 77.2
Ladro 188.10
Lager 40.1
—, Achs- 33.4
—, Augen- . . . 41.8
—, das — ausbüchsen 42.2
—, ein — ausfüttern 43.1
—, Außen- . . . 48.1
—s, Baulänge des 40.4
— bock 47.2
—s, Bohrung des 40.3
— büchse 42.1
— deckel 43.5
—, Druck- . . . 41.4
Lagerdruck . . . 40.6
—s, Durchmesser des . . . 40.3
—, einteiliges . . 41.8
—, das — frißt . 48.5
— fuß 43.7
— fußschraube . 43.8
— futter 42.6
—, geschlossenes . 41.8
—, Hals- 41.7
—, Hänge- . . . 46.6
—, Haupt- . . . 47.7
— hülse 42.1
—, Innen- . . . 47.8
—, Kamm- . . . 41.4
— körper 43.4
—, Kugel- . . . 45.3
—, Kugelspur- . . 41.3
—, Kugelzapfen- . 45.6
—, Kurbel- . . . 141.5
—, Kurbelwellen- . 141.5
—, Kurbelzapfen- . 141.7
—s, Länge des . . 40.2
—, Längskonsol- . 47.5
—, das — läuft sich aus 48.4
—, das — einer Maschine läuft warm 48.2
—, Mauer- 46.4
—, das — nachstellen 48.6
— platte 43.9
Lager, Ringschmier- 45.2
—, Ringspur- . . 41.1
—, Rollen- . . . 45.8
—, Rumpf- . . . 44.7
— rumpf 43.4
—, Säulen(konsol)- 47.4
— schale 42.4
— —, Kugel- . . 45.7
— —, nachstellbare 42.5
—, das — schmieren 48.7
—, Schneiden- . . 46.1
—, Schräg- . . . 44.8
— schraube . . . 43.6
—, Sellers- . . . 45.1
— sohle 43.7
—, Spur- 40.8
—, Steh 42.3
—, Steh— mit Kugelbewegung . 45.1
—, Stirn- 41.6
— stuhl 47.2
—, Stütz- 40.8
—, Trag- 41.5
—, Walzen- . . . 45.8
—, Wand- . . . 46.4
—s, Warmlaufen des 48.3
—, ein — mit Weißmetall ausgießen 43.2
Lagging, cylinder . 131.2
Laiton 217.5

Laiton, tuyau en . 103.7
Lama doppia (pialla) 192.8
— della sega . . 185.5
Lame 156.10
— de scie . . . 185.5
Lamiera da caldaie 216.4
— di ferro . . 215.11
— fina 216.3
— nera 216.2
— ondulata . . . 216.6
— striata 216.5
Lámina de palastro 216.1
Laminador de tubos 103.3
Laminated plate waggon spring . 147.6
Laminatoio da tubi 103.3
Laminé, tuyau . . 103.1
Laminoir, train de —s à tuyaux . 103.2
—s à tuyaux . 103.3
Lampada da saldatore 202.1
— per saldare . . 202.1
Lámpara para soldar 202.1
Lampe à braser . 202.1
Länge des Lagers . 40.2
Längenänderung . 248.7
— —, bleibende . 249.5
— aufriß 224.5
Langgliedrige Kette 89.9
Langlochbohrer . 181.5
Längsbewegliche Kupplung . . . 58.4
Längskeil 22.7
— konsollager . . 47.5
— schnitt 224.9
Languette . . . 25.4
—, rainure et . . 25.3
Lanière pour attache 81.8
Lanterne de soupape 112.2
Lap-riveting . . . 28.7
— welded pipe . . 102.6
Lapis 230.2
Lápiz 230.2
— azul 233.6
— de color . . . 233.4
—, hacer punta al 230.3
— rojo 233.5
Lappenschraube . 15.4
Largeur de clavette 22.9
— de la courroie . 76.8
— de la dent . . 65.8
— du filet . . . 8.2
— du passage (soupape) 113.1
— de la poulie . 81.10
— de la spire . . 8.2
Larghezza della chiavella . . . 22.9
— della cinghia . 76.8
Larghezza del dente 65.8
— della puleggia . 81.10
Lasche 29.8
—, Ketten- . . . 90.10
Laschenkette . . 90.9
—nietung 29.1
—kopf 91.1
Lasciar uscire l'olio 55.6
Lastkette 91.7
Lateral contraction 248.8
Lathe, axle- . . . 35.1
Latón 217.5
Latta 216.7
Latte 220.1
Laubsäge 189.5
Lauffläche (Zapfen) 38.2
— kugel (Lager) . 45.4
— ring (Lager) . . 45.5
Laufendes Seil . . 86.5
Lavoro 245.1
— d'attrito . . . 246.5
— — fra i denti . 66.6
— di deformazione 248.6
— totale (attrito) . 246.6
— utile (attrito) . 246.7
Law of the conservation of energy 245.5
Lay, to — a pipe . 109.6
Lead 217.1
— box 229.3
— compass . . . 228.1
— eraser 230.9
—, to pour — in the joint . . . 101.8
— rubber 230.9
— of a screw . . 7.8
Leading axle . . 34.4
Leak, to, the stuffing-box —s . . 134.6
Leather, belt . . 80.4
— cement . . . 80.11
— -coupling . . . 61.4
— glue 80.11
—, to pack the piston with . . 138.6
— packing, piston with 138.5
— — collar (stuffing-box) . . . 134.1
— — ring (stuffing-box) 134.1
Lecho de la chaveta 23.2
Lederklappenventil 123.3
— kupplung . . . 61.4
— leim 80.11
—liderung, Kolben mit 138.5
— manschette (Stopfbüchse) . 134.1
—, Riemen- . . . 80.4
— stopfbüchse . . 133.8
Lederstulp (Stopfbüchse) 134.1
Ledern, einen Kolben 138.6
Leerer Gang (Schraube) . . . 10.9
Leerlaufbüchse . 83.9
Left hand 8.9
— handed . . . 8.9
— hand thread . 8.8
Leg of T-square . 219.7
Légende 223.7
—, écrire la . . . 231.5
Legno smeriglio . 198.1
Lehmguß 212.1
Lehrdorn 205.8
Lehre 204.8
—, Blech- 206.8
—, Draht- 206.6
—, Gewinde- . . 206.1
—, Grenz- . . . 206.4
—, Loch- 205.8
—, Mikrometer- . 204.5
—, Normal- . . 206.5
—, Rachen- . . . 205.5
—, Schieb- . . . 204.6
—, Schrauben- . . 204.4
—, Schub- . . . 204.6
—, Taster- . . . 205.5
—, Tiefen- . . . 205.6
—, Toleranz- . . 206.4
Leim 196.8
— knecht 196.9
—, Leder- . . 80.11
Leimen 196.6
—, zusammen- . . 196.7
—, den Riemen . 80.10
Leistung 245.2
—sregulator . . . 152.5
Leitachse 34.4
— rolle 77.9
Leitung, Dampf- . 109.9
—, Druck- . . . 108.9
—, Gas- 110.1
—, Rohr- 109.1
—, Saug- 108.7
—, Wasser- . . 109.10
—, Wellen- . . . 35.4
Length over all (valve) 113.9
— of the base (bearing) 40.4
— of the bearing . 40.2
— of a cotter . . 22.10
— over the flanges (pipe) 98.2
— of a key . . . 22.10
— inside pitchline 65.4
— outside pitchline 65.2
— of tooth . . . 65.5
Lengthening bar . 227.8
Lengüeta . . . 25.4
Lettering pen . 231.4
Leva del freno . 96.5

Leva d' innesto 59.2
Levée de la soupape 115.7
Level, air- 208.8
—, round spirit 209.1
—, spirit- 208.8
—, water- 208.8
Lever-dolly 32.6
— -shears 157.2
— weighted safety valve 119.7
Levier de débrayage 59.2
— de frein 96.5
— du régulateur 151.3
— de la soupape 119.9
Libelle 208.8
—, Dosen- 209.1
Licciaiuola 186.9
Lichte Weite (Ventil) 112.5
— — des Rohres 97.6
— —, das Rohr hat x mm 97.7
Lichtpausapparat 234.5
— pausatelier 234.6
— pauspapier 234.2
Lichtpause 234.1
Lie on, to —, the belt is lying on the shaft 80.1
Liegend gegossenes Rohr 102.1
Liegende Welle 36.1
Lidern (Stopfbüchse) 135.2
Liderung (Stopfbüchse) 132.9
—, Hanf- 135.3
—, Kolben- 138.3
—sring 139.1
Lift of the governor-socket 151.2
—, shoulder on valve's stem to limit 114.2
— -valve 116.2
— of a valve 114.1
Lifting eye, triangular 93.1
— of the valve 115.7
Ligne de cote 225.4
— des dents 186.2
— d'engrènement 64.1
— de fermeture 242.7
— de rivets 27.5
— supérieur des dents 186.3
Lima 169.7
— achaflanada 175.4
— para afilar sierras 175.7
— ad ago 175.5
— para agujeros 176.1
— almendrada 174.8
— appuntita 173.6
— áspera 173.2
Lima basta 173.2
— bastarda 172.4
— bonete 174.6
— a braccio 172.3
— al brazo 172.3
— bruñidor 173.1
—, cabo de 169.8
— de canal 175.6
— carleta bombeada 172.2
— a cerniera 175.3
— cilindrica 174.7
—s, cincel para 170.10
— de charnela 175.3
— cola de ratón 175.5
— da coltello 175.1
— cuadrada 174.3
— a digrossare 172.3
— dolce 172.5
— — da brunire 173.1
— dulce para alisar 172.5
— -escoplo 170.10
— de espada 175.2
— fina puntiaguda 173.6
— finisima 172.7
— a foglia di salvia 174.8
— da forare 175.6
— da fori 176.1
— germanica 173.2
— gruesa 173.3
— impagliata 173.2
—, incudine per 171.1
— para el lápiz 230.6
— a mandorla 175.4
—, mango de 169.8
—, manico della 169.8
— a mano 172.2
— á mano 172.2
—, martello per 170.11
— -martillo 170.11
— per matite 230.6
— de media caña 174.5
— mezzo tonda 174.5
— muza 172.5
— de navaja 175.1
— obtusa 173.5
— ottusa 173.5
— oval 174.8
— ovale 174.8
— piatta 173.4
— — appuntita 173.7
— — ottusa 174.1
—s, picador de 170.9
—, picadura de la 170.1
—s, picar 170.8
— plana 173.4
— — -apuntada 173.7
— — -roma 174.1
— de pulimentar 173.1
— quadra 174.3
—, raja de 171.7
—, rasgo de la 171.7
— redonda 174.4
— de redondear 174.7
Lima repicada 171.3
—s, repicar 171.2
—s, retajar 171.2
—, ritagliare le lime 171.2
— ritagliata 171.3
—, scalpello per 170.10
— da sega 175.7
— semibastarda 172.6
— —dolce 172.6
— —fina 172.6
— para sierras 175.7
— soprafina 172.7
— a spada 175.2
— tabla 173.3
—, tagliare lime 170.8
—, tagliatore di lime 170.9
—, taglio della 170.1
— a taglio bastardo 172.4
— — fino 172.7
— — grosso 173.3
— — mezzo fino 172.6
—s, tajar 170.8
—, temperare lime 171.4
—s, templar 171.4
—s, temple de 171.5
—, tempratura di 171.5
— tonda 174.4
—, tratto della 171.7
— triangular 174.2
— triangolare 174.2
—, virutas de 171.8
—s, yunque para picar 171.1
Limaduras 171.9
Limaille 171.8
Limallas 171.8
Limar 171.6
—, banco para 172.1
Limare 171.6
—, banco da 172.1
Limatón cuadrado 172.3
Limatura, polvere di 171.9
Limature 171.8
Lime 169.7
— à aiguille 175.5
— à arrondir 174.7
— bâtarde 172.4
— à bras 172.3
— carrée 174.3
— à charnière 175.3
— coulisses 175.3
—, coup de 171.7
— à couteaux 175.1
— à crayons 230.6
— demi-douce 172.6
— — -ronde 174.5
— douce 172.5
—, enclume à —s 171.1
— d'entrée 176.1
— à fendre 175.4
— à forer 175.6
— grosse 173.3

Lime, manche de . 169.8
—, marteau à —s 170.11
— mordante . . . 176.2
— obtuse 173.5
— ovale 174.8
— au paquet . . 173.2
— à pignon . . . 175.2
— plate 173.4
— — pointue . . 173.7
— pointue . . . 173.6
— rectangulaire . 174.1
— retaillée . . . 171.3
—, retailler les . 171.2
— ronde 174.4
— pour (à) scies . 175.7
— superfine . . . 172.7
—, tailler des —s . 170.8
—, tailleur de —s . 170.9
—, trempe de —s . 171.5
— tremper des —s 171.4
— triangulaire . . 174.2
Limer 171.6
—, banc à . . . 172.1
Limit gauge . . . 206.4
— of proportionality 249.8
— of stretching strain 250.1
Limite admissible . 247.7
— di duttilità . . 250.1
— d'écoulement . 250.1
— d'elasticità . . 249.7
— d'élasticité . . 249.7
— d'étirage . . . 250.1
— de proportionalité 249.8
— di proporzionalità 249.8
— di sollecitamento 247.7
Limite de elasticidad 249.7
— de estiraje . . 250.1
— de proportionalidad 249.8
Line, addendum- . 63.6
— of contact . . 64.1
—, pipe- 109.1
— piping 109.1
—, pitch- 63.5
—, root- 63.7
—, to — a babbit . 43.1
—, to — a bearing 43.1
Linea di chiusa . 242.7
— d'imbocco . . 64.2
— dell'ingranaggio 64.1
— di misura . . . 225.4
— —, freccia della 225.5
Linea de cierre . 242.7
— de cota . . . 225.4
— —, flecha de la 225.5
— de engrane . . 64.1
Lineal 219.9
—, Kurven- . . 219.10
Lineale 219.9
Lineale curvo . 219.10
Linguetta 25.4
—, bullone a . . 14.8
Lining of the bearing 42.6
Link 143.2
— (coupling) . . 61.0
— belt 80.6
— block 143.3
— of a chain . . 88.9
— -pin 62.1
— — 91.2
— -plate 90.10
Linksgängig . . 8.9
— gewinde . . . 8.8
Lip 44.1
Liquid lubricant . 50.5
Liquide, matière lubrifiante . . 50.5
Lisciare 172.8
List of details . . 223.7
Lista dei dettagli . 223.7
— de las partes . 223.7
— dei pezzi . . . 223.7
Liste de pièces . . 223.7
Listello di guida . 126.1
Liteau de guidage 126.1
Little beak-iron . 158.8
Litze 85.2
Live load 248.3
Livello d'acqua, linea del . . . 111.6
— a bolla d'aria . 208.8
— sferico 209.1
Llama de soldadura 202.2
Llanta, engrosamiento de la . 69.3
— de la polea . . 81.8
Llave, abertura de la 16.7
— de abertura variable 18.1
— acodada . . . 17.2
—, boca de la . . 16.6
— de dos bocas . 17.1
— de brida . . . 101.1
— cerrada . . . 17.2
— de descarga . . 129.5
— doble 17.1
— de paso del engrasador . . . 53.6
— para espita . . 17.6
— espitera . . . 17.6
— de gancho . . 17.7
— de grifos . . . 17.5
— de horquilla . 17.8
— inglesa 18.2
— de macho . . 127.7
— con mango de ángulo 17.2
— — curvado . . 17.2
— de muletilla . 17.4
— semifija . . . 18.1
— sencilla . . . 16.8
— simple 16.8
Llave tenedor . . 17.8
— del tornillo de presión 17.3
— tubular . . . 17.4
— para tubos . . 110.6
— para tuercas . 16.5
— — circulares . 17.7
— de vaso . . . 17.4
Load on axle . . 33.7
— chain 91.7
—, form of . . . 247.8
— governor . . . 152.5
—, live 248.3
—, oscillating . . 248.2
—, oscillatory . . 248.2
— on piston . . . 136.5
—, safe 247.7
—, steady or dead 248.1
— on the valve . 119.8
—, to — the valve 120.3
—, varying . . . 248.3
Loam-casting . . 212.1
Lochbeitel . . . 194.7
— eisen 169.4
— feile 176.1
— hammer . . . 163.3
— kreis (Flansch) . 99.4
— lehre 205.7
— mutter 12.9
— platte 160.2
— säge 188.10
— scheibe . . . 169.1
— schere 158.1
— taster 206.9
— zange 169.5
Lochen 169.6
Lock mechanism . 95.4
— -nut 13.2
—smith's hammer . 160.9
Locked cable . . 85.7
— rope 85.7
Locker werden . . 19.5
Lockern, eine Schraube . . . 19.4
Lock filer's clamps 154.7
Locking mechanism 95.4
—, pipe- 104.9
Löffelbohrer . . . 181.3
Logement de garniture (presse-étoupe) 133.1
Long auger . . . 181.5
— borer 181.5
— eye auger . . 181.4
— -link chain . . 89.9
— saw 188.4
Longitud de la base del soporte . . 40.4
— de la chaveta . 22.10
— del diente . . 65.5
— del soporte . . 40.2
— útil (tubo) . . 98.2
Longitudinal wall hanger-bearing . 47.5

Longitudinal section 224.9
— view 224.5
Longueur de clavette 22.10
— de construction du palier . . . 40.4
— de la dent . . 65.5
— de la garniture 101.7
— du palier . . . 40.2
— du pied . . . 65.4
— de la tête . . 65.2
— totale 113.9
— utile (tuyau) . 98.2
Loop 93.1
Loose collar . . . 36.8
— flange 100.5
—, to get 19.5
— pulley 83.8
— — 93.4
— side of belt . . 76.1
Loosen, to — a screw . . . 19.4
Lösbare Kupplung 58.6
— —smuffe . . . 59.1
Loskeilen 25.7
—kuppeln . . . 63.1
— löten 200.9
— schrauben . . 19.3
— scheibe . . . 83.6
— —, Fest- und . 83.6
— —, einen Riemen von der — auf die Festscheibe schieben . . . 84.1
Lose Flasche . . 94.1
— Riemscheibe . 83.8
— Rolle 93.4
Loser Flansch . . 100.5
Löschhaken . . . 166.8
— spieß (Schmiede) 166.6
— wedel 166.8
Lösen (Schraube) . 19.3
Lot 202.4
—, Hart- 202.7
—, Schlag- . . . 202.7
—, Schnell- . . . 202.6
—, Senk- 209.2
—, Weich- . . . 202.5
—, Weiß- 202.5
—, Zinn- 202.5
Lötbrenner . . 201.10
— eisen 201.6
Lötflamme . . . 202.2
— fuge 201.5
— kolben 201.6
— lampe 202.1
— naht 201.4
— ofen 202.3
— probe 203.3
— ring 100.6
— rohr 203.1
— säure 202.9
— stelle 201.5
— versuch . . . 203.3
— wasser 202.8
— zange 156.6
— — 203.2
Löten 200.10
—, Hart- 201.3
—, Weich- . . . 201.2
— (verb) 200.6
—, an- 200.8
—, los- 200.9
—, zusammen- . . 200.7
Lötung 201.1
Lower block . . 94.3
— cut 170.7
Lubricant 50.4
—, liquid 50.5
—, rope 86.4
Lubricate, to — the bearing . . 48.7
Lubricating, syringe for . . 52.2
— oil 50.8
Lubrication . . . 49.1
—, central . . . 50.2
—, centrifugal . . 54.9
—, continuous . . 49.2
—, cylinder . . . 131.7
—, oil 52.4
—, piston 137.3
—, ring 55.1
—, separate . . . 50.1
Lubricator . . . 53.7
— actuated by hand 49.5
—, angle 55.9
—, automatic . . 49.7
— box 53.5
—, needle- 54.5
—, rotating crank 54.8
—, self-acting . . 49.7
—, separate . . . 50.1
Lubrificator, Stauffer- . . . 55.8
—, wick- 54.2
Lubricity of the oil 50.10
Lubrifiante, matière 50.4
—, matière — liquide 50.5
—, matière — solide 50.9
Lubrificación . . 49.1
— del cilindro . . 131.7
Lubrificador . . . 53.3
Lubrificante della corda 86.4
— liquido . . . 50.5
— sólido 50.6
Lubrificar el cojinete 48.7
Lubrificare il cuscinetto . . 48.7
—, foro per . . . 52.5
Lubrificatore ad ago 54.5
— automatico . . 49.7
— centrale . . . 50.3
— centrifugo . . 54.9
— girante 54.8
— a mano . . . 49.5
— a stoppino . . 54.2
Lubrificazione . . 49.1
— ad anello . . 55.1
— automatica . . 49.6
—, canaletto per la 53.4
— centrale . . . 50.2
— del cilindro . . 131.7
— continua . . . 49.2
— a mano . . . 49.4
— ad olio . . . 52.4
— periodica . . . 49.3
— separata . . . 49.8
— a stoppino . . 54.1
Lucido 233.8
Luftventil 121.8
Lumière du rabot 192.1
Lunghezza alla base del sopporto . . 40.4
— della chiavella 22.10
— del sopporto . 40.2
— utile (tubo) . . 98.2
Luz del tubo . . 97.6

M.

Macchina 253.6
— per affilare . . 197.6
—, costruire una . 253.8
—, fermare una . 255.8
— da filettare . . 21.5
— per formare ruote 73.1
Macchina per intrecciare la corda 85.5
—, mettere in movimento una . . 255.6
—, montare una . 254.7
Macchina operatrice 256.6
—, organi di . . 253.7
— a piallare . . . 194.3
— per scanalare . 23.6
— da smerigliare . 198.7

Macchina, smontare una . . . 255.4
—, smontatura d'una 255.5
— soffiante . . . 167.1
— per tagliare ingranaggi . . . 73.2
— utensile . . . 256.8
Maceta 161.7
Machine 253.6
— à aiguiser . . 197.6
— à aléser les cylindres 131.6
—s, atelier de construction de . . 254.1
— à battre les cordes 85.5
—, to break off a. 255.4
—, breaking off a. 255.5
—, to build a . . 253.8
— à cisailler . . 157.8
—, to construct a. 253.8
—s, constructeur de 254.2
—s, construction de 253.9
—s, construction of 253.9
—, construire une 253.8
—, démontage d'une 255.5
—, démonter une. 255.4
—, dessin de —s. 222.7
—s, dessinage de . 222.6
— drawing . . . 222.6
—, drawing of a . 222.7
—, to erect a . . 254.7
—, erecting of a . 255.1
—, erection of a . 255.1
— à fileter . . . 21.5
—, to fit up a . . 254.7
— -fitter 255.2
—, fitting up of a 255.1
—s, huile de . . 51.5
—, to make a . . 253.8
— à meuler . . . 197.6
— de meules d'émeri 198.7
—, mettre une — en marche . . 255.6
—, mettre une — en train 255.6
—, monter une . 254.7
— -motrice . . . 256.7
— à mouler les engrenages . . . 73.1
—, to set a — going 255.6
— -oil 51.5
— -outil 256.8
— -parts 253.7
— à percer . . . 183.1
— à raboter. . . 194.3
— -reamer . . . 178.2
— à river 31.7
— -riveting . . . 31.6
— à scier. . . . 190.2
— screw 12.3
—, shearing . . . 157.8
Machine, to stop a 255.3
— à tailler les engrenages . . . 73.2
—, to take down a 255.4
— à tarauder . . 21.5
— -tool 256.8
— à travailler . . 256.6
—, working . . . 256.6
— -works 254.1
Machinery, maker of 254.2
Machinist 254.6
—, erecting . . . 255.2
Macho de aterrajar 21.3
— de fragua. . . 161.6
— de fragua con peña invertida . 161.8
— del grifo . . . 127.8
Mâchoire d'étau . 153.6
—s de la clef. . . 16.6
—s d'étau. . . . 153.5
Madrevite 10.5
— di guida . . . 126.2
Maestro 254.5
— de baile . . . 206.9
Maglia della catena 88.9
—, ferro per le maglie 89.2
—, larghezza interna della . . 89.1
—, lunghezza interna della . . 88.10
— saldata in fianco 89.7
— — in testa . . 89.6
Maille de chaîne . 90.10
—, œil de . . . 91.1
—, tête de . . . 91.1
Maillon 89.2
—s, chaîne de . . 90.9
—, largeur intérieur du . . . 89.1
—, pas du . . . 88.10
Main bearing . . 47.7
Maître 254.5
Make a belt joint with cement, to . 80.10
Maker of machinery 254.2
Mall 161.7
Malla (cadena) . . 90.10
—, cabeza de la . 91.1
Malleable cast-iron 212.4
— iron 212.5
Mallet, round . . 163.6
Mallo 161.2
— de corte . . . 161.6
Manche de la hache 191.2
— de lime . . . 169.8
— de manivelle . 142.4
— du marteau . 160.6
Manchon, accouplement par . . 56.4
— d'accouplement 56.5
—, assemblage à . 101.2
— double 105.5
Manchon droit. . 107.3
— pour le faux-bouton 178.5
— pour foret . . 178.5
—, joint à . . . 101.2
— mobile 59.1
— de la poulie folle 83.9
—, profondeur du 101.6
— de réduction . 107.1
— du régulateur . 151.1
— de tuyau . . . 101.4
—, tuyau à . . . 101.3
— à vis 56.7
— — 106.9
Mandarria . . . 161.6
Mandrilado (rueda) 69.6
Mandrilar un cilindro . . . 131.5
Maneton 141.6
—, palier de . . 141.7
Manette 113.8
Manga de cuero . 134.1
Manganese-cast-iron 211.2
Mangle gear. . . 67.4
Mango de lima. . 169.8
— de la manivela 142.4
— de la sierra . . 185.6
Manguito (acoplamiento) . . . 56.5
— de acoplamiento 57.1
— para la broca . 178.5
— doble 105.5
— de embrague . 59.1
— de interrupción 159.1
— de dos luces . 07.1
— roscado . . . 56.7
— — 106.9
— de unión . . . 56.4
Manico della lima 169.8
— della sega . . 185.6
Manicotto d'accoppiamento . . 56.5
— di disinnesto . 59.1
— doppio 105.5
— — interno . . 107.3
— filettato . . . 56.7
— — 106.9
— interno . . . 107.2
—, profondità del. 101.6
— di riduzione . 107.4
— del tubo . . . 101.1
— a vite . . . 56.7
— — 106.9
Manila rope . . . 86.9
Manille. 89.4
Manivela 141.2
—, botón de la . 141.6
—, brazo de la. . 141.8
—, clavija de la . 141.6
—, contra- . . . 142.1
— á cuatro manos 142.6
—, dar á la . . . 142.9
— de disco . . . 142.2

Manivela de doble codo 143.1
— á dos manos . 142.5
—, eje de la. . . 141.4
— extrema . . . 141.8
—, golpe de la . 142.8
—, maniobrar la . 142.9
— á mano . . . 142.3
— de seguridad . 142.7
—, soporte de la clavija de la . . 141.7
—, soporte del eje de la . . . 141.5
Manivelle 141.2
—, arbre de . . . 141.4
— en bout . . . 141.8
—, bouton de . . 141.6
— à bras 142.3
—, cogne dans la . 142.8
—, contre . . . 142.1
—, corps de . . . 141.3
—, coulisse . . . 143.1
— frontale . . . 141.8
— à deux hommes 142.6
— à un homme . 142.5
— à main . . . 142.3
—, manche de . . 142.4
—, palier de l'arbre de 141.5
—, plateau . . . 142.2
—, poignée de . . 142.4
— de sûreté . . . 142.7
—, tourner la . . 142.9
—, transmission par 140.8
Manovella , . . 141.2
—, albero della . 141.4
—, braccio della . 141.3
—, colpo della . . 142.8
—, contro- . . . 142.1
— a disco . . . 142.2
— d'estremità . . 141.8
— frontale . . . 141.8
— a glifo 143.1
— a mano . . . 142.3
—, manovrare la . 142.9
—, perno della . 141.6
—, di sicurezza . 142.7
—, sopporto dell' albero della . . 141.5
—, sopporto del perno della . . 141.7
— a due uomini . 142.6
— ad un uomo . 142.5
Manovellismo . . 140.8
Manschette, Leder- (Stopfbüchse). . 134.1
Mantel, Cylinder- . 130.4
Mantice 167.2
Manubrio 142.4
— de cabria . . 142.4
— de taladrar . . 182.8
Manufacturer . . 254.2
Mappenständer . . 219.3
Máquina 253.6
Máquina para acepillar 194.3
— de afilar . . . 197.6
— de aserrar . . 190.2
— de barrenar . . 183.1
—, construir una . 253.8
—, desmontaje de una 255.5
—, desmontar una 255.4
— de escoplar ranuras 23.6
— de esmerilar . 198.7
— para formar ruedas 73.1
— de fresar . . . 185.2
— — dientes . . 73.2
— herramienta . 256.8
— de mandrilar cilindros 131.6
—, montar una . 254.7
— motriz 256.7
— operadora . . 256.6
—, parar una . . 255.8
—, poner en función una 255.6
—, poner en marcha una . . 255.6
— de roscar . . . 21.5
— de taladrar . . 183.1
— de tallar dientes 73.2
— para torcer la cuerda 85.5
— para trazar puntos 229.9
— útil 256.6
Marbre 208.7
Marcador de circulos 207.8
— paralelo . . . 207.7
Marcar 207.5
Marcare 207.5
Marcha, estar en . 255.7
Marchar 255.7
Marche en arrière du piston . . 137.10
— en avant du piston 137.9
—, être en . . . 255.7
Marine end (connecting rod) . . 145.2
— kopf (Pleuelstange) 145.2
Marión 234.1
— azul 234.3
— blanco 234.4
Mark scraper . . 207.6
—, to — the center with the centerpunch 168.6
—, to — out . . 207.5
Marking gauge . 207.9
— tool 207.6
Marquer 207.5
Marteau 160.8
Marteau à balle . 162.6
— cannelé en sillons 163.5
— en cuivre . . . 163.8
— à dégrossir . . 161.2
— à devant . . . 161.3
— — avec panne en travers . . . 161.6
— à emboutir . . 163.1
— d'établi . . . 161.5
—, face du . . . 160.4
— de forge . . . 161.1
— de frappeur . . 161.3
— à limes . . 170.11
— à main 161.4
—, manche du . . 160.6
— en métal blanc 163.7
— à panne . . . 163.2
— — fendue . . 196.3
— — — 162.3
— — sphérique . 162.2
— — de travers . 162.1
—, panne du . . 160.5
— à piquage . . 163.4
— à planer . . . 162.5
— plat 161.9
— à pointe . . . 161.8
— à river 32.1
— rond 162.7
— de serrurier . . 160.9
Marteler 160.7
Martellare . . . 160.7
Martello 160.8
— appuntito . . 161.8
— da banco . . . 161.5
— da calderaio . 160.9
— da carpentiere . 162.3
— da chiodi . . 196.3
— da digrossare . 161.2
— da fabbro . . 160.9
— da fucina . . 161.1
— laminatore . . 161.2
— per lime . . 170.11
—, manico del . . 160.6
— a mano . . . 161.4
— a palla . . . 162.6
— a pareggiare . 162.5
— a penna . . . 163.2
— con penna a croce 162.1
— con penna divisa 162.3
— con penna sferica 162.2
—, penna del . . 160.5
— piano 161.9
—, piano del . . 160.4
— piatto 161.2
— punteruolo . . 163.3
— di rame . . . 163.8
— da ribadire . . 32.1
— da ricalcare . . 163.1
— a scrostare . . 163.4
— scrostatore . . 163.4

Martello a stampo 163.5
— a taglio . . . 165.8
— a terzo . . . 161.6
— a testa rotonda 162.7
— di zinco . . . 163.7
Martillar 160.7
— en frío 160.8
Martillo 160.3
— acanalado . . 163.5
— de ajustador . 160.9
— apuntado . . . 161.8
— de banco . . . 161.5
—, boca del . . . 160.4
— de bola de 2 bocas . . . 162.2
— de carpintero . 162.8
— cincel 165.8
— para clavar . . 196.3
— de cobre . . . 163.8
— de corte . . . 163.2
—, corte del . . 160.5
— cruzado . . . 162.1
— para desincrustar 163.4
— á dos manos . 161.3
— de embutir . . 163.1
— estampa . . . 32.2
— de forja . . . 161.1
— formón . . . 162.6
—, lima- . . . 170.11
—, mango del . . 160.6
— á mano . . . 161.4
— de orejas . . . 162.3
—, peña del . . . 160.5
— de peña . . . 32.1
— para picar limas 170.11
— pilón 162.5
— plano 161.9
—, plano del . . 160.4
— de rebatir . . 161.2
— taladro . . . 163.3
— de zinc . . . 163.7
Martin, acier . . 214.1
— eisen 213.4
—, fer 213.4
— stahl 214.1
Martinetto . . . 32.4
—, punzone del . 32.6
Marzellare . . . 164.3
Masa 244.5
— de la válvula . 114.5
Maschine 253.6
—, Abbau einer 255.5
—, eine — abstellen 255.8
—, eine — aufstellen 254.7
—, eine — bauen 253.8
—, eine — in Betrieb setzen . . 255.5
—, Demontage einer 255.4
—, eine — demontieren 255.4
Maschine, eine — in Gang setzen . 255.6
—, Kraft- 256.7
—, Montage einer 255.1
—, eine — montieren 254.7
—, Werkzeug- . . 256.8
Maschinenbau . . 253.9
—bauer 254.6
—bauwerkstätte . 254.1
—fabrik 254.1
—fabrikant . . . 254.2
—ingenieur . . 254.3
—nietung . . . 31.6
—öl 51.5
—reibahle . . . 178.2
—schere 157.8
—schlosser . . . 254.6
—teil, einen — in Ansicht darstellen 224.1
—teil, einen — im Schnitt darstellen 224.8
—teile 253.7
—zeichnen . . . 222.6
—zeichnung . . 222.7
Maschio creatore . 21.3
— del rubinetto . 127.8
Mass 244.5
Massa 244.5
— della valvola . 114.5
Masse 244.5
—nmittelpunkt . 244.2
Massette 161.7
Maß 220.8
—, Band- 221.4
— eintragung . 225.10
—e eintragen . . 225.9
— linie 225.4
—, Meter- . . . 220.9
—, Normal- . . 220.11
— pfeil 225.5
—, Schwind- . . 221.9
— skizze 223.8
Maßstab 221.1
—, Falt- 221.3
—, Glieder . . . 221.3
—, Meter- . . . 221.7
—, Transversal- . 221.6
—, verjüngter . 221.5
Maßstäblich zeichnen . . 218.3
Maßzahl 225.6
Maschiettare . . . 21.4
Mastice 80.11
Mastio 21.3
Matage 164.8
Mater (rivets) . . 31.1
Materia lubrificante 50.4
Matière lubrifiante 50.4
— — liquide . . 50.5
— — solide . . . 50.6
— à souder . . . 202.4
Matita 230.2
— azzurra . . . 233.6
— bleu 233.6
— a colore . . . 233.4
— di ricambio . . 227.4
— rossa 233.5
—, temperare la . 230.3
Matoir 31.2
Matrice 169.1
Matriz (punzón) . 169.1
Matrize 169.1
Mauerkasten . . . 47.3
— lager 46.4
Maul, Haken- . . 92.2
— des Schraubenschlüssels . . . 16.6
— weite 16.7
Mazo 163.6
Mazza 161.7
— traversa . . . 161.6
Mazzetta 161.8
— di legno . . . 163.6
Mean velocity . 235.10
Measure 220.8
— 221.1
—, folding pocket 221.3
—, foot 220.10
—, metric . . . 220.9
—, standard . . 220.11
—, tape- 221.4
—, to 220.7
—, to — accurately 204.1
Measuring, accurate 204.2
Mécanicien . . . 254.6
Mecánico 254.3
Mecanismo de freno 96.1
— de paro por mordiente . . . 95.8
Meccanico . . . 254.6
Meccanismo di disinnesto 58.8
Mecchia 180.1
— appuntita . . 180.3
— a centro . . . 180.4
— —, punta centrale della . . 180.5
— a legno . . . 180.8
— spirale 180.6
— a due tagli . . 180.2
Mecha capilar . . 54.3
—, la — se obstruye 54.4
Mechanical drawing 222.6
— engineer . . . 254.3
— engineering . . 253.9
— power 246.7
Mèche 178.4
— pour bois . . . 180.8
— à centre . . . 180.4

Mèche, la — se feutre 54.4
—, graissage à . . 54.1
—, graisseur à . . 54.2
— du graisseur . 54.3
— à deux tranches 180.2
— à une tranche . 180.1
Mechero para soldar 201.10
Media luna . . . 195.5
Medida 220.8
— de escala de reducción . . . 221.5
— métrica . . . 220.9
— normal . . . 220.11
— plegable . . . 221.3
— de precisión . . 204.2
— en pulgadas . 220.10
Medir 220.7
— con precisión . 204.1
Mehrfacher Riemen 80.3
— gängiges Gewinde 9.4
— gängige Schraube 16.3
— reihige Nietung 29.7
— schnittige Nietung 28.6
Meißel 167.4
—, Bank- 168.1
—, Feilen- . . . 170.10
—, Flach- 167.5
—, Hand- 167.9
—, Kalt- . . . 165.10
—, Kaltschrot- . 165.10
—, Kreuz- . . . 167.6
—, Schrot- . . . 165.8
—, Stein- 167.8
—, Stemm- . . . 31.2
—, Warm- . . . 165.9
—, Warmschrot- . 165.9
Meißeln 168.2
—, ab- 168.3
Meister 254.5
Mélange, robinet de 129.3
Mensola 46.5
— angolare . . . 47.6
— ad angolo . . 47.6
Mentonnet . . . 194.2
Mescolare un colore 232.7
Messen 220.7
—, fein- 204.1
Messerfeile . . . 175.1
Messing 217.5
— rohr 103.7
Mesurage précis . 204.2
Mesure 220.8
— de contraction . 221.9
— étalon . . . 220.11
— métrique . . . 220.9
— en pouce . . 220.10
Mesurer 220.7
—, (action de — avec précision) . 204.2
— avec précision . 204.1
Metal blanco . 217.10
— para campanas 217.9
— delta 217.11
— saw 187.9
— -jointing . . . 135.8
Métal blanc . . 217.10
— —, garnir un coussinet de . . 43.2
— de cloches . . 217.9
— delta . . . 217.11
Metall, Glocken- . 217.9
— liderung, Kolben mit 138.7
— packung . . . 135.8
— säge 187.9
— schere 157.9
— stopfbüchse . . 134.2
Metallic jointing . 135.8
— packing, piston with 138.7
— stuffing-box . . 134.2
Metallische Pakkung 135.8
Metallo bianco . 217.10
— delta . . . 217.11
Metermaß 220.9
— stab 221.7
Mètre 221.8
— à ruban . . . 221.4
Metric measure . 220.9
— scale 221.7
Metro de bolsillo . 221.8
— de cinta . . . 221.4
— de quincha . . 221.4
— snodato . . . 221.3
Mettere una boccola 42.2
— un bossolo . . 42.2
— denti di legno ad una ruota . 72.7
— le misure . . . 225.9
Mettre une courroie sur la poulie 79.7
— un coussinet . 42.2
— en prise . . . 64.5
Meule 197.7
— à aiguiser . 196.10
— d'émeri . . . 198.2
—, grain de la . . 197.2
Meuler, machine à 197.6
Mezclar un color . 232.7
Mezzaria 225.8
—, da — a . . . 225.7
Micrometer-screw . 15.5
Micromètre . . . 204.5
Micrométrique, vis 15.5
Micrometro . . . 204.5
Mikrometerlehre . 204.5
— schraube . . . 15.5
Mill, end- 184.8
Mill, hollow . . . 184.7
—, shank-end- . . 184.8
— -stone-piercer . 181.7
—, tube-rolling . 103.2
—, wheel- . . . 197.7
—, to — with a cutter 184.9
—, to — grooves . 23.7
Milled edge thumb screw 15.5
— nut 12.10
— tooth 66.2
Milling 185.1
— -cutter . . . 183.2
— — with inserted teeth . . . 183.4
— —, screw- . . 20.8
— machine . . . 185.2
Mineral de fer . . 210.2
— de hierro . . . 210.2
— oil 51.4
— -öl 51.4
Minerale di ferro . 210.2
Minérale, huile . 51.4
Mischhahn . . . 129.3
Misura 220.8
— 225.6
— di contrazione . 221.9
— metrica . . . 220.9
— a nastro . . . 221.4
— normale . . 220.11
— in pollici . . 220.10
— di precisione . 204.2
Misure principali . 225.8
Misurare 220.7
— con precisione . 204.1
Mitre gear . . . 71.3
— wheel 71.4
— — gearing . . 71.3
Mitte, von — zu Mitte 225.7
Mittelkraft . . . 241.9
— linie 225.8
— punkt, Massen- 244.2
Mittlere Geschwindigkeit . . . 235.10
Mixing cock . . . 129.3
Mode de chargement 247.8
Modérateur . . . 150.7
Modo de actuar la carga 247.8
— di caricamento . 247.8
Modul, Elastizitäts- 249.2
—, Gleit- 253.1
Module d'élasticité 249.2
Modulo d'elasticità 249.2
— di scorrimento 253.1
Módulo de elasticidad 249.2

Módulo de resbalamiento 253.1
Modulus of elasticity 249.2
— — for tension . 249.1
— —, transverse . 253.1
— of rigidity . . 253.1
— of shearing . . 252.9
— of sliding movement 253.1
Mola da affilare 196.10
—, grana della . 197.2
Molla 147.2
— a balestra . . 147.6
— cavalletto della 147.9
—, compressione della 148.7
—, comprimere la 148.8
— dritta 147.3
— a foglia . . . 147.4
—, occhiello della 147.8
—, saetta di cedimento 147.5
—, a sezione circolare 148.6
— — rettangolare 148.5
—, spira della . . 149.1
— a spirale . . . 148.1
— — cilindrica . 148.3
— — conica . . 148.4
—, staffa della . . 147.7
—, tendere una . 148.9
— di torsione . . 148.2
Mollejón 197.1
Moment, bending . 251.6
—, Biegungs- . . 251.6
— du couple . . 243.4
— of the couple . 243.4
—, Dreh- 253.4
— fléchissant . . 251.6
— de la force P pour le centre de rotation O . 243.1
— of the force P with reference to the centre of motion O 243.1
— de flexion . . 251.6
— of flexure . . 251.6
— of inertia . . 243.7
— —, equatorial . 243.8
— —, polar . . . 244.1
— d'inertie . . . 243.7
— — par rapport à un axe 243.8
— — — un point 244.1
— der Kraft P in bezug auf den Drehpunkt O . 243.1
— des Kräftepaares 243.4
— de résistance . 251.8
— of resistance . 251.8
—, static 243.6
— statique . . . 243.6
Moment, statisches 243.6
— de torsion . . 253.4
— of torsion . . 253.4
—, Trägheits- . . 243.7
—, Widerstands- . 251.8
Momento della coppia 243.4
— estático . . . 243.6
— di flessione . . 251.6
— de flexión . . 251.6
— della forza P rispetto al centro di rotazione O . . 243.1
— de la fuerza P con relación al punto de giro O . . . 243.1
— de inercia . . 243.7
— de inercia ecuatorial 243.8
— de inercia polar 244.1
— d'inerzia . . . 243.7
— — rispetto ad un asse . . . 243.8
— — — ad un punto 244.1
— del par de fuerzas 243.4
— de resistencia . 251.8
— resistente . . 251.8
— di resistenza . 251.8
— statico 243.6
— de torsión . . 253.4
— di torsione . . 253.4
Monkey wrench . 18.2
Monta-cinghia . . 79.6
— correas . . . 79.6
Montador 255.2
Montage einer Maschine 255.1
— d'une machine 255.1
Montaje 255.1
Montar una correa sobre la polea . 79.7
— una máquina . 254.7
Montare una cinghia sulla puleggia 79.7
— una macchina . 254.7
Montatore . . . 255.2
Montatura . . . 255.1
Monte-courroie . . 79.6
Montée du piston 138.1
Monter, la courroie monte 79.2
— une machine . 254.7
Monteur 255.2
Montieren, eine Maschine . . . 254.7
Montierungswerkstätte 255.3
Mordache 155.2
— à chanfrein . . 154.7
Mordaza 154.7
— de manguito . 155.1
— de pico apuntado 154.8
Mordiente, mecanismo de paro por 95.8
Mordientes . . . 154.1
Morsa 153.1
— da banco . . . 153.2
— del banco . . 194.1
—, ganascie della 153.5
— a mano . . . 154.6
— parallela . . . 154.2
—, serrare un pezzo alla 153.3
—, stringere un pezzo alla . . . 153.3
— per tubi . . . 154.3
—, vite per . . . 153.4
Morsetta 196.9
Morsetto appuntito 154.8
— di legno . . . 155.2
— obliquo . . . 154.7
— tenditore . . . 155.1
Mortaiser des dents dans une roue . 72.7
Mortajas, hacer . 194.5
Mortice, to — cogs into a gear wheel 72.7
— wheel 72.1
— — tooth . . . 72.2
Mortise axe . . . 191.5
— chisel 194.7
Moteur 256.7
Motion 234.7
—, eccentric . . 144.5
—, rectilinear . . 234.9
—, restricted . . 238.3
— of rotation . . 240.6
— of translation . 240.5
—, uniform . . . 235.1
—, uniformly accelerated . . . 235.11
—, uniformly retarded 236.1
Moto 234.7
— curvilineo . . 236.7
Motor 256.7
— engine 256.7
Motore 256.7
—, albero 36.4
Mottled iron . . 210.6
Moufle 93.7
— du bas 94.3
— à chaîne . . . 94.7
— à corde . . . 94.6
— différentielle . 94.4
— fixe 93.9
— du haut . . . 94.2
— mobile 94.1
Moulage en terre . 212.1
Mould 164.4
Moulding machine, wheel 73.1
— plane 193.8

Mouler, machine à
— les engre-nages 73.1
Mouth of hook . 92.2
— of the plane . 192.1
— of the tongs . 155.4
Mouvement . . . 234.7
— curviligne . . 236.7
— rectiligne . . . 234.9
— sollicité . . . 238.8
— uniforme . . . 235.1
— uniformément accéléré . . 235.11
— — retardé . . 236.1
— varié 235.5
Moveable axle . . 34.8
— block 94.1
— coupling . . . 58.3
— longitudinally coupling . . . 58.4
— pulley 93.4
Movement . . . 234.7
Mover un eje por correa 76.4
Movimento . . . 234.7
—, essere in . . 255.7
— forzato . . . 238.8
— rettilineo . . . 234.9
— uniforme . . . 235.1
— uniformemente accelerato . . 235.11
— — ritardato . . 236.1
— variabile . . . 235.5
— vario 235.5
— vincolato . . . 238.8
Movimiento . . . 234.7
— curvilíneo . . 236.7
— forzado . . . 238.8
— obligado . . . 238.8
— rectilíneo . . 234.9
— uniforme . . . 235.1
— uniformemente acelerado . . 235.11
— — retardado . 236.1
— variable . . . 235.5
Moyeu, boulon de 150.8
—, collet du . . 69.5
— de la roue . . 69.4
— du volant . . 149.7
Mozzo, nervatura del 69.5
— della ruota . . 69.4
M-tooth 186.6
Mud-valve . . . 122.9
Muela de esmeril . 198.2
—, picado de la . 197.2
Muelle 147.2
—, apoyo del . . 147.9
— de ballesta . . 147.6
—, brida del . . 147.7
—, compresión del 148.7
—, comprimir un . 148.8
—, distender un . 148.9
—, espira del . . 149.1
— espiral 148.1
—, flecha del . . 147.5
— de flexión . . 147.3
— helizoidal cilíndrico 148.3
— helizoidal cónico 148.4
— de hojas . . . 147.4
— de laminas múltiplas 147.6
—, oreja del . . 147.8
— de sección circular 148.6
— — rectangular . 148.5
— de torsión . . 148.2
Muff-coupling . . 56.4
Muffe 56.5
—, Absatz- . . . 107.1
—, Ausrück- . . . 59.1
—, Gewinde- (Kupplung) . . 56.7
—, Gewinde- . . 106.9
—, Regulator- . . 151.1
—, Rohr- 101.4
—, Schrauben-kupplungs- . . 56.7
Muffe, Überschieb- 105.6
—, verjüngte . . 107.1
Muffenhub des Regulators . . . 151.2
—hülse 56.5
—kupplung . . . 56.4
—rohr 101.3
—tiefe 101.6
—verbindung . . 101.2
Multiple belt . . 80.8
— riveting . . . 29.7
— shear riveting . 28.6
— thread screw . 16.3
— V-gear 74.6
Multiplex thread . 9.4
Muñón, carga en el 37.9
—, presión en el . 37.9
— tubular . . 108.10
Muovere un albero con cinghia . . 76.4
Muschelschieber . 127.2
Mutamento di un asse 34.11
Mutare un asse . 34.10
Mutter (Schraube) 11.5
—, Bolzen mit Kopf und 11.9
—, Bund- 12.8
—, Flügel- . . . 12.7
—, Führungs- . . 126.2
—, Gegen- . . . 13.2
—, gerändelte . 12.10
—, gerippte . . . 12.10
— gewinde . . . 10.5
—, Kronen- . . . 12.6
—, Loch- 12.9
— schlüssel . . . 16.5
— schraube . . . 11.9
—, Schrauben- . . 11.5
—, Sechskant . . 12.5
—, Stell- 12.9
—, Überwurf- . . 13.1
M-Zahn 186.6

N.

Nabe, Rad- . . . 69.4
Nabenbüchse . . 83.9
— schraube . . . 150.8
— wulst 69.5
Nachbohren . . . 179.8
— drehen, einen Cylinder . . . 131.4
— lassen 199.3
— — (verb) . . . 199.2
— schaben . . . 177.3
— schneiden, Gewinde 20.1
— —, Schrauben . 20.1
— spannen, den Riemen 79.8
— —, eine Schraube 19.7
Nachstellbare Lagerschale . . 42.5
— stellen, das Lager 48.6
— stellkeil . . . 25.1
— ziehen, eine Schraube . . . 19.7
Nadeleinsatz . . 227.6
— feile 175.5
— fuß 227.7
— schmierer . . 54.5
— schmiergefäß . 54.5
— spitze 227.7
Nagel 195.6
— bohrer 179.7
— eisen 196.5
Nagelhammer . . 196.3
— loch 196.2
— zange 156.3
— zieher 156.3
Nageln 195.7
—, zusammen- . . 196.1
Nähen, den Riemen 81.2
Nähriemen . . . 81.3
Nahtloses Rohr . 102.9
Nail 195.6
— -hole 196.2
— -nippers . . . 156.3
— -puller 156.3
—, to 195.7
Nase (Keil) . . . 23.9
— (Lager) . . . 44.1

Nasenkeil . . . 23.8
Nasello (chiavella) 23.9
— (sopporto) . . 44.1
Nastro del freno . 97.1
Natural hardness . 199.6
Nature du filet . 10.8
Naturhärte . . . 199.6
Natürliche Größe, in —r — zeichnen 218.2
Nave 69.4
— collar 69.5
Neck (shaft) . . . 35.7
— (of hook) . . . 92.8
—, axle- 33.8
— -collar-journal . 38.5
— -journal . . . 38.4
— — -bearing . . 41.7
Neck ring (stuffing box) 133.5
Needle 227.7
—, dotting . . . 229.1
— -file 175.5
— -lubricator . . 54.5
— -point 227.6
Neigungswinkel . 7.2
— der schiefen Ebene 239.7
Nervatura della corona (ruota) . . 69.3
— del mozzo . . 69.5
Nervure de la couronne 69.8
Nichelio . . . 216.11
Nickel 216.11
— stahl 214.5
— -steel 214.5
Nicker 180.5
Niederschraubhahn 128.5
Nietfeuer 33.1
— hammer . . . 32.1
— kluppe . . . 32.8
— kopf 26.8
— —, den — auskreuzen . . . 31.4
— loch 26.7
— naht 27.5
— pfanne 32.5
— schaft 26.2
— teilung . . . 27.6
— winde 32.4
— wippe 32.6
— zange 32.7
Niete 26.1
—, die — einlassen 30.6
—, die — eintreiben 30.7
—, die — einziehen 30.7
— mit gehämmertem Kopf . . . 27.2
— mit geschelltem Kopf 27.1
—nglühofen . . . 32.9
—, halbversenkte 26.9
— mit halbversenktem Kopf . 26.9
Niete, Heft- . . . 27.3
—n losschlagen . 31.3
—, die — versenken 30.6
—, versenkte . . 26.8
— mit versenktem Kopf 26.8
—n verstemmen . 31.1
—nzieher 30.8
Nieten (verb) . . 30.5
—, ent- 31.3
Nietung 27.4
—, Bördel- . . . 29.4
—, dichte . . . 28.2
—, Dichtungs- . . 28.2
—, Doppellaschen- 29.2
—, einreihige . . 29.5
—, einschnittige . 28.3
—, feste 28.1
—, Festigkeits- . 28.1
—, Gefäß- . . . 28.2
—, Hand- . . . 31.5
—, kalte 27.9
—, Ketten- . . . 30.2
—, Kraft- . . . 28.1
—, Laschen- . . 29.1
—, Maschinen- . . 31.6
—, mehrreihige . 29.7
—, mehrschnittige 28.6
—, Parallel- . . . 30.2
—, Überlappungs- 28.7
—, verjüngte . . 30.3
—, Versatz- . . . 30.1
—, warme . . . 27.8
—, Zickzack- . . 30.1
—, zweireihige . 29.6
—, zweischnittige. 28.5
Nippel 107.2
—, Doppel- . . . 107.3
Nippers 156.2
—, cutting- . . . 156.1
—, nail- 156.3
Nipple 107.2
—, double . . . 107.3
Niquel 216.11
Niveau à bulle d'air 208.8
— d'eau, boîte du 111.3
— —, indicateur de 111.2
— —, robinet du . 111.5
— —, tube de verre du 111.4
— maximum (indicateur du niveau d'eau) 111.6
— sphérique . . 209.1
— supérieur (indicateur du niveau d'eau) 111.6
Nivel del agua, línea de . . . 111.6
— de aire . . . 208.8
— — de caja . . 209.1
Noeud 201.5
Nombre d'enroulements 149.2
Nomenclature . . 223.7
Non-return flap . 123.7
Normalbeschleunigung 236.9
— kraft 237.3
— lehre 206.5
— maß . . . 220.11
— spannung . . 247.4
— tension . . . 247.4
— widerstand . . 238.5
Nottolino (arresto) 95.7
— (innesto) . . . 60.6
— eccentrico . . 95.9
Noyau, diamètre du 8.3
— de la vis . . . 8.5
Nozzle, sight feed 54.7
Núcleo del perno . 8.5
Nullenzirkel . . . 228.4
Number of coils (of spring) 149.2
— of turns (spring) 149.2
Nuß, Ketten- . . 90.5
Nut 11.5
—, adjusting . . 12.9
—, bolt with head and 11.9
—, cap 13.1
—, castellated . . 12.6
—, check- . . . 13.2
—, circular . . . 12.9
—, collar 12.8
—, counter-sunk-head and . . . 14.4
—, flange . . . 12.8
—, fly- 12.7
—, guiding . . . 126.2
—, hexagon (screw) 12.5
—, jam- (screw) . 12.9
—, jam- 13.2
—, knurled . . . 12.10
—, lock- 13.2
—, milled . . 12.10
—, piston . . . 136.9
—, screw- . . . 11.5
—, thumb- . . . 12.7
—, winged . . . 12.7
Nut, Flansch mit Feder und . . 100.1
— eisen 23.5
— und Feder . . 25.3
— hobel 193.6
—, Keil- 23.3
Nute, Keil- (Reibungsgetriebe) . 75.1
—, Öl- 52.6
—, Schmier- . . . 52.6
—, Seil- 87.2
Nuten fräsen . . 23.7
— fräser 183.7
— keil 23.10
— stoßen 23.4
— stoßmaschine . 23.6
Nutzarbeit . . . 246.7
— länge (Rohr) . 98.2

O.

Oberflächenhärtung 200.1
Obergesenk . . . 164.6
— hieb 170.6
— flasche 94.2
Oblique pillow-block-bearing . 44.8
— plummer-block-bearing 44.8
Obrador 256.1
Obturador extremo roscado 105.2
Obturateur de tuyau 104.9
Obturation, bride d' 105.3
—, surface d' (soupape) 113.5
Occhiello 92.10
Ocluir 124.7
Oclusión 124.8
Oeil de hache . . 191.1
— de maille . . . 91.1
— de ressort . . 147.8
Ocillard 47.3
Oeillet 92.10
— de clou . . . 196.2
Ofen, Löt- . . . 202.3
—, Schweiß- . . 165.5
Offener Pleuelkopf 145.2
— Riemen . . . 77.5
Offenes Hängelager 46.9
— — mit Stangenschluß 47.1
Office, drawing . 218.4
Officina 256.1
— di montatura . 255.3
— meccanica . . 254.1
Oficina de construcción . . . 218.4
Öhr (Axt) 191.1
— bohrer 181.2
Oil 50.4
— -bath 55.3
— -can 51.9
— — with thumb-button 51.10
— —, thumb-pressure 52.1
— —, valve . . . 51.10
— catcher under bearing 52.9
— -chamber . . . 55.4
— -container . . 55.4
— -cup 53.8
— — under bearing 52.9
—, cylinder . . . 51.6
— -dish (bearing) . 44.6
— distributing box 50.3
— -drainer . . . 55.5
—, to drain the . 55.6
Oil-feed 52.3
—, film of . . . 48.8
— -filter 53.1
— -groove . . . 52.6
— — (bearing) . . 44.5
— hardening . . 200.4
— -hole 52.5
— — (bearing) . . 44.4
—, to let off the . 55.6
—, lubricating . . 50.8
— -lubrication . . 52.4
—, lubricity of the 50.9
—, machine . . . 51.5
—, mineral . . . 51.4
— -pipe 53.4
— -pump 55.7
—, purified . . . 53.2
—, refiltered . . 53.2
—, refined . . . 53.2
— -reservoir . . . 51.8
—, resinification of the 51.1
—, revolving — dip-ring 52.8
— -ring (stuffing-box) 133.6
— saving bearing . 45.2
— -stone 197.4
— —, grinder's . 197.4
— -supply . . . 52.3
— -syphon . . . 54.2
— -tank 51.8
—, vegetable . . 51.3
—, watch-maker's 51.7
—, to — the bearing 48.7
Oiler 52.1
—, sight feed . . 54.6
Oiling 49.1
—, automatic . . 49.6
—, continuous . . 49.2
—, cylinder . . . 131.7
—, hand 49.4
—, intermittant . 49.3
—, piston 137.3
— ring 55.2
—, self 49.6
—, separate . . . 49.8
—, wick 54.1
Ojal 92.10
Ojuelo 93.1
Ölablaß 55.5
— ablassen . . . 55.6
— bad 55.3
— behälter . . . 51.8
—, Cylinder- . . 51.6
— fänger 52.9
— — (Lager) . . 44.6
—, gereinigtes . . 53.2
— kammer . . . 55.4
— kanne 51.9
Ölkanne, Ventil- . 51.10
—, Maschinen- . . 51.5
—, Mineral- . . . 51.4
— nute 52.6
—, Pflanzen- . . 51.3
— pumpe 55.7
— reiniger . . . 53.1
— reinigungsvorrichtung . . . 53.1
— ring (Stopfbüchse) 133.6
—, Schmier- . . . 50.8
— schmierung . . 52.4
—, Spindel- . . . 51.7
— spritzkanne . . 52.1
— spritze 52.2
— stein 197.4
—, Tier- 51.2
— vase 53.8
—s, Verharzung des 51.1
— zufluß 52.3
Öler 53.7
— docht 54.3
—, Einzel- . . . 50.1
— glas 53.9
—, Selbst- . . . 49.7
—, Tropf- 54.6
Oliatore 53.7
— 51.9
— contagoccie . . 54.6
— separato . . . 50.1
— speciale . . . 50.1
— a valvola . . . 51.10
— di vetro . . . 53.9
Olio 50.8
— animale . . . 51.2
—, bagno d' . . 55.3
—, camera d' . . 55.4
— per cilindri . . 51.6
—, conduttura d' . 52.3
—, filtro dell' . . 53.1
— fino 51.7
—, lubrificazione ad 52.4
— per macchine . 51.5
— minerale . . . 51.4
—, pompa d' . . 55.7
— purificato . . 53.2
—, recipiente per . 51.8
—, l' — si resinifica 50.10
—, resinificazione dell' 51.1
—, scanalatura per l' 52.6
—, scaricare l' . . 55.6
—, scarico dell' . 55.5
— vegetale . . . 51.3
—, viscosità dell' . 50.9
Ombreggiare . . 226.5

Ombreggiatura . . 226.6
Ondulé, tuyau . . 104.8
Open belt . . . 77.5
— hearth iron . . 214.1
— link chain . . 88.8
— sand-castings . 211.4
Opening of the valve 115.6
— of wrench . . 16.6
Or 217.2
Ore, iron- 210.2
Organes de machine 253.7
Organi di macchina 253.7
Orifice d'entrée (valve) 112.5
Orifizio per oliatura (sopporto) . 44.4
Origin of force . 241.7
Orlo (cuscinetto) . 43.8
— (tubo a flangie) 99.5
Oro 217.2
Ortersäge 189.7
Oscilación del péndulo 239.2
— —, duración de la 239.8
Oscilar 149.8
Oscillare 149.8
Oscillating cylindrical valve . . 126.7
— load 248.2
Oscillation, duration of 239.8
—, durée d' . . . 239.8
— du pendule . . 239.2
— of the pendulum 239.2
—, time of . . . 239.8
Oscillatory load . 248.2
Oscillazione del pendolo 239.2
— —, durata dell' 239.8
Öse 92.10
Ösenschraube . . 14.2
Ottone 217.5
Otturatore esterno a vite 105.2
Otturatura del tubo 104.9
Outside bearing . 48.1
— chaser 20.7
Outil 256.4
—s, boîte à . . . 256.8
—s, coffre d' . . 256.8
— à forer 182.1
—, machine- . . 256.8
Outillage 256.5
Ouverture de la clef 16.7
— du crochet . . 92.2
— de passage (soupape) 113.1
— de la soupape . 115.6
Oval file 174.8
Ovalillo (tornillo) . 11.6
Overload, to — the valve 120.5
Overpressure-valve 122.1

P.

Pack, to (stuffing-box) 135.2
—, to — the piston with leather . . 138.6
Packen (Stopfbüchse) 135.2
Packfeile 173.2
— hahn 128.6
Packing (stuffing-box) 132.9
— collar, leather (stuffing-box) . . 134.1
—, depth of . . . 101.7
—, hemp- . . . 135.8
—, joint 99.6
—, pipe 101.5
—, piston- . . . 138.8
—, piston with leather 138.5
—, piston with metallic 138.7
— ring 99.7
— ring 125.7
— —, leather (stuffing-box) . . . 134.1
— space 101.5
—, V-ring metallic gland 134.2
Packung (Stopfbüchse) 132.9
—, Asbest- . . . 135.5
—sdicke (Stopfbüchse) 133.2
—, Flanschen- . . 99.6
—, Gummi- . . . 135.7
—, Hanf- 135.8
—, Kolben- . . . 138.8
—, Metall- . . . 135.8
Packung, metallische 135.8
—sraum (Stopfbüchse) . . . 133.1
—, Rohr- 101.5
Pad saw 188.7
Paille de trempe 199.11
Pair of compasses 226.8
Pala de fogón . . 166.9
Palan à chaîne . . 94.7
Palanca de embrague 59.2
— del freno . . . 96.5
— de interrupción 59.2
— para roblonar . 32.6
Palastro 216.2
— de hierro . . 215.11
Paletta 166.9
Palier 40.1
—, alésage du . . 40.8
— d'appui . . . 41.5
— de l'arbre de couche 141.5
— — de manivelle 141.5
— articulé . . . 45.1
— à billes . . . 45.8
—, boulon pour . 43.8
— à cannelures . 41.4
—, chapeau de . 43.5
— à collets . . . 41.7
— -console à colonne 47.4
— -console fermé . 47.5
—, corps de . . . 43.4
—, diamètre du . 40.8
—, diamètre de l'alésage du . . 40.8
—, échauffement du 48.8
Palier extérieur . 48.1
— fermé 41.8
—, graisser le . . 48.7
—, le — grippe . 48.5
— intérieur . . . 47.8
—, longueur du . 40.2
—, longueur de construction du . . 40.4
—, le — d'une machine chauffe . 48.2
— de maneton . 141.7
— oblique . . . 44.8
— ordinaire . . . 42.8
— principal . . . 47.7
—, le — se rode . 48.4
— à rotule . . . 45.1
— à rouleaux . . 45.8
— Sellers 45.1
— à tourillon sphérique . . . 45.6
Palla scorrevole (sopporto) . . . 45.4
Palmer 205.4
Palomilla 46.4
Pane, ball- — hammer 162.2
—, cross — hammer . . . 162.4
— of a hammer . 160.5
— destro, vite a . 8.7
— destrorsa, vite a 8.7
—, a — quadrangolare 10.1
— sinistrorsa, vite a 8.9
—, a — tondo . . 10.8
—, a — triangolare 9.6
Paning hammer . 163.2
Panne du marteau 160.5

Panne, marteau à devant avec — en travers 161.6
—, marteau à . . 163.2
—, marteau à — fendue 162.3
—, marteau à — sphérique . . . 162.2
—, marteau à — de travers . . . 162.1
Pantómetro . . . 208.5
Papel para calcar 233.9
— chupón . . . 232.9
— para croquis . 220.4
— de dibujo . . 220.2
— de esmeril . . 197.9
— esmerilado . . 197.9
— heliográfico . . 234.2
— Marión . . . 234.2
Paper, drawing . 220.2
—, emery- . . . 197.9
—, printing . . . 234.2
—, sketching . . 220.4
Papier buvard . . 232.9
— calque 233.9
— à calquer . . . 233.9
— à croquis . . . 220.4
— à dessin . . . 220.2
— à émeri . . . 197.9
—, Fließ- 232.9
— héliographique . 234.2
—, Lichtpaus- . . 234.2
—, Paus- 233.9
— photocalque . . 234.2
—, Schmirgel- . . 197.9
—, Skizzier- . . . 220.4
—, Zeichen- . . . 220.2
Papillon 124.6
Par de fuerzas . . 243.3
— —, eje del . . 243.5
— —, momento del 243.4
Paralelas 145.7
Paralelogramo de aceleraciones . 239.8
— de las fuerzas . 241.8
— de velocidades . 239.8
Parallel bench-vice 154.2
— line pen . . . 229.8
— nietung . . . 30.2
— reißer 207.7
— schere 157.5
— schraubstock . 154.2
— shears 157.5
— zirkel 207.8
Parallelogram of forces 241.8
— of velocities . 239.8
Parallelogramm, Beschleunigungs- 239.8
— der Beschleunigungen 239.8
Parallelogramm der Geschwindigkeiten 239.8
—, Geschwindigkeits- 239.8
— der Kräfte . . 241.8
Parallelogramma delle accelerazioni 239.8
— delle forze . . 241.8
— delle velocità . 239.8
Parallélogramme des forces . . . 241.8
— des vitesses . . 239.8
Paranco 93.7
— a catena . . . 94.7
— a corda . . . 94.6
— differenziale . 94.4
Parar una máquina 255.8
Parauso 179.7
Pared del tubo . 97.8
—, espesor de la . 98.1
Parete del tubo . 97.8
— —, spessore della 98.1
Paroi du cylindre 130.4
—, épaisseur de — du tuyau . . . 98.1
— du tuyau . . . 97.8
Parte conciata della cinghia . 77.2
— naturale della cinghia 77.1
Parti di macchina 253.7
Parting-tool . . . 195.2
Pas 7.3
— circulaire . . . 63.4
—, double- . . . 9.2
— du maillon . . 88.10
— multiple . . . 9.4
— —, vis à . . . 9.4
— simple 9.1
—, triple 9.3
—, vis à triple . . 9.3
— d'une vis . . 7.8
—, vis à double . 9.2
—, vis à — simple 9.1
Pasador 24.11
— de aletas . . . 24.10
— de la articulación . . . 62.1
Pasar los colores 231.10
— el roblón . . . 30.6
— en tinta . . . 231.2
Paso, altura del . 7.8
—, à — cuadrado 10.1
—, de — derecho 8.7
— del engranaje . 63.4
—, de — izquierdo 8.9
— de remache . . 27.6
—, á — redondo . 10.8
— del tornillo . . 7.8
—, á — triangular. 9.6
Paso de la válvula, diámetro del . . 113.1
— —, luz del . . 113.1
— —, sección del 113.2
Passage (valve) . 112.6
—, ouverture de (soupape) . . . 113.1
—, section de (soupape) . . . 113.2
—, sectional area of the (valve) . 113.2
—, width of (valve) 113.1
Passaggio (valvola) 112.6
—, apertura di . . 113.1
—, area di . . . 113.2
—, sezione di . . 113.1
Passare a penna . 231.2
Passe-partout . . 188.4
— — (scie) . . . 188.5
Passer à l'encre . 231.2
Passetto diviso in pollici 221.8
Passo 7.3
— dei chiodi . . 27.6
— della dentatura 63.4
— semplice . . . 9.1
— d'una vite . . 7.8
Paßrohr 105.4
— schraube . . . 13.10
Pastel 233.4
Pata de araña . . 52.6
— — (soporte) . . 44.5
Path of chain . . 91.10
— of contact . . 64.2
— of projectile . 237.9
Patin (palier) . . 43.7
— 145.6
— (crosse) . . . 146.6
—, guía del . . . 145.7
Patte d'araignée (palier) 44.5
Pattern 205.2
Pattino 145.6
— (manovella) . . 143.3
Pause 233.8
—, Blau- 234.3
—, Licht- 234.1
—, Weiß- 234.4
Pausen 233.7
Pausleinwand . 233.10
— papier 233.9
— zeichnung . . 233.8
Pavonar (verbo) . 199.2
— 199.3
Pawl 95.7
— (coupling) . . 60.6
— -coupling . . . 60.5
Pedano 194.7
Pedestal 42.3
—, angle- — -bearing 44.8
— base 43.7
— bearing . . . 44.7

Pedestal body . . 43.4
—, plain 41.8
—, solid 41.8
Pegar con cola . . 196.6
Peigne 20.5
— femelle . . . 20.6
—, fileter au . . 20.1
— mâle 20.7
Peine 20.5
— de exteriores . 20.6
— de interiores . 20.7
Peinture du tuyau 98.8
Pelle à feu (forge) 166.9
Pen-point 227.5
Pencil box . . . 229.8
—, coloured . . . 233.4
— -point 227.4
—, red 233.5
—, to sharpen the 230.8
— sharpener . . . 230.4
— — 230.5
Pendel 238.7
— ausschlag . . . 238.9
—, Centrifugal- . 239.4
—, Cykloiden . . 239.5
—, Kegel- . . . 239.4
—, Kreis- . . . 238.8
— regler 151.6
— regulator . . . 151.6
— schwingung . . 239.2
Pendolo 238.7
—, amplitudine del 238.9
— cicloidale . . . 239.5
— circolare . . . 238.8
— conico 239.4
—, oscillazione del 239.2
Pendule 238.7
— circulaire . . . 238.8
— conique . . . 239.4
— cycloïdal . . . 239.5
—, oscillation du . 239.2
Péndulo 238.7
— centrifugo . . 239.4
— cicloidal . . . 239.5
— circular . . . 238.8
—, desviación del 238.9
—, oscilación del. 239.2
Pendulum 238.7
—, circular . . . 238.8
—, conical . . . 239.4
—, cycloidal. . . 239.5
— governor . . . 151.6
—, oscillation of the 239.2
Pennello 232.5
Pennina da disegnare 231.4
— porta inchiostro 231.9
— di rotondo . . 231.8
Pente 239.6
— de coin . . . 21.7
Perçage 179.5
Perce-meule . . . 181.7
Percer 169.6
— 179.2
Percer, chasse à . 163.8
Perceuse 183.1
— à main . . . 179.6
Perçoir 169.1
Perçure de trempe 199.11
Perdre, le presse-étoupe perd . . 134.6
Perfil 224.7
— del diente . . 64.9
Perforadora . . . 183.1
— á mano . . . 179.6
Perforate, to . . 169.6
—, to 179.2
Perforatrice cisaille 158.1
— à main . . . 179.6
Perforer 169.6
— 179.2
Pericicloide . . . 67.1
Pericycloid . . . 67.1
Pericycloide . . 67.1
Péricycloïde . . . 67.1
Periferia 63.6
Period 239.8
— of contact . . 64.4
Périodique, graissage 49.8
Permanent elastic deformation . 249.5
Perno 37.6
—, (tornillo) . . 11.8
— che si è adattato nei suoi cuscini 38.8
— con anillos . . 38.9
— d'appoggio . . 38.4
— apuntado . . 39.1
— d'articolazione 62.1
— dell' asse . . . 33.8
—, attrito del . . 38.1
—, attrito del . . 33.9
—, carico sul . . 37.9
— della catena articolata 91.2
—, chavetear un . 14.9
— cilindrico . . 39.2
— cilindrico . . 39.2
— a colletto . . 38.5
— conico 39.8
— cónico 39.8
—, diámetro exterior del 8.4
—, diámetro en el fondo del . . . 8.8
— empotrado . . 39.6
— esférico . . . 39.4
— d'estremità . . 38.6
— — dell' albero . 35.6
— a forchetta . . 39.5
— frontale . . . 38.6
— incastrato . . 39.6
— intermedio . . 35.7
— — 38.5
— logorato . . . 38.3
Perno multiplo ad anelli 38.9
—, núcleo del . . 8.5
— portante . . . 38.4
— a punta . . . 39.1
—, rotare sopra un 39.8
— di rotazione . 39.7
— sferico 39.4
—, sopporto del . 33.4
— di spinta . . . 38.7
— — ad anello . 38.8
Pestaña del cojinete 43.8
— del cubo de la rueda 69.5
— de refuerzo de la corona . . . 69.8
Pettine 20.5
— femmina . . . 20.6
— maschio . . . 20.7
Pezuña del tornillo 153.5
Pezzi di macchina 253.7
Pezzo d'adattamento 105.4
Pfanne (Lager) . . 46.8
Pfeilhöhe (Riementrieb) 76.2
— rad 70.8
Pferdestärke . . 245.8
Pflanzenöl . . . 51.8
Pfropfen, Verschluß- (Rohr) 105.1
Phosphorbronze . 217.7
— -bronze . . . 217.7
Photocalque . . . 234.1
Pialla 191.10
— da banco . . . 193.2
—, ceppo della 191.11
— doppia . . . 192.7
— —, controferro 192.9
— —, controlama 192.9
— —, ferro doppio 192.8
— a due ferri . . 192.7
—, ferro da . . 191.12
— da intarsiatore 193.6
—, lama della . 191.12
—, luce della . . 192.1
— a mano . . . 193.3
— a profilo . . . 193.8
— a sgrossare . 192.10
Piallare 192.2
Piallatrice . . . 194.8
Piallatura . . . 192.5
Pialletto 193.1
Piallone 192.10
Piano 223.2
— d'appoggio del cuneo 23.2
— inclinato . . . 239.6
— della tubazione 109.5
Pianta 224.6
Piastra (vite) . . 11.6
— di base (sopporto) 40.9

Piastra da brunire 160.1
— di fondamento 16.2
— di fondazione . 16.2
— di fondazione (sopporto) . . . 43.9
— da pulire . . . 160.1
Piastrella (cadena) 90.10
—, testa della . . 91.1
Piattino 232.6
Picado de la muela 197.2
Picador de limas . 170.9
Picadura de bastarda 170.2
— en cruz . . . 170.5
— fina 170.3
— inferior . . . 170.7
— de la lima . . 170.1
— simple 170.4
— superior . . . 170.6
Picar limas . . . 170.8
Pickhammer . . . 163.4
Pico de cabra . . 195.2
Pie de cabra . . 195.2
— del diente . . 65.3
— del soporte . . 43.7
Pied (gauge) . . 205.1
— de compas . 226.10
— à coulisse . . 204.6
— de la dent . . 65.3
— à profondeur . 205.6
Piede del sopporto 43.7
Piedra aceitada para afilar . . 197.4
— de afilar . . . 197.3
— amoladera . 196.10
— esmeril . . . 198.5
— de repasar . . 197.3
Piegamento . . . 251.3
Piercer 168.7
Piercing saw . 188.10
Pierre à adoucir . 197.3
— d'émeri . . . 198.5
— à l'huile . . . 197.4
Piés de rey . . . 204.6
Pietra da affilare . 197.3
— di Candia . . . 197.4
— di smeriglio . 198.5
Pieza para lápiz . 227.4
— de prolongación 227.8
—s adicionales de mordaza . . . 154.1
—s de maquinaria 253.7
Pig 210.3
— -iron 210.3
— —, grey . . . 210.5
— —, white . . . 210.4
Pige 205.2
Pignon 68.7
— à chaîne . . . 90.5
—, lime à . . . 175.2
Pignone 68.7
Pillar-bolt . . . 14.5
Pillow (bearing) . 42.4
— block 42.3
Pillow-block-bearing 44.7
Pin 26.1
—, crank 141.6
—, drawing . . . 220.6
— -drill 179.8
— -hole 196.2
—, link- 62.1
—, link- 91.2
— spanner . . . 17.8
—, split- . . 16.1; 24.10
—, taper- 24.11
—, thumb . . . 220.6
— -tongs 155.8
— -vice 155.1
— wheel 67.4
Pince 156.2
— (pour forgerons) 166.10
—, accouplement à 58.1
— américaine . . 155.9
— coupante . . . 156.1
— à emboutir . . 156.4
— à fil de fer . . 158.2
— à gaz 156.7
— à poinçonner . 169.5
— à rivets . . . 32.7
— — 32.8
— à souder . . . 203.2
— à tirer 156.5
— à trous . . . 169.5
— à tubes . . . 110.7
Pinceau 232.5
Pincel 232.5
Pincers 156.8
Pincette 156.8
Pinion 68.7
—, annular gear and 70.1
—, rack and . . 70.6
Pinnhammer . . 163.2
Piñón 68.7
— de cadena . . 90.5
Pinsel 232.5
Pintar 231.10
Pintura del tubo . 98.3
Pinza 156.2
Pinzas 156.8
— de alambre . . 158.2
— de soldador . . 203.2
Pinzetta 155.5
— 156.8
— a bocca tonda . 155.6
— a palla . . . 155.7
— da saldatore . 203.2
Pioche 191.5
Piombare la corda 85.9
Piombino 209.2
Piombo 202.4
— 217.1
Pipe 97.4
—, angle 105.7
—, blow- 203.1
—, bore of . . . 97.6
—, the — has bore of x mm 97.7
Pipe, branch- . . 106.4
— -branch . . . 106.1
—, brass 103.7
— burst 110.4
—, butt welded . 102.5
—, cast iron . . 101.9
— closier 104.9
—, coil- 104.6
—, compensating . 104.1
—, copper- . . . 103.6
—, corrugated . . 104.3
— covering . . . 98.4
—, cross- 106.5
— -cutter 110.8
—, delivery- . . . 108.8
—, drain 109.3
—, expansion . . 104.2
— explosion . . . 110.4
— -fitting 105.4
—, flanged . . . 98.9
—, flanged — with loose back flange 103.8
—, four-way- . . 106.8
—, gas- 107.8
— hanger 109.7
—, heating- . . . 108.4
—, inlet- 109.2
—, inside diameter of 97.6
— -installation . . 109.4
— —, plan of . . 109.5
— joint 98.5
—, lap welded . . 102.6
—, to lay a . . . 109.6
— -line 109.1
— —, gas- . . . 110.1
— packing . . . 101.5
— -paint 98.3
—, reducing . . 105.9
—, ribbed . . . 104.5
—, riveted . . . 102.3
—, rose- 108.6
—, screwed- — -coupling . . . 98.6
—, seamless . . . 102.9
—, shell of a . . 97.8
—, socket . . . 101.8
—, soldered . . . 102.8
—, spiral welded . 102.7
—, suction- . . . 108.5
—, suction- . . . 108.7
—, T- 106.6
—, thickness of . 98.1
—, three-way- . . 106.7
— -tongs 110.7
—, U. 105.8
— -vice 154.3
—, wall of . . . 97.8
—, waste- . . . 109.3
—, water- . . . 107.9
—, welded . . . 102.4
—, worm- . . . 104.6
— -wrench . . . 110.6
—, wrought iron . 102.2

Pipe, Y- 106.3
Piping plan . . . 109.5
—, steam- . . . 109.9
—, water- . . 109.10
Piquage, marteau à 163.4
Pistolet . . . 219.10
Piston 136.1
— acceleration . 137.5
—, accélération du 137.5
—, avance du . . 137.9
—, backward stroke of the . . . 137.10
— -body 139.4
—, body of the . 139.4
— bolt 139.6
—, clearance of the 136.4
—, clef du . . . 137.1
—, corps du . . 139.4
—, coup double du 137.8
—, course du . . 137.7
—, couvercle du . 139.5
— curl 139.7
—, depth of the . 136.3
—, descente du . 138.2
—, diameter of the 136.2
—, diamètre du . 136.2
—, disk 140.3
—, down-stroke of the 138.2
—, épaisseur du . 136.3
— -follower-bolt . 139.6
—, forward stroke of the 137.9
— friction . . . 137.6
—, frottement du 137.6
—, garnir un — de cuir 138.6
—, garniture du . 138.3
— à garniture en cannelures . . 139.8
— à garniture de chanvre . . . 138.4
— — de cuir . . 138.5
— — métallique . 138.7
—, graissage du . 137.3
—, to grind in a . 140.2
—, grooved . . . 139.8
—, ground and polished . . . 140.1
—, guide de la tige du 136.8
—, hemp packed . 138.4
—, jeu du . . . 136.4
—, joint du segment de 139.2
—, junk ring of the 139.5
— with leather packing . . . 138.5
—, load on . . . 136.5
— lubrication . . 137.3
—, marche en arrière du . . 137.10
—, marche en avant du. 137.9
Piston with metallic packing . 138.7
— montée du . . 138.1
— nut 136.9
— oiling 137.3
—, to pack the — with leather . . 138.6
— -packing . . . 138.3
—, plateau du . . 139.5
— plein 140.3
— plongeur . . . 140.4
— de pompe . . 140.6
— -power 136.5
—, power of . . 136.5
—, presse-étoupe du 137.2
—, pump 140.6
—, queue de la tige du 136.7
— de rechange . 140.7
—, retour du . 137.10
— -ring 139.1
— -ring lock . . 139.2
— -rod 136.6
— -rod end . . . 136.7
— -rod guide . . 136.8
— -rod, tail piece of the 136.7
— rodé. 140.1
—, roder un . . . 140.2
—, segment de . . 139.1
—, segment de — élastique . . . 139.3
—, solid 140.3
—, spare- 140.7
— speed 137.4
— spring 139.7
—, steam 140.5
—, stroke of. . . 137.7
— stuffing box . . 137.2
—, tête de . . . 146.5
—, tige du . . . 136.6
—, tour du . . . 137.8
—, travel of . . . 137.8
—, up-stroke of the 138.1
— -valve 127.4
— à vapeur . . . 140.5
—, vis du 136.9
—, vis du couvercle de 139.6
—, vitesse du . . 137.4
—, water grooved 139.8
— wrench . . . 137.1
Pit saw 188.4
Pitch 7.3
— circle 63.5
— — (tooth) . . 67.2
—, circular . . . 63.4
— -cone (bevil gear wheel) 70.9
— -line 63.5
— of rivets . . . 27.6
— of a screw . . 7.3
Piton à tige taraudée 14.2
Pivot 38.7
— annulaire . . . 38.8
—, conical . . . 39.1
—, hollow- . . . 38.8
— -journal . . . 38.7
— -reamer . . . 178.1
—, ring- 38.8
Placa de freno . . 96.4
— de fundación . 16.2
— del soporte . . 43.9
Placer le rivet . . 30.7
Plain pedestal . . 41.8
Plan 224.6
— 224.6
— d'ensemble . . 223.4
—, general . . . 223.4
— incliné 239.6
— of pipe installation 109.5
—, rough 223.3
— de tuyauterie . 109.5
Planfräser 184.4
—scheibengetriebe 74.2
Plancha para calderas 216.4
— desbastada . . 216.4
— á enderezar mármol 208.7
— de hierro . . 215.11
— de palastro . . 216.1
Planche à dessin . 219.4
Planchette à aiguiser les crayons . 230.5
Plane 191.10
—, bench- . . . 193.2
—, compass- . . 193.7
— creuse 195.5
— à deux manches 195.3
—, double iron . 192.7
—, hand 193.3
—, jack- 192.10
—, inclined . . . 239.6
— -iron 191.12
— à lame courbe . 195.5
— — droite . . . 195.4
—, moulding . . 193.8
—, mouth of the . 192.1
—, side-rabbet . . 193.4
—, side-rebate- . 193.4
—, smoothing . . 193.1
— -stock 191.11
—, tonguing and grooving . . . 193.6
—, top- — -iron . 192.9
— wood 191.11
—, to (file) . . . 172.8
—, to 192.2
—, to 192.4
—, to — smooth . 192.3
Planear 172.8
— 192.4
Planed tooth . . 66.1
Planer (lime) . . 172.8
—, marteau à . . 162.5

Planing 192.5
— machine . . . 194.3
Planishing hammer 162.5
— knife 195.4
Plano 223.2
— general . . . 223.4
— inclinado . . 239.6
— de la instalación de tubos . . . 109.5
— para pulir . . 160.1
Planomètre . . . 208.7
Planta 224.6
Plantilla de curvas múltiples . . 219.10
— exterior para filetear 20.7
— para filetear . 20.5
— flexibile . . . 220.1
— interior para filetear 20.6
— limite 206.4
— normal . . . 206.5
— de pistoletas 219.10
Plaque à dresser . 208.7
— pour étaux . . 154.1
— de fondation . 16.2
— — (palier) . . 43.9
Plat (-nosed) pliers 155.5
Plata 217.3
Plate, anvil . . . 158.4
—, boiler 216.4
—, channeled . . 216.5
— -coupling . . . 57.5
—, enlarged end of 91.1
— formspring . . 147.4
— -gauge . . . 206.3
—, iron- 215.11
— -link 90.10
— à main . . . 172.2
—, polishing . . 160.1
—, shears . . . 157.9
— — fixed on the table 157.4
— -spring . . . 147.4
—, thin 216.3
—, tin 216.7
Plateau d'accouplement . . . 57.6
—, excentrique . 143.6
— — en deux pièces 143.8
— — en une pièce 143.7
— à friction . . 61.2
— — 74.3
—x à friction, transmission par 74.2
— manivelle . . 142.2
— du piston . . 139.5
— de la soupape . 116.4
Platillo . . . ..6 . 232
Platin 217.4
Platine 217.4
Platino 217.4
Platinum 217.4
Plato de acoplamiento 57.6
— de fricción (acoplamiento) . 61.2
— de sujeción (tornillo para fundación) 15.8
Platte, Gesenk- . 160.2
—, Loch- 160.2
—, Polier- . . . 160.1
Plattzange . . . 155.5
Play, the — of the valve 115.4
Plegador 94.8
Pleuelkopf . . . 144.9
—, geschlossener . 145.1
—, offener . . . 145.2
Pleuelstange . . 144.7
Pliers 155.3
—, flat 155.5
—, forming . . . 156.4
—, gas 155.7
—, gas-burner . . 156.7
—, globe 155.7
—, plat 155.5
—, round 155.6
Plomada 209.2
Plomb 217.1
—, faire un joint de 101.8
Plomo 217.1
Plongeur, piston . 140.4
Plough-bit (only for wood) . . . 23.5
Plug cock . . . 127.7
— — with packed gland 128.6
— of cock . . . 127.8
—, conical . . . 128.3
— gauge 205.8
—, screw 13.5
—, screwed (pipe) 105.1
Pluma de dibujo . 231.4
— para redondilla 231.8
— -tintero . . . 231.9
Plumb-bob . . . 209.2
— -line 209.2
Plume à dessin . 231.4
— de rond . . . 231.8
Plummer-block . . 42.3
— — -bearing . . 44.7
Plummet 209.2
Plunger 140.4
— kolben 140.4
Plyer 156.5
Plyers 155.9
Poche à couler . 203.4
Pocketed valve. . 118.8
Poids 244.3
Poignée de manivelle 142.4
Poinçon 169.8
Poinçonner . . . 169.6
—, pince à . . . 169.5
Point of compasses 227.1
— mort (manivelle) 141.1
Pointe de centre . 180.5
— de compas . . 227.7
— du compas . . 227.1
— de Paris . . . 196.4
— sèche du compas 227.6
— à tracer . . . 207.6
Pointeau 168.4
—, coup de . . . 168.5
Pointed-end drill . 180.3
— hammer . . . 161.8
— hand-vice. . . 154.8
— journal . . . 39.1
— -steel-hammer . 161.8
Pointiller 226.3
Poker 166.6
—, hook- 166.7
—, straight . . . 166.6
Pol 242.4
— abstand . . . 242.5
Polar distance . . 242.5
— moment of inertia 244.1
Polares Trägheitsmoment . . . 244.1
Pole 242.4
Pôle 242.4
Polea 81.7
— 93.2
—, ancho de la . 81.10
—, anillo de la . 81.8
—, armadura de la 93.5
— con brazos curvos 82.5
— — rectos . . . 82.4
— para cables . . 87.1
— — metálicos . 87.3
— de cadena . . 88.7
— para cadena . 90.8
— cónica 83.4
— para cuerdas . 87.1
— para cuerda de cáñamo 87.4
—, curvatura de la llanta de la 82.3
— diferencial . . 94.5
— dirigida . . . 75.7
— con doble fila de brazos 82.6
— en dos mitades 83.3
—, eje de la . . 93.6
— entera 83.2
— fija 83.7
— — 93.3
— — 94.2
— fija y loca . . 83.6
— del freno . . . 96.3
— de fundición . 82.7
—, grueso de la corona de la . . 81.9
— guía de la cuerda 84.7
— de hierro forjado 82.8
— impulsada . . 75.7

Polea de llanta curvada 82.2
— de llanta plana. 82.1
— loca. 83.8
— —, caja de la . 83.9
— de madera . . 83.1
— motriz 75.6
— móvil 93.4
— — 94.3
— múltiple . . . 83.5
— partida . . . 83.8
— de tensión . . 78.2
Polierfeile . . . 173.1
— platte 160.1
— scheibe . . . 197.7
Poligono delle forze 242.3
— — chiuso . . . 242.8
— funicolare . . 242.6
Poligono de fuerzas cerrado 242.8
— de las fuerzas . 242.3
— funicular . . . 242.6
Polipasto 93.7
Polir à l'émeri . . 198.6
Polish, to . . . 198.6
Polisher 160.1
Polishing file . . 173.1
— plate 160.1
— wheel 197.7
Polissoir 198.1
Polissoire 160.1
Polo 242.4
Polvere di limatura 171.9
— di smeriglio . . 198.8
— da temperare 199.10
Polvo de esmeril . 198.8
— de temple . 199.10
Polygon, equilibrium 242.8
— fermé 242.8
— of forces . . . 242.3
— — 242.6
— funiculaire . . 242.6
Polygone de forces 242.3
Pompa d' olio . . 55.7
Pompe, cylindre de 132.3
— à huile . . . 55.7
—, piston de . . 140.6
Poner un dado . 42.2
Poppet valve . . 118.8
Porra 161.6
Porrilla 161.7
Porta-aguja del compás 227.6
— -cartella . . . 219.3
— -cartera . . . 219.3
— -cuchillo (taladro) 178.6
— -lápiz del compás 227.4
Portable forge . . 167.3
Portasega 185.6
Porte-encre . . . 231.9
— -foret 182.2
Porte-mine . . . 229.3
— -scie 185.6
Portée (arbre) . . 36.7
— de la bride . . 99.5
— du tir 237.7
Portfolio 219.2
— -rack 219.3
Poser, la courroie pose sur l'arbre. 80.1
— un tuyau . . . 109.6
Posición de equilibrio de un cuerpo 244.7
— muerta . . . 140.9
Position au point mort (manivelle 140.9
Posizione del punto morto . . . 140.9
Post-bearing . . 47.4
— -hanger-bearing 47.4
Potenza 245.2
Poudre d'émeri . 198.8
— à tremper . 199.10
Poulie 81.7
— 93.2
—, axe de la . . 93.6
— en bois . . . 83.1
— bombée . . . 82.2
— à câble . . . 87.1
— — de chanvre . 87.4
— — métallique . 87.3
— de (à) chaînes . 90.8
—, chape de la . 93.5
— à coin 74.7
— de commande . 75.6
—, commande par —s cônes . . . 78.3
— commandée . . 75.7
— à corde . . . 87.1
— — 87.4
—, la courroie tombe de la . . . 79.5
— cylindrique . . 82.1
— différentielle . 94.5
— à double bras . 82.6
—, enlever une courroie de la . 79.8
— en fer 82.8
— fixe 83.7
— fixe 93.3
— — et poulie folle 83.6
—, flèche de la . 82.8
— folle 83.8
— — 93.4
— en fonte . . . 82.7
— de frein . . . 96.3
— à friction . . 73.4
— à gorge . . . 74.7
— —, transmission à friction par . 74.6
—, jante de . . . 81.8
—, largeur de la . 81.10
—, manchon de la — folle 83.9
— menante . . . 75.6
Poulie menée . . 75.7
—, mettre une courroie sur la . 79.7
— mobile 93.4
— motrice . . . 75.6
— à deux (plusieurs) pièces 83.3
— en une pièce . 83.2
— à rayons courbés 82.5
— — droits . . . 82.4
— à bras rectilignes 82.4
Power 245.2
—, effective . . . 246.7
—, mechanical . . 246.7
— of piston . . . 136.5
Première taille . . 170.7
— tête (rivet) . . 26.4
Premistoppa . . 132.6
—, bullone del . 133.3
—, flangia del . . 132.7
—, serrare il . . 134.4
Prensa de tornillo 154.4
Prensaestopas, atornillar el . . 134.4
—, casquillo del . 132.6
—, platina del . . 132.7
—, tornillo del . . 133.3
Presella da spianare 162.4
Presellare . . . 31.1
Presello 31.2
Presión 250.7
— en la base del soporte 40.6
— sobre el diente 66.3
— específica del soporte 40.7
— de fricción . . 73.5
— en las guías . 145.9
— en el muñón . 37.9
— por unidad de superficie del diente 66.4
Preßcylinder . . 132.4
Press, glue- . . . 196.9
— of a joiner's bench 194.1
— schraube . . . 13.7
Presse d'établi . . 154.5
— — de menusier . 194.1
Presse-étoupe . . 132.5
— —, boulon de . 133.3
— —, le — coince 134.5
— — du cylindre 131.1
— —, le cylindre est rendu étanche par un 135.1
— —, le — est étanche 134.7
— —, frottement de 134.3
— —, garnir un . 135.2
— — à garniture en cuir 133.8

Presse-étoupe à garniture métallique 134.2
— —, le — perd . 134.6
— — du piston . 137.2
— —, le — serre de travers . . . 134.5
— —, serrer le . . 134.4
— —, tuyau à . . 104.4
— — à vapeur . . 133.7
Presse à main . . 154.4
— — 196.9
Pression d'appui (palier) 40.6
— sur la dent . . 66.3
— d'excentrique . 144.3
— de friction . . 73.5
— sur la glissière 145.9
— sur le tourillon 37.9
— unitaire sur la dent 66.4
— par unité de surface 40.7
—, vis de 13.7
Pressione 250.7
— 251.2
— d'appoggio (sopporto) . . . 40.6
— sul dente . . . 66.3
— producente la frizione 73.5
— sulla guida . . 145.9
— specifica (sopporto) 40.7
— specifica per unità di area (sopporto) 66.4
Pressung, Flächen- (Lager) 40.7
Pressure 250.7
— on bearing . . 40.6
— clack 124.3
— -cylinder . . . 132.4
—, eccentric . . 144.3
—, force of . . . 251.1
— at pitchline (tooth) 66.3
—, specific — at pitchline (tooth) 66.4
—, a body is under strain of . . . 247.6
— per unit of area 40.7
Primer oficial . . 254.4
Principe de la conservation de l'énergie . . . 245.5
Principio di conservazione dell'energia . . 245.5
— de la conservación de la fuerza viva . . 245.5
Print 160.2
— 164.4
Print 234.1
—, white 234.4
Printing 231.7
— frame 234.5
— paper 234.2
— room 234.6
Prinzip der Erhaltung der Kraft . 245.5
Prisonnier . . . 13.8
Probierhahn . 129.10
— ventil 122.8
Process of welding 164.10
Profil-cutter . . . 184.8
— de la dent . . 64.9
— fräser 184.8
— hobel 193.8
—, Zahn- 64.9
Profilo del dente . 64.9
Profondeur d'engrènement (poulie à gorge) . 75.3
— du filet . . . 8.1
— de la garniture 101.7
— du manchon . 101.6
Profondità del filetto 8.1
— della gola . . 75.3
Profundidad del canal 75.3
— del filete . . . 8.1
Progettare . . . 223.1
Progetto 223.2
Project 223.2
—, to 223.1
Projection, height of 237.8
—, horizontal . . 238.1
—, inclined . . . 237.5
—, velocity of . 237.10
—, vertical . . . 238.2
Projet 223.2
Projeter 223.1
Promener le rabot 192.3
Proportional dividers 228.5
Proportionalitätsgrenze 249.8
Proportionalité, limite de . . . 249.8
Proportionality, limit of 249.8
Protractor . . . 229.4
— set square . . 229.5
Prova dell' asse . 34.8
— di saldatura . . 203.3
Proyección horizontal 224.6
Proyectar 223.1
Proyecto 223.2
Prueba del eje . . 34.8
— de soldadura . 203.3
Puddeleisen . . . 212.7
— stahl 213.7
Puddled iron . . 212.7
— steel 213.7
Puissance 245.2
Puleggia 81.7
— per catena . . 90.8
— cilindrica . . . 82.1
— a cono 83.4
— a corda . . . 87.1
—, corona della . 81.8
— a corona curvata 82.2
—, curvatura della corona della . . 82.3
— dentata da catena 91.4
— differenziale . . 94.5
— divisa 83.3
— con doppia corona di razze . 82.6
— di ferro . . . 82.8
— fissa 83.7
— — e folle . . . 83.6
— folle 83.8
— folle, foro del mozzo della . . 83.9
— del freno . . . 96.3
— di frizione . . 74.3
— a fune 87.1
— — di canape . 87.4
— — metallica . . 87.3
— di ghisa . . . 82.7
— di guida . . . 77.9
— — della corda . 84.7
— intera 83.2
—, larghezza della 81.10
— di legno . . . 83.1
— mossa 75.7
— motrice . . . 75.6
— multipla . . . 83.5
— con razze curve 82.5
— a razze dritte . 82.4
—, spessore della corona della . . 81.9
Pulir, disco para . 160.1
Pulire, piastra da . 160.1
Pull 250.2
—, effective (belt driving) 75.9
Pulley 93.2
— axle 93.6
—, belt 81.7
—, the belt runs off the 79.5
— blocks 93.7
—, cone — drive . 78.3
—, crowned . . . 82.2
—, curved armed . 82.5
—, differential . . 94.5
—, differential — block 94.4
—, driven 75.7
—, driving . . . 75.6
— face, breadth . 81.10
—, fast 83.6

Pulley, fast and loose 83.6
—, fixed 93.3
—, flat face . . . 82.1
— fork 93.5
—, friction . . . 73.4
—, guide — of rope 84.7
—, loose 83.8
—, moveable . . 93.4
—, to put a belt on a 79.7
— rim 81.8
—, rope 87.1
—, rope 87.4
— with two sets of arms 82.6
—, side engaging with (of belt) . 76.6
—, solid belt . . 83.2
—, split belt . . 83.3
—, step 83.5
—, straight-armed 82.4
—, tension . . . 78.2
—, to throw a belt off the 79.8
—, tight 83.7
—, wire rope . . 87.3
—, wood belt . . 83.1
Pulsierende Belastung 248.2
Pump-cylinder . . 132.3
—, oil- 55.7
Pumppiston . . . 140.6
Pumpe, Öl- . . . 55.7
Pumpencylinder . 132.3
— kolben 140.6
Punaise 220.6
Punceta de calafatear 31.2
Punch 168.7
— 169.3
—, center . . . 168.4
—, hand- 169.2
—, hollow- . . . 169.4
—, to 169.6
Punching-tongs . 169.5
Punktierfeder . . 229.9
— nadel 229.1
— rädchen . . . 229.2
Punktieren . . . 226.3
Punta 227.7
— da forare . . . 182.6
— de París . . . 196.4
— di ricambio . 227.6
— da segnare . . 207.6
— da segnare . . 229.1
— de trazar . . . 207.6
Puntear 226.3
Punteggiare . . . 226.3
Puntello 90.2
Puntero para piedra 181.7
Punteruolo, marcare col . . . 168.6
—, segnare col . 168.6
Puntina 196.4
— 220.6
Punto de aplicación de la fuerza . . 241.7
— d'applicazione delle forze . . 241.7
— della broca . . 180.5
— morto 141.1
— muerto . . . 141.1
— di piombatura d'una corda . . 85.10
— de punzón . . 168.5
— de unión (cuerda) 85.10
Punzón cuadrado . 163.3
— de fragua . . 161.8
— á mano . . . 169.2
— para marcar . 168.4
—, punto de . . 168.5
Punzone 168.7
— a freddo . . . 169.3
— a mano . . . 169.2
— del martinetto . 32.6
Purificador de aceite 53.1
Put on, to — a belt on a pulley . . 79.7

Q.

Quadrateisen . . 215.1
— keil 24.1
Quarter turn belt 77.7
Querhaupt . . . 146.5
— keil 22.6
— säge 188.5
Querschnitt . . . 225.1
— —, Abscherungs- 28.4
Queue (enclume) . 159.3
—, tas à 159.5
— de la tige du piston 136.7
Quicionera (soporte) 40.9
Quiebro por flexión 252.2
Quitar (chaveta) . 25.7
— la correa de la polea 79.8

R.

Rabattre, fer à . . 159.7
— le collet du tuyau . . . 103.10
Rabot 191.10
— cintré 193.7
— à contre-fer . . 192.7
—, donner un coup de — à qch. . 192.4
— à double fer . 192.7
— d'établi . . . 193.2
—, fer de . . 191.12
—, fer double de . 192.8
—, fût de . . 191.11
—, lumière du . . 192.1
— à main . . . 193.3
— à moulures . . 193.8
— pour profils . . 193.8
Rabot, promener le 192.3
— à rainures . . 193.6
— rond 193.7
Rabotage 192.5
Raboter 192.2
—, machine à . . 194.3
Raboteuse 194.3
Raccoglitore d'olio (sopporto) . . . 44.6
Raccord 105.4
— courbé . . . 105.7
—, double — à vis 107.3
— avec réduction de diamètre . . 105.9
— en U 105.8
— à vis 107.2
Raccordo doppio a vite 107.3
— a vite 107.2
Raccourcir la courroie 79.4
Rachenlehre . . 205.5
Rack (gear) . . . 70.7
— and pinion . . 70.6
Racler 177.1
Racloir 176.4
— cannelé . . . 176.5
— en forme de cœur 176.7
— triangulaire . . 176.6
Radachse 34.6
— arm 69.7
—, gesprengtes . 69.10

Rad, geteiltes . . 69.9
—, Haspel- . . . 90.6
— mit Innenverzahnung . . . 70.2
—, Keil- 74.7
—, Ketten- . . . 88.7
— nabe 69.4
—, Reibungs- . . 73.4
—, Reibungskegel- 74.1
—, Rillen- . . . 74.7
—, Stufen- . . . 83.5
— mit Winkelzähnen 70.8
—, Zahn- 63.8
Räderformmaschine 73.1
— fräser 184.5
— fräsmaschine . 73.2
— getriebe, Keil- . 74.6
— schneidmaschine 73.2
—, die — tönen . 72.8
Radiergummi . . 230.8
— messer. . . . 231.1
Radieren 230.7
Radio de la rueda 69.7
Rag-bolt 15.6
Rahmenschere . . 157.6
Raja de lima . . 171.7
Rainure 23.3
—, clavette à . . 23.10
—s, faire des . . 23.4
—s, fraiser des . 23.7
— et languette . 25.3
—s, machine à faire des . . . 23.6
Ralentissement . 235.7
Ralla (sopporto) . 40.9
Rallonge 227.8
Rame 216.8
Randabstand (Niete) 27.7
— stärke 81.0
Ranella (vite) . . 11.6
Rang de rivets . 27.5
Rangua 40.8
— anular 41.1
Ranura de la chaveta 23.3
— de engrase . . 52.6
— — (soporte) . . 44.5
— y lengüeta . . 25.3
Râpe 176.2
Rapport de transmission. . . . 68.8
Rapporteur . . . 220.4
— à équerre . . 229.5
Rapporto di trasmissione . . . 68.8
Rapprochement, tuyau soudé à . 102.5
Rascador 176.3
— acanalado . . 176.5
— curvo 176.7
— plano 176.4
— triangular . . 176.6
— de tubos . . . 111.1
Rascar 177.1
Raschiare 177.1
— 230.7
Raschiatoio per tubi 111.1
Raschietto . . . 176.3
— a cuore . . . 176.7
— curvo 176.7
— piatto 176.4
—, ripassare al . 177.3
— scanalato . . 176.5
— a scanalature . 176.5
— triangolare . . 176.6
Raschino 231.1
Rasgo de la lima . 171.7
Rasp 176.2
Raspa 176.2
Raspador 176.3
— de lápices . . 230.5
—, repasar con el 177.3
Raspel 176.2
Rasping-file . . . 176.2
Ratchet 95.5
— -brace 182.9
—, friction . . . 95.9
— wheel 95.6
Ratio of gearing . 68.8
Ratissette . . . 166.7
Ratsche 182.9
Rayador 207.6
Rayar 226.5
Razza (ruota) . . 69.7
Reacción elástica 249.6
Reaction on body 238.4
— -trap 123.7
Réaction sur un corps 238.4
Readjust, to — the stuffing-box . . 134.4
Réaléser un cylindre 131.4
Ream, to 176.8
Reamed bolt . . 13.10
Reamer 177.4
—, angular . . . 177.6
—, to enlarge with the 178.3
—, ground . . . 177.5
—, machine- . . 178.2
—, pivot- 178.1
—, spiral fluted . 177.7
— with spiral fluts 177.7
—, straight fluted 177.8
— with straight fluts 177.8
—, taper 177.9
Reazione elastica 249.6
Rebajo 37.7
Rebord du coussinet 43.8
Reborde 103.9
— de hermeticidad 99.5
Rebordear la cabeza del roblón . 31.4
Rebore, to . . . 179.3
—, to — a cylinder 131.4
Recalcadura . . . 164.8
Recalcar 164.7
Recessed flanged joint 99.8
Rechange, piston de . . . . . . 1?0.7
Réchauffeur, serpentin 104.8
Rechenschieber . 222.1
— stab 222.1
Rechteckfeder . . 148.5
— winkelige Abzweigung . . . 106.2
Rechtsgängig . . 8.7
Rechtsgewinde . . 8.6
Recidere 165.6
Récipient pour huile 51.8
Recipiente per olio 51.8
Recissione . . . 252.5
Recogedor de aceite 52.9
Recortar 165.6
— la correa . . . 79.4
Recouvrement, tuyau soudé à . 102.6
Rectilinear motion 234.9
Rectilinial face toothing . . . 67.6
Recuire 199.2
Recuit 199.3
Re-cut, to — files 171.2
— file 171.3
Red pencil . . . 233.5
— tubular . . . 109.4
Redondilla . . . 231.6
Redresser 208.6
Reduced scale . . 221.5
Reducer 107.1
—, angle 107.6
Reducing compasses 228.5
— elbow 107.6
— pipe 105.9
— socket 107.1
Reduktionsventil . 121.5
— zirkel 228.5
Reduzierventil . . 121.5
Refaire 179.3
Refined-steel . . 214.3
Refoulement, conduite de . . . 108.9
—, tuyau de . . 108.8
Refouler 164.7
Refroidisseur, serpentin 104.7
Refuerzo de eslabón 90.2
Regeln 152.6
Reggia di ferro . 215.4
Registro 162.4

Regla 219.9
— de cálculo . . 222.1
— de calibre . . 205.2
— graduada . . . 221.2
— del gramil . . 219.7
— en pulgadas . 221.8
Réglage du régulateur 151.4
Règle (plate) . . 219.9
— à calcul . . . 222.1
— courbe . . 219.10
— à échelle de réduction 221.5
— flexible . . . 220.1
— graduée en pouces 221.8
Regler 150.7
—, Achsen- . . . 151.8
—, Feder- . . . 152.2
— feder 152.3
—, Flach- . . . 151.8
—, Fliehkraft- . . 151.5
—, Geschwindigkeits- 152.4
— gewicht . . . 152.1
—, Gewichts- . . 151.9
— hebel 151.3
—, Kegel- . . . 151.7
—, Leistungs- . . 152.5
— muffe 151.1
—, Pendel- . . . 151.6
— spindel . . . 150.8
Régler 152.6
— les coussinets 48.6
Regolare 152.6
— il carico della valvola 120.4
— il cuscinetto . 48.6
Regolatore . . . 150.7
—, albero del . . 150.8
—, apparato graduatore del . . . 151.4
— assiale 151.8
— conico 151.7
—, contrapeso del 152.1
— a contropeso . 151.9
—, corsa del manicotto del . . . 151.2
— a forza centrifuga 151.5
—, leva del . . . 151.3
—, manicotto del . 151.1
—, massa rotante . 150.9
—, a molla . . . 152.2
—, molla del . . 152.3
— palla rotante . 150.9
— a pendolo . . 151.6
— della potenza . 152.5
— della velocità . 152.4
Regolazione, albero di . . . 37.4
Regolo 219.9
— calcolatore . . 222.1
Regulador . . . 150.7
—, aparato graduador del 151.4
—, árbol del . . 150.8
— axial 151.8
—, bola girante del 150.9
— de capacidad . 152.5
—, carrera del manguito del . 151.2
— centrífugo . . 151.5
— cónico 151.7
—, contrapeso del 152.1
—, cuerpo girante del 150.9
—, esfera girante del 150.9
—, manguito del . 151.1
—, masa centrífuga del 150.9
—, palanca del . 151.3
— de péndulo . . 151.6
— pesante . . . 151.9
— de resorte . . 152.2
—, resorte del . . 152.3
—, resorte del . . 152.3
—, de velocidad . 152.4
Regular 152.6
— la carga de la válvula 120.4
Regulate, to . . 152.6
Régulateur . . . 150.7
—, arbre du . . 150.8
— axial 151.8
—, boule du . . 150.9
— à cône 151.7
—, contrepoids de 152.1
—, course du manchon du . . . 151.2
— à force centrifuge 151.5
—, levier du . . 151.3
—, manchon du . 151.1
— à pendule . . 151.6
— à poids . . . 151,9
— de puissance . 152.5
—, réglage du . . 151.4
— à ressort . . . 152.2
—, ressort du . . 152.3
— de vitesse . . 152.4
Regulating shaft . 37.4
Regulator . . . 150.7
—, Achsen- . . . 151.8
—, Centrifugal- . 151.5
—, Feder- . . . 152.2
— feder 152.3
—, Geschwindigkeits- 152.4
— gewicht . . . 152.1
—, Gewichts- . . 151.9
— hebel 151.3
—, Kegel- . . . 151.7
—, Leistungs- . . 152.5
— muffe 151.1
—s, Muffenhub des 151.2
Regulator, Pendel- 151.6
— spindel . . . 150.8
—s, Stellzeug des . 151.4
Regulieren . . . 152.6
Reheating-furnace 165.5
Reibahle 177.4
—, gerade genutete 177.8
—, geriefelte . . 177.8
—, geschliffene . 177.5
—, konische . . . 177.9
—, Maschinen- . . 178.2
—, spiral genutete 177.7
—, Winkel- . . . 177.6
—, Zapfen- . . . 178.1
Reibrad 73.4
Reibung 245.6
—, Achsen- . . . 33.8
—, Achsschenkel- . 33.9
—, Bahn- (Gleitbahn) . . . 145.10
—, Excenter- . . 144.4
—, gleitende . . 246.3
—, Ketten- . . . 89.3
—, Kolben- . . . 137.6
—, rollende . . . 246.4
— der Ruhe . . . 246.2
—, Seil- 86.2
—, Stopfbüchsen- . 134.3
—, wälzende . . 246.4
—, Zapfen- . . . 38.1
Reibungsarbeit . 246.5
—arbeit, Zahn- . 66.6
—fläche 246.1
—getriebe . . . 73.3
—kegel 74.3
—kegelrad . . . 74.1
—koefficient . . 245.8
—kupplung . . . 60.7
—rad 73.4
—rad, cylindrisches 73.6
—scheibe . . . 74.3
—vorgelege . . . 75.4
—walze 74.4
—widerstand . . 245.7
Reifkloben . . . 154.7
Reißbrett 219.4
— feder 229.6
— nadel 207.6
— nagel 220.6
— schiene . . . 219.9
— —, Kopf der . 219.9
— —, Zunge der . 219.5
— zeug 226.7
— zwecke . . . 220.6
Relación de ruedas 68.8
Relative elongation 248.1
Rellenar el cojinete 43.7
Remachado . . . 27.4
— alternado . . . 30.1
— angular . . . 29.4
— de cadena . . 30.2
— en caliente . . 27.8
— converjente . . 30.3
— en costura doble 29.6

Remachado en costura múltiple 29.7
— — sencilla . . 29.5
— de cubrejunta 29.1
— de doble cubrejunta 29.2
— doble 28.5
— á doble eclise . 29.2
— á eclise . . . 29.1
— en frío 27.9
— de fuerza . . . 28.1
— hermético . . 28.2
— á mano . . . 31.5
— á máquina . . 31.6
— múltiple . . . 28.6
— paralelo . . . 30.2
— para recipiente 28.2
— sencillo . . . 28.3
— sólido 28.1
— por superposición 28.7
— al tresbolillo . 30.1
Remachadora . . 31.7
Remachar 30.5
—, taco para . . 32.3
—, torno de . . . 32.4
Remache 26.1
—, agujero del . . 26.7
— á cabeza de casquete 27.1
— á cabeza de diamante 27.2
— á cabeza de gota de sebo 27.1
— á cabeza hundida 26.8
— — martillada . 27.2
— — semi-hundida 26.9
—, cabeza del . . 26.3
—, cabeza de cierre del 26.5
—, cabeza estampa del 26.4
— de costura . . 27.3
—, cuerpo del . . 26.2
—, paso de . . . 27.6
Rendimiento . . . 246.8
Rendimiento . . 246.8
Renew, to — an axle 34.10
Renewing of an axle 34.11
Renflement(essieu) 33.6
Reniflard . . . 122.1
Renvoi à courroie 77.3
— à engrenage . 68.2
— à friction . . . 75.4
Repasar con el raspador 177.3
— con el taladro . 179.3
— el temple . . 199.2
— un tornillo . . 20.1
Repaso del temple 199.3
Repicar limas . . 171.2
Rescissione . . . 252.5
Rescrape, to . . . 177.3
Reserrer 19.7
Reservoir, oil . . 51.8
Resilience work of deformation . . 248.6
Resinificación del aceite 51.1
Résinification de l'huile 51.1
Resinification of the oil 51.1
Resinificazione dell' olio . . . 51.1
Résinifie, l'huile se 50.10
Resinous, to become (of the oil) 50.10
Resistance . . . 247.1
—, bearing . . . 238.5
— to bending strain 251.4
— to breaking strain 252.3
— to compressive strain 250.8
—, frictional . . 245.7
—, moment of . . 251.8
— to shearing strain 252.6
—, supporting . . 238.5
—, tangential . . 238.6
— to tensible strain 250.3
Résistance . . . 247.1
— d'appui . . . 238.5
— au cisaillement 252.6
— à la compression 250.8
— à la flexion . . 251.4
— — 252.3
— du frottement . 245.7
—, moment de . 251.8
— normale . . . 238.5
—, science de la — des matériaux . 247.2
— tangentielle . . 238.6
— à la traction . 250.3
— de voie . . . 238.4
Resistencia . . . 247.1
— de la carrera . 238.4
— al empuje . . 252.6
— á la flexión . . 251.4
— normal . . . 238.5
— á la presión . 250.8
— á la rotura por flexión 252.3
— de rozamiento . 245.7
— tangencial . . 238.6
— á la tracción . 250.3
Resistenza . . . 247.1
— dovuta all' attrito 245.7
— alla flessione . 251.4
— normale . . . 238.5
— alla pressione . 250.8
— alla rescissione 252.6
— alla rottura . . 252.3
— tangenziale . . 238.6
Resistenza della traiettoria . . . 238.4
— alla trazione . 250.3
Resorte, compresión del . . 148.7
—, distender un . 148.9
— de flexión . . 147.3
— de sección circular 148.6
Ressort 147.2
— à boudin . . . 148.3
—, bride de . . . 147.7
—, compression du 148.7
—, comprimer un 148.8
— conique . . . 148.4
— à feuille . . 147.4
— à fil rond . . . 148.6
— de flexion . . 147.3
— en hélice . . . 148.3
— à lame 147.4
— — plate . . . 148.5
— à lames superposées 147.6
—, œil de . . . 147.8
— du régulateur . 152.3
— à section circulaire 148.6
— — rectangulaire 148.5
—, soupape à . . 119.4
— de soupape . . 119.5
— (de charge) de la soupape . . 120.2
— en spirale . . 148.1
— spire de . . . 149.1
—, tendre un . . 148.9
— de torsion . . 148.2
Reste d'allongement 249.5
Restricted motion 238.3
— movement . . 238.3
Restringimento . 248.8
Resudar . . . 164.11
Resultant 241.9
—, to find the — of several velocities 240.3
— force 241.9
— velocity . . . 240.4
Resultante . . . 241.9
Résultante, réunir plusieurs vitesses en leur 240.3
— de la vitesse . 240.4
Resultierende . . 241.9
— Beschleunigung 240.4
—, mehrere Beschleunigungen zu ihrer —n zusammensetzen . 240.3
— Geschwindigkeit 240.4
—, mehrere Geschwindigkeiten zu ihrer —n zusammensetzen . 240.3
Retajar limas . . 171.2

Retailler les limes 171.2
Retardation 235.7
Retardo 235.7
Rete di tubi . . 109.4
Retornear un cilindro 131.4
Retour du piston 137.10
Retrécissement . 248.8
Retroceso del émbolo 137.10
Retta di chiusa . 242.7
Return-crank . . 142.1
— valve, non . . 121.3
Reversing shaft . 37.5
Revestimiento (cojinete) . . . 42.6
— del cilindro . . 131.2
Revestir un soporte con metal blanco 43.2
Revêtement du tuyau 93.4
Revolution of an axle 34.7
Revolving axle . 33.11
— oil dip-ring . . 52.8
— ring 55.2
Rib of the hub . 69.5
— of the rim . . 69.3
Ribattere (ferro) . 164.7
Ribattitore . . . 30.8
Ribattitura . . . 164.8
Ribbed pipe . . . 104.5
Ribbon spring . . 148.2
Ricalcare 233.7
Richtmeister . . 255.2
— platte 208.7
Richten 208.6
Ricottura 199.3
Ricuocere . . . 199.2
Ridurre la sezione di passaggio . . 124.7
Riemkegel . . . 83.4
Riemscheibe . . 81.7
—, ballig gedrehte 82.2
—, — gewölbte . 82.2
—, Breite der . . 81.10
—, einteilige . . 83.2
—, feste 83.7
—, ganze 83.2
— mit geraden Armen 82.4
—, gerade gedrehte 82.1
— mit geschweiften Armen . . 82.5
—, geteilte . . . 83.3
—, gußeiserne . . 82.7
—, hölzerne . . 83.1
—, lose 83.8
—, schmiedeeiserne 82.8
—, ungeteilte . . 83.2
Riemen 76.5
— antrieb . . . 77.4
Riemenaufleger . 79.6
— ausrücker . . 81.3
— breite 76.8
— dicke 76.9
—, Doppel- . . . 80.2
— ende, ablaufendes 76.7
— —, auflaufendes 76.6
—s, Fleischseite des 77.1
— gabel 84.4
—, gekreuzter . . 77.6
—, geleimter . . 80.9
—, genähter . . 81.1
—, geschränkter . 77.6
—, der — gleitet . 79.1
—, Glieder- . . . 80.6
—, Haarseite des — 77.2
—, halbgeschränkter 77.7
—, Halbkreuz- . . 77.7
—, horizontaler . 78.4
—, Ketten- . . . 80.6
—, der — klettert 79.2
— kralle 81.6
— kupplung . . 61.6
—, den — kürzen 79.4
— leder 80.4
—, den — leimen 80.10
—, einen — von der Losscheibe auf die Festscheibe schieben 84.1
—, mehrfacher . 80.8
—, den — nachspannen . . . 79.3
—, den — nähen . 81.2
—, offener . . . 77.5
—, der — ruht auf der Welle auf . 80.1
—, der — rutscht 79.1
—, einen — von der Scheibe abwerfen 79.8
—, einen — auf die Scheibe auflegen 79.7
—, schiefer — von links unten nach rechts oben . . 78.6
—, schiefer — von rechts unten nach links oben . . . 78.7
—, der — schlägt 78.8
— schloß 81.4
— schraube . . . 81.5
—, senkrechter . 78.5
— spanner . . . 80.8
— spannung . . . 75.8
—, der — springt von der Scheibe ab 79.5
— stärke 76.9
—, Treib- 80.5
— trieb 75.5
Riemenverbindung 80.7
— vorgelege . . . 77.3
—, eine Welle durch — antreiben . . 76.4
Riffelblech . . . 216.5
Riffler 176.1
Riflard 192.10
Rifloir 176.1
Riflurel 176.1
Riga 219.7
— flessibile . . . 220.1
— a T 219.5
— —, testa della . 219.6
Right angle bevil gear system . . 71.3
— — friction wheels 74.2
— angled branch (pipe) 106.2
— -hand 8.7
— -handed . . . 8,7
— — thread . . . 8,6
Rigid axle . . . 33.10
— shaft 33.10
Rigidez de la cuerda 86.3
Rigidezza della corda 86.3
Rigidité du câble . 86.3
Rigidity, modulus of 253.1
Rille, Keil- . . . 75.1
Rillenrad 74.7
Rim, breadth of . 81.10
—, breakage of the 150.6
—, built up . . . 69.8
— collar 69.3
— of the fly-wheel 149.5
—, fracture of the 150.6
— of gear wheel . 69.2
— joint 150.1
— — bolt 150.2
—, pulley 81.8
—, rib of the . . 69.3
—, thickness of . 81.9
Rinforzo (catena) . 90.2
Ring, adjusting . 36.8
—, Dichtungs- . . 99.7
—, Flanschen- . . 100.5
— of the fly-wheel 149.5
—, gasket . . . 99.7
—, Grund- (Stopfbüchse) 133.5
— keil 25.2
—, Kolben . . . 139.1
—, leather packing (stuffing box) . 134.1
—, Liderungs- . . 139.1
— lubricating bearing 45.2
— lubrication . . 55.1
—, neck 133.5
—, oil-(stuffing box) 133.6
—, Öl-(Stopfbüchse) 133.6
—, packing . . . 99.7

Ring, piston . . . 139.1
— -pivot 38.8
— schmierlager . 45.2
— schmierung . . 55.1
—, Spann- . . . 139.7
—, Spur- 41.2
—, Spur — lager . 41.1
—, spring . . . 139.3
—, spring — joint 139.2
—, taper 133.5
—, V- — metallic gland packing . 134.2
Ring valve . . . 118.2
— —, double . . 118.4
— —, multiple . . 118.5
— —, single . . 118.3
Ringventil . . . 118.2
—, doppeltes . . 118.4
—, einfaches . . 118.3
—, mehrfaches . . 118.5
Ring, wedge- . . 133.5
— zapfen 38.8
Rinvio a cinghia . 77.3
— a frizione . . . 75.4
— ad ingranaggi . 68.2
Ripassare il filetto 20.1
— al raschietto . 177.3
— al tornio un cilindro 131.4
— al trapano . . 179.3
Ripiallare . . . 192.3
Rippenführung (Ventil) 117.1
— —, Ventil mit oberer 117.2
— rohr 104.5
Ripping chisel . . 194.6
Riscaldamento del sopporto . . . 48.3
Riserrare 19.7
— una chiavella . 25.9
Rising anvil . . . 159.4
Riß, Grund- . . . 224.6
Ritagliare le lime 171.2
Ritardo 235.7
Ritornire un cilindro 131.4
Ritzel 68.7
Rivé, tuyau . . . 102.3
Rivée, bride . . . 100.7
River 30.5
—, machine à . . 31.7
—, marteau à . . 32.1
Rivestimento del cilindro . . . 131.2
— d'un tubo . . 98.4
Rivestimiento del tubo 98.4
Rivet 26.1
— (posé d'avance) 27.3
—, angle du fraisage de 26.6
—, binding . . . 27.3
—, corps de . . . 26.2
Rivet, to countersink a 30.6
— with countersunk head . . 26.8
—, couper la tête du 31.4
— with cup head 27.1
—s, to cut out the 31.3
—, distance from — centre to angle side 30.4
—, to drive in a . 30.7
—, dummy . . . 27.3
—s, écartement des 27.6
—s, enlever les . 31.3
—, flush 26.8
— forge 33.1
—s, four à . . . 32.9
—, fraiser le . . 30.6
— -furnace . . 32.9
— with half countersunk-head . . 26.9
— with hand-made head 27.2
— -head 26.3
— -hearth . . . 33.1
— hole 26.7
—s, ligne de . . 27.5
— noyée 26.8
—s, pince à . . . 32.8
—s, pitch of . . 27.6
—, placer le . . 30.7
— -point 26.5
—s, rang de . . 27.5
—, to remove the — with cross-chisel 31.4
—s, riveting by — in double shear 28.5
—s, riveting by — in multiple shear 28.6
—s, riveting by — in single shear . 28.3
—s, row of . . . 27.5
—, shank of a . . 26.2
—, to sink in a . 30.6
— with snap head 27.1
—, tête de . . . 26.3
—, tête de . . . 26.3
— à tête bombée . 27.1
— — bouterollée . 27.1
— — martellée . 27.2
— — noyée . . . 26.8
— — saillante . . 26.9
—, tige de . . . 26.2
—s, trace de . . 27.5
—, trou de . . . 26.7
—, to 30.5
Riveted flange . . 100.7
— joint 27.4
— pipe 102.3
— tube 102.3
Riveter 31.7
Riveting 27.4
—, chain 30.2
Riveting-clamp . . 32.8
—, cold 27.9
—, double . . . 29.6
—, double coverplate 29.2
—, double shear . 28.5
— in groops . . 30.3
— -hammer . . . 32.1
— — 162.1
—, hand- 31.5
— of high efficiency 28.1
—, hot 27.8
— -knob 32.3
—, lap- 28.7
— of low efficiency 28.2
—, machine- . . 31.6
—, multiple- . . 29.7
—, multiple shear 28.6
— -set 30.8
—, single 29.5
—, single coverplate 29.1
—, single shear . 28.3
—, strength . . . 28.1
—, tight 28.2
— tongs 32.7
—, zig-zag- . . . 30.1
Riveur 30.8
Riveuse 31.7
Rivoir 32.1
Rivure 27.4
— en carré . . . 30.2
— à chaine . . . 30.2
— à chaud . . . 27.8
— convergeante . 30.3
— à une coupe . 28.3
— à couvre-joint . 29.1
— — double . . 29.2
— à deux coupes 28.5
— (par des rivets) à deux sections de cisaillement . 28.5
— double . . . 29.6
— droite à plat joint 28.7
— en échiquier . 30.1
— étanche . . . 28.2
— à froid . . . 27.9
— à la main . . 31.5
— parallèle . . . 30.2
— à plusieurs coupes 28.6
— — rangs . . . 29.7
— (par des rivets) à sections de cisaillement multiples 28.6
— (par des rivets) à une section de cisaillement . . 28.3
— simple 29.5

Rivure à simple recouvrement . 28.7
— solide 28.1
— en zig-zag . . 30.1
Robinet 127.7
— d'alimentation 129.9
— d'angle . . . 128.8
— d'arrêt . . . 129.4
—, clef de . . . 127.8
— conique . . . 128.8
— droit 128.7
— d'eau 129.5
— d'évacuation . 129.7
—, fermer le . . 128.2
— à gaz 129.6
— de graissage . 53.6
— graisseur . . . 53.6
— de jauge . 129.10
— de mélange . . 129.8
— du niveau d'eau 111.5
— ordinaire . . . 128.7
—, ouvrir le . . 128.1
— avec presse-étoupe 128.6
— à quatre voies 129.1
—, tête de . . . 127.9
— à trois voies . 128.9
— -valve 128.4
— de vidange . . 129.2
— à vis 128.5
Robinetto . . . 127.7
Roblón, embutidor del 30.8
—, introducir el . 30.7
—, pasar el . . . 30.6
—, rebordear la cabeza del . . . 31.4
Roblonado . . . 27.4
—, deshacer el . 31.3
— por superposición 28.7
Roblonar, báscula para 32.6
Roblones, estampa para 31.8
—, fragua para calentar los . . . 32.9
—, hornillo para calentar los . . 33.1
—, tenaza para . 32.7
Rocchetto . . . 68.7
— 90.5
Rochet 95.5
— 182.9
—, roue à . . . 95.6
Rod, connecting . 144.7
— coupling . . . 61.7
—, eccentric . . 144.2
— guide 146.1
—, piston . . . 136.6
—, valve 127.3
Roder un piston . 140.2
Rodillo guia . . 77.9
— tensor 78.2
Roheisen 210.8
—, Bessemer- . . 213.2
—, graues . . . 210.5
—, halbiertes . . 210.6
—, Thomas- . . . 213.3
—, weißes . . . 210.4
Roh gegossener Zahn 65.9
Rohr 97.4
—, Abfluß- . . . 109.3
— abschneider . . 110.8
—, Abzweig- . . 106.4
— ansatz . . . 108.10
— anstrich . . . 98.3
—, Ausgleichungs- 104.1
— auskratzer . . 111.1
— bekleidung . . 98.4
—, das — mit Blei ausgießen . . . 101.8
—, Bogen- . . . 105.7
— bruch 110.4
— — ventil . . . 110.5
—, Dehnungs- . . 104.1
— dichtung . . . 101.5
—, Druck- . . . 108.8
—, Feder- . . . 104.2
—, Feuer- . . . 108.2
—, Flamm- . . . 108.1
— flansch . . . 98.10
—, Flanschen- . . 98.9
—, Gas- 107.8
—, gelötetes . . . 102.8
—, genietetes . . 102.3
—, geschweißtes . 102.4
—, gewalztes . . 103.1
—, gezogenes . . 103.4
—, gußeisernes . . 101.9
— haken 109.8
—, Heiz- 108.4
—, Kessel- . . 107.10
—, Knie- 107.4
—, Kupfer- . . . 103.6
— leitung 109.1
—, liegend gegossenes . . . 102.1
—, Löt- 203.1
—, Messing- . . . 103.7
—, das — mißt x mm im Lichten 97.7
— muffe 101.4
—, Muffen- . . . 101.3
—, nahtloses . . 102.9
— netz 109.4
— packung . . . 101.5
—, Paß- 105.4
— plan 109.5
—, Rippen- . . . 104.5
—, Saug- 108.5
—, scharfes Knie- 107.5
— schelle 109.7
—, Schlangen- . . 104.6
— schlüssel . . . 110.6
—, schmiedeeisernes 102.2
Rohr, Siede- . . . 108.3
—, spiral geschweißtes 102.7
—, stehend gegossenes . . 101.10
—, Stopfbüchsen- . 104.4
—, stumpf geschweißtes . . 102.5
— stutzen . . 108.10
—, Übergangs- . . 105.9
—, überlappt geschweißtes . . 102.6
—, das — umbördeln 103.10
—, umgebördeltes — mit losem Flansch 103.8
— ventil 118.8
— verbindung . . 98.5
—, das — verlegen 109.6
— verschluß . . . 104.9
— verschraubung . 98.6
— verzweigung . 106.1
— walzapparat . . 103.2
— wand 97.8
—, Wasser- . . . 107.9
— weite 97.6
—, lichte Weite d. —es 97.6
—, das — hat x mm lichte Weite . . 97.7
—, Well- 104.3
— wischer . . . 110.9
— zange 110.7
—, Zufluß- . . . 109.2
—, Zuleitungs- . . 109.2
—, Zweig- . . . 106.4
Röhrenförmig . . 97.5
— walzwerk . . . 103.3
— ziehen 103.5
Roll, conical . . 74.5
—, friction . . . 74.4
— kreis (Zahnrad) 67.3
Rolle 93.2
—, Differential- . . 94.5
—, feste 93.3
—, Führungs- . . 77.9
—, Ketten- . . . 90.8
—, Leit- 77.9
—, lose 93.4
—, Seil- 87.1
—, Spann- . . . 78.2
—, Treib- . . . 75.6
Rollenachse . . . 93.6
—bohrer 182.3
—bügel 93.5
—kloben 93.8
—lager 45.8
—zug 93.7
Rollende Reibung. 246.4
Rolled iron . . . 215.5
— tube 103.1
Roller-bearing . . 45.8

Rolling circle (tooth) 67.8
— friction . . . 246.4
—, tube — mill . 103.2
—, tube- — works . 103.3
Rondelle (vis) . . 11.6
Root (of tooth) . 65.4
— -circle 63.7
— -line 63.7
— of the tooth . 65.3
Rope 85.1
—, cotton . . . 86.10
—, crane 87.9
— drive 84.5
—, driving . . . 87.6
— drum 95.2
—, elevator- . . 87.8
— friction . . . 86.2
—, guide pulley of 84.7
—, hemp 86.9
— hook 92.7
—, locked . . . 85.7
— lubricant . . 86.4
—, manila . . . 86.9
— in motion . . 86.5
— pulley 87.1
— — 87.4
— at rest 86.6
— sheave 87.1
—, to spin the . . 85.4
— spinning machine 85.5
—, spiral 85.6
— splice 85.8
—, to splice a . . 85.9
—, steel-wire- . . 86.8
—, strength of . . 86.3
— tackle block . 94.6
— tension . . . 84.6
—, transmission . 87.5
—, to twist the . 85.4
—, twisted . . . 85.6
—, to unwind a . 88.4
—, winch 88.2
—, to wind up a . 88.3
—, winding . . . 87.7
—, wire- 86.7
—, working . . . 86.5
Rosca, cierre automático de la . . 10.10
—, espacio hueco de la 10.9
—, filete de . . . 7.7
— con mariposa . 15.4
— del tornillo . . 7.7
Roscado de la tapa del cilindro . . 130.7
— de tubos . . . 98.6
Rose-pipe 108.6
Rosetta (bullone di fondazione) . . 15.8
— (vite) 11.6
Rotación del eje . 34.7
Rotare sopra un perno 39.8
Rotary disk valve . 126.8
Rotating crank lubricator . . . 54.8
Rotation 240.6
—, angle de . . . 241.2
—, angle of . . . 241.2
—, axe de . . . 34.5
—, axe de . . . 241.1
— de l'axe . . . 34.7
—, axis of . . . 34.5
—, axis of . . . 241.1
— of an axle . . 34.7
—, motion of . . 240.6
Rotazione . . . 240.6
—, angolo di . . 241.2
— dell' asse . . . 34.7
—, asse di . . . 241.1
Rotondo 231.6
Rotstift 233.5
Rottura dell' asse 34.9
— per flessione . 252.2
— del tubo . . . 110.4
— del volano . . 150.5
Rotular un dibujo 231.5
Rotura del eje . . 34.9
— por flexión . . 252.2
— del tubo . . . 110.4
— del volante . . 150.5
Roue d'angle . . 71.4
—, bras de la . . 69.7
— à chaîne . . . 88.7
— — 90.6
— — dentée . . . 91.4
— à cliquet . . . 95.6
—, les —s cognent 72.8
— à coin 74.7
— conique . . . 71.2
— cylindrique . . 69.1
— — hélicoïdale . 71.8
— dentée 63.3
— à dents de bois 72.1
— à denture à chevrons 70.3
— — intérieure . 70.2
— droite 69.1
— d'émeri . . . 198.3
— d'engrenage . . 63.3
—s de force . . . 68.4
— à friction . . . 73.4
— — conique . . 74.1
— — cylindrique . 73.6
— à gorge . . . 74.7
— hélicoïdale . . 71.6
— hyperbolique . 71.9
—, mortaiser des dents dans une . 72.7
—, moyeu de la . 69.4
— partagée . . . 69.9
— en plusieurs pièces 69.10
— à pointillé . . 229.2
— à rochet . . . 95.6
—s de série . . . 68.3
—s de transmission 68.5
Roues de travail . 68.5
Rough file . . . 173.2
— plan 223.8
— tooth 65.9
Rouleau galet à friction 74.4
Round bar . . . 214.9
— bar iron . . . 214.9
— bar-spiral spring 148.6
— -edge joint-file . 175.3
— elbow (pipe) . 107.7
— file 174.4
— hand writing . 231.6
— — pen 231.8
— -head stake . . 159.9
— iron 214.9
— key 24.2
— -mallet 163.6
— -off file . . . 174.7
— pliers 155.6
— set-hammer . . 162.6
— spirit level . . 209.1
— thread 10.2
— threaded . . . 10.3
Rounded 10.3
Row of rivets . . 27.5
Rozamiento . . . 245.6
— de adherencia . 246.2
— de resbalamiento 246.3
— de rotación . . 246.4
Rub, to 197.5
—, to 198.6
— out, to 230.7
Rubber (file) . . . 172.3
— 197.3
— 230.8
— -jointing . . . 135.7
—, lead 230.9
Rubbing surfaces . 246.1
Rubinetto 127.7
— d'acqua . . . 129.5
— d'alimentazione 129.9
— ad angolo . . 128.8
—, aprire il . . . 128.1
— d'arresto . . . 129.4
—, bossolo del . . 127.10
—, chiave del . . 127.8
— chiudere il . . 128.2
— conico 128.3
— d'evacuazione . 129.7
— da gas 129.6
— con guarnizione 128.6
— lubrificatore . . 53.6
—, maschio del . 127.8
— per miscuglio . 129.3
— con movimento a vite 128.5
— con premistoppa 128.6
— di prova . . 129.10
— a quattro vie . 129.1
— di scarica . . 129.2
— — 129.8
— semplice . . . 128.7

Rubinetto, testa del 127.9
— a tre vie . . . 128.0
— a valvola . . . 128.4
Rückschlagklappe 123.7
— — ventil . . . 121.8
— sprung, Flansch mit Vor- und . 99.8
Rückensäge . . . 188.8
—, Sägen-. . . . 188.9
Rueda de ángulo . 70.3
— de cabillas . . 91.4
— de cabrestante . 90.6
— de canal . . . 74.7
— cilíndrica . . . 69.1
— — de fricción . 73.6
— cónica 71.2
— — para ángulo recto 71.4
— — de fricción . 74.1
—, cubo de la . . 69.4
— dentada . . . 63.3
— con dientes de madera 72.1
— en dos mitades 69.9
—, eje de una . . 34.6
— de engranaje . 63.3
— de engranaje interior 70.2
— de engrane de cadenas 90.5
— de esmeril . . 198.3
— de fricción . . 73.4
— para hacer lineas de puntos . . . 229.2
—s harmónicas . 68.3
— helizoidal . . 71.6
— — 71.8
Rueda hiperbólica 71.9
— manubrio (válvula) 113.8
— motriz 68.7
— partida . . . 69.9
—s de potencia . 68.4
— quebrada . . 69.10
—, radio de la . 69.7
—s, las — rechinan 72.8
— recta 69.1
—s de trabajo . . 68.5
— de trinquete . 95.6
Ruhende Belastung 248.1
— Reibung . . . 246.2
Rule 221.1
—, folding pocket 221.3
—, foot 221.8
—, shrinkage . . 221.9
—, slide 222.1
Ruler 219.9
Rullo tenditore . 78.2
Rumpf, Lager- . . 43.4
— lager 44.7
Run off, to —, the belt runs off the pulley 79.5
Rundeisen . . . 214.9
— feder 148.6
— feile 174.4
— gängig 10.3
— keil 24.2
— schieber . . . 126.7
— schrift 231.6
— — feder . . . 231.8
— zange 155.6
Runder Kopf . . 12.2
Rundes Gewinde . 10.2
Ruota d'argano . 90.6
— d'arresto . . . 95.6
—, asse della . . 34.6
— a catena . . . 88.7
— cilindrica . . . 69.1
— conica 71.2
— — ad angolo retto 71.4
— dentata . . . 63.3
— a dentatura a cuspide . . . 70.3
— — interna . . 70.2
— a denti di legno 72.1
— elicoidale . . . 71.6
— — 71.8
— di frizione . . 73.4
— — cilindrica . 73.6
— — conica . . . 74.1
— a gola 74.7
— d'ingranaggio . 63.3
— iperboloidica . 71.9
—, mozzo della . 69.4
— in più pezzi . 69.9
— da punteggiare 229.2
—, razza della . . 69.7
— di smeriglio . 198.3
— spaccata . . . 69.10
Ruote d'assortimento 68.3
— di forza . . . 68.4
—, le — stridono . 72.8
— di trasmissione 68.5
Rupture de l'axe . 34.9
— de l'essieu . . 34.9
— de la jante . . 150.6
— de tuyau . . . 110.4
Rutschen, der Riemen rutscht . 79.1

S.

Sabot de frein . . 96.4
Sabotear 191.9
Sac d'eau (à eau) . 110.2
Sacabocados . . 169.4
Sacar (chaveta) . 25.7
Sacatrapos . . . 110.9
Saddle key . . . 24.4
Saetta d'incurvamento della fune 76.2
— d'inflessione . 147.5
Safe load 247.7
Safety crank . . 142.7
— flap 123.6
— valve 119.6
Sag 76.2
Säge 185.3
— angel 185.6
—, Band- 190.3
—, Band der . . 185.5
—, Bauch- . . . 188.6
—, Baum- . . . 188.4
— blatt 185.5
Sägeblock . . . 190.7
—, Bogen- . . . 189.3
—, Breit 188.4
—, Einstreich- . . 189.1
— feile 175.7
—, Furnier- . . . 189.6
—, Gatter- . . . 190.6
— gatter 190.5
—, gespannte . . 189.2
—, Hand- 188.1
—, Holz- . . . 187.10
—, Kalt- 187.7
— klinge 185.5
—, Klob- 189.6
—, Kreis- 190.4
—, Laub- 189.5
—, Loch- . . . 188.10
— maschine . . . 190.2
—, Metall- . . . 187.9
—, Örter - . . . 189.7
—, Quer- 188.5
— randlinie . . . 186.3
Säge, Rücken- . . 188.8
—, Schließ- . . . 189.9
— schnitt 185.4
—, Schraubenkopf- 189.1
—, Schrot- . . . 188.4
—, Schweif- . . . 190.1
— späne 187.4
—, Spann- . . . 189.2
—, Spitz- 188.10
—, Stich- 188.10
—, ungespannte . 188.3
—, Warm- . . . 187.8
—, Wiegen- . . . 188.6
— zahn 185.7
— zähne hauen . 187.2
—, zweimännische 188.2
Sägen 187.3
—, kalt 187.5
— bogen 189.4
— rücken 188.9
Saillie de la dent . 65.1
Saldare 164.9

Saldare 200.6
—, acqua per . . 202.8
—, acqua forte per 202.9
—, cannello da . 203.1
—, fornella per . 202.8
— insieme . . . 200.7
Saldatoio 201.6
— a gas 201.9
— a martello . . 201.7
— a punta . . . 201.8
Saldatore, tanaglia da 203.2
Saldatura . . . 164.10
— 200.10
— debole 201.2
—, errore di. . . 165.4
— forte 201.3
— — 202.7
— leggera . . . 201.2
—, prova di . . . 203.3
— rapida . . . 202.6
—, sbaglio di . . 165.4
— tenera 201.2
Saltaregla . . . 208.5
Salto de la válvula 114.1
— —, limite del . 114.2
Sand-casting. . . 211.6
— guß 211.6
Saracco 188.7
— a dorso . . . 188.8
Saracinesca . . . 125.1
— per acqua . . 126.4
—, anello di guarnizione 125.7
— d'arresto . . . 126.3
— — per vapore . 126.6
—, camera della . 125.2
—, coperchio della 125.3
—, corpo della . . 125.5
— per gas . . . 126.5
—, guida della . . 125.8
—, specchio della 125.6
—, stelo della . . 125.4
Sash-saw 189.9
Satzräder 68.3
Saugklappe . . . 124.2
— korb 108.6
— leitung . . . 108.7
— rohr 108.5
— ventil 121.6
Säulen-(konsol-) lager 47.4
Säure, Löt- . . . 202.9
Saut (chevron) . . 70.5
Saw 185.3
— 187.10
—, arm- 188.1
—, back of the . 188.9
—, band- 190.3
—, belt- 190.3
— -bench 190.2
— -blade 185.5
— -block 190.7
—, board- . . . 189.6
Saw, bow- . . . 189.3
—, bow 190.1
—, circular . . . 190.4
—, cold 187.7
—, compass . . 188.10
—, cross-cut- . . 188.5
— -cut 185.4
—, disk 190.4
— -dust 187.4
—, endless . . . 190.3
—, felling . . . 188.6
— -file 175.7
—, frame- . . . 189.2
—, frame- . . . 189.6
—, frame- . . . 190.6
— -frame 189.4
— — 190.5
—, framed . . . 189.2
—, framed-whip . 189.7
—, fret 189.5
— -gate 190.5
—, great span . . 189.7
—, hand- 188.1
—, hand- 188.7
—, iron cutting . 187.9
—, key-hole . . 188.10
— -log 190.7
—, long 188.4
—, metal 187.9
— -notch 185.4
—, pad 188.7
—, piercing . . 188.10
—, pit 188.4
—, sash- 189.9
— -sash 190.5
—, scroll 189.5
— set 186.9
—, slash- 189.9
—, slitting . . . 189.1
—, span- 189.2
—, tenon- . . . 188.8
—, turning- . . . 189.7
— for two men . 188.2
—, unset 188.3
—, veneer- . . . 189.6
—, warm 187.8
— -web 185.5
—, wood . . . 187.10
—, to warm . . . 187.6
Sawing-machine . 190.2
Scala 221.1
— metrica . . . 221.7
— di riduzione . 221.5
— delle tempere . 199.8
Scale 221.2
— of hardness . . 199.8
—, metric . . . 221.7
—, reduced . . . 221.5
—, transverse . . 221.6
Scalpellare . . . 168.2
— 194.5
— via 168.3
Scalpello 167.4
— 194.4
Scalpello da accecare 31.2
— da fabbro . . 168.1
— a freddo . . . 168.1
— per lime . . 170.10
— a mano . . . 167.9
— piano 167.5
— per pietre . . 167.8
— a sgorbia . . . 195.1
— a taglio . . . 194.6
— ugnato . . . 191.5
Scanalare 23.4
— alla fresa . . . 23.7
Scanalatura . . . 23.3
— e linguetta . . 25.3
— per l'olio . . . 52.6
Scarica dell' olio . 55.5
— della valvola 115.10
Scaricare l'olio . 55.6
— la valvola . . 115.9
Scatola 132.8
— di colori . . . 232.1
— di compassi . . 226.7
— a stoppa . . . 132.5
— —, attrito della 134.3
— —, guarnire la 135.2
— — a guarnizione di cuoio . . . 133.8
— a stoppa, la — s' ingrana . . . 134.5
— —, la — fa tenuta 134.7
— —, la — non fa tenuta 134.6
— —, la — tiene . 134.7
— —, la — non tiene 134.9
— — per vapore . 133.7
— di tenuta a guarnizione metallica 134.2
— lubrificatrice . 53.5
Schaben 177.1
—, auf- 177.2
—, nach- 177.3
Schaber 176.3
—, Dreikant- . . 176.6
—, Flach- . . . 176.4
—, Herz- 176.7
—, Hohl- 176.5
Schablone, Gewinde- 206.2
Schaft (Schraube) 11.3
— fräser 184.3
—, Haken- . . . 92.3
— der Schubstange 144.8
Schake 88.9
—nkette 88.8
Schale, Kupplungs- 57.3
—, Lager- . . . 42.4
Schalenbund . . 43.3
— kupplung . . 57.2
— rand 43.3
Schaltklinke . . 95.7
— rad 95.6
Scharfes Gewinde 9.5

Scharfes Knierohr . 107.5
— verjüngtes Knierohr 107.6
Scharfgängig . . 9.6
Scharnierfeile . . 175.8
Schaufel, Herd- . 166.9
Scheibe, Antriebs- 75.6
— mit Doppelarmkreuz 82.6
—, Excenter- . . 143.6
—, getriebene . . 75.7
—, Kurbel . . . 142.2
—, Reibungs- . . 74.8
—, einen Riemen von der — abwerfen 79.8
—, einen Riemen auf die — auflegen 79.7
—, der Riemen springt von der — ab 79.5
—, Stufen- . . . 83.5
—, treibende . . 75.6
Scheibenfräser . . 183.6
— kolben . . . 140.8
— kranz 81.8
— kupplung . . 57.5
Schekel 92.5
Schelleisen . . . 31.8
— hammer . . . 32.2
Schenkelabstand . 30.4
Scherbacke . . 156.10
— blatt . . . 156.10
Schere 156.9
—, Blech- . . . 157.9
—, Bock- . . . 157.8
—, Bogen- . . . 157.1
—, Draht- . . . 158.2
—, Hand- . . . 157.7
—, Hebel- . . . 157.2
—, Loch- . . . 158.1
—, Metall- . . . 157.9
—, Parallel- . . . 157.5
—, Rahmen- . . 157.6
—, Stock- . . . 157.3
—, Tafel- . . . 157.4
Schichtfeder . . . 147.6
Schieblehre . . . 204.6
— zange 155.8
Schieber 125.1
—, Absperr- . . . 126.3
—, Dampfabsperr- 126.6
— deckel 125.3
—, Dreh- 126.8
—, entlasteter . . 127.5
—, Flach- . . . 127.1
— führung . . . 125.8
—, Gas- 126.5
— gehäuse . . . 125.2
—, Kolben- . . . 127.4
— körper 125.5
—, Kreis- . . . 126.8
—, Muschel- . . . 127.2
Schieber, Rund- . 126.7
— spiegel . . . 125.6
— spindel . . . 125.4
— stange 127.3
— steuerung . . 127.6
—, Verteilungs- . 126.9
—, Wasser- . . . 126.4
Schiebung . . . 240.5
Schiefe Ebene . . 239.6
Schiefer Wurf . . 237.5
Schiene, Kurven- 219.10
Schiffshobel . . . 193.7
Schiodare . . . 31.3
Schizzare 222.8
Schizzo 222.9
— con misure . . 223.8
Schlaglot 202.7
— stöckchen . . 159.5
Schlägel 161.7
Schlagen, der Riemen schlägt . . 78.8
—, das Seil . . . 85.4
Schlammventil . . 122.9
Schlange, Heiz- . 104.8
—, Kühl- 104.7
—nrohr 104.6
Schlaufe 93.1
Schleifmaschine, Schmirgel- . . 198.7
— scheibe . . . 197.7
— stein . . . 196.10
— —, Körnung des — es 197.2
— — trog . . . 197.1
— trog 197.1
— vorrichtung . . 197.6
Schleife 143.2
—, Kurbel- . . . 143.1
Schleifen 197.5
Schleuderbremse . 97.3
Schlichtbohrer . . 179.4
Schlichtfeile . . 172.5
—, Doppel- . . . 172.7
—, Fein- 172.7
—, Halb- 172.6
—, Schlicht- . . 172.7
Schlichthammer . 162.5
— hieb (Feile) . . 170.3
— hobel 193.1
Schlichten (feilen) 172.8
Schließbolzen . . 14.8
— kopf (Niete) . . 26.5
— säge 189.9
Schließe 21.9
Schlitten (Kreuzkopf) 146.6
Schlitzfräser . . . 184.2
Schloß, Ketten- . 89.4
—, Kolbenring- . 139.2
Schlosser, Maschinen- 254.6
— hammer . . . 160.9
Schlüpfrigkeit des Schmieröls . . 50.9
Schlußkeil . . . 24.4
— linie 242.7
Schlüssel, Aufsatz- 17.4
—, Doppel- . . . 17.1
—, doppelmäuliger 17.1
—, Flanschen- . . 101.1
—, Gabelschrauben- 17.8
—, Hahn- 17.6
—, Haken- . . . 17.7
—, Hülsen- . . . 17.5
—, Kolben- . . . 137.1
—, Mutter- . . . 16.5
—, Rohr- 110.6
—, Schrauben- . . 16.5
—, Steck- 17.4
— weite 16.7
—, Wende- . . . 17.2
Schmiedbarer Guß 212.4
— hammer . . . 161.1
Schmiede 166.1
— amboß . . . 158.6
— eisen 212.5
—eiserne Riemscheibe 82.8
— eisernes Rohr . 102.2
— esse 166.3
—, Feld- 167.3
— feuer 166.4
— gebläse . . . 167.1
— herd 166.2
— zange . . . 166.10
Schmieden . . . 163.9
—, im Gesenk . . 164.3
—, kalt 164.1
—, warm 164.2
Schmiege 208.5
Schmierbüchse . . 53.5
—, Docht- . . . 54.2
—, Winkel- . . . 55.9
Schmiergefäß . . 53.7
—, Nadel- . . . 54.5
—, Tropf- . . . 54.6
—, umlaufendes . 54.8
Schmierhahn . . 53.6
— kanne 51.9
— loch (Lager) . 44.4
— — 52.5
— mittel 50.4
— nut (Lager) . . 44.5
— nute 52.6
— öl 50.8
— —, Schlüpfrigkeit des —s . . 50.9
— —, das — verharzt 50.10
—ring 55.2
— röhrchen . . . 53.4
— schicht 48.8
— spritze . . . 52.2
— vase 53.8
Schmiervorrichtung 53.3
—, Hand- 49.5

Schmiervorrichtung, selbsttätige 49.7
—, Zentral- 50.3
Schmiere 50.4
—, flüssige . . . 50.5
—, Flüssigkeitsgrad der . . . 50.7
—, Seil 86.4
—, Starr- 50.6
Schmieren, das Lager 48.7
Schmierer, Nadel . 54.5
Schmierung . . . 49.1
—, beständige . . 49.2
—, Centrifugal- . 54.9
—, Cylinder- . . 131.7
—, Docht- . . . 54.1
—, Einzel- . . . 49.8
—, Hand- 49.4
—, Kolben- . . . 137.3
—, Öl- 52.4
—, Ring- 55.1
—, selbsttätige . 49.6
—, unterbrochene 49.3
—, Zentral- . . . 50.2
Schmirgel . . . 197.8
— zylinder . . . 198.4
— holz 198.1
— leinen . . . 197.10
— leinwand . . 197.10
— papier 197.9
— pulver 198.8
— rad 198.3
— ring 198.3
— scheibe . . . 198.2
— schleifmaschine 198.7
— staub 198.8
— stein 198.5
— walze 198.4
Schmirgeln . . . 198.6
Schmutzventil . . 122.9
Schnabel der Lehre 205.1
Schnarchventil . 122.1
Schnecke 71.7
Schneckenbohrer . 181.1
—fräser 184.6
—getriebe . . . 71.5
—linie 7.1
—rad 71.6
Schneidbacken . . 21.2
— eisen 20.2
— kluppe 21.1
— maschine, Räder- 73.2
— winkel 185.9
Schneide (Lager) . 46.2
— (der Axt) . . . 190.9
—nlager 46.1
Schnellot 202.6
Schnitt, Längs- . 224.9
—, einen Maschinenteil im — darstellen 224.8
—, Quer- 225.1
— schraube . . . 15.2
Schnitt (nach) x—y 225.2
Schnitzmesser . . 195.8
Schnüffelventil . 122.1
Schnur, Dichtungs- 99.7
Schraffieren . . . 226.5
Schraffierung . . 226.6
Schräglager . . . 44.8
Schränkeisen . . 186.9
Schränken . . . 187.1
Schraubstahl . . 20.5
—, auswendiger . 20.7
—, inwendiger . 20.6
Schraubstock . . 153.1
— backen . . . 153.5
—, Bank- . . . 153.2
—, Gasrohr- . . 154.3
—, Parallel- . . . 154.2
— spindel . . . 153.4
—, ein Werkstück in den — einspannen . . . 153.8
Schraubzwinge . . 154.4
— 196.9
Schraube 11.2
—, Anker- . . . 44.3
—, eine — anziehen 19.6
—, Befestigungs- . 13.4
—, Bewegungs- . 13.6
—, Daumen- . . 15.4
—, Deckel- (Lager) 43.6
—, Deckel . . . 130.6
—, Druck- . . . 13.7
—, eingelassene . 14.4
—, eingepaßte . . 13.10
—, eine — einpassen 14.1
— ohne Ende . . 71.7
—, Flanschen- . . 99.3
—, Flügel- . . . 15.4
—, Fundament- . 15.7
—, Fundament . . 44.3
—, Gangbreite der 8.2
—, Ganghöhe der . 7.8
—, Gangtiefe der . 8.1
—, die — hat x Gänge auf einen Zoll 7.6
—, Gelenk- . . . 14.3
—, Grund- . . . 15.7
—, Holz- 16.4
—, Klapp- . . . 14.8
—, Klemm- . . . 15.1
—, Knebel- . . . 15.3
—, Kolben- . . . 136.9
—, Kolbendeckel- . 139.6
—, Kopf- 13.9
—, Kranz- . . . 150.2
—, Kupplungs- . 57.4
—, Lager- . . . 43.6
—, Lagerfuß- . . 43.8
—, Lappen- . . . 15.4
—, eine — lockern 19.4
—, mehrgängige . 16.3
—, Mikrometer- . 15.5
—, Mutter- . . . 11.9
—, Naben- . . . 150.3
Schraube, eine — nachspannen . 19.7
—, eine — nachziehen 19.7
—, Ösen- 14.2
—, Paß- 13.10
—, Preß- 13.7
—, Riemen- . . . 81.5
—, Schnitt- . . . 15.2
—, Stein- 15.6
—, Stell- 15.1
—, Stift- 13.8
—, Stopfbüchsen- . 133.3
—, eine — überdrehen 19.8
—, Ventildeckel- . 112.4
—, Verschluß- . . 13.5
—, Verschluß (Rohr) 105.1
—, versenkte . . 14.4
Schraubenbohrer . 21.8
— bolzen 11.2
— feder, cylindrische 148.3
— fläche 7.4
— gang 7.5
— gewinde . . . 7.7
— kern 8.5
— kopffeile . . . 175.4
— — säge . . . 189.1
— kupplung . . 56.6
— —smuffe . . . 56.7
— lehre 204.4
— linie 7.1
— loch 11.7
— mutter . . . 11.5
— nachschneiden . 20.1
— rad 71.8
Schraubenschlüssel 16.5
—, einfacher . . 16.8
—, englischer . . 18.2
—, Gabel- 17.8
—, Maul des . . 16.6
—, Stell- 17.3
—, verstellbarer . 18.1
Schrauben schneiden 19.9
— mit dem Drehstahl schneiden . 20.4
— mit Gewindeeisen schneiden . 20.3
— aus freier Hand schneiden . . . 19.10
— schneidmaschine . . . 21.5
— sicherung . . . 13.3
— windung . . . 7.5
— zieher 18.3
—, ab- 19.3
—, an- 18.7
—, ein- 18.8
—, fest- 18.9
—, los- 19.3
—, ver- 18.5

Schrauben, zu- . 19.1
—, zusammen- . 19.2
Schrotmeißel . . 165.8
—, Kalt- . . . 165.10
—, Warm- . . . 165.9
Schrotsäge . . . 188.4
Schrupphobel . 192.10
Schub 252.5
— beanspruchung 252.7
— festigkeit . . . 252.6
— kasten . . . 218.8
— koefficient . . 252.9
— lehre . . . 204.6
— spannung . . 252.8
Schubstange . . . 144.7
—, Schaft der . . 144.8
—nkopf 144.9
Schulterhöhe (Zapfen) 87.8
Schürfhobel . . 192.10
Schwamm . . . 233.2
—, die Zeichnung mit dem — abwaschen . . . 233.1
Schwarzblech . . 216.2
Schweifsäge . . . 190.1
Schweißeisen . . 212.6
— fehler . . . 165.4
— hitze . . . 165.3
— ofen . . . 165.5
— stahl . . . 213.6
— stelle . . . 165.2
Schweiße . . . 164.10
—, Kopf- (der Kettenglieder) . . 89,6
Schweißen . . 164.10
— (verb) . . . 164.9
—, an- . . . 164.11
—, zusammen- . . 165.1
Schwerkraft . . . 244.8
— punkt . . . 244.2
Schwere . . . 244.8
Schwertfeile . . 175.2
Schwindmaß . . 221.9
Schwingung, Pendel 239.2
—sdauer . . . 239.8
Schwungkugeln . 150.9
— masse . . . 150.9
Schwungrad . . . 149.4
— arm . . . 149.6
— explosion . 150.5
—, geteiltes . 149.9
—, gezahntes . 150.4
— kranz . . 149.5
— nabe . . . 149.7
Schwungring . 149.5
Scie 185.3
—, agraffe de . 185.6
— allemande . 189.9
— à arc . . . 189.3
— en archet . 189.3
— à bois . . . 187.10
— à cadre . . . 190.6
Scie à chantourner 190.1
— à châssis . . . 189.2
—s, châssis de . . 190.5
— à chaud . . . 187.8
— circulaire . . 190.4
— à débiter . . . 189.7
— à découper . . 188.5
—, dent de . . . 185.7
— à deux hommes 188.2
— à dos 188.8
—, dos de la . . 188.9
— à froid . . . 187.7
— à guichet . 188.10
— d'horloger . . 189.5
—, lame de . . . 185.5
— à lame sans fin 190.3
—, lime pour (à)—s 175.7
— de long . . . 188.4
— à main . . . 188.1
— — 188.7
— à manche . . 188.7
— mécanique . . 190.2
— à métaux . . 187.9
— — à dos . . . 189.1
— montée . . . 189.2
— à monture . . 189.2
— à placage . . 189.6
—, porte- 185.6
— ralentie . . . 188.3
— à ruban . . . 190.3
—, trait de . . . 185.4
— ventrée . . . 188.6
Science de la résistance des matériaux 247.2
— of strength of materials . . . 247.2
Scier 187.3
— à chaud . . . 187.6
— à froid . . . 187.5
Scissors 156.9
Sciure 187.4
Scomporre una accelerazione nei suoi componenti 240.1
— una velocità nei suoi componenti 240.1
Scour, to 177.2
Scrape, to . . . 177.1
—, to 177.3
Scraper 176.2
— (forge) 166.9
—, flat 176.4
—, fluted 176.5
—, heart 176.7
—, mark- 207.6
—, three square . 176.6
—, triangular . . 176.6
Screw 11.2
—, adjusting . . 13.6
— belt fastener . 81.5
—, bench- . . . 153.2
—, body of a . . 8.5
Screw-bolt . . . 11.2
— -cap 13.1
—, cap 13.9
—, cap- (bearing) . 43.6
—, to chase a — -thread 20.1
—, clamping- . . 15.1
—, counter sunk . 14.4
— -coupling . . . 56.6
— — box 56.7
—s, to cut . . . 19.9
—, to cut —s with a chaser . . . 20.4
—, to cut —s with a die 20.3
—, to cut —s by hand 19.10
—-cutting-machine 21.5
—, diameter of . 8.4
— -dies 21.2
— -driver 18.3
—, endless . . . 71.7
—, eye- 14.2
—s, to fasten with 18.9
—s, to fasten with 19.2
—, fastening . . 13.4
—, fineness of the 10.8
—, to fit a — tight 14.1
—, fixing 13.4
— flange-coupling 98.8
—, forcing . . . 13.7
— -gauge 204.4
—, grub 15.2
—, headless . . . 15.2
— -joint 56.6
— -key 101.1
—, lead of a . . 7.8
— -locking-device 13.3
—, to loosen a . . 19.4
—, machine . . . 12.3
—, micrometer- . 15.5
—, milled edge thumb 15.6
—, multiple thread 16.3
— -nut 11.5
— pitch gauge. . 206.2
—, pitch of a . . 7.8
— -plate 20.2
—, plug 13.5
—s, to secure by . 1[illegible].9
—, set 13.9
—, set 15.1
—, set 13.4
—, set — spanner 17.3
—, to slacken a . 19.4
— -stock 21.1
— -tap 21.3
—, thread of . . 7.5
—, thread of . . 7.7
—, to thread a . 19.9
— with many threads 16.3

Screw, the — has x threads per inch 7.6
—, thrust 13.7
—, thumb 15.4
—, tight fitting . 13.10
—, to tighten a . 19.7
—, tommy- . . . 15.3
—, turn- 18.3
— -wheel 71.8
—, wing 15.4
—, wood- 16.4
—, to 18.5
—, to 18.7
—, to 19.6
—, to — in . . . 18.8
—, to — a piece of work into the vice 153.3
—, to — off . . . 19.3
—, to — on . . . 18.7
—, to — together 19.2
—, to — up . . . 19.6
Screwed cap (pipe) 105.2
— flange 100.9
— -pipe-coupling . 98.6
— plug (pipe) . . 105.1
— socket 106.9
Scribing compasses 207.8
Scrittura verticale 231.7
Scroll saw . . . 189.5
Scure 190.8
— da banco . . . 191.4
—, foro della . . 191.1
—, lama della . . 190.9
—, manico della . 191.2
— a mano . . . 191.3
—, occhio della . 191.1
—, taglio della . . 190.9
Seam, angle (rivet) 29.4
Seamless pipe . . 102.9
— tube 102.9
Seat 46.3
—, contact surface of the (valve) . 113.5
—, to emery the valve into its . 113.6
—, to grind the valve in the . . 113.6
— of the valve . 113.4
Sección longitudinal 224.9
— de resistencia al corte (remachado) . . . 28.4
— transversal . . 225.1
— x—y 225.2
Sechskant . . . 11.10
— eisen 215.2
— kopf 11.10
— mutter 12.5
— winkel 208.4
Second cut . . . 170.5
— — 170.6
— — file 172.6
Seconde tête (rivet) 26.5
Section de cisaillement 28.4
—, cross 225.1
—, to draw a part of a machine in 224.8
—, longitudinal . 224.9
— de passage (soupape) . . . 113.2
—, shearing- . . 28.4
— through x—y . 225.2
Sectional area of the passage (valve) 113.2
Secure, to — by screws 18.9
Seele 85.3
Sega 185.3
— allentata . . . 188.3
— ad archetto . . 189.3
— ad arco . . . 189.3
—, arco della . . 189.4
— a caldo . . . 187.8
— da cantiere . . 189.6
— circolare . . . 190.4
—, dente della . . 185.7
— da denti . . . 189.9
—, dorso della . . 188.9
— a due uomini . 188.2
— da falegname . 189.7
— senza fine . . 190.8
— a freddo . . . 187.7
— intelaiata . . . 189.2
—, lama della . . 185.5
— a lama continua 190.8
— da legno . . 187.10
— a macchina . . 190.2
— — 190.6
—, manico della . 185.6
— a mano . . . 188.1
— meccanica . . 190.2
— da metalli . . 187.9
— per metallo a dorso 189.1
— a nastro . . . 190.3
—, nottola della . 189.8
— da traforo . . 189.5
— trasversale . . 188.5
—, tratto della . 185.4
— ventrata . . . 188.6
— verticale . . . 188.4
— da volgere . . 190.1
Segare 187.3
— a caldo . . . 187.6
— a freddo . . . 187.5
Segatura 187.4
Seghetto 190.1
Segment de piston 139.1
— — élastique . . 139.3
— —, joint du . . 139.2
Segnare 207.5
Segone 188.4
— ad arco . . . 189.6
Seil 85.1
Seil, das — abwickeln . . . 88.4
—, Antriebs- . . 87.6
—, das — aufwickeln 88.3
—, Aufzugs- . . . 87.8
—, Baumwoll- . . 86.10
— flaschenzug . . 94.6
—, Förder- . . . 87.7
— führungsrolle . 84.7
— haken 92.7
—, Hanf- 86.9
—, Haspel- . . . 88.2
—, Kabel- . . . 88.1
—, Kran- 87.9
—, laufendes . . 86.5
— nute 87.2
— plan 242.6
— polygon . . . 242.6
— reibung . . . 86.2
— rille 87.2
— rolle 87.1
— scheibe . . . 87.1
— —, Draht- . . 87.3
— —, Hanf- . . . 87.4
—, das — schlagen 85.4
— schlagmaschine 85.5
— schloß 86.1
— schmiere . . . 86.4
— spannung . . . 84.6
—, Spiral- . . . 85.6
—, stehendes . . 86.6
— steifigkeit . . . 86.3
—, Treib- 87.5
— trieb 84.5
— —, Kreis- . . . 84.8
—, Triebwerks- . . 87.5
— trommel . . . 95.2
— verbindung . . 85.8
—, verschlossenes . 85.7
—, das — verspleißen 85.9
—, vollschlächtiges 85.7
— zug 94.6
—, das — zusammenschlagen . . 85.4
Seitenansicht . . 224.3
— kraft 242.1
— schweiße (der Kettenglieder) . 89.7
Seize, to —, the bearing —s . . 48.5
Selbstöler 49.7
— spannender Kolbenring 139.3
— sperrung (der Schraube) . . . 10.10
Selbsttätige Auslösung (Kupplung) 60.1
— Ausrückung . . 60.1
— Schmierung . . 49.6
— Schmiervorrichtung . . . 49.7
—s Ventil . . . 120.7

Self-acting lubricator 49.7
— -catching (screw) 10.10
— closing valve . 110.5
— lubricating bearing 45.2
— oiling 49.6
— stopping (screw) 10.10
Sellers, accouplement 58.1
—, acoplamiento de 58.1
— apoyo 45.1
— -bearing . . . 45.1
— -coupling . . . 58.1
—, giunto . . . 58.1
— kupplung . . . 58.1
— lager 45.1
—, palier 45.1
—, sopporto . . . 45.1
Semelle (palier) . 48.7
— de l'enclume . 158.5
Senklot 209.2
Senkrechter Riemen 78.5
— Wurf 238.2
Sentanilla 208.5
Separate lubrication 50.1
— lubricator . . 50.1
— oiling 49.8
Serbatoio d'acqua 110.2
Sergent 196.9
Sergente 154.4
— da falegname . 196.9
Serpentin 104.6
— réchauffeur . . 104.8
— refroidisseur . . 104.7
Serpentín de calefacción 104.8
— refrigerante . . 104.7
Serpentino . . . 104.6
Serrage du coin . 22.1
Seramento automatico (filetto) . . 10.10
Serrar 187.8
Serrare una chiavella 25.8
— a fondo . . . 19.7
— un pezzo alla morsa 153.8
Serre-joints . . . 154.4
— — 196.9
Serrer 19.6
— une clavette . 25,8
— une pièce dans l'étau 153.8
— le presse-étoupe 134.4
—, le presse-étoupe — serre de travers 134.5
— la vis 18.7
Serrucho 188.7
— de calar . . 188.10
— de costilla . . 188.8
Serrucho de cuchilla 189.1
— de lomo reforzado 188.8
Serrurier, marteau de 160.9
Set 249.5
— of drawing instruments . . . 226.7
— collar 36.8
Set-hammer . . . 161.9
— — 162.4
— —, round . . . 162.6
— —, square . . 162.4
Set-screw 13.4
— — 13.9
— — 15.1
— screw-spanner . 17.8
—, to (the teeth) 187.1
Setzeisen 165.8
— hammer . . . 162.4
— kopf (Niete) . . 26.4
Sezione longitudinale 224.9
— di resistenza al taglio (chiodatura) 28.4
— trasversale . . 225.1
— x—y 225.2
Sforzo di pressione 250.9
Sgocciolatoio . . 52.9
Sgocciolatore . . 52.7
Sgorbia triangolare 195.2
Sgravare la valvola 115.9
Shackle 92.5
—, spring 147.7
Shaft 35.5
— of an axe . . 191.2
—, the belt is lying on the . . 80.1
— -coupling . . . 56.2
—, crank 141.4
—, to cut off a . 37.3
—, disengaging . 36.6
—, disengaging . 59.4
—, double throw crank 37.2
—, to drive a — by belting . . . 76.4
—, driving . . . 36.4
—, excentric . . . 37.4
—, flexible . . . 36.8
— governor . . . 151.8
—, hollow . . . 35.9
—, horizontal . . 36.1
—, jack 36,5
—, intermediate . 36.5
—, journal on end of 38.6
— in one piece 35.11
—, regulating . . 37.4
—, reversing . . 37.5
—, rigid 33.10
—, single throw crank 36.9
—, solid 35.8
Shaft, square . . 35.10
—s, to turn . . . 35.3
—, stationary . . 33.10
—, vertical . . . 36.2
- with wheel gearing 68.2
Shafting 35.4
—, continuous line of 35.11
Shank 11.8
Shank-end-mill . . 184.8
— of a rivet . . 26.2
Shaper 164.4
Sharpen, to . . . 197.5
Shave hook . . . 176.7
Shavings 192.6
Shear 252.7
— -blade . . . 156.10
— -steel 214.3
Shearing 252.5
— machine . . . 157.8
—, modulus of . 252.9
— -section . . . 28.4
— strain, resistance to 252.6
— strength . . . 252.6
— stress 252.8
Shears 156.9
— 157.9
—, arc 157.1
—, bench- . . . 157.3
—, block- 157.3
— for cutting holes 158.1
—, frame- . . . 157.6
—, hand- 157.7
—, lever- 157.2
—, parallel . . . 157.5
—, plate- 157.9
—, plate — fixed on the table . 157.4
—, stock- . . . 157.3
—, tinner's . . . 157.9
—, wire- 158.2
Sheave 93.2
—, chain 90.6
—, differential . . 94.5
—, eccentric . . 143.6
—, eccentric — in two parts . . . 143.8
—, solid excentric 143.7
Sheet-iron . . . 216.1
— —, black . . . 216.2
— —, corrugated . 216.6
— —, tinned . . 216.7
— —, undulated . 216.6
Shell auger . . . 181.3
—, drum 94.9
— of a pipe . . . 97.8
Shifting gauge . . 207.9
— -spanner . . . 18.2
Shoe (cross-head) . 146.6
— -brake 96.2
Shoot, to — off . 192.4
Shop, axle-turning- 35.2
—, erecting . . . 255.8
Shops 256.1

Shops for constructing machines . 254.1
Short-link chain . 89.8
Shorten, to — the belt 79.4
Shoulder 37.7
— on valve's stem to limit lift . . 114.2
Shovel (forge) . . 166.9
Shrew-dolly . . . 32.4
Shrinkage rule . . 221.9
Shut-off cock . . 129.4
— — valve . . . 121.1
Shutting clack . . 124.1
Sicherheitsklappe . 123.6
— kurbel 142.7
— ventil 119.6
— ventil mit Federbelastung . . 120.1
— ventil mit Gewichtsbelastung 119.7
Sicherung, Keil- . 25.5
—, Schrauben- . . 13.8
Side of delivery (of belt) 76.7
— elevation . . . 224.3
— engaging with pulley (of belt) . 76.6
— rabbet-plane . 193.4
— -rebate-plane . 193.4
— lap-weld (of the link of chains) . 89.7
— -milling cutter . 183.6
— view 224.3
Siederohr 108.3
Siège, roder la soupape sur son . . 113.6
— de la soupape . 113.4
— de la vanne . . 125.6
Siemens-Martin, acier 214.1
— — -stahl . . . 214.3
Sierra 185.8
—, arco de . . . 189.4
— de arco . . . 189.3
—, armazón de . 189.4
— de aserrador . 189.4
— de bastidor . . 189.2
— en caliente . . 187.6
— de carpintero . 189.7
— de cinta . . . 190.8
— circular . . . 190.4
— continua . . . 190.3
—, corte de . . . 185.4
— de cuatro manos 188.2
— delgada . . . 189.9
—, dentar una . . 187.2
—, diente de . . 185.7
— de dos manos . 189.6
— de embutir . . 190.1
—, fiador de la . 189.8
— sin fin 190.3
— floja 188.3
— en frio 187.7
Sierra, hoja de . 185.5
— de hoja de lomo arqueado . . . 188.6
— de hoja tensa . 189.2
— de leñador . . 188.4
—, lomo de la . . 188.9
— para madera 187.10
—, mango de la . 185.6
— de mano . . . 188.1
— de marquetería 189.5
— — 190.6
— para metales . 187.9
— de rodear . . 190.1
— de San José . . 189.7
—, taco de la . . 189.8
— para trozar . . 188.5
Sifón 110.2
Sight feed nozzle . 54.7
— — oiler . . . 54.6
Silber 217.3
Silla de suspensión 46.6
Silleta de soporte de suspensión . 46.7
Sillons, marteau cannelé en . . 163.5
Silver 217.3
Simshobel . . . 193.4
Single acting cylinder 131.8
— arm anvil . . 159.2
— cover-plate riveting 29.1
— curve gear . . 67.8
— cut 170.4
— ended spanner . 16.8
— — wrench . . 16.8
— riveting . . . 29.5
— shear riveting . 28.8
— thread 9.1
— throw crank shaft 36.9
Sink, to — in a rivet 30.6
Siringa lubrificatrice 52.2
Sistema de engranaje 68.1
Sitzfläche (Ventil) . 113.5
Size of jaw . . . 16.7
— of jointing (stuffing-box) . . . 133.2
Skala, Härte- . . 199.8
Sketch 222.9
—, dimensioned . 223.8
—, free hand . 222.10
—, to 222.8
Sketching pad . . 220.5
— paper 220.4
Skew-gear . . . 71.9
Skilled erector . . 255.2
Skizze 222.9
—, Entwurfs- . . 223.3
—, Maß- 223.8
Skizzierblock . . 220.5
— papier 220.4
Skizzieren . . . 222.8
Slack side of belt 76.1
Slacken, to — a screw 19.4
Slash-saw . . . 189.9
Sledge 161.7
—, about--hammer 161.6
— -hammer . . . 161.3
—, straigth peen 161.6
—, uphand . . . 161.3
Sleeve-coupling . 56.8
— of coupling . . 57.1
Slide 145.7
— bars 145.5
— -block 145.6
— — friction . 145.10
— — pressure . . 145.9
—, distributing-valve 126.9
— -face 125.8
— -gauge 204.6
— -rod 146.3
— rule 222.1
Slide valve . . . 125.1
— — case 125.2
— —, cut off- . 126.3
— — gear . . . 127.6
— —, equilibrium 127.5
— —, three-port . 127.2
Sliding axle . . . 34.8
— block (slot) . . 143.3
— caliper 204.6
— friction . . . 246.3
— guide 125.8
— movement, modulus of . . . 253.1
— sluice valve . . 125.1
— tongs 155.8
Slip 197.8
—, to, the belt slips 79.1
Slipper 145.6
—, cross head and 146.4
Slitting file . . . 175.4
— saw 189.1
Slot 23.3
— (crank) 143.2
— borer 181.5
— for cotter . . 23.1
— and crank . . 143.1
— -cutter 183.7
— — 184.2
— driller 181.5
— and key . . . 25.8
— for key . . . 23.1
— -milling cutter . 183.7
—, to 23.6
Slotting machine . 23.4
Small anvil . . . 158.7
— forceps . . . 156.6
Smerigliare . . . 198.6
— la sede della valvola 113.6
Smerigliatrice . . 198.7
Smeriglio 197.8

Smith's blowing machine . . . 167.1
— tongs . . . 166.10
— tools 166.5
Smithy 166.1
Smontare una cinghia dalla puleggia 79.8
— una macchina . 255.4
Smontatura d'una macchina . . . 255.5
Smooth cut (file) . 170.8
— file 172.5
—, to (file) . . . 172.8
—, to 197.5
—, to — off . . . 192.4
Smoothing hammer 162.5
— plane 193.1
Snap-gauge . . . 205.5
— tool 31.8
Snifting valve . . 122.1
Snips 157.7
— tinner's . . . 157.9
Snodo, bullone a . 14.8
Sobrecarga de la válvula 114.4
Sobrecargar la válvula 120.5
Socket 101.4
—, depth of . . . 101.6
—, double- . . . 105.5
—, flanged . . 108.10
—, governor- . . 151.1
—, jaw- 154.1
— pipe 101.8
—, reducing . . . 107.1
—, screwed — coupling (pipe) . . 106.9
—, spigot and — joint 101.2
— -wrench . . . 17.4
Socle de l'enclume 158.5
Soffiatrice 167.1
Soft solder . . . 202.6
— -soldering . . 201.2
Sohlplatte (Lager) 43.9
Soldador 201.6
— 203.1
— apuntado . . . 201.8
— de corte . . . 201.7
—, cucharilla de . 203.4
— á gas 201.9
—, pinzas de . . 203.2
Soldadura . . . 164.10
— 200.10
— 202.4
— blanda 201.2
—, defecto de . . 165.4
— dura 202.7
— de ensayo . . 203.3
— de estaño . . . 202.5
— rápida 202.6
— sólida 201.3
Soldar 164.9
— 200.6
—, agua para . . 202.8
Solder 202.4
—, hard 202.7
—, soft 202.6
—, tin 202.5
—, to 200.6
—, to — together . 200.7
Soldered pipe . . 102.8
Soldering . . . 200.10
— 201.1
— acid 202.9
— copper 201.6
— fluid 202.8
— furnace . . . 202.3
—, gas — copper . 201.9
—, hard- 201.3
—, to join by . . 200.8
— lamp 202.1
— seam 201.4
— — 201.5
—, soft 201.2
—, tin- 201.2
— tongs 156.6
— tweezers . . . 203.2
— water 202.8
Sole-plate (bearing) 43.9
Solid belt pulley . 83.2
— drawn tube . . 103.4
— eccentric sheave 143.7
— head (of connecting rod) . . . 145.1
— journal-bearing 41.8
— piston 140.3
— shaft 35.8
Solide, matière lubrifiante . . . 50.6
Solidez 247.1
Sollecitamento alla flessione . . . 252.4
— alla recissione . 252.7
— alla torsione . 253.3
— alla trazione . 250.4
Sollecitato, un corpo è — per tensione 247.6
Sollecitazione . . 247.5
— alla flessione . 251.5
Sombreado . . . 226.6
Sonda 181.6
Sonde 181.6
Soplete 203.1
Soporte 40.1
— á bolas . . . 45.8
— cerrado . . . 41.8
— colgante cerrado 46.8
— — abierto . . 46.9
— — — con travesaño de cierre . 47.1
— de collar . . . 41.7
— de cónsola para columna . . . 47.4
— — longitudinal 47.5
Soporte, cuerpo del 43.4
— de cuña . . . 46.1
—, diámetro interior del 40.8
— del eje 33.4
— de engrase automático con anillos 45.2
— exterior . . . 48.1
— de extrangulamiento 41.7
— extremo . . . 41.6
— de fiel 46.1
— frontal 41.6
— para gorrón esférico 45.6
— interior . . . 47.8
— intermedio . . 41.5
—, longitud del . 40.2
—, longitud de la base del . . . 40.4
—, el — de una máquina se calienta 48.2
— oblícuo . . . 44.8
— de pared . . . 46.4
—, pie del . . . 43.7
—, placa del . . 43.9
—, presión en la base del . . . 40.6
— principal . . . 47.7
— recto 42.8
— — ordinario . . 44.7
—, revestir un — con metal blanco 43.2
— de rodillos . . 45.8
— Sellers 45.1
— de silla . . . 42.3
— de silleta . . . 46.4
—, superficie de contacto del . . 40.5
— de suspensión . 46.6
—, tapa del . . . 43.5
Sopporto 40.1
— di base ad anello 41.1
— — a palle . . 41.8
—, bullone del . 43.6
—, cappello del . 43.5
—, castello del . 43.4
— chiuso 41.8
—, coperchio del . 43.5
—, corpo del . . 43.4
—, diametro del . 40.3
— diritto ordinario 44.7
— esterno . . . 48.1
— d' estremità . 41.6
— frontale . . . 41.6
—, guarnire un . 43.1
—, guarnire un — con metallo bianco 43.2
—, il — si ingrana 48.5
— intermedio . . 41.5

Sopporto interno . 47.8
—, lunghezza del. 40.2
—, lunghezza alla base del . . . 40.4
—, il — di una macchina si riscalda 48.2
— a mensola . . 46.4
— — per colonne 47.4
— — longitudinale 47.5
— obliquo . . . 44.8
— con oliatura automatica ad anello 45.2
— ordinario . . . 42.3
— a palle . . . 45.3
— pendente . . . 46.6
— — aperto . . . 46.9
— — chiuso . . 46.8
— — con traversa di chiusura . . 47.1
— per perni di base 40.8
— — a colletto . 41.7
— del perno . . 33.4
— per perno sferico 45.6
—, piede del . . 43.7
—, pressione d'appoggio del . . 40.6
—, pressione specifica 40.7
— principale . . 47.7
— ritto 42.3
— a rulli 45.8
— Sellers 45.1
— a snodo . . . 45.1
—, superficie d'appoggio del . . 40.5
— per tubi . . . 109.7
Sopracaricare la valvola 120.5
— pressione della valvola 114.4
Soudant, blanc . 165.3
Soudé, tube . . . 102.8
—, tuyau 102.4
—, tuyau — à rapprochement . 102.5
—, tube tuyau à recouvrement . . 102.6
—, — — en spirale 102.7
Soudée, bague . . 100.6
—, bride 100.8
Souder 164.9
— 164.11
— 200.6
— 200.8
—, barre à . . . 201.6
— ensemble . . . 200.7
—, fer à 201.6
—, fer à — au gaz 201.9
—, fer à — en marteau 201.7
—, fer à — pointu 201.8
—, four à . . . 165.5
—, four à . . . 202.3
Souder, matière à 202.4
—, pince à . . . 203.2
Soudure . . . 164.10
— 165.2
— 200.10
— 201.1
— 201.4
— 201.5
— sur côté (des maillons) . . . 89.7
—, défaut de . . 165.4
— à l'étain tendre 202.5
— forte 201.3
— — 202.7
—, joindre par . 200.8
— latérale (des maillons) . . . 89.7
— tendre 201.2
— en tête (des maillons) . . . 89.6
—, tube sans . . 102.9
— vive 202.6
Soufflerie de forge 167.1
Soufflet 167.2
Soupape 112.1
—, accélération de la 114.6
— d'admission . . 122.2
— d'alimentation . 122.7
— d'arrêt 121.1
— — de vapeur . 121.2
— d'aspiration . . 121.6
— atmosphérique . 121.8
— automatique . 120.7
— auxiliaire . . 116.1
—, la — se bloque 114.8
— à boulet . . . 116.7
—, boulet de la . 116.8
—, chapelle de . 112.2
—, charge de . . 119.3
— à charge directe 119.2
—, charger la . . 120.3
— à clapet . . . 123.1
— — en caoutchouc 123.4
— — en cuir . . 123.3
— à cloche . . . 119.1
—, la — cogne . 115.1
—, la — coince . 114.7
— commandée . . 120.8
— à cône 116.5
—, cône de la . . 116.6
—, contre-poids de la 119.8
—, corps de . . 112.2
—, corps de . . . 113.3
—, course de . . 114.1
— à course rectiligne 116.2
—, couvercle de . 112.3
—, diagramme de la levée de la . 115.8
—, distribution à —s 120.9
— à double siège 118.7
Soupape droite . 117.3
— d'échappement 122.3
— à échelons . . 118.6
— d'émission . . 122.5
— à épreuve . . 122.8
— d'équerre . . 117.9
—, équilibrage de la 115.10
—, équilibrer la . 115.9
— d'évacuation . 122.4
—, fermer la . . 115.3
—, fermeture de la 115.5
— à gorge . . . 124.6
— à gradins . . 118.6
— avec guide à ailettes en bas . 117.3
— — — en haut . 117.2
— de jauge . . . 122.8
—, jeu de la . . 115.4
—, inertie de la . 114.5
—, lanterne de . 112.2
—, levée de la . . 115.7
—, levier de la . 119.9
— ordinaire . . . 117.8
—, la — oscille . 114.9
—, ouverture de la 115.6
—, ouvrir la . . 115.2
— à plateau . . 116.3
—, plateau de la . 116.4
— de purge . . . 122.9
— de réduction . 121.5
— de refoulement 121.7
—, régler la charge de la 120.4
— reniflante . . 122.1
— de rentrée d'air 121.8
— à ressort . . . 119.4
— de retenue . . 121.3
—, roder la — sur son siège . . . 113.6
— de rupture . . 121.4
—, siège de la . . 113.4
— à siège annulaire 118.2
— — double . . 118.4
— à sièges annulaires multiples . 118.5
— à siège conique 116.5
— à siège plan . 116.3
— à un siège annulaire 118.3
— sphérique . . 116.7
—, surcharger la . 120.5
— de sûreté . . 119.6
— — à contre-poids 119.7
— — à ressort . . 120.1
—, surpression de la 114.4
—, tige de . . . 113.7
— à trois voies . 118.1
— de vidange . . 122.4
— — 122.6
Space 235.2
— of tooth . . . 65.7

Spalla 37.7
Span of jaw . . . 16.7
— -saw 189.2
Späne, Feil- . . . 171.8
Spannkluppe . . 155.2
— loch des Hobels 192.1
— ring 139.7
— rolle 78.2
— säge 189.2
Spannen, eine Feder 148.9
Spanner 16.5
—, adjustable . . 18.1
—, bent 17.2
—, cock- 17.6
—, double ended . 17.1
—, fork 17.8
—, hook- 17.7
—, jaw of . . . 16.6
—, pin 17.8
—, set screw . . 17.3
—, shifting- . . . 18.2
—, single ended . 16.8
—, socket- . . . 17.5
Spannung . . . 247.3
—, Biegungs- . . 251.7
—, Druck- . . . 251.2
—, Normal- . . . 247.4
—, Riemen- . . . 75.8
—, Schub- . . . 252.8
—, Seil- 84.6
—, Zug- 250.6
Spare-piston . . . 140.7
Spazza-tubi . . . 110.9
Specific pressure (bearing) . . . 40.7
— — at pitchline (tooth) 66.4
Specifischer Auflagerdruck . . 40.7
— Zahndruck . . 66.4
Speed 235.3
— governor . . . 152.4
— indicator . . . 209.4
—, piston 137.4
Spegnitoio . . . 166.6
Speiche 69.7
Speisehahn . . . 129.9
— ventil 122.7
Spelter 216.9
Sperrhaken . . . 95.7
— horn 159.2
— rad 95.6
Sperrung, Selbst- (der Schraube) . 10.10
Spessore della chiavella . . . 22.9
— della cinghia . 76.9
— della corona (puleggia) . . . 81.9
— del dente . . 65.6
Sphärisches Endmaß 205.3
Spherical bush (bearing) . . . 45.7
— journal . . . 39.4
Spiana 162.4
Spianare 172.8
Spiegeleisen . . . 211.1
— -iron 211.1
Spiel, das — des Ventils 115.4
Spielraum, Kolben- 136.4
Spigot and socket joint 101.2
Spike (anvil) . . 159.3
— -driver 196.3
Spillo 24.10
Spin, to — the rope 85.4
Spina 24.11
Spindel, Bohr- . . 178.6
— öl 51.7
—, Regulator- . . 150.8
—, Schieber- . . 125.4
—, Schraubstock- . 153.4
—, Ventil- . . . 113.7
Spindle (vice) . . 153.4
— of the governor 150.8
—, valve- 113.7
Spira della molla . 149.1
— —, numero delle spire 149.2
— d'una vite . . 7.5
Spiral gear . . . 71.8
— drill 182.2
— geschweißtes Rohr 102.7
— rope 85.6
— spring 148.1
— welded pipe . . 102.7
Spiralbohrer . . . 180.6
— feder 148.1
— seil 85.6
Spirale, tuyau soudé en . . . 102.7
Spire, largeur de la 8.2
— de ressort . . 149.1
— de vis 7.5
Spirit-level . . . 208.8
Spitzbohrer . . . 180.3
— feile 173.6
— hammer . . . 161.8
— kloben 154.8
— kolben 201.8
— säge 188.10
— stöckel . . . 159.6
— winkelige Abzweigung (Rohr) 106.8
— zapfen 39.1
— zirkel 207.4
Spleißstelle . . . 85.10
Splice 85.10
—, to — a rope . 85.9
Splint 16.1
— 24.10
—, Bolzen mit . . 14.8
Split belt pulley . 83.3
— -coupling . . . 57.2
— -pin . . 16.1; 24.10
— wheel 69.10
Spoke 69.7
Sponderuola . . . 193.4
— a barca . . . 193.7
— a bastone . . 193.7
Sponge 233.2
Sposta-cinghia . . 84.3
Spring 147.2
— bow compasses 228.4
— bow dividers . 228.3
— -bracket . . . 147.9
— calipers . . . 207.1
—, to compress a . 148.8
—, compression of the 148.7
—, cylindrical spiral 148.8
—, eye of — plate 147.8
—, flexion . . . 147.3
— governor . . . 152.2
—, hoop of . . . 147.1
—, laminated plate waggon 147.6
— load of the safety-valve . . 120.2
— loaded safety-valve 120.1
— loaded valve . 119.4
—, plate- 147.4
—, plateform- . . 147.4
—, to put a — under tension . . 148.9
—, ribbon . . . 148.2
— ring 139.3
— — joint . . . 139.2
—, round-bar-spiral 148.6
— shackle . . . 147.7
—, spiral 148.1
—, square-bar-spiral 148.5
—, torsional . . . 148.2
—, turn of the . . 149.1
— valve 119.4
—, volute 148.4
—, to 149.3
Sprinkle 166.8
Spritzkanne, Öl- . 52.1
— ring 52.8
Spritze, Öl- . . . 52.2
—, Schmier- . . . 52.2
Sprocket 91.4
— chain 90.9
Sprung (Winkelzahn) 70.5
Spugna 233.2
Spur gear 69.1
— gear system . . 68.6
— gear wheel . . 69.1
— wheel, double helical 70.3
— lager 40.8
—, Kugel — lager . 41.3

Spurlager, Ring- . 41.1
— pfanne . . . 40.9
— platte 40.9
— ring 41.2
— zapfen . . . 38.7
Squadra 208.1
— 219.8
— doppia . . . 208.8
— falsa 208.5
— con spalla . . 208.2
— a T 208.8
Square 208.1
—, back 208.2
— bar 215.1
— -bar-spiral spring 148.5
— elbow (pipe) . 107.5
— -file 174.3
— -head 12.1
— -iron 215.1
— -key 24.1
— set-hammer . . 162.4
— shaft 35.10
—, T- 208.8
— thread 9.7
— threaded . . . 10.1
—, triangular set . 219.8
—, try 208.1
Squeak, the wheels 72.8
Stabeisen 214.8
Stabiles Gleichgewicht . . . 244.8
Stability polygon . 242.8
Stable equilibrium 244.8
Staccio aspirante . 108.6
Staffa (carrucola) . 93.5
— d'arresto della valvola 116.9
Stagno 202.5
— 216.10
Stahl 213.5
—, Bessemer- . . 213.9
—, Blasen- . . . 214.2
— drahtseil . . . 86.8
—, Fluß- 213.8
—, Gerb- 214.3
— guß 212.8
— keil 22.4
—, Martin- . . . 214.1
—, Nickel- . . . 214.5
—, Puddel- . . . 213.7
—, Schweiß- . . . 213.6
—, Siemens-Martin- 214.1
—, Thomas- . 213.10
—, Tiegel- . . . 214.4
—, Werkzeug- . . 214.7
—, Wolfram- . . 214.6
—, Zement- . . . 214.2
Stake, anvil . . . 159.5
—, hatched . . . 159.7
—, hatched . . . 159.8
— round-head . . 159.9
Stampo 160.2
— 164.4
— per chiodi . . 31.8
Stampo superiore . 164.6
Stand, anvil . . . 158.5
Standard gauge . 206.5
— — for steel plates 206.8
— -lever 151.8
— measure . . 220.11
Standing-vice . . 153.2
Stange, Excenter- . 144.2
—, Kolben- . . . 136.6
—, Pleuel- . . . 144.7
—, Schub- . . . 144.7
Stangenbohrer . . 181.4
—führung . . . 146.1
—kupplung . . 61.7
—schluß, offenes Hängelager mit 47.1
—zirkel 228.6
Stantuffo 136.1
—, accelerazione dello 137.5
—, anello tenditore 139.7
—, attrito dello . 137.6
— di cambio . . 140.7
—, chiave dello . 137.1
—, coperchio dello 139.5
—, corpo dello . . 139.4
—, corsa dello . . 137.7
—, corsa di andata dello 137.9
—, corsa di ritorno dello 137.10
—, diametro dello 136.2
—, discesa dello . 138.2
— a disco . . . 140.3
—, forza dello . . 136.5
—, gioco dello . . 136.4
—, guarnire uno — con cuoio . . . 138.6
—, guarnizione dello 138.8
— a guarnizione metallica . . . 138.7
— con guarnizione di canape . . . 138.4
— — di cuoio . . 138.5
— senza guarnizione . . . 140.1
—, lubrificazione dello 137.3
— massiccio . . . 140.4
— di pompa . . . 140.6
— di riserva . . . 140.7
—, salita dello . . 138.1
— con scanalature di guarnizione . 139.8
—, scatola dello . 137.2
—, smerigliare uno 140.2
— smerigliato . . 140.1
—, spessore dello . 136.3
—, stelo dello . . 136.6
— tuffante . . . 140.4
— a vapore . . . 140.5
—, velocità dello . 137.4
Stantuffo, vite dello 136.9
—, vite del coperchio dello . 139.6
Starrschmiere . . 50.6
Start, to 255.6
Static moment . . 243.6
Statical friction . 246.2
Stationary shaft 33.10
Statisches Moment 243.6
Staub, Feil- . . . 171.9
Stauchen 164.8
— (verb) 164.7
Staufferbüchse . . 55.8
—, engrasador . . 55.8
—, graisseur . . . 55.8
—, grassatore . . 55.8
— -lubricator . . 55.8
Stay bolt 14.5
Steam-cut-off-valve 126.6
— -cylinder . . . 132.2
— jacket, cylinder 130.4
— pipe isolating valve 121.4
— -piping 109.9
— piston 140.5
— stop valve . . 121.2
— stuffing-box . . 133.7
Stechbeitel . . . 194.6
— zirkel 228.2
Steckschlüssel . . 17.4
Steel 213.5
— 213.8
—, Bessemer . . 213.9
—, blister 214.2
— -castings . . . 212.8
—, cemented . . 214.2
—, crucible . . . 214.4
—, ingot- 213.8
—, open hearth . 214.1
—, puddled . . . 213.7
—, refined- . . . 214.3
—, shear- 214.8
—, Thomas . . 213.10
—, tool- 214.7
— wedge 22.4
—, weld- 213.6
— -wire-rope . . 86.8
—, Wolfram- . . 214.6
Steg (Kette) . . . 90.2
— kette 90.1
Stehbock 47.2
— bolzen 14.5
Stehend gegossenes Rohr 101.10
Stehende Welle . 36.2
Stehendes Seil . . 86.6
Stehlager 42.3
— mit Kugelbewegung 45.1
Steighöhe 236.5
Steigung 7.3
— des Keils . . . 22.1
—swinkel 7.2

Steilschrift . . . 231.7
Steinbohrer . . . 181.7
— meißel 167.8
— schraube . . . 15.6
Stellkeil 25.1
— keil (Lager) . . 44.2
— mutter 12.9
— ring 36.8
— schraube . . . 15.1
— schrauben-schlüssel . . . 17.3
— stift 24.11
— zeug des Regulators (des Reglers) 151.4
Stelo dello stantuffo 136.6
— —, estremità dello 136.7
— —, guida dello 136.8
Stem guide . . . 117.5
— of slide valve . 125.4
— wing (valve) . 117.5
Stemmeisen . . . 194.4
— meißel 31.2
— setze 31.2
Stemmen 194.5
Stemperare un colore 232.8
Step (bearing) . . 40.9
— -bearing . . . 40.8
—, collar 41.2
—, collar - — bearing 41.1
— cones 83.5
-s, crank pin . 141.7
— pulley 83.5
— -valve 118.6
Steuerung, Schieber- 127.6
—, Ventil- . . . 120.9
Steuerventil . . . 120.8
— welle 37.4
Stichaxt 191.5
— flamme . . . 202.2
— maß 205.2
— —, Cylinder- . 205.4
— säge 188.10
Stiel, Hammer-. . 160.6
Stift, Anzugs- . . 24.11
— führung (Ventil) 117.5
— kloben 155.1
— schraube . . . 13.8
—, Stell- 24.11
Stirare tubi . . . 103.5
Stirnansicht . . . 224.2
— kurbel 141.8
— lager 41.6
— rad 69.1
— radgetriebe . . 68.6
— zapfen 38.6
Stock 191.11
—, Amboß- . . . 158.5
— anvil 159.5
—, anvil's . . . 158.5
—, die 21.1
Stocks and dies . 20.9
Stockschere . . . 157.3
Stock, screw- . . 21.1
— -shears 157.3
— zahn 186.6
Stöckel 159.5
—, Amboß- . . . 159.5
—, Spitz- 159.6
Stone bolt . . . 15.6
— chisel 167.8
Stop, to — a machine 255.8
—, iron-bench . . 194.2
Stopfbüchse . . . 132.5
—, die — anziehen 134.4
—, Cylinder- . . 131.1
—, der Cylinder ist durch eine — abgedichtet . . . 135.1
—, Dampf- . . . 133.7
—, die — ist dicht 134.7
—, die — dichtet . 134.7
—, die — eckt . . 134.5
—, die — klemmt sich 134.5
—, Kolben- . . . 137.2
—, Leder- 133.8
—, Metall- . . . 134.2
—, die — ist undicht 134.6
Stopfbüchsenhahn 128.6
— reibung . . . 134.3
— rohr 104.4
— schraube . . . 133.3
Stopfen 105.1
Stopping-valve . . 121.1
Stoppino 54.3
—, lo — si feltra . 54.4
—, lo — si scioglie 54.4
Stoßaxt 191.5
Stozzatrice . . . 23.6
Strähne 85.2
Straight-armed pulley 82.4
— peen sledge . . 161.6
— poker 166.6
— -way cock . . 128.7
Straighten, to . . 208.6
Strain 247.5
— 250.7
—, breaking . . . 252.4
—, compressive . 250.9
—, compressive . 251.2
— of flexure . . 251.5
—, limit of stretching 250.1
—, resistance to bending . . . 251.4
—, resistance to compressive . . 250.8
—, tensile . . . 250.4
—, tensive . . . 250.6
—, torsional . . . 253.3
—, transverse . 251.71
Strainer 108.6
Strand 85.2
Strap brake . . . 96.9
— of the brake . 97.1
—, eccentric . . 144.1
— and key end . 145.8
Strappare il verme ad una vite . . 19.8
Strato di grasso . 48.8
Straw-file 173.2
Streckgrenze . . 250.1
— hammer . . . 161.2
Strehler, Außen- . 20.7
—, Gewinde- . . 20.5
—, Innen- . . . 20.6
Streichmaß . . . 207.9
Strength, compressive 250.8
— for extension . 250.8
— of flexure . . 251.4
— riveting . . . 28.1
— of rope . . . 86.3
—, science of — of materials . . . 247.2
—, shearing . . . 252.6
—, tensile . . . 250.3
—, transverse . . 251.4
Stress 250.2
—, shearing . . . 252.8
—, torsional . . 253.3
— of ultimate tenacity 249.3
Stretcher, belt . . 80.8
Strettoio da banco 154.5
— a vite 154.4
Stricheln 226.2
Strichpunktieren . 226.4
Striction 248.8
Stringere una vite 19.6
Strip, to — the thread of a screw 19.8
Striscia di cuoio per cucire . . 81.3
Strohfeile . . . 173.2
Stroke, backward — of the piston 137.10
— -counter . . . 209.8
—, double . . . 137.8
—, down- — of the piston 138.2
—, file- 171.7
—, forward — of the piston 137.9
— of piston . . . 137.7
—, up- — of the piston 138.1
Strozzamento della valvola 124.8
Strozzare 124.7
Stub-end 145.3
Stückfarben . . . 232.2
— liste 223.7
— zirkel 227.3
Stud 13.8

Stud (chain) . . 90.2
— -bolt 13.8
— link chain . . 90.1
Studiare 223.1
Studio 223.2
— di disegno . . 218.4
Stufenrad . . . 83.5
— scheibe . . . 83.5
— ventil 118.6
Stuffing-box . . . 132.5
— 133.1
—, the — binds . 134.5
— bolt 133.3
— cock 128.6
—, cylinder . . . 131.1
—, the cylinder is kept tight by means of a . . 135.1
— friction . . . 134.3
—, gland 132.5
— joint 104.4
—, the — leaks . 134.6
— with leather lining 133.8
—, the — is made tight 134.7
—, metallic . . . 134.2
—, piston . . . 137.2
—, to readjust the 134.4
—, steam 133.7
Stumpffeile . . . 173.5
— geschweißtes Rohr 102.5
Stützkraft . . . 238.5
— lager 40.8
— zapfen 38.7
Stutzen, Rohr- 108.10
Succhiello . . . 179.7
— 181.4
— a chiocciola . 181.1
— a due mani . . 181.2
— a sgorbia . . . 181.3

Suction clack . . 124.2
— -pipe 108.5
— — 108.7
— valve 121.6
Sufridera 169.1
— de remachar . 32.3
Sujeción á un esfuerzo 247.5
Sujeto, el cuerpo está — á esfuerzo de tracción . . 247.6
Sunk key 23.10
Superficie d'appoggio (sopporto) . 40.5
— de la chaveta . 23.2
— de contacto . 38.2
— — (soporte) . . 40.5
— di contatto . . 38.2
— — per la tenuta 99.5
— del cuneo . . 21.7
— elicoidale . . 7.4
— helicoidal . . 7.4
— piana 208.7
— de resbalamiento 145.8
— de rozamiento . 246.1
— di scorrimento 38.2
— — 145.8
Superfine file . . 172.7
Suplemento de bola para yunque . . 159.9
— de corte para yunque 159.7
—s de la mordaza de tornillo de banco 153.6
— rebordeador . . 159.8
Supply, oil . . . 52.3
Support à couteau 46.1
— de l'essieu . . 33.4
— à levier de contre-bouterolle . 32.6

Support de ressort 147.9
Supporting force . 238.5
— resistance . . 238.5
Surcharger la soupape 120.5
Sûreté, manivelle de 142.7
Surface d'appui (palier) 40.5
— — de clavette 23.2
— de contact (soupape) 113.5
—s in contact . . 246.1
— of contact (journal) 38.2
— de frottement . 246.1
— — (tourillon) . 38.2
— gauge 207.7
— de glissement . 145.8
— de glissière . . 145.8
—, helicoidal . . 7.4
— d'obturation (soupape) . . . 113.5
— plate 208.7
Surtido de ruedas 68.3
Svia-cinghia . . 84.3
Sviluppante . . . 67.9
Svitare 19.3
Svolgere una corda 88.4
Swage 156.4
— 164.4
— block 160.2
— -head (rivet) . 26.4
—, to 164.3
Swell (shaft) . . 36.7
— (pulley) . . . 82.3
Swing-bolt . . . 14.3
Switch, top- . . 163.5
Swivel bearing . . 45.1
— pen 229.7
Syringe for lubricating 52.2

T.

T 219.5
— bar 215.7
— -Eisen 215.7
— —, Doppel- . . 215.8
—, fer à 215.7
— head (screw) . 12.4
—, jambe du . . 219.7
— -iron 215.7
— —, double- . . 215.8
— -pipe 106.6
— -square . . . 208.3
— — 219.5
— —, blade of . . 219.7
— —, head of . . 219.6
— —, leg of . . . 219.7
— -Stück (Rohr) . 106.6
—, tête à 12.4
—, tête du . . . 219.6

T-Träger 215.7
— —, Doppel- . . 215.8
Table à dessin . . 218.7
— — ajustable . . 219.1
Tablero de dibujo 218.7
— — ajustable . . 219.1
Tablets of colours . 232.2
Tacchetto (sopporto) 44.1
Tachimètre . . . 209.4
Tachometer . . . 209.4
Taco (soporte) . . 44.1
— para remachar . 32.3
Tafelschere . . . 157.4
Taglia 93.8
— ferro a freddo . 168.1
— fili 155.10
— fissa 93.9

Taglia inferiore . 94.3
— mobile 94.1
— superiore . . . 94.2
— -tubi 110.8
Tagliare un asse . 37.3
— denti di sega . 187.2
— lime 170.8
— la testa al chiodo 31.4
Tagliatore di lime 170.9
Taglio 252.5
— bastardo . . . 170.2
— a croce . . . 170.5
— dolce 170.3
— inferiore . . . 170.7
— della lima . . 170.1
— semplice . . . 170.4
— superiore . . . 170.6

Tagliuolo 165.7
— a caldo . . . 165.9
— a freddo . . 165.10
Tajadera 165.7
— de astil . . . 165.8
— en caliente . . 165.9
— en frio . . 165.10
Tajar limas . . . 170.8
Tail-piece of the piston rod . . . 136.7
Taille (de lime) . 170.1
—, angle de . . . 185.9
— bâtarde (lime) . 170.2
— -crayons . . . 230.4
— croisée (lime) . 170.5
— douce (lime) . 170.3
— moyenne (de lime) 170.2
—, première (lime) 170.7
—, simple (lime) . 170.4
Tailler au ciseau . 194.5
— le crayon . . . 230.3
— des limes . . . 170.8
—, machine à — les engrenages . 73.2
Tailleur de limes . 170.9
— —, étoile du 170.10
Take down, to — a machine . . . 255.4
— up, to — the belt 79.4
Taladrador . . . 179.7
— à hélice . . . 181.1
— de vástago . . 179.8
Taladrar 169.6
— 179.5
— otra vez . . . 179.3
Taladro 178.4
—, barra del . . 178.6
— de dos manos . 181.2
— para madera . 180.8
—, mango del . . 178.5
— á mano . . . 169.2
— de media caña . 181.5
—, porta-cuchillo . 178.6
— para refinar . . 179.4
—, repasar con el . 179.3
Talje 93.7
Taller 256.1
— de calcado . . 234.6
— heliográfico . . 234.6
—, jefe de . . . 254.4
— de maquinaria . 254.1
— de tornero . . 35.2
Talleres de montaje 255.3
Tallow cock . . . 53.6
— cup 53.6
Talon (clavette) . 23.9
—, clavette à . . 23.8
Tambor 94.8
— para cable . . 95.2
— — cadena . . 95.3
—, eje del . . . 95.1
—, envolvente del 94.9
Tambour 94.8
Tambour, arbre du 95.1
—, axe du . . . 95.1
— à chaîne . . . 95.3
— conique à friction 74.5
— à corde . . . 95.2
— d'émeri . . . 198.4
—, enveloppe du . 94.9
—, transmission par —s cônes . 78.3
Tamburo 94.8
—, albero del . . 95.1
—, asse del . . . 95.1
— per catena . . 95.3
— per corda . . 95.2
— per fune . . . 95.2
—, involucro del . 94.9
—, perno del . . 95.1
Tanaglia 155.3
— per becchi a gas 156.7
—, bocca della . . 155.4
— a bocca tonda . 155.6
— da chiodi . . . 32.7
— da fabbro . . 166.10
— da forare . . . 169.5
— da fucina . . 166.10
— mordente per chiodi 32.8
— piatta 155.5
— premente . . . 156.4
— a punzone . . 169.5
— da saldatore . 156.6
— — 203.2
— a sdrucciolo . 155.8
— a taglio . . . 156.2
— per tubi . . . 110.7
Tangent wedge . 24.5
Tangentialbeschleunigung 236.8
— force 237.2
— keil 24.5
— kraft 237.2
— resistance . . . 238.6
— widerstand . . 238.6
Tank, oil- 51.8
Tap 21.3
— bolt 13.9
—, screw- 21.3
—, to (thread) . . 21.4
Tapa del cilindro . 130.5
— —, roscado de la 130.7
— —, tornillo de la 130.6
— del soporte . . 43.5
— de la válvula . 112.3
— —, tornillo de la 112.4
Tape-measure . . 221.4
Taper of wedge . 22.1
— -file 173.6
— flat file . . . 173.7
— hand file . . . 173.7
— -pin 24.11
— ring (stuffing box) 133.5
— -washer . . . 25.2
Tapón roscado . . 105.1
Tappo a vite . . 13.1
Tappo a vite . . 105.1
Taquet limitant la course 114.3
Taraud 21.3
Tarauder (filet) . . 21.4
— — 19.9
—, machine à . . 21.5
— à la volée (vis) 19.10
Tarière 179.8
— à cuiller . . . 181.8
— à douille . . . 181.2
— hélicoïdale . . 181.1
— pour le sol . . 181.6
— torse 181.4
Tás de banco . . 160.2
— de espiga . . 159.5
— de punta . . 159.6
Tas-étampe . . . 160.2
— à queue . . . 159.5
Tasseau 159.5
Tassetto acuto . . 159.6
— da incudine . . 159.5
Taster 206.7
—, Außen- . . . 206.8
—, Feder- 207.2
—, Gewinde- . . . 207.1
—, Innen- 206.9
—, Kugel- 207.3
— lehre 205.5
—, Loch- 206.9
Tauchkolben . . 140.4
Tavola da disegno 218.7
— — regolabile . 219.1
— per eguagliare . 208.7
— pitagorica . . 221.6
Tavoletta di disegno 219.4
Teilkreis 63.5
— zirkel 228.3
Teilung der Kette 88.10
—, Niet- 27.6
—, Zahn- 63.4
Teinter 231.10
Tejuelo 40.8
Tela de calcar . . 233.10
— da dilucidare 233.10
— de esmeril . 197.10
— esmerilada . 197.10
— smerigliata . 197.10
Telaio d'una sega meccanica . . 190.5
Tellerventil . . . 116.3
Temper, to . . . 199.2
— guß 212.4
Tempera 199.1
— all' acqua . . 200.5
— a cartoccio . . 200.1
— a fassetto . . 200.1
—, frattura per eccesso di . . 199.11
—, grado della . 199.9
— improvvisa . . 200.2
— indurita . . . 199.7
— a martello . . 200.3

Tempera-matite . 230.4
— naturale . . . 199.6
— all' olio . . . 200.4
— subitanea . . 200.2
—, tinta della . . 199.4
Tempere, scala delle 199.8
Temperare . . . 198.9
— lime 171.4
— la matita . . . 230.3
—, polvere a . 199.10
Temperatura . . 199.1
— di lime . . . 171.5
Tempering . . . 199.3
— -colour . . . 199.4
— powder . . 199.10
Templador . . . 189.8
Templar 198.9
— limas 171.4
Template 205.2
Temple 199.1
— 199.5
— al aceite . . . 200.4
— al agua . . . 200.5
—, color del . . 199.4
— por enfriamiento 200.2
— por forjado . . 200.3
—, grieta por exceso de . . . 199.11
— de limas . . . 171.5
— natural . . . 199.6
—, polvo de . 199.10
— superficial . . 200.1
— vitreo 199.7
Tempo 235.4
Temps 235.4
Tenacillas planas . 155.9
Tenacity, stress of ultimate . . . 249.3
Tenaglino . . . 155.9
Tenaille 155.3
— (pour forgerons) 166.10
—, bouche de la . 155.4
— à bouche ronde 155.7
— à boucle . . . 155.8
— à chanfrein . . 154.7
— à couper . . . 156.2
— droite 155.5
— pour ferblantier 157.9
— plate 155.5
— ronde 155.6
Tenazas 155.3
— con apresadera 155.8
—, boca de . . . 155.4
— cañonas . . . 155.6
— para clavos . . 156.3
— de corte . . . 156.1
— dentadas . . . 155.7
— con fiador . . 155.8
— de forja . . 166.10
— de mordaza para tubos 156.7
— de pico plano . 155.5
— — rotondo . . 155.6
Tenazas de presión 156.4
— punzón . . . 169.5
— para roblones . 32.7
— de soldador . . 156.6
— de sujeción . . 156.2
— de tracción . . 156.5
— para tubos . . 110.7
Tendere la cinghia 79.3
— una molla . . 148.9
Tendeur, anneau . 139.7
— de courroie . . 80.8
—, galet 78.2
Tendre la courroie 79.3
— un ressort . . 148.9
Tenon-saw . . . 188.8
Tensar la correa . 79.3
Tensile force . . 250.5
— strain 250.4
— strength . . . 250.3
Tension 247.3
—, belt 75.8
—, a body is under strain of . . . 247.6
— du câble . . . 84.6
— de cisaillement . 252.8
— de courroie . . 75.8
— de flexion . . 251.7
—, modulus of elasticity for . . . 249.1
—, normal . . . 247.4
— normale . . . 247.4
— pulley 78.2
—, to put a spring on 148.9
—, rope 84.6
— de traction . . 250.6
—, transmission par — provoquée 78.1
Tensión 247.3
— de la correa . 75.8
— de la cuerda . 84.6
— de empuje . . 252.8
— de flexión . . 251.7
— normal 247.4
— de la presión . 251.2
— de la tracción . 250.6
Tensione 247.3
— 250.6
— della cinghia . 75.8
— della corda . . 84.6
— normale . . . 247.4
Tensive force . . 250.5
— strain 250.6
Tensor de correa . 80.8
Teoria della resistenza dei materiali 247.2
Terminal velocity . 235.9
Terraja 20.2
— de anillo . . . 21.1
— de cojinete . . 20.9
Terrajar 21.4
Test of an axle . 34.8
Testa (vite) . . . 11.4
Testa ad ancora (vite) 12.4
— dell' asse . . . 33.5
— a croce, chiavella della . . . 147.1
— del chiodo . . 26.3
— a croce . . . 146.5
— —, pattino della 146.6
— —, perno della 146.7
— —, stelo della . 146.8
— del cuneo . . 21.8
— del dente . . . 65.1
— —, altezza della 65.2
— esagonale (vite) 11.10
— incassata (vite) . 12.3
— di posa . . . 26.4
— quadra (vite) . 12.1
— ribadita . . . 26.5
— a T (vite) . . . 12.4
— tonda (vite) . . 12.2
Tested chain . . 90.3
Testing cock . 129.10
— valve 122.8
Tête (vis) 11.4
— de bielle . . . 144.9
— — avec chape . 145.3
— — fermée . . . 145.1
— — type marine . 145.2
— carrée (vis) . . 12.1
—, cercle de . . 63.6
— du compas . . 227.2
— de la dent . . 65.1
— fermante (rivet) 26.5
— de maille . . . 91.1
— noyée 12.3
— de piston . . . 146.5
— de pose (rivet) . 26.4
— de rivet . . . 26.3
— ronde (vis) . . 12.2
— à six pans . . 11.10
— à T (vis) . . . 12.4
Texel 191.8
Texeln 191.9
Thicken, to (of the oil) 50.10
Thickness of belt 76.9
— of a cotter . . 22.9
— of flange . . . 99.2
— of a key . . . 22.8
— of pipe . . . 98.1
— of rim 81.9
— at root of tooth 65.6
Thin plate . . . 216.3
Thomas, acier . 213.10
— eisen 213.3
—, fer 213.3
— iron 213.3
— pig 213.8
— roheisen . . . 213.8
— stahl . . . 213.10
— steel 213.10
Thread, angular . 9.5
—, buttress . . . 10.4
— calipers . . . 207.2

Thread, to chase a screw- 20.1
—, depth of . . . 8.1
—, diameter at bottom of 8.3
—, double . . . 9.2
—, female . . . 10.5
—, fine 10.7
—, gas-pipe . . . 10.6
— gauge 206.1
—, left-handed . . 8.8
— milling-cutter . 20.8
—, multiplex . . 9.4
—, right-handed . 8.6
—, round 10.2
— of screw . . . 7.5
—s, screw with many 16.3
—, single 9.1
—, square . . . 9.7
—, to strip the — of a screw . . 19.8
—, triangular . . 9.5
—, triple 9.3
—, V- 9.5
—, width of . . . 8.2
—, to — a screw . 19.9
Threaded, round . 10.8
—, square . . . 10.1
—, triangular . . 9.6
Three-port slide valve 127.2
— -square-file . . 174.2
— — scraper . . 176.6
— -way cock . . 128.9
— — -pipe . . . 106.7
— — -valve . . . 118.1
Throat (of hook) . 92.4
—, angle of . . . 186.1
Throtteling gear . 124.8
Throttle, to . . . 124.7
— valve 124.6
Through bolt . . 11.2
Through-way-valve 117.8
Throw off a belt, to 79.8
— —, to throw a belt off the pulley 79.8
Throwing out of gear 59.7
Thrust-bearing . . 40.9
— screw 13.7
Thumb-button, oil-can with . . 51.10
— -nut 12.7
— pin 220.6
— -pressure oil-can 52.1
— -screw 15.4
— tack 220.6
Tie, to 18.6
Tiefe, Eingriffs- (Reibungsgetriebe) . 75.8
—nlehre 205.6
Tiegelflußstahl . . 214.4
— stahl 214.4
Tiempo 235.4
Tieröl 51.2
Tige du crochet . 92.3
— de crosse . . . 146.8
— d'excentrique . 144.2
— -glissière . . . 146.3
— -guide 146.1
—, guide de la — du piston . . . 136.8
— du piston . . . 136.6
— —, queue de la 136.7
— de rivet . . . 26.2
— de soupape . . 118.7
— de tiroir . . . 127.3
— de vanne . . . 125.4
Tight fitting screw 13.10
— pulley 83.7
— riveting . . . 28.2
— side of belt . . 75.10
—, the stuffing-box is made 184.7
Tighten, to — the belt 79.3
—, to — up a cotter 25.9
—, to — a screw . 19.7
Tightener (flexible gearing) . . . 78.2
Tightening-key . . 24.7
— -key 25.1
Tijeras 156.9
— agujereadora . 158.1
— de arco . . . 157.1
— de banco . . . 157.3
—, hoja de las . 156.10
— de mano . . . 157.7
— de marco . . . 157.6
— mecánicas . . 157.8
— de palanca . . 157.2
— paralelas . . . 157.5
— de plancha . . 157.4
— — 157.9
— de zócalo . . . 157.3
Time 235.4
— of fall 236.4
— of oscillation . 239.3
— of passage . . 236.6
Tin 216.10
— -plate 216.7
— -solder 202.5
— -soldering . . 201.2
Tinned sheet-iron . 216.7
Tinner's shears . . 157.9
— snips 157.9
Tint, to 231.10
Tinta China . . . 231.3
— della tempra . 199.4
Tinteneinsatz . . 227.5
— gummi . . . 230.10
Tinting brush . . 232.5
— saucer 232.6
Tir, hauteur du . 237.8
— parabolique . . 237.5
—, portée du . . 237.7
—, vitesse du . 237.10
Tira-chiodi . . . 156.3
— -curvelinee . . 229.7
— -linee 229.6
—, affilare il . . 230.1
— doppio 229.8
— — di ricambio . 227.5
Tiralineas 229.6
—, afilar el . . . 230.1
— de caminos . . 229.8
— del compás . . 227.5
— curvo 229.7
— doble 229.8
Tirante 14.6
Tirantino 14.5
Tire-curviligne . . 229.7
Tire-ligne 229.6
— du compas . . 227.5
— double . . . 229.8
— à pointillé . . 229.9
Tirer, pince à . . 156.5
Tiro, altezza del . 236.5
—, altezza del . . 237.8
—, ampiezza del . 237.6
—, amplitudine del 237.7
—, durata del . . 236.6
— inclinato . . . 237.5
— orizzontale . . 238.1
— parabolico . . 237.5
— verticale . . . 238.2
Tiroir 218.8
— à coquille . . 127.2
— Corliss 126.7
— de distribution 126.9
— équilibré . . . 127.5
— oscillant . . . 126.7
— plat 127.1
— piston 127.4
— rond 127.4
— rotatif 126.8
Tischkasten . . . 218.8
Tisonnier 166.6
Togliere una cinghia dalla puleggia 79.8
— allo scalpello . 168.3
Toile à calquer 233.10
— à émeri . . 197.10
Tôle 216.2
— à chaudière . . 216.4
— de chaudronnerie 216.4
— de fer . . . 215.11
—, feuille de . . 216.1
—, feuille de . . 216.3
— forte 216.4
— ondulée . . . 216.6
— russe 216.2
— striée 216.5
—, tuyau en . . 102.2
Toleranzlehre . . 206.4
Tomber, la courroie tombe de la poulie 79.5
Tommy-screw . . 15.3

Tönen, die Räder . 72.8
Tongs 155.3
—, forge- . . . 166.10
—, gas pipe . . . 155.7
—, mouth of the . 155.4
—, pin- 155.8
—, pipe- 110.7
—, punching- . . 169.5
—, sliding . . . 155.8
—, smith's . . 166.10
—, soldering . . . 156.6
Tongue (anvil) . . 159.8
— (saw) 189.8
Tonguing and grooving plane . . 193.6
Tool, bordering . 159.8
— boring- —s . . 182.1
— box 256.3
—, chasing- . . . 20.5
— chest 256.3
—s, hand- . . . 256.5
—, heading . . . 196.5
—, inside chasing- 20.6
—, machine- . . 256.8
—, marking . . . 207.6
—, parting- . . . 195.2
Tools 256.4
—, smith's . . . 166.5
— -steel 214.7
Tooth 64.8
— 185.7
—, addendum of a 65.1
—, bottom line of teeth 186.3
—, breadth of . . 65.8
—, briar 186.5
—, cast 65.9
—, célérité . . . 186.7
—, cut 66.1
—, cut 66.2
—, to cut teeth . 187.2
— of the cutter . 183.3
—, depth of . . . 65.5
—, double . . . 186.8
—, double helical . 70.4
—, face of a . . 65.1
—, face line of teeth 186.2
—, flank of a . . 64.10
— -friction . . . 66.5
— —, work done by 66.6
—, gullet- . . . 186.5
—, herringbone . 70.4
—, length of . . 65.5
—, M- 186.6
—, milled 66.2
—, mortice wheel 72.2
— -outline . . . 64.9
—, planed . . . 66.1
— -profile 64.9
—, root of the . . 65.3
—, rough 65.9
—, space of . . . 65.7
—, thickness of . 65.6
Tooth, top line of teeth 186.2
—, travel of the . 64.7
—, triangular . . 186.4
—, width of . . 65.8
—, wood 72.8
Toothed gearing . 68.1
— wheel 63.8
Top die 164.6
— line of teeth . 186.2
— -plane-iron . . 192.9
— swage . 163.5; 164.6
— -switch . . . 163.5
Torcer la cuerda . 85.4
— el tornillo . . 19.8
Torchietto per cianografia . . . 234.5
Tornear un cilindro 131.8
— los ejes . . . 35.8
Torneria d'assi . . 35.2
— de ejes . . . 35.2
Tornillo 11.2
— 153.1
— del acoplamiento 57.4
—, acoplamiento por 11.1
—, agujero del . . 11.7
—, ajustar un . . 14.1
— ajuste 15.1
—, aparato de seguridad del . . 13.8
— arriostrado . . 14.6
— de asiento (soporte) 44.8
— de banco . . . 153.2
— —, suplementos de la mordaza de 153.6
—, boca del . . . 153.5
—, cabeza del . . 11.4
— con cabeza articulada 14.8
— — y tuerca . . 11.9
— — — empotradas 14.4
— de la cadena articulada . . . 91.2
— de carpintero . 194.1
— central . . . 13.9
— de cierre . . . 13.5
— para correa . . 81.5
—, diámetro del . 11.8
— embutido . . 14.4
— para empotrar en piedra ó fábrica 15.6
— con fiador embutido 13.10
—, fijar una pieza en el 153.8
— sin fin 71.7
—, husillo del . . 153.4
— de mano . . . 154.6
— micrométrico . 15.5
— de movimiento 13.6
Tornillo con movimiento paralelo 154.2
— de muletilla . 15.8
— de oreja . . . 15.4
— paralelo . . . 154.2
—, paso del . . . 7.5
—, perno del . . 11.8
—, pezuña del . . 153.5
— de las platinas . 99.8
— de presión . . 13.7
— — 15.1
— prisionero . . 15.2
— de rosca de madera . . . 16.4
— del soporte . . 43.8
— de sujeción . . 13.4
— con sujeción por chaveta 14.8
— para sujeción ó fundación . . . 15.7
— de la tapa . . 43.6
—, el — tiene x pasos por pulgada 7.6
— para tubos . . 154.8
—, tuerca del . . 11.5
— de varios filetes 16.3
—, vástago del . 153.4
Tornio per assi . 35.1
Tornire gli assi . 35.8
— un cilindro . . 131.8
Torno para ejes . 35.1
— de remachar . 32.4
Toron 85.2
Torsion 253.2
—, effort de . . . 253.8
—, moment de . 253.4
—, moment of . . 253.4
Torsión 253.2
Torsional spring . 148.2
— strain 253.8
— stress 253.8
Torsione 253.2
Totlage (Kurbel) . 140.9
— punkt (Kurbel) 141.1
— stellung (Kurbel) 140.9
Totalbeschleunigung 237.1
— length (of tooth) 65.5
— work 246.6
Toter Gang (Schraube) . . 10.9
— Punkt (Kurbel) 141.1
Touch (file) . . . 171.7
Tour, atelieur des —s 35.2
— à essieux . . . 35.1
— du piston . . 137.8
Tourillon 37.6
— 35.6
— 91.2
— d'appui . . . 38.4
— d'articulation . 62.1
— à cannelures . 38.9
— à collets . . . 35.7

Tourillon à collets 38.5
— conique . . . 39.3
— de crosse . . 146.7
— cylindrique . . 39.2
— à fourchette . 39.5
— frontal 38.6
—, frottement du . 38.1
— intermédiaire . 35.7
— — 38.5
— à pointe . . . 39.1
—, pression sur le 37.9
— rapporté . . . 39.6
— rodé 38.8
— de rotation . . 39.7
— sphérique . . 39.4
—, tourner sur un 39.8
Tourne-à-gauche . 20.9
— — 186.9
Tourner des essieux 35.3
— la manivelle . 142.9
Tournevis 18.3
Trabajo 245.1
— de deformación 248.6
— de fricción del diente 66.6
— de rozamiento . 246.5
— total (rozamiento) 246.6
Traccia-parallele . 207.7
Tracción 250.2
Trace de rivets . 27.5
Trace, to 207.5
—, to 233.7
Tracer 207.5
— 218.1
— au crayon . . 226.1
Tracing 233.8
— cloth . . . 233.10
— paper 233.9
Traction 250.2
—, un corps est soumis à un effort de 247.6
—, effort de . . . 250.4
—, force de . . . 250.5
—, tension de . . 250.6
— unitaire . . . 250.6
Trafila 20.2
— ad anello . . . 20.9
— a cuscinetti . . 21.1
Traforatrice . . . 158.1
Traglager 41.5
— zapfen 38.4
Träger, T- . . . 215.7
Trägheitsmoment 243.7
—, äquatoriales . 243.8
—, polares . . . 244.1
Trajectoire . . . 237.9
Trajectory . . . 237.9
Trajet de la tête de la dent . . 64.7
Traiettoria . . . 235.2
— 237.9
Traiettoria della testa del dente . 64.7
Train de laminoirs à tuyaux . . . 103.2
Trait de scie . . 185.4
Trammels . . . 228.6
Tranchant . . 156.10
— (hache) . . . 190.9
Tranche 165.8
— 167.4
— à chaud . . . 165.9
— d'enclume . . 165.7
— à froid . . 165.10
— à mange . . . 165.8
Trancher 165.6
Trancia 157.6
Translation . . . 240.5
—, motion of . . 240.5
Transmisión . . . 35.4
— angular . . . 77.8
—, árbol de . . . 35.5
— de cadena . . 88.5
— circular por cuerda 84.8
— por correas . . 75.5
— por cuerdas . . 81.5
— por disco de fricción 74.2
— por engranaje . 68.1
— por fricción . . 73.8
— intermedia por correa 77.3
— de manivela . 140.8
— por poleas cónicas 78.3
— por ruedas de canal 74.6
Transmission . . 35.4
— à angle (par courroie) . . . 77.8
— à brins multiples 84.8
—, câble de . . . 87.5
— par câble . . 84.5
— par chaines . . 88.5
— par courroie . 75.5
— cyclique par câble 84.8
— à friction . . . 73.8
— — par poulies à gorge 74.6
— par manivelle . 140.8
— par plateaux à friction 74.2
—, rapport de . . 68.8
— rope 87.5
—, roues de . . . 68.5
— par tambours cônes 78.3
— par tension provoqué 78.1
Transmitting friction gearing . . 75.4
— gears 68.5
Transportador . . 229.4
— angular . . . 229.5
Transporteur . . 229.4
Transversalmaßstab 221.6
Transversale scale 221.6
Transverse modulus of elasticity 253.1
— strain 251.7
— strength . . . 251.4
Trap, reaction- . 123.7
—, water- . . . 110.2
Trapanare . . . 179.2
— un cilindro . . 131.5
Trapanatrice . . 183.1
Trapano 178.4
— 182.2
—, albero del . . 178.6
— appuntito . . 180.3
— ad archetto . . 182.3
— ad arco . . . 182.7
— a centro . . . 180.4
— a chiocciola . 181.1
— a cricco . . . 182.9
— a due mani . . 181.2
— a due tagli . . 180.2
— fino 179.4
— fodera del . . 178.5
—, foro fatto al . 179.1
— a legno . . . 180.8
— lungo 181.5
— a mano . . . 179.6
— per pietre . . 181.7
—, ripassare al . 179.3
— a spirale . . . 180.6
— ad un taglio . 180.1
Trapezgewinde . . 10.4
Trapézoidal, filet . 10.4
Traslación . . . 240.5
Traslazione . . . 240.5
Trasmissione ad albero 35.4
— ad angolo . . . 77.8
— a catena . . . 88.5
— a cinghia . . . 77.4
— per cinghia . . 75.5
— circolare a corda 84.8
— a corda . . . 84.5
— per dischi di frizione . . . 74.2
— a frizione con ruote a gola . . 74.6
— per ingranaggi 68.1
— per manovella . 140.8
— a puleggie coniche 78.3
—, rapporto di . 68.8
— a ruote di frizione 73.8
— con tensione a peso 78.1
Tratado de resistencia de materiales 247.2

Tratteggiare . . . 226.2
— e punteggiare . 226.4
Tratto ascendente (cinghia) . . . 76.6
— condotto . . . 76.1
— conduttore . . 75.10
— discendente (cinghia) . . . 76.7
— della lima . 171.7
— della sega . . 185.4
— che va (cinghia) 76.7
— che viene (cinghia) 76.6
Travail 245.1
— de déformation 248.6
— de frottement . 246.5
— — des dents . 66.6
— total 246.6
— utile 246.7
Travailler, machine à 256.6
Travel of piston . 137.8
— of the tooth . . 64.7
Travelling forge . 167.3
Traversa 92.5
Traverse 146.5
Traverso 90.2
Trayectoria . . . 237.9
Trazar 207.5
— 226.2
— y puntear . . 226.4
Trazione 250.2
Treccia di canape 135.4
Trefolo (corda) . . 85.2
Treibflaschenzug . 94.4
— hammer . . . 163.1
— kette 91.6
— riemen 80.5
— rolle 75.6
— seil 87.5
Treibende Scheibe 75.6
Trempe 199.1
— au bain . . . 200.2
— par battre . . 200.3
— à l'eau 200.5
— glacée 199.7
— à l'huile . . . 200.4
— de limes . . . 171.5
— par martelage . 200.3
— de la surface . 200.1
Tremper 198.9
— des limes . . . 171.4
—, poudre à . 199.10
Trenza de amianto 135.6
— de cáñamo . . 135.4
Tresse d'amiante . 135.6
— de chanvre . . 135.4
— de corde . . . 85.2
Triangle de forces 242.2
— of forces . . . 242.2
Triangolo 174.2
— delle forze . . 242.2
Triangular file . . 174.2
— scraper . . . 176.6
Triangular set square 219.8
— thread 9.5
— threaded . . . 9.6
— tooth 186.4
Triángulo de las fuerzas 242.2
Trieb 68.7
— rad 68.7
— stockverzahnung 67.4
— werksseil . . . 87.5
Trinquete 95.4
— de fricción . . 95.9
Trip-hammer . . 161.1
Triple pas . . . 9.3
— thread 9.3
Triscador 186.9
Triscar 187.1
Trivella a chiocciola per terreno 181.6
— ad elica . . . 181.1
Trommel 94.8
—, Ketten- . . . 95.3
— mantel 94.9
—, Seil- 95.2
— welle 95.1
Tronchese . . . 156.1
Tropfbehälter(Lager) 44.6
— düse 54.7
— ring 52.7
— schale (Lager) . 44.6
— — 52.9
— schmiergefäß . 54.6
Trou 179.1
— de boulon . . 11.7
— de cheville . . 196.2
— de clavette . . 23.1
— de graissage (palier) 44.4
— de rivet . . . 26.7
Trough 197.1
Truc à vis . . . 32.4
Trucioli 192.6
Trum, gezogenes . 76.1
—, ziehendes . . 75.10
Truogolo 197.1
Truschino 207.7
— a mano . . . 207.9
Trusquin 207.7
— 207.9
Tubazione . . . 109.1
— del gas . . . 110.1
Tube 97.4
—s, agrafe pour . 109.8
—, boiler- . . . 107.10
— brasé 102.8
—, brass 103.7
— -brush 110.9
— cast vertically 101.10
— de chaudière 107.10
—s, clef à . . . 110.6
—, copper- . . . 103.6
—, corrugated . . 104.8
— de couleur . . 232.4
Tube, coupe-—s . 110.8
—, distance-sink- . 14.7
— de distribution du graisseur . . 54.7
—, drawn 103.4
—s, to draw . . 103.5
—s, étau pour . . 154.3
— à feu 108.1
—, fire- 108.1
—, to flange the 103.10
—, flanged . . . 98.9
—, flue- 108.1
—, furnace- . . . 108.2
— de graissage . 53.4
—s, grattoir à . . 111.1
— cast horizontally 102.1
—s, pince à . . . 110.7
— de retour de flamme 108.2
—, riveted . . . 102.3
—, rolled 103.1
— -rolling mill . . 103.2
— — works . . . 103.3
— -scraper . . . 111.1
—, seamless . . . 102.9
—, solid drawn . 103.4
— soudé 102.8
— sans soudure . 102.9
— de verre du niveau d'eau . . 111.4
— -vice 154.3
—, water- 108.3
—, welded . . . 102.4
Tubería 109.4
— para agua . . 109.10
— para gas . . . 110.1
— para vapor . . 109.9
Tubetto di colore 232.4
— gocciolatore . . 54.7
Tubi, apparato laminatore per . 103.2
—, chiave per . . 110.6
—, gancio per . . 109.8
—, giunzione dei . 98.5
—, giunzione a vite dei 98.6
—, raschiatore per 111.1
—, rete di . . . 109.4
—, sostegno per . 109.7
—, spazza- . . . 110.9
—, taglia- 110.8
—, tanaglia per . 110.7
Tubito de engrase 53.4
Tubo 97.4
— acodado abierto 105.7
— acodado recto . 105.6
— acostillado . . 104.5
— per acqua . . 107.9
— adillado . . . 107.4
— de admisión . 109.2
— de agua . . . 107.9
— de aletas . . . 104.5
— de alimentación 109.2

Tubo d'ammissione 109.2
—, aparato para laminar 103.2
— ad arco . . . 105.7
— ad arco doppio 105.8
— arqueado . . . 105.7
— arriostrado . . 14.7
— aspirante . . . 108.5
— biforcato . . . 105.8
— bollitore . . . 108.4
— — da caldaia 107.10
— con dos bocas roscadas . . . 107.8
— con bordo a flangia mobile . 103.8
—, brida para . . 109.7
— con bridas . . 98.9
— de caldera . 107.10
— de calefacción . 108.4
— capilar de salida 54.7
—, casco del . . 97.8
— chiodato . . . 102.8
—, cierre del . . 104.9
— cilindrado . . 103.1
— cilindrato . . 103.1
— de cobre . . . 103.6
—, colocar un . . 109.6
— de colores . . 232.4
— compensatore . 104.1
— de comunicación 106.4
— cónico 105.9
— cosido 102.3
—s, corta- . . . 110.8
— a croce . . . 106.5
— curvo 105.6
— — 105.7
— de descarga . . 108.8
—, diametro interno del 97.6
—, il — ha x mm di diametro interno 97.7
— de dilatación . 104.1
— di dilatazione . 104.1
— di diramazione 106.4
—, diramazione del 106.1
— doblado con borde móvil . . 103.8
—, doblar el borde de un 103.10
— elastico . . 104.2
— elástico . . . 104.2
— de embranque . 106.4
—, empaquetadura del 101.5
— de enchufe . . 101.3
—s, escobilla para limpiar 110.9
— estirado . . . 103.4
— fare il bordo ad un 103.10
— fatto al laminatoio 103.1
— di ferro dolce . 102.2
Tubo a flangie . . 98.9
— da focolare . . 108.1
— forma U . . . 105.8
— da fumo . . . 108.2
— fundido horizontalmente . . 102.1
— — verticalmente 101.10
— fuso orizzontalmente 102.1
— — verticalmente 101.10
— da gas 107.8
— de gas 107.8
— di ghisa . . . 101.9
—, guarnizione del 101.5
— hervidor . . . 108.3
— de hierro dulce 102.2
— — fundido . . 101.9
— de humo . . . 108.2
—s, junta de . . 98.5
— laminato . . . 103.1
— de latón . . . 103.7
— de llama . . . 108.1
—s, llave para . . 110.6
—, luz del . . . 97.6
— a manicotto . . 101.8
—, mettere in opera un 109.6
— a nervature . . 104.5
— ondulato . . . 104.8
— d'ottone . . . 103.7
—, otturatura del 104.9
—, pared del . . 97.8
—, parete del . . 97.8
— con pareti saldate a smusso . 102.5
— — a sovvraposizione 102.6
— de paso . . . 105.9
—, pintura del . . 98.8
— con prensaestopas 104.4
— di pressione . . 108.8
— a quattro vie . 106.8
— di rame . . . 103.6
—s, rascador de . 111.1
— de reborde con brida móvil . . 103.8
— redondeado . . 107.7
— refrigerante . . 104.7
— remachado . . 102.8
— di riduzione . . 105.9
— riscaldatore . . 108.8
—, rivestimento d'un 98.4
—, rivestimiento del 98.4
—s, roscado de . 98.6
—, rottura del . . 110.4
—, rotura del . . 110.4
— saldato . . . 102.4
— saldato . . . 102.8
— — a spirale . . 102.7
— senza saldatura 102.9
— de salida del aceite 55.5
— di scarica . . 109.8
Tubo con scatola a stoppa . . . 104.4
— de serpentín . 104.6
— a serpentino bollitore 104.8
— soldado . . . 102.4
— — 102.8
— — en espiral . 102.7
— — á solapa . . 102.6
— — á tope . . . 102.5
— soldador . . . 203.1
— sin soldadura . 102.9
— stirato 103.4
— a T 106.6
— de T 106.6
—s, tenaza para . 110.7
—, el — tiene x mm de diámetro interior 97.7
—, el — tiene x mm de luz 97.7
— a tre vie . . . 106.7
— a U 105.8
—, un — di x mm 97.7
—, vernice del . . 98.8
Tubolare 97.5
Tubuladura . . 108.10
Tubulaire 97.5
Tubular 97.5
Tubulure 105.4
— 108.10
Tuerca (tornillo) . 11.5
— con basa . . . 12.8
— hexagonal (tornillo) 12.5
— — con entallas 12.6
— de oreja . . . 12.7
— de presión . . 12.9
— redonda rayada 12.10
— de seguridad . 13.2
— tapón con rosca 13.1
— y tornillo . . . 11.9
Tungstic-steel . . 214.6
Turn, number of —s 149.2
— -screw 18.3
— of the spring . 149.1
—, to (crank) . . 142.9
—, to — axles . . 35.8
—, to — out a cylinder 131.3
—, to — shafts . 35.8
Turning axle . . 33.11
— -saw 189.7
— slide valve . . 126.6
Tuscheinsatz . . 227.5
— kasten 232.1
— napf 232.6
— pinsel 232.5
— schale 232.6
Tusche anreiben . 232.8
— anrühren . . . 232.7
—, flüssige . . . 231.8
Tuyau 97.4

Tuyau d'admission 109.2
— à ailettes . . 104.5
— d'arrivée . . . 109.2
— d'aspiration . . 108.5
—x, assemblage de 98.5
—x, — à vis de . 98.6
— de branchement 106.4
— à brides . . . 98.9
— de chauffage . 108.4
— compensateur . 104.1
—x, conduite de . 109.1
— couché . . . 102.1
— — debout . 101.10
— coulé (fondu) . 102.1
— en croix . . . 106.5
— en cuivre . . 103.6
—, diamètre intérieur du . . . 97.6
—, le — a x mm de diamètre intérieur . . . , 97.7
— à eau 107.9
— d'échappement 109.3
— élastique . . . 104.2
— à emboîtement 101.3
— embouti avec bride rapportée . 103.8
Tuyau, emboutir le 103.10
—, enveloppe du . 98.4
—, épaisseur de paroi du . . . 98.1
— étiré 103.4
—x, étirer des . . 103.5
— extensible . . 104.1
— en fonte . . . 101.9
—, garniture de . 101.5
— à gaz 107.8
—x, joint de . . 98.5
—x, joint à vis de 98.6
— en laiton . . . 103.7
— laminé 103.1
—x, laminoirs à . 103.3
— à manchon . . 101.3
—, manchon de . 101.4
—, obturateur de . 104.9
— ondulé 104.3
—, paroi du . . . 97.8
—, peinture du . 98.3
—, poser un . . . 109.6
— à presse-étoupe 104.4
—, rabattre le collet du 103.10
— de refoulement 108.8
Tuyau, revêtement du 98.4
— rivé 102.3
—, rupture de . . 110.4
— soudé 102.4
— — à rapprochement 102.5
— — à recrouvrement 102.6
— — en spirale . 102.7
— en tôle . . . 102.2
—x, train de laminoir à 103.2
— à quatre voies . 106.8
— en trois voies . 106.7
—, c'est un — de x mm 97.7
Tuyauterie . . . 109.4
—, plan de . . . 109.5
Tweezers 156.8
Twist 253.2
— drill 180.6
Twisted eye bit . 181.2
— rope 85.6
Two-beaked anvil 159.4
— -handed hammer 161.3

U.

U-Eisen 215.9
— -iron 215.9
— -pipe 105.8
Überdrehen, eine Schraube . . . 19.8
Überfeder 231.9
Übergangsrohr . . 105.9
Überlappt geschweißtes Rohr 102.6
Überlappungsnietung 28.7
Überlasten, das Ventil 120.5
Überschiebmuffe . 105.5
Übersetzung . . . 68.8
—sverhältnis . . 68.8
Übertragene Kraft (Riementrieb) . 75.9
Überwurfmutter . 13.1
Ufficio di disegno 218.4
Ugnetto 20.5
Umbördeln, das Rohr 103.10
Umbördelung . . 103.9
Umdrehung, Achsen- . . . 34.7
Umdrehungsachse 34.5
Umgebördeltes Rohr mit losem Flansch . . . 103.8
Umlaufzähler . . 209.4
Umlaufendes Schmiergefäß . 54.8
Umriß 224.7
Umschlageisen . . 159.7
Umschlingungswinkel (Riemen) 76.3
Umsteuerwelle . . 87.5
Uncino 166.7
Uncouple, to . . 63.1
—d axle 34.2
Undicht, die Stopfbüchse ist . . . 134.6
Undulated sheet-iron 216.6
Unfreie Bewegung 238.3
Ungekuppelte Achse 34.2
Ungespannte Säge 188.3
Ungeteilte Riemscheibe 83.2
Unghietta . . . 167.6
—, segnare coll' . 167.7
Ungleichförmigkeitsgrad (Schwungrad) 149.8
Ungleichförmige Bewegung . . 235.5
Uniform motion . 235.1
Uniformly accelerated motion . 235.11
— retarded motion 236.1
Unión por bridas . 98.7
— por chaveta . . 22.5
— de correa . . 80.7
— de cuerda . . 85.8
— por platinas . 98.7
— a tornillo de las bridas 98.8
— de tubos . . . 98.5
Unione di corde . 85.8
— a flangia . . . 98.7
— dei tubi . . . 98.5
Unir à chaud . . 165.1
— los extremos de las cuerdas . . 85.9
— por soldadura . 200.7
— con tornillos . 19.2
Unire con chiodi . 196.1
— con colla . . . 196.7
— con saldatura . 200.8
— a vite 19.2
Universalgelenk . 62.2
Universal joint . . 62.2
Unrivet, to . . . 31.8
Unscrew, to . . . 19.3
Unset saw . . . 188.3
Unsolder, to . . 200.9
Unstable equilibrium 244.9
Unterbrochene Schmierung . . 49.3
Unterflasche . . 94.3
— gesenk . . . 164.5

Unterhieb . . . 170.7
— lagscheibe . . 11.6
— satz, Amboß- . 158.5
Untuosidad del aceite 50.9
Unwind, to — a rope 88.4
Uphand sledge . . 161.3
Up-set, to . . . 164.7
Up-setting . . . 164.8
Up-stroke of the piston 138.1
Upper block . . 94.2
— cut 170.6
Useful effect . . 246.7
Utensile 256.4
Utensile a mano . 256.5
Utensili, armadio degli 256.3
— per forare . . 182.1
— da fucina . . 166.5
Utensilios . . . 256.5
Utensils, hook . . 92.9

V.

V-ring metallic gland packing . 134.2
— -shaped brake . 96.7
— -thread . . . 9.5
— threaded . . . 9.6
Vaciar el aceite . 55.6
Valet d'établi . . 194.2
Valve 112.1
— acceleration . . 114.6
—, actuated by — gear 120.8
—, admission . . 122.2
—, angle 117.9
—, atmospheric . 121.8
—, auxiliary . . . 116.1
—, back pressure . 121.8
—, to balance the 115.9
—, balancing of the 115.10
—, ball 116.7
—, ball of . . . 116.8
—, bell-chaped . . 119.1
—, the — binds . 114.7
—, blow off . . . 122.4
—, blow-through . 122.5
—, body of the . 113.3
—, body of the sluice 125.5
— -box 112.2
—, butterfly . . . 124.6
—, bye-pass . . . 116.1
— -cap 125.3
— chamber . . . 112.2
—, change . . . 118.1
—, the — chatters 115.1
—, check- . . . 121.2
—, clack- 123.1
— clack 123.2
—, to close the . 115.3
—, closing of the . 115.5
— cock 128.4
—, common slide . 127.1
—, cone of . . . 116.6
—, conical . . . 116.5
—, corliss 126.7
— cover 112.3
— —, bolt for the 112.4
—, cross 118.1
—, cup- 119.1
—, D-slide . . . 127.2
—, dead-weight . 119.2
—, delivery . . . 121.7
— disc 113.3
Valve, disc- . . . 116.3
— disc 116.4
—, distributing — motion 120.9
—, distributing slide 126.9
—, double-beat . 118.7
—, double-faced sluice gate . . 125.1
—, double seat . 118.7
—, draining . . . 122.6
—, eduction . . . 122.4
—, to emery the — into its seat . . 113.6
—, equilibrium slide 127.5
—, exhaust . . . 122.3
— -face 125.6
—, feed 122.7
—, flap 123.1
— flap 123.2
—, flap — faced with leather 123.3
—, foot 120.6
—, forcing . . . 121.7
—, gas 126.5
—, gate 125.1
— gear 120.9
—, globe 112.1
—, globe — with bibb 128.5
—, to grind the — in the seat . . 113.6
— guide . . . 116.10
— guide wings . . 117.1
— guided above . 117.2
— guided below . 117.3
—, india-rubber . 123.4
—, inertia of the . 114.5
—, isolating . . . 110.5
—, the — knocks . 114.9
— lever 119.9
—, lever weighted safety 119.7
—, lift- 116.2
— lift-diagram . . 115.8
—, lift of a . . . 114.1
—, lifting of the . 115.7
—, load on the . 119.3
—, to load the . . 120.3
—s, mécanisme de distribution par . 120.9
—, mud- 122.9
Valve -oil-can . . 51.10
—, to open the . 115.2
—, opening of the 115.6
—, oscillating cylindrical . . . 126.7
—, to overload the 120.5
—, overpressure- . 122,0
—, piston- . . . 127.4
—, the play of the 115.4
—, pocketed . . . 118.8
—, poppet . . . 118.8
—, pressure on — face 114.4
—, reduction . . 121.5
—, to regulate the load on the . . 120.4
—, non return . . 121.8
—, ring 118.2
— rod 127.8
—, robinet- . . . 128.4
—, rotary disk . . 126.8
—, safety 119.6
— seat 113.4
— —, internal diameter of . . . 112.6
— seating . . . 113.5
—, the — seizes . 114.8
—, self-acting . . 120.7
—, shut-off . . . 121.1
—, slide 126.8
—, slide — case . 125.2
—, slide gear . . 127.6
—, sliding sluice . 125.1
—, snifting . . . 122.1
— -spindle . . . 113.7
— — -guide . . . 117.7
—, spring . . . 119.4
— spring 119.5
—, spring loaded . 119.4
—, spring loaded safety- 120.1
—, steam-cut-off- . 126.6
—, steam pipe isolating 121.4
—, steam stop . . 121.2
— stem 113.7
—, step- 118.6
—, stop- 121.2
—, stopping- . . 121.1
—, suction . . . 121.6
— de sûreté . . . 110.5
—, testing . . . 122.8

Valve, the — is too tight 114.7
—, three-port slide 127.2
—, three-way- . . 118.1
—, throttle . . . 124.6
—, transforming . 121.5
—, turning slide 126.8
—, weight on the 119.8
—, weighted . . 119.2
— wings on bottom 117.3
— — on top. . . 117.2
Valvola 112.1
—, accelerazione della 114.6
— d'alimentazione 122.7
— ad alzata . . . 116.2
—, alzata della . . 114.1
—, alzata della . 115.7
— d'ammissione 122.2, 124.1
— ad angolo . . 117.9
—, apertura della . 115.6
—, aprire la . . . 115.2
— d'arresto . . . 121.1
— — per vapore . 121.2
— d'aspirazione . 124.2
— atmosferica . . 121.8
— ausiliaria . . . 116.1
— automatica . . 120.7
—, la — batte . . 115.1
—, camera della . 112.2
— a campana . . 119.1
—, cappello della . 112.3
—, caricare la . . 120.3
—, carico della . 119.3
—, cerniera della . 123.2
— a cerniera . . 123.1
— — di cuoio . . 123.3
— — di gomma . 123.4
— — —, rosetta della 123.5
—, chiudere la . . 115.3
—, chiusura della 115.5
— cilindrica . . . 126.7
— comandata . . 120.8
—, comando a . . 120.9
— a cono 116.5
—, cono della . . 116.6
—, coperchio della 112.3
—, corpo della . . 113.3
— con costole inferiori 117.3
— — superiori . . 117.2
—, diametro interno della . . . 112.5
— di distribuzione rotativa 126.8
— a doppia sede . 118.7
— — 119.1
— a due sedi anulari 118.4
— di emissione . 122.3
— d'evacuazione . 122.4
Valvola a farfalla . 124.6
— di fondo . . . 120.6
—, gioco della . . 115.4
— a gradinata . . 118.6
—, guida ad alette 117.1
—, guida a copiglia 117.5
—, guida a costole 117.1
—, guida della . 116.10
—, guida dello stelo della 117.7
—, la — si ingrana 114.7
—, leva della . . 119.9
—, luce interna della 112.5
—, lunghezza totale della . . . 113.9
—, massa della . 114.5
—, mecanismo di comando della . 120.9
— a molla . . . 119.4
—, molla della . . 119.5
—, molla della . . 120.2
— ordinaria . . . 117.8
—, la — oscilla . 114.9
— a palla . . . 116.7
—, palla della . . 116.8
— di passaggio . 122.5
— a pesi 119.2
—, peso di carico della 119.8
—, piatto della . . 116.4
— a più sedi annulari 118.5
— premente 121.7, 124.3
— di pressione . . 121.6
— di prova . . . 122.8
—, la — resta sospesa 114.8
— di riduzione . . 121.5
— di ritegno 121.3, 123.7
— di scambio . . 118.1
— di scappamento 122.1
—, scaricare la . 115.9
—, scarica della 115.10
— di scarica 122.4, 124.5
— — 122.6
—, sede della . . 113.4
— a sede annulare 118.2
— ad una sede anulare 118.3
— a sede conica . 116.5
— — piana . . . 116.3
— semplice ad anello 118.3
— sferica 116.7
—, sgravare la . . 115.9
— di sicurezza . . 110.5
— — . . 119.6, 123.6
— — con carico a peso 119.7
— — a molla . . 120.1
— — per tubi . . 121.4
—, smerigliare la sede della . . . 113.6
Valvola, sopracaricare la 120.5
—, soprapressione della 114.4
— di spurgo . . . 122.9
—, staffo d'arresto della 116.9
—, stelo della . . 113.7
—, superficie di contatto della . 113.5
— sussidiaria . . 116.1
— a tre vie . . . 118.1
— a tubo 118.8
—, la — vacilla . 114.9
—, volantino della 113.8
Válvula 112.1
—, abertura de la 115.6
—, abrir la . . . 115.2
—, aceleración de la 114.6
— de admisión . . 122.2
—, afinar la . . . 113.6
—, la — se agarra 114.7
— de alimentación 122.7
— de alza . . . 116.2
— anular 118.2
— — doble . . . 118.4
— — múltiple . . 118.5
— — sencilla . . 118.3
—, apertura della . 115.6
—, asiento de la . 113.4
— atmosférica . . 121.8
— automática . . 120.7
— auxiliar . . . 116.1
—, brida-tope de la 116.9
—, caja de la . . 112.2
—, cámara de la 112.2
—, la — canta . . 115.1
—, carga de la . . 119.3
—, cargar la . . . 120.3
—, carrera de la . 115.7
— de cerradura . 121.1
— — de vapor . . 121.2
—, cerrar la . . . 115.3
— de cierre . . . 121.1
—, cierre de la . 115.5
— cilíndrica . . . 126.7
— circular . . . 126.7
— de compuerta . 125.1
— —, anillo de la 125.7
— —, cámara de la 125.2
— —, cara de la . 125.6
— —, cuerpo de la 125.5
— —, guía de la . 125.8
— —, tapa de la . 125.3
— —, tope de la varilla 126.2
— —, varilla de la 125.4
— —, varilla de corredera . . . 126.1
—, cono de la . . 116.6
—, cono alto de la 114.8
— cónica 116.5
— de contrapeso . 116.7

Válvula de contrapeso . . . 119.2
—, contrapeso de la 119.8
— de copa . . . 119.1
— de corredera . 125.1
— corredera para agua 126.4
— — de concha . 127.2
— — para gas . . 126.5
— corredera plana 127.1
— — de retención 126.3
— del cortavapor . 126.6
—, cuerpo de la . 113.3
— de descarga . . 121.6
— — 122.6
—, descarga de la 115.10
—, descargar la . 115.9
—, diámetro interior de la . . . 112.5
—, disco de la . . 123.2
— de disco . . . 116.3
— — 123.1
— — de cuero . . 123.3
— — de goma . . 123.4
— — —, guarda gomas 123.5
—, distribución por 120.9
— de distribución 120.8
— — circular . . 126.8
— doble golpe . . 118.7
— de educción . 122.4
— de efecto alternativo 118.1
— de emisión . . 122.3
— escalonada . . 118.6
— de escape . . 122.1
—, esfera de la . 116.8
— esférica . . . 116.7
— de evacuación . 122.4
—, guía de la . 116.10
—, guía de aletas . 117.1
—, guía de la espiga 117.5
—, guía del vástago de la 117.7
— de guía inferior 117.3
— — superior . . 117.2
— hemisférica . . 119.1
— de impulsión . 121.7
—, juego de la . 115.4
— de limpieza . . 122.5
—, longitud de la 113.9
— de mariposa . 124.6
—, masa de la . . 114.5
— de obstrucción 121.1
—, la — oscila . . 114.9
—, palanca de la . 119.9
—, paso de la . . 112.6
— de paso angular 117.9
— — de ángulo . 117.9
— — recto . . 117.8
— de pie 120.6
—, plato de la . . 116.4
Válvula de prueba 122.8
— de purga . . . 122.9
—, la — queda suspensa 114.8
— de reducción . 121.5
—, resorte de la . 119.5
—, resorte de la . 120.2
— de resorte . . 119.4
— de retención . 121.3
—, rueda manubrio de la . . 113.8
—, salto de la . . 114.1
— de seguridad . 119.6
— — con contrapeso 119.7
— — con resorte . 120.1
— — contra la rotura de tubos . 121.4
— — para tubos . 110.5
—, sobrecarga de la 114.4
—, sobrecargar la 120.5
—, superficie de contacto de la . 113.5
—, tapa de la . . 112.3
— de toma . . . 122.4
—, la — traquetea 115.1
— de triple paso . 118.1
— á tubo . . . 118.8
—, vástago de la . 113.7
— de visagra . . 123.1
— — de admisión 124.4
— — aspirante . . 124.2
— — de descarga 124.5
— — impelente . 124.3
— — de paro . . 124.1
— — de retención 123.7
— — de seguridad 123.6
—, zona de contacto de la . . 113.5
Vanne 118.8
— 125.1
— d'arrêt . . . 126.3
—, cage de la . . 125.2
—, chambre de la 125.2
—, corps de la . 125.5
—, couvercle de la 125.3
— à eau 126.4
—, faces de la . . 125.6
— à gaz 126.5
—, siège de la . . 125.6
—, tige de . . . 125.4
— de vapeur . . 126.6
Vano fra due denti 65.7
Vapeur, conduite de 109.9
—, piston à . . . 140.5
Vapor, conducción para 109.9
—, válvula de cerradura de . . . 121.2
Vapore, condutura di 109.9
Vapore, valvola d'arresto per . . 121.2
Variable motion . 235.5
Variation in speed, (fly wheel) coefficient of . . . 149.8
Varloppe 193.1
Varying load . . 248.3
Vasija de engrasador 53.7
Vaso lubrificatore 53.7
— dell' olio . . . 53.8
Vástago con anillos 38.9
— cilíndrico . . 39.2
— cónico 39.3
— del émbolo . . 136.6
— —, extremo del 136.7
— —, guía del . . 136.8
— empotrado . . 39.6
— esférico . . . 39.4
—, girar sobre un 39.8
—, llave del . . 137.1
—, rosca del . . 136.9
— de rotación . . 39.7
Vegetable fat . . 51.3
— oil 51.3
Végétale, huile . 51.3
Velocidad . . . 235.3
— angular . . . 241.3
— final 235.9
— de impulsión 237.10
— inicial 235.8
— media . . . 235.10
— resultante . . 240.4
Velocità 235.3
— angolare . . . 241.3
— finale 235.9
— iniziale . . . 235.8
— media . . . 235.10
— del proiettile 237.10
— risultante . . 240.4
Velocity 235.3
—, angular . . . 241.3
—, component of . 240.2
—, to compound several component velocities into a single resultant 240.3
—, to find the resultant of several velocities . . . 240.3
—, initial 235.8
—, mean . . . 235.10
—, parallelogram of velocities . . 239.8
— of projection 237.10
—, to resolve a — into its components 240.1
—, resultant . . 240.4
Veneer-saw . . . 189.6
Ventil 112.1
—, Abblase- . . . 122.4

Ventil, Abfluß- . . 122.8
—, Ablaß- 122.6
—, Absperr- . . . 121.1
—, atmosphärisches 121.8
—, das — auf den —sitz aufschleifen 113.6
—, Ausblase- . . 122.4
—, Auslaß- . . . 122.3
—, das — belasten 120.3
— belastung . . 119.3
—, die Belastung des —s richtig bemessen . . . 120.4
— beschleunigung 114.6
—, das — bleibt hängen 114.8
—, Boden- . . . 120.6
—, Dampfabsperr- 121.2
— deckel 112.3
— — schraube . . 112.4
—, Doppelsitz- . . 118.7
—, Dreiweg- . . . 118.1
—, Druck- . . . 121.7
—, Durchblase- . 122.5
—, Durchgangs- . 117.8
—, Eck- 117.9
—, Einlaß- . . . 122.2
—, das — entlasten 115.9
—, Entlastungs- . 116.1
— entlastung . 115.10
— erhebung . . . 115.7
— —sdiagramm . 115.8
— eröffnung . . 115.6
— fänger 123.5
—, Feder- . . . 119.4
— feder 119.5
— — 120.2
—, das — flattert . 114.9
— führung . . 116.10
—, Fuß- 120.6
— gehäuse . . . 112.2
— — deckel . . . 112.3
—, gesteuertes . . 120.8
—, Gewichts- . . 119.2
—, Glocken- . . 119.1
—, Gummiklappen- 123.4
— hahn 128.4
— hebel 119.9
—, Hilfs- 116.1
—, Hub- 116.2
— hub 114.1
— kammer . . . 112.2
—, Kegel- . . . 116.5
— kegel 116.6
—, Klapp- . . . 123.1
— klappe 123.2
—, das — klappert 115.1
—, das — klemmt sich 114.7
— körper 113.3
—, Kronen- . . . 119.1
—, Kugel- . . . 116.7
— kugel 116.8
Ventil, Lederklappen- . . . 123.3
—, Luft- 121.8
— masse 114.5
—, das — öffnen . 115.2
— ölkanne . . . 51.10
—, Probier- . . . 122.8
—, Reduktions- . 121.5
—, Reduzier- . . 121.5
—, Ring- 118.2
— mit oberer Rippenführung . . 117.2
—, mit unterer Rippenführung . 117.3
—, Rohr- 118.8
—, Rohrbruch- . 110.5
—, Rohrbruch- . 121.4
—, Rückschlag- . 121.3
—, Saug- 121.6
—, Schlamm- . . 122.9
—, das — schliessen 115.3
— schluß 115.5
—, Schmutz- . . 122.9
—, Schnarch- . . 122.1
—, Schnüffel- . . 122.1
—, selbsttätiges . 120.7
—, Sicherheits- . 119.6
— sitz 113.4
— —, das Ventil auf den — aufschleifen . . . 113.6
—, Speise- . . . 122.7
—s, das Spiel des . 115.4
— spindel . . . 113.7
— stangenführung 117.7
—, Steuer- . . . 120.8
— steuerung . . 120.9
—, Stufen- . . . 118.6
—, Teller- . . . 116.3
— teller 116.4
— überdruck . . 114.4
—, das — überlasten 120.5
—, umgesteuertes . 120.7
—, Wechsel- . . . 118.1
Verankern . . . 18.6
Verbindung, Riemen- . . . 80.7
Verbolzen . . . 18.4
Verbolzung . . . 11.1
Verfilzen, der Docht verfilzt 54.4
Verharzen, das Schmieröl verharzt 50.10
Verharzung des Öls 51.1
Verjüngte Muffe . 107.1
— Nietung . . . 30.8
Verjüngter Maßstab 221.5
Verjüngtes Knierohr, scharfes . 107.6
Verkeilung . . . 22.5
Verkleidung, Cylinder 131.2
Verlängerungsstange 227.8
Verlegen, das Rohr 109.6
Verme, a — quadrangolare . . 10.1
—, a — tondo . . 10.3
—, a — triangolare 9.6
—, vite a — doppio 9.2
— d'una vite . . 7.7
—, vite a — triplo 9.3
Vernice del tubo . 98.3
Vernier caliper . . 204.6
Vernieten 30.5
Vernietung . . . 27.4
Vernietung, Warm- 27.8
Verpacken (Stopfbüchse) 135.2
Versatznietung . . 30.1
Verschiebbare Achse 34.3
Verschlossenes Seil 85.7
Verschlußkappe (Rohr) 105.2
— pfropfen (Rohr) 105.1
—, Rohr- 104.9
— schraube . . . 13.5
— — (Rohr) . . . 105.1
Verschrauben . . 18.5
Verschraubung . . 11.1
—, Deckel- (Cylinder) 130.7
—, Flanschen- . . 98.8
—, Rohr- 98.6
Versenker 180.7
Versenkte Niete . 26.8
— Schraube . . . 14.4
Versenkter Kopf (Schraube) . . . 12.3
Versenkungswinkel (Niete) . 26.6
Verspleißen, das Seil 85.9
Versplinten, einen Bolzen 14.9
Verstellbar. Schraubenschlüssel . . 18.1
Verstemmen, Nieten 31.1
Verteilungsschieber . . . 126.9
Vertical belt . . 78.5
— journal . . . 38.7
— projection . . 238.2
— shaft 36.2
— writing . . . 231.7
Verzahntes Kettenrad 91.4
Verzahnung . . . 63.2
—, Cykloiden- . . 66.7
—, Doppelpunkt- . 67.5
—, Eisen-Eisen- . 72.4
—, Evolventen- . 67.8

Verzahnung, Geradflanken- 67.6
—, Innen- . . . 67.7
—, Triebstock- . . 67.4
Verzögerung . . 235.7
Verzweigung, Rohr- 106.1
Vice 153.1
—, bench- 153.2
— bench 256.2
—, bits of the . . 153.5
— -clamps 154.7
— -clamps 155.2
—, filing- 154.6
—, hand- 154.6
—, hand 155.2
—, jaw- 153.1
— -jaw 153.6
—, jaws of the . 153.5
—, parallel bench- 154.2
—, pin- 155.1
—, pipe- 154.3
—, pointed hand- . 154.8
—, to screw a piece of work into the 153.3
—, standing- . . . 153.2
—, tube- 154.3
Vidange d'huile . 55.5
—, robinet de . . 129.2
Vide 65.7
— 179.1
Vider l'huile . . 55.6
Viereckig. Gewinde 9.7
Vierkant 12.1
— eisen 215.1
— feile 174.3
— kopf 12.1
— welle 35.10
Vierweghahn . . 129.1
— wegestück (Rohr) 106.8
Viera conica d'innesto . . . 58.2
— del tirante . . 14.7
View, to draw a — of a machine part 224.1
—, front 224.2
—, longitudinal . 224.5
—, side 224.3
Viga de hierro T . 215.7
Vilebrequin . . . 182.5
Viruta 192.6
Virutas de lima . 171.8
— de sierra . . . 187.4
Vis 11.2
—, accouplement à 56.6
— agrafe de courroie 81.5
— à ailettes . . . 15.4
— d'arrêt 15.1
—, arrêt de sûreté de 13.3
— à bois 16.4
—, bouchon à (tuyau) 105.1
Vis, boulon à . . 11.2
—, calibre à . . 204.3
—, calibre à . . 204.4
— à clef 15.3
—, clef à — d'arrêt 17.3
— de couvercle du piston 139.6
—, déformer la . 19.8
— d'étau 153.4
— de fermeture . 13.5
—, filet d'une . . 7.7
— sans fin . . . 71.7
— —, engrenage à 71.4
— de fixation . . 13.7
—, manchon à . . 56.5
— micrométrique 15.6
— de mouvement 13.5
—, noyau de la . 8.2
— à œil 14.8
—, pas d'une . . 7.5
— à double pas 9.2
— à pas multiple 9.4
— — simple . . 9.1
— à triple pas . . 9.3
—, la — a x pas au pouce 7.6
— du piston . . 136.9
— à plusieurs filets 16.3
— de pression . . 13.7
— de réglage . . 15.1
—, robinet à . . 128.5
— de serrage . . 15.1
—, serrer la . . . 18.7
—, spire de . . . 7.5
— à tête 13.9
Viscosità dell' olio 50.9
Viscosité de l'huile 50.9
Vissage 11.1
Vissée, bride . . 100.9
Visser 18.5
— 18.8
Vista di fianco . . 224.4
— frontale . . . 224.2
— laterale . . . 224.3
— longitudinale . 224.5
— di profilo . . 224.3
Vite 11.2
—, accoppiamento a 11.1
— di aggiustamento 13.6
— ad alette . . . 15.4
—, anima della . 8.5
— d'arresto . . . 15.1
— —, chiave a . 17.3
—, arresto di sicurezza della . . 13.3
— d' attacco . . 13.4
— di chiusura . . 13.5
—, collegamento a 11.1
— di collegamento 13.4
— per congiungere cinghie . 81.5
—, dado della . . 11.5
— a più filetti . . 16.3
Vite, filetto d'una 7.7
— senza fine . . 71.7
—, foro della . . 11.7
—, gambo della . 11.3
—, giunzione a . 11.1
— da legno . . . 16.4
— micrometrica . 15.5
— mordente . . 13.9
— per morsa . . 153.4
— ad occhio . . 14.2
— a pane destro . 8.7
— — destrorsa . . 8.7
— — sinistrorsa . 8.9
— a più pani . . 16.3
— passante . . . 13.10
—, passo d' una . 7.8
— a passo semplice 9.1
—, la — a x passi per pollice . . 7.6
— perpetua . . . 71.7
— di pressione . 13.7
— — 15.1
— prigioniera . . 13.8
—, ranella della . 11.6
—, spira d'una . 7.5
—, strappare il verme ad una 19.8
—, testa della . . 11.4
— a testa e dado incassati . . . 14.4
— con testa a spinetta 15.3
—, verme d' una . 7.7
— a verme doppio 9.2
— — triplo . . . 9.3
Vitesse 235.3
—, composante de la 240.2
—, décomposer une — en ses composantes 240.1
— finale 235.9
— initiale . . . 235.8
— moyenne . . 235.10
—s, parallelogramme des 239.8
— du piston . . 137.4
—, résultante de la 240.4
—s, réunir plusieurs — en leur résultante . . . 240.3
— du tir . . . 237.10
Vogelzunge . . . 174.8
Volano 149.4
—, corona del . 149.5
— dentato . . . 150.4
— diviso 149.9
— —, bullone della corona 150.2
— —, bullone del mozzo 150.3
— —, giunzione della corona . . 150.1
—, esplosione del 150.5

Volano, grado d'irregolarità . 149.8
—, mozzo del . . 149.7
—, razza del . . 149.6
—, rottura della corona 150.6
Volant 149.4
—, bras du . . . 149.6
— denté 150.4
— en deux parties 149.9
—, explosion du . 150.5
—, jante du . . . 149.5
—, moyeu du . . 149.7
Volante 149.4
—, brazo del . . 149.6
—, corona del . . 149.5
—, cubo del . . 149.7
— dentado . . . 150.4
—, grado de desigualdad . . . 149.8
Volante, llanta del 149.5
— de piezas armadas 149.9
— de piezas armadas, junta de la corona 150.1
— —, tornillo de la corona 150.2
— —, tornillo del cubo 150.3
—, rotura del . . 150.5
—, rotura de la corona 150.6
Volantino (valvola) 113.8
Volée, tarauder à la 19.10
Volle Welle . . . 35.8
Vollschlächtiges Seil 85.7
Volute spring . . 148.4
Vorfeile 172.4
Vorgelege, Reibungs- 75.4
—, Riemen- . . . 77.3
—, Zahnrad- . . 68.2
— welle 36.5
Vorhalter 32.3
Vorreißer 207.6
Vorschlaghammer . 161.3
Vorsprung, Flansch mit — u. Rücksprung 99.8
Vorsteckkeil . . 16.1
—* 24.9
—, Bolzen mit . . 14.8
Vrille 179.7
Vue de côté . . 224.3
— de face . . . 221.2
— longitudinale . 224.5

W.

Wagerechter Wurf . 238.1
Waggon spring, laminated plate . 147.6
Wall-box-frame . . 47.3
— -bracket . . . 46.5
— — -bearing . . 46.4
— -chisel 181.7
— hook (pipe) . . 109.8
— of pipe . . . 97.8
Walzapparat, Rohr- 103.2
— eisen 215.5
— werk, Röhren- . 103.3
Walze, Reibungs- 74.4
Walzenfräser . . 184.1
— lager 45.8
Wälzende Reibung 246.4
Wälzfeile 174.7
Wandbock . . . 46.5
— konsole . . . 46.5
— lager 46.4
— — stuhl . . . 46.5
— stärke (Rohr) . 98.1
Wandung, Cylinder- 130.4
Warmlaufen des Lagers 48.3
— —, das Lager einer Maschine läuft warm . . 48.2
Warmmeißel . . . 165.9
— säge 187.8
— sägen 187.6
— saw 187.8
— —, to 187.6
— schmieden . . 164.2
— schrotmeißel . 165.9
— vernietung . . 27.8
Warme Nietung . 27.8
Washer (screw) . . 11.6
Wasserfarbe, Feucht- . . . 232.3
Wasserhahn . . . 129.5
— leitung . . 109.10
— rohr 107.9
— sack 110.2
— säule 111.7
— schieber . . . 126.4
— schlag 110.3
Wasserstandsgehäuse . . . 111.3
— glas 111.4
— hahn 111.5
— linie 111.6
— marke 111.6
— zeiger 111.2
Wasserwage . . . 208.8
Waste pipe . . . 109.3
Watch-maker's oil 51.7
Water cock . . . 129.5
— -colour 232.3
— —s, box of . . 232.1
— -column . . . 111.7
— faucet 129.5
— -gauge 111.2
— — -casting . . 111.3
— — -cock . . . 111.5
— — glass . . . 111.4
— grooved piston 139.8
— hammering . . 110.3
— hardening . . 200.5
— -level 208.8
— -line 111.6
— -mark 111.6
— pipe 107.9
— -piping . . . 109.10
— sluice gate . . 126.4
— -trap 110.2
— -tube 108.3
Wear, to — out (of the bearing) . . 48.4
Web, crank . . . 141.3
Web, saw- . . . 185.5
Wechselventil . . 118.1
Wechselnde Belastung 248.3
Wedge 21.6
—, angle of . . . 21.9
—, back of the . 21.8
— -bolt 25.1
— for coupling . 58.2
— -ended-hammer 161.3
— -friction-gear . 74.6
— — wheel . . . 74.7
—, iron 22.3
— -ring (stuffing-box) 133.5
—, steel 22.4
— -surface . . . 21.7
—, tangent . . . 24.5
—, taper of . . . 22.1
—, wooden . . . 22.2
Weg 235.2
Weichlöten . . . 201.2
Weighted governor 151.9
Weighted, drive with — belt tightener 78.1
— valve 119.2
Weißblech . . . 216.7
— guß 217.10
— lot 202.5
— metall . . . 217.10
— —, ein Lager mit — ausgießen 43.2
— pause 234.4
— strahleisen . . 211.2
Weißes Roheisen . 210.4
Weite, lichte (Ventil) 112.5
—, das Rohr hat x mm lichte . . 97.7

Weite, lichte — des Rohres 97.6
Weld 164.10
— 165.2
—, end lap (of the links of chain) . 89.6
—, side lap (of the link of chains) . 89.7
— -steel 213.6
—, to 164.9
— to — on . . 164.11
—, to — together 164.11
—, to — together 165.1
Welded chain . . 89.5
— pipe 102.4
— —, butt . . . 102.5
— —, lap 102.6
— —, spiral . . . 102.7
— tube 102.4
Welding . . . 164.10
—, defect in . . 165.4
— -furnace . . . 165.5
— heat 165.3
—, process of . 164.10
Wellblech . . . 216.6
— rohr 104.3
Welle 35.5
—, eine — abstechen 37.3
—, Antriebs- . . 36.4
—, Ausrück- . . 36.6
—, Ausrück- . . 59.4
—, biegsame . . 36.8
—, durchgehende 35.11
—, gekröpfte . . 36.9
—, doppelt gekröpfte 37.2
—, hohle 35.9
—, Kurbel- . . . 141.4
—, liegende . . . 36.1
—, eine — durch Riemen antreiben 76.4
—, der Riemen ruht auf der — auf . 80.1
—, stehende . . 36.2
—, Steuer- . . . 37.4
—, Trommel- . . 95.1
—, Umsteuer- . . 37.5
—, volle 35.8
—, Vorgelege- . . 36.5
—, Zwischen- . . 36.5
Wellenbund . . . 36.7
—hals 35.7
—kupplung . . . 56.2
—leitung 35.4
—zapfen 35.6
Wendeisen . . . 20.9
Wendeschlüssel . 17.2
Werkbank . . . 256.2
— führer 254.4
— stätte 256.1
— —, Maschinenbau- 254.1
Werkstätte, Montierungs- 255.8
— stück, ein — in den Schraubstock einspannen 153.3
— zeichnung . . 223.6
Werkzeug 256.4
—, Hand- 256.5
— kasten 256.3
— maschine . . . 256.8
— stahl 214.7
Wheel, arm of a . 69.7
—, bevil gear . . 71.2
—, bevil gear . . 71.4
—, built up . . . 69.9
— — 88.7
—, chain 90.5
—, chain 90.8
—, circumferential friction 73.6
—, cog 72.1
—, cogged . . . 72.1
— cutter 184.5
— cutting machine 73.2
—, dotting . . . 229.2
—, friction . . . 73.4
—, friction . . . 74.8
—, hyperbolical . 71.9
—, internal tooth 70.8
— -mill 197.7
—, mitre 71.4
—, mitre — gearing 71.3
—, mortice . . . 72.1
— moulding machine 73.1
—, pin 67.4
—s, right angle friction 74.2
—, rim of gear . 69.2
—, screw 71.8
— seat 33.5
— gearing, shaft with 68.2
—, split . . . 69.10
—, spur gear . . 69.1
—, the —s squeak 72.8
—, toothed . . . 63.8
— wedge friction . 74.7
—, worm 71.6
—, worm 71.8
—, worm and . . 71.5
Whet, to 197.5
— stone 197.3
White-metal . . 217.10
— pig-iron . . . 210.4
— print 234.4
Wick, the — is clogged up . . 54.4
— -lubricator . . 54.2
— for oil-syphon . 54.3
— -oiling 54.1
Widderkopf . . . 92.6
Widen, to . . . 179.3
Widerstand, Bahn- 238.4
Widerstand, Normal- 238.5
—, Reibungs- . . 245.7
—, Tangential- . 238.6
—smoment . . . 251.8
Width of a key . 22.9
— of passage (valve) 113.1
— of tooth . . . 65.8
— of thread . . . 8.2
Wiegensäge . . . 188.6
Wimble 180.8
— 182.2
Winch and crank handle 142.3
— rope 88.2
Windeisen . . . 20.9
Wind, to 142.9
—, to — up a rope 88.3
Winde, Niet- . . 32.4
Winding rope . . 87.7
Windlass 142.3
—, handle of . . 142.4
— for a single man 142.5
— for two man . 142.6
Windungszahl der Feder 149.2
Wing screw . . . 15.4
Winged nut . . . 12.7
Winkel 208.1
— 219.8
— Anschlag- . . 208.2
— beschleunigung 241.4
— bohrer 182.7
—, Brust- 185.8
—, Drehungs- . . 253.5
— eisen 215.6
— flansch . . . 100.3
— geschwindigkeit 241.3
— getriebe . . . 71.3
— hahn 128.8
—, Keil- 21.9
—, Keilnuten- . . 75.2
— konsole . . . 47.6
—, Kreuz- . . . 208,3
—, Neigungs- . . 7.2
— rad 71.4
— reibahle . . . 177.6
— schmierbüchse . 55.9
—, Schneid- . . . 185.9
— schnelle . . . 241.3
—, Sechskant- . . 208.4
—, Steigungs- . . 7.2
— transporteur . 229.5
— trieb (Riemen) . 77.8
—, Umschlingungs- (Riemen) . . . 76.3
—, Versenkungs- (Niete) 26.6
—, Wurf- 237.6
— zahn 70.4
— zähnen, Rad mit 70.3
—, Zuschärfungs- . 186.1
Wirbel, Ketten- . 90.5
Wire-cutter . . 155.10

Wire gauge . . . 206.6
— -rope 86.7
— -nail 196.4
— — pulley . . . 87.3
— -shears 158.2
— -tack 196.4
Wirkungsgrad . . 246.8
Wischer, Rohr-. . 110.9
Woarn-in journal . 38.3
Wölbung (Riemscheibe) . . . 82.8
Wolframstahl . . 214.6
— steel 214.6
Wolfszahn . . . 186.5
Wood belt pulley . 83.1
— on iron-gearing 72.5
— saw 187.10
— -screw 16.4
— tooth 72.8
Wooden hammer . 163.6
— wedge 22.2
Work 245.1
—, to be at . . . 255.7
— bench 256.2
—s, engine- . . . 254.1
— of friction . . 246.5
—s, machine- . . 254.1
—, resilience — of deformation . . 248.6
Work room . . . 256.1
— shops 256.1
— shop for constructing machines . 254.1
— done by tooth-friction 66.6
—, total 246.6
—, to 255.7
—, to (crank) . . 142.9
—, to — with a chisel 168.2
Working drawing . 223.6
— machine . . . 256.6
— rope 86.5
Worm 71.7
— gear 71.5
— hobs 184.6
— -pipe 104.6
— -wheel 71.6
— — 71.8
— and wheel . . 71.5
Wrench . . 16.5; 17.3
— adjustable . . 18.1
—, alligator . . . 110.6
—, bent 17.2
—, box- 17.5
—, coach 18.2
—, cock- 17.6
—, double ended . 17.1
Wrench, flange- . 101.1
—, monkey- . . . 18.2
—, opening of . . 16.6
—, pipe- 110.6
—, piston 137.1
—, set screw - . 17.3
—, single ended . 16.8
—, socket- . . . 17.4
Writing, vertical . 231.7
—, roundband . . 231.6
Wrought-iron . . 212.5
— — 212.6
— — belt pulley . 82.8
— — pipe . . . 102.2
Wulst, Kranz- . . 69.8
—, Naben- . . . 69.5
Wurfbahn 237.9
— dauer 236.6
—geschwindigkeit 237.10
— höhe 237.8
—, schiefer . . . 237.5
—, senkrechter . . 238.2
—, wagerechter . 238.1
— weite 237.7
— winkel 237.6
Wurm (Schneckenrad) 71.7
— getriebe . . . 71.5
Wurzelkreis . . . 63.7

Y.

Y-pipe 106.3
Yellow-brass . . 217.5
— -copper . . . 217.5
Yunque 158.3
— de banco . . . 158.8
—, cara superior del 158.4
Yunque de cincel . 165.7
—, cuello del . . 159.8
—, cuerno del . . 159.1
—, espiga del . . 159.3
— de forja . . . 158.6
— de mano . . . 158.7
Yunque para picar limas 171.7
—, suplemento de corte para . . . 159.7
—, tabla del . . . 158.4
—, tajo base . . 158.5

Z.

Z-bar 215.10
Z-Eisen . . . 215.10
— -iron . . . 215.10
Zahn 64.8
— (Kupplung) . . 60.3
— breite 65.8
—, Dreiecks- . . 186.4
— druck 66.3
— —, specifischer 66.4
—, eingesetzter . 72.2
— flanke 64.10
— form 64.9
—, Fräser- . . . 183.3
— fuß 65.3
—, gefräster . . . 66.2
—, gehobelter . . 66.1
—, geschnittener . 66.1
—, geschränkter . 186.8
— gesperre . . . 95.5
—, hinterlochter . 186.7
Zahnkopf 65.1
— kranz 69.2
— krone 65.1
— kupplung . . . 60.2
— länge 65.5
— lücke 65.7
—, M- 186.6
— profil 64.9
— rad 63.3
— — fräser . . . 184.5
— — getriebe . . 68.1
— — vorgelege . 68.2
— reibung . . . 66.5
— —sarbeit . . . 66.6
—, roh gegossener 65.9
—, Säge- 185.7
— spitzenlinie . . 186.2
— stange 70.7
— stangengetriebe 70.6
— stärke 65.6
Zahn, Stock- . . 186.6
— teilung . . . 63.4
—, Wolfs- 186.5
— wurzel 65.3
Zanca 182.8
Zange 155.3
—, Beiß- 156.1
—, Brenner- . . . 156.7
—, Draht- . . . 155.9
—, Drück- . . . 156.4
—, Feder- . . . 156.8
—, Flach- . . . 155.5
— der Hobelbank 194.1
—, Kappen- . . . 155.7
—, Klapp- . . . 156.3
—, Kneif- 156.2
—, Korn- 156.3
—, Kugel- . . . 155.7
—, Loch- 169.5
—, Löt- 156.6

Zange, Löt- . . . 203.2
—, Nagel- . . . 156.8
—, Niet- 32.7
—, Platt- 155.5
—, Rohr- 110.7
—, Rund- . . . 155.6
—, Schieb- . . . 155.8
—, Schmiede- . 166.10
—, Zieh- 156.5
Zangenmaul . . . 155.4
Zapata del freno . 96.4
Zapfen 37.6
— bohrer 179.8
—, cylindrischer . 39.2
—, Dreh- 39.7
—, sich auf einem — drehen . . . 39.8
— druck 37.9
—, eingelaufener . 38.3
—, eingesetzter . 39.6
—, Gabel- . . . 39.5
—, Gelenk- . . . 62.1
—, Hals- 38.5
—, Kamm- . . . 38.9
—, konischer . . 39.3
—, Kreuzkopf- . . 146.7
—, Kugel- . . . 39.4
—, Kurbel- . . . 141.6
— reibahle . . . 178.1
— reibung . . . 38.1
—, Ring- 38.8
—, Spitz- 39.1
—, Spur- 38.7
—, Stirn- 38.6
—, Stütz- 38.7
—, Trag- 38.4
—, Wellen- . . . 35.6
Zeichenbogen . . 220.3
— bureau . . . 218.4
— feder 231.4
— mappe 219.2
— papier 220.2
— stift 230.2
— tisch 218.7
— tisch, verstellbarer 219.1
Zeichnen, Maschinen . . 222.6
— (verb) 218.1
—, maßstäblich . 218.3
—, in natürlicher Größe 218.2
—, in natürlichem Maßstabe . . . 218.2
—, in verjüngtem Maßstabe . . . 218.3
Zeichner 218.5
Zeichnung . . . 218.6
—, die — beschreiben 231.5
—, eine — in Blei anfertigen . . . 226.1
—, Detail- . . . 223.5
—, Hand- . . 222.10
—, Maschinen- . . 222.7
—, die — verzieht sich 233.3
—, Werk- 223.6
—sentwurf . . . 223.2
—smappe . . . 219.2
Zeit 235.4
Zementstahl . . 214.2
Zentralschmierung 50.2
— schmiervorrichtung 50.3
Zentrifugalpendel 239.4
Zentrumsscheibe . 228.7
— stift 228.7
Zickzack-Nietung . 30.1
Ziehfeder 229.6
—, Doppel- . . . 229.8
— einsatz . . . 227.5
—, Kurven- . . . 229.7
Ziehmesser . . . 195.8
Ziehzange . . . 156.5
Ziehen, Röhren- . 103.5
Ziehendes Trum . 75.10
Zig-Zag-riveting . 30.1
Zinc 216.9
— hammer . . . 163.7
Zinco 216.9
Zink 216.9
— hammer . . . 163.7
Zinn 216.10
— lot 202.5
Zirkel 226.8
— bein 226.9
—, Bleistift- . . . 228.1
—, Einsatz- . . . 227.3
—, Feder- . . . 228.3
— fuß 226.10
—, Hand- 228.2
— kopf 227.2
—, Nullen- . . . 228.4
—, Parallel- . . . 207.8
—, Reduktions- . 228.5
— schenkel . . . 226.9
— schlüssel . . . 227.9
—, Spitz- 207.4
— spitze 227.1
—, Stangen- . . . 228.6
—, Stech- 228.2
Zirkel, Stück- . . 227.8
—, Teil- 228.3
— verlängerung . 227.8
Zollmaß . . . 220.10
Zollstab 221.8
— stock 221.3
— stock 221.8
Zudrehen, den Hahn 128.2
Zufluß, Öl- . . . 52.3
— rohr 109.2
Zug 250.2
— beanspruchung 250.4
— festigkeit . . . 250.3
—, ein Körper ist auf — beansprucht 247.6
— kraft 250.5
— messer 195.3
— spannung . . 250.6
Zulässige Anstrengung 247.7
— Beanspruchung 247.7
Zuleitungsrohr . . 109.2
Zunge der Reißschiene 219.7
Zusammendrükkung der Feder . 148.7
— drücken, eine Feder 148.8
— leimen 196.7
— löten 200.7
— kuppeln . . . 62.5
— nageln 196.1
— schlagen, das Seil 85.4
— schrauben . . 19.2
— schweißen . . 165.1
Zuschärfungswinkel 186.1
Zuschlaghammer . 161.3
Zuschrauben . . 19.1
Zwanglauflehre . 234.8
Zweigängiges Gewinde 9.2
Zweimännische Kurbel 142.6
— Säge 188.2
Zweireihige Nietung 29.6
— schnittige Nietung 28.5
— teilige Excenterscheibe 143.8
Zweigrohr . . . 106.4
Zwinge, Schraub- . 196.9
Zwischenwelle . . 36.5

А.

Автоматическая смазка . . . 49.6
—ой —и, устр. для — — . . 49.7
—ій клапанъ . . 120.7
—ое разобщеніе . 60.1
Акварельная краска . . . 232.3
Амбусъ 159.5
Амплитуда качан. маятника . . . 238.9
Англійскій ключъ 18.2
Анкерная доска . 15.8
— плита 15.8
—ый болтъ . . 15.6
—ыми —ами скрѣпить . . . 18.6
Аппаратъ для очистки масла . 53.1
Аппаратъ для свѣтопечатанія 234.5
— для смазыв. по каплямъ . 54.6
— тормазный . . 96.1
Асбестовая набивка . . . 135.5
— тесьма . . . 135.6

Б.

Балистическая кривая . . . 237.11
Банница для очистки трубъ 111.1
Баня масляная . 55.3
Барабанъ . . . 94.8
— для канатовъ . 95.2
— — цѣпей . . 95.3
—а валъ . . . 95.1
— цилиндръ . . 94.9
Барашекъ . . . 12.7
—ка 15.4
—ковый винтъ . 15.4
Башмакъ тормазный . . . 96.4
Безконечная цѣпь 91.11
— ый винтъ . . 71.7
Безразличное равновѣсіе . 244.10
Бертелэйзенъ . 159.8
Бессемеровская сталь . . 213.9
—ое желѣзо . . 213.2
Блокъ 93.2
— бутылочный . 93.7
— дифференціальный . . 94.5
— для цѣпей . . 90.8
— — эскизовъ . 220.5
Блокъ глухой . 93.3
— неподвижный 93.3
— передвижной . 93.4
— сложный . . 93.7
— холостой . . 93.4
— цѣпной . . . 88.7
— — зубчатый . 91.4
—а коробка . . 93.8
— обойма . . . 93.5
— — 93.8
— ось 93.6
Блюдце для туши 232.6
Боевой молотокъ 161.3
— — съ поперечн. лицомъ . . . 161.6
Бой молотка . . 160.4
Болтъ 11.2
— анкерный . . 15.6
— крейцкопфа . 146.7
— крестовины . 146.7
— крышки поршня 139.6
— — цилиндра . 130.6
— кулака . . . 146.7
— основ. подшипника . . 43.8
— отъ крышки подшипника . 43.6
— перекидной . 14.3
— поршня . . . 136.9
Болтъ распорный 14.5
— сальника . . 133.8
— скрѣпляющій . 57.4
— соединительн. 57.4
— стыковой обода 150.2
— — ступицы . 150.3
— стяжной . . 57.4
— съ головк. и гайк. . . . 11.9
— съ крышки клапана . . 112.4
— съ чекою . . 14.8
— флянца . . . 99.3
— фундаментный 15.7
— — 44.3
— цѣпи 91.2
— шарнирный . 14.3
—ы нарѣзать . . 19.9
—ами скрѣплять . 18.4
— — 18.6
—овая связь . . 14.6
—орѣзный станокъ 21.5
Бороздка шкива 87.2
—чат. шкивъ д. канат. 87.1
Бортъ вкладыша 43.3
Бочечный буравъ 179.8
Бревно 190.7

Бродокъ 169.4
Бронза 217.6
— колокольн. . . 217.9
— пушечная . . 217.8
— фосфорист. . 217.7
Брусовка . . . 172.3
Брусокъ наждачный 198.1
Букса 132.8
—, грунд- . . . 133.4
— направляющ. . 146.2
Бумага восковая . . . 233.9
— для эскизовъ . 220.4
— наждачная . . 197.9
Бумага пропускная 232.9
— свѣточувствительн. . . . 234.2
— чертежная . . 220.2
—и —ой листъ . 220.3
Буравить . . . 179.2
—чикъ 179.7
—ъ бочечный . . 179.8
— земляной . . 181.6
— насосный . . 181.1
— плотничій . . 180.8
— ручной . . . 179.6
— съ бочечн. ушкомъ . . . 181.2
Буреніе 179.5
Буровой инструментъ 182.7
Буръ для камня 181.7
Бутылочный блокъ 93.7
Бѣлая жесть . . 216.7
—ый металлъ . 217.10
— сплавъ . . 217.10
— чугунъ передѣлочн. . . . 210.4
Бюгель направл. цѣпной передачи 90.7
Бюро чертежное 218.4

В.

Валъ 35.5
— барабана . . 95.1
— горизонтальный 36.1
— двухколѣнчатый 37.2
— для перем. хода 37.5
— квадратный . 35.10
— колѣнчатый . 36.9
— массивный . . 35.8
— передаточный 36.5
— полый . . . 35.9
— приводный . 36.4
— промежуточный 36.5
— разобщающійся 36.6
— разобщительный 59.4
— распредѣлительный . . 37.4
— сквозной . . 35.11
— стоячій . . . 36.2
— упругій . . . 36.3
— подрѣзать . . 37.3
— приводить въ движ. посредствомъ ремня 76.4
—а колѣно . . 36.10
— обварка . . . 36.7
— шейка . . . 35.7
— шипъ 35.6
—овъ сцѣпленіе . 56.2
Валикъ наждачный 198.4
— рессорный . . 147.8
— цѣпной . . . 91.5
Вальцованное желѣзо . . . 215.5
Ванна масляная . 55.3
Ватерпасъ . . . 208.8
Ввинчивать . . 18.8
Вгонять заклепку 30.7
— клинъ . . . 25.8
Ведомая часть ремня 76.1
—ый шкивъ . . 75.7
Ведущая часть ремня 75.10
— ось 34.4
—ее колесо . . 68.7
—ій шкивъ. . . 75.6
Величина ключа 16.7
— работы . . . 245.2
Веретенное масло 51.7
Верстакъ . . . 193.0
— 256.2
—чная наковальня 158.8
—чный винтъ . 15.3
— молотокъ . . 161.5
— струбцинка . 154.5
Верстачные тиски 153.2
Вертикальный валъ 36.2
— видъ 224.4
— ремень . . . 78.5
Верхнее желѣзко 192.9
—ій блокъ . . . 94.2
—яя коробка . . 94.2
— обойма . . . 94.2
Видъ вертикальный 224.4
— продольный . 224.5
— сбоку 224.3
— спереди . . . 224.2
Вилка направляющая . . . 84.4
— приводнаго рычага 59.3
—образная головка 145.3
Вилочный ключъ 17.8
Винтиль 112.1
Винтъ 11.2
— барашковый . 15.4
— верстачный . 15.3
— закрѣпляющій 13.4
— микрометрическій 15.5
— многооборотный 16.3
— нажимной . . 15.1
Винтъ передающій движен. . . 13.6
— прессовый . . 13.7
— прессующій . 13.7
— пригнанный . 13.10
— ременной застежки . . . 81.5
— скрѣпляющій . 13.5
— съ головкою . 13.9
— — — потайн. . 14.4
— — кругл. ходомъ 10.3
— — лапками . . 15.4
— — лѣв. ходомъ 8.9
— — остр. ходомъ 9.6
— — петлей . . 14.2
— — правымъ ходомъ . . 8.7
— — прорѣзомъ 15.2
— — прямоугольн. нарѣзк. . . 10.1
— установочный 13.4
— тисковый . . 15.3
— отпустить . . 19.4
— подтянуть . . 19.7
— пригонять . . 14.1
— притянуть . . 19.6
—, сдаетъ . . . 19.5
—а, на дюймъ — приходится x нарѣзокъ . . 7.6
—, стержень . . 8.5
—, ходъ 7.5
Винтовальная доска 20.2
Винтовая доска . 20.2
— линія 7.1
— муфта . . . 56.7
— — (трубн.) . . 106.9
— нарѣзка . . . 7.7
— —, лѣвая . . 8.8
— —, правая . . 8.6
— поверхность . 7.4
— рессора . . . 148.3
— стяжка . . . 57.4
—ое колесо . . 71.8

Винтовое соединеніе 56.6
— — трубъ . . 98.6
Винтовой ключъ . . . 16.5
— нарѣзки калибръ 206.1
— — шаблонъ . 206.2
—ыя впадины полаго цилиндра 10.5
Витая рессора . 148.1
—окъ рессоры . 149.1
—ковъ, число . . 149.2
Вкладышъ . . . 42.4
— кольцевой . . 41.2
— подпятника . 40.9
— подшипника шаровъ. . . . 45.7
— регулируемый 42.5
—а бортъ . . . 43.3
— длина . . . 40.2
— закраина . . 43.3
— прокладка . . 42.6
— футеровка . . 42.6
Включа(и)ть . . 84.2
Внесеніе размѣровъ . . . 225.10
—ти размѣры . 225.9
Внутреннее зацѣпленіе . . 67.7
—ій діаметръ клапана 112.5
— — трубы . . 97.6
— — — 97.7
— подшипникъ . 47.8
Вогнать клинъ . 25.8
— заклепку . . 30.7
Водомѣрное стекло 111.4
—ый кранъ . . 111.5
Водопроводъ . 109.10
—ная задвижка . 126.4
— труба 107.9
—спускной кранъ. . . . 129.5
Водоуказатель . 111.2
—я, футляръ для — . . . 111.3
Воды, линія уровня — . . 111.6
— резервуаръ для — . . . 110.2
— ударъ . . 110.3
— указатель уровня — . . 111.2
—яной столбъ . 111.7
Возвратная заслонка . . . 123.7
—ый клапанъ . 121.8
Воздушный — . 121.8
Воздуходувный мѣхъ 167.2
Волнистая труба 104.3
—ое листовое желѣзо . . . 216.6
Волнообразная труба 104.3
Волочильныя клещи 156.5
Волосная пила . 189.5
Волчій зубъ . . 186.5
Вольфрамистая сталь 214.6
Ворота ручнаго колесо 90.6
Восковая бумага 233.9
Впадинъ, кругъ 63.7
Впадины винт. полаго цил. . . 10.5
— ширина . . . 65.7
Впускная труба 109.2
—ой клапанъ . . 124.4
Вращать рукоятку 142.9
—ся на шипѣ . . 39.8
Вращающаяся задвижка . . 126.8
— цапфа . . . 39.7
—йся шаръ . . 150.9
Вращеніе . . . 240.6
— оси 34.7
—я уголъ . . . 241.2
—, ось 34.5
— — 241.1
Вредное пространство . . 136.4
Время 235.4
—енная заклепка 27.3
Всасывающая сѣтка 108.6
— труба 108.5
—ій клапанъ . . 121.6
— — 124.2
—ія трубы . . . 108.7
Вставить втулку въ стаканъ . . 42.2
— зубья въ колесо 72.7
Вставка циркульная . . . 227.4
— — 227.5
—ленный зубъ . 72.2
—очная игла . 227.6
—ыя тисочныя губы 154.1
Втулка колеса . 69.4
— муфты . . . 56.5
— сальника . . 132.6
— — нажимная 104.4
Втулка стакана 42.1
— ступицы . . . 83.9
—и отверстіе . . 69.6
— приливъ . . 69.5
— флянецъ . . 132.7
Вывѣри(я)ть . . 208.6
—очная плиты . 208.7
Выгнутая поперечка 188.6
Выдувательный клапанъ . . . 122.4
—ной клапанъ . 122.1
Выключа(и)ть . 84.2
— машину . . . 255.8
Выпуклость . . 82.3
—ый шкивъ . . 82.2
Выпускная заслонка . . . 124.1
—ой клапанъ . . 122.6
— — 124.5
— кранъ . . . 129.8
—тить масло . . 55.6
Выруба(и)ть закл. головку . . . 31.4
Высверлить . . 179.3
— цилиндръ . . 131.5
—енная дыра . . 179.1
Высота головки зуба 65.2
— заплечика цапфы . . . 37.8
— зуба 65.5
— клина 22.8
— корня зуба . 65.4
— ножки . . . 65.4
— паденія . . . 236.3
— подъема . . . 236.5
— полета . . . 237.8
— поршня . . . 136.3
— хода 7.8
Выступъ клина . 23.3
— муфты . . . 60.3
— обода 69.9
— плиты подшипн. 44.6
—овъ, кругъ . . 63.6
Выгибъ 252.2
Высѣчка . . . 169.4
Вытеканія предѣлъ 250.1
Выточить цилиндръ . . . 131.3
Выгнутая поперечная пила . 188.6
Вытягиванія предѣлъ 250.1
Вѣнецъ зубчатый 69.2
Вѣтвь трубы . . 106.4
Вязкость смазочн. масла 50.9

Г.

Гаечный затворъ 13.1
— ключъ . . . 16.5
— — англ. . . . 18.2
— — франц. . . 18.2
Газовая труба . 107.8
—ой —ы нарѣзка 10.6
—ый кранъ . . 129.6
— паяльникъ . . 201.9
—проводъ . . . 110.1
—ная задвижка . 126.5
Гайка 11.5
— закрѣпная . . 13.2
—, контръ- . . 13.2
— направляющ. . 126.2
— регулировочная 12.9
— соединительн. 12.8
— съ накаткой . 12.10
— — ушками . . 12.7
— тычковая . . 12.6
— установочная 12.9
— шестигранная 12.5
—и нарѣзка . . 10.5
Галля цѣпь . . 91.3
Гаспельный канатъ 88.2
Гвоздарная оправка . . . 196.4
Гвоздильный молотокъ . . . 196.3
Гвоздильня . . 196.4
Гвоздодеръ . . 156.3
Гвоздь 195.6
—я, дыра отъ — . 196.2
—ями сколачивать 196.1
Гиперболическ. колесо 71.9
Гипоциклоида . 66.10
Гладилка . . . 162.4
—ьникъ 164.6
—ый молотокъ . 162.5
Глиняная отливка 212.1
Глубина захватки 75.3
— муфты . . . 101.6
— нарѣзки . . . 8.1
Глухое сцѣпленіе 56.3
—ой блокъ . . . 93.3
— флянецъ . . 100.4
Гнѣздо пилы . . 185.6
Головка болта . 11.4
— винта 11.4
— — кругл. . . 12.2
— — потайн. . . 12.3
— — тавров. . . 12.4
— — шестигр. . 11.10
— заклепки . . 26.3
— — закладн. . 26.4
— — замыкающ. 26.5
— — начальн. . 26.4
— зуба 65.1
—и — высота . . 65.2
— — траекторія 64.7
—а клина . . . 21.8
— крана 127.9
— накладки цѣпи 91.1
— оси 33.5
— рейсшины . . 219.6
— циркуля . . 227.2
— шатуна . . . 144.9
— — вилкообр. . 145.3
— — замкнут. . 145.1
— — открытая . 145.2
Головочн. окружность 63.6
Горбачъ 193.7
Горизонтальный валъ 36.1
— ремень . . . 78.4
Горно переносное 32.9
—ъ д. нагрѣв. заклеп. . . . 33.1
Горнъ кузнечный 166.2
— наковальни . 159.1
— переносный . 167.3
—у, принадлежн. къ — 166.5
Горѣлка паяльная 201.10
Горячая клепка . 27.8
Готовальня . . 226.7
Гофрированный листъ жел. . . 216.5
Гребенка . . . 20.5
— верстака . . 194.1
— для нарѣзки винт. 20.7
— — гаекъ . . 20.6
—чатая шейка . 38.9
—ый подшипникъ 41.4
Грудной коловоротъ 182.5
Грузъ регулятора 152.1
—овая цѣпь . . 88.8
—ой клапанъ . . 119.2
— регуляторъ . 151.9
Грундъ-букса . . 133.4
Губка 233.2
Губы тисочныя . 153.5
— — вставочн. . 154.1

Д.

Давильныя клещи 156.4
Давленіе 250.7
— на единицу поверхности 40.7
— — зубъ . . . 66.3
— — подшипникъ 40.6
— — салазки . . 145.9
— — цапфы . . 37.9
— эксцентрика . 144.3
—я высокаго трубопроводы . 108.9
Дальность полета 237.7
Двигатель . . . 256.7
Движеніе . . . 234.7
— криволинейное 236.7
— неравномѣрное 235.5
— —свободное . . 238.3
—прямолинейное 234.9
—я —аго направляющія . 145.5
Движеніе равномѣрное . . 235.1
— — замедлен. . 236.1
— — ускорен. . 235.11
Движитель . . . 256.7
Двойное желѣзко 192.8
—ой ключъ . . 17.1
— клапанъ кольцевой 118.4
— крюкъ . . . 92.6
— ниппель . . . 107.3
— ремень . . . 80.2
— рубанокъ . . 192.7
— шовъ 29.6
Двуносовая наковальня . . 158.9
—ой шперакъ . 159.4
Двуплечая подвѣска Селлерса 46.8
Двуручная пила 188.2
Двусторонній ключъ 17.1
Двутавровое желѣзо . . . 215.8
— колѣнчатый валъ . . . 37.2
— конусная муфта Селлерса 58.1
—оборотная нарѣзка . . 9.2
— ходовая — . . 9.2
— шарнирный крейцкопфъ . 62.3
Дельта-металлъ 217.11
Деревянный зубъ 72.3
— клинъ . . . 22.2
— молотокъ . . 163.6
— шкивъ . . . 83.1
Державка . . . 31.8
— рессорная . . 147.9

Деталь машины представить въ перспективѣ 224.1
— — — разрѣзѣ 224.8
Деформація 248.4
Дискъ кривошипа 142.2
— точильный 197.7
— фрикціонный 61.2
— — 74.3
— эксцентриковый 143.6
— — простой 143.7
— — сост. изъ двухъ частей 143.8
—овая муфта 57.5
— шарошка 183.6
—ый поршень 140.3
Дифференціальный блокъ 94.5
— полиспастъ 94.4
— тормазъ 97.2
Діаграмма поднятія клапана 115.8
Діаметръ болта 11.8
— вала 40.3
— внутрен. клапана 112.5
— — нарѣзки 8.3
— — трубы 97.6
— — — равенъ x mm 97.7
— внѣшн. нарѣзки 8.4
— поршня 136.2
— стержня винта 8.3
Діаметръ флянца 99.1
— цилиндра 130.3
Длина вкладыша 40.2
— зацѣпленія 64.2
— зуба 65.8
— клина 22.10
— коробки клапана 113.9
— набивки 101.7
— отверстія звена 88.10
— подшипника 40.4
— полезная 98.2
Дно цилиндра 130.8
Долбить 23.4
— 168.2
— долотомъ 194.5
—ежная машина 23.6
—ое зубило 23.5
Долото 167.4
— 194.4
— 194.7
— камнетесное 167.8
— ручное 167.9
— трехгранное 195.2
—мъ долбить 194.5
— сглаживать 168.3
Дорожникъ 193.6
Доска анкерная 15.8
— чертежная 219.4
Дощечка д. измѣрен. листовъ 206.3
— калиберная 206.3
— — 206.6
Дратва 81.3
Драчковый стругъ 192.10
Дополнительн. конусъ 71.1
Допускаемое напряжен. 247.7
Дорожка и шпонка 25.3
Дрель 182.2
— смычковая 182.3
—и смычекъ 182.4
Дроссель 124.6
Дуга зацѣпленія 64.3
—овая труба 105.7
Душка крюка 92.5
Дымогарная труба 108.4
Дыра высверленная 179.1
— заклепочная 26.7
— отъ гвоздя 196.2
—ы пробивать 169.6
Дыромѣръ 205.7
—пробивный молотокъ 163.3
— —ыя клещи 158.1
Дышло 145.4
Дѣйствія, полезнаго — степень 246.8
Дѣлительная окружность 63.5
—ый конусъ 70.9
Дюймовая мѣра 220.10

Ж.

Жаровая труба 108.1
Желобить 23.4
Желобокъ шкива 87.2
Желобъ клинообразный 75.1
—а уклонъ 75.2
—чатое желѣзо 215.9
Желтая мѣдь 217.5
Желѣзко рубанка 191.12
— — двойное 192.8
— — верхнее 192.9
Желѣзная руда 210.2
—ый клинъ 22.3
— листъ гофриров. 216.5
— шкивъ 82.8
Желѣзо 210.1
— бессемеровское 213.2
— болтовое 214.9
— брусковое 215.1
— вальцованное 215.5
— желобчатое 215.9
Желѣзо заклепочное 31.8
— квадратное 215.1
— котельное 216.4
— кринолинное 215.4
— круглое 214.9
— листовое 215.11
— — волнистое 216.6
— — луженое 216.7
— — толстое 216.4
— — тонкое 216.3
— литое 213.1
— мартеновское 213.4
— C-образное 215.9
— Z — 215.10
— обручное 215.4
— плоское 215.3
— полосовое 212.5
— — 214.8
— прокатное 215.5
— прутковое 214.9
— пудлинговое 212.7
— сварочное 212.6
Желѣзо тавровое 215.7
—, дву- 215.8
— томассовское 213.3
— угловое 215.6
— узкополосое 215.3
— фасонное 215.5
— шестигранное 215.2
— шинное 215.4
Жесткость каната 86.3
Жесть бѣлая 216.7
— черная 216.2
—и листъ 216.1
Живая сила 245.4
Животное масло 51.2
Жидкая смазка 50.5
Жила 85.2
Журавликъ 32.6
Журавъ 32.6

З.

Завинчивать . . 19.1
Заводъ машиностроительн. . 254.1
— трубопрокатный 103.3
—скій слесарь . 254.6
Завѣдующій мастерскими . . 254.4
Загонять клинъ . 25.8
Задвижка . . . 125.1
— водопроводная 126.4
— вращающаяся 126.8
— газопроводная 126.5
— запирающая . 126.3
— паропроводная 126.6
— цилиндрическ. 126.7
—и крышка . . 125.3
— стержень . . 125.4
— тѣло 125.5
— ящикъ . . . 125.2
Задняя сторона ремня 77.1
Зажимать обрабатыв. предметъ въ тиски . . . 153.3
—ющіе остановы 95.8
—й конусъ . . . 95.9
Зажимъ (заклепки) 30.8
—ная двухконусн. муфта . . . 58.1
—ое кольцо . . 36.8
—й конусъ . . . 58.2
Зажимныя клещи 156.4
Зазоръ 136.4
Закаливаніе . . 199.1
— въ водѣ . . . 200.5
— — маслѣ . . 200.4
— подъ молотомъ 200.3
— поср. охлажд. 200.2
Закаливать . . 198.9
— напилокъ . . 171.4
Закалка 199.1
— крѣпкая . . 199.7
— напилка . . . 171.5
— поверхности . 200.1
—и, порошокъ для — . . 199.10
— степень . . . 199.9
Заклепать . . . 30.5
Заклепка . . . 26.1
— временная . . 27.8
— съ головк. подъ молот. . 27.2
— — — — обжимку 27.1
— — — потайной 26.8
— — — полу — . 26.9
— — — утоплен. . 26.8
—и головка . . 26.3
— — закладная . 26.4
— — замыкающая . . 26.5
Заклепки головка начальная . 26.4
— стержень . . 26.2
Заклепокъ, поддержка для . . 32.3
—, поддержка для 32.5
—, подпорка для . 32.4
Заклепникъ . . 32.1
—ый молотъ . . 32.1
—очная дыра . . 26.7
Заклепочн. желѣзо 31.8
— соедин. въ напускъ 28.7
— — въ нахлестку 28.7
— — многорядное 29.7
— — съ 1 накладк. 29.1
— — — 2 — . . 29.2
— — — зигзагообр. располож. 30.1
— — — параллельн. располож. 30.2
— — — цѣпнымъ располож. 30.2
— — — шахматнымъ располож. 30.1
Заклепочн. молотъ 32.1
— шовъ 27.5
— — въ нѣсколько рядовъ . 29.7
— — съ двойнымъ перерѣзыв. 28.5
— — — многократн. перерѣзыв. 28.6
— — — одиночнымъ перерѣзыв. 28.3
Заклепочн. клещи 32.7
Заклепывать . . 30.5
Заклинивать . . 25.6
Законъ сохран. энергіи . . . 245.5
Закраина вкладыша 43.3
Закройникъ . . 193.4
Закрутка пилы . 189.8
Закрытіе клапана 115.5
Закрыть клапанъ 115.3
— кранъ . . . 128.2
—ый перекрестн. ремень 77.6
Закрѣпленіе крышки цилиндра 130.7
—ять болтъ чекою 14.9
—яющій винтъ . 13.4
—ная гайка . . 13.2
Залить вкладышъ бѣлымъ метал. 43.2
— трубу свинцомъ 101.3
Замедленіе . . . 235.7
Замкнутая головка 145.1
—ый крюкъ . . 93.1
Замкнутый многоугольникъ силъ 242.8
Замокъ для канатовъ . . 86.1
— — ремней . . 81.4
— — цѣпей . . 89.4
— клина 25.5
— кольцевой поршня . . 139.2
Замыкающая головка заклепки 26.5
Заостренія уголъ 186.1
Запасной поршень 140.7
Запирающая задвижка . . . 126.3
— поверхность . 125.6
Заплечика высота 37.8
Запорный клапанъ 121.1
Зарубить киргой 191.9
Заслонка . . . 123.2
— возвратная . 123.7
— выпускная . . 124.1
— предохранит. клапана . . 123.6
—ный клапанъ . 123.1
— — 123.3
— — 123.4
Застежки ремен. винтъ 81.5
Затверденіе масла 51.1
Затворъ гаечный 13.1
— трубы . . . 104.9
—ный кранъ . . 129.4
— флянецъ . . 105.3
Заточенная шарошка 183.5
Затушевать . 231.10
Затянуть сальникъ 134.4
Захватки глубина 75.3
Захлопка промежуточная, пропускн. 117.8
Зацѣпить . . . 72.6
Зацѣпленіе . . . 63.2
— 63.9
— внутреннее . . 67.7
— деревян. зубьевъ съ желѣзн. 72.5
— желѣзн. — — — 72.4
— прямобочное . 67.6
— разверточное . 67.8
— циклоидальное 66.7
— цѣвочное . . 67.4
—, находиться въ — . 63.8
—я длина . . . 64.2
— дуга 64.3
— линія 64.1

Зацѣпленіе продолжительность 64.4
Зацѣпленія, шагъ 63.4
Зачеканить . . 31.1
Защелкивающій механизмъ . . 95.4
Звено, соединительное . . . 89.4
Звено цѣпи . . 88.9
—а, длина отверстія — . . 88.10
— ширина . . . 89.1
Звѣздочка . . . 91.4
Земляной буравъ 181.6
—ное притяженіе 244.4
Зензубель . . . 193.4
Зеркало 125.6
—ьный чугунъ . 211.1
Змѣевикъ . . . 104.6
— нагрѣвательный 104.8
— холодильника 104.7
Золотникъ . . . 126.9
— коробчатый . 127.2
— плоскій . . . 127.1
— поршневой . 127.4
— разгруженный 127.5
— скользящій . 127.1
—овая тяга . . 127.8
—ое парораспредѣленіе . . . 127.6
Золото 217.2
Зубецъ 64.8
— м-образный . 186.6
— разведенный . 186.8

Зубецъ съ расположенными надъ нимъ отверстіями 186.7
— треугольный . 186.4
— фрезера . . . 183.8
— шарошки . . 183.8
Зубило 167.4
— долбежное . . 23.5
— для металла горячаго 165.9
— — — холоднаго 165.10
— для насѣчки напильниковъ 170.10
— для разрубанія желѣзныхъ полосъ 165.8
— мечевидное . 167.6
— плоское . . . 167.5
— прорубное . . 165.7
—мъ, обруба(и)ть 168.8
Зуборѣзная машина . . . 73.2
—чатая муфта, раздвижная . 60.2
— передача . . 68.1
— — коническая 71.8
— — цилиндрическая 68.6
— рейка 70.7
—ое колесо . . 63.8
— — маховое . . 150.4
— — съ внутреннимъ зацѣпленіемъ 70.1
—ые остоновы . 95.5
—й блокъ цѣпной 91.4

Зубчатый маховикъ 150.4
— ободъ . . . 69.2
— переборъ . . 68.2
Зубъ 64.8
— волчій . . . 186.5
— вставленный . 72.2
— въ видѣ буквы М 186.6
— литой . . . 65.9
— (муфты) . . . 60.8
— нарѣзанный . 66.1
— пилы 185.7
— строганный . 66.1
— угловой . . . 70.4
— фрезированный 66.2
—ья въ колесо вставить . . 72.7
Зуба высота . . 65.5
—, головка . . . 65.1
— длина . . . 65.8
— корень . . . 65.8
— ножка . . . 65.8
—, очертаніе . . 64.10
—, профиль . . 64.9
— скосъ 70.5
— толщина . . 65.6
—, траекторія головки — . 64.7
— ширина . . . 65.8
—ьевъ, линія вершинъ оконечностей . . . 186.2
— линія основанія 186.8
— работа тренія 66.6
— треніе . . . 66.5
Зѣвъ ключа . . 16.6

И.

Игла вставочная 227.6
— пунктирная . 229.1
—ы остріе . . . 227.7
Игольчатая масленка 54.5
Игра клапана . 115.4
— поршня . . . 137.8
Избытокъ давленія 114.4
Изгибающаяся рессора . . . 147.8
—ее усиліе . . . 252.4
—ій моментъ . . 251.6
Изгибъ 251.8
— продольный . 252.2
—, рессора на — 147.8

Изгибу сопротивленіе . . . 252.8
Изготовить чертежъ въ карандашѣ . . . 226.1
Измѣненіе продольное . . . 248.7
— формы . . . 248.5
— — упругое . . 248.6
Измѣреніе точное 204.2
—итель скорости хода . . 209.3
—ный циркуль . 228.2
—ри(я)ть . . . 220.7
— — точно . . 204.1
Израсходованная общая работа . 246.6

Инерціи моментъ 243.7
— — полярный . 244.1
— — экваторіальный . . 243.8
Инженеръ-машиностроитель . . . 254.8
— механикъ . . 254.8
Инструментъ . . 256.4
— буровой . . . 182.1
— ручной . . . 256.5
—альная сталь . 214.7
—ый ящикъ . . 256.8
Исподникъ . . 164.5
Испытаніе оси . 34.8
—тельный клапанъ 122.8

К.

Кабельный канатъ 88.1
Калевка 193.5
Калибръ 204.3

Калибръ винтовой . . . 204.4
— — нарѣзки . . 206.1
—вы(раз)движной 204.6

Калибръ для измѣренія глубины 205.6
— микрометрическій . . . 204.5

Калибръ необработанный . 205.5
— нормальный . 206.5
— — стержневой 205.3
— предѣльный для проволоки 206.4
— съ остріями . 205.2
— цилиндрическій . . . 205.8
—а ползунъ . . 205.1
Калиберная дощечка . . . 206.3
— — 206.6
—рованная цѣпь 90.3
Калька . . . 233.10
— ировать . . . 233.7
Камень кулиссы 143.3
— наждачный . 198.5
— скользящій . 143.3
— точильный см. точило . . . 196.10
Камера для набивки 133.1
Камнетесный молотокъ . . . 161.7
Канавка смазочная 44.5
— — 52.6
Каналъ смазочный 44.5
— — 52.6
Канатъ 85.1
— гаспельный . 88.2
— для рудничнаго элеватора 87.7
— изъ стальной проволоки . 86.8
—, кабельный . . 88.1
—, пеньковый . . 86.9
—, передаточный 87.6
—, подвижный . 86.5
— неподвижный 86.6
— подъемнаго крана . . . 87.9
—, подъемный . 87.8
—, приводный . 87.5
—, проволочный . 86.7
— сомкнутый . . 85.7
—, спиральный . 85.6
—, хлопчатобумажный 86.10
—, намотать . . 88.3
—, размотать . . 88.4
—, скручивать . 85.4
—, сращивать . 85.9
—а, жесткость . 86.3
—, машина для скручиванія . 85.5
—, натяженіе . . 84.6
—, треніе . . . 86.2
—, шкивъ для пеньковаго — 87.4
—, шкивъ для проволочнаго — . 87.3
Канатовъ, барабанъ для — . 95.2
— замокъ для — 86.1
—, крюкъ для — . 92.7
—, смазка — — . 86.4
—ная передача . 84.5
— — круговая 84.8
—ое соединеніе . 85.8
—ый полиспастъ 94.6
Кантовалка . . 32.2
Кантовка . . . 32.2
Капельный кольцевой стокъ . 52.7
— чатая масленка 54.6
Каплеуказатель . 54.7
Карандашъ . . 230.2
— красный . . . 233.5
— синій 233.6
— цвѣтной . . . 233.4
— очинить . . . 230.3
—ный циркуль . 228.1
Кардана шарниръ 62.2
Касательная сила 237.2
—ое ускореніе . 236.8
Катящійся кругъ 67.3
—ихся тѣлъ треніе 246.4
Качаніе маятника 239.2
—я — амплитуда 238.9
— — продолжительность . . 239.3
Каучуковая набивка 135.7
Квадратное желѣзо 215.1
—ый валъ . . . 35.10
— клинъ . . . 24.1
Кернеръ 168.4
—омъ отмѣчать . 168.6
Кернъ 168.5
Кинематика . . 234.8
—тическая энергія 245.4
Кипятильная труба 108.3
Кирга 191.8
—ой заруба(и)ть 191.9
Кислота для пайки . . . 202.8
— — — крѣпкая 202.9
Кисть для туши 232.5
Клапанъ . . . 112.1
— автоматическій 120.7
— возвратный . 121.3
— воздушный . 121.8
— впускной . . 124.4
— всасывающій . 121.6
— — 124.2
— вспомогательный 116.1
— выдувательный 122.4
— выдувной . . 122.1
— выпускной . . 122.6
— грузовой . . 119.2
Клапанъ запорный 121.1
— — паровой . . 121.2
— заслонный . . 123.7
— — 123.3
— — 123.4
— застряваетъ . 114.8
— заѣдается (защемляется) 114.7
— испытательный 122.8
— кожанный створный . . 123.3
— колокольный . 119.1
— кольцевой . . 118.5
— — составной . 118.5
— коническій . 116.5
— конусообразный 116.5
— корончатый . 119.1
— нагнетательный 121.7
— — 124.3
— нагрузить . . 120.3
— напорный . . 124.3
— откидной . . 123.3
— — 123.4
— о трехъ ходахъ 118.1
— паровпускной 122.2
— — выпускной . 122.3
— парораспредѣлительный . . 120.8
— перегрузить . 120.5
— питательный . 122.7
— плоскій . . . 116.3
— подающій . . 122.7
— подовый . . . 120.6
— подъемный . 116.2
— — 121.3
— предохранительный . . 119.6
—, предохранительный на случай разрыва трубы 110.5
— предохранительный съ нагрузкой . . 119.7
— — съ пружинной нагрузкой 120.1
— пріемный . . 121.3
— пробный . . 122.3
— продувательный 122.5
— пружинный . . 119.4
— прыгаетъ . . 114.9
— разгрузной . 116.1
— редукціонный . 121.5
— резиновый . . 123.4
— ручной . . . 121.1
— скачетъ . . . 114.9
— сквозной . . 118.8
— спускной . . 122.6
— створный . . 123.1
— — 123.4

Клапанъ створчатый 123.1
— — 123.3
— — 123.4
— стопорный . . 121.1
— сточный . . . 122.9
— ступенчатый . 118.6
— стучить . . . 115.1
— съ двойнымъ сѣдломъ . . 118.7
— — направляющими ребрами верхними . . 117.2
— съ направляющими ребрами нижними . . 117.3
— тарелочный . 116.3
— трехходовой . 118.1
— трубный . . 118.8
— угловой . . . 117.9
— фыркающій . 122.1
— чашечный . . 119.1
— шаровой . . 116.7
— закрыть . . . 115.3
— нагружать . . 120.3
— открыть . . . 115.2
— перегружать . 120.5
— пришлифовать къ сѣдлу . . 113.6
— разгружать . 115.9
—а внутренній діаметръ . . 112.5
—, діаграмма поднятія . . 115.8
— закрытіе . . 115.5
— игра 115.4
— конусъ . . . 116.6
— нагрузка . . 119.3
— —очная пружина . . 120.2
— направляющія 116.10
— открытіе . . 115.6
— поднятіе . . . 115.7
— пружина . . 119.2
— разгрузка . 115.10
— рычагъ . . 119.9
— сѣдло . . . 113.4
— тѣло 113.3
— тарелка . . . 116.4
— ускореніе . . 114.6
— ходъ 114.1
— шаръ 116.8
— шпиндель . . 113.7
—ная коробка . 112.2
—ное парораспредѣленіе . . 120.9
—ый кранъ . . 128.4
Клеенный ремень 80.9
Клей 196.8
— для ремней . 80.11
Клеить 196.6
Клепало 32.1
—ьная машина . 31.7
Клепанная труба 102.3
Клепка 27.4
— горячая . . . 27.8
— машинная . . 31.6
— плотная . . . 28.2
— прочная . . . 28.1
— ручная . . . 31.5
— холодная . . 27.9
Клещи 155.3
— волочильныя . 156.5
— давильныя . . 156.4
— для газовыхъ горѣлокъ 156.7
— — — трубъ . . 155.7
— — захватки паяльника 203.2
— — трубъ . . 110.7
— дыропробивныя 158.1
— — 169.5
— зажимныя . . 156.4
— заклепочныя . 32.7
— кузнечныя . 166.10
— паяльныя . . 156.6
— пломбировочныя 156.4
— пробивныя . . 158.1
— съ хомутикомъ 155.8
—ей пасть . . . 155.4
Клинокъ верстака 194.2
Клинъ 21.6
— вогнать (вгонять) . . . 25.8
— деревянный . 22.2
— желѣзный . . 22.3
— квадратный . 24.1
— крейцкопфа . 147.1
— крестовины . 147.1
— кулака . . . 147.1
— подтянуть . . 25.9
— поперечный . 22.6
— стальной . . 22.4
— съ выступомъ 23.8
— установительный 25.1
— установочный 44.2
— шпунтовый . 23.10
—а высота . . . 22.8
— головка . . . 21.8
— длина 22.10
— замокъ . . . 25.5
—, натягъ . . . 22.1
— опорная плоскость . . . 23.2
—, основаніе . . 21.8
—, уголъ . . . 21.9
—, уклонъ . . . 22.1
— ширина . . . 22.9
Клина щека . . 21.7
—образный желобъ 75.1
—вое отверстіе . 23.1
— соединеніе . . 22.5
Клиновой тормазъ 96.7
Клинчатое колесо 74.7
Клупикъ . . . 155.2
Клуппъ 21.1
— для заклепокъ 32.8
—, малый — съ кольцомъ . . . 20.9
Ключъ англійскій 18.2
— вилочный . . 17.8
— винтовой . . 16.5
— гаечный . . . 16.5
— двойной . . . 17.1
— двусторонній . 17.1
— для круглыхъ головокъ . . 17.7
— для подвинчиванія . . . 17.3
— — подтягиванія 17.3
— — трубъ . . 110.6
— — флянцевъ . 101.1
— накладной . . 17.5
— одинарный . . 16.8
— односторонній 16.8
— отъ крана . . 17.6
— поршневой . . 137.1
— прикладный . 17.2
— раздвижной . 18.1
— съ замкнутымъ зѣвомъ . . . 17.5
— торцовый . . 17.4
— французскій гаечный . . 18.2
— циркульный . 17.8
— — 227.9
—а величина . . 16.7
— зѣвъ 16.6
— отверстіе . . 16.7
Кнопка 220.6
Ковать 163.9
— въ горячую . 164.2
— — холодную . 160.8
— — — 164.1
— молотомъ . . 160.7
Ковать штамповнымъ молотомъ 164.3
—кій чугунъ . . 212.4
Ковшъ литейный 203.4
Кожа для ремней 80.4
—ная манжета . 134.1
— муфта . . . 61.4
—ный створный клапанъ . . . 123.3
Кожуха болта . 13.1
Кожухъ соединительной муфты 57.1
Колебаніе маятника . . 239.2
—я — продолжительность . 239.3
Колесико пунктирное . . . 229.2
Колесо ведущее 68.7
— гиперболическое . . . 71.9
— желобчатое . 74.7
— зубчатое . . 63.3

Колесо зубчатое маховое . . 150.4
— клиновое . . 74.7
— коническое . 71.2
— — 71.4
—, маховое . . . 149.4
— приводиое . . 68.7
— разъемное . . 69.9
— ручнаго ворота 90.6
— со внутреннимъ зацѣпленіемъ . . . 70.2
—, составное маховое . . . 149.9
— съ зубьями деревян. . 72.1
— — зубцами (зубьями) угловыми 70.3
— съ разрѣзнымъ ободомъ . . 69.10
—, тормазное . . 95.6
—, тормозное . . 96.3
— тренія . . . 73.4
—, храповое . . 95.6
— цилиндрическое 69.1
— червячное . . 71.6
— — 71.8
—а гармоническія . . . 68.3
— гремятъ . . . 72.8
— зубчатыя со внутреннимъ зацѣпленіемъ 70.1
— легкія . . . 68.5
— смѣнныя . . 68.3
— съ ходомъ быстрымъ 68.5
— — — тихимъ . 68.4
— тяжелыя . . 68.4
— втулка . . . 69.4
— ободъ махового 149.5
— ось 34.6
—, разрывъ махового — . . 150.5
—, спица махового — . . . 149.6
—, ступица махового — . . . 149.7
Коловоротъ грудной 182.5
— съ шестерней 182.7
—а мотыль . . . 182.8
— станокъ . . . 182.8
Колодка, тормозная . . . 96.4
— рубанка . 191.11
Колокольная бронза . . . 217.9
Колокольный клапанъ . . 119.1
— металлъ . . . 217.9
— сплавъ . . . 217.9
Колотильный молотокъ . . . 163.6
Колпакъ . . . 105.2
Кольцо 89.2
— зажимное . . 36.8
— набивочное . 139.1
— наждачное . . 198.3
— основное (сальникъ) . 133.6
— поршневое . . 139.1
— — самонажимающее . . 139.3
— припаянное . 100.6
— прокладочное 99.7
— — 125.7
— смазочное . . 52.8
— смазывающее . 55.2
— уплотняющее . 99.7
— установочное . 36.8
—евая смазка . . 55.1
— пята 38.8
— цапфа . . . 38.6
— цѣпи 89.2
— чека 25.2
—ой вкладышъ подпятника . 41.2
— замокъ поршня 139.2
— капельный стокъ . . . 52.7
— клапанъ . . . 118.2
— — обыкновенный . . . 118.3
— — простой . . 118.3
— подпятникъ . 41.1
Концевой кривошипъ 141.8
Колѣно вала . 36.10
— трубное . . . 105.6
— — дугов. . . 105.7
— — угольн. . . 107.4
— сгибать . . . 37.1
—чатая труба . 105.6
— — — дугов. . 105.7
— — — угольн. . 107.4
—ый валъ . . . 36.9
Компенсаторъ . 104.1
Конецъ поршневого стержня 136.7
— ремня набѣгающій . . . 76.6
—чная скорость . 235.9
Концевая шарошка . . . 184.4
—ой подшипникъ 41.6
— шипъ 38.6
Коническая зубчатая передача 70.8
— — 71.3
— развертка . . 177.9
— рессора . . . 148.4
— цапфа . . . 39.3
—ій клапанъ . 116.5
— маятникъ . . 239.4
Коническій регуляторъ . 151.7
— тормазъ . . 96.3
— шипъ 39.3
— шкивъ . . . 83.4
—ое зубчатое сцѣпленіе . . 70.8
— колесо . . . 71.2
— — 71.4
— — тренія . . 74.1
— — фрикціонное 74.1
— сцѣпленіе треніемъ . . 61.1
Конструкторъ . 222.3
Конструкція . . 222.4
—онная ошибка 222.5
Контуръ 224.7
Контръ-гайка . 13.2
— -клинъ . . . 24.7
— -кривошипъ . 142.1
— -флянецъ . . 100.2
Конусъ дополнительный . . 71.1
— дѣлительный . 70.9
—, зажимающій . 95.9
—, зажимный . . 58.2
— клапана . . . 116.6
— крана . . . 127.8
— начальный . . 70.9
— основной . . 70.9
— фрикціонный 74.5
Конусообразный клапанъ . . 116.5
— кранъ . . . 128.3
— упоръ . . . 114.3
Копія бѣлая . . 234.4
— на свѣточувствительной бумагѣ 234.1
— синяя 234.3
Корень зуба . . 65.3
—ня зуба высота 65.4
Коренной подшипникъ . . . 47.7
—невая окружность 63.7
Коробка блока . 93.8
—, верхняя . . 94.2
— задвижки . . 125.2
—, клапанная . 112.2
— крана . . 127.10
—, неподвижная 93.9
—, нижняя . . . 94.3
—, смазочная . . 53.5
— стѣнная . . . 47.3
— точила . . . 197.1
—, холостая . . 94.1
—и клапанной крышка . . . 112.3
Коробчатый золотникъ 127.2
Корончатый клапанъ 119.1
Корыто точила . 197.1

Косая шпонка . 24.5
Косой подшипникъ 44.8
Котельная наковальня . . . 159.9
— труба . . 107.10
—ое желѣзо . . 216.4
Кочерга 166.7
Коэффиціентъ неравномѣрности движенія . . 149.8
— сдвига . . . 252.9
— тренія . . . 245.8
— удлиненія . 249.1
Кранъ 127.7
—, водомѣрный . 111.5
— водоспускной 129.5
— выпускной . . 129.8
— газовый . . . 129.6
— закрывать . . 128.2
— затворный . . 129.4
— клапанный . . 128.4
— питательный . 129.9
— пробный . 129.10
— продувательный 129.7
— проходной . . 128.7
— смѣсительный 129.3
— спускной . 129.2
— съ винтовымъ затворомъ . 128.5
— — сальникомъ 128.6
— трехходный . 128.9
— угольный . . 128.8
— четырехходный 129.1
— закрыть . . . 128.2
— открыть . . . 128.1
—а головка . . 127.9
—, канатъ подъемнаго — . . 87.9
—, ключъ отъ — . 17.6
— конусъ . . . 127.8
— коробка . . 127.10
Краска акварельная 232.3
— въ плиткахъ . 232.2
—у разводить . . 232.7
— растирать . . 232.8
Красное сверло . 179.4
Края обода толщина 81.9
Крейцкопфъ . . 146.5
—, двухшарнирный 62.3
—а болтъ . . . 146.7
— клинъ . . . 147.1
— тяга 146.8
— цапфа . . . 146.7
— штанга . . . 146.8
Крейцмейсель . 167.6
—емъ обрабатывать . . . 167.7
Крестовина . . 146.5
— трубная . . . 106.5
—ы, болтъ . . . 146.7
—, клинъ . . . 147.1
—, тяга 146.8
— цапфа . . . 146.7
— штанга . . . 146.8
Кривая балистическая . . . 237.11
криволинейное движеніе . . 236.7
Кривоносовыя ножницы . . 157.1
Кривошипъ . . 141.2
— безопасный 142.7
—, контръ . . . 142.1
— концевой . . 141.8
— ручной . . . 142.3
— — на 1 чел. . 142.5
— — — 2 —. . . 142.6
— съ кулиссою . 143.1
—а дискъ . . . 142.2
— ось 141.4
— палецъ . . . 141.6
— плечо 141.3
— рукоятка . . 142.4
— тѣло 141.3
— цапфа . . . 141.6
—наго вала подшипникъ . . . 141.5
Кровельныя ножницы 157.4
Кронциркуль . . 206.7
— 206.8
— 228.4
— кольцеобразный 207.3
— пружинный . 207.1
— — для винтовой нарѣзки . . 207.2
Кронштейнъ . . 46.5
— стѣнной Селлерса . . . 47.4
— — — 47.5
Круглая головка 12.2
— нарѣзка . . . 10.2
— пила 190.4
— шпонка . . . 24.2
Круглогубцы . . 155.6
Круглое желѣзо . 214.9
—ый угольникъ . 107.7
Кругъ впадинъ . 63.7
— выступовъ . . 63.6
— катящійся . . 67.3
Кругъ наждачный точильный 198.2
— основной . . 67.2
Круговая канатная передача . 84.8
— масленка . . 54.8
Крученіе . . . 253.2
—я уголъ . . . 253.5
Крутящее усиліе 253.3
—ій моментъ . . 253.4
Крылатка . . . 12.7
Крышка задвижки 125.3
— клапанной коробки . . 112.3
— подшипника . 43.5
— поршня . . . 139.5
— цилиндра . . 130.5
—и цилиндра болтъ . . . 130.6
Крюкъ . . . 92.1
— двойной . . . 92.6
— для канатовъ . 92.7
— — цѣпей . . 92.8
—, замкнутый . 93.1
—, поддерживающій 109.8
—а душка . . . 92.5
— отверстіе . . 92.2
— стержень . . 92.4
— цапфа . . . 92.3
Крючковая цѣпь 90.4
Кузнечная наковальня . . . 158.6
—ые круглогубцы 155.6
— плоскогубцы 155.5
—ый горнъ . . 166.2
— молотокъ . . 161.1
— мѣхъ 167.1
— огонь . . . 166.4
—ыя клещи . 166.10
Кузница . . . 166.1
Кузовъ подшипника 43.4
Кулакъ 146.5
— деревянный зуба 72.3
—а болтъ . . . 146.7
— клинъ . . . 147.1
— цапфа . . . 146.8
— тяга 146.7
— штанга . . . 146.8
Кулисса 143.2
—ы, камень . . 143.3
Кусачки . . 155.10
Кусцы . . . 155.10

Л.

Лампа паяльная 202.1
Лапка 60.3
Латунь 217.5
Латунная труба 103.7
Легкія колеса . 68.5
Лезвіе топора . 190.9
Лекало . . . 219.10
Лента пилы . . 185.5
Ленточная муфта 61.6
— пила безконечная 190.3

Ленточная пила ненатянутая 188.3
—ый тормазъ . . 96.9
Лерка см. калибръ
Линейка . . . 219.9
— масштабная . 221.2
— рейсшины . . 219.7
— счетная . . . 222.1
— чертильная . 228.6
— 219.5
Линейки чертильной головка . 219.6
Линія вершинъ зубьевъ . . 186.2
— основанія зубьевъ 186.3
— винтовая . . 7.1
— зацѣпленія . . 64.1
— размѣрная . . 225.4
— уровня воды . 111.6
Лисичка 21.2
Листъ бумаги чертежной . . 220.3
Листъ желѣзный гофрированный 216.5
— жести 216.1
— пилы 185.5
—, рессорный . . 147.4
Листовая рессора . . . 147.6
—ое желѣзо . 215.11
— — волнистое . 216.6
— — луженое . 216.7
— — толстое . . 216.4
— — тонкое . . 216.3
Литая сталь . . 213.8
Литейный ковшъ 203.4
— чугунъ . . . 210.5
Литое желѣзо . 213.1
—й зубъ . . . 65.9
Лицевая сторона ремня 77.2
Лицо задвижки . 125.6
— молот(к)а . . 160.5
— наковальни . 158.4
Лицовка 172.5
Личная пила . . 172.5
Лобзикъ 180.5
Лобъ молот(к)а . 160.4
Лобовая шарошка 184.3
Ложечная перка 181.3
Лопата для очищенія горновъ 166.9
Лопатень . . . 179.8
Лошадиная сила 245.3
Лубрикаторъ, устройство для автоматической смазки 49.7
Лучекъ пилы . . 189.4
Лучковая пила 189.3
— — небольшая 189.9
— — столярная 189.7
— — — узенькая 190.1
Лѣсопильная рама 190.6

М.

М-образный зубецъ 186.6
Мазь 50.6
Малка 208.5
Малый клуппъ съ кольцомъ . . . 20.9
Манжета кожаная 134.1
Мартеновская сталь . . . 214.1
—ое желѣзо . . 213.4
Масленка . . . 53.5
— 53.7
— игольчатая . 54.5
— капельчатая . 54.6
— круговая . . 54.8
— ручная . . . 51.9
— — съ клапаномъ . . 51.10
— — — пружиннымъ дномъ . 52.1
— стеклянная . 53.9
— съ двумя кранами 53.6
— угловая . . . 55.9
— фитильная . . 54.2
— Штауффера . 55.8
Масло веретенное 51.7
— выпустить . 55.6
— животное . . 51.2
— машинное . . 51.5
— минеральное . 51.4
— очищенное . 53.2
— растительное . 51.3
— смазочное . . 50.8
— — густѣетъ . 50.10
— цилиндровое . 51.6
Масла вязкость . 50.9
— затвердѣніе . 51.1
—, приборъ для очистки — . 53.1
— притокъ . . 52.3
—, резервуаръ для — . . . 51.8
—, резервуаръ для — . . . 55.4
—, спринцовка для — . . . 52.2
—, чашечка для . 52.9
Маслодержатель 133.6
Маслоспускное отверстіе . . . 55.5
Маслоуловитель . 44.6
— 52.9
Масляная ванна . 55.3
Маслянка для мѣстной смазки 50.1
Масса 244.5
— клапана . . . 114.5
Массивный валъ 35.8
Мастеръ 254.5
Мастерская . . 256.1
— для обточки осей 35.2
— сборная . . . 255.3
—ими завѣдующій 254.4
Масштабъ . . . 221.1
— въ метрахъ . 221.7
— поперечный . 221.6
— раздѣленный по діагоналѣ 221.6
— складной . . 221.3
— уменьшенный 221.5
Масштабная линейка . . . 221.2
Матеріалъ, смазочный . . 50.4
—овъ сопротивленіе . . 247.1
Матрица . . . 169.1
Маховая пила . 188.4
Маховикъ . . . 149.4
— зубчатый . . 150.4
— составной . . 149.9
—а ободъ . . . 149.5
— поломка . . . 150.6
— разрывъ . . 150.5
— спица 149.6
— ступица . . . 149.7
Маховичекъ . . 113.8
Маховое колесо 149.4
— — зубчатое . 150.4
— — составное . 149.9
—го колеса поломка . . 150.6
Машина 253.6
— для насѣчки напильник. 170.9
— — распиловки 190.2
— для растачиванія цилиндр. 131.6
— для скручиванія каната 85.5
— для формовки зубчатыхъ колесъ . . . 73.1
— долбежная . . 23.6
— клепальная . 31.7
— рабочая . . . 256.6
—ы разборка . 255.5
— чертежъ . . 222.7
—у выключить 255.8

Машину монтировать . . . 254.7
— останавливать 255.8
— построить . . 253.8
— пустить въ ходъ 255.6
— разобрать . . 255.4
— собрать . . . 254.7
Машинка для очинки карандашей 230.4
Машинная клепка 31.6
— часть 253.7
—ое масло . . 51.5
— черченіе . . 222.6
Машинозаводчикъ 254.2
Машиностроеніе 253.9
Машиностроитель . . . 254.6
—ный заводъ . . 254.1
Маятникъ . . . 238.7
— коническій . 239.4
— круговой . . 238.8
—, регуляторъ — 151.6
— центробѣжный 239.4
— циклоидальный . . . 239.5
—а амплитуда качанія . . 238.9
— качаніе . . . 239.2
— колебаніе . . 239.2
— размахъ . . . 238.9
Мелкая нарѣзка 10.7
Мелкозубка . . 172.5
Мертвая точка . 140.9
— — 141.1
—ый ходъ . . . 10.9
Металлъ бѣлый 217.10
—дельта . . 217.11
— колокольный 217.9
— пушечный . . 217.8
Металлическая набивка . . . 135.9
Метчикъ 21.3
—омъ нарѣзать рѣзьбу . . . 21.4
Метрическая мѣра 220.9
Механизмъ защелкивающій . . 95.4
— разобщительный 58.8
— установит. регулятора . . 151.4
Механическая работа 245.1
Микрометрическій винтъ . . 15.5
Минеральное масло 51.4
Многооборотная нарѣзка . . . 9.4
—ый винтъ . . 16.3
Многорядное заклепочное соединеніе . . . 29.7
—ый шовъ . . . 29.7
Многоугольникъ веревочный . 242.6
—, замкнутый — силъ 242.8
— силъ 242.3
Многоходовая нарѣзка . . . 9.4
Модуль скольженія 253.1
— упругости . . 249.2
Молотокъ . . . 160.3
— боевой . . . 161.3
— — съ поперечнымъ лицомъ 161.6
— верстачный . 161.5
— гвоздильный . 196.3
— гладильный . 162.5
— деревянный . 163.6
— для выдергиванія гвоздей 162.3
— для круглыхъ предметовъ . 162.6
— для отбиванія накипи въ котлахъ 163.4
— дыропробивный 163.3
— изъ красной мѣди . . . 163.8
— — цинка . . 163.7
— кабинетный . 162.8
— камнетесный . 161.7
— колотильный . 163.6
— кузнечный . . 161.1
— насѣчной . 170.11
— остроконечный 161.8
— -пробойникъ . 161.8
— разгонный . . 163.1
— расковочный . 161.2
— ручной . . . 161.4
— столярный . . 163.2
— — 160.9
— съ боемъ круглымъ 162.7
— — — шаровиднымъ . . 162.6
— — хвостомъ крестообразн. 162.1
— съ хвостомъ круглымъ . 162.7
— — — раздвоен. 162.3
— — — шарообразн.. . . . 162.2
Молотка бой . . 160.4
— лицо 160.5
— лобъ 160.4
— рукоятка . . 160.6
— ручка 160.6
Молотомъ ковать 160.7
Молотомъ обработать 160.7
Молотъ 160.3
— заклепный . . 32.1
— осадочный . . 162.4
— рихтовальный 161.9
— штамповный . 164.4
— штамповый . 163.5
Молота бой . . 160.4
— лицо 160.5
— рукоятка . . 160.6
— ручка 160.6
—омъ ковать . . 160.7
— обработать . . 160.7
Моментъ изгиба . 251.6
— инерціи . . . 243.7
— — полярный . 244.1
— — экваторіальный . . . 243.8
— крученія . . 253.4
— пары силъ . . 243.4
— силы P относительно точки вращенія O . 243.1
— сопротивленія 251.8
— статическій . 243.6
Монтажъ . . . 255.1
Монтеръ 255.2
Монтировать машину 254.7
Моторъ 256.7
Мотыль коловорота 182.8
Мощность . . . 245.2
Муфта 56.1
— винтовая . . 56.7
— — 106.9
— двойная надвижная . . . 105.5
— дисковая . . 57.5
— кожаная . . 61.4
— ленточная (ременная) . . 61.6
— переходная . 107.1
— подвижная . 58.3
— постоянная . 56.3
— раздвижная . 58.4
— — зубчатая . 60.2
— — соединительная . . . 58.6
— разобщающая 59.1
— регулятора . 151.1
— Селлерса . . 58.1
— стержневая (штанговая) . 61.7
— суставчатая . 61.8
— съ нарѣзкой . 106.9
— — натяжными кольцами . . 56.8
— патронная . . 56.3
— тарелочная . 57.2
— тренія . . . 60.7
— трубы . . . 101.4
—, упругая . . . 58.5

Муфта фланцевая 57.2
— храповая . . 60.5
— шарнирная . 62.2
— щеточная . . 61.3
— электромагнитная 61.5
—ы втулка . . . 56.5
— глубина . . . 101.6
— кожухъ соединительной — 57.1
—, подъемъ — регулятора . . 151.2
Муфты разобщеніе 60.4
— тазъ 57.3
— тарелка . . . 57.3
— фланецъ . . 57.3
—у разобщи(а)ть 59.6
— разъединить . 59.6
— сцѣпить . . . 59.5
Мѣдь 216.8
— желтая . . . 217.5
Мѣдная труба . 103.6
Мѣстная смазка . 49.8
—ой смазки, масленка для — . 50.1
Мѣсто припоя . 201.5
— сварки . . . 165.2
— срощенія . . 85.10
Мѣра 220.8
— дюймовая . 220.10
— метрическая . 220.9
— нормальная 220.11
— сжатія . . . 221.9
— усадки . . . 221.9
Мѣрить 220.7
Мѣхъ воздуходувный 167.2
— кузнечный . . 167.1

Н.

Набивать вкладышъ прокладкой 43.1
— сальникъ . . 135.2
Набивка 101.5
— асбестовая . . 135.5
— каучуковая . 135.7
— металлическая 135.8
— пеньковая . . 135.3
— поршня . . . 138.3
— сальника . . 132.9
—и, длина . . . 101.7
—, для — камера 133.1
— толщина . . 133.2
Набивочное кольцо 139.1
Набойка . . . 162.6
Набросить эскизъ 222.8
Набросокъ . . . 222.9
Набѣгающій конецъ ремня . . 76.6
Навертное сверло 180.3
Навертка . . . 179.7
Нагнетательная труба . . . 108.8
—ый клапанъ . 121.7
— — 124.3
Нагрузить клапанъ 120.3
Нагрузка клапана 119.3
— мѣняющаяся въ предѣлахъ отъ 0 до ∞ . . 248.2
— — въ предѣлахъ отъ −∞ до +∞ 248.3
— оси 33.7
— предохранительнаго клапана . 119.8
— регулятора . 152.1
— спокойная . . 248.1
—у клапана регулировать . 120.4
Нагрузочная пружина клапана 120.2
Нагрѣваніе подшипника . . . 48.3
Нагрѣвательный змѣевикъ . . 104.8
Надвижная муфта двойная . . . 105.5
Надписать чертежъ 231.5
Надрѣзъ пилой . 185.4
Надѣватель ремня 79.6
Надѣть ремень на шкивъ . . 79.7
Нажатіе 73.5
Наждакъ . . . 197.8
—омъ полировать . . . 198.6
— точить . . . 198.6
— шлифовать . . 198.6
Наждачная бумага 197.9
— пыль 198.8
—ое кольцо . . 198.3
— полотно . . 197.10
— точило . . . 198.7
—ый брусокъ 198.1
— валикъ . . . 198.4
— камень . . . 198.5
— точильный кругъ . . . 198.2
— цилиндръ . . 198.4
Нажимной винтъ 15.1
Накаткой, гайка съ — 12.10
Накладка . . . 29.3
— цѣпи 90.10
—и головка . . 91.1
Накладной ключъ 17.5
Наклонная плоскость . . . 230.6
—ый влѣво книзу ремень 78.7
— вправо кверху ремень . . . 78.6
— подшипникъ . 44.8
Наклона уголъ . 239.7
Наковальня . . 158.3
— верстачная . . 158.8
— двуносовая . . 158.9
Наковальня для загибанія желѣза . . . 159.7
— котельная . . 159.9
— кузнечная . . 158.6
— насѣчная . . 171.1
— одноносовая . 158.9
— ручная . . . 158.7
— сварочная . . 160.2
—и горнъ . . . 159.1
— лицо . . . 158.4
— носъ . . . 159.1
Наковаленъ, подставка для — 158.5
—, рогъ для — . 159.6
—, тассо для — . 159.6
Наматывать канатъ 88.3
Напаянный фланецъ 100.8
Напорный клапанъ 124.3
Намѣчать штрихами 226.2
Наносить пунктиръ 226.3
— — смѣшанный 226.4
Напары 181.4
Напилокъ см. напильникъ . .
Напильникъ . . 169.7
— вогнутый . . 175.6
— грубый . . . 173.3
— для закругленія колесныхъ зубцовъ . . 174.7
— для точки карандашей 230.6
— — — пилъ . . 175.7
— драчевый . . 172.4
— желобчатый . 175.6
— изогнутый . . 176.1
— круглый . . 174.4
— насѣкать . . 170.8
— ножевочный . 175.1
— овальный . . 174.8
— остроносый . 173.6

Напильникъ остроносый плоскій 173.7
— пересѣченный 171.3
— плоскій . . . 173.4
— полукруглый . 174.5
— полушлифной 172.6
— проволочный . 175.5
— ручной . . . 172.2
— саблевый . . 175.2
— съ острымъ ребромъ . . 175.4
— трехгранный . 174.2
— — 174.6
— тупоносный . 173.5
— — плоскій . . 174.1
— упакованный въ солому . 173.2
— 4гранный . . 174.3
— — съ грубой насѣчкой . . 172.3
— шарнирный . 175.3
— шлифной . . 173.1
— — тонкій . . 172.7
— закаливать . . 171.4
—а закалка . . 171.5
—а насѣчка . . 170.1
—а ручка . . . 169.8
Напилки насѣкать 170.8
— пересѣкать . . 171.2
Направленіе силы 241.6
Направляющая букса . . . 146.2
— вилка 84.4
— гайка 126.2
— золотника . . 125.8
— планка . . . 126.1
— стержня клапана 117.5
— тяга 146.1
— штанга . . . 146.1
— —у клапана . 117.7
—ее ребро . . . 117.4
—ій бюгель цѣпной передачи 90.7
— роликъ . . . 77.9
— стержень . . 117.6
—, шкивъ — канатъ 84.7
—ія клапана . 116.10
— поршневого штока . . . 136.8
— прямолинейнаго движенія 145.5
— ребра . . . 117.1
Напряженіе . . 247.3
— допускаемое . 247.7
— на сжатіе . 251.5
— нормальное . 247.4
— при изгибаніи 251.7
— — растяженіи 250.4
— — — 250.6
Напряженіе при сдвигѣ . . . 252.8
— при сжатіи . 250.9
— — — 251.2
— сдвига . . . 252.8
Напускъ, сварка въ — . . . 89.7
— фланца . . . 99.5
Наружный подшипникъ . . . 48.1
Нарѣзать болты 19.6
— винты доскою 20.3
— — на токарномъ станкѣ 20.4
— — отъ руки . 19.10
— желоба . . . 23.7
— пазы 23.7
— рѣзьбу . . . 19.9
— — метчикомъ . 21.4
Нарѣзанный зубъ 66.1
Нарѣзка винтовая 7.7
— газовыхъ трубъ 10.6
— гайки 10.5
— двухоборотная 9.2
— двуходовая . 9.2
— круглая . . . 10.2
— лѣвая 8.8
— мелкая . . . 10.7
— многооборотная 9.4
— многоходовая 9.4
— однооборотная 9.1
— одноходовая . 9.1
— правая . . . 8.6
— остроугольная 9.5
— прямоугольная 9.7
— трапецевидная 10.4
— треугольная . 9.5
— трехоборотная 9.3
— трехходовая . 9.3
—и винтовой калибръ . 206.1
— — шаблонъ . 206.2
— глубина . . 8.1
— ширина . . . 8.2
Нарѣзокъ, на дюймъ винта приходится х — 7.6
Насаженный ободъ 69.8
Насоса поршень 140.6
—, цилиндръ . . 132.3
Насосный буравъ 181.1
Насѣкать напильники . . . 170.8
Насѣчка верхняя 170.6
— вторая . . . 170.6
— крупная . . . 170.2
— мелкая . . . 170.3
— напилка . . . 170.1
— нижняя . . . 170.7
— обыкновенная 170.4
— первая . . . 170.7
— перекрестная . 170.5
— простая . . . 170.4
Насѣчная наковальня 171.1
—ой молотокъ 170.11
Наточить рейсфедеръ . . . 230.1
Натрубокъ . . 108.10
Натягъ клина . 22.1
Натяженіе . . . 247.3
— земное . . . 244.4
— каната . . . 84.6
— ремня 75.8
Натяжная чека . 25.1
Натяжной для ремней приборъ 80.8
Натяжный роликъ 78.2
Натянутая пила 189.2
Находиться въ дѣйствіи . . . 255.7
— въ зацѣпленіи 63.8
Начальная (дѣлительная) окружность 63.5
— — — 67.2
— скорость . . . 235.8
—ый конусъ . . 70.9
Начертить . . . 207.5
Ненатянутая ленточная пила . 188.3
Неперекрестный ремень 77.5
Неподвижная коробка . . . 93.9
— ось 33.10
—ый блокъ . . 93.3
— канатъ . . . 86.6
Непрерывная смазка 49.2
Неравномѣрное движеніе . . . 235.5
Неравномѣрности коэффиціентъ 149.8
Несвободное движеніе 238.3
Неустойчивое равновѣсіе . . 244.9
Нижній блокъ . 94.3
Нижникъ . . . 164.5
Нижняя коробка (обойма) . . . 94.8
Никкель . . . 216.11
Никкелевая сталь 214.5
Ниппель 107.2
— двойной . . . 107.8
Ножевая опора . 46.1
Ножевка (напильникъ) . . . 175.1
— (пила) 188.7
— для прорѣзыванія пазовъ . 189.1
— съ обухомъ . 188.8
— узкая . . . 188.10
—и обухъ . . . 188.9

Ножичекъ для подчистки чертежей 231.1
Ножка циркуля 226.9
—и циркульной нижняя часть 226.10
— циркульной удлиненіе . . 227.8
Ножницы . . . 156.9
— для рѣзки жести 157.9
— — — проволоки 158.2
— кривоносовыя 157.1
— кровельныя . 157.4
Ножницы параллельныя 157.5
— приводныя . . 157.8
— рамочныя . . 157.6
— ручныя . . . 157.7
— рычажныя . . 157.2
— стуловыя . . 157.3
— съ дугообразно выгнутыми лезвіями . . 157.1
— фасонныя . . 157.1
—ъ челюсть . 156.10
Нормали, ускореніе по — . . . 236.9
Нормальная мѣра . . 220.11
— сила 237.3
Нормальное напряженіе . . 247.4
— сопротивленіе 238.5
—ый подшипникъ 42.3
Носъ наковальни 159.1
Нутромѣръ . . 206.9
— для цилиндровъ 205.4
Ныряло 140.4
— съ лабиринтомъ 139.8

О.

Обварка вала . . 36.7
Обводить тушью 231.2
Обжимка 32.2
— плоская . . . 162.5
Обжимъ 31.8
Обичайка . . . 139.7
Обмотка трубы . 98.4
Ободъ зубчатый 69.2
— маховика . . 149.5
— насаженный . 69.8
— шкива . . . 81.8
—а выступъ . . 69.3
—, стыковой болтъ . . . 150.2
—, стыкъ 150.1
—, толщина края — 81.9
Обода, ширина — шкива . . . 81.10
Обойма блока . 93.8
— — 93.5
—, верхняя . . 94.2
— неподвижная . 93.9
—, нижняя . . 94.3
— подшипника . 45.5
— холостая . . 94.1
Обрабатывать крейцмейселемъ 167.7
— молотомъ . . 160.7
Образующая окружность . 67.3
Обрубать зубиломъ 168.3
Обручное желѣзо 215.4
Обстругать . . . 192.3
Обточить оси . . 35.3
Обточки осей, мастерская для — 35.2
— —, токарный станокъ для — 35.1
Обухъ ножевки . 188.9
Обшивка цилиндра 131.2
Обшить поршень кожей 138.6
Общая израсходованная работа 246.6
Обыкновенная цѣпь . . . 88.8
—ый кольцевой клапана . 118.3
— подшипникъ 42.3
Огневая труба . 108.2
Огонь кузнечный 166.4
Ограничитель для тарелки клапана 123.5
Одинарный ключъ 16.8
Одиночный шовъ 29.5
Одноносовая наковальня . . . 158.9
Однооборотная нарѣзка . . . 9.1
Односторонній ключъ 16.8
Одноходовая нарѣзка . . . 9.1
Окраска трубъ . 98.3
Окружность головочная . 63.6
— дѣлительная . 63.5
—, корневая . . 63.7
— начальная . . 67.2
— образующая . 67.3
— центровъ отверстій . . . 99.4
Олово 216.10
Опилки 187.4
Опись предметовъ 223.7
Опора на каткѣ . 45.8
— ножевая . . 46.1
— призматическая 46.1
—ы —ой подушка 46.3
— площадь . . 40.5
Опорная плоскость клина 23.2
— призма . . . 46.2
—ое треніе . . . 246.2
Опочная отливка 211.5
Оправка гвоздарная . . . 196.4
Осадочный молотъ 162.4
Осевая щейка . 33.3
—ой регуляторъ 151.8
Оселокъ 197.4
— для точки карандашей . . 230.5
Основаніе клина 21.8
— подшипника . 43.7
—ія — болтъ . . 43.8
Основная плита подшипника . 43.9
—ое кольцо (сальникъ) . . . 133.5
—ой конусъ . . 70.9
— кругъ 67.2
Остановить машину 255.8
Остановы, зажимающіе . . . 95.8
Остановы, зубчатые 95.5
Остріе иглы . . 227.7
— центуры . . . 180.5
— циркуля . . . 227.1
Острогубцы . . 156.1
Остроконечный молотокъ . . . 161.8
Остроугольная нарѣзка . . 9.5
—ый отводъ . . 106.3
Ось 33.2
— 33.6
— блока 93.6
— ведущая . . . 34.4
— вращенія . . 34.5
— — 241.1
— колеса . . . 34.6
— кривошипа . . 141.4
— неподвижная . 33.10
— пары силъ . . 243.5
— передвижная . 34.3
— подвижная . . 33.11
— подрѣзать . . 37.3
— регулятора . . 150.8
— свободная . . 34.2
— спаренная . . 34.1
— цилиндра . . 130.2

Ось чертежа . . 225.8
— смѣнить . . . 34.10
— обточить . . 35.8
Оси вращеніе . . 34.7
— головка . . . 33.5
— испытаніе . . 34.8
— нагрузка . . 33.7
—, отъ — до оси 225.7
— поломка . . . 34.9
— проба 34.8
— смѣна 34.11
— треніе . . . 33.8
Отверстіе втулки 69.6
— высверленное . 179.1
— для болта . . 11.7
— — винта . . . 11.7
— — желѣзокъ . 192.1
— — клина . . 23.1
— заклепочное . 26.7
— ключа . . . 16.7
— крюка . . . 92.2
— маслоспускное 55.5
— подшипника . 40.8
— пропускное . 113.1
— проходное . . 113.1
— смазочное . . 44.4
— — 52.5
Отвертка . . . 18.8
Отгибаніе края трубы 103.9
Отвинтить . . . 19.8
Отвинтиться . . 19.5
Отвинчивать . . 19.8
Отвинчиваться . 19.5
Отвинчиванія, приспособленіе противъ — . . 13.8
Отводъ остроугольный . . 106.8
— прямоугольный 106.2
Отвѣсъ 209.2
Отдача рукоятки 142.8
Отжигать . . . 199.2
Откидной клапанъ . . 123.8
— — 123.4
Отклоненія уголъ 239.1
Открыть клапанъ 115.2
— кранъ . . . 128.1
Открытая головка 145.2
— подвѣска Селлерса 46.9
— — — со струною 47.1
—ый ремень . . 77.5
Открытіе клапана 115.6
Отливка въ глинѣ 212.1
— — зеленомъ пескѣ . . 211.8
— — массу . . . 211.7
— — опокахъ . . 211.5
— — песочныя формы 211.6
— — —ой формѣ открытой . . 211.4
Отливка въ сухомъ пескѣ . 211.7
— обжигаемая . 212.4
— опочная . . . 211.5
— съ жесткою корою . . . 212.2
Отмѣтить кернеромъ 168.6
Отогнуть край трубы . . . 103.10
Отпаять 200.9
Отпуска цвѣтъ . 199.4
Отпусканіе стали 199.8
Отпускать винтъ 19.4
Отпускать (металлъ) 199.2
Отрѣзокъ, сцѣпляющійся . . 64.2
Очертаніе зубца 64.10
— зубцовъ по двумъ точкамъ 67.5
Очинить карандашъ 230.8
Очинки, машина для — карандашей 230.4
Очистки, приборъ для — масла . 53.1
Очищенное масло 53.2
Ошибка конструкціонная 222.5
— при свариваніи 165.4

П.

Паденіе свободное 236.2
—я высота . . . 236.8
— продолжительность . . . 236.4
Пазникъ . . . 193.6
Пазовикъ . . . 193.6
Пазъ 23.8
Пайка 201.1
— мягкимъ припоемъ . . . 201.2
— на крѣпкомъ припоѣ . . . 201.8
— пробная . . . 203.8
Пайки шовъ . . 201.4
Палецъ кривошипа . . . 141.6
— (цапфа) . . . 39.6
Папка для чертежей 219.2
Пара силъ . . . 243.8
Пары силъ моментъ 243.4
— — ось 243.5
Параллелограммъ силъ 241.8
— скоростей . . 239.8
Параллелограммъ ускореній . . 239.8
Параллель . . . 146.4
Параллельные тиски . . . 154.2
—ыя ножницы . 157.5
Паровой запорный клапанъ 121.2
— поршень . . 140.5
— цилиндръ . . 132.2
—го цилиндра сальникъ . . . 133.7
Паровпускной клапанъ . . . 122.2
Паровыпускной клапанъ . . . 122.8
Паропроводная задвижка . . 126.6
Паропроводъ . . 109.9
Парораспредѣленіе золотниковое 127.6
— клапанное . . 120.9
Пастма 85.2
Пасть клещей . 155.4
Патронная муфта 56.8
Патронъ для перки . . 178.5
— — сверла . . 178.5
Паяльная горѣлка . . 201.10
— лампа . . . 202.1
— печь 202.8
— трубка . . . 203.1
Паяльникъ . . . 201.6
— газовый . . . 201.9
— молоткообразный 201.7
— остроконечный 201.8
Паяльное пламя 202.2
—ыя клещи . . 156.6
Паяніе . . . 200.10
Паять 200.6
Пеньковая набивка . . . 135.8
—ый канатъ . . 86.9
Пеньковаго каната, шкивъ для — 87.4
Пеньковый плетень 135.4
Переборъ зубчатый 68.2

Перегрузить клапанъ . . . 120.5
Передаваемое усилiе 75.9
Передаточная труба . . . 105.9
—ый валъ . . . 36.5
— канатъ . . . 87.6
Передача зубчатая 68.1
— —ой рейкой . 70.6
— канатная . . 84.5
— — круговая . 84.8
— кривошипомъ 140.8
— подъ угломъ . 77.9
— при помощи коническихъ барабановъ . 78.3
— помощью желобчатыхъ колесъ 74.6
— — клиновыхъ колесъ . . 74.6
— — фрикцiонныхъ дисковъ 74.2
— ременная . . 75.5
— съ натягивающимъ грузомъ 78.1
— фрикцiонная . 73.8
—, цѣпная . . . 88.5
—, цѣпная . . . 91.10
— эксцентриковая 144.5
Передачи, направляющiй бюгель цѣпной — . . 90.7
Передвижная ось 34.3
—ой блокъ . . . 93.4
Перекидной зажимный болтъ 14.3
Перекрещенный ремень 77.6
Переносное горно 32.9
—ый горнъ . . 167.8
Пересѣкать напилки 171.2
Пересѣченный напильникъ . 171.3
Переходная муфта 107.1
Перiодическая смазка 49.8
Перициклоида . 67.1
Перка 178.4
— ложечная . . 181.8
— центровая . . 180.4
Перки центровой острiе 180.5
Перка червячная 181.1
— — съ ушкомъ 181.2
Перки шпиндель 178.6
Перо для вычерчив. кривыхъ 229.7
— — круглаго шрифта . . 231.8
— пунктирное . 229.9
— чертежное . . 229.6
— — двойное . . 229.8
Перо чертежное точить 230.1
Перышко рисовальное чертежное . . . 231.4
Петля . . . 92.10
Печь паяльная . 202.3
— сварочная . . 165.5
Пила 185.8
— волосная . . 189.5
— двуручная . . 188.2
— для дерева . 187.10
— — металловъ . 187.9
— — распиловки металловъ нагрѣтыхъ . 187.8
— — металловъ холодныхъ . 187.7
— круглая . . . 190.4
— ленточная безконечная . . 190.3
— — ненатянутая 188.3
— личная . . . 172.5
— лучковая . . 189.3
— — небольшая . 189.9
— — столярная . 189.7
— — — узенькая 190.1
— маховая . . . 188.4
— натянутая . . 189.2
— поперечная . 188.5
— — выгнутая . 188.6
— продольная . 188.4
— рамная . . . 190.6
— ручная . . . 188.1
— садовническая 188.4
— фанерочная . 189.6
— фурнирная . 189.6
— циркульная . 190.4
Пилы гнѣздо . . 185.6
— закрутень . . 189.8
— закрутка . . 189.8
— лента 185.5
— листъ 185.5
— лучекъ . . . 189.4
— полотно . . . 185.5
— станокъ . . . 189.4
— язычекъ . . . 189.8
Пилить 187.3
— въ нагрѣтомъ видѣ . . . 187.6
— — холодномъ — 187.5
Пильная рама . 190.5
—ый зубъ . . . 185.7
— станокъ . . . 190.2
Пинцетъ . . . 156.8
Письмо круглое 231.6
— прямое . . . 231.7
Питательный клапанъ . . 122.7
— кранъ . . . 129.9
Пламя паяльное 202.2
Планка гибкая . 220.1
— направляющая 126.1
Планъ 224.6
Планъ расположенiя трубъ . . 109.5
Платина 217.4
Плашка 21.2
Плетень пеньковый 135.4
Плечо 37.7
— кривошипа . 141.3
Плита анкерная 15.8
— вывѣрочная . 208.7
— основная подшипника . . 43.9
— полировочная 160.1
— фундаментная 16.2
Плиты выступъ (подшип.) . . 44.1
Пломбировочныя клещи 156.4
Плоская обжимка 162.5
Плоскiй золотникъ 127.1
Плоскогубцы . . 155.5
— 155.9
Плоское желѣзо 215.8
Плоскость наклонная . . . 239.6
Плотничiй буравъ 180.8
Площадь опоры 40.5
— соприкосновенiя 113.5
— срѣза 28.4
Плунжеръ . . . 140.4
Поверхность винтовая . . . 7.4
— скользящая . 145.8
— тренiя . . . 246.1
— трущаяся . . 38.2
—и закалка . . 200.1
Подающiй клапанъ 122.7
Подверженiе дѣйств. силы . 247.5
Подвижная муфта 58.3
— ось 33.11
—ый канатъ . . 86.5
Подвѣска . . . 46.7
— Селлерса двуплечая . . 46.8
— — открытая . 47.1
— — — 46.9
Подгаешникъ . . 13.2
Поддержка для заклепокъ . . 32.3
— — — 32.5
Поднятiе клапана 115.7
Подовый клапанъ 120.6
Подпилить . . . 171.6
Подпятникъ . . 40.8
— кольцевой . . 41.1
— съ шариками . 41.3
— смазать . . . 48.7
—а, кольцев. вкладышъ . . . 41.2

Подпорка для заклепокъ . . . 32.4
Подпятникъ . . 40.8
— кольцевой . . 41.4
— съ шариками . 41.3
—а вкладышъ . 40.9
— — кольцевой . 41.2
Подрѣзать валъ . 37.3
— ось 37.3
— рѣзьбу . . . 20.1
Подставка для наковаленъ . . 158.5
Подтачивать цилиндръ . . . 131.4
Подтянуть винтъ 19.7
— клинъ . . . 25.9
— подшипникъ . 48.6
— ремень . . . 79.3
Подушка призмат. опоры 46.3
Подчеканить . . 31.1
Подчищать сверломъ 179.3
Подшабрить . . 177.3
Подшипникъ . . 40.1
— 41.5
— безъ лапокъ . 44.7
— внутренній . 47.8
— выплавляется . 48.4
— гребенчатый . 41.4
— грѣется . . . 48.2
—, давленіе на — 40.6
— для цапфъ вала 141.7
— заѣдается . . 48.5
— изнашивается 48.4
— концевой . . 41.6
— косой . . . 44.8
— коренной . . 47.7
— кривошипн. вала 141.5
— наклонный . 44.8
— на кронштейнѣ 46.4
— — подвѣскѣ . 46.6
— наружный . . 48.1
— на шарикахъ 45.3
— нормальный . 42.3
— обыкновенный 42.3
— промежуточный 41.7
— Селлерса . . 45.1
— скошенный . 44.8
— съ кольцевой смазкой . . 45.2
— шаровой . . 45.6
— подтянуть . . 48.6
— смазать . . . 48.7
—а шарового вкладышъ . 45.7
— длина . . . 40.4
— крышка . . . 43.5
— кузовъ . . . 43.4
— нагрѣваніе . 48.3
— обойма . . . 45.5
— основаніе . . 43.7
— основная плита 43.9
Подшипника отверстіе . . . 40.3
— шарикъ . . . 45.4
—овъ, стойка для 47.2
Подъемная цѣпь 91.7
—ый канатъ . . 87.8
— клапанъ . . . 116.2
— 121.3
Подъемъ муфты регулятора . 151.2
— поршня . . . 138.1
—а высота . . . 236.5
— продолжительность . . 236.6
— уголъ . . . 7.3
Полезная длина . 98.2
— работа . . . 246.7
—аго дѣйствія степень . . 246.8
Полетъ вертикально вверхъ 238.2
— наклонно къ горизонту . . 237.5
— параллельно горизонту . . 238.1
—а высота . . . 237.8
— дальность . . 237.7
— скорость . 237.10
— траекторія . . 237.9
— уголъ 237.6
Ползунъ . . . 145.6
— 146.5
— калибра . . 205.1
Полировать наждакомъ . . . 198.6
—очная плита . 160.1
Полиспастъ . . 93.7
— дифференціальный 94.4
— канатный . . 94.6
— цѣпной . . . 94.7
Полное ускореніе 237.1
Положеніе тѣла въ равновѣсіи 244.7
Поломка маховика . . . 150.6
— оси 34.9
— трубы . . . 110.4
Полосовое желѣзо 212.5
— — 214.8
Полотно наждачное . . . 197.10
— пилы 185.5
Полуда 202.5
Полуперекрестный ремень . . 77.7
Полый валъ . . 35.9
Полярный моментъ инерціи 244.1
Полюсъ 242.4
—а разстояніе . 242.5
Поперечка . . . 188.5
— выгнутая . . 188.6
Поперечная пила 188.5
— — выгнутая . 188.6
—ое сѣченіе . . 225.1
— — пропускн. отверстія . 113.2
—ый клинъ . . 22.6
Порошокъ для закалки . . 199.10
Поршень . . . 136.1
— дисковый . . 140.3
— запасной . . 140.7
— насоса . . . 140.6
— паровой . . . 140.5
— пришлифованный . . . 140.1
— резервный . . 140.7
— съ набивкой кожаной 138.5
— — — метал. . . 138.7
— — — пеньковой 138.4
— обшить кожей 138.6
— пришлифовать 140.2
Поршня болтъ . 136.9
— высота . . . 136.3
— діаметръ . . 136.2
— игра 137.8
— кольцевой замокъ 139.2
— крышка . . . 139.5
— набивка . . . 138.3
— подъемъ . . . 138.1
— сальникъ . . 137.2
— сила 136.5
— скорость . . . 137.4
— смазка . . . 137.3
— стержень . . 136.6
— треніе . . . 137.6
— тѣло 139.4
— ускореніе . . 137.5
— ходъ 137.7
— — вверхъ . . 138.1
— — внизъ . . 138.2
— — обратный 137.10
— — прямой . . 137.9
— штанга . . . 136.6
— штокъ . . . 136.6
Поршневое кольцо 139.1
— — самонажимающее . 139.3
—ой золотникъ . 127.4
— ключъ . . . 137.1
Поршневого стержня конецъ . 136.7
— штока направляющія . . 136.8
Послѣдѣйствіе упругое . . . 249.6
Постоянная муфта 56.3
Построить . . . 222.2
— машину . . . 253.8
Потайная головка 12.3

Предохранительная заслонка . 123.6
—аго клапана заслонка . . . 123.6
—ый клапанъ . . 119.6
— — на случай разрыва трубы 110.5
— клапанъ съ нагрузкой . . 119.7
— съ пружинной нагрузкой . 120.1
Представить деталь машины въ перспективѣ 224.1
— — — — разрѣзѣ 224.8
Предѣлъ вытягиванія . . . 250.1
— пропорціональности . . . 249.8
— упругости . . 249.7
Предѣльный калибръ для проволоки . . . 206.4
Прессовый винтъ 13.7
— цилиндръ . . 132.4
—ующій винтъ . 13.7
Прессъ смазочный 55.7
Прибивать гвоздемъ 195.7
Приборъ водоуказательный 111.2
— для очистки масла . . . 53.1
— натяжной для ремней . . . 80.8
— смазочный . . 53.3
Привертная струбцинка 154.5
Привести валъ въ движеніе посредствомъ ремня 76.4
Привинтить . . 18.7
Приводить валъ въ движеніе посредствомъ ремня 76.4
Приводная цѣпь 91.6
—ое колесо . . 68.7
—ый валъ . . . 36.4
— канатъ . . . 87.5
— ремень . . . 80.5
— рычагъ . . . 59.2
—ыя ножницы . 157.8
Приводъ разобщительный . . 84.3
— ременной . . 77.4
— съ зубчатой муфтой . . . 58.7
Пригвоздить . . 195.7
Пригнать винтъ 14.1
Пригонъ . . . 37.7
Пригонять винтъ 14.1
Пригнанный винтъ 13.10
Пріемный клапанъ 121.8
Прижимъ для газовыхъ трубъ 154.3
Призма опорная 46.2
Призматическая опора . . . 46.1
—ой опоры подушка 46.3
Прикладный ключъ 17.2
Приклепанный флянецъ . . . 100.7
Приливъ втулки 69.5
Принадлежности къ горну . . 166.5
— — крюку . . 92.9
Принципъ сохраненія энергіи . 245.5
Припаять . . . 200.8
Припаянное кольцо . . . 100.6
Припой 202.4
— крѣпкій . . 202.7
— мягкій . . . 202.5
— — легкоплавкій 202.6
Припоя мѣсто . 201.5
Приработавщаяся цапфа . 38.3
Приспособленіе для ручной смазки . . . 49.5
— противъ отвинчиванія . 13.3
— точильное . . 197.6
Притокъ масла . 52.3
Притяженіе земное 244.4
Притянуть винтъ 19.6
Причека 24.8
Пришабрить . . 177.2
Пришлифовать клапанъ къ своему сѣдлу 113.6
— поршень . . 140.2
—нный поршень 140.1
Проба оси . . . 34.8
Пробить дыру . 169.6
— зубцы . . . 187.2
Пробивныя клещи 158.1
Пробка 105.1
Пробная пайка . 203.3
— —ый клапанъ 122.8
— кранъ . . 129.10
Пробойникъ . . 168.7
— для станковъ 169.3
— ручной . . 169.2
Пробуравить . . 179.2
Проволочный канатъ 86.7
Провѣсъ 76.2
Прогибъ 147.5
— 252.1
Продолжительность зацѣпленія 64.4
— качанія маятника 239.3
— паденія . . . 236.4
— подъема . . . 236.6
Продольная пила 188.4
—ое измѣненіе . 248.7
—ый видъ . . . 224.5
—изгибъ . . . 252.2
— разрѣзъ. . . 224.9
Продувательный клапанъ . . 122.5
— кранъ . . . 129.7
Проектировать . 223.1
Проектъ 223.2
—а эскизъ . . . 223.3
Прозоръ 136.4
Производительность . . . 245.2
—и, регуляторъ — машины . . 152.5
Прокатанная труба . . . 103.1
—ное желѣзо . . 215.5
Прокладка вкладыша . . . 42.6
— между флянцами 99.6
Прокладой набивать вкладышъ 43.1
Прокладочное кольцо 99.7
— — 125.7
Проложить (прокладывать) трубу 109.6
Промежуточная пропускная захлопка . . 117.8
—ый валъ . . . 36.5
— подшипникъ . 41.7
Пропорціональности предѣлъ 249.8
Пропускная бумага . . . 232.9
—ое отверстіе . 113.1
Проруба(и)ть . . 165.6
Прорубное зубило 165.7
Прорѣзъ сквозной 23.3
Прорѣзная шарошка 184.2
Просверлить . . 179.2
Простой кольцевой клапанъ . 118.3
Пространство вредное . . . 136.4
Проушина . . . 191.1
Профиль зубца . 64.9

Профильная шарошка 184.8
Проходникъ . . 181.4
Проходъ . . . 112.6
Проходное отверстіе 113.1
—ой кранъ . . 128.7
Прочная склепка (клина) . . . 28.1
Пружина клапана 119.5
— регулятора . 152.8
Пружиненіе упругое . . . 249.4
Пружинить . . 149.8
Пружинный клапанъ 119.4
— регуляторъ . 152.2
Пружинящая труба 104.2
Прядь 85.2
Прямобочное зацѣпленіе . . . 67.6
Прямой угольникъ 107.5
— — переходный 107.6
Прямолинейное движеніе . . . 234.0
Прямоугольная нарѣзка . . 9.7
—ый отводъ . . 106.2
Пудлинговое желѣзо 212.7
—ая сталь . . . 213.7
Пунктирная игла 229.1
Пунктирное колесико 229.2
— перо 229.9
Пунктировать . 226.8
Пунктиръ наносить 226.8
Пускать въ ходъ машину . . . 255.6
Путь 235.2
— головки зубца 64.7
Пушечная бронза 217.8
—ый металлъ . . 217.8
— сплавъ . . . 217.8
Пыль наждачная 198.8
Пята 38.7
— кольцевая . . 38.8

Р.

Работа израсходованная общая 246.6
— механическая . 245.1
— полезная . . 246.7
— тренія . . . 246.5
— — зубьевъ . . 66.6
Работы величина 245.2
—, регуляторъ — машины . . 152.5
Рабочая машина 256.6
— сторона ремня 77.1
—ій шкивъ . . 83.7
— — холостой . 83.6
Равновѣсіе . . . 244.6
— безразличное 244.10
— устойчивое . 244.8
— не— 244.9
Равнодѣйствующая сила . . 241.9
— скорости . . 240.4
— ускоренія . . 240.4
—ей замѣнить нѣсколько скоростей 240.8
— — — ускореній 240.8
Равномѣрное движеніе . . 235.1
—о замедленное движеніе . 236.1
— ускоренное — 235.11
Разборка машины 255.5
Разбуравить . . 179.8
Развертка (кривая) 67.9
— (рейбалъ) . . 177.4
— вставляющаяся въ шпиндель станка . . . 178.2
— со спиральными желобками . 177.7
— съ дорожками 177.8
— — цапфами . 178.1
— угловая . . . 177.6
Развертка шлифованная 177.5
Развертѣть . . . 178.8
—очное зацѣпленіе 67.8
Развести зубцы пилы 187.1
—денный зубецъ 186.8
Разводить зубцы пилы 187.1
— краску . . . 232.7
— тушь 232.7
Разводка (зубцевъ) 186.9
Развѣтвленіе трубъ 106.1
Разгонный молотокъ 163.1
Разгружать клапанъ 115.9
—енный золотникъ 127.5
Разгрузка клапана 115.10
Разгрузной клапанъ 116.1
Раздвижная муфта . . . 58.4
— — зубчатая . 60.2
— — соединительная 58.6
— часть штангенциркуля . 205.1
—ой ключъ . . 18.1
— (ступеньчатый) шкивъ . . . 83.5
Разложить скорость на составляющія . 240.1
— ускореніе на составляющія 240.1
Размахъ маятника 238.9
Размотать (разматывать) канатъ 88.4
Размѣръ цифровый 225.6
Размѣры внести 225.9
— вносить . . . 225.9
— главные . . . 225.8
Размѣровъ внесеніе 225.10
Размѣрная линія 225.4
— стрѣлка . . . 255.5
Разобрать машину 225.4
Разобщать . . . 63.1
— 64.6
— муфту . . . 59.5
Разобщающая муфта 59.1
—ійся валъ . . 36.6
Разобщеніе . . 59.7
— посредствомъ раздвижной зубчатой муфты 60.4
— самодѣйствующее 60.1
Разобщительный валъ 59.4
— механизмъ . . 58.8
— приводъ . . . 84.8
Разрывъ маховика 150.5
— трубы . . . 110.4
Разрѣзъ по x—y 225.2
— продольный . 224.9
Разстояніе между заклепками . 27.6
— отъ края листа 27.7
— — полокъ угольника 30.4
— полюса . . . 242.5
Разъединеніе . . 59.7

Разъединеніе самодѣйствующее 60.1
Разъединительный валъ . . 59.4
— рычагъ . . . 59.2
— — 84.3
Разъедини(я)ть . 63.1
— муфту . . . 59.6
Разъемное колесо 69.9
Рама лѣсопильная 190.6
— пильная . . . 190.5
Рамная пила . . 190.6
Рамочныя ножницы 157.6
Расклепать . . 31.3
Расклинить . . 25.7
Расковать . . . 164.7
Расковка 164.8
Расковочный молотокъ 161.2
Распиловки, машины для — . 190.2
Расположеніе общее 223.4
Распредѣленіе общее 223.4
Распредѣлительный валъ . . 37.4
Распорка . . . 90.2
Распорками, цѣпь съ — 90.1
Распорная труба 14.7
—ый болтъ . . 14.5
Растирать краску 232.8
— тушь 232.8
Растительное масло 51.3
Растягивать рессору 148.9
Растягивающая сила 250.5
Растяженіе . . 250.2
—ію подвержено тѣло 247.6
— сопротивленіе 250.3
Рачка 182.9
Рашпиль . . . 176.2
Рванина послѣ закалки . . 199.11
Ребра направляющія . . . 117.1
Ребро направляющее . . . 117.4
Ребристая труба 104.5
Регулировать . . 152.6
— нагрузку клапана 120.4
Регулировочная гайка 12.9
Регулируемый вкладышъ . . 42.5
Регуляторъ . . 150.7
- , грузовой . . 151.9
Регуляторъ, коническій . . 151.7
— маятникъ . . 151.6
— осевой . . . 151.8
— производительности машины 15?.5
—, пружинный . 152.2
— работы машины . . . 152.5
— скорости . . 152.4
— съ нагрузкой 151.9
— центробѣжный 151.5
—а муфта . . . 151.1
— ось 150.8
— шпиндель . . 150.8
— подъемъ муфты — 151.2
— рычагъ . . . 151.3
— установительный механизмъ . . . 151.4
Редукціонный клапанъ . . . 121.5
Резервный поршень 140.7
Резервуаръ для воды 110.2
— — масла . . . 51.8
— — — 55.4
Резинка 230.8
— для карандаша 230.9
— — чернилъ 230.10
Резиновый клапанъ 123.4
Рейбаль см. развертка . . . 177.4
Рейсфедеръ . . 229.6
— двойной . . . 229.8
Рейсшина . . . 219.5
—ы головка . . 219.6
— линейка . . . 219.7
Ремень 76.5
— буксуетъ . . 79.1
— бьетъ 78.8
— вертикальный 78.5
— горизонтальный 78.4
— двойной . . . 80.2
— клееный . . . 80.9
— набѣгаетъ . . 79.2
— наклонный вправо . . 78.6
— — кверху . . 78.6
— — книзу . . 78.7
— неперекрестный 77.5
-- перекрестный 77.6
— покоится на валѣ 80.1
— полуперекрестный 77.7
— приводной . . 70.5
— скользить . . 79.1
Ремень сложный 80.3
— соскакиваетъ со шкива . . 79.5
— суставный . . 80.6
— надѣть на шкивъ . . . 79.7
— подтянуть . . 79.3
— сбросить со шкива . . . 79.8
— склеить . . . 80.10
— сшить . . . 81.2
— сшитый . . . 81.1
— укоротить . . 79.4
Ремня гладкая сторона . . 77.2
— лицевая сторона 77.2
— рабочая сторона 77.1
— толщина . . 76.9
— ширина . . . 76.8
Ремней соединеніе 80.7
—, замокъ для — 81.4
Ременная передача 75.5
— — 77.3
— муфта . . . 61.6
—ой приводъ . . 77.3
Ремешокъ, сшивающій — ; (драва) 81.3
Ремненадѣватель 79.6
Ресмусъ 207.9
Рессора 147.2
— винтовая . . 148.3
— коническая . 148.4
— круглаго сѣченія 148.6
— листовая . . 147.6
— на изгибъ . . 147.3
— — скручиваніе 148.2
— прямоугольнаго сѣченія 148.5
— скручивающаяся . . . 148.2
— спиральная . 148.1
— цилиндрическая . . . 148.3
Рессорная державка . . . 147.9
—ый валикъ . . 147.8
— листъ . . . 147.4
— хомутъ . . . 147.7
Рессору сжимать 148.8
—ы витокъ . . 149.1
— сжатіе . . . 148.7
Рифлуаръ . . . 176.1
Рихтовальный молотокъ . . . 161.9
Рогъ для наковаленъ 159.6
Рожокъ 108.10
Роликъ направляющій . . . 77.9
— натяжной . . 78.2
—, цѣпной . . . 91.5

Рубанокъ . . 191.10
— двойной . . . 192.7
— ручной . . . 193.3
— столярный . . 193.2
— съ двойнымъ желѣзкомъ . 192.7
— фасонный . . 193.8
Рубанка желѣзко 191.12
— колодка . . . 191.11
Руда желѣзная . 210.2
Рукоятка кривошипа . . . 142.4
— молотка . . . 160.6
—и отдача . . . 142.8
—у вращать . . 142.9
Рулетка 221.4
Ручка молотка . 160.6
— напилка . . . 169.8
— топора . . . 191.2
Ручная клепка . 31.5
— масленка . . 51.9
— — съ клапаномъ 51.10
Ручная масленка съ пружиннымъ дномъ . 52.1
— наковальня . 158.7
— пила 188.1
— смазка . . . 49.4
—ой смазки, приспособленіе для — . . . 49.5
—ое сверло. . . 179.6
Ручной буравъ . 179.6
— инструментъ . 256.5
— клапанъ . . . 121.1
— молотокъ . . 161.4
— напилокъ . . 172.2
— пробойникъ . 169.2
— рубанокъ . . 193.3
— стругъ . . . 193.3
— топоръ . . . 191.3
—ые тиски . . . 154.6
—ыя ножницы . 157.7
Рычагъ клапана 119.9
Рычагъ приводный 59.2
— разъединительный . 59.2
— — 84.3
— регулятора . 151.3
— силы P относительно точки вращенія O . 243.2
— тормозный . . 96.5
Рычага, вилка приводнаго — . 59.3
Рычажныя ножницы . . . 157.2
Рѣзакъ для холоднаго желѣза 168.1
Рѣзакомъ обрубать 168.3
— обрубить . . 168.3
Рѣзца уголъ . . 185.9
Рѣзьбу нарѣзать 19.9
— подрѣзать . . 20.1
— сорвать . . . 19.9

С.

Садовническая пила 188.4
Салазки 145.7
— 146.6
—, давленіе на — 145.9
Салазокъ, треніе 145.10
Сальникъ . . . 132.5
— защемляется 134.5
— неплотенъ . . 134.6
— парового цилиндра . . . 133.7
— плотенъ . . . 134.7
— поршня . . . 137.2
— съ кожаной набивкой . . 133.8
— металлической набивкой . . 134.2
— цилиндра . . 131.1
— затягивать . 134.4
— набивать . . 135.2
Сальника болтъ . 133.3
— набивка . . . 132.9
— нажимная втулка . . . 104.4
Самодѣйствующее разобщеніе 60.1
—ій клапанъ при поломкѣ мрубъ 121.4
Самоторможеніе 10.10
Сборка 255.1
Сборная мастерская 255.3
Сборщикъ машинъ 255.2
Сбрасывать ремень со шкива 79.3
Сбѣгающій конецъ ремня . . 76.7
Сваливается, фитиль . . . 54.4
Сваренная труба 102.4
— — въ напускъ . 102.6
— — — стыкъ . . 102.5
— спиральн. трб. 102.7
— цѣпь 89.5
Свариваніе . 164.10
Сваріванія температура . . 165.3
Сваривать . . . 164.9
— 164.11
— 165.1
Сварка . . . 164.10
— въ напускъ . 89.7
— — стыкъ . . 89.6
Сварки мѣсто . 165.2
Сварочная наковальня . . . 160.2
— печь 165.5
— сталь 213.6
— — рафинированная . . . 214.3
—ое желѣзо . . 212.6
Сверленіе . . . 179.5
Сверлильный станокъ . . . 183.1
Сверлить . . . 179.2
Сверло для продольныхъ дыръ 181.5
— красное . . . 179.4
— навертное . . 180.3
— перковое . . 178.4
— ручное . . . 179.6
— спиральное . 180.6
— съ лезвіемъ . 180.1
Сверло съ 2 лезвіями . . . 180.2
—а шпиндель . 178.1
Свертный шкивъ 83.5
Свинецъ 83.9
— 217.2
Свинтить . . . 18.2
— 18.2
— 19.1
Свитокъ 181.3
Свободная ось . 34.6
—ое паденіе . . 236.3
—ый флянецъ . 100.5
Свѣтопечатня . 234.6
Свѣточувствительная бумага 234.2
Связь болтовая . 14.6
Сгибать колѣно . 37.1
Сглаживать долотомъ 168.3
Сдвигъ 252.5
Сдвига коэффиціентъ 252.9
— напряженіе . 252.8
—у сопротивленіе 252.6
Сдвигающее усиліе 252.7
Сдвиженіе . . . 240.5
Селлерса кронштейнъ стѣнной 47.4
— — — 47.5
— муфта . . . 58.1
— подвѣска двуплечая 46.8
— — открытая . 46.9
— — 47.1
— подшипникъ . 45.1
Сердцевина . . 85.3

Серебро 217.8
Сжатіе 250.7
— рессоры . . . 148.7
Сжатіи, напряженіе при — 251.2
— — — 251.5
—, сопротивленіе при — . . . 251.4
Сжатія сила . . 251.1
—ію подвержено тѣло 247.6
— сопротивленіе 250.8
Сжимать рессору 148.8
Сжимающее усиліе 251.1
Сила 241.5
— живая . . . 245.4
— касательная . 237.2
— лошадиная . 245.8
— нормальная . 237.8
— поршня . . . 136.5
— равнодѣйствующая . . . 241.9
— растягивающая . . . 250.5
— сжатія . . . 251.1
— сжимающая . 251.1
— слагающая . 242.1
— тормозящая . . 96.6
— тяжести . . . 244.3
— центробѣжная 237.4
— центростремительная . . 237.3
Силы тяжести натяженіе . . 244.4
— направленіе . 241.6
— P рычагъ относительно точки вращенія O 243.2
—, подверженіе дѣйствію — . 247.5
— P моментъ относительно точки вращенія O 243.1
— точка приложенія . . . 241.7
— находятся въ равновѣсіи . 242.9
Силъ многоугольникъ . . . 242.8
— — замкнутый 242.8
— пара . . . 243.3
— пары моментъ 243.4
— — ось 243.5
— параллелограммъ . . . 241.8
— треугольникъ 242.2
Система трубъ для провода воды подъ напоромъ . . . 108.9
Скала твердости 199.8
Сквозной валъ . 35.11
— клапанъ . . . 118.8
Сквозной прорѣзъ 23.8
Складочная сталь 214.3
Склеить 196.7
— ремень . . . 80.10
Склепанная труба 102.8
Склепка 27.4
— бортовъ . . . 29.4
— горячая . . . 27.8
— плотная . . . 28.2
— прочная . . . 28.1
— ступенчатая . 30.8
— холодная . . 27.9
Сколачивать гвоздями 196.1
Скольженія модуль 253.1
Скользящее треніе 246.3
Скользунъ . . . 145.6
Скользящая поверхность . 145.8
—ій золотникъ . 127.1
Скорость . . . 235.3
— конечная . . 235.9
— начальная . . 235.8
— полета . . 237.10
— поршня . . . 137.4
— разложить на составляющія 240.1
— средняя . . 235.10
— угловая . . . 241.3
—и равнодѣйствующая . 240.4
— составляющая 240.2
—ей параллелограммъ . . . 239.8
Скосъ зуба . . 70.5
Скошенный подшипникъ . . . 44.8
Скребокъ для чистки трубъ . 111.1
Скрутить канатъ 85.4
Скручиваніе, рессора на — . 148.2
—ія, машина для — каната . . 85.5
—ющаяся рессора 148.2
Скрѣпить болтами 18.4
— — анкерными 18.6
— связями . . . 18.6
Скрѣпленіе болтами 11.1
Скрѣпляющій болтъ . . . 57.4
— винтъ 13.5
Слагающая сила 242.1
— скорости . . 240.2
— ускоренія . . 240.2
Слесарь заводскій 254.6
Сложный блокъ 93.7
— ремень . . . 80.3
Слой смазки . . 48.8
Слѣдъ отъ напилка 171.7
Смазать подшипникъ 48.7
Смазка 49.1
— автоматическая 49.6
— для канатовъ 86.4
— жидкая . . . 50.5
— кольцевая . . 55.1
— масломъ . . . 52.4
— мѣстная . . . 49.8
— непрерывная . 49.2
— періодическая 49.3
— поршня . . . 137.3
— ручная . . . 49.4
— твердая . . . 50.6
— фитилемъ . . 54.1
— центральная . 50.2
— центробѣжная 54.9
— цилиндровъ . 131.7
Смазки слой . . 48.8
—, тягучесть . . 50.7
—, устройство для автоматической —, лубрикаторъ 49.7
—, устройство для центральной — 50.3
Смазочная канавка 44.5
— — 52.6
— коробка . . . 53.5
— трубка . . . 53.4
—ое масло . . . 50.8
— — густѣетъ . 50.10
— кольцо . . . 52.8
— отверстіе . . 44.4
— — 52.5
—ый каналъ . . 44.5
— матеріалъ . . 50.4
— прессъ . . . 53.7
— приборъ . . . 53.8
Смазочнаго масла вязкость . . . 50.9
Смазывающее кольцо 55.2
Смыть чертежъ губкою . . . 233.1
Смычекъ дрели . 182.4
Смѣна оси . . . 34.11
Смѣни(я)ть ось 34.10
Смѣнныя колеса 68.3
Смѣсительный кранъ 129.3
Смягченіе стали 199.8
Собачка 60.6
— (дл перьевъ) 231.9
Собрать машину 254.7
Согнуть колѣно . 37.1
Соединеніе . . . 56.1
— валовъ . . . 56.2
— винтовое . . 56.6
— глухое . . . 56.3
— дисковое . . 57.5
— канатное . . 85.8
— клиновое . . 22.5
— муфтою . . . 56.4

Соединеніе помощью болтовъ и флянцевъ . 98.8
— — флянцевъ . 98.7
— ремней . . . 80.7
— трубное . . . 98.5
— трубъ винтовое 98.6
— — муфтами . 101.2
—, шаровое шарнирное . . . 62.4
Соединенъ (а, о) 62.6
— — непосредственно съ — 62.7
Соединитель . . 89.4
— для ремней . . 81.6
Соединительная гайка . . . 12.8
— муфта . . . 58.6
— тяга . . . 145.4
—ое звено . . 89.4
—ый болтъ . . 57.4
Соедини(я)ть . . 62.5
Соколъ 166.6
Сомкнутый канатъ 85.7
Сопротивленіе временное . . 249.3
— движенію въ пути 238.4
— изгибу . . . 252.3
— матеріаловъ . 247.1
— нормальное . 238.5
Сопротивленіе отъ тренія . . . 245.7
— по касательной 238.6
— при сжатіи . 251.4
— растяженію . 250.3
— сдвигу . . . 252.6
— сжатію . . . 250.8
—іи, ученіе о —. 247.2
—ія моментъ . . 251.8
Сопряженіе . . 56.1
— валовъ . . . 56.2
— глухое . . . 56.3
— дисковое . . 57.5
Сопряженъ (а, о) 62.6
— непосредственно съ 62.7
Сорвать рѣзьбу . 19.8
Составляющая скорости . . 240.2
— ускоренія . . 240.2
Составное маховое колесо . 149.9
—ой кольцевой клапанъ . . 118.5
— маховикъ . . 149.9
Состругать . . . 192.4
Сохраненія энергіи принципъ . 245.5
Сиаять 200.7
Спайка см. пайка
Спаренная ось . 34.1
Спаянная труба 102.8

Спилки 171.9
Спиральная рессора 148.1
—щетка для трубъ . . . 110.9
—ое сверло . . 180.6
—ый канатъ . . 85.6
— скребокъ для трубъ . . . 110.9
Списокъ предметовъ 223.7
Спица 69.7
— маховика . . 149.6
Сплавъ бѣлый 217.10
— колокольный 217.9
— пушечный . . 217.8
Спокойная нагрузка 248.1
Способъ нагрузки 247.8
Спринцовка для масла 52.2
Спускная труба . 109.3
—ой клапанъ . . 122.6
— кранъ . . . 129.2
Сращивать канатъ 85.9
Средняя скорость . . . 235.10
Срощенія мѣсто 85.10
Срывать рѣзьбу . 19.8
Срѣза площадь . 28.4
Стаканъ 41.8
Стакана, втулка 42.1
Сталь 213.5
— бессемеровская 213.9
— вольфрамистая 214.6
— инструментальная . . 214.7
— литая 213.8
— мартеновская 214.1
— никкелевая . 214.5
— пудлинговая . 213.7
— сварочная . . 213.6
— — рафинированная . . . 214.3
— складочная . 214.3
— тигельная . . 214.4
— томасовская 213.10
— цементная . . 214.2
Стали отпусканіе 199.3
— смягченіе . . 199.3
Сталеватый чугунъ . . . 212.8
Стальной клинъ 22.4
Стамеска . . . 194.4
— полукруглая . 195.1
— прямая . . . 194.6
Стамеской строгать 194.5
Станокъ 256.8
— болторѣзный . 21.5

Станокъ для нарѣзки зубчатыхъ колесъ 73.2
— коловорота . 182.8
— пилы 189.4
— — 190.2
— сверлильный 183.1
— строгательный 194.8
— токарный — для обточки осей 35.1
— трубопрокатный 103.2
— фрезерный . 185.2
— шарошечный . 185.2
Статическій моментъ 243.6
Стволъ шатуна . 144.8
Створный клапанъ. . . . 123.1
— — 123.4
Створчатый клапанъ. . . . 123.1
— — 123.4
Стекло водомѣрное 111.4
Стеклянная масленка 53.9
Степень закалки 199.9
— полезнаго дѣйствія . . 246.8
— тонкости нарѣзки . . . 10.8
Стержень болта . 11.3
— винта 8.5
— — 11.3
— задвижки . . 125.4
— заклепки . . 26.2
— крюка . . . 92.4
— направляющій 117.6
— поршня . . . 136.6
— шатуна . . . 144.8
Стержневая муфта 61.7
Стержня винта діаметръ . . 8.3
— поршневого конецъ . . . 136.7
Стирать резинной 230.7
Стойка 159.8
— для папокъ . 219.8
— — подшипниковъ 47.2
Стокъ, капельный кольцевой . . 52.7
Столбъ водяной 111.7
Столъ чертежный 218.7
— — передвижной . . . 219.1
— — переставной 219.1
Стола ящикъ . . 218.8
Столярная пила лучковая . . . 189.7
— — — узенькая 190.1
—ый молотокъ . 160.9

Столярный молотокъ 163.2
— рубанокъ . . 193.2
Стопорный клапанъ 121.1
Сторона замыкающая 242.7
Сточный клапанъ 122.9
Стоячіе тиски . 153.2
—ій валъ . . . 36.2
Строгалка . . . 194.3
Строганіе . . . 192.5
Строгать . . . 192.2
— стамеской . . 194.5
Строганный зубъ 66.1
Строгательный станокъ . . . 194.3
Строить 222.2
— машину . . . 253.8
Струбцинка . . 154.4
— верстачная . . 154.5
— для склейки предметовъ . 196.9
Стругъ 191.10
— 195.3
— драчковый . 192.10
— ручной . . . 193.3
— съ плоскимъ желѣзкомъ . 195.4
— съ полукруглымъ желѣзкомъ 195.5
Струга желѣзко 191.12
— колодка . . . 191.11
Стружки . . . 171.8
— 192.6
Стрѣлка размѣрная 225.5
Стуловые тиски . 153.2
—ыя ножницы . 157.3
Ступеньчатая склепка . . 80.8
—ый клапанъ . . 118.6
— шкивъ . . . 83.5
Ступица маховика 149.7
—ы, втулка . . 83.9
—, стыковой болтъ . . . 150.3
Стучитъ клапанъ 115.1
Стыкъ обода . . 150.1
—, сварка въ — . 89.6
Стыковой болтъ обода . . . 150.2
—ый болтъ ступицы 150.3
Стягиваніе болтами 11.1
Стяжка винтовая 57.4
Стяжная шайба . 57.6
—ой болтъ . . . 57.4
Стѣнка трубы . 97.8
— цилиндра . . 130.4
—и толщина . . 98.1
Стѣнная коробка 47.3
—ой кронштейнъ Селлерса . . 47.4
— — — 47.5
— угольникъ . . 47.6
Суставъ 61.9
Сустава, цапфа . 62.1
Суставный ремень 80.7
Суставчатая муфта 61.8
Сцѣпить 62.5
— 64.5
— муфту . . . 59.5
Сцѣпка винтовая 57.4
Сцѣпленіе . . . 56.1
— 63.9
— валовъ . . . 56.2
— глухое . . . 56.8
— дисковое . . 57.5
— за лапку . . 60.2
—, коническое — треніемъ . . 61.1
— треніемъ . . . 60.7
— электромагнитное 61.5
Сцѣпленъ (а, о) . 62.6
— — непосредственно съ . 62.7
Сцѣпляющійся отрѣзокъ . . . 64.2
Сцѣпной шатунъ 145.4
Счетчикъ числа оборотовъ . 209.4
— хода 209.3
Склеивать ремень 80.10
Сшивающій ремешокъ, дратва . 81.3
Сшить ремень . 81.2
Сшитый ремень . 81.1
Съуженіе . . . 248.8
Съуживаніе дросселя 124.8
Съузить (дроссель) 124.7
Сыпь точила . . 197.2
Сѣдло клапана . 113.4
Сѣкачъ для холоднаго желѣза . 168.1
Сѣтка, всасывающая 108.6
Сѣть, трубопроводная 109.4
Сѣченіе поперечное 225.1

Т.

Тавровая головка 12.4
—ое желѣзо . . 215.7
Тазъ муфты . . 57.3
Тангенціальная шпонка . . . 24.5
—ое ускореніе . 236.8
Тарелка клапана 116.4
— муфты . . . 57.3
Тарелочная муфта 57.2
—ый клапанъ . . 116.3
Тассо для наковаленъ 159.6
Тахометръ . . . 209.3
Тахоскопъ . . . 209.4
Твердая смазка . 50.6
Твердость . . . 199.5
— природная . . 199.6
Твердости скала 199.8
Температура свариванія . . 165.3
Терчугъ 176.2
Терчужекъ . . . 175.5
Тесьма асбестовая 135.6
Тигельная сталь . 214.4
Тиски 153.1
— 172.1
— верстачные . . 153.2
— для газовыхъ трубъ . . . 154.3
— параллельные 154.2
— ручные . . . 154.6
— стоячіе . . . 153.2
— стуловые . . 153.2
Тисковъ шпиндель 153.4
Тисковый винтъ . 15.3
Тисочки 154.7
— со штифтомъ . 155.1
Тисочки съ барашкомъ . . . 154.8
Тисочныя губы . 153.5
Т-образная труба 106.6
Токарн. станокъ для обточки осей 35.1
Толщина зуба . 65.6
— края обода . . 81.9
— набивки . . . 133.2
— ремня 76.9
— стѣнки трубы 98.1
— флянца . . . 99.2
Томасовская сталь . . . 213.10
—ое желѣзо . . 213.8
Томленка . . . 214.2
Тонкости нарѣзки степень . 10.8
Топорикъ . . . 191.7

Топорикъ ручной 191.3
—ище 191.2
Топоръ 190.8
— 191.6
— плотничій . . 191.4
—а лезвіе . . . 190.9
— ручка . . . 191.2
Тормазъ 96.1
— дифференціальный . . 97.2
— клиновой . . 96.7
— коническій . . 96.8
— ленточный . . 96.9
— съ колодками 96.2
— — коническимъ колесомъ . . 96.8
— центробѣжный 97.3
Тормозная колодка . . . 96.4
— лента 97.1
— полоса . . . 97.1
— колесо . . . 95.6
— — 96.3
Тормозный аппаратъ 96.1
— башмакъ . . 96.4
— рычагъ . . . 96.5
— шкивъ . . . 96.3
Тормозящая сила 96.6
Торцовый ключъ 17.4
Точило . . . 196.10
— наждачное . 198.7
— плоское . . . 197.3
—а коробка . . 197.1
— корыто . . . 197.1
— сыпь 197.2
Точильное приспособленіе . 197.6
—ый дискъ . . 167.7
— камень см. точило.
Точить 197.5
— наждакомъ . 198.6
— рейсфедеръ . 230.1
Точка мертвая . 140.9
— — 141.4
— приложенія силы 241.7
Точная цѣпь . . 90.3
—ое измѣреніе . 204.2
Траекторія головки зубца . 64.7
— полета . . . 237.9
Трансмиссія . . 35.4
Транспортиръ . 229.4
— угольный . . 229.5
Трапецевидная нарѣзка . . . 10.4
Треніе 245.6
— второго рода . 246.4
— въ покоѣ . . 246.2
— сальникахъ . 134.3
— зубьевъ . . . 66.5
— каната . . . 86.2
— опорное . . . 246.2
Треніе оси . . . 33.8
— перваго рода . 246.3
— поршня . . . 137.6
— при катаніи . 246.4
— салазокъ . 145.10
— скользящее . 246.3
— тѣлъ катящихся . . . 246.4
— цапфъ . . . 38.1
— цѣпи 89.3
— шейки оси . . 33.9
— эксцентрика . 144.4
Тренія коэффиціентъ . . 245.8
— поверхность . 246.1
— работа . . . 346.5
—, сопротивленіе отъ . 245.7
— уголъ . . . 245.9
Третни(я)къ . . 202.6
Треугольникъ . 219.8
— силъ 242.2
Треугольная нарѣзка . . 9.5
—ый зубецъ . . 186.4
Трехоборотная нарѣзка . . . 9.3
Трехходный кранъ . . . 128.9
—ая нарѣзка . . 9.3
— труба 106.7
Трехходовой кранъ . . . 128.9
—ый клапанъ . 118.1
Трещетка . . . 182.9
Трещина послѣ закалки . . 199.11
Тройникъ . . . 106.7
Тросъ 86.8
Труба 97.4
— безъ шва . . 102.9
— водопроводная 107.9
— волнистая . . 104.3
— волнообразная 104.3
— впускная . . 109.2
— всасывающая . 108.5
— газовая . . . 107.8
— дуговая . . . 105.7
— дымогарная . 108.4
— жаровая . . 108.1
— изъ полосоваго желѣза . 102.2
— кипятильная 108.3
— клепанная . . 102.3
— колѣнчатая . 105.6
— 105.7
— 107.4
— котельная . 107.10
— латунная . . 103.7
— мѣдная . . . 103.6
—, нагнетатеаьная 108.8
—, огневая . . . 108.2
— вертикально отлитая . .101.10
Труба горизонтально . . . 102.1
— отогнутая со свободнымъ флянцемъ . . 103.8
— передаточная . 105.9
— прокатанная . 103.1
— пружинящая . 104.2
— распорная . . 14.7
— ребристая . . 104.5
— сваренная . . 102.4
— — въ напускъ 102.6
— — — стыкъ . 102.5
— спаянная . . 102.8
— спирально сваренная . . 102.7
—, спускная . . 109.3
— съ муфтой . . 101.3
— — флянцемъ . 98.9
— Т-образная . 106.6
— трехходовая . 106.7
— тянутая . . . 103.4
— U-образная . 105.3
— фасонная . . 105.4
— четырехходовая 106.8
— чугунная . . 101.9
Трубъ, клещи для 110.7
—, — — газовыхъ 155.7
—, ключъ для — 110.6
— окраска . . . 98.3
—, планъ расположенія — . . 109.5
— развѣтвленіе . 106.1
—, система — для провода воды подъ напоромъ 108.9
—, скребокъ для чистки . . . 111.1
—, спиральный скребокъ для чистки — . . 110.9
—, тиски для газовыхъ — . . 154.3
Трубы внутренній діаметръ 97.6
— — — 97.7
— вѣтвь 106.4
— затворъ . . . 104.9
— обмотка . . . 98.4
—, отгибаніе края 103.9
— прокладывать 109.6
— разрывъ . . 110.4
— стѣнка . . . 97.8
— тянуть . . . 103.5
— всасывающія . 108.7
Трубка паяльная 203.1
— смазочная . . 53.4
Трубка съ краскою . . . 232.4
Трубное соединеніе . . . 98.5

Трубчатый клапанъ 118.8
Трубообразный . 97.5
Трубопроводъ . 109.1
— высокаго давленія . . 108.9
Трубопровода, поддерживающій крюкъ для — 109.8
Трубопроводная сѣть 109.4
Трубопрокатный заводъ . . . 103.3
— станокъ . . 103.2
Труборѣзъ . . . 110.8
Трубчатое соединеніе . . 98.5
—ый клапанъ . 118.8
Трущаяся поверхность 38.2
Трущееся сцѣпленіе . . 60.7
Тушевать . . 231.10
Тушь жидкая . 231.3
— китайская . . 231.3
— разводить . . 232.7
— растирать . . 232.8
Тычка 168.4
— 168.5
Тычковая гайка 12.6
Тѣло задвижки 125.5
— клапана . . . 113.3
— кривошипа . 141.3
— подвержено изгибу 247.6
— — растяженію 247.6
— — сжатію . . 247.6
Тѣло поршня . . 139.4
—а положеніе въ равновѣсіи . 244.7
Тѣлъ катящихся треніе 246.4
Тяга золотниковая 127.3
— крестовины . 146.8
—, направляющая 146.1
— соединительная 145.4
— эксцентриковая 144.2
Тягучесть смазки 50.7
Тяжелыя колеса 68.4
Тяжести сила . 244.8
— центръ . . . 244.2
Тянуть трубы . 103.5
— труба 103.4

У.

Угловая масленка 55.9
— развертка . . 177.6
— скорость . . 241.3
—ое желѣзо . . 215.6
— ускореніе . . 241.4
—ой зубъ . . . 70.4
— клапанъ . . 117.9
— флянецъ . . 100.8
Углубить заклепку въ потай . 30.6
Уголъ вращенія 241.2
— заостренія . 168.1
— зинкованія отверстій . . 26.6
— клина . . . 21.9
— крученія . 253.5
— наклона . . 239.7
— обхвата . . . 76.3
— отклоненія . 239.1
— полета . . . 237.6
— подъема . . . 7.2
— рѣзца . . . 185.9
— тренія . . . 245.9
— уклона . . . 7.2
— упора . . . 185.8
Угольникъ . . . 208.1
— 219.8
— аншлажный . 208.2
— круглый . . 107.7
— перекрестный 208.3
— прямой . . . 107.5
— — переходный 107.6
— стѣнной . . 47.6
— трубный . . 107.4
Угольника разстояніе отъ полокъ . . . 30.4
Угольный кранъ 128.8
Ударъ воды . . 110.3
Удлиненіе . . . 248.9
— остаточное . 249.5
Удлиненіе отъ разрыва . . 249.3
— упругое . . . 249.4
— циркульной ножки . . . 227.8
—ія коэффиціентъ . . 249.1
Удѣльное давленіе 66.4
Узкая ножевка 188.10
Указатель уровня воды 111.2
Уклонъ клина . 22.1
— желоба . . . 75.2
Уклона уголъ . 7.2
Укоротить ремень 79.4
Уменьшенный масштабъ . . 221.5
Универсальный шарниръ . . 62.2
U-образная труба 105.8
Уплотняющее кольцо . . . 99.7
Упоръ 114.2
— конусообразный 114.3
Упора уголъ . . 185.8
Упорный хомутъ 116.9
Упругая муфта . 58.5
—ій валъ . . . 36.3
Упругое удлиненіе 249.4
Упругости модуль 249.2
— предѣлъ . . 249.7
Урегулировать . 152.6
— нагрузку клапана . . 120.4
Уровень 208.8
— въ круглой оправѣ . . . 209.1
Уровня, линія — воды 111.6
Уровня, указатель — воды . . . 111.2
Усиліе изгибающее . . . 252.4
— крутящее . . 253.3
— растягивающее 250.5
— сдвигающее . 252.7
Ускореніе . . . 235.6
— касательной . 236.8
— клапана . . 114.6
— полное . . . 237.1
— по нормали . 236.9
— поршня . . . 137.5
— разложить на составлющія 240.1
— угловое . . . 241.4
—ія равнодѣйствующая . . 240.4
— составляющая 240.2
—ій параллелограммъ . 239.8
Установительный клинъ 25.1
— — механизмъ регулятора . . 151.4
Установка . . . 255.1
Установочная гайка . . . 12.9
—ое кольцо . . 36.8
—ый винтъ . . 13.4
— клинъ . . . 44.2
установщикъ . . 255.2
устойчивое равновѣсіе . . . 244.8
Устройство для смазки автоматической . . . 49.7
— — — центральной 50.3
Ученіе о сопротивленіи . . . 247.2
Ушко 92.10

Ф.

Фальцгубель . . 193.5
Фальцовка . . . 195.5
Фанерочная пила 189.6
Фасонная труба . 105.4
—ое желѣзо . . 215.5
—ыя ножницы . 157.1
Фейфка 203.1
Фитиль 54.3
— сваливается . 54.4
Фитильная масленка 54.2
Фланцъ см. флянецъ.
Флянецъ 98.10
— (втулки) . . 132.7
— глухой . . . 100.4
— затворный . . 105.3
—, контръ — . . 100.2
— муфты . . . 57.3
— напаянный . 100.8
— привинченный 100.9
— приклепанный 100.7
— свободный . . 100.5
—, стяжной . . 57.6
Флянецъ съ выступомъ и уступомъ 99.8
— съ перомъ и гребнемъ . . 100.1
— угловой . . . 100.3
Флянца болтъ . 99.3
— втулка . . . 132.7
— діаметръ . . 99.1
— толщина . . 99.2
Флянцевъ, ключъ для — 101.1
Флянцевая муфта 57.2
Формы измѣненіе 248.5
— — упругое . . 248.6
Фосфористая бронза 217.7
Французскій гаечный ключъ 18.2
Фрезерованіе . . 185.1
Фрезеровать . . 184.9
—ный станокъ . 185.2
—ованный зубъ . 66.2
Фрезеръ см. шарошка.
Фрикціонная передача . . . 73.3
— шпонка . . . 24.4
—ое колесо . . . 73.4
—ый дискъ . . . 61.2
— — 74.3
— конусъ . . 74.5
— цилиндръ . . 74.4
Фуганокъ . . . 193.1
Фуксшванцъ . . 188.7
Фундаментная плита . . . 16.2
—ый болтъ . . . 15.7
— — 44.3
Фурнирная пила 189.6
Футеровка . . . 153.6
— вкладыша . . 42.6
Футлярчикъ для карандашей . 229.3
Футляръ для водуказателя . . 111.3
Футштокъ . . . 221.8
Фыркающій клапанъ 122.1

X.

Хвостъ шперака 159.3
Хлопчатобумажный канатъ 86.10
Ходъ винта . . 7.5
— клапана . . . 114.1
— мертвый . . 10.0
— поршня . . . 137.7
— — вверхъ . . 138.1
— — внизъ . . 138.2
— — обратный 137.10
— — прямой . . 137.9
Хода высота . . 7.8
Хода счетчикъ . 209.3
Ходомъ, винтъ съ кругл. — 10.3
—, — — лѣвымъ 8.9
—, — — острымъ 9.6
—, — — правымъ 8.7
Холодильника змѣевикъ . . 104.7
Холодная клепка 27.9
Холостая коробка 94.1
—ой блокъ . . 93.4
— шкивъ . . . 83.8
Холостой и рабочій шкивъ . 83.6
Хомутникъ . . 109.7
Хомутъ, направляющій — цѣпной передачи 90.7
— рессорный . . 147.7
— упорный . . 116.9
— эксцентрика . 144.1
Храповая муфта 60.5
Храповикъ . . . 95.6
Храповое колесо 95.6

Ц.

Цапфа 37.6
— вращающаяся 39.7
— коническая . 39.3
— концевая . . 38.6
— крейцкопфа . 146.7
— крестовины . 146.7
— кривошипа . 141.6
— крюка . . . 92.3
— кулака . . . 146.7
— приработавшаяся . . . 38.3
— сустава . . . 62.1
— цилиндрическая 39.2
Цапфъ треніе . 38.1
Цапфы, давленіе на 37.9
Цвѣтъ отпуска 199.4
Цементная сталь 214.2
Центральная смазка . . . 50.2
—ой смазки, устройство для — . 50.3
Центрикъ . . . 228.7
Центробѣжная смазка . . . 54.9
— сила 237.4
—ый маятникъ . 239.4
— регуляторъ . 151.5
— тормазъ . . . 97.3
Центровая перка 180.4
—ой перки остріе 180.5
Центростремительная сила . 237.3
Центръ (тычка) . 168.5
— (цапфа) . . . 39.1
Центръ тяжести 244.2
Центура . . . 180.4
—ы остріе . . . 180.5
Циклоида . . . 66.9
Циклоидальное зацѣпленіе . 66.7
—ый маятникъ . 239.5
Цилиндръ . . . 130.1
— барабана . . 94.9
— двойного дѣйствія . . 132.1
— насоса . . . 132.3
— наждачный . 198.4
— одиночнаго дѣйствія . . 131.8
— паровой . . . 132.2
— пресса . . . 132.4
— прессовый . . 132.4

Цилиндръ простого дѣйствія 131.8
— уплотненъ сальникомъ . . . 135.4
— фрикціонный . 74.5
— высверлить . 131.5
— выточить . . 131.4
— подтачивать . 131.4
Цилиндра, болтъ крышки . . 130.6
— діаметръ . . . 130.8
—, дно 130.8
— крышка . . . 130.5
— обшивка . . . 131.2
—, ось 130.2
— парового сальникъ 133.7
— сальникъ . . 131.1
— стѣнка . . . 130.4
Цилиндровъ, машина для растачиванія 131.6
— смазка . . . 131.7
Цилиндрическая задвижка . . 126.7
— зубчатая передача 68.6
— рессора . . . 148.8
— цапфа . . . 39.2
— шарошка со спиральными зубьями . . 184.1
—ій шипъ . . . 39.2
— шкивъ . . . 82.1
Цилиндрическое колесо 69.1
— — тренія . . 73.6
Цилиндровое масло 51.6
Цинкъ 216.9
Циркуль . . . 226.8
— волосковый . 228.3
— дѣлительный . 228.8
— измѣрительный 228.2
— карандашный 228.1
— остроконечный 207.4
— параллельный . 207.8
— пропорціонный 228.5
— пружинный . 228.3
— редукціонный 228.5
— рычажный . . 228.6
— со вставными ножками . . 227.3
Циркуля головка 227.2
— остріе 227.1
Циркульная ножка . . . 226.9
—ой ножки нижняя часть 226.10
— — удлиненіе . 227.8
—ая пила . . . 190.4
—ый ключъ . . 227.9
— — (винтовъ) . 17.8
Цѣвочное зацѣпленіе 67.4
Цѣльный шкивъ 83.2
Цѣпь 88.6
—, безконечная . 91.11
Цѣпь Галля . . 91.3
— грузовая . . 88.8
— для крановъ . 91.8
— калиброванная 90.3
— крючковая . . 90.4
— обыкновенная 88.8
— приводная . . 91.6
—, подъемная . . 91.7
— сваренная . . 89.5
— съ длинными звеньями 89.9
— — короткими — 89.8
— — распорками . 90.1
— точная . . . 90.8
— шарнирная . 90.9
— якорная . . . 91.8
Цѣпи болтъ . . 91.9
—, замокъ для — 89.4
— звено 88.9
— накладка . . 90.10
— треніе . . . 89.3
Цѣпей, барабанъ для — . . . 95.3
—, блокъ для — . 90.8
—, крюкъ для — 92.8
Цѣпная передача 88.5
— — 91.10
—ой блокъ . . . 88.7
—, — зубчатый . 91.4
— валикъ . . . 91.5
— полиспастъ . 94.7
— роликъ . . 91.5

Ч.

Часть машины . 253.7
Чашечка для масла 52.9
— — разведенія туши . . . 232.6
Чашечный клапанъ 119.1
Чека 16.1
— 24.9
— кольцевая . . 25.2
— натяжная . . 25.1
Чеканка 31.2
Челюсть ножницы . . . 156.10
Червячная передача 71.5
— перка 181.1
— — съ ушкомъ 181.2
—ое колесо . . 71.6
— — 71.8
Черная жесть . . 216.2
Чертежникъ . . 218.5
Чертежъ . . . 218.6
— детальный . . 223.5
— изготовить въ карандашѣ . 226.1
Чертежъ коробится 233.3
— машины . . . 222.7
— надписать . . 231.5
— на калькѣ . . 233.8
— отъ руки . 222.10
— рабочій . . . 223.6
Чертежная бумага 220.2
—ой бумаги листъ 220.3
— доска 219.4
—ое бюро . . . 218.4
— перо 229.6
— — двойное . . 229.8
— — точить . . 230.1
— перышко . . 231.4
—ый столъ . . 218.7
— — передвижной 219.1
Чертилка . . . 207.6
— параллельная . 207.7
Чертильная линейка 219.5
— — (штангенциркуль) . . 228.6
—ой линейки головка . . . 219.6
Чертить 218.1
— (Чертилкой) . 207.5
— въ натуральную величину 218.2
— въ уменьшенномъ масштабѣ 218.3
— на калькѣ . . 233.7
Чертокъ 220.8
Черченіе машинное 222.6
Четырехгранная головка 12.1
—ходовая труба 106.8
—ходный кранъ 129.1
Чинить карандашъ . . . 230.3
Число витковъ . 149.2
— передаточное 68.8
Чистки трубъ, скребокъ для — 111.1
Чугунъ 210.8
— 211.8
— бѣлый лучистый 211.2
— — передѣлочный 210.4

Чугунъ зеркальный 211.1
— ковкій . . . 212.4
— литейный . . 210.5
Чугунъ пестрый третной . . 210.6
— половинчатый 210.6
Чугунъ сталеватый 212.3
Чугунная труба 101.9
—ый шкивъ . . 82.7

Ш.

Шаберъ 176.3
— желобчатый . 176.5
— плоскій . . . 176.4
— сердцевидный 176.7
— трехгранный . 176.6
Шаблонъ винтовой нарѣзки . 206.2
Шабрить . . . 177.1
Шагъ зацѣпленія 63.4
— шва 27.6
Шайба 11.6
— (франц.), стяжная 57.6
— эксцентриковая . 143.6
— — простая . . 143.7
— — состоящая изъ 2 частей . 143.8
Шарикъ подшипника 45.4
Шарниръ универсальный (Кардана) . . . 62.2
Шарнирная муфта 62.2
— цѣпь 90.9
—ое шаровое — соединеніе . 62.4
—ый болтъ . . . 14.3
Шаровое шарнирное соединеніе 62.4
Шаровой клапанъ 116.7
— подшипникъ . 45.6
— шипъ 39.4
Шарового подшипника вкладышъ 45.7
Шарошеваніе . . 185.1
Шарошевать . . 184.9
Шарошка . . . 183.2
— дисковая . . 183.6
— для внѣшняго фрезерованія 184.7
— для зубчатыхъ колесъ . 184.5
— — нарѣзокъ . 20.8
— — пазовъ . . 183.7
— — червячныхъ колесъ . . . 184.6
— заточеная . . 183.5
— концевая . . 184.4
— лобовая . . 184.3
— прорѣзная . . 184.2
— профильная . 184.8
— со вставными зубьями . . 183.4
Шарошка цилиндрическая со спиральными зубьями 184.1
Шарошечный станокъ . . . 185.2
Шаръ вращающійся . . . 150.9
— клапана . . . 116.8
Шатунъ 144.7
— сцѣпной . . . 145.4
Шатуна головка 144.9
— стволъ . . . 144.8
— стержень . . . 144.8
Швабра для смачиванія угля . 166.8
Шейка вала . . 35.7
— гребенчатая . 38.9
—, осевая . . . 33.8
— поддерживающая ось . . 33.4
— (цапфа) . . . 38.4
— — 38.5
Шейки оси треніе 33.9
Шерхебель . . 192.10
Шестерня . . . 90.5
Шестигранная гайка . . . 12.5
— головка . . . 11.10
—ое желѣзо . . 215.2
Шестиугольникъ 208.4
Шипъ вала . . 35.6
— въ развилку . 39.5
— коническій . . 39.8
— концевой . . 38.6
— цилиндрическій 39.2
— Шаровой . . 39.4
Шиповая шляхта 191.5
Ширина впадины 65.7
— зуба 65.8
— клина 22.9
— нарѣзки . . . 8.2
— обода шкива . 81.10
— отверстія звена 89.1
— ремня 76.8
Шкивъ 81.7
—, бородчатый — для канатовъ 87.1
— ведомый . . . 75.7
—, выпуклый . . 82.2
—, деревянный . 83.1
— для пеньковаго каната . . 87.4
— — проволочнаго 87.3
Шкивъ желѣзный 82.8
—, коническій . 83.4
— направляющій канатъ . . . 84.7
—, рабочій . . . 83.7
—, — и холостой 83.6
—, раздвижной . 83.5
—, свертный . . 83.3
— съ двойнымъ рядомъ прямыхъ спицъ 82.6
— съ изогнутыми спицами . 82.5
— — прямыми спицами . 82.4
— — ручками . . 82.5
—, тормозный . . 96.3
Шкивъ, холостой 83.8
— цилиндрическій 82.1
— цѣльный . . 83.2
— чугунный . . 82.7
Шкива, желобокъ (бороздка) . 87.2
—, ободъ . . . 81.8
—, ширина обода 81.10
Шлифовать наждакомъ . . . 198.6
Шлифованная развертка . . 177.5
Шлихтовать . . 172.8
Шляхта шиповая 191.5
Шовъ двойной . 29.6
— заклепочный . 27.5
— — въ нѣсколько рядовъ . . 29.7
— — съ двойнымъ перерѣзываніемъ 28.5
— — — многократнымъ перерѣзываніемъ . 28.6
— съ одиночн. перерѣзываніемъ . . . 28.3
— многорядный 29.7
— одиночный . 29.5
— пайки . . . 201.4
Шва шагъ . . . 27.6
Шперакъ . . . 159.2
— двуносовой . 159.4
Шперака хвостъ 159.3
Шпилька . . . 13.8
— 196.5
Шпиндель клапана 113.7

Шпиндель перки 178.6
— регулятора . 150.8
— сверла . . . 178.6
— тисковъ . . . 153.4
Шплинтъ . . . 24.10
Шпонка . . 22.7
— 23.10
— 25.4
— косая 24.5
— круглая . . . 24.2
— на лыскѣ . . 24.8
— и дорожка . 25.8
— съ контръ-клиномъ . . 24.6
— тангенціальная 24.5
— фрикціонная . 24.4
Шпунтгубель . . 193.6
Шпунтовый клинъ 23.10
Шраффировать 226.5
Шраффировка . 226.6
Шрифтъ круглый 231.6
— прямой . . . 231.7
Штампа 164.4
— для заклепокъ 31.8
Штамповый молотъ . . . 163.5
— — (штампа) . 164.4
Штанга крейцкопфа . . . 146.8
— крестовины . 146.8
Штанга кулака 146.8
— направляющая 146.1
— поршня . . . 136.6
—у, направляющая—клапана 117.7
Штангенциркуль (калибръ) 204.6
— (рычажный) . 228.6
Штангенциркуля раздвижная часть 205.1
Штанговая муфта 61.7
Штауффера масленка . . . 55.8
Штифтъ . . . 24.11
— 196.5
Штокъ 146.8
— (золотникъ) . 127.8
— (футштокъ) . 221.8
— поршня . . . 136.6
Штока поршневого направляющія . . 136.8
Штриховать . . 226.5
Штрихъ отъ напилка 171.7
Штуцеръ . . 108.10
Шурупъ . . . 16.4

Э.

Экваторіальный моментъ инерціи 243.8
Эксцентрикъ . . 143.4
—а давленіе . . 144.8
— треніе 144.4
— хомутъ . . . 144.1
—овая передача 144.5
— тяга 144.2
— шайба . . . 143.6
— — простая . . 143.7
— — состоящая изъ 2 частей 143.8
Эксцентриковый дискъ 143.6
— — простой . 143.7
— — сост. изъ 2 част. . . . 143.8
Эксцентрицитетъ 143.5
Эксцентрично . 144.6
Элеватора канатъ для рудничнаго . . 87.7
Электромагнитное сцѣпленіе 61.5
Энергія кинетическая 245.4
Энергіи сохраненія принципъ 245.5
Эпициклоида . . 66.8
Эскизъ 222.9
— наброса(и)ть . 232.8
— проекта . . . 232.8
— съ соблюденіемъ размѣровъ 223.8
Эффектъ . . 245.2

Я.

Язычекъ пилы 189.8
Якорная цѣпь 91.9
Ящикъ для инструмента . . 256.8
— задвижки . . 125.2
— (подвѣски) . . 47.8
Ящикъ стола . 218.8
— съ красками 232.1
— съ тушью . . 232.1

R. Oldenbourg, München.

Indice alfabetic

A

Aburi, cilindru de 132.2.
-, conductă de 109.9.
-, piston de 140.5.
-, presgarnitură pr. 133.7.
-, supapă de oprire pr. 121.2.
-, vană de 126.6.
-, ventil de oprire pr. 121.2.
Ac de compas 227.7.
- de însemnat 229.1.
-, ungător cu 54.5.
Accelerație 235.6.
-i, componenta 240.2.
-, a descompune o-în componentele ei 240.1.
- centripetă 236.9.
- negativă 235.6.
- normală 236.9.
- rezultantă 240.4.
- tangențială 236.8.
- totală 237.1.
- unghiulară 241.4.
Accelerația gravității 244.4.
- pistonului 137.5.
- ventilului 114.6.
Accelerații, a compune mai multe - într'o rezultantă 240.4.
-lor, paralelogramul 239.8.
Accesorii de cârlig 92.9.
Acoperire, nituire cu placă de 29.1.
-, nituire cu dublă placă de 29.2.
-, placă de 29.3
Acupla, a 59.5.
-, a 62.5.
-, a-și decupla 84.2.
Acuplaj de arbori 56.2.
- cu articulație 61.8.
- - în cruce 62.1.
- Cardan 62.1.
- cu chingă 61.6.
- cu clichet 60.5.
- cu con dublu 58.1.
- - de fricțiune 61.1.
- cu curea 61.6.
- cu cusineți 57.2.
Acuplaj, a desface un 63.1.
-, a desface - ul 59.6.
- cu disc 56.5
- cu dispozitiv de decuplare 58.6.
- cu dulie 56.8.
- elastic 58.5.
- electromagnetic 61.5.
- extensibil 58.4.
- fix 56.3.
- cu fricțiune 60.7.
- cu ghiare 60.2.
-, a împreuna un 59.5.
- cu manșon 56.4.
- - 56.8.
- cu măsele 60.2.
- cu mișcare longitudinală 58.4.
- mobil 58.3.
- cu perii 61.3.
- cu piele 61.4.
- Sellers 58.1.
- cu șurub 56.6.
- cu tijă 61.7.
- universal 62.1.
- cu zbanțuri 57.2.
Acuplare 56.1.
-, bielă de 145.4.
-, bulon de 57.4.
-, con de 58.2.
-, cusinet de 57.3.
-, disc de 57.6.
-, dulie de 57.1.
-, manșon de 56.5.
-, zbanț de 57.3.
Acuplat 62.6.
- direct cu 62.7.
Adâncime, calibru de 205.7.
- a filetului 8.1.
- a ghiventului 8.1.
Adaos de menghină 154.1.
- de pană 24,8.
Admisiune, clapet de 124.4.
-, supapă de 122.2.
-, țeavă de 109.2.
-, ventil de 122.2.
Aerului, supapă de intrare a 121.8.
Aerului, ventil de intrare a 121.8.
Agrafă de curea 81.4.
- cu ghiare pr. curea 81.6.
- pentru tevi 109.8.
Ajusta, a-un șurub 14.1.
Ajustare, pană de 44.2.
Ajustat, banc de 172.1.
Alamă 217.5.
-, tub de 103.7.
-, țeavă de 103.7.
Alămire 200.10.
Alămit, apă pentru 202.8.
-, ciocan de 201.7.
-ă, țeavă 102.8.
Aleza, a 178.3.
-, a-un cilindru 131.5.
-, a-răzuind 177.2.
Alezaj 69.6.
-ul cilindrului 130.3.
Alezat, mașină de - cilindrele 131.6.
Alezor 177.4.
- 179.4.
- ascuțit 177.5.
- canelat 177.8.
- cu caneluri în spirală 177.7.
- conic 177.9.
- de fusuri 178.1.
- de mașini 178.2.
- mecanic 178.2.
- unghiular 177.6.
Alimentare, robinet de 129.9.
-, supapă de 122.7.
-, țeavă de 109.2.
-, ventil de 122.7.
Alunecă, cureaua 79.1.
Alunecare, frecare de 246.3.
-, suprafață de 145.8.
Alungire 248.7.
-, coeficient de 249.1.
- elastică 249.4.
- relativă 248.9.
-, rest de 249.5.
- la ruptură 249.3.

Amănunt, desen de 223.5.
Ambază 37.7.
-, piuliță cu 12.8.
Ambutisa, a-o țeavă 103.10.
Ambutisat, ciocan de 163.1.
American, cleşte 155.9.
Amestec, robinet de 129.3.
Amesteca, a-o culoare 232.7.
-, a-tuş 232.7.
Amplitudine, unghi de 239.1.
- a pendulului 238.9.
Ancoră, lanț de 91.9.
Ancora, a 18.6.
Ancorare, bulon de 15.7.
-, placă de 15.7.
Angrena, a 63.8.
-, a 64.5.
-, a 72.6.
Angrenaj 63.2.
- 68.1.
- cu bară dințată 70.6.
- cicloidal 66.7.
- cilindric 68.6.
- cu coaste drepte 67.6.
- conic în unghi drept 71.3.
- cu cremalieră 70.6.
- cu dinți interiori 70.1.
- cu dublu punct 67.5.
- în evolventă 67.8.
- de fer pe fer 72.4.
- cu flancuri drepte 67.6.
- cu fuse 67.4.
-e, freză pentru 184.5.
- interior, 67.7.
- de lemn pe fer 72.5.
-e, maşină de frezat 73.1.
-e, maşină de modelat 73.2.
-e, maşină de tăiat 73.2.
- cu melc 71.5.
-ului, pasul 63.4.
-, roată de 63.3.
- cu roți conice 70.8.
- cu şurub fără fine 71.5.
-e, transmisiune prin 68.1.
-e, -intermediară cu 68.2.
- unghiular 71.3.
Angrenare 63.9.
-, arc de 64.3.
-, distanță de 64.2.
-, durată de 64.4.
-, linie de 63.9.
Angrenează, suportul sau lagărul se 48.5.
Antretoază 14.5.
Apa, -pentru alămit 202.8.
-, călire în 200.5.
-, coloană de 111.7.
-, conductă de 109.10.
-, robinet de 129.5.
- pentru sudat 202.8.
- tare 202.9.
-, țeavă de 107.9.
-, vană de 126.4.
Apei, linia de nivel a 111.6.
Aparat de ascuțit 197.6.
- de laminat țevi (tuburi) 103.2.
- de pus cureaua 79.6.
- de regulare al regulatorului 151.4.
- de schimbat cureaua 84.3.
- de scos cureaua 84.3.
- de ungere 53.3.
- - central 50.3.
- - cu mâna 49.5.
Apărătoare de peniță 231.9.
Aplicație, punctul de-al forței 241.7.
Aquarelă, culori de 232.3.
Aramă 216.8.
-, ciocan de 163.8.
-, țeavă (tub) de 103.6.
Arămită, țeavă 102.9.
Arbore 35.5.
-, a comanda un-prin curea 76.4.
- de comandă 36.4.
-, cot de 36.10.
- cotit 36.9.
-, cureaua stă pe 80.1.
- de decuplare 59.4.
- de decuplare 36.6.
- de distribuție 37.4.
- dublu cotit 37.2.
- cu dublu genunchi 37.2.
- flexibil 36.3.
-, gât de 38.4.
-, gât de 38.5.
-, gât de 35.7.
- găurit 35.9.
-, genunchi de 36.10.
- cu genunchi 36.9.
- gol 35.9.
-lui, inel fix al 36.7.
- intermediar 36.5.
-lui, lagărul-de manivelă
- pentru lanț 91.5.
- de manivelă 141.4.
- masiv 35.8.
Arbore, a mişca un-prin curea 76.4.
- motor 36.4.
- orizontal 36.1.
- patrat 35.10.
- plin 35.8.
- portburghiu 178.6.
- de regulator 150.8.
- de reversibilitate 37.5.
- pentru schimbare de mers 37.5.
-lui, suportul-de manivelă
-, a tăia un 37.3.
-le tamburului 95.1.
- de transmisie 35.11.
- vertical 36.2.
-, acuplaj de 56.2.
Arc vezi resort 147.2.
- de angrenare 64.3.
-, burghiu cu 182.3.
- pentru burghiu 182.4.
- de contact 76.3.
- - 64.3.
- de ferăstrău 189.4.
-, ferăstrău cu 189,3.
-, foarfece cu 157.1.
- cu foi 147.4.
- - suprapuse 147.6.
-ului, legătura 147.7.
-, ochi de 147.8.
- în spirală 148.1.
-, suport de 147.9.
Arcui, a 149.3.
Arcuş, burghiu cu 182.3.
- pentru burghiu 182.4.
Argilă, turnătură în forme de 212.1.
Argint 217.3.
Aripi, piuliță cu 12.7.
-, şurub cu 15.4.
Aripioare de ghidaj 117.4.
-, ghidaj cu 117.1.
-, ventil cu - inferioare 117.3.
-, ventil cu - superioare 117.2.
Articulat, bulon 14.3.
-, bulon de lanț 91.2.
-ă, curea 80.6.
-, lanț 90.9.
Articulație 61.9.
-, acuplaj cu 61.8.
-, - - - în cruce 62.2.
-, bold de 61.1.
- în cruce 62.3.
-, fus de 62.1.
- sferică 62.4.
Aruncare orizontală 238.1.
- parabolică 237.5.
- verticală 238.2.
-, viteza de 237.10.

Aruncărei, durata 236.6.
Asbest, garnitură de 135.5.
-, sfoară de 135.6.
-, şuviţă de 135.6.
Ascensiunei, înălţimea 236.5.
Ascensor, cablu de 87.8.
Ascuţi, a 197.5.
-, a - creionul 230.3.
-, a - trăgătorul 230.1.
Ascuţire, unghi de 186.1,
Ascuţit, aparat de 197.6.
-, maşină de 197.6.
-, piatră de 196.10.
-, piatră de 197.3.
Asortiment de roţi dinţate 68.3.
Aspiraţie, clapet de 124.2.
-, conductă de 108.7.
Aspiraţie, supapă de 121.6.
-, ţeavă de 108.5.
-, ventil de 121.6.
Aşeza, a - o ţeavă (un tub) 109.6.
Atelier 256.1.
-, desen de 223.6.
- heliografic 234.6.
- de montaj 255.3.
-, şef de 254.4.
Atmosferic, ventil 121.8.
-ă, supapă 121.8.
Aur 217.2.
Automat, ventil 120.7.
-ă, decuplare 60.1.
-ă, supapă 120.7.
Automatic, ungător 49.7.
-ă, oprire 10.10.
-ă, ungere 49.6.
Avans, unghi de 70.5.
Axă 225.3, 33.2.
-, din - în - 225.7.
- conducătoare 34.4.
-, a înlocui o 34.10.
- de roată 34.6.
- de rotaţie 241.1.
- - 34.5.
-, a schimba o 34.10.
- cilindrului 130.2.
- cuplului 243.5.
- puliei 93.6.
- roţei 93.6.
- tamburului 95.1.
Axe, încercarea unei 34.8.
-i, capul 33.5.
-i, corpul 33.6.
-i, fusul 35.6.
-, înlocuirea unei 34.11.
-, rotaţia unei 34.7.
Axei, ruptura 34.9.
Axe, schimbarea unei 34.11.

B

Bacuri, filieră cu 21.1.
- de menghină 153.5.
- de tăiat ghiwent 21.2.
Bae de ulei 55.3.
Balot, fer 215.4.
Balustru 228.4.
Banc 256.2.
- de ajustat 172.1.
-, bicorn de 159.4.
-, ciocan de 161.5.
-, daltă de 168.1.
- de dulgher 193.9.
-, foarfece de 157.3.
-, menghină de 153.2.
-, nicovală de 158.8.
-, poanson de 169.3.
- de pilit 172.1.
-, presă cu şurub de 154.5.
-, rindea de 193.2.
Bandă de frână 97.1.
-, frână cu 96.9.
Bară dinţată 70.7.
- -, angrenaj cu 70.6.
- de ghidaj 126.1.
Bardă 191.5.
- de lemnar 191.4.
Bărdiţă 191.7.
Baros 161.7.
Bastardă, pilă 172.4.
Bătae, ciocan cu-încrucişată 161.6.
- de manivelă 142.8
- orizontală 238.1.
- parabolică 237.5.
- de tragere 237.7.
- verticală 238.2.
Bate, a-cu ciocanul 160.7.
Bate, a-în cuie 197.5.
-, a-cureaua 78.8.
-, a-la rece 160.8.
Bătut, ciocan de 161.3.
-, ciocan de 161.7.
Baza dintelui 65.3.
- unei pene 23.2.
Bază, cerc de 63.7.
-, ciocan de-plan 162.4.
-, ciocan de-rotund 162.6.
-, inel de 133.5.
-, inel de 41.2.
-, lagăr de 40.8.
-, lagăr de-cu bile 41.3.
-, placă de 40.9.
-, placă de-a lagărului sau suportului 43.9.
-, suport de 40.8.
-, suport de-cu bile 41.3.
Bec de gaz pentru sudat 201.10.
-uri de gaz, cleşte pentru 156.7.
Berbec, lovitură de 110.3.
Beschiă 188.6.
Bessemer, fer 223.2.
-, oţel 213.9.
Bicorn 159.2.
- de banc 159.4.
Bielă de acuplare 145.4.
-, cap de 144.9.
-, cap de-cu capuşon 145.3.
-, cap de-deschis 145.2.
Bielă, cap de-închis 145.1.
-, cap de-tip marin 145.2.
Bilă 45.4.
-, ventil cu 116.7.
- de ventil 116.8.
Bile, compas de grosime p. 207.3.
-, crapodină cu 41.3.
-, lagăr cu 45.3.
-, lagăr de bază cu 41.3.
-, suport cu 45.3.
-, suport de bază cu 41.3.
Birou de desen 218.4.
Bloc de ferăstrău 190.7.
Bobul pietrei de ascuţit 197.2.
Bold vezi fus 37.6.
- de articulaţie 62.1.
Bombătura roţei 82.3.
Boraciu 182.9.
Branşament 106.1.
Braţ de compas 226.9.
-e curbate, roată de transmisie cu 82.5.
-e drepte, - - 82.4.
-e duble, - - 82.6.
-, foarfece cu 157.3.
- de manivelă 141.3.
-, manivelă pentru 142.3.
- de pârghie al forţei P. în raport cu centrul de rotaţie O. 243.2.
-, pilă de 172.3.

Braţ de roată 69.7.
- de volant 149.6.
Brazură 202.7.
Brida capacului 132.7.
Bridă 98.10.
-, bulon de 99.3.
-, contra 100.2.
- din fier cornier 100.3.
- de încastrare 100.1.
- raportată 100.3.
- cu şanţ şi inel 100.1.
Bride, împreunare cu 98.7.
-i, diametrul 99.1.
-i, grosimea 99.2.
-, ţeavă cu 98.9.
Bronz 217.6.
- de clopote 217.9.
- fosforos 217.7.
- de tunuri 217.8.
Bucea 42.1.
-ua de ghidaj 146.2.
-ua, a pune - unui lagăr sau suport 42.2.
Buclă, cleşte cu 155.8.
Bulă de aer, nivel cu 208.8.
Bulon de acuplare 57.4.
- ajustat 13.10.
- de ancorare 15.7.
- articulat 14.3.
- de bridă 99.3.
-ul butucului 150.3.
- de capac 130.6.
-ul capacului de cruce 146.7.
-, cercul găurilor de 99.4.
Bulon, cu clavetă 14.8.
- cu cap şi piuliţă 11.9.
- de distanţare 14.6.
-ului, diametrul 11.8.
- de fixare 13.4.
- - în piatră 15.6.
- de flanşă 99.3.
- de fundaţie 15.7.
- - (a lagărului) 44.3.
-, gaură de 11.7.
- de împreunare 57.4.
- de încastrare 15.6.
- de închidere 13.5.
- de lanţ articulat 91.2.
-ul obezei 150.2.
- cu pană 14.8.
- de picior al lagărului 43.8.
- cu piuliţă şi cap scufundat 14.4.
- de presgarnitură 133.3.
-, a pune şplintul la un 14.9.
- cu şurub 11.2.
Bulona, a 18.4.
Buloane, a fixa cu 18.9.
-, a împreuna prin 190.2.
-, împreunare cu flanşe şi 98.8.
-, a închide cu 19.1.
Bumbac, cablu de 86.10.
Burete 233.2.
-le, a spăla desenul cu 233.1.
Burghiu 182.6, 178.4.
- cu arc 182.3.
-, arc pentru 182.4.
- cu arcuş 182.3.
-, arcuş pentru 182.4.
- cu centru 180.4.
- de cepuri 179.8.
- cu clichet 182.9.
- de finisat 179.4.
- de frezat 180.7.
-l, gaură făcută cu 179.1.
- de ghivent 21.3.
- de lemne 180.8.
- lingură 181.3.
- lung 181.5.
-, manşon de 178.5.
- de pământ 181.6.
- de piatră 181.7.
- spiral 180.6.
- cu un tăiş 180.1.
- cu două tăişuri 180.2.
- cu vârf 180.3.
Buterolă 31.8.
-, ciocan 32.2.
-, contra 32.3.
-, contra - p. cric 32.5.
Buton de manivelă 141.6.
-ului, lagăr sau suport al - manivelei 141.7.
Butuc (de nicovală) 158.5.
-ului, bulonul 150.3.
-ului, gulerul 69.5.
-ul roţei 69.5.
- de volant 149.5.

C

Cabestan, cablu de 88.2.
-, roată de 90.6.
Cablu 85.1.
- de ascensor 87.8.
- de bumbac 86.10.
- de cânepă 86.9.
- -, roată pentru 87.4.
-, cârlig pentru 92.7.
- de comandă 87.6.
-, a desfăşura un 88.4.
- fix 86.6.
-, frecare de 86.2.
-rilor, a împreuna extremităţile 85.9.
-ri, împreunare de 85.8.
- închis 85.7.
-, a înfăşura un 88.3.
-ri, legătură de 83.1.
- de macara 87.9.
-l, maşină de răsucit 85.5.
-l, a matisi 85.9.
Cablu metalic 86.7.
- -, roată pentru 87.2.
- mobil 86.5.
- motor 87.5.
-, muflu cu 94.6.
- de oţel 86.8.
-, palanc cu 94.6.
-l, a răsuci 85.4.
- de ridicat 87.7.
-, rigiditatea unui 86.3.
-, roată p. 87.1.
-, roată p. - de cânepă 87.4.
-, roată p.- metalic 87.3.
-lui, roata de ghidare a 84.7.
-, rodanţă de 84.7.
- în spirală 85.6.
-, şanţ de roată p. 87.2.
-, tambur p. 95.2.
-lui, tensiunea 84.6.
- de transmisie 87.5.
-, transmisiune cu 84.5.
Cablu, transmisiune ciclică prin 84.3.
-, unsoare de 86.4.
Căciulă de oprire a ventilului 116.9.
Cădere, durata de 236.4.
-, înălţime de 236.3.
- liberă 236.2.
Cadru, ferăstrău cu 189.2.
- ferăstrău 189.4.
-, foarfece cu 157.6.
- în zid p. lagăr sau suport 47.3.
Căi, tub (ţeavă) cu 3 106.7.
Căi, - cu 4 106.8.
Cala, a 25.6.
Calaj 22.5.
Calc, copie pe hârtie de 233.8.
-, hârtie de 233.9.
-, pânză de 233.10.

Călcâi, pană cu 23.8.
- de pană 23.9.
Calchia, a 233.7.
Calcul, riglă de 222.1.
Cald, nituire la 27.8.
Căldare, ţeavă de 107.10.
Căldărar, nicovală de 159.9.
Căldură de sudare 165.3.
Calfata, a 31.1.
Căli, a 198.9.
-, a - pile 171.4.
Calibrat, lanţ 90.3.
Calibru 204.3.
- 205.2.
- 205.5.
- de adâncime 205.6.
- cu curson 204.6.
- pentru diametre 205.7.
- pentru găuri 205.7.
-lui, gura 205.1.
- de înălţimi 205.3.
- limită 206.4.
- linear 205.2.
- micrometric 204.5.
- normal 205.3.
- - 205.5.
- cu şurub 204.4.
- pentru şuruburi 206.1.
- tampon 205.8.
- de toleranţă 206.4.
- pentru ţevi 205.4.
Călire 199.1.
- în apă 200.5.
- în bae 200.2.
-, crăpătură din 199.11.
-, culoare de 199.4.
- de pile 171.5.
- prin răcire 200.2
- la suprafaţă 200.1.
- în ulei 200.4.
Călit, praf de 199.10.
Cal-putere 245.3.
Câlţi, garnitură de 135.3.
Căluş de lanţ 90.2.
-e, lanţ cu 90.1.
Cămaşa cilindrului 131.4.
Camera de ulei 55.4.
- de ventil 112.2.
Camera robinetului 127.10.
- vanei 125.2.
Cămin 166.3.
Cană de uns 51.9.
- - 52.1.
- - cu valvulă 51.10.
Canal p. ulei 52.6.
- de ungere 44.5.
-e, freză pentru 183.7.
Caneluri, alezor cu - în spirală 177.7.
-, fus cu 38.9.
-, lagăr cu 41.4.
-, piston cu garnitură în 139.8.
-, suport cu 41.4.
Cânepă, cablu de 86.9.
-, frânghie de 86.9.
-, funie de 86.9.
-, garnitură de 135.3.
-, piston cu garnitură de 138.4.
-, roată pr. cablu de 87.1.
-, şuviţă de 135.4.
-, tresă de 135.4.
Cap
-ul axei 33.5.
- de bielă 144.9.
- - de capuşon 145.3.
- - deschis 145.2.
- - închis 145.1.
- - tip marin 145.2.
- bombat, nit cu 27.1.
-, bulon cu - şi piuliţă 11.9.
- al bulonului 11.4.
-ul, bulon cu piuliţa şi - scufundat 14.4.
- la cap, ţeavă sudată 102.5.
- ciocănit, nit cu 27.2.
-ul compasului 227.2.
-de cruce 146.5.
-ului, bulonul 146.7.
-, ghidaj cu 146.4.
-ului, pana 147.1.
-ului -, tija 146.8.
-ul dintelui 65.1.
-ului dintelui, traectoria 64.7.
-, al doilea - al nitului 26.5.
- exagonal 11.10.
-, ghidaj cu - de cruce 146.4.
-ului, înălţimea 65.2.
- de închidere (al nitului) 26.5.
- înecat, nit cu 26,8.
- de nit 26.3.
-, nit cu - bombat 27.1.
-, nit cu - ciocănit 27.2.
-, nit cu - înecat 26.8.
-, nit cu - jumatate înecat 26.9.
-ul nitului, a tăia 31.4.
- al nitului, al doilea 26.5.
- al nitului, primul 26.4.
- ul original (al nitului) 26.4,
- ul osiei 33.5.
- patrat 12.1.
Capul robinetului 127.9.
- rotund 12.2.
- scufundat 12.3.
-, şurub cu 13.9.
-, şurub fără 13.8.
-, şurub fără - şi piuliţă 15.2.
- ul şurubului 11.4.
- în formă de T. 12.4.
- ul T-eului 219.6.
- ul, a tăia - nitului 31.4.
-, ţeavă sudată - la - 102.5.
Capac, bulon de 130.6.
- ului, brida 132.7.
- ului, flanşa 132.7.
- de închidere 139.5.
- ului, înşurubarea 130.7.
- de piston 105.2.
- de pres-garnitură 132.6.
-, şurub de 43.6.
- de ventil 112.3.
-ul cilindrului 131.5.
-ul lagărului 43.5.
-ul pistonului. şurub dela 139.6.
-ul suportului 43.5.
-ul, şurub dela - pistonului 139.6.
-ul, şurub dela - ventilului 112.4.
-ul vanei 125.3.
-ul veutilului, şurub dela 112.4.
Capătul ascendent al curelei 76.6.
- descendent al curelei 76.7.
Capetele, ciocan cu - sferice 162.7.
Capră 47.2.
Căptuşala fălcelei 153.6.
Capuşon, cap de bielă cu 145,3.
Casetă în zid p. lagăr 47.3.
Cauciuc, sau suport, garnitură de 135.7.
-, supapă sau ventil cu clapet de 123.4.
Cazangerie, tablă de 216.4.
Cazier 219.3.
Cardan, acuplaj 62.1.
Cârlig 92.1.
-, accesorii de 92.9.
- pentru cablu 92.7.
-, cheie cu 17.7.
- ului, deschiderea 92.2.
- dublu 92.6.
- ului, gâtul 92.4.
- ului, gura 92.2.

Cârlig, inel de 92.5.
- închis 93.1.
- pentru lanţ 92.8.
-e, lanţ cu 90.4.
- de oprire 95.7.
- ul teşghelei 194.2.
- ului, tija 92.3.
-, traversă de 92.5.
- pentru ţevi 109.8.
- de vatră 166.7.
Carne, faţa din spre - a curelei 77.1.
Ceapraz 186.9.
Ceasornicar, ferăstrău de 189.5.
Centre, însemnător de 168.4.
Centru, burghiu cu 180.4.
- de compas 228.7.
- făcut cu însemnătorul 168.5.
- de greutate 244.2.
Centrul de rotaţie O, braţul de pârghie al forţei P. în raport cu 243.2.
-, momentul forţei P. în raport cu 243.1.
Cep vezi Fus. 37.6.
-ul unui arbore 35.6.
-uri, burghiu de 179.8.
-ul robinetului 127.8.
Cerc de bază 67.2.
- exterior 63.6.
-uri, fer de 215.4.
- de garnitură 139.1.
-ului de garnitură, joanta 139.2.
-ul găurilor de bulon 99.4.
- de împărţire 63.5.
- interior 63.7.
-ului, joanta - de garnitură 139.2.
- primitiv 63.5.
- - 67.2.
- de rulment 67.3.
- de tensiune 139.7.
Cerneală, gumă de 230.10.
-, a trage în 231.2.
Cheia pistonului 137.1.
Cheie cu cârlig 17.7.
- cu cioc 17.7.
- de compas 227.9.
-i, deschiderea 16.7.
- cu deschidere regulabilă 18.1.
- dublă 17.1
- engleză 18.2.
- pentru flanşe 101.1.
- franceză 18.2.
- cu furchetă 17.8.
- cu ghiare 17.8.
Cheiei, gura 16.6.
- închisă 17.5.
- înfundată 17.4
- oblică 17.2.
- de robinete 17.6.
- simplă 16.8.
-, şurub cu 15.3.
- de şuruburi 16.5.
- p. şuruburi de oprire 17.3.
- de ţevi 110.6.
Chingă, acuplaj cu 61.6.
Cicleşte, uleiul se 50.10.
Ciclirea uleiului 51.1.
Cicloidă 66.9.
Cicloidal, angrenaj 66.7.
-ă, dantură 66.7.
Cilindre, ulei pentru 51.6.
-le, maşină de alezat 131.6.
-lor, ungerea 131.7.
Cilindru 130.1.
- de aburi 131.2.
-, a aleza un 131.5.
-lui, alezajul 130.3.
-lui, axa 130.2.
-lui cămaşa 130.4.
-lui, capacul 130.5.
-lui, diametrul 130.3.
- cu dublu efect 132.1.
- cu simplu efect 131.8.
- de emeri 198.4.
-l este făcut etanş printr'o presgarnitură 135.1.
- de fricţiune 74.4.
-lui, îmbrăcămintea 131.2.
-lui, învelitoarea 131.2.
-lui, peretele 130.4.
- de pompă 132.3.
-lui, presestupa 131.1.
-lui, presgarnitura 131.1.
- de presiune 132.4.
-, a restrungi un 131.4.
- cu simplu efect 131.8.
-, a strungi un 131.3.
Cinematica 234.5.
Cioc, cheie cu 17.7.
Ciocan 160.3.
- de alămit 201.7.
- de ambutisat 163.1.
- de aramă 163.8.
- de banc 161.5.
- cu bătae încrucişată 161.6.
-ul, a bate cu 160.7.
- de bătut 161.3.
- - 161.7.
- de bază plan 162.4.
- - rotund 162.6.
Ciocan buterolă 32.2.
- canelat 163.5.
- cu capetele sferice 162.7.
- ului, coada 160.6.
- de cuie 196.3.
-ului, faţa 160.4.
- de ferar 161.1.
-ul, a forja cu 163.9.
- de gâtuit 162.6.
- de găurit 163.3.
- de îndreptat 162.5.
- de întins 161.2.
- de lăcătuş 160.9.
- de lemn 163.6.
- de lipit 201.7.
- de mână 161.4.
- de nituit 30.8.
- - 32.1.
-lui, pana 160.5.
- de pile 170.11.
- plat 161.2.
- - 161.9.
- de raşchetat 163.4.
- de stampat 163.5.
- de sudat 201.7.
-ul, a tăia cu 165.6.
- de tăiat 165.8.
- - la cald 165.9.
- - la rece 165.10.
Ciocanului, vârful 160.6.
- cu vârf ascuţit 161.8.
- cu vârful în cruce 162.1.
- cu vârful despicat 162.3.
- cu vârful în pană 163.2.
- cu vârful sferic 162.2.
- de zinc 163.7.
Ciocăni, a 160.7.
- la rece 160.8.
Ciocănire, întărire prin 200.3.
Ciopli, a - cu dalta 168.3.
- cu dalta crucişă 167.7.
- cu tezla 191.9.
Cioplitoare 192.10.
Circular 190.4.
Cisela, a 168.2.
Clapet, - de admisiune 124.4.
- de aspiraţie 124.2.
- de descărcare 124.5.
- de evacuare 124.5.
- oprire 124.1.
-, opritor de 123.5.
- de presiune 124.3.
- de refulare 124.3.
- de reţinere 123.7.
- de siguranţă 123
-, supapă cu 123.1.

Clapet, supapă cu-de cauciuc 123.4.
-, supapă cu-de piele 123.3.
- de ventil 123.2.
-, ventil cu 123.1.
-, ventil cu-de cauciuc 123.4.
-, ventil cu-de piele 123.3.
Clasor 219.3.
Clavetă 21.6.
- 16.1.
-, bulon cu 14.8.
Claveta, a 25.6.
Clei 196.6.
- de piele 80.11.
Cleşte 155.3.
- american 155.9.
- cu buclă 155.8.
- cu dinţi 155.7.
- - pentru nituri 32.8.
- de foc 166.10.
- de gaz 156.7.
-, gură de 155.4.
- cu gura rotundă 155.6.
- de îndoit 156.4.
- de lipit 156.6.
- - 203.2.
- pentru nituri 32.7.
- plat 155.5.
- de sârmă 155.9.
- de scos cuie 156.3.
- de sudat 203.2.
- de tăiat 156.2.
- - sârmă 155.10.
- tăietor 156.1.
-le teşghelei 194.1.
- teşit de prins 154.7.
- de tras 156.5.
- de ţevi 110.7.
- p. ţevi de gaz 155.7.
- cu verigă 155.8.
Clichet 60.6.
- 95.7.
-, acuplaj cu 60.5.
-, burghiu cu 182.9.
- de fricţiune 95.9.
-, roată cu 95.6.
Clopot, supapă în 119.1.
-, ventil în 119.1.
-e, bronz de 217.9.
Clupă 21.1.
- pentru nituri 32.8.
Coadă 159.3.
-, freză cu 184.3.
-, nicovală cu 159.5.
- de topor 191.2.
- de vulpe, ferăstrău în 188.7.
Coada ciocanului 160.6.
- tijei pistonului 136.7
Coală de desen 220.3.
Coase, a-cureaua 81.2.
Coasta dintelui 64.10.
Coaste, angrenaj cu-drepte 67.6.
Cochilii, fontă turnată în 212.2.
Coeficient de alungire 249.1.
- de forfecare 252.9.
- de frecare 245.8.
- le lunecare 253.1.
- de randament 246.8.
Colector de ulei 52.9.
- de unsoare 44.6.
Coloană de apă 111.7
Coloane, lagăr sau suport cu consolă pentru 47.4
Colora, a 231.10.
Colţ de ferăstrău vezi dinte 185.7.
Colţar 208.1.
- 219.8.
-ului, distanţa nitului de latura 30.4.
-, fer 215.6.
Comandă prin acuplaj cu dispozitivele de decuplare 58.7.
-, arbore de 36.4.
-, cablu de 87.6.
-, curea de 80.5.
- prin curea 77.4.
- prin excentric 144.5.
-, mecanism de 120.9.
- prin supape sau ventile
-, roată de 75.6.
Comanda, a-un arbore prin curea 76.4.
Comandat, ventil 120.8.
-ă, roată, 75.7.
-ă, supapă 120.8.
Compas 206.7.
- 226.8.
-, ac de 227.7.
-, braţ de 226.9.
-ului, capul 227.2.
-, centru de 228.7.
-, cheie de 227.9.
- de creion 228.1.
-, cutie de 226.7.
-, cutie p. creioane de 229.3.
- de divizat 207.3.
- de divizat 228.3.
- de găuri 206.9.
- de grosime 206.8.
- - p. bile 207.3.
- - cu şurub 207.2.
- de interior 206.9.
- cu lineal 228.6.
- de măsurat 228.2.
- micrometric 228.3.
-, picior de 226.10.
-, portcreion de 227.4.
Compas, prelungitor de 227.8.
- de reducere 228.5.
- cu resort 207.1.
- de schimb 227.3.
- de schimb, vârf de 227.6.
-, trăgător de 227.5
- de trasat 207.4.
-, vârf de 227.1.
- cu vârful regulabil 207.8.
- cu vârfuri mobile 227.3.
Compensaţie, tub de 104.1.
-, ţeavă de 104.1.
Componentă 242.1.
- a acceleraţiei 240.2.
- a vitezei 240.2.
Componentele, a descompune o acceleraţie (arteză) în-ei 240.1.
Compoziţie 217.10.
Compresiune 250.7.
-, un corp este solicitat la 247.6.
-, efort de 251.2.
-, forţa de 251.1.
- a resortului 148.7.
-, rezistenţă la 258.8.
-, solicitare la 250.9.
- unitară 251.2.
Comprima, a-un resort 148.8.
Compresibil, a fi 149.3.
Comptor de curse 209.3.
- de rotaţii 209.4.
Con de acuplare 58.2.
-, acuplaj cu - dublu 58.1.
-, acuplaj cu - de fricţiune 61.1.
- de bază 70.9.
- complementar 71.1.
- dublu, acuplaj cu 58.1.
- de fricţiune 95.9.
- - 74.5.
- -, acuplaj cu 61.1.
- limitator de cursă 114.3.
-ul nicovelei 159.1.
- de presiune 58.2.
-, regulator cu 151.7.
- de transmisie 83.4.
-uri, transmisiune cu 78.3.
-, ventil cu 116.5.
- de ventil 116.6.
Conducere, inel de 45.5.
Conductă de aburi 109.9.
- de apă 109.10.
- de aspiraţie 108.7.

Conductă de gaz 110.1.
- de presiune 108.9.
- de țevi 109.1.
- de ulei 52.3.
Conic, angrenaj 71.3.
- în unghi drept 71.3.
-ă, roată 71.2.
-ă, roată - în unghi drept 71.4.
Conservărei, principiul - energiei 245.5.
Consolă 46.5.
-, lagăr sau suport cu - suspendată p. col. 47.4.
-, lagăr sau suport cu - suspendată longitudinală 47.5.
- suspendată 46.5.
- în unghi 47.6.
Construcție de mașini 253.9.
Construcții, atelier de - mecanice 254.7.
Construcțiune 222.4.
-, greșală de 222.5.
Constructor 222.3.
- mecanic 254.6.
Construi, a 222.2.
Contact 63.9.
-, arc de 64.3.
- - 76.3.
-, distanță de 64.2.
-, durata de 64.4.
-, linie de 64.1.
-, presiunea pe suprafața de 40.6.
-, suprafața de 40.5.
-, - 99.5.
- - 38.2,
-, suprafața de - a unui vent. 113.
Contrabridă 100.3.
Contrabuterolă 32.3.
- p. cric 32.5.
-, suport cu pârghie și 32.6.
Contracțiune, măsură de 221.9.
-, riglă cu măsura de 221.9.
Contra-cuțit 192.9.
Contra-flanșă 100.2.
Contragreutate de regulator 152.1.
Contra maestru 254.5.
Contramanivelă 142.1.
-, regulator cu 151.9.
-, supapă sau ventil cu 119.7.
- de supapă sau ventil 119.8.
Contra-pană 24.7.
Contra-piuliță 13.2.
Contra-placă 15.8.
Contur 224.7.
Copie albă 234.4.
- albastră 234.3.
- pe hârtie de calc 233.8.
Coroană dințată 69.2.
- raportată 69.8.
- suprapusă 69.8.
- de volant 149.5.
Coroanei, nervura 69.3.
Corn, nicovală cu 158.9.
-ul nicovelei 159.1.
Cornier, bridă sau flanșă din fer 100.3.
-, fer 215.6.
Corp 11.3.
-ul axei 33.6.
- de bielă 144.8.
-, echilibrul unui - în repaos 244.7.
-ul lagărului 43.4.
- de manivelă 141.3.
- de nit 26.2.
-ul osiei 33.6.
- de piston 139.4.
- în repaos, echilibrul uni 244.7.
-ul rindelei 191.11.
Corp de supapă 113.3.
- ul suportului 43.4.
- ul șurubului 8.5.
- ul T-eului 219.7.
- ul vanei 125.5.
- de ventil 113.3.
Cositor 216.10.
- 202.5.
Cositorită, tablă 216.7.
Coș de forjă 166.3.
Cot de arbore 36.10.
- de reducere 107.6.
- rotunjit 107.7.
- de țeavă 105.6.
- - 107.4.
- în unghi drept 107.5.
Cotă 225.6.
-, linie de 225.4.
-, săgeată de 225.5.
Cota, a 225.9.
Cote principale 225.8.
-le, a pune 225.9.
-lor, punerea 225.10.
Coti, a 37.1.
Cotită, țeavă 107.4.
Crapodină 40.8.
- cu bile 41.3.
- inelară 41.1
Crăpătură din călire 199.11.
Creion 230.2.
- albastru 233.6.
- ul, a ascuți 230.3.
- colorat 233.4.
Creion, compas de 228.1.
-, a desena în 226.1.
Creion, gumă de 236.9.
-, port - de compas 227.4.
- roșu 233.5.
Creioane, cutie p. - de compas 229.3.
-, mașină de ascuțit 230.4.
-, pilă de 230.6.
-, placă de ascuțit 230.5.
Cremalieră 70.7.
-, angrenaj cu 70.6.
Crepină 108.6.
Crestături, piuliță cu 12.6.
Creuset, oțel de 214.4.
Cric, contrabuterolă p. 32.5.
- pentru nituit 32.4.
Crochiu 222.9.
-ri, carnet de 220.4.
-ri, hârtie de 220.4.
- de proect 223.9.
Cruce 106.5.
-, articulație în 62.3.
-, bulonul capului de 146.7.
-, cap de 146.5.
-, ghidaj cu cap de 146.4.
-, pana capului de 147.1.
-, tija capului de 146.8.
-, tub în 106.5.
-, țeavă în 106.5.
Cuie, a bate în 195.7.
-, ciocan de 196.3.
-, clește de scos 156.3.
-, fer de bătut 196.5.
Cuie, a încheia în 196.1.
Cui, 195.6.
- de fixare a penei 24.11.
-, gaură de 196.2.
-, ghidaj cu 117.5.
- de ghidare 117.6.
- de planșetă 220.6.
- de sârmă 196.4.
Culisă 143.2.
- manivelă 143.1.
Culisei, piatra 143.3.
Culoare 232.3.
Culoare, a amesteca o 232.7.
- de călire 199.4.
-, a freca o 232.8.
-, a prepara o 232.7.
Culori de acuarelă 232.3.
- în bucăți 232.2.
-, cutie de 232.1.
-, farfurioară de 232.6.
-, tub de 232.4.
Cuplu de forțe 243.3.

Cuplului, axa 243.5.
-lui, momentul 243.4.
Cupru 216.8.
Cuptor p. nituri 32.9.
- de sudat 165.5.
Curățire, supapă sau ventil de 122.5.
- - 122.9.
Curățitor de țevi 111.1.
Curbă balisitcă 237.11.
Curbe, trăgător de 229.7.
Curea 76.5.
-, acuplaj cu 61.6.
-, agrafă de 81.4.
-, agrafă cu ghiare p. 81.6.
-ua alunecă 79.1.
-ua, aparat de pus 79.6.
-ua, aparat de schimbat 84.2.
-ua, aparat de scos 84.3.
- articulată 80.6.
-ua bate 78.8.
-ua, a coase 81.2.
-, comandă prin 77.4.
- de comandă 80.5.
-, a comanda un arbore prin 76.4.
- conducătoare 75.10.
- condusă 76.1.
- de cusut 81.3.
- cusută 81.1.
- deschisă 77.5.
- dublă 80.2.
-ua, furca de schimbat 84.4.
-ua, a încheia 80.10.
- încleiată 80.9.
- încrucișată 77,6.
-ua, a întinde 79.3.
- întinzător de 80.8.
-, legătură de 80.7.
- multiplă 80.3.
- orizontală 78.4.
-, piele de 80.4.
-, a pune o - pe roată 79.7.
-ua, a pune și scoate 84,2.
-ua se ridică în sus 79.2.
-, ridicător de 79.6.
-, roată fixă de 83.7.
Cureaua sare depe roată 79.5.
-, a scoate o - depe roată 79.8.
-ua, a scurta 79.4.
- semiîncrucișată 77.7.
- suitoare dela dreapta la stânga 78.7.
- suitoare dela stânga la drepta 78.6.
- suitoare dela stânga la drepta 78.6.
-ua stă pe arbore 80.1.
-, șurub pentru 81.5.
-, transmisiune prin 75.5.
-, - intermediară cu 77.3.
-, a trece o - depe roata nebună pe roata fixă 84.1.
- verticală 78.5.
Curele, aparat de întins 80.8.
-i, capătul ascendent al 76.6.
-i, - descendent al 76.7.
-i, fața din spre carne a 77.1.
-i, - din spre păr a 77.2.
-i, grosimea 76.9.
-i, lățimea 76.8.
-i, partea conducătoare a 75.10.
-i, partea condusă a 76.1.
-i, tensiunea 75.8.
Curgere de ulei 52.3.
Cursă, con limitator de 114.3.
- de lanț 91.10.
- de supapă 114.1
- de ventil 114.1.
Cursa completă(dublă) a pistonului 137.8
- înainte a pistonului 137.9.
- înapoi a pistonului 137.10.
- manșonului de regulator 151.2.
- pistonului 137.7.
Curse, comptor de 209.3.
-, numărător de 209.3.
Cursei, limita-ventilului 114.2.
Cursor, calibru cu 204.6.
Cusătura niturilor 27.5.
Cusinet 42.1.
- 42.4.
- de acuplare 57.3.
-, a garnisi un 43.1.
-, a garnisi un-cu metal alb 43.2.
-ului, rebordul 43.3.
- regulabil 42.5.
- sferic 45.7.
Cusineți, acuplaj cu 57.2.
-i, a regula 48.6.
Cusut, curea de 81.3.
Cutie de compas 226.7.
- p. creioane de compas 229.3.
- de culori 232.1.
- de garnitură 132.5.
- - 132.8.
- de unsoare 53.5.
Cutia de ghidaj 146.2.
- rindelei 191.11.
- robinetului 127.10.
- teșghelei 194.1.
Cuțit, contra - 192.9.
- dublu de rindea 192.8.
- pentru făcut șanțuri 23.5.
- pentru filet exterior 20.7.
- p. filet interior 20.6.
- p. filetat 20.5.
- p. ghivent exterior 20.7.
- p. ghivent interior 20.6.
- p. ghivent de piuliță 20.6.
- p. lagăr cu 46.1.
- de lagăr 46.2.
- de ras 231.1.
-ului, reazimul 196.3.
- de rindea 191.12.
-e, rindea cu două 192.7.
-, suport cu 46.1.
- de suport 46.2.
- p. făcut șanțuri 23.5.
- p. tăiat ghivent 20.5.
- p. tăiat țevi 110.8.
Cuțitoaie 195.3.
- cu tăișul curb 195.3.
- - drept 195.4.

D

Daltă 167.4.
- ascuțită 167.6.
- de banc 168.1.
- crucișă 167.6.
- p. făcut șanțuri 23.5.
Daltă pentru găuri 194.7.
- îngustă 194.7.
- lată 167.5.
- de lemnar 194.4.
Daltă de mână 167.9.
- mare 194.6.
- pentru pietre 167.8.
- scobită 195.1.
- de ștemuit 31.2.

Daltă de tăiat pile 170.10.
- triunghiulară 195.2.
dalta, a ciopli cu 168.3.
- crucişă, a ciopli cu 167.7.
-, a lucra cu 168.2.
dăltui, a 194.5.
-, a 167.7.
-, a 168.2.
-, a 168.3.
Dantură cicloidală 66.7.
- cu coaste drepte 67.6.
- cu dublu punct 65.5.
- în evolventă 67.8.
- interioară 67.7.
- cu fuse 67.4.
Decala, a 25.7.
Decimetru, dublu 221.2.
Decupla, a 63.1.
- 59.6.
- a acupla şi
Decuplare 59.7.
-, acuplaj cu dispozitiv de 58.6.
-, arbore de 36.6.
- - 59.4.
- automată 60.1.
-, comandă prin acuplare cu dispozitiv de 58.7.
-, dispozitiv de 58.8.
-, furcă de 59.3.
- cu ghiare 60.4.
-, manşon de 59.1.
-, pârghie de 59.2.
Defect de sudură 165.4.
Deforma, a - ghiventul unui şurub 19.8.
Deformaţie 248.4.
- elastică 248.5.
- permanentă 248.7.
- remanentă 248.7.
-, travaliu de 248.6.
Deformaţiilor, limita - mari 250.1.
Delta, metal 217.11.
Demonta, a - o maşină 255.4.
Demontarea unei maşini 255.5.
Desangrena, a 64.6.
Descărca, a - supapa 115.9.
- ventilul 115.9.
Descărcare, clapet de 124.5.
-, robinet de 129.8.
-, supapă de 122.6.
-, ventil de 122.6.
-a supapei 115.10.
-a ventilului 115.10.
Deschide, a - robinetul 128.1
- supapa 115.2.
Deschide ventilul 115.2.
Deschidere regulabilă, cheie cu 18.1.
- de trecere 113.1.
-a cheii 16.7.
-a supapei 115.6.
-a ventilului 115.6.
Desen 218.6.
- de amănunt 223.5.
- de atelier 223.6.
-, birou de 218.4.
-, coală de 220.3.
- de detaliu 223.5.
- de execuţie 223.6.
-, foaie de 220.3.
-, hârtie de 220.2.
- cu mâna liberă 222.10.
- de maşini 222.6.
- - 222.7.
Desen, peniţă de 231.4.
-, a spăla un - cu buretele 233.1.
Desene, masă pentru 219.2.
Desenul se increţeşte 233.3.
-, a scrie 231.5.
Desena, a 218.1.
- în creion 226.1.
- în mărime naturală 218.2.
- la scară 218.3.
Desenare de maşini 222.6.
Desenat, masă de 218.7.
-, masă de - regulabilă 219.1.
Desenator 218.5.
Desface, a - un acuplaj 63.1.
-, a - acuplajul 59.6.
-, a - niturile 31.3.
-, a - o pană 25.7.
-, a - o sudură 200.9.
-, a - un şurub 19.4.
-, a se 19.5.
Desfăşura, a - un cablu 88.4.
Deslipi, a 200.9.
Desnitui, a 31.3.
Desşuruba, a 19.3.
Detaliu, desen de 223.5.
Diagrama de ridicare a ventilului 115.8.
Diametrul bulonului 11.8.
- bridei 99.
- cilindrului 130.3.
- exterior al filetului 8.4.
- - al ghiventului 8.4.
- flanşei 99.1.
- interior al filetului 8.3.
Diametrul interior al ghiventului 8.3.
- - al lagărului 40.3.
- - al suportului 40.3.
- - al tubului 97.6.
- - al ţevei 97.6.
- -, ţeava(tubul) are x m/m- 97.7.
- - al ventilului 112.5.
- pistonului 136.2.
- de trecere 112.6.
Diametre, calibru p. 205.7.
Dilatare, tub de 104.1.
-, ţeavă de 104.1.
Dimensiune 220.8.
Dimensiuni, scară de- transversale 221.6.
Dinţar 186.9.
Dinte 64.8.
- adaos 72.2.
-lui, baza 65.3.
-lui, capul 65.1.
-lui, coasta 64.10.
- de ferăstrău 185.7.
-lui, flancul 64.10.
- frânt 70.4.
- frezat 66.2.
- geluit 66.1.
-lui, grosimea 65.6.
-lui, înălţimea 65.5.
-lui, lărgimea 65.8.
- de lemm 72.3.
- de lup 186.5.
- în formă de M. 186.6.
- perforat 186.7.
-lui, piciorul 65.3.
-, presiunea pe 66.3.
-, presiunea specifică pe 66.4.
-, presiunea unitară pe 66.4.
-lui, profil al 64.9.
- rabotat 66.1.
- raportat 72.2.
- răsucit, rostuit 186.8.
- triunghiular 186.4.
- turnat brut 65.9.
- unghiular 70.4.
Dinţi adaoşi, freză cu 183.4.
-, cleşte cu 155.7.
-, cleşte cu - p. nituri 32.8.
Dinţi frânţi, roată cu 70.3.
-lor, frecarea 66.5.
-, golul între doi 65.7.
- interiori, angrenaj cu 70.1.
- -, roată cu 70.2.
-i de lemn, a monta (a pune) - la o roată 72.7.
- de lemn, roată cu 72.1.

Dinților, linia 186.2.
-lor, linia superioară a 186.3.
-, opritoare cu 95.5.
-lor, pasul 63.4.
-i, a rostui-unui ferăstrău 187.1.
-i, a tăia-unui ferăstrău 187.2.
-lor, travaliul de frecare al 66.6.
-lor, unghiul 185.8.
- unghiulari, roată cu 70.3.
-, volant cu 150.4.
Direcțiunea forței 241.6.
Disc, acuplaj cu 57.5.
- de acuplare 57.6.
- de excentric 143.6.
- - dintr'o bucată 143.7.
- - din 2 bucăți 143.8.
-, freză cu 183.6.
- de fricțiune 61.2.
- - 74.3.
-uri de fricțiune, transmisie cu 74.2.
- de împreunare 57.6.
- manivelă 142.2.
-, piston cu 140.3.
-, supapă cu 123.1.
-, ventil cu 116.3.
Discuri de fricțiune 123.1.
- de ventil 116.4.
- - 123.1.
Dispoziție generală 223.4.
Dispozitiv de decuplare 58.8.
- -, acuplaj cu 58.6.
- -, comandă prin acuplaj cu 58.7.
Distanță de angrenare 64.2.
- de contact 64.2.
- polară 242.5.
Distanța până la margine 27.7.
- nitului de latura colțarului 30.4.
- niturilor 27.6.
Distanțare, bulon de 14.6.
- tub de 14.7.
Distribuție, arbore de 37.4.
-, mecanism de - cu supape sau ventile 120.9.
-, piston de 127.4.
- cu saltar 127.6.
-, saltar de 126.9.
-, supapă de 120.8.
Distribuție, valvulă de - rotativă 126.8.
-, ventil de 120.8.
Dop cu șurub 105.1.
Dorn de nituit 31.8.
Dos de pană 21.8.
Dreapta, filet la 8.6.
-, ghivent la 8.6.
-, cu pas la 8.7.
Drumului, rezistența 238.4.
Dublă, nituire 29.6.
Dublu-decimetru 221.2.
Dulap de scule 256.3.
Dulgher, banc de 193.9.
-, masă de 193.9.
Dulie, acuplaj cu 56.8.
- de acuplare 57.1.
- de împreunare 57.1.
Dungă de sudură 201.4.
Durata aruncărei 236.6.
Durată de angrenare 64.4.
- de cădere 236.4.
- de contact 64.4.
- de oscilație 239.3.
Duritate 199.5.
-, grad de 199.9.
- naturală 199.6.
-, scară de 199.8.
- vitroasă 199.7.

E

Echer 219.8.
-. 208.1.
- dublu 208.3.
- exagonal 208.4.
- mobil 208.5.
-, raportor cu 229.5.
- cu spătar 208.2.
Echilibra, a 115.9.
-, a - ventilul 115.9.
Echilibrarea supapei 115.10.
- ventilului 115.10.
Echilibru 244.6.
- unui corp în repaos 244.7.
-, forțele sunt în 242.9.
- indiferent 244.10.
- labil 244.9.
- stabil 244.8.
Eclisă 29.3.
- de lanț 90.10.
-, nituire cu 29.1.
Eclise, nituire cu - duble 29.2.
-i, capul 91.1.
Efect, cilindru cu simplu 131.8.
Efect, cilindru cu dublu 132.1.
Efort de compresiune 251.2.
- de flexiune 251.7.
- de forfecare 252.8.
- de tracțiune 250.6.
Egaliza, a 208.6.
Elastic, a fi 149.2.
Elasticitate, limită de 249.7.
-, modul de 249.2.
Electromagnetic, acuplaj 61.5.
Elevație, vedere în 224.4.
Elice 7.1.
Elicoidal
-ă, freză 184.6.
-, resort 148.3.
-ă, roată 71.8.
-, sfredel 181.1.
-ă, suprafață 7.4.
Emeri 197.8.
-, cilindru de 198.4.
-, hârtie cu 197.9.
-, inel de 198.3.
-, lemn de 198.1.
-, mașină de șlefuit cu 198.7.
-, pânză cu 197.10.
Emeri, piatră de 198.2.
-, piatră de 198.5.
-, praf de 198.8.
-, a șlefui cu 198.6.
Emisiune, supapă de 122.3.
-, ventil de 122.3.
Energie cinetică 245.4.
Energiei, principiul conservărei 245.5.
Epicicloidă 66.8.
Epurator de ulei 53.1.
Eșire, supapă de 122.3.
-, ventil de 122.3.
Etaje, roată de transmisie cu 83.5.
-, supapă cu 118.6.
-, ventil cu 118.6.
Etalon 206.6.
Etanș, cilindrul e făcut - printr'o presgarnitură 131.5.
-ă, presgarnitura este 134.7.
-ă, presgarnitura nu este 134.6.
Etanșitate, rebord de 99.5.
Etrier 109.7.

Evacuare, clapet de 124.5.
-, robinet de 129.7.
-, supapă de 122.4.
-, ţeavă de 109.3.
-, ventil de 122.4.
Evolventă 67.9.
-, angrenaj în 67.8.
-, dantură în 67.8.
Excentric 143.4.
Excentric 144.6.
-, comandă prin 144.5.
-, disc de 143.6.
-, disc de — dintr'o bucată 143.7.
-, disc de — din 2 bucăţi 143.8.
-, frecare de 144.4.
-, guler de 144.1.
-, inel de 144.1.
Excentric, platou 143.6.
-, presiune de 144.3.
-, tijă de 144.2.
Excentricitate 143.5.
Execuţie, desen de 223.6.
Explozie de volant 150.5.

F

Fabrică de maşini 254.1.
Fabricant de maşini 254.2.
Face, a — şanţ 23.4.
-, a - rebordul la o ţeavă 103.10.
Făcut şanţuri, cuţit p. 23.5.
- -, daltă p. 23.5.
- -, maşină p. 23.6.
Fălcele, filieră cu 21.1.
- de menghină 153.5.
- de tăiat ghivent 21.2.
-i, căptuşala 153.6.
Farfurie de unsoare 44.6.
Farfurioară de tuş 232.6.
Faţa ciocanului 160.4.
- din spre carne a curelei 77.1.
- din spre păr a curelei 77.2.
- nicovelei 158.4.
- de pană 21.7.
Făţuitoare 193.1.
Făurărie 166.1.
Fer 210.1.
-, angrenaj de - pe 72.4.
-, angrenaj de fer pe lemn 72.5.
- balot 215.4.
- în bare 214.8.
- de bătut cuie 196.5.
- Bessemer 213.2.
- brut 210.3.
- de cercuri 215.4.
- colţar 215.6.
- cornier 215.6.
- -, bridă (flanşă) din 100.3.
- în dublu T. 215.8.
- exagonal 215.2.
- p. făcut reborduri 159.8.
- forjat 212.5.
- p. îndoit 159.7.
- laminat 215.5.
- lat 215.3.
- de lipit 201.6.
- - ascuţit 201.8.
Fer de lipit cu gaz 201.9.
- manganat 211.2.
- martin 213.4.
-, minereu de 210.2.
- moale 213.1.
- omogen 213.1.
-, pană de 22.3.
- patrat 215.1.
- pudlat 212.7.
- de rindea 191.12.
-, roată de transmisie de 82.8.
- rotund 214.9.
- de rostuit 186.9.
- Spiegel 211.1.
- sudat 212.6.
- de sudat 201.6.
- - cu gaz 201.9.
- - cu vârf 201.8.
- în T. 215.7.
-, tablă de 215.11.
-, tablă neagră de 216.2.
- Thomas 213.2.
-, tub de 102.2.
-, ţeavă de 102.2.
- în U 215.9.
- în Z. 215.10.
Ferar, ciocan de 161.1.
-, nicovală de 158.6.
Ferărie vezi Forjă 166.1.
-, unelte de 166.5.
Ferăstrău 185.3.
- 190.1.
- cu arc 189.3.
-, arc de 189.4.
-, bloc de 190.7.
- cu cadru 189.2.
-, cadru de 189.4.
- de ceasornicar 189.5.
- circular 190.4.
- în coadă de vulpe 188.7.
-, colţ de 185.7.
-, dinte de 185.7.
- de dulgher 189.7.
- de găuri 188.10.
- de împuns 188.10.
- încordat 189.2.
-, lamă de 185.5.
Ferăstrău p. lemn 187.10.
Ferăstrău limbă de 189.8.
- de mână 188.1.
- cu mâner 188.7.
-, mâner de 185.6.
- mecanic 190.2.
- p. metale 187.9.
- neîncordat 188.3.
- nemţesc 189.9.
- p. doi oameni 188.2.
- panglică 190.3.
- cu pântece 188.6.
-, pânză de 185.5.
-, pilă de 175.7.
- de placaje 189.6.
- cu ramă 190.6.
-, a rostui dinţii unui 187.1.
- cu spate 188.8.
- - p. metale 189.1.
-, spate de 188.9.
-, tăetură de 185.4.
-, a tăia cu -l 187.3.
-, a tăia cu -l la cald 187.6.
-, a tăia cu -l la rece 187.5.
- a tăia dinţii unui 187.2.
- de tăiat la cald 187.8.
- - la rece 187.8.
- de traforaj 189.5.
- transversal 188.5.
- vertical 188.4.
Ferăstrae, ramă de 190.5.
Fierbătoare, ţeavă 108.3.
Filet
-ului, adâncimea 8.1.
-ului, diametrul exterior al 8.4.
-ului, diametrul interior al 8.3.
- la dreapta 8.6.
- dreptunghiular 9.7.
- -, cu 10.1.
- dublu 9.2.
- exterior, cuţit p. 20.7.
- fin 10.7.
-ului, fineţa 10.8.

Filet, a finisa un 20.1.
- interior, cuţit p. 20.6.
- multiplu 9.4.
- -, şurub cu 16.3.
- de piuliţă 10.5.
- plat, cu 10.1.
- rotund 10.2.
- -, cu 10.2.
- simplu 9.1.
- la stânga 8.8.
-ul unui şurub 7.7.
- trapezoidal 10.4.
- triplu 9.3.
- triunghiular 9.5.
- -, cu 9.6.
- de ţevi de gaz 10.6.
-ului, lărgimea 8.2.
Fileta, a 19.9.
-, a - cu filiera 20.3.
-, a - o gaură 21.4.
-, a - cu mâna 19.10.
-, a - la strung 20.4.
Filetat, cuţit pentru 20.6.
-, freză de 20.8.
-, maşina de 21.5.
Filieră cu bacuri 21.1.
- cu fălcele 21.1.
- cu inel 20.9.
- simplă 20.2.
-, a tăia ghivent cu 20.3.
Filtru de ulei 53.1.
Fineţa filetului 10.8.
- ghiventului 10.8.
Finisa, a - un filet 20.1.
-, a - un ghivent 20.1.
-, a - cu pila 172.8.
-, a - răzuind 177.3.
Finisat, burghiu de 179.4.
Fir cu plumb 209.2.
Fire multiple, transmisie cu 84.8.
Fitil, ungător cu 54.2.
- de ungere 54.3.
-, ungere cu 54.1.
-ul se îmbâcseşte 54.4.
Fixa, a - cu buloane 18.9.
-, a - o piesă in menghină 153.3.
-, a - cu şuruburi 18.9.
Fixare, bulon de 13.4.
-, bulon de - in piatră 15.6.
-, cuiu de - al penei 24.11.
-, piuliţă cu găuri de 12.9.
-, şurub de 13.4.
Flacără de sudură 202.2.
Flambaj 252.2.
-, rezistenţă la 252.3.
-, solicitare la 252.4.
Flancul dintelui 64.10.
Flancuri, angrenaj cu - drepte 67.6.
Flanşă 98.10.
- 99.8.
-, bulon de 99.3.
-, contra 100.2.
- din fer cornier 100.3.
- fixă 100.4.
- de încastrare 100.1.
- înşurubată 100.9.
- mobilă 100.5.
- -, ţeavă cu rebord şi 103.8.
- nituită 100.7.
- raportată 100.3.
- sudată 100.8.
- cu şanţ şi inel 100.1.
Flanşa capacului 132.7.
Flanşe, cheie pentru 101.1.
-i, diametrul 99.1.
-, garnitură de 99.6.
-i, grosimea 99.2.
-, împreunare cu 98.7.
-, împreunare cu - şi buloane 98.8.
-i, suprafaţa de contact a 99.5.
-, ţeavă cu 98.9.
Flexiune 251.3.
-, un corp este solicitat la 247.6.
-, efort de 251.7.
-, moment de 251.6.
-, resort de 147.3.
-, rezistenţă la 251.4.
-, săgeată de 252.1.
-, solicitare la 251.5.
- transversală 252.1.
- unitară 251.7.
Florar 219.10.
Fluiditate 50.7.
-, grad de - al unsoarei
Fluture, ventil 124.6.
Foaie de desen 220.3.
- de tablă 216.1.
Foale 167.2.
Foarfece 166.9
- cu arc 157.1.
- de banc 157.3.
- cu braţ 157.3.
- cu cadru 157.6.
-lui, lama tăetoare a 156.10.
- de mână 157.7.
- de masă 157.4.
- mecanic 157.8.
- paralel 157.5.
- cu pârghie 157.2.
- pentru perforat 158.1.
- pentru sârmă 158.2.
- pentru tablă 157.9.
- de tinichigiu 157.9.
Foc, cleşte de 166.10.
Foc de forjă 166.4.
- pentru nituri 33.1.
-, ţeavă de 108.1.
Foi, arc cu 147.4.
-, arc cu - suprapuse 147.6.
Fontă 211.3.
- albă 210.4.
- amestecată 210.6.
- brută 210.3.
- cenuşie 210.5.
- dură 212.2.
- întărită 212.2.
- maleabilă 212.4.
- manganată 211.2.
- de oţel 212.3.
- oţelită 212.3.
- pestriţă 210.6.
-, roată de transmisie de 82.7.
- Spiegel 211.1.
-, tub de 101.9.
- turnată 211.3.
- - în cochilii 212.2.
-, ţeavă de 101.9.
Forfecare 252.5.
-, coeficient de 252.9.
-, efort de 252.8.
-, nituire cu o secţiune de 28.3.
-, nituire cu 2 secţiuni de 28.5.
-, nituire cu mai multe secţiuni de 28.6.
-, rezistenţa la 252.6.
-, secţiune de 28.4.
-, solicitare la 252.7.
- unitară 252.8.
Forfecat, maşină de 157.8.
Forjă 166.1.
-, coş de 166.3.
-, foc de 166.4.
- portativă 167.2.
-, unelte de 166.5.
-, vatră de 166.2.
-, ventilator de 167.1.
Forja, a - la cald 164.2.
-, a - cu ciocanul 163.9.
-, a - la rece 164.1.
-, a - în tipare 164.3.
Forjat, placă cu tipare de 160.2.
Forme de argilă, turnătură în 212.1.
- descoperite, turnătură în 211.4.
Forţa pistonului 136.5.
- transmisă 75.9.
Forţă de compresiune 251.1.
- de frânare 96.6.
- rezultantă 241.9.
-, roţi de 68.4.
- de tracţiune 250.5.

Forţă vie 245.4.
Forţe, poligon de 242.3.
-, triunghi de 342.2.
-le sunt în echilibru 242.9.
-lor, paralelogramul 241.8.
Frână 96.1.
-, bandă de 97.1.
- cu bandă 96.9.
- centrifugală 97.3.
- conică 96.8.
Frână diferenţială 97,2.
- cu panglică 96.9.
-, panglică de 97.1.
- cu papuc 96.2.
-, papuc de 96.4.
-, pârghie de 96.5.
-, roată de 96.3.
- cu roată cu gât 96.7.
-, sabot de 96.4.
- cu sabot 96.2.
Frânare, forţă de 96.6.
Frânghie 85.1.
-, palanc cu 94.6.
-, roată pentru 87.4.
-, transmisiune cu 84.5.
Frânghia, a răsuci 85.4.
Freca, a-o culoare 232.8.
Frecare 245.6.
- de cablu 86.2.
-, coeficient de 245.8.
- a dinţilor 66.5.
- de excentric 144.4.
- de fus de osii 33.9.
- a fusului 38.2.
- pe glisieră 145.10.
- de lanţuri 89.3.
- de lunecare 246.3.
- de osie 33.8.
- a pistonului 137.6.
- la pornire 246.2.
- de presgarnitură 134.3.
-, rezistenţă de 245.7.
- de rostogolire 246.4.
- de rulment 246.4.
-, suprafaţă de 241.1.
- statică 246.2.
-, travaliu de 246.5.
-, travaliu de-al dinţilor 66.5.
-, unghi de 245.9.
Freză 183.2.
- pentru angrenaje 184.5.
- pentru canale 183.7.
- cilindrică 184.1.
- cu coadă 184.3.
-, dinte de 183.3.
- cu dinţi adaoşi 183.4.
- cu disc 183.6.
- elicoidală 184.6.
Freză pentru făcut tăeturi 184.2.
- de filetat 20.8.
- p. frezat ţevi la exterior 184.7.
- frontală 184.4.
- laterală 183.6.
- plană 184.4.
- profilată 184.8.
- cu profil invariabil 183.5.
- pentru renuri 183.7.
- p. roţi dinţate 184.5.
- scobită 184.7.
- de tăiat ghivent 20.8.
A freza 184.9.
- nitul 30.6.
- şanţuri 23.7.
Fresaj, unghi de-al unui nit 26.6.
Frezare 185.1.
Frezat, burghiu de 180.7.
-, freză p.-ţevi la exterior 184.7.
-, maşină de 185.2.
-, maşină de-roţi dinţate (angrenajele) 73.2.
Fricţiune, acuplaj cu 60.7.
-, acuplaj cu con de 61.1.
-, cilindru de 74.4.
-, clichet de 95.9.
-, con de 74.5.
-, con de 95.9.
-, disc de 74.3.
-, disc de 61.2.
-, mecanism de oprire cu 95.8.
-, opritoare cu 95.8
-, presiune de 73.5.
-, presiune producătoare de 73.5.
-, roată de 73.4.
-, roată cilindrică de 73.6.
-, roată conică de 74.1.
-, rulou de 74.4.
-, tambur conic de 74.5.
-, transmisiune prin 73.3.
-, transmisiune cu discuri de 74.2.
-, transmisiune intermediară cu 75.4.
-, transmisiune cu roţi de 73.3.
-, transmisiune cu-prin roţi cu gât şi şanţ 74.6.
Fum, ţeavă de 108.2.
Funcţiona, a 255.7.
Funcţiune, a fi în 255.7.
Fund, clapet de 120.6.
-ul cilindrului 130.8.
-, cutie de 133.4.
-, manşon de 133.4.
- uri, nicovală pentru 159.9.
-, ventil de 120.6.
Fundaţie, bulon de 44.3.
- - 15.7.
-, placă de 16.2.
Funie 85.1.
- de cânepă 85.9.
- fixă 86.6.
- mobilă 86.5.
-i, tensiunea 84.6.
-, transmisiune cu 84.5.
Funii, rigiditatea unei 86.3.
Furcă de decuplare 84.4.
- - 59.3.
-, fus de 39.5.
- de schimbat cureaua 84.4.
Furchetă, cheie cu 17.8.
Furnal de lipit 202.3.
- de sudat 202.3.
Fus 37.6.
Fus adaptat în locaşul său 38.3.
-uri, alezor de 178.1.
-e, angrenaj cu 67.4.
-ul unui arbore 35.6.
- de articulaţie 62.1.
- ascuţit 39.1.
-ul axei 33.3.
- cu caneluri 38.9.
Fus cilindric 39.2.
- conic 39.3.
-e, dantură cu 67.4.
-, frecare de - de osie 33.9.
-ului, frecarea 38.1.
- frontal 38.6.
- de furcă 39.5.
- cu gulere 38.5.
- încastrat 39.6.
- cu inele 38.9.
- intermediar 38.5, 35.7.
-, a se învârti pe un 39.8.
- de manivelă 141.6.
-ul osiei 33.3.
-, presiunea pe 37.9.
- de rotaţie 39.7.
- sferic 39.4.
- -, lagăr p. 45.6.
- -, suport p. 45.6.
- de sprijin 38.4.
- umblat 38.3.
- cu vârf 39.1.
- vertical 38.7.

G

Gall, lanţ 91.3.
Garnisi. a - un cusinet 43.1.
-, a - un cusinet cu metal alb 43.2.
-, a - un piston cu piele 138.6.
-, a - o ţeavă cu plumb 101.8.
Garnitură 42.6. 132.9.
- de asbest 135.5.
- de călţi 135.3.
- în caneluri, piston cu 139.8.
- de cânepă 135.3.
- -, piston cu 138.4.
- de cauciuc 135.7.
-, cerc de 139.1.
-, cutie de 132.5.
-, inel de 99.7.
-, inel de 125.7.
-, joanta cercului de 139.2
- în labirint, piston cu 139.8.
- de metal 135.8.
- metalică, piston cu 138.7.
- de piele 134.1.
- -, piston cu 138.5.
-, piston fără 140.1.
- de ţeavă 101.5.
- pistonului 138.3.
-, a pune 135.2.
Garniturei, adâncimea 101.7.
-, grosimea 133.2.
-, locaşul 133.1.
Gater. ferăstrău 190.6.
-, ramă de 190.5.
Gât 75.1.
-ului, adâncimea 75.3.
- de arbore 38.4.
- - 38.5.
- - 35.7.
-, frână cu roată cu 96.7.
-, lagăr cu 41.7.
-, roată de transmisie cu 74.7.
-, supapă cu 124.6.
-, suport cu 41.7.
-, transmisiune cu fricţiune prin roţi cu - şi şanţ 74.6.
-ului, unghiul - roţei 75.2.
Gâtuit, ciocan de 162.6.
Gaură de bulon 11.7.
- de cui 196.2.
- făcută cu burghiul 179.1.
-, a fileta o 21.4.
Gaură de nit 26.7.
- de pană 23.1.
-, a rectifica o 179.3.
- (a roţei dinţate) 69.6.
- de şurub 11.7.
- de ungere (a lagărului) 44.4.
- - 52.5.
Găuri, calibru pentru 205.7.
-lor, cercul - de bulon 99.4.
-, compas de 206.9.
-, ferăstrău de 188.10.
-, pilă de 175.6.
-, pilă de 176.1.
-, piuliţă cu - de fixare 12.9.
- 99.4.
Găuri, a 179.2.
- din nou 179.3.
- cu poansonul 169.6.
Găurire 179.5.
Găurit, ciocan de 163.3.
-, cleşte de 169.5.
-, lingură de 181.3.
-, manivelă pentru 182.8.
-, maşină de 183.1.
-, maşină de - de mână 179.6.
-, unelte de.
-, utensile de 182.1.
Găuritoare 183.1.
- de mână 179.6.
Găuritor cu şurub 182.2.
Gaz, bec de - p. sudat 202.1.
-, cleşte pentru becuri de 156.7.
-, cleşte p. ţevi de 155.7.
-, conductă de 110.1.
-, fer de lipit (sudat) cu 201.9.
-, filet de ţevi de 10.6.
-, ghivent de ţevi de 10.6.
-, robinet de 129.6.
Gaz, tub de 107.8.
Gaz, ţeavă de 107.8.
-, vană de 126.5.
Gealău 191.10.
Gelui, a 192.2.
Geluire 192.5.
Geluit, maşină de 194.3.
Geluituri 192.6.
Genunchi de arbore 36.10.
-, arbore cu 36.9.
-, arbore cu dublu 37.2.
- de ţeavă 107.4.
Ghiară 60.3.
Ghiare, acuplaj cu 60.2.
-, agrafă cu - p. curea 81.6.
-, cheie cu 17.8.
-, decuplare cu 60.4.
Ghid de lanţ 90.7.
Ghidaj cu aripioare 117.1.
-, aripioare de 117.4.
-, bară de 126.1.
-, buceaua de 146.2.
- cu cap de cruce 146.4.
- cu cui 117.5.
-, cutia de 146.2.
-, piuliţă de 126.2.
-ul registrului 125.8.
- de supapă 116.10.
Ghidaj, tijă de 116.3.
-ul tijei 146.1.
-ul pistonului 136.8.
- - ventilului 117.7.
- ul vanei 125.8.
- de ventil 116.10.
-, ventil cu - inferior 117.3.
-, ventil cu ghidaj superior 117.2.
Ghidare, cui de 117.6.
-, inel de 45.5.
-, pulie de 77.9.
-, roată de 77.9.
-, roată de - a cablului 84.7.
-, rolă de 77.9.
-, ştift de ghidare 117.6.
Ghintui. a 19.9.
Ghiulea de regulator 150.9.
Ghivent, acuplaj cu 56.7.
-ului, adâncimea 8.1.
- ascuţit 9.5.
-, bacuri de tăiat 21.2.
-, burghiu de 21.3.
-, cuţit p.-exterior 20.7.
-, cuţit p.-interior 20.6.
-, cuţit p. - de piuliţă 20.6.
-, cuţit p. tăiat 20.5.
-ului, diametrul exterior al 8.4.
-ului. diametrul interior al 8.3.
- la dreapta 8.6.
- dreptunghiular 9.7.
-, cu - dreptunghiular 10.1.
- dublu 9.2.
Ghivent exterior, cuţit p. 20.7.
-, fălcele de tăiat 21.2.
- fin 10.7.

Ghivent, a finisa un 20.1.
-ului, fineţa 10.8.
-ului, lărgimea 8.2.
-, freză de tăiat 20.8.
- interior, cuţit p. 20.6.
-, manşon cu 106.9.
-, maşină de tăiat 21.5.
- multiplu 9.4.
- -, şurub cu 16.3.
- de piuliţă 10.5.
- -, cuţit pentru 20.6.
- plat, cu 10.1.
-, racord cu 107.2.
-, racord dublu cu 107.3.
- rotund 10.2.
- -, cu 10.3.
-, şablon pentru 206.2.
- simplu 9.1.
- la stânga 8.8.
-ul unui şurub 7.7.
-ul -, a deforma 19.8.
-, şurub cu - multiplu
-, a tăia 19.9.
-, a tăia - cu filiera 20.3.
-, a tăia - cu mâna 19.10.
-, a tăia - la strung 20.4.
- trapezoidal 10.4.
- triplu 9.3.
- triunghiular 9.5.
- -, cu 9.6.
- de ţevi de gaz 10.6.
Glisieră 145.7.
-, frecare pe 145.10.
Glisieră, presiune pe 145.9.
-, tijă 146.3.
Glisiere 145.5.
Godeu 232.6.
- de ungere 53.9.
Goli, a - de ulei 55.6.
Golire, robinet de 129.2.
-, supapă de 122.4.
-, ventil de 122.4.
Golul între doi dinţi 64.7.
Grad de duritate 199.9.
- de fluiditate al unsoarei 50.7.
- de neregularitate 149.8.
Granulaţia pietrei de ascuţit 197.2.
Grăsime (vezi unsoare) 50.4.
Gravitate, centru de 244.2.
-, forţă de 244.3.
Gravităţei. acceleraţia 244.4.
Greşală de construcţiune 222.5.
Greutate 244.3.
-, centru de 244.2.
- de regulator 150.9.
-, transmisiune cu tensiune provocată prin 78.1.
- de ventil 119.3.
Greutăţi, lanţ de 9.7.
-, supapă cu 119.2.
-, ventil cu 119.3.
Gripează, lagărul sau suportul se 48.5.
Grosime, compas de 206.9.
-, compas de - p. bile 207.3.
-, compas de - cu şurub 207.2.
- a bridei 99.2.
- a curelei 76.9.
Grosimea dintelui 64.6.
- a flanşei 99.2.
- a garniturei 133.2.
- a peretelui 98.1.
- a pistonului 136.3.
Guler 37.7.
-ul butucului 69.5.
- de excentric 144.1.
-, fus cu 38.5.
-ului, înălţimea 37.8.
-, piuliţă cu 12.7.
Gumă de cerneală 230.10.
- de creion 230.9.
- de şters 230.8.
Gura calibrului 205.1.
- cheiei 16.6.
- rindelei 192.1.
-, cleşte cu - rotundă 155.6.
Gura de broască, rindea 192.5.
- de cleşte 155.4.

H

Hârâe, roţile 72.8.
Hârtie de calc 233.9.
- -, copie pe 233.8.
- de crochiuri 220.4.
- de desen 220.2.
- cu emeri 197.9.
- de heliograf 234.2.
Hârtie de schiţe 220.4.
- sugătoare 232.9.
Haşura, a 226.5.
Haşură 226.6.
Heliograf, hârtie de 234.2.
Heliografic, atelier 234.6.
Heliografie 234.1.
-, aparat pentru 234.5.
Hypocicloidă 66.10.
Horn 166.3.

I

Imbâcseşte, fitilul se 54.4.
Imbrăcămintea cilindrului 131.2.
- tubului 98.4.
- ţevei 98.4.
Impăna, a 25.6.
Impărţire, cerc de 63.5.
Impreuna, a - vezi a acupla 62.5.
- un acuplaj 59.5.
- prin buloane 19.2.
- extremităţile cablului 85.9.
- prin şuruburi 19.2.
Impreunare vezi acuplare acuplaj 56.1.
- cu bride 98.7.
-, bulon de 57.4.
- de cabluri 85.8.
-, disc de 57.6.
-, dulie de 57.1.
- cu flanşe 98.7.
- - şi buloane 98.9.
-, loc de 85.10.
-, manşon de 56.5.
- cu manşon 101.2.
Impreunare de tuburi 98.5.
- de ţevi 98.5.
- a obezei 150.1.
Impreunat vezi acuplat 62.6.
Improşcare, inel de 52.8.
Inălţime
- a ascensiunei 236.5.
- de cădere 236.3.
- a dintelui 65.5.
- a penei 22.8.
- a piciorului 65.4.
- a traectoriei 236.5.
- de tragere 237.8.
Inbulonare 11.1.
Incălzeşte, lagărul sau suportul unei maşini se 48.2.

Incălzire, serpentin de 104.8.
-, ţeavă de 108.4.
- a unui lagăr 48.3.
- a unui suport 48.3.
Incărca, a - supapa 120.3.
-, a - ventilul 120.3.
Incărcătura osiei 33.7.
Incastrare, bridă de. 100.1.
-, bulon de 15.6.
-, flanşă de 100.1.
Incercare, supapă de
-, ventil de 122.8.
Incercarea una axe 34.8.
- unei osii 34.8.
Inchela, a - in cuie 196.1.
Inchide, a - cu buloane 19.1.
Inchide, a - robinetul 128.2.
-, a - supapa 115.3.
-, a - cu şuruburi 19.1.
-, a - ventilul 115.3.
-, presgarnitura - ermetic 134.7.
Inchidere, bulon de 13.5.
-, cap de 26.5.
-, capac de 105.2.
-, linie de 242.7.
- a supapei 115.5.
-, şurub de 13.5.
- a ventilului 115.5.
Inchizător de ţeavă 104.9.
Incleia, a 196.6.
-, a - o curea 80.10.
-, a - impreună 196.7.
Incleiat, presa de mână p. 196.9.
Inclinaţia penei 22.1.
Inclinaţie, unghi de 7.2.
-, 7.3.
-, unghi de 239.7.
Incordător 189.8.
Incuietoare de lanţuri 89.4.
Indesui, a 164.8.
Indicator de nivel de apă 111.2.
-ului, cutia - de nivel 111.3
-ului, tubul de sticlă al - de nivel 111.4.
Indoire vezi flexiune 251.3.
Indoit, cleşte de 156.4.
Indoit, fer pentru 159.7.
Indrepta a 208.6.
Indreptat, ciocan de 162.5.
Inel de bază 133.5.
- - 41.2.
-, bridă cn şanţ şi 100.1.
- de cârlig 92.5.
- de conducere 45.5.
- conic 25.2.
- de emeri 198.3.
- de excentric 144.1.
-, o filieră cu 20.9.
- fix al arborelui 36.7.
-, flan şă cu şanţ şi 100.1.
-e, fus cu 38.9.
- de garnitură 99.7.
- - 125.7.
- de ghidare 45.5.
- de împroşcare 52.8.
-e, lagăr cu ungere prin 45.2.
- de lanţ 88.9.
- - 89.2.
-e, lanţ din 88.8.
- lipit 100.6.
- mobil 36.8.
- de obturaţie 125.7.
- de oprire 36.8.
- de picurare 52.7.
- sudat 101.6.
-e, suport cu ungere prin 45.2.
- de stropire 52.8.
- de tensiune 139.7.
- - 139.8.
Inel de ungere 52.7.
- - 52.8.
55.2.
- de ungere 133.6.
-e, ungere cu 55.1.
Inerţie, moment de 243.7.
-, moment de - ecuatorial 243.8.
-, moment de - polar 244.1.
-, moment de - in raport cu o axă 243.8.
-, moment de - in raport cu un punct 244.1.
Infăşura, a - un cablu 88.3.
Ingenunchere, vezi flambaj 252.2.
Inginer de maşini 254.3.
- mecanic 254.3.
Inimă de cablu 85.3.
-, răzuitor in formă de 176.7.
Inima şurubului 8.5.
Injector de ulei 52.2.
Inlocui, a - o axa, o osie 34.10.
Inlocuirea unei axe 34.11.
- unei osii 34.11.
Insemna, a 168.6.
-, a 207.5.
Insemnat, vârf de 207.6.
Insemnător de centre 168.4.
-ul, a marca cu 168.6.
- paralel 207.7.
- de varfuri 168.4.
Instalaţie, plan de - al ţevilor 109.6.
Inşuruba, a 18.5.
Inşurubare 11.1.
- a capacului 130.7.
- de bride 98.6.
- de ţevi 98.6.
Intări, a - o pană 25.9.
- un şurub 19.7.
Intărire prin ciocănire 200.3.
Intârziere 235.7.
Interior, compas de 206.9.
Intinde, a - cureaua 79.3.
-, a - un resort 148.9.
Intins, ciocan de 161.2.
Intinzător de curea 80.8.
Introduce, a - nitul 30.7.
Inţepeneşte, presgarnitura se 134.5.
Invârti, a - manivela 142.9.
-, a se - pe un fus 39.8.
Invelitoarea cilindrului 131.2.
- ţevei 98.4.
Iuţeală vezi viteză 235.3.
- finală 235.9.
- iniţială 235.8.
- mijlocie 235.10.
Joagăr 188.5.
Joantă 98.5.
- cu manşon 101.2.
-, a plumbui o 101.8.
Joanta cercului de garnitură 139.2.
- segmentului de piston 139.2.
Joc inutil 109.
-ul pistonului 136.4.
-ul supapei 115.4.
-ul ventilului 115.4.

L

Labirint, piston cu garnitură în 139.8.
Lăcătuş, ciocan de 160.9.
Ladă de scule 256.3.
Lagăr 40.1.
-ul se angrenează 48.5.
-ul arborelui de manivelă 141.5.
- de bază 40.8.
-ul butonului de manivelă 141.7.
-, centrul în zid pentru 47.3.
- cu consolă pentru coloane 47.4.
- - longitudinală 47.5.
- cu cuţit 46.1.
-, cuţit de 46.2.
-ului, diametrul interior al 40,3.
- exterior 48.1.
- pentru fus sferic 45.6.
-, încălzirea unui 48.3.
- interior 47.8.
-ul se gripează 48.5.
-ului, lungimea 40.2.
-ului, lungimea de construcţie a-, 40.4.
-ul unei maşini se încălzeşte 48.2.
-ul osiei 33.4.
- de părete 46.4.
- de pivot 40.8.
- - inelar 41.1.
Lagăr, presiunea pe 40.6.
-ului, presiunea specifică a 40.6.
- principal 47.7.
- - 141.5.
- cu rulouri 45.8.
-, scaun de 47.2.
- de suspensiune 46.6.
- - deschis 46.9.
- - - cu traversă de închidere 47.1.
- - închis 46.8.
-ul, a unge - 48.7.
Lamă de ferăstrău 185.5.
- tăetoare a foarfecelui 156.10.
Lame, resort cu 157.4.
-, - - suprapuse 147.6.
Lamba 25.4.
-, şanţ şi 25.3.
Lămbuitor 193.4.
Laminat, aparat de-tuburi (ţevi) 103.2.
Laminată, ţeavă 103.1.
Laminor de tuburi (ţevi) 103.3.
Lampă de lipit 202.1.
- de sudat 202.1.
Langhetă 25.4
- şi renură 25.3.
Lanţ 88.6.
- de ancoră 91.9.
-, arbore pentru 91.5.
- articulat 90.9.
- -, bulon de 91.2.
- calibrat 90.3.
-, căluş de 90.2.
- cu căluşe 90.1.
- cu cârlige 90.4.
-, cârlig pentru 92.8.
- continu 91.11.
-, cursă de 91.10.
-, eclisă de 90.10.
- englezesc 89.8.
- fără fine 91.11.
-uri, frecare de 89.3.
- Gall 91.3.
-, ghid de 90.7.
- de greutăţi 91.7.
-uri, încuietoare de 89.4.
-, inel de 88.9. 89.2.
- din inele 88.8.
-uri, legătură de 89.4.
- de macara 91.8.
- motric 91.6.
-, muflu cu 94.7.
- nemţesc 89.9.
- obicinuit 88.8.
-, ochetă de 92.10.
-, ochiu de 92.10.
-, palanc cu 94.7.
-, pinion de 90.5.
-, placă de 90.10.
-, pulie pentru 90.8.
-, roată de 88.7. 90.6.
-, roată dinţată de 91.4.
-, roată de transmisie cu 90.8.
-, rotiţă de 90.5.
- sudat 89.5.
Lanţ, tambur pentru 95.8.
-, transmisiune cu 88.5.
- de transmisiune 91.6.
-, verigă de 88.9.
- cu verigi scurte 89.8.
- cu verigi înfundate 90.1.
- cu verigi lungi 89.9.
- din verigi 88.8.
-, zăbală de 90.10.
Lărgimea dintelui 64.8.
- filetului 8.2.
- ghiventului 8.2.
- interioară a verigei 89.1.
- penei 22.9.
Lăsa, a - uleiul să se scurgă 55.6.
Latura colţarului, distanţa nitului de 30.4.
Lăţimea curelei 76.8.
- penei 22.9.
- roţei 81.10.
Legătura arcului 147.7.
- resortului 147.7.
Legatura de cabluri 86.1.
- de curea 80.7.
- de lanţuri 89.4.
- cu pană 22.5.
Legături provizorii, nit pentru 27.3.
Lemn, angrenaj de - pe fer 72.5.
-e, burghiu de 180.8.
-, ciocan de 163.6.
-, dinte de 72.3.
- cu emeri 198.1.
-, ferăstrău pentru 187.10.
-, menghină de 155.2.
-, a monta dinţii de - la o roată 72.7.
-, pană de 22.2.
-, roată cu dinţi de 72.1.
-, roată cu transmisie de 83.1.
-, şurub pentru 16.4.
Lemnar, daltă de 194.4.
Lemnuş 189.8.
Limbă de ferăstrău 189.8.
Limită, calibru 206.4.
- de elasticitate 249.7.
- de proporţionalitate 249.8.
Limita cursei ventilului 114.2.
- deformaţiilor mari 250.1.
Lineal 219.9.
-, compas cu 228.6.
Lingură, burghiu 181.3.
- de găurit 181.3.
- de turnat 203.4.
Linia dinţilor 186.2.
- niturilor 27.5.
- de nivel a apei 116.6.
- superioară a dinţilor 186.3.
Linie 219.9.
- de angrenare 64.1.
- de contact 64.1.
- de cotă 225.4.
- de închidere 242.7.
Linii, a face - şi puncte 226.4.
- punctate, a trage 226.2.
- -, trăgător de 220.9.

Lipi, a 200.6.
-, a - împreună 200.7.
Lipit, ciocan de 200.7.
-, cleşte de 156.6.
-, - 203.2.
-, fer de 200.6.
-, fer de - ascuţit 200.8.
-, fer de - cu gaz 200.9.
-, furnal de 202.3.
-, lampă de 202.1.
-, materie de 202.4.
-, materie de - moale 202.5.
-, materie de - rapidă 202.6.
Lipit, materie de-tare 202.7.
-, plumb de 202.4.
-, sobă de 202.3.
Lista pieselor 223.7.
Loc de împreunare 85.10.
- de matiseală 85.10.
- de sudură 201.5.
Locaşul, fus adaptat în - său 38.3.
- garniturei 133.1.
- vanei 125.6.
Lopăţică 166.9.
Lovitură de berbec 110.3.
Lucru, masă de 256.2.
Lucru, maşina de 256.6.
- mecanic vezi travaliu 245.1.
Lunecare, coeficient de 253.1.
Lungime totală 113.9.
-a de construcţie a lagărului sau suportului 40.4.
- anterioară a verigei 88.10.
Lungimea lagărului 40.2.
- penei 22.10.
- suportului 40.2.
- utilă 98.2.
Lup, dinte de 186.5.

M

Macara, cablu de 87.9.
-, lanţ de 91.8.
Maestru 254.5.
Maiu 163.6.
Mâna, aparat de ungere cu 49.5.
-, ungere cu- 49.4.
-, nituire cu- 31.5.
-, desen cu - liberă 222.10.
-, a fileta cu 19.10.
-, a tăia ghivent cu 19.10.
Mână, ciocan de 161.4.
-, daltă de 167.9.
-, ferăstrău de 188.1.
-, foarfece de 157.7.
-, găuritoare de 179.6.
-, manivelă de 142.3.
-, maşină de găurit de 179.6.
-, menghină de 154.6.
-, menghină de - cu fălcele înguste 154.8.
-, pilă de 172.2.
-, poanson de 169.2.
-, rindea de 193.3.
Mâner de ferăstrău 185.6.
-, ferăstrău cu 188.7.
- de pilă 169.8.
Manetă de manivelă 142.4.
Manivelă 141.2.
-, arbore de 141.4.
Manivelă, bătae de 142.8.
-, braţ de 141.3.
- pentru braţ 142.3.
-, buton de 141.6.
-, contra 142.1.
-, corp de 141.3.
-, culisă 143.1.
-, disc 142.2.
Manivelă frontală 141.8.
-, fus de 141.6.
- pentru găurit 182.8.
-, lagărul arborelui 141.5.
- de mână 142.3.
-, manetă de 142.4.
- pentru un om 142.5.
- pentru doi oameni 142.6.
-, port burghiu cu 182.7.
-, roată 113.8.
- de siguranţă 142.7.
-, suportul arborelui de 141.5.
-, transmisiune prin 140.8.
Manivela, a învârti 142.9.
Manşon, acuplaj cu 56.4.
-, acuplaj cu 56.8.
- de acuplare 56.5.
- de burghiu 178.5
- de decuplare 59.1.
Manşon
-ului, adâncimea 101.6.
-ului, cursa - de regulator 151.2.
- dublu 105.5.
- de fund 133.4.
- cu ghivent 56.7.
- - 106.9.
- de împreunare 56.5.
-, împreunare cu 101.2.
-, joantă cu 101.2.
- mobil 59.1.
- de reducere 107.1.
- de regulator 151.1.
-ul roţei nebune 83.9.
- de ţeavă 101.4.
-, ţeavă cu 101.3.
Mapă pentru desene 219.2.
Margine, distanţa până la 27.7.
Mărime, a desena în - naturală 218.2.
Marmoră de îndreptat 208.7.
Martin, fer 213.4.
-, oţel 214.1.
Masă, cutie de 218.8.
- de desenat 218.7.
- - regulabilă 219.1.
- de dulgher 193.9.
-, foarfece de 157.4.
- de lucru 256.2.
Măsea 60.3.
Măsele, acuplaj cu 60.2.
Massă 244.5.
- centrifugală 150.9.
Massa supapei 114.5.
- ventilului 114.5.
Măsura, a 220.7.
Măsură 220.8.
- 225.6.
- de contracţiune 221.9.
- -, riglă cu 221.9.
- metrică 220.9.
- normală 220.11.
- de scădere 221.9.
- în ţoli 220.10.
Măsurătoare de precizie 204.2.
Măsurător 228.2.
Măsuri principale 225.8.
-le, a pune 225.9.
Maşină 253.6.
- de alezat cilindrele 131.6.
- de ascuţit 197.6.
- - creioane 230.4.
-, a construi o 253.8.
-, a demonta o 255.4.
- de făcut şanţuri 23.6.
- de filetat 21.5.
- de forfecat 157.8.

Maşină de frezat 185.2.
- - angrenaje (roţi dinţate) 73.2.
- de găurit 183.1.
- - de mână 179.6.
- de geluit 194.3.
- de lucru 256.6.
- de modelat angrenaje (roţi dinţate 73.1.
- motrică 256.7.
- de nituit 31.7.
- operatoare 256.6.
-, a opri o 255.8.
-, organe de 253.7.
-, părţi de 253.7.
-, a pune o - în funcţiune 255.6.
- de rabotat 194.3.
- de şlefuit 197.6.
- - cu emeri 198.7.
- de tăiat ghivent 21.5.
- de tăiat angrenaje 73.2.
- - roţi dinţate 73.2.
-, ulei de 51.5.
- unealtă 256.8.
Maşini, alezor de 178.2.
-, demontarea unei 255.5.
-, desen de 222.7.
-, desenare de 222.6.
-, lagărul sau suportul unei - se încălzeşte 48.2.
Mata, a 164.8.
Materialelor, rezistenţa 247.2.
-, ştiinţa despre rezistenţa 247.2.
Materie de lipit 202.4.
- -moale 202.5.
- de lipit rapidă 202.6.
- - tare 202.7.
- sudantă 202.4.
- de uns 50.4.
Matiseală 85.8.
-, loc de 85.10.
Matisi, a - cablul 85.9.
Matriţă 164.4.
- 169.1.
- inferioară 164.5.
- superioară 164.6.
Mecanic 254.6.
Mecanică, nituire 31.6.
Mecanism de oprire 95.4.
- - cu fricţiune 95.8.
Melc 71.7.
-, angrenaj cu 71,5.
Menghină 153.1.
-, adaos de 154.1.
- de banc 153.2.
-, fălcele de 153.5.
-, a fixa o piesă în 153.3.
- de lemn 155.2.
- de mână 154.6.
- - cu fălcele înguste 154.8.
- paralelă 154.2.
-, placă de 154.1.
-, a strânge o piesă în 153.3.
- cu ştift 155.1.
-, şurub de 153.4.
- pentru ţevi 154.3.
Mers, arbore p. schimbare de 37.5.
Metal alb 217.10.
- -, a garnisi un cusinet cu 43.2.
- delta 217.11.
-e, ferăstrău pentru 187.9.
-e, ferăstrău cu spate p. 189.1
-, garnitură de 135.8.
Metru 221.3.
- 221.7.
- articulat 221.3.
- panglică 221.4.
Micrometric, şurub 15.5.
Micrometru 204.5.
Minereu de fer 210.2.
Mişca, a - un arbore prin curea 76.4.
Mişcare 234.7.
-, acuplaj cu - longitudinală 58.4.
- curbilinie 236.7.
-, frecare de 246.3.
- neliberă 238.8.
- rectilinie 234.9.
- de rotaţie 240.6.
-, şurub de 13.6.
- de translaţie 240.5.
- uniformă 235.1.
- uniform accelerată 235.11.
- uniform întârziată 236.1.
- variată 235.5.
Modelat, maşină de - angrenaje (roţi dinţate) 73.1.
Modul de elasticitate 249.2.
Moment de inerţie polar 244.1.
- - în raport cu un punct 244.1.
- de rezistenţă 251.8.
- de torsiune 253.4.
Monta, a - dinţii de lemn la o roată 72.7.
- o maşină 254.7.
Montaj, atelier de 255.3.
-, nit de 271.3.
Montarea unei maşini 255.1.
Monteur 255.2.
Motor, arbore 36.4.
Muche (de topor) 191.1.
Muflu 93.9.
- 93.8.
- fix 93.7.
- inferior 94.3.
- mobil 94.1.
- superior 94.2.
Multiplă (nituire) 29.7.
Mutelcă vezi Piuliţă 11.5.

N

Nas de lagăr 44.1.
- de pană 23.9
-, pană cu 23.8.
Neregularitate, grad de 149.8.
Nervuri, ţeavă cu 104.5.
Netezi, a - cu pila 172.8.
Nichel 216.11.
-, oţel 214.5.
Nicovală 158.3.
- de banc 158.8.
- de căldărar 159.9.
Nicovală cu coadă 159.5.
- cu corn 158.9.
- de fierar 158.6.
- pentru funduri 159.9.
- mică 158.7.
- de pile 171.1.
Nicovelei, conul sau cornul 159.1.
-, faţa 158.4,
Niplu 17.2.
- dublu 107.3.
Nisip, turnătură în 211.6.
- uscat, turnătură în 211.7.
- verde, turnătură în 211.8.
Nit 26.1.
-, cap de 26.3.
- cu cap bombat 27.1.
- cu cap ciocănit 27.2.
- cu cap înecat 26.8.
- cu cap jumătate înecat 26.9.

Nituri, cleşte cu dinţi pentru 32.8.
-uri, clupă pentru 32.8.
-uri, cleşte pentru 32.7.
-, corp de 26.2.
-uri, cuptor pentru 32.9.
-urilor, cusătura 27.5.
-urile, a desface 31.3.
-urilor, distanţa 27.6.
-ului, distanţa-de latura colţarului 30.4.
-uri, foc pentru 33.1.
-ul, a freza 30.6.
-, gaură de 26.7.
-ul, a introduce 30.7.
- p. legături provizorii 27.3
-urilor, linia 27.5.
- de montaj 27.3
-uri, nituire cu un rând de 29.5.
-uri, nituire cu 2 rânduri de 29.6.
-uri, nituire cu mai multe 29.7.
-ul, a pune 30.7.
-urile, a ştemui 31.1.
-ului, a tăia capul 31.4.
Nit, tijă de 26.2.
-, unghi de fresaj al unui 26.6.
Nitui, a 30.5.
Nituit, ciocan de 30.8.
-, cric pentru 32.4.
-, dorn, de 31.8.
-, maşină de 31.7.
-, ţeavă de 102.3.
Nituitoare 31.7
Nituire 27.4.
- la cald 27.8.
- convergentă 30.3.
- dublă 29.6
- cu eclisă 29.1.
- cu eclise duble 29.2.
- ermetică 28.2.
- etanşă 28.2.
- cu mâna 31.5.
- mecanică 31.6.
- multiplă 29.7.
- paralelă 30.2.
- cu placă de acoperire 29.1.
- cu dublă placă de acoperire 29.2.
- cu un rând de nituri 29.5.
- cu două rânduri de nituri 29.6.
- cu mai multe rânduri de nit. 29.7.
Nituire la rece 27.9.
- de rezistenţă 28.1.
- cu o secţiune de forfec. (tăere) 28.3.
- cu două secţiuni de forfec. (tăere) 28,5.
- cu mai multe secţiuni de forf. (tăere) 28.6.
- simplă 29.5.
- prin suprapunere 28.7.
- de tablă îndoită (ambutisată) 29.4.
- în zig-zag 30.1.
Nivel cu bulă de aer 208.8.
-, cutia indicatorului de 111.3.
-, indicator de-de apă 111.2.
-, linia de - a apei 111.6.
-, robinetul indicatorului de 111.5.
-, tubul de sticlă al indicatorului de 111.4.
- sferic 209.1.
Numărător de curse 209.3.

O

Oală, oţel de 214.4.
Oameni, manivelă p. 2 142.6.
Obada roţei 8.8.
Obadă de volant 149.2.
Obezei, bulonul 150.5.
-, grosimea 81.9.
-, împreunarea 150.1.
-, ruptura 150.5.
Obturator extern cu şurub 105.2.
- de ţeavă 104.9.
Obturaţie, flanşă de 105.3.
-, inel de 125.7.
-, suprafaţă de 113.5.
Ochetă de lanţ 92.10.
Ochi de arc 147.8.
- de lanţ 92.10.
- de resort 147.8.
- (de topor) 191.1.
-, şurub cu 14.2.
Om, manivelă p. un 142.5.
Opri, a - o maşină 255.8.
Oprire automatică 10.10.
Oprire, cârlig de 95.7.
-, cheie pentru şuruburi de 17.3.
-, clapet de 124.1.
-, inel de 36.8.
-, mecanism de 95.4.
-, mecanism de - cu fricţiune 95.8.
-, pană de 16.1.
-, registru de 126.3.
-, roată de 95.6.
-, robinet de 129.4.
-, supapă de 121.1.
-, supapă de - p. abur 121.2.
-, şurub de 15.1.
-, vană de 126.3.
-, ventil de 121.1.
-, ventil de - pentru aburi 121.2.
Opritoare 95.4.
- cu dinţi 95.5.
- cu fricţiune 95.8.
- de clapet 123.5.
- de siguranţă p. pană 25.5.
- - a şurubului 13.3.
Organe de maşină 253.7.
Orificiu de scurgere al uleiului 55.5.
Oscilaţia pendulului 239.2.
Oscilaţie, durată de 239.3.
Osie 33.2.
- acuplată 34.1.
-i, capul 33.5.
- conducătoare 34.4.
-i, corpul 33.6.
- fixă 33.10.
-, frecare de 33.8.
-, frecare de fus de 33.9.
-i, fusul 33.3.
-i, încărcătura 33.7.
-, a înlocui o 34.10.
-i, lagărul 33.4.
- liberă 34.2.
-i, ruptura 34.9.
-i, sarcina 33.7.
-i, suportul 33.4.
- mobilă 33.11.
- - 34.3.
- necuplată 34,2.
- roată 34.6.
-, a schimba o 34.10.

Osie, a tăia o 37.3.
Osii, înlocuirea unei 34.11.
-, schimbarea unei 34.11.
-, strung pentru 35.1.
-, strungărie de 35.2.
-, a strungi 35.3.
Otgon, roată pentru 87,4.

Oţel 213.5.
- Bessemer 213.9.
-, cablu de 86.8.
- cimentat 214.2.
- de creuzet 214.4.
-, fontă de 212.3.
- de fusiune 213.8.
- Martin 214.1.
- nichel 214.5.
- de oală 214.4.

Oţel, pană de 22.4.
- pudlat 213.7.
- rafinat 214.3.
- de scule 214.7.
- Siemens-Martin 214.1.
- sudat 213.6.
- Thomas 213.10.
- Wolfram 214.6.

P

Pachet, pilă de 173.2.
Palanc 93.7.
- cu cablu 94.6.
- diferenţial 94.4.
- cu frânghie 94.6.
- cu lanţ 94.7.
Palier, vezi Lagăr, suport 40.1.
Pământ, burghiu de 181.6.
-, sfredel de 181.6.
-, turnătură în 212.1.
Pămătuf 166.8.
Pană 24.9.
- 21.6.
-, adaos de 24.8.
- de ajustare 44.2.
-, bulon cu 14.8.
- cu călcâi 23.8.
-, călcâi de 23.9.
-, ciocan cu vârful în 162.2.
- concavă 24.4.
-, contra 24.7.
-, a desface o 25.7.
Pană, dos de 21.8.
- dublă 24.6.
-, faţă de 21.7.
- de fer 22.3.
-, gaură de 23.1.
- inelară 25.2.
- încastrată 23.10.
-, a întări o 25.9.
-, legătură cu 22.5.
- de lemn 22.2.
- longitudinală 22.7.
- cu nas 23.8.
-, nas de 23.9.
- de oprire 16.1.
-, opritor de siguranţă p. 25.5.
- de oţel 22.4.
- patrată 24.1.
- plată 24.3.
- de regulare 25.1.
- rotundă 24.2.
-, a scoate o 25.7.
- scobită 24.4.
-, a strânge o 25.8.
-, suprafaţă de 21.7.
-, şanţ de 23.3.

Pană tangenţială 24.5.
- transversală 22.6.
Pana capului de cruce 147.1.
- ciocanului 160.5.
- teşghelei 194.2.
Panglică, ferăstrău 190.3.
-, frână cu 196.9.
Panglică de frână 97.1.
-, metru 221.4.
Pântece, ferăstrău cu 188.6.
Pantometru 208.5.
Pânză de calc 233.10.
- cu emeri 197.10.
- de ferăstrău 185.5.
Papuc de frână 96.4.
-, frână cu 96.2.
Păr, faţa din spre - a curelei 77.2.
Paralelogramul acceleraţiilor 279.8.
- forţelor 241.8.
- vitezelor 239.8.
Părete şi lagăr de 46.4.
-, suport de 46.4.
Pârghie, braţul de - în raport cu centrul de rotaţie 0 243.2.
- de decuplare 59.2.
-, foarfece cu 157.2.
- de frână 96.5.
- de regulator 151.3.
- de supapă 119.-
-, suport cu - şi contrabuterolă.
- de ventil 119.9.
Partea conducătoare a curelei 75.10.
- condusă a curelei 76.1.
Părţi de maşină.
Pas 7.3.
-, cu - la dreapta 8.7.
- de lanţ 88.10.
-, cu - la stânga 8.9.
-ul angrenajului 63.4.
- dinţilor 63.4.
- unui şurub 7.8.

Pastel 233.4.
Paşi, şurubul are x - pe ţol 7.6.
Platină 145.6.
- 146.6.
Patina culisei 142.6.
Pendul 238.7.
- centrifugal 239.4.
- cicloidal 239.5.
- circular 238.8.
- conic 239.4.
-, regulator cu 151.6.
-ului, amplitudinea 238.9.
-ului, oscilaţia 239.2.
Pene, baza unei 23.2.
-, suprafaţa de sprijin a unei 23.2.
-i, cui de fixare a 24.1.
-i, înălţimea 22.8.
-i, înclinaţia 22.1.
-i, lărgimea 22.9.
-i, lăţimea 22.9.
-i, lungimea 22.10.
-i, unghiul 21.9.
Penel 232.5.
Peniţă, aparătoare de 231.9.
- de desen 231.4.
- rondă 231.8.
Pensetă 156.8.
Pensulă 232.5.
Perete
-le cilindrului 131.4.
- lui, grosimea 98.1.
Perete, lagăr de 46.4.
-, suport de 46.4.
-le tubului (ţevei) 97.8.
Perfora, a 169.6.
-, a 179.2.
Perforat, foarfece p. 158.1.
Pericicloidă 67.1
Perie de ţevi 110.9.
Perii, acuplaj cu 61.3.
Perniţă, vezi Cusinet 42.4.
- sferică, 45.7.
Piatră de ascuţit 196.10.
- - 197.3.
- - 197.7.

Piatră, bulon de fixare în 15.6.
-, burghiu de 181.7.
- de emeri 198.2.
- - 198.5.
-, sfredel de 181.7.
- de tocilă 196.10.
- de tras 197.3.
- de ulei 197.4.
Picior, bulon de - al lagărului 43.8.
- de compas 226.10.
-ul dintelui 65.3.
-ului, înălţimea 65.4.
-ul lagărului 43.7.
-ul suportului 43.7.
Picurare, inel de 52.7.
-, tub capilar de 54.7.
Picurici 54.7.
-, ungător cu 54.6.
Piele, acuplaj cu 61.4.
-, clapet de 123.2.
-, clei de 80.11.
- de curea 80.4.
-, a garnisi un piston cu 138.6.
-, garnitură de 134.1,
-, piston cu garnitura de 138.5.
-, presgarnitură cu 133.8.
-, supapă cu clapet de 123.3.
-, ventil cu clapet de 123.3.
Piept, portburghiu de 182.5.
Piepten 20.6.
Pierde, presgarnitura 134.6.
Piesă, a fixa o-în menghină 153.3.
- de maşină în secţiune 224.8.
-, a reprezenta o - de maşină în vederea exterioară 224.1.
-, a strânge o-în menghină 153.3.
Pieselor, lista 223.7.
Pietre, daltă p. 167.8.
-i, bobul-de ascuţit 197.2.
-i, granulaţia 197.2.
Pilă 169.7.
- în formă de ac 175.5.
- ascuţită 173.6.
- bastardă 172.4.
- de braţ 172.3.
- buntă 173.5.
- cu colţuri 174.6.
- de creioane 230.6.
- cuţit 175.1.
- dreptunghiulară 174.1.
Pilă dulce 172.5.
- de ferăstrău 175.7.
- fină 172.5.
- de găuri 176.1.
- de găurit 175.6.
- de mână 172.2.
-, mâner de 169.8.
- cu muchile rotunde 175.3.
- obtuză 173.5.
- ovală 174.8.
- de pachet 173.2.
- patrată 174.3.
- plată 173.4.
- de polisat 173.1.
- retăiată 171.3.
- rombică 175.2.
- rotundă 174.4.
- de rotunzit 174.7.
- semibastardă 172.6.
- semifină 172.6.
- semirotundă 174.5.
- de spintecat 175.4.
- suprafină 172.7.
-, tăetură de 170.1.
- cu tăetura mare 173.3.
- cu tăiş 175.1.
- triunghiulară 174.2.
- - turtită 174.6.
- cu vârful plat 173.7.
Pila, a finisa cu 172.8.
-, a netezi cu 172.8.
-, a plana cu 172.8.
-, trăsătură cu 171.7.
Pile, a căli 171.4.
-, călire de 171.5.
-, ciocan de 170.11.
-, daltă p. tăiat 170.10.
-, nicovală de 171.1.
- le, a retăia 171.2.
-, tăetor de 170.9.
-, a tăia 170.8.
Pili, a 171.6.
Pilit, banc de 172.1.
Pilitură 171.8.
-, praf de 171.9.
Pinion 68.7.
- de lanţ 90.5.
Piron, vezi Cui 195.6.
Pistolet 219.10.
Piston 136.1.
- de aburi 140.5.
-ului, acceleraţia 137.5.
-ului, capac al 139.5.
-ului, cheia 137.1.
-ului, coada tijei 136.7.
-, corp de 139.4.
-ului, cursa 137.7.
-ului, cursa complectă (dublă) a 137.8.
-ului, cursa înainte a 137.9.
-ului, cursa înapoi a 137.10.
Pistonului, diametrul 136.2.
Piston cu disc 130.3.
- de distribuţie 127.4.
-ului, forţa 136.5.
-ului, frecarea 137.6.
-, a garnisi un - cu piele 138.6.
-ului, garnitura 138.3.
- cu garnitura în caneluri 139.8.
- - de cânepă 138.4.
- - în labirint 139.8.
- - metalică 138.9.
- - de piele 138.5.
- fără garnitură 140.1.
-ului, ghidajul tijei 136.8.
- ului, grosimea 136.3.
-, joanta segmentului de 139.2.
-ului, jocul 136.4.
-, platou de 139.5.
- plin 140.3.
- de pompă 140.6.
-ului, presgarnitura 137.2.
- de rezervă 140.7.
-ului, ridicarea în sus a 138.2.
-, saltar 127.4.
- de schimb 140.7.
-ului, scoborârea 138.3.
- scufundător 140.4.
-, segment de 139.1.
-, segment elastic de 139.3.
-, a şlefui un 140.2.
- şlefuit 140.1.
-ului, surubul 136.9.
-ului, şurub dela capul 139.6.
-ului, tija 136.6.
-ului, ungerea 137.3.
-ului, viteza 137.4.
Piuliţă 11.5.
- acoperită 13.1.
- cu ambază 12.8.
- cu aripi 12.7.
-, bulon cu - şi capul scufundat 14.4.
-, bulon cu cap şi - 11.9.
-, contra 13.2.
- cu crestături 12.6.
-, cuţit p. ghivent de 20.6.
- exagonală 12.5.
-, filet de 10.5.
- cu găuri de fixare 12.9.
- de ghidaj 126.2.
-, ghivent de 10.5.
- cu guler 12.8.
- înfundată 13.1.
- moletată 12.10.

Piuliță, șurub cu 11.5.
-, șurub fără cap și 15.2.
- zimțuită 12.10.
Pivot 38.7.
- inelar 38.8.
- -, lagăr de 41.1.
- -, suport de 41.1.
-, lagăr de 40.8.
-, lagăr de - inelar 41.1.
-, suport de 40.8.
-, suport de - inelar 41.1.
Placă de acoperire 29.3.
- -, nituri cu 29.1.
- -, nituri cu dublă 29.2.
- de ancorare 15.8.
- de ascuțit cureaua 230.5.
- de bază 40.9.
Placă de bază a lagărului 43.9.
- - a suportului 43.9.
-, contra 15.8.
- de fundație 16.2.
- de îndreptat 208.7.
- de lanț 90.10.
- de menghină 154.1.
-, nituire cu - de acoperire 29.1.
-, nituire cu dublă - de acoperire 29.2.
- de polisat 160.1.
- cu tipare de forjat 160.2.
Placaje, ferăstrău de 189.6
Plăcei, capul 91.1.
Plan 224.6.
- de ansamblu 223.4.
- înclinat 239.6.
- de instalație a țevilor 109.5.
Plana, a (cu pila) 172.8.
Planșetă 219.4.
-, cui de 220.6.
Platină 217.4.
Platou de excentric 143.6.
- de piston 139.5.
- de ventil 116.4.
-, ventil cu 116.3.
Plumb 217.1.
-, fir cu 209.2.
-, a garnisi o țeavă cu 101.8.
- de lipit 202.4.
Plumbui, a - o joantă 101.8.
Plunger 140.4.
Poanson 168.7.
- de banc 169.3.
Poanson de găurit 169.4.
- de mână 169.2.
Poansona, a 169.6.
Poansonat, cleşte de 169.5.
Poanton 168.4.
Pol 242.4.
Poligon de forțe 242.3.
- funicular 242.6.
- închis 242.8.
Polisat, pilă de 173.1.
-, placă de 159.4.
Polisor 198.1.
Poloboc 202.8.
Pompă, cilindru de 132.3.
-, piston de 140.6.
- de ulei 55.7.
Pornire, frecare la 246.2.
Port-burghiu, arbore 178.6.
- cu manivelă 182.7.
- de piept 182.5.
- cu șurub 182.2.
Port-creion de compas 227.4.
Postament de nicovală 158.5.
Poziția moartă 141.1.
- la punctul mort 140.9.
Praf de călit 199.10.
- de emeri 198.8.
- de pilitură 171.9.
Precisie, a măsura cu 204.1.
-, măsurătoare de 204.2.
Prelungitor de compas 227.8.
Prepara, a - o culoare 232.7.
Prepara, a - tuș 232.7.
Presă de mână p. încleiat 196.8.
- de strâns cu șurub 154.4.
- de strâns cu șurub de lemn 154.5.
Presestupă vezi presgarnitură 132.5.
-, robinet cu 128.6.
-, țeavă cu 104.5.
Presestupa cilindrului 131.1.
Presgarnitură 132.5.
- pentru aburi 133.7.
-, bulon de 133.3.
-, cilindrul este făcut etanș printr'o. 135.1.
-, frecare de 134.3.
- metalică 134.2.
- cu piele 133.8.
Presgarnitura cilindrului 131.1.
- este etanșă 134.7.
- nu este etanșă 134.6.
- închide ermetic 134.7.
- se înțepenește 134.5.
- pierde 134.6.
- pistonului 137.2.
-, a strânge 134.4.
Presiune, cilindru de 132.4.
-, clapet de 124.3.
-, con de 58.2.
-, conductă de 108.9.
- pe dinte 66.3.
- de excentric 144.3.
- de fricțiune 73.5.
- pe fus 37.9.
Presiune pe glisieră 145.9.
- pe lagăr 40.6.
- specifică pe dinte 66.4.
- producătoare de fricțiune 73.5.
- specifică pe lagăr 40.7.
-a - pe suport 40.7.
-, supapă de 121.7.
-a pe suport 40.6.
-, șurub de 13.7.
-, țeavă de 108.8.
- unitară pe dinte 66.4
-a pe unitatea de suprafață 40.7.
-, ventil de 121.7.
Principiul conservărei energ. 245.5.
Prizon 13.8.
Prizonier 13.8.
Probă, robinet de 129.10.
- de sudură 203.3.
Probare, supapă de 122.8.
-, ventil de 122.8.
Proect 223.2.
-, crochiu de 223.3.
-, schiță de 223.3.
Proecta, a 223.1.
Proecție orizontală 224.6.
Profil al dintelui 64.9.
-, freză cu - invariabil 183.5.
Profile, rindea p. 193.8.
Proporționalitate, limita de 249.8.
Pulie vezi Roată de transmisie 81.7.
- 93.2.
-i, axa 93.6.

Pulie conică 83.4.
- diferențială 94.5.
- fixă 93.3.
- de ghidare 77.9.
- pentru lanț 90.8.
- mobilă 93.—
- multiplă 83.5.
-i, suportul 93.5.
- de tensiune 78.2.
Punct, angrenaj cu dublu 67.5.
-ul de aplicație al forței 241.7.
-, dantură cu dublu 67.5.
Punct făcut cu însemnătorul 168.5.
-, moment de inerție în raport cu un 244.1.
- mort 141.1.
-ul mort, poziția la 140.8.
Puncta, a 226.3.
Puncte, a face linii și 226.4.
Pune, a- buceaua unui lagăr sau suport 42.2.
- o curea pe roată 79.7.
Pune dinții de lemn la o roată 72.7.
- garnitura 135.2.
- o mașină în funcțiune 255.6.
-, a-nitul 30.7.
- și scoate cureaua 84.2.
- șplintul la un bulon 14.9.
Punerea cotelor 225.10.
Pus, aparat de- cureaua 79.6.
Putere, cal 245.3.
-, regulator de 152.5.
- mecanică 245.2.

R

Rabota, a 192.2.
-, a 192.3.
-, a 192.4.
Rabotaj 192.5.
Rabotat, mașină de 194.3.
Răcire, serpentine de 104.7.
Racord courbat 105.7.
- dublu cu ghivent 107.3.
- cu ghivent 107.2.
- de țevi 105.4.
- în U 105.8.
Rade, a 230.7.
Raibăr 177.4.
Ramă, ferăstrău cu 190.6.
- de ferăstrău 190.5.
- de gater 190.5.
Ramificație, țeavă de 106.4.
- de țevi 106.1.
- în unghi ascuțit 106.3.
- în unghi drept 106.2.
Randament, 246.8.
-, coeficient de 246.8.
Rând, nituire cu un- de nituri 29.5.
-uri, nituire cu două - de nituri 29.6.
-uri, nituire cu mai multe - de nituri 29.7.
Raport de transmisiune 68.8.
Raportor 229.4.
- cu echer 229.5.
Rașchet 176.3.
-ă, 111.1.
Rașchetat, ciocan de 163.4.
Rașpilă 176.2.
Răsuci, a - cablul 85.4.
-, a - frânghia 85.4.
Răsucire vezi Torsiune 253.2.
Răsucire solicitare la 253.3.
Răzător 231.1.
Răzui, a 177.1.
Răzuind, a aleza 177.2.
-, a finisa 177.3.
Răzuitor 176.3.
- canelat 176.5.
- în formă de inimă 176.7.
- plat 176.4.
- triunghiular 176.6.
Reacțiune elastică 249.6.
Reazămul cuțitului 46.3.
Rebord 103.9.
- de etanșitate 99.5.
-uri, fer pentru făcut 159.8.
-, țeavă cu - și flanșă mobilă 103.8.
-ul cusinetului 43.3.
-, a face o țeavă la 103.10.
Rece, nituire la 27.9.
Recoace, a 199.2.
Recoacere 199.3.
Rectifica, a - o gaură 179.3.
Reduce, a - secțiunea de trecere 124.7.
Reducere, cot de 107.6.
-, manșon de 107.1.
-, riglă cu scară de 221.5.
-, scară de 221.5.
-, supapă de 121.5.
-, tub de 105.9.
-a trecerei 124.8.
- țeavă de 105.9.
-, ventil de 121.5.
Refrigerent, serpentin 104.7.
Refula, a 164.7.
Refulare, clapet de 124.3.
Refulare, supapă de 121.7.
-, țeavă de 108.8.
-, ventil de 121.7.
Registru, vezi vană 125.1.
-lui, ghidajul 125.8.
- de oprire 126.3.
Regula, a 152.6.
-, a - cusineții 48.6.
-, a - lagărul 48.6.
-, a-sarcina ventilului 120.4..
-, a - suportul 48.6.
Regulare, pană de 25.1.
Regulator 150.7.
-ului, aparat de regulare al 151.4.
-, arbore de 150.8.
- axial 151.8.
- centrifugal 151.5.
- cu con 151.7.
- cu contragreutate 151.9.
-, contragreutate de 152.1.
-, cursa manșonului de 151.2.
-, ghiulea de 150.9.
-, greutate de 150.9.
-, manșon de 151.1.
-, pârghie de 151.3.
- cu pendul 151.6.
- de putere 152.5.
- cu resort 152.2.
-, resort de 152.3.
- de viteză 152.4.
Renură și langhetă de 25.3.
- de pană 23.3.
Renuri, freză pentru 183.7.
Repaos, echilibrul unui corp în 244.7.
Reprezenta, a - o piesă de mașină în secțiune 224.8.

Reprezenta, a - o piesă de maşină în vedere exterioară 224.1.
Resinifică, uleiul se 50.10.
Resinificarea uleiului 51.1.
Resort 147.2.
-, compas cu 207.1.
-, a comprima un 148.8.
- conic 148.4.
- elicoidal 148.3.
- de flexiune 147.3.
-, a întinde un 148.9.
- cu lame 147.4.
- - suprapuse 147.6.
-, ochi de 147.8.
- de regulator 152.3.
- de regulator cu 152.2.
- din sârmă rotundă 148.6.
- cu secţiune circulară 148.6.
- cu secţiune dreptunghiul. 148.5.
-, spiră de 149.1.
- în spirală 148.1.
-, supapă cu 119.4.
-, suport de 147.9.
- de torsiune 148.2.
-, ventil cu 119.4.
- de ventil 119.5.
- - 120.2.
-, ventil de siguranţă cu 120.1.
-ului, compresiunea 148.7.
-, legătura 147.7.
Rest de alungire 249.5.
Restrungi, a - un cilindru 131.4.
Retăia, a - pilele 171.2.
Retăiată, pilă 171.3.
Reţea de ţevi 109.4.
Reţinere, clapet de 123.7.
-, supapă sau ventile de 121.3.
Reveni, a 199.2.
Revenire 199.3.
Reversibilitate, arbore de 37.5.
Rezervă, piston de 140.7.
Rezervor de ulei 51.8.
Rezistenţă 247.1.
- la compresiune 250.8.
- la flambaj 252.3.
- la flexiune 251.4.
- la forfecare 252.6.
- de frecare 245.7.
-, moment de 251.8.
- normală 238.5.
-, nituire de 28.1.
- tangenţială 238.6.
Rezistenţă la tracţiune 250.3.
Rezistenţa drumului 238.4.
- materialelor 247.2.
- -, ştiinţa despre 247.2.
Rezultantă, a compune mai multe acceleraţii (viteze) într'o 240.3.
-, forţa 241.9.
Ridică, cureaua se - în sus 79.2.
Ridicare, diagrama de - a ventilului 115.8.
-a în sus a pistonului 138.1.
-a supapei sau ventilului 115.7.
Ridicat, cablu de 87.7.
Ridicător de curea 79.6.
Rigiditatea unui cablu 86.3.
- unei funii 86.3.
Riglă 219.9.
- de calcul 221.1.
- flexibilă 220.1.
- gradată în ţoli 221.8.
- cu măsura de contracţiune 221.9.
- cu scară de reducere 221.5.
Rindea 191.10.
- de banc 193.2.
- de cioplit 192.10.
- de curăţit 192.10.
-, cuţit de 191.12.
-, cuţit dublu de 192.8.
- cu două cuţite 192.7.
-, a da la 192.3.
- dublă 192.7.
- de făţuit 193.1.
-, fer de 191.1.
- de lămbuit 193.4.
- de mână 193.3.
- pentru profile 193.8.
- rotundă 193.7.
- pentru şanţuri 193.6.
- de spălat 193.1.
Rindelei, corpul 191.4.
-, cutia 191.11.
-, gura 192.1.
Rinduială 192.5.
Roată de angrenaj 63.3.
-, axă de 34.6.
- bombată de transmisie 82.2.
-, braţ de 69.4.
- din bucăţi 69.9.
- de cabestan 90.6.
- pentru cablu 87.1.
- - de cânepă 87.4.
- - metalic 87.3.
- cilindrică 69.1.
- - de fricţiune 73.6.
Roată cilindrică elicoidală 71.8.
- - de transmisie 82.1.
- cu clichet 95.6.
- de comandă 75.6.
- comandată 75.7.
- conică 71.2.
- - de fricţiune 74.1.
- - în unghi drept 71.4.
-, cureaua sare depe 79.5.
- despicată 69.10.
- dinţată 63.3.
- - de lanţ 91.4.
- cu dinţi frânţi 70.3.
- - interiori 70.2.
- - de lemn 72.1.
- - unghiulară 70.3.
- divisată 69.9.
- dreaptă 69.1.
- elicoidală 71.6.
- fixă de curea 83.7.
- - de transmisie 83.7.
- de frână 96.3.
-, frână cu - cu gât 96.7.
- pentru frânghie 87.4.
- de fricţiune 73.4.
- cu gât, frână cu 96.7.
- de ghidare 77.9.
- - a cablului 84.7.
- hiperboloidică 71.9.
- de lanţ 88.7.
- - 90.6.
- liberă de transmisie 83.8.
- manivelă 113.8.
- mişcată 75.7.
-, a monta dinţii de lemn la o 72.7.
- motrice 75.6.
- motrice 68.7.
- nebună 83.8.
- -, a trece o curea depe - pe roata fixă 84.1.
- de oprire 95.6.
-, osie de 34.6.
- pentru otgon 87.4.
-, a pune o curea pe 79.7.
-, a pune dinţii de lemn la o 72.7.
-, a scoate o curea depe 79.8.
-, şanţ de - p. cablu 87.2.
- de transmisie 81.7.
- - cu braţe curbate 82.5.
- - - drepte 82.4.
- - - duble 82.6.
- - dintr'o bucată 83.2.
- - divisată 83.3.

Roată de transmisie cu etaje 83.5.
- - de fer 82.8.
- - fixă şi liberă 83.6.
- - de fontă 82.7.
- - cu gât 74.7.
- - cu lanţ 90.8.
- - de lemn 83.1.
- cu şanţ 74.7.
- - cu spiţe curbate 82.5.
- - - drepte 82.4.
- - - duble 82.6.
Robinet 127.7.
- de alimentare 129.9.
- de amestec 129.3.
- de apă 129.5.
- cu trei căi 128.9.
- cu patru căi 129.1.
-lui, camera 127.10.
-ului, capul 127.9.
-ului, cepul 127.8.
-e, cheie de 17.6.
- conic 128.3.
- ului, cutia 127.10.
- de descărcare 129.8.
-ul, a deschide 128.1.
- drept 128.7.
- de evacuare 129.7.
- de gaz 129.6.
- de golire 129.2.
-ul, a închide 128.2.
-ul indicatorului de nivel 111.5.
- obicinuit 128.7.
- de oprire 129.4
- cu presestupă 128.6.
- de probă 129.10.
- cu şurub 129.5.
Robinet de ungere 53.6.
- în unghi 128.8.
- cu valvulă 128.4.
Rodanţă 77.9.
- 93.2.
- de cablu 84.7.
Rolă 93.2.
- diferenţială 94.5.
- fixă 93.3.
- de ghidare 77.9.
- mobilă 93.4.
- de tensiune 78.2.
Rolei, axa 93.6.
-, suportul 93.5.
Rondelă 11.6.
Rostologire, frecare de 246.4.
Rostui, a - dinţii unui ferăstrău 187.1.
Rotaţia unei axe 34.7.
Rotaţie, axă de 34.5.
-, axă de 241.1.
-, fus de 39.7.
-, mişcare de 240.6.
-, unghi de 241.2.
Rotaţii, comptor de 209.4.
Rotiţă de lanţ 90.5
- de punctat 229.2.
Rotulă, lagăr cu 45.1.
-, suport cu 45.2.
Roţei, bombătura 82.3.
-, lăţimea 81.10.
-, manşonul - nebune 83.9.
-, obada 81.8.
-, unghiul gâtului (şanţului) 75.2.
Roţi dinţate, asortiment de 68.3.
- -, freză pentru 184.5.
- -, maşină de frezat 73.2.
- -, maşină de modelat 73.1.
- -, maşină de tăiat 73.2.
- - de serie 68.3.
-le fac sgomot 72.8.
- de forţă 68.4.
- de fricţiune, transmis. cu 73.3.
- transmisiune cu fricţiune prin - cu gât şi şanţ 74.6.
-le hărâe 72.8.
- de travaliu 68.5.
- de transmisiune 68.5.
-, transmisie cu - de fricţiune 73.3.
-, prin - cu gât şi şanţ 74.6.
Rulment, cerc de 67.3.
-, frecare de 246.4.
Rulou de fricţiune 74.4.
Rulouri, lagăr cu 45.8.
-, suport cu 45.8.
Rumeguş 187.4.
Ruptură, alungire la 249.2.
- de ţeavă 110.4.
- de volant 150.5.
Ruptura axei 34.9.
- coroanei volantului 150.6.
- obezei 150.6.
- osiei 34.9.

S

Sabot de frână 96.4.
-, frână cu 96.2.
Săgeată 76.2.
- 147.5.
Saltar 218.8.
- cilindric 127.4.
- în formă de cochilie 127.2.
- Corliss 126.7.
- de distribuţie 126.9.
-, distribuţie cu 127.6.
- echilibrat 127.5.
- oscilant 126.7.
- piston 127.4.
- plan 127.1.
- rotativ 126.8.
-ului, tija 127.3.
Sarcină 247.5.
- admisibilă 247.7.
- constantă 248.1.
- variabilă dela o la + ∞ 248.2.
Sarcină variabilă dela + la o 248.3.
Sarcina osiei 33.7.
-, a regula - ventilului 120.4.
Sare, cureana - depe roată 79.5.
Sârmă, cleşte de 159.9.
-, cleşte de tăiat 159.10.
-, cui de 196.4.
-, foarfece pentru 158.2.
- rotundă, resort din 148.6.
Sârme de fer, şablon pentru 206.6.
Scădere vezi Contracţiune 221.9.
Scăpare, supapă de 122.1. 109.7.
Scară, ventil de 122.1. 221.1.
-, a desena la 218.3.
Scară de dimensiuni transversale 221.6.
- de duritate 199.8.
- metrică 221.7.
- de reducere 221.5.
- -, riglă cu 221.5.
Scaun 46.5.
- dublu, supapă sau ventil cu 118.7.
Scaun inelar, supapă sau ventil cu 118.2.
- - dublu, supapă sau ventil cu 118.4.
- - multiplu, supapă sau ventil cu 118.5.
- - simplu, supapă sau ventil cu 118.3.
- de lagăr 43.2.
- de supapă 113.4.
- de suport 47.2.
- de suspensiune 46.7.

Scaunul, a şlefui supapa sau ventilul în - său 113.6.
- de ventil 113.4.
Schimb, piston de 140.7.
Schimba, a - o axă 34.10.
- o osie 34.10.
Schimbare de mers, arbore p. 37.5.
-a unei axe 34.11.
-a unei osii 34.11.
Schimbat, aparat de 84.3.
- cureaua 84.4.
-, furca de - cureaua
Schiţă 222.9.
- cotată 223.8.
- de proect 223.2.
Schiţa, a 222.8.
Schiţe, carnet de 220.5.
-, hârtie de 220.4.
Scoate, a-o curea depe roată 79.8.
-, a - o pană 25.7.
-, a pune şi - cureaua 84.2.
Scoborârea pistonului 138.2.
Scos, aparat de - cureaua 84.3.
Scrie, a - desenul 231.5.
Scriere dreaptă 231.6.
- rondă 231.7.
Scule 256.4.
-, dulap de 256.3.
-, ladă de 256.3.
-, oţel de 214.7.
Scurgă, a lăsa uleiul să se 55.6.
Scurgere, orificiu de - al uleiului 55.5.
-, supapă de 122.6.
-, ţeavă de 109.3.
-, vas de - p. ulei 52.9.
-, ventil de 122.6.
Scurta, a - cureaua 79.4.
Secţiune circulară, resort cu 148.6.
- dreptunghiulară, resort cu 148.5.
- de forfecare 28.4.
- -, nituire cu o 28.5.
- longitudinală 224.9.
-, a reprezenta o piesă de maşină în 224.8.
- de tăere 28.4.
- -, nituire cu o 28.5
-a, a reducere - de trecere 124.7.
- de trecere 113.2.
- transversală 225.1.
- x - y 225.
Secţiuni, nituire cu două - de forfecare (tăere) 28.5.
-, nituire cu mai multe- de forfecare (tăere) 28.6.
Secure 19.6.
Segment de piston 139.1.
- - elastic 139.3.
-ului, joanta - de piston 139.2
Sellers, acuplaj 58.1.
-, lagăr 45.1.
-, suport 45.1.
Serie, roţi dinţate de 68.3.
Serpentin 104.6.
- de încălzire 104.8.
- de răcire 104.7.
- refrigerent 104.7.
Sfoară de asbest 135.6.
Sfredel 178.4.
- 179.7.
- 181.1.
- american 181.4.
- elicoidal 181.1.
- de pământ 181.6.
- de piatră 181.7.
- răsucit 181.4.
- cu urechi 181.2.
Sfredeli, a 179.2.
Sfredeluş 179.7.
Sgârieci 207.9.
Sgomot, roţile fac 72.8.
Siemens-Martin, oţel 214.1.
Sifon 110.2.
Siguranţă, clapet de 123.6.
-, manivelă de 142.7.
-, opritor de - p. pană 25.5.
-, opritor de - al şurubului 13.3.
-, supapă de 119.6.
-, supapă de - p. tuburi 121.4.
-, ventil de 110.5.
-, ventil de 119.6.
-, ventil de - cu resort 120.1.
-, ventil de - p. tuburi 121.4.
Siringă de ungere 52.2.
Slăbi, a se 19.5.
-, a - un şurub 19.4.
Sobă de lipit 202.3.
- de sudat 202.3.
Soclu de nicovală 158.5.
Solicitare 247.5.
- la compresiune 250.9.
- la flambaj 252.4.
Solicitare la flexiune 251.5.
- la forfecare 252.7.
-, limită de 247.7.
- la răsucire 253.3.
- la torsiune 253.3.
- la tracţiune 250.4.
Sorb 108.6.
Spăla, a - desenul cu buretele 233.1.
Spătar, echer cu 208.2.
Spate de ferăstrău 188.9.
-, ferăstrău cu 188.8.
-, ferăstrău cu - p. metale 189.1.
Spaţiu parcurs 235.2.
Spiegel, fer 211.1.
-, fontă 211.1.
Spintecat, pilă de 175.4.
Spira şurubului 7.5.
Spiră de resort 149.1.
Spiral, burghiu 180.6.
Spirală, arc în 148.1.
-, cablu în 85.6.
-, resort în 148.1.
-, ţeavă sudată în 102.7.
Spirelor, numărul 149.2.
Spiţa de roată 69.7.
- de volant 149.6.
Spiţe curbate, roată de transmisie cu 82.4.
- drepte, roată de transmisie cu 82.5.
Spiţe duble, roată de transmisie cu 82.6.
Sprijin, fus de 38.4.
-, lagăr de 41.5.
-, suport de 41.5.
-, suprafaţă de 40.5.
-, suprafaţa de - a unei pene 23.2.
Sta, cureaua - pe arbore 80.1.
Stampă 164.4.
Stampa, a 164.3.
Stampat, ciocan de 163.5.
Stânga, Filet la 8.8.
-, ghivent la 8.8.
-, cu pas la 8.9.
Sticlă, ungător de 53.9.
Strânge, a - o pană 25.8.
-, a - o piesă în menghină 153.3.
-, a - presgarnitura 134.4.
-, a - un şurub 19.6.
-, a - şurubul 18.7.
Strângere, şurub de 15.1.
Strangula, a - trecerea 124.7.
Strangulare 248.8.

Strangularea trecerei 124.8.
Strat de unsoare 48.8.
Stricţiune 248.8.
Stropire, inel de 52.8.
Strung, a fileta la 20.4.
- pentru osii 35.1.
-, a tăia ghivent la 20.4.
Strungărie de osii 35.2.
Strungi, a - un cilindru 131.3.
-, a - osii 35.3.
Suda, a 164.9.
-, a 164.11.
-, a 200.6.
-, a 165.1.
-, a - împreună 200.7.
Sudantă, materie 202.4.
Sudare 200.10.
-, căldură de 165.3.
Sudat, apă pentru 202.8.
-, bec de gaz pentru 201.10.
-, ciocan de 201.1.
-, cleşte de 203.2.
-, cuptor de 165.5.
-, fer de 201.6.
-, fer de - cu gaz 201.9.
-, fer de - cu vârf 201.8.
-, furnal de 202.3.
-, lampă de 202.1.
-, lanţ de 89.5.
-, sobă de 202.3.
-, ţeavă pentru 203.1.
-ă, ţeavă 102.4.
-ă, ţeavă - cap la cap 102.5.
-ă, ţeavă - în spirală 102.7.
-ă, ţeavă - prin suprapunere 102.6.
Sudură 201.1.
- 201.5.
- 164.10.
- 165.2.
- 201.4.
- la cap 89.6.
-, defect de 165.4.
-, a desface o 200.9.
-, dungă de 201.4.
-, flacără de 202.2.
- laterală 89.7.
-, loc de 202.2.
- moale 201.2.
-, probă de 203.3.
- tare 201.3.
-, ţeavă fără 102.9.
-, a uni prin 200.8.
Suflaiu 167.1.
- 203.1.
Sugătoare, hârtie 232.9.

Supapă, vezi Ventil 112.1.
- de admisiune 122.2.
- de alimentare 122.1.
- alternativă 118.1.
- de aspiraţie 121.6.
- atmosferică 121.8.
- automată 120.7.
- cu trei căi 118.1.
- cu clapet 123.1.
- - de cauciuc 123.4.
- - de piele 123.3.
- în clopot 119.1.
- comandată 120.8.
-, corp de 113.3.
- de curăţire 122.5.
- - 122.9.
-, cursă de 114.1.
- de descărcare 122.6.
- cu disc 123.1.
- de distribuţie 120.8.
- dreaptă 117.8.
- de emisiune 122.3.
- de eşire 122.3.
- cu etaje 118.6.
- de evacuare 122.4.
- cu gât 124.6.
-, ghidaj de 116.10.
- de golire 122.4.
- cu greutăţi 119.2.
- de încercare 122.8.
- de intrare a aerului 121.8.
- obicinuită 117.8.
- de oprire 121.1.
- - pentru aburi 121.2.
-, pârghie de 119.9.
- de presiune 121.7.
- de probare 122.8.
- de reducere 121.5.
- de refulare 121.7.
- cu resort 119.4.
- de reţinere 121.3.
- de scăpare 122.1.
- cu scaun dublu 118.7.
- - inelar 118.2.
- - - dublu 118.4.
- - - multiplu 118.5.
- - - simplu 118.3.
- de scurgere 122.6.
- de siguranţă 119.6.
- - cu contragreutate 119.7.
- - pentru tuburi 121.4.
- de suprapresiune 122.1.
- de trecere 117.8.
- cu trecere unghiulară 117.9.
- de ţeavă 118.8.
Supapa, a deschide 115.2.
-, a încărca 120.3.
-, a închide 115.3.

Supapa, a supraîncărca 120.5.
-, a şlefui 113.6.
Supape, comandă cu 120.9.
-i, descărcarea 115.10.
-i, deschiderea 115.6.
-i, echilibrarea 115.10.
-i, închiderea 115.5.
-i, jocul 115.4.
-, mecanism de distribuţie cu 120.9.
-i, ridicarea 115.7.
Suport vezi lagăr 40.1.
-ul arborelui de manivelă 141.5.
-ul se angrenează 48.5.
- de arc 147.9.
- de bază 40.8.
- - cu bile 41.3.
- - cu bile 45.3.
- al butonului manivelă 141.6.
- cu caneluri 41.4.
-, cadru în zid pentru 47.3.
-ului, capacul 43.5.
-, casetă în zid pentru 47.3.
- cu consolă pe coloane 47.4.
- cu consolă longitudinală 47.5.
-ului, corpul 43.1.
- cu cuţit 46.1.
-, cuţit de 46.2.
-ului, diametrul interior al 40.3.
- drept obicinuit 44.7.
- exterior 48.1.
- frontal 41.6.
- p. fus sferic 45.6.
- cu gât 41.7.
-ul se gripează 48.5.
- închis 41.8.
- interior 47.8.
-, încălzirea unui 48.3.
- intermediar 41.5.
-ului, lungimea 40.2.
-ului, lungimea de constr. a 40.4.
-ul unei maşini se încălzeşte 48.2.
- obicinuit 42.3.
- oblic 44.8.
-ul osiei 33.4.
- de părete 46.4.
- cu pârghie şi contrabuterolă 32.6.
-ului, piciorul 43.7.
- de pivot 40.8.
- - inelar 41.1.
-ului, placă de bază a 43.9.
-, presiunea pe 40.6.

Suportului, presiunea specifică a 40.7.
- principal 47.7.
- - 141.5.
-ul puliei 93.5.
-, a punea buceaua unui 42.2.
-ul, a regula 48.6.
- de resort 147.9.
-ul rolei 93.5.
- cu rotiță 45.1.
- cu rulouri 45.8.
-, scaun de 47.2.
- Sellers 45.1.
- de sprijin 41.5.
- de suspensiune 46.6.
- - deschis 46.9.
- - - cu traversă de închid. 47.1.
- -închis 46.8.
- de țeavă 109.7.
-ul, a unge 48.7.
- cu ungere prin inele 45.2.
-, a unge 48.7.
- se uzează 48.4.
Suprafață de alunecare 145.8.
- de contact 38.2.
- - a bridei (flanșei) 99.5.
- - a lagărului unei 40.5.
- - a unei supape 133.5.
- - a suportului 40.5.
- - a unui ventil 113.5.
- elicoidală 7.4.
- de frecare 38.2.
- - 246.1.
- de obturație a unei sup. 113.5.
- - a unui ventil 113.5.
- de pană 21.7.
-, presiunea pe unitatea de 40.6.
- de sprijin a lagărului 40.5.
- - a unei pene 23.2.
- - a suportului 40.5.
Supraîncărcarea supapei 120.5.
- ventilului 120.5.
Suprapresiune, supapă de 122.1.
-, ventil de 122.1.
-a supapei sau ventilului 114.4.
Suprapunere, nituire prin 28.7.
-, țeavă sudată prin 102.6.
Suspensiune, lagăr de 46.6.
-, lagăr de - deschis 46.9.
Suspensiune, lagăr de - deschis cu traversă de închidere 47.1.
-, lagăr de - închis 46.8.
-, scaun de 46.7.
-, suport de 46.6.
-, suport de - deschis 46.9.
-, suport de - deschis cu traversă de închidere 47.1.
-, suport de - închis 46.8.

Şabăr 176.3.
Şablon pentru ghivent 206.2.
- p. sârmă de fer 206.6.
- p. tablă 206.3.
Şanț 75.1.
-ului, adâncimea 75.3
-, bridă cu - și inel 100.1.
-uri, cuțit p. făcut 23.5.
-uri, daltă p. făcut 23.5.
-, a face 23.4.
-, flanșă cu - și inel 100.1.
-uri, a freza 23.7.
- și limbă 25.3.
- uri, mașină de făcut 23.6.
- de pană 23.3.
-uri, rindea pentru 193.6.
- de roată p. cablu 87.2.
-, roată de transmisie cu 74.7.
-, transmisie cu fricțiune prin roți cu gât și 74.6.
- de ungere 52.6.
- - 44.5.
- - 75.3.
-ului, unghiul - roței 75.2.
Şasiuri, turnătură în 211.5.
Şef de atelier 254.4.
Şet de supapă 113.4.
- de ventil 113.4.
Şlefui, a 197.5.
- cu emeri 198.6.
- un piston 140.2.
- supapa sau ventilul în scaunul său 113.6.
Şlefuit, mașină de 197.6.
-, mașină de - cu emeri 198.7.
Şmirghel, vezi Emeri 197.8.
Şplint 24.10.
-ul, a pune - la un bulon 14.9.

Ştauffer, ungător 55.8.
Şteclu 159.5.
- ascuțit 159.6.
Ştemui, a - niturile 31.1.
Ştemuit, daltă de 31.2.
Ştergе, a 230.7.
Ştift, ghidaj cu 117.5
- de ghidare 117.6.
-, menghină cu 155.1.
Ştiința despre rezistența materialelor 247.2.
Şubler 204.6.
Şurub 11.2.
-, acuplaj cu 56.6.
-, a ajusta un 14.1.
- ajustat 13.10.
-ul are x pași pe țol 7.6.
-, bulon cu 11.2.
Şurub, calibru cu 204.4.
-uri, calibru pentru 206.1.
- cu cap 13.9.
- fără cap 13.8.
- - și piuliță 15.2.
- de capac 43.6.
- dela capacul pistonului 139.6.
- dela capacul ventilului 112.4.
- cu cheie 15.3.
-uri, cheie de 16.5.
-uri, cheie pentru - deoprire 17.3.
-, compas de grosime cu 207.2.
-ului, corpul 8.5.
- p. curea 81.5.
-, a deforma ghiventul unui 19.8.
-, a desface un 19.4.
-, dop cu 105.1.
-uri, a fixa cu 18.9.
- de fixare 13.4.
-, filetul unui 7.7.
- cu filet multiplu 16.3.
- fără fine 71.7.
-, angrenaj cu - fără fine 71.5.
-, gaură de 11.7.
-, găuritor cu 182.2.
-, ghiventul unui 7.7.
- cu ghivent multiplu 16.3.
-uri, a împreuna prin 19.2.
-uri, a închide prin 19.1.
- de închidere 13.5.
-ului, inima 8.5.
-, a întări un 19.7.
Şurub pentru lemn 16.4.
- de menghină 153.4.
- micrometric 15.5.
- de mișcare 13.6.

Şurub, obturator extern cu 105.2.
- cu ochi 14.2.
- de oprire 15.1.
-ului, opritor de siguranţă al - 13.3.
-, pasul unui 7.8.
-ul pistonului 136.9.
- cu piuliţă 11.9.
Şurub, portburghiu cu 182.2.
-, presă cu - de banc 154.5.
-, presă de strâns cu 154.4.
- de presiune 13.7.
- prizonier 13.8.
-, robinet cu 128.5.
Şurub, a slăbi un 19.4.
-ului, spira 7.5.
-, a strânge un 19.6.
-ul, a strânge 18.7.
- de strângere 15.1.
Şurubelniţă 18.3.
Şuviţă 85.2.
- de asbest 135.6.
- de cânepă 135.4.

T

T, fer în 215.7.
t - eu 219.5.
- 208.3.
-lui, capul 219.6.
-lui, corpul 219.7.
Tablă albă 216.7.
- ambutisată, nituire de 29.4.
- de cazangerie 216.4.
- cositorită 216.7.
- de fer 215.11.
-, foaie de 216.1.
-, foarfece pentru 157.9.
- groasă 216.4.
- îndoită, nituire de 29.4.
- neagră de fer 216.2.
-, nituire de - îndoită (ambutisată) 29.4.
- ondulată 216.6.
- striată 216.5.
- subţire 216.3.
Table, şablon pentru 206.3.
-i, distanţa până la margine a 27.7.
Tachet 44.1.
Tachimetru 209.4.
Tăere, nituire cu o secţie de 28.3.
-, nituri cu două secţiuni de 28.5.
-, nituire cu mai multe secţiuni de 28.6.
-, secţiune de 28.4.
Tăere, unghi de 185.9.
Tăetor 165.8.
- la cald 165.9.
- de pile 170.9.
- la rece 165.10.
Tăetură de ferăstrău 185.4.
- fină 170.3.
- încrucişată 170.5.
- inferioară 170.7.
- longitudinală 224.9.
- mare, pilă cu 173.3.
- la nicovală 165.7.
-, prima 170.7.
- de pilă 170.1.
-, pilă cu - mare 173.3.
-, a reprezenta o piesă de maină în 224.8.ş
Tăetură simplă 170.4.
- superioară 170.6.
- transversală 225.1.
- bastardă 170.2.
- dulce 170.3.
-, a doua 170.6.
Tăeturi, freză de făcut 184.2.
Tăia, a - un arbore 37.3.
-, a - capul nitului 31.4.
-, a - cu ciocanul 165.6.
-, a - dinţii unui ferăstrău 187.2.
Tăia, a - cu ferăstrăul 187.3.
-, a - cu ferăstrăul la cald 187.6.
-, a - cu ferăstrăul la rece 187.5.
-, a - ghivent 19.9.
-, a - ghivent cu filiera 20.3.
-, a - ghivent cu mâna 19.10.
-, a - ghivent la strung 20.4.
-, a - o osie 37.3.
-, a - pile 170.8.
Tăiat, bacuri de - ghivent 21.2.
- la cald, ciocan de 165.9.
- -, ferăstrău de 187.8.
-, ciocan de 165.8.
-, ciocan de - la cald 165.9.
-, ciocan de - la rece 165.10.
-, cleşte de 156.2.
-, cleşte de - sârmă
-, 155.10.
-, cuţit pentru - ghivent 20.6.
-, cuţit p. - ţevi 110.8.
-, daltă pentru - pile 170.10.
-, fălcele de - ghivent 21.2.
-, ferăstrău de - la cald 187.8.
Tăiat, ferăstrău de - la rece 187.7.
-, freză de - ghivent 20.8.
- ghivent, cuţit pentru 20.6.
- -, freză pentru 20.8.
- -, bacuri de 21.2.
- -, fălcele de 21.2.
- -, maşină de 21.5.
-, maşină de - ghivent 21.5.
-, maşină de - roţi dinţate 73.2.
- pile, dalta pentru 170.10.
- la rece, ciocan de 165.10.
- -, ferăstrău de 187.7.
- roţi dinţate, maşină de 73.2.
- sârmă, cleşte de 155.10.
- ţevi, cuţit pentru 110.8.
Tăiş, burghiu cu un 180.1.
- de topor 190.9.
-uri, burghiu cu două 180.2.
Talaj 192.6.
Taler de ventil 116.4.
-, ventil cu 116.3.
Tambur 94.8.
-ului, arborele 95.1.
-ului, axa 94.9.
- pentru cablu 95.2.
- conic 83.4.
- - de fricţiune 74.5.
-e conice, transmisiune cu 78.3.
-ului, învelişul 94.9.
- pentru lanţ 95.3.
-ului, păretele 94.9.
-e, transmisiune cu - conice 78.3.
Tampon, calibru 205.8.
Tarod 21.3.
Taroda, a 21.4.
Tasou 159.5.
- ascuţit 159.6.
Tensiune 247.4.
-a cablului 84.6.

Tensiune, cerc de 139.8.
-a curelei 75.8.
-a funiei 84.6.
Ţeavă 97.4.
-, o-de x m/m 97.7.
- de alamă 103.7.
- de admisiune 109.2.
- alămită 102.8.
- de alimentare 109.2.
-, a ambutisa o 103.10.
- de apă 107.9..
- de aramă 103.6.
- arămită 102.8.
- de aspiraţie 108.6.
-, a aşeza o 109.6.
- bifurcată 105.8.
- cu 3 căi 106.7.
- cu 4 căi 106.7.
- de căldare 107.10.
- de compensaţie 104.1.
-, cot de 107.4.
- cotită 107.4.
- în cruce 106.6.
- curbată 105.7.
- de evacuare 109.3.
-, a face rebordul la o 103.10.
- de fer 102.2.
Teavă fierbătoare 108.3.
- cu flanşe 98.9.
- de foc 108.1.
- de fontă 101.9.
- de fum 108.2.
- de gaz 107.8.
-, genunchi de 107.4.
- de încălzire 108.4.
-, închizător de 104.9.
- laminată 103.1.
- lipită 102.8.
- cu nervuri 104.5.
- nituită 102.3.
-, obturator de 104.9.
- ondulată 104.2.
- cu presestupă 104.3.
- de presiune 108.8.
- de ramificaţie 106.4.
- cu rebord şi flanşă mobilă 103.8.
- de reducere 105.9.
- de refulare 108.8.
-, ruptură de 110.4.
- de scurgere 109.3.
- pentru sudat 203.1.
- sudată 102.4.
- - cap la cap 102.5.
- - în spirală 102.7.
- - prin suprapunere 102.6.
- fără sudură 102.9.
-, supapă de 118.8.
-, suport de 109.7.
- trasă 103.4.
- turnată culcat 102.1.
- - orizontal 102.1.
- - în picioare 101.10.
Ţeavă verticală 101.10.
- în U 106.6.
- de ungere 53.4.
-, ventil de 118.8.
Ţeava are x m/m diametru int. 97.7.
Tensiune, inel de 139.8.
- normală 247.3.
-, rolă de 78.2.
-, pulie de 78.2.
- de tracţiune 250.6.
-, transmisiune cu - provocată prin greutate 78.1.
Teşghea 193.9.
Teşghelei, cârligul 194.2.
-, cleştele 194.1.
-, cutia 194.1.
-, pana 194.2.
Tezlă 191.8.
Tezla, a ciopli cu 191.9.
Thomas, fer 213.3.
-, oţel 213.10.
Tijă 11.3.
-, acuplaj cu 61.7.
- (de bulon) 11.3.
- de excentric 144.2.
- de ghidaj 146.3.
- glisieră 146.3.
- de nit 26.2.
- de supapă 113.7.
- (de şurub) 11.3.
- de ventil 113.7.
Tija capului de cruce 146.8.
- pistonului 136.6.
- vanei 125.4.
Tijei, coada - pistonului 136.7.
-, ghidajul 146.1.
-, ghidajul - pistonului 136.8.
-, ghidajul - ventilului 117.8.
Timp 235.4.
Tinichea 216.7.
Tinichigiu, foarfece de 157.9.
Tip marin, cap de bielă 145.2.
Tipar 164.4.
-e, a forja în 164.3.
-e de forjat, placă cu 160.2.
Tir parabolic 237.5.
Tocilă 196.10.
-, piatră de 196.10.
-, troacă de 197.1.
Toleranţă, calibru de 206.4.
Topor 190.8.
-, coadă de 191.2.
- de mână 191.3.
Toron 85.2.
Torsiune 253.2.
-, moment de 253.4,
-, resort de 148.2.
-, solicitare la 253.3.
-, unghi de 253.5.
Tracţiune 250.2.
- 250.7.
-, un corp e solicitat la 247.6.
-, efort de 250.6.
-, forţă de 250.5.
-, rezistenţă la 250.3.
-, solicitare la 250.4.
-, tensiune de 250.6.
- unitară 250.6.
Traectorie 237.9.
Traectoriei, înălţimea 236.5.
-, rezistenţa 238.4.
Traectoria capului dintelui 64.7.
Traforaj, ferăstrău de 189.5.
Trăgător 229.6.
-ul, a ascuţi 230.1.
- de compas 227.5.
- de curbe 229.7.
- dublu 229.8.
- de linii punctate 229.9.
Trage, a - în cerneală 231.2.
-, a - linii punctate 226.2.
-, a - tuburi (ţevi) 103.5.
Tragere, bătae de 237.7.
-, înălţime de 237.8.
- parabolică 237.5.
-, unghi de 237.6.
Translaţie, mişcare de 240.5.
Transmisie 35.4.
-, arbore de 35.4.
-, cablu de 87.5.
-, con de 83.4.
- intermediară 36.5.
- cu lanţ, roată de 90.7 .
-, roată de 81.7.
-, roată bombată de 82.2.
-, roată de - cu braţe curbate 82.5.
-, roată de - cu braţe drepte 82.4.
-, roată de - cu braţe duble 82.6.
-, roată de - dintr'o bucată 83.2.
-, roată cilindrică de 82.1.
-, roată de - divizată 83.3.

Transmisie, roată de-cu etaje 83.5.
-, roată de - de fer 82.8.
-, roată de - fixă şi liberă 83.6.
-, roată de - de fontă 82.7.
-, roată de - cu gât 74.7.
-, roată de - cu lanţ 90.7.
-, roată de - de lemn 83.1.
-, roată de - cu spiţe curbate 82.5.
-, roată de - cu spiţe drepte 82.4.
-, roată de - cu spiţe duble 82.6.
-, roată de - cu şanţ 74.7.
Transmisiune prin angrenaje 68.1.
- prin cablu 84.5.
- ciclică prin cablu 84.8.
- cu conuri 78.3.
- prin curea 75.5.
- cu discuri de fricţiune 74.2.
- cu fire multiple 84.8.
- cu frânghie 84.5.
- prin fricţiune 73.3.
- cu fricţiune prin roţi cu gât şi şanţ 74.6.
- cu funie 84.5.
- intermediară cu angrenaje 68.2.
- - cu curea 77.3.
- - cu fricţiune 75.4.
- cu lanţ 88.5.
-, lanţ de 91.6.
- prin manivelă 140.8.
-, raport de 68.8.
-, roţi de 68.5.
- cu roţi de fricţiune 73.3.
- cu tambure conice 78.3.
- cu tensiune provocată prin greutate 78.1.
- în unghi 77.8.
Tras, cleşte de 156.5.
-, piatră de 197.3.
-ă, ţeavă 103.4.
Trasa, a 207.5.
Trasat, compas de 207.4.
-, vârf de 207.6.
Trăsătură cu pila 171.7.
Travaliu 245.1.
- de deformaţie 248.6.
- folositor 246.7.
- de frecare 246.5.
Travaliul de frecare al dinţilor 66.6.
-, roţi de 68.5.
- total 246.6.
- util 246.7.
Traversă de cârlig 92.5.
- de închidere, lagăr sau suport de suspensiune deschis cu 47.1.
- de lanţ 90.2.
Trece, a - o curea depe roata nebună pe roata fixă 84.1.
Trecere, diametru de 112.6.
-, deschidere de 113.1.
-, a reduce secţiunea de 124.7.
-i, reducerea 124.3.
-, secţiune de 113.2.
-, supapă de 117.9.
- unghiulară, supapă cu 118.1.
- unghiulară, ventil cu 118.1.
-, ventil de 117.9.
Presă de cânepă 135.4.
Triunghi de forţe 242.2.
Troacă de tocilă 197.1.
Tub
- de alamă 103.7.
-uri, aparat de laminat 103.2.
- de aramă 103.6.
-, a aşeza un 109.6.
- capilar de picurare 54.7.
- de compensaţie 104.1.
- de culori 232.4.
- de dilatare 104.1.
- de distanţare 14.7.
- elastic 104.2.
- de fer 102.2.
- de fontă 101.9.
- de gaz 107.8.
-uri, laminor de 103.3.
- de reducere 105.9.
-l de sticlă al indicatorului de nivel 111.4.
- uri, supapă de siguranţă p. 121.4.
-uri, a trage 103.5.
-uri, ventil de siguranţă p. 121.4.
Tubular 97.5.
Tubulară 105.4.
- 108.10.
Tunuri, bronz de 217.8.
Turion, vezi Fus 37.6.
Turnat, lingură de 203.4.
-ă, ţeavă - orizontal 102.1.
-ă, ţeavă - vertical 101.10.
Turnătură în forme de argilă 212.1.
- în forme descoperite 211.4.
- în nisip 211.6.
- în nisip uscat 211.7.
- în nisip verde 211.8.
- în pământ 212.1.
- în şasiuri 211.5.
Turti, a 164.7.
Tuş 231.3.
-, a amesteca 232.7.
-, farfurioară de 232.6.
-, a prepara 232.7.

Ţevărie 109.4.
Ţevei, diametrul interior al 97.6.
-, îmbrăcămintea 98.4.
-, învelitoarea 98.4.
-, peretele 97.8.
-, vopseaua 98.3.
Ţevi, agrafă pentru 109.8.
-, aparat de laminat 103.2.
-, calibru pentru 205.4.
-, cârlig pentru 109.8.
-, cheie de 110.6.
-, cleşte de 110.7.
-, cleşte p. - de gaz 155.7.
-, curăţitor de 111.1.
-, cuţit pentru tăiat 110.8.
-, freză p. frezat - la exter. 184.7.
- de gaz, cleşte pentru 155.7.
-, filet de 10.6.
- -, ghivent de 10.6.
-, împreunare de 98.5.
-, înşurubare de 98.6.
-, laminor de 103.3.
-, menghină pentru 154.3.
-, perie de 110.9.
- lor, plan de instalaţie al 109.5.
-, raccord de 105.4.
-, ramificaţie de 106.1.
-, reţea de 109.4.
-, a trage 103.5.
Ţol, şurubul are x paşi pe 7.6.
-i, măsură în 220.10.
-i, riglă gradaţă în 221.8.

U

U, fer în 215.9.
U, ţeavă în 106.6.
Uiei animal 51.2.
-, bae de 55.3.
-, călire în 200.4.
-, cameră de 55.4.
-, canal pentru 52.6.
-ul se cocleşte 50.10.
-uli, ciclirea 51.1.
- p. cilindre 51.6.
-, colector de 52.9.
-, conductă de 52.3.
-, curgere de 52.3.
-, epurator de 53.1.
- filtrat 53.2.
-, filtru de 53.1.
- fin 51.7.
-, a goli de 55.6.
-, injector de 52.2.
-ul, a lăsa - să se scurgă 55.6.
- de maşini 51.5.
- mineral 51.4.
-, piatră de 197.4.
-ului, orificiu de scurgere al 55.5.
-, pompă de 55.7.
-l se resinifică 50.10.
-lui, resinificarea 51.1.
Ulei, rezervor de 51.8.
-, ungere cu 52.4.
- de uns 50.8.
-, vas de scurgere p. 52.9.
- vegetal 51.3.
-ului, viscositatea 50.9.
Ulucă 193.6.
Umăr 37.7.
-ului, înălţimea 37.8.
Unealtă, maşină 256.8.
Unelte 256.4.
- de fierărie 166.5.
- de forjă 166.5.
- de găurit 182.1.
- de mână 256.5.
Ungător 53.7.
- cu ac 54.5.
- automatic 49.7.
- cu fitil 54.2.
Ungător cu picurici 54.6.
- rotativ 54.8.
- separat 50.1.
- Stauffer 55.8.
- de sticlă 53.9.
- unghiular 55.9.
Unge, a - lagărul 48.7.
-, a - suportul 48.7.
Ungere 49.1.
-, aparat de 53.3.
-, aparat de - centrală 50.3.
-, aparat de - cu mâna 49.5.
- automatică 49.8.
-, canal de 44.5.
- centrală 50.2.
- -, aparat de 50.3.
- centrifugală 54.9.
-a cilindrelor 131.7.
- continuă 49.2.
- cu fitil 34.1.
-, fitil de 54.2.
-, gaură de 52.5.
-, goden de 53.8.
- cu inele 55.1.
- prin inele, lagăr sau suport cu 45.2.
-, inel de 52.7.
-, inel de 52.8.
-, inel de 55.2.
-, inel de 133.6.
- inelară 55.1.
- cu mâna 49.4.
- -, aparat de 49.5.
- periodică 49.3.
-a pistonului 137.3.
-, robinet de 53.6.
- separată 49.8.
-, siringă de 52.2.
-, şanţ de 44.5.
-, şanţ de 52.6.
-, ţeavă de 53.4.
- cu ulei 52.4.
Unghi de amplitudine 239.1.
- de ascuţire 186.1.
Unghi ascuţit, ramificaţie în 106.3.
- de avans 70.5.
-ul dinţilor 185.8.
- drept, angrenaj conic în 71.3.
- -, cot în 107.5.
- -, ramifaţie în 106.2.
- -, roată conică în 71.4.
- de frecare 245.9.
- de fresaj al unui nit 26.6.
-ul gâtului roţei 75.2.
- deînclinaţie 7.2. 239.7.
-ul penei 21.9.
- de rotaţie 241.2.
- subîntins 76.3.
-ul şanţului 75.2.
- de tăere 185.9.
- de torsiune 253.5.
- de tragere 237.6.
-, transmisiune în 77.8.
Uni, a-prinsudură 200.8.
Unitatea de suprafaţă, presiunea pe 40.7.
Uns, cană de 50.9.
-, cană de 52.1.
-, cană de - cu valvulă 50.10.
-, materie de 50.4.
-, ulei de 50.7.
Unsoare 50.4.
- animală 51.2.
- de cablu 86.4.
-, colector de 44.6.
- consistentă 50.6.
-, cutie de 53.5.
Unsoare, farfurie de 44.6.
-i, grad de fluiditate al
- lichidă 50.5.
- solidă 50.6.
-, strat de 48.8.
-, vas de 53.7.
-, vas de 53.8.
Urechi, sfredel cu 181.2.
Utensile de găurit 182.1.
Uzează, lagărul sau suportu se 48.4.

V

Valvulă, vezi ventil 112.2.
-, cană de uns cu 51.10.
- cilindrică 126.7.
- Corliss 126.7.
- de distribuţie rotativă 126.8.
-, robinet cu 128.4.
Vană 118.8.
- 125.1.
Vană de aburi 126.6.
- de apă 126.4.
- de gaz 126.5.
de oprire 126.3.
Vanei, camera 125.2.
-, capacul 125.3.
-, corpul 125.5.
-, ghidajul 125.7.
-, locaşul 125.6.
Vanei, tija 125.4.
Vârf ascuţit, ciocan cu 161.8.
-, burghiu cu 180.3.
- central 180.5.
-ul ciocanului 160.5.
-ul, ciocan cu - ascuţit 161.8.
Vârful, ciocan cu - în cruce 162.1.

Vârfulul, ciocan cu-despicat 162.3.
-ul, ciocan cu-în pană 163.2.
-ul, ciocan cu-sferic 162.2.
- de compas 227.1.
-ul, compas cu-regulabil 207.6.
- de compas de schimb 227.6.
-uri, compas de schimb cu-mobile 227.3.
-, fus cu 39.1.
- de însemnat 207.6.
- de trasat 207.6.
Vas de scurgere p. ulei 52.9.
- de unsoare 53.7.
- - 53.8.
Vedere în elevaţie 224.4.
- exterioară, a reprezenta o piesă de maşină în 224.1.
- din faţă 224.2.
- laterală 224.3.
- longitudinală 224.5.
Ventil 112.1.
-ului, acceleraţia 114.4.
- de admisiune 122.2.
- de alimentare 122.7
- alternativ 118.1.
- cu aripioare inferioare 117.3.
- - superioare 117.2.
- de aspiraţie 121.6,
- atmosferic 121.8.
- automat 120.7.
- auxiliar 116.1.
-ul bate 115.1.
- cu bilă 116.7.
-, bilă de 116.8.
-, cameră de 112.2.
- cu trei căi 118.1.
-, capac de 112.3.
- cu clapet 123.1.
- - de cauciuc 123.4.
- - de piele 123.3.
-, clapet de 123.2.
- în clopot 119.1.
-e. comandă cu 119.9.
- comandat 120.8.
- cu con 116.5.
-, con de 116.6.
- cu contragreutate 119.6.
-, contragreutate de 119.8.
-, corp de 113.3.
- de curăţire 122.5.
- - 122.9.
-, cursă de 114.1.
-ul, a descărca 115.9.
- de descărcare 122.6.
Ventil-ului, descărcarea 115.10.
-ul, a deschide 115.2.
-ului, deschiderea 115.6
-ului, diagrama de ridicare a 115.8.
-ului, diametrul interior al 112.5.
- cu disc 123.1.
- - 116.3.
-, disc de 123.2.
-, disc de 116.4.
- de distribuţie 120.8.
Ventil drept 117.8.
-ul, a echilibra 115.9.
-ului, echilibrajul 115.10.
- de emisiune 122.3.
- de eşire 122.3.
- cu etaje 118.6.
- de evacuare 122.4.
- fluture 124.6.
- de fund 120.6.
-, ghidaj de 116.10.
-ului, ghidajul tijei 117.7.
- de golire 122.4.
- cu greutăţi 119.2.
-, greutate de 119.3.
-ul, a încărca 120.3.
- de încercare 122.8.
-ul, a închide 115.3.
-ului, închiderea 115.5.
- de intrare a aerului 121.8.
-ul se înţepeneşte 114.5.
-ului, jocul 115.4.
-ului, limita cursei 114.2.
-e, mecanism de distribuţie cu 119.9.
- obicinuit 117.8.
- de oprire 121.1.
- - pentru aburi 121.2.
-ul oscilează 114.9.
-, pârghie de 119.9.
- cu platou 116.3.
-, platou de 116.4.
- de presiune 121.7.
- de probare 122.8.
-ul rămâne suspendat 114.8.
- de reducere 121.5.
- de refulare 121.7.
-ului, a regula sarcina 120.4.
- cu resort 119.4.
-, resort de 120.2.
-, resort de 119.5.
- de reţinere 121.3.
- cu ridicare 116.2.
-ului, ridicarea 115.7.
- de scăpare 122.1.
-, scaun de 113.4.
Ventil cu scaun inelar 118.2.
- - - dublu 118.4.
- - - simplu 118.3.
- - - multiplu 118.5.
- de scurgere 122.6.
- sferic 116.7.
- de siguranţă 119.5.
- - cu contragreutate 119.6. 119.7.
- - cu resort 120.1.
- - pentru tuburi 121.4.
-, suprafaţa de contact (obturaţie) a unui 113.5.
-ul, a supraîncărca 120.5.
- de suprapresiune 122.1.
-ului, suprapresiunea 114.3.
-ul, a şlefui-în scaunul său 113.6.
-ului, şurub dela capacul 112.4.
- cu taler 116.3.
-, taler de 116.4.
-, tijă de 113.7.
- de trecere 117.8.
Ventil cu trecere în unghi. 117.9.
- de ţeavă 118.8.
Ventilator de forjă 167.1.
Verigă 89.2.
-, cleşte cu 155.8.
- de lanţ 88.9.
Verigei, lărgimea int. a 89.1.
-, lungimea interioara a 89.10.
Verigi, lanţ din 88.8.
-, lanţ cu-înfundate 90.1.
-, lanţ cu-lungi 89.9.
-, lanţ cu-scurte 89.8.
Viscositatea uleiului 50.9.
Viteză 235.3.
- de aruncare 237.10.
-, a descompune o-în componentele ei 240.1.
- finală 235.9.
- iniţială 235.8.
- mijlocie 235.10.
-, regulator de 152.4.
- rezultantă 240.4.
- de tragere 237.10.
- unghiulară 241.3.
Viteza pistonului 137.4.
Viteze, a compune mai multe-într'o rezultantă 240.3.
-i, componentă a 240.2.

Vitezelor, paralelogramul 239.8.
Volant 149.4.
-, braţ de 149.6.
-, butuc de 149.7.
-, coroană de 149.5.
- dinţat 150.4.
Volant cu dinţi 150.4.
- divizat 149.9.
-, explozie de 150.5.
-, obadă de 149.5.
- din două părţi 149.9.
-, ruptură de 150.5.
Volantului, ruptura coroanei 150.6.
-, spiţă de 149.6.
- de ventil 113.8.
Vopseaua tubului 98.3.
- ţevei 98.3.

W

Wolfram, oţel 214.6.

Z

Z, fer în 215.10.
Zăbală de lanţ 90.10.
Zăbalei, capul 91.1.
Zbanţ de acuplare 57.3.
-uri, acuplaj cu 57.2.
Zig-zag, nituire în 30.1.
Zinc 216.9.
-, ciocan de 163.7.

Indice pe materii

I.

pag. 7.

1. elice (f)
2. unghi (n) de inclinaţie
3. inclinaţie (f), pas (m)
4. suprafaţă (f) elicoidală
5. spira (f) şurubului
6. şurubul (n) are x paşi pe ţol
7. filetul (n) unui şurub, ghiventul (n) unui şurub
8. pasul (m) unui şurub

pag. 8.

1. adâncimea (f) filetului, (ghiventului)
2. lărgimea (f) filetului (ghiventului)
3. diametrul (n) interior al filetului (ghiventului)
4. diametrul (n) exterior al filetului (ghiventului)
5. inima (f) şurubului, corpul (n) şurubului
6. filet (n) la dreapta, ghivent (n) la dreapta
7. cu pas (m) la dreapta
8. filet (n) la stânga, ghivent (n) la stânga
9. cu pas (m) la stânga

pag. 9.

1. filet (n) simplu, ghivent (n) simplu
2. filet (n) dublu, ghivent (n) dublu
3. filet (n) triplu, ghivent (n) triplu
4. filet (n) multiplu, ghivent (n) multiplu
5. filet (n) triunghiular, ghivent (n) triunghiular, — ascuţit
6. cu filet (ghivent) triunghiular
7. filet (n) dreptunghiular, ghivent (n) dreptunghiular

pag. 10.

1. cu filet (n) (ghivent) dreptunghiular, — plat
2. filet (n) rotund, ghivent (n) rotund
3. cu filet (n) (ghivent) rotund
4. filet (n) trapezoidal, ghivent (n) trapezoidal
5. filet (n) de piuliţă, ghivent (n) de piuliţă
6. filet (n) de ţevi de gas, ghivent (n) de ţevi de gas
7. filet (n) fin, ghivent (n) fin
8. fineţa (f) filetului (ghiventului)
9. joc (n) inutil
10. oprire (f) automatică

pag. 11.

1. înşurubare (f), înbulonare (f)
2. şurub (n), bulon (n) cu şurub
3. corp (n), tijă (f)
4. cap (n)
5. piuliţă (f), mutelcă (f)
6. rondelă (f)
7. gaură (f) de şurub, — de bulon
8. diametrul (n) bulonului
9. şurub (n) cu piuliţă, bulon (n) cu cap şi piuliţă
10. cap (n) exagonal

pag. 12.

1. cap (n) patrat
2. cap (n) rotund
3. cap (n) scufundat
4. cap (n) in formă de T
5. piuliţă (f) exagonală
6. piuliţă (f) cu crestături
7. piuliţă (f) cu aripi
8. piuliţă (f) cu guler, — cu ambază
9. piuliţă (f) cu găuri de fixare
10. piuliţă(f) zimţuită (moletată)

pag. 13.

1. piuliţă (f) acoperită (infundată)
2. contra-piuliţă (f)
3. opritor (n) de siguranţă al şurubului
4. bulon (n) de fixare, şurub (n) de fixare
5. bulon (n) de inchidere, şurub (n) de inchidere
6. şurub (n) de mişcare
7. şurub (n) de presiune
8. şurub (n) fără cap, — prizonier, prizon (n)
9. şurub (n) cu cap
10. şurub (n) ajustat, bulon (n) ajustat

pag. 14.
1. A ajusta un şurub
2. şurub (n) cu ochiu
3. bulon (n) articulat
4. bulon (n) cu piuliţa şi capul scufundate
5. antretoază (f)
6. bulon (n) de distanţare
7. tub (n) de distanţare
8. bulon (n) cu pană (clavetă)
9. a pune şplintul la un bulon

pag. 15.
1. şurub (n) de oprire, — de strângere
2. şurub (n) fără cap şi piuliţă
3. şurub (n) cu cheie
4. şurub (n) cu aripi
5. şurub (n) micrometric
6. bulon (n) de încastrare, — de fixare în piatră
7. bulon (n) de fundaţie, — de ancorare
8. placă (f) de ancorare, contraplacă (f)

pag. 16.
1. pană (f) de oprire, clavetă (f)
2. placă (f) de fundaţie
3. şurub (n) cu filet (ghivent) multiplu
4. şurub (n) pentru lemn
5. cheie (f) de şuruburi
6. gura (f) cheiei
7. deschiderea (f) cheiei
8. cheie (f) simplă

pag. 17.
1. cheie (f) dublă
2. cheie (f) oblică
3. cheie (f) pentru şuruburi de oprire
4. cheie (f) înfundată
5. cheie (f) închisă
6. cheie (f) de robinete
7. cheie (f) cu cârlig, — cu cioc
8. cheie (f) cu ghiare, — cu furchetă

pag. 18.
1. cheie (f) cu deschidere regulabilă
2. cheie (f) engleză, — franceză
3. şurubelniţă (f)
4. a bulona
5. a înşuruba
6. a ancora
7. a strânge şurubul
8. a înşuruba
9. a fixa cu buloane (şuruburi)

pag. 19.
1. a închide cu buloane (şuruburi)
2. a împreuna prin buloane (şuruburi)
3. a deşuruba
4. a slăbi (a desface) un şurub
5. a se slăbi, a se desface
6. a strânge un şurub
7. a întări strângerea unui şurub
8. a deforma ghiventul unui şurub
9. a fileta, a tăia ghivent, a ghiventui
10. a tăia ghivent (a fileta) cu mâna

pag. 20.
1. a finisa un ghivent (filet)
2. filieră (f) simplă
3. a tăia ghivent (a fileta) cu filiera
4. a tăia ghivent (a fileta) la strung
5. cuţit (n) pentru filetat (tăiat ghivent), piepten (n)
6. cuţit (n) pentru ghivent (filet) interior, — pentru ghivent de piuliţă
7. cuţit (n) pentru ghivent (filet) exterior
8. breză (f) de tăiat ghivent, — de filetat
9. filieră (f) cu inel

pag. 21.
1. filieră (f) cu fălcele, — cu bacuri clupă
2. fălcele (f. pl.) de tăiat ghivent, bacuri (n. pl.) de tăiat ghivent
3. burghiu (n) de ghivent, tarod (m)
4. a fileta o gaură, a taroda
5. maşină (f) de tăiat ghivent, — de filetat.

II.

6. pană (f) clavetă (f)
7. faţă (f) de pană, suprafaţă de pană
8. dos (f) de pană
9. unghiul (n) penei

pag. 22.
1. înclinaţia (f) penei
2. pană (f) de lemn
3. pană (f) de fer
4. pană (f) de oţel
5. legătură (f) cu pană, calaj
6. pană (f) transversală
7. pană (f) longitudinală
8. înălţimea (f) penei
9. lăţimea (f) lărgimea, penei
10. lungimea (f) penei

pag. 23.
1. gaură (f) de pană
2. suprafaţă (f) de spriiin a unei pene, baza unei pene

3. șanț (n) de pană, renură
4. a face șanț
5. daltă (f) (cuțit) pentru făcut șanțuri
6. mașină (f) de făcut șanțuri
7. a freza șanțuri
8. pană (f) cu nas, pană cu călcâi
9. nas (n), călcâi (de pană)
10. pană (f) încastrată

pag. 24.
1. pană (f) patrată
2. pană (f) rotundă
3. pană (f) plată
4. pană (f) scobită, pană (f) concavă
5. pană (f) tangențială
6. pană (f) dublă
7. contra-pană (f)
8. adaos (n) de pană
9. pană (f)
10. șplint (n)
11. cuiu (n) de fixare (a penei)

pag. 25.
1. pană (f) de regulare
2. pană (f) inelară, inel (n) conic
3. șanț (n) și lambă (f) renură (f), și langhetă (f)
4. lambă (f) langhetă (f)
5. Opritor (n) de siguranță pentru pană
6. a împăna, a claveta, a cala
7. a desface (a scoate) o pană, a decala
8. a strânge o pană
9. a întări o pană

III.

pag. 26.
1. nit (n)
2. corp (n) de nit, tijă de nit
3. cap (n) de nit
4. capul (n) original, primul cap
5. cap (n) de închidere, al doilea cap
6. unghiul (n) de frezaj al unui nit
7. gaură (f) de nit
8. nit (n) cu cap înecat
9. nit (n) cu cap jumătate înecat

pag. 27.
1. nit (n) cu cap bombat
2. nit (n) cu cap ciocănit
3. nit (n) de montaj, nit pentru legături provizorii
4. nituire
5. linia (f) niturilor, cusătura niturilor
6. distanța (f) niturilor
7. distanța (f) până la margine (a tablei)
8. nituire (f) la cald
9. nituire (f) la rece

pag. 28.
1. nituire (f) de rezistență
2. nituire (f) etanșă, nituire hermetică
3. nituire (f) cu o secțiune de forfecare (tăere)
4. secțiune (f) de forfecare (tăere)
5. nituire (f) cu două secțiuni de forfecare (tăere)
6. nituire (f) cu mai multe secțiuni de forfecare (tăere)
7. nituire (f) prin suprapunere

pag. 29.
1. nituire (f) cu placă de acoperire, cu ecliså
2. nituire (f) cu dublă placă de acoperire, — cu eclise duble
3. placă de acoperire (f), ecliså (f)
4. nituire de tablă îndoită (ambutisată)
5. nituire (f) simplă, — cu un rând de nituri
6. nituire (f) dublă, — cu două rânduri de nituri
7. nituire (f) multiplă, — cu mai multe rânduri de nituri

pag. 30.
1. nituire ( ) în zig-zag
2. nituire (f) paralelă
3. nituire (f) convergentă
4. distanța (f) nitului de latura colțarului
5. a nitui
6. a freza nitul
7. a introduce nitul, a pune nitul
8. Ciocan (n) de nituit

pag. 31.
1. a ștemui niturile, a calfata
2. daltă (f) de ștemuit
3. a desnitui, a desface niturile
4. a tăia capul (n) nitului
5. nituire (f) cu mâna
6. nituire (f) mecanică
7. mașină (f) de nituit, nituitoare (f)
8. dorn (n) de nituit, buterolă

pag. 32.
1. ciocan (n) de nituit
2. ciocan-buterolă (n)
3. contra-buterolă (f)
4. cric (n) pentru nituit
5. contra-buterolă (f) p. cric
6. suport (n) cu pârghie și contra-buterolă
7. clește (m) pentru nituri
8. clește (m) cu dinți pentru nituri
9. cuptor (n) pentru nituri

pag. 33.

1. foc (n) pentru nituri

IV.

2. osie (f) axă (f)
3. fusul (n) osiei, — axei
4. suportul (m) osiei, lagărul osiei
5. capul (n) osiei, — axei
6. corpul (n) osiei, — axei
7. sarcina (f) osiei, încărcătura osiei
8. frecare (f) de osie
9. frecare (f) de fus de osie
10. osie (f) fixă
11. osie (f) mobilă

pag. 34.

1. osie (f) acuplată
2. osie (f) necuplată, — liberă
3. osie (f) mobilă
4. osie (f) conducătoare, axa (f) conducătoare
5. axa (f) de rotaţie
6. osie (f) de roată, axă de roată
7. rotaţia (f) unei axe
8. încercarea (f) unei axe, — unei osii
9. ruptura (f) axei, — osiei
10. a schimba (înlocui) o osie, — o axă
11. schimbarea (f) (înlocuirea) unei osii, — unei axe

pag. 35.

1. strung (n) pentru osii
2. strungărie (f) de osii
3. a strunji osi
4. transmisie (f)
5. arbore (m)
6. fusul (m), cepul (n), boldul (n) unui arbore
7. fus (n) intermediar, gât (n) de arbore
8. arbore (m) plin, — masiv
9. arbore (m) gol, — găurit
10. arbore (m) patrat
11. arbore (m) de transmisie

pag. 36.

1. arbore (m) orizontal
2. arbore (m) vertical
3. arbore (m) flexibil
4. arbore (m) motor, — de comandă
5. arbore (m) intermediar, transmisie (f) intermediară
6. arbore (m) de decuplare
7. inel (n) fix al arborelui
8. inel (n) de oprire, — mobil
9. arbore (m) cotit, cu genunchiu
10. cot de arbore (n) genunchiu (n) de arbore

pag. 37.

1. a coti
2. arbore (m) dublu cotit, — cu dublu genunchi
3. a tăia un arbore, — o osie
4. arbore (m) de distribuţie
5. arbore (m) de reversibilitate, — p. schimbare de mers. —

V.

6. Fus (n), cep (n), bold (n) turion (n)
7. umăr (n) guler (n), ambază (f)
8. înălţimea (f) umărului, — gulerului
9. presiune (f) pe fus

pag. 38.

1. frecarea (f) fusului
2. suprafaţă (f) de frecare, de contact
3. fus (n) umblat, — adaptat în locaşul său
4. fus (n) de sprijin, gât (n) de arbore
5. fus (n) intermediar (n) cu gulere, gât (n) de arbore
6. fus (n) frontal
7. fus (n) vertical, pivot (m)
8. pivot (m) inelar
9. fus (n) cu caneluri, — cu inele

pag. 39.

1. fus (n) cu vârf, — ascuţit
2. fus (n) cilindric
3. fus (n) conic
4. fus (n) sferic
5. fus (n) de furcă
6. fus (n) încastrat
7. fus (n) de rotaţie
8. a se învârti pe un fus

VI.

pag. 40.

1. suport (m), lagăr (n), palier (n)
2. lungimea (f) suportului sau lagărului
3. diametrul (n) interior al suportului sau lagărului
4. lungimea (f) de construcţie a suportului sau lagărului
5. suprafaţa (f) de sprijin, — de contact
6. presiunea (f) pe suport (lagăr) suprafaţa de contact
7. presiunea (f) specifică a suportului (lagărului), — pe unitatea de suprafaţă
8. suport sau lagăr (m) de pivot, — de bază, crapodină (f)
9. placă (f) de bază

pag. 41.

1. suport sau lagăr (m) de pivot inelar, crapodină (f) inelară
2. inel (n) de bază
3. suport (m) sau lagăr de bază cu bile, crapodină cu bile
4. suport sau lagăr (m) cu caneluri
5. suport sau lagăr de sprijin, — intermediar
6. suport sau lagăr frontal
7. suport sau lagăr cu gât
8. suport sau lagăr închis

pag. 42.

1. cusinet, bucea
2. a pune buceaua unui suport sau lagăr
3. suport sau lagăr obicinuit
4. cusinet, perniță
5. cusinet regulabil
6. garnitură

pag. 43.

1. a garnisi un cusinet
2. a garnisi un cusinet cu metal alb
3. rebordul cusinetului
4. corpul suportului sau lagărului
5. capacul suportului sau lagărului
6. şurub de capac
7. piciorul suportului sau lagărului
8. bulon de picior al lagărului
9. placa de bază a suportului sau lagărului

pag. 44.

1. nas, tachet
2. pană (f) de ajustare
3. bulon (n) de fundaţie
4. gaură (f) de ungere
5. şanţ (n) de ungere, canal (n) de ungere
6. farfurie (f) de unsoare, colector (n) de unsoare
7. suport sau lagăr drept, obicinuit
8. suport sau lagăr oblic

pag. 45.

1. suport sau lagăr (m) Sellers, — cu rotulă
2. suport sau lagăr (m) cu ungere prin inele
3. suport sau lagăr (m) cu bile
4. bilă (f)
5. inel (n) de ghidare, — de conducere
6. suport sau lagăr (m) fus sferic
7. cusinet (m) sferic, perniță (f) sferică
8. suport (m) sau lagăr cu rulouri

pag. 46.

1. suport sau lagăr (m) cu cuţit
2. cuţit (n) de suport sau lagăr
3. reazemul (n) cuţitului
4. suport sau lagăr (m) de părete
5. consolă (f), scaun (n)
6. suport sau lagăr (m) de suspensiune
7. consolă (f) suspendată, scaun (n) de suspensiune
8. suport sau lagăr (m) de suspensiune închis
9. suport sau lagăr (m) de suspensiune deschis

pag. 47.

1. suport sau lagăr (m) de suspensiune deschis cu traversă de închidere
2. scaun (n) de suport sau lagăr, capră
3. casetă (f) în zid pr. suport sau lagăr, cadru (n), în zid p. suport sau lagăr
4. suport sau lagăr (m) cu consolă, p. coloane
5. suport sau lagăr (m) cu consolă longitudinală
6. consolă (f) în unghi
7. suport sau lagăr principal
8. suport sau lagăr (m) interior

pag. 48.

1. suport sau lagăr (m) exterior
2. suportul sau lagărul (m) unei maşini se încălzeşte
3. încălzirea (f) unui suport sau lagăr
4. suportul sau lagărul (m) se uzează
5. suportul sau lagărul (m) se gripează (se angrenează)
6. a regula suportul (cusineţii)
7. a unge suportul sau lagărul
8. strat (n) de unsoare

VII.

pag. 49.

1. Ungere (f)
2. ungere (f) continuă
3. ungere (f) periodică
4. ungere (f) cu mâna
5. aparat (n) de ungere cu mâna
6. ungere (f) automatică
7. ungător (n) automatic
8. ungere (f) separată

pag. 50.

1. ungător (n) separat
2. ungere (f) centrală
3. aparat (n) de ungere centrală
4. unsoare (f), materie de uns (f), grăsime (f)
5. unsoare (f) lichidă
6. unsoare (f) solidă, — consistentă
7. grad (n) de fluiditate al unsoarei
8. ulei (n) de uns
9. viscositatea (f) uleiului
10. uleiul (n) se cicleşte, — se resinifică

pag. 51.

1. Resinificarea (f) uleiului, ciclirea (f) uleiului
2. unsoare (f) animală, ulei (n) animal
3. ulei (n) vegetal
4. ulei (n) mineral
5: ulei (n) de maşini
6. ulei (n) pentru cinlindre
7. ulei (n) fin
8. rezervor (n) de ulei
9. cană (f) de uns
IO. cană (f) de uns cu valvulă

pag. 52.

1. cană (f) de uns
2. injector (n) de ulei, siringă (f(de ungere
3. conductă (f) de ulei
4. ungere (f) cu ulei
5. gaură (f) de ungere
6. şanţ (n) de ungere, canal (n) pentru ulei
7. inel (n) de picurare, — de ungere
8. inel (n) de stropire, — de ungere, - de împroşcare
9, colector (n) de ulei, vas (n) de scurgere pentru ulei

pag. 53.

1. epurator (n) de ulei, filtru (n) de ulei
2. ulei (ñ) filtrat
3. aparat (n) de ungere
4. Ţeavă (f) de ungere
5. Cutie (f) de unsoare
6. Robinet (n) de ungere
7. Ungător (n), vas (n) de unsoare
8. Vas (n) de unsoare, goden de ungere
9. ungător (n) de sticlă

pag. 54.

1. ungere (f) cu fitil
2. ungător (n) cu fitil
3. fitil (n) de ungere
4. fitilul se îmbâcseşte
5. ungător (n) cu ac
6. ungător (n) cu picuriciu
7. tub (n) capilar de picurare, picuriciu
8. ungător (n) rotativ
9. ungere (f) centrifugală

pag. 55.

1. ungere (f) inelară, — cu inele
2. inel (n) de ungere
3. bae (f) de ulei
4. cameră (f) de ulei
5. orifici (n) de scurgere al uleiului
6. a goli de ulei, a lăsa uleiul să se scurgă
7. pompă (f) de ulei
8. ungător (n) Stauffer
9. ungător (n) unghiular

pag. 56.

1. împreunare (f). acuplare (f). acuplaj (n)
2. acuplaj (n) de arbori
3. acuplaj (n) fix
4. acuplaj (n) cu manşon
5. manşon (n) de acuplare, de împreunare
6. acuplaj (n) cu şurub
7. manşon (n) cu ghivent
8. acuplaj (n) cu dulie, — cu manşon

pag. 57.

1. dulie (f) de acuplare, — de împreunare
2. acuplaj (n) cu zbanţuri, — cu cusineţi
3. cusineţi (n) de acuplare, zbanţ (n) de acuplare
4. bulon (n) de acuplare, — de împreunare
5. acuplaj (n) cu disc
6. disc (n) de acuplare, — de împreunare

pag. 58.

1. acuplaj (n) Sellers, — cu con dublu
2. con (n) de acuplare, — depresiune
3. acuplaj (n) mobil
4. acuplaj (n) extensibil, — cu mişcare longitudinală
5. acuplaj (n) ealstic
6. acuplaj (n) cu dispozitiv de decuplare
7. commandă (f) prin acuplaj cu dispozitiv de decuplare
8. dispozitiv (n) de decuplare

pag. 59.

1. manşon (n) mobil, — de decuplare

2. pârghie (f) de decuplare
3. furcă (f) de decuplare
4. arbore (n) de decuplare
5. a acupla, a împreuna un acuplaj
6. a decupla, a desface acuplajul
7. decuplare (f)

pag. 60.

1. decuplare (f) automată
2. acuplaj (f) cu ghiare, — cu măsele
3. ghiară (f) măsea (f)
4. decuplare (f) cu ghiare
5. acuplaj (n) cu clichet
6. clichet
7. acuplaj (n) cu fricţiune

pag. 61.

1. acuplaj (n) cu con de fricţiune
2. disc (n) de fricţiune
3. acuplaj (n) cu perii
4. acuplaj (n) cu piele
5. acuplaj (n) electro-magnetic
6. acuplaj (n) cu chingă, cu curea
7. acuplaj (n) cu tijă
8. acuplaj (n) cu articulaţie
9. articulaţie)f)

pag. 62.

1. fus (n) de articulaţie, (Bold) (n) de articulaţie
2, acuplaj (n) cu articulaţie în cruce, — universal, — Cardan
3. articulaţie (f) în cruce
4. articulaţie (f) sferică
5. a acupla, a împreuna
6. acuplat, împreunat
7. acuplat direct cu

pag. 63.

1. a decupla, a desface un acuplaj

IX.

2, angrenaj (n)
3. roată dinţată, — de angrenaj
4. pasul (n) dinţilor, — angrenajului
5. cerc (n) de împărţire, — primitiv
6. cerc (n) exterior
7. cerc (n) interior, — de bază
8. a angrena
9. angrenare (f), contact (n)

pag. 64.

1. linie (f) de angrenare, — de contact
2. distanţa (f) de angrenare, — de contact
3. arc (n) de angrenare, — de contact
4. durata (f) de angrenare — de contact
5. a angrena
6. a desangrena
7. traectoria (f) capului dintelui
8. dinte (m)
9. profil (n) al dintelui
10. coasta (f) dintelui, flancul (n) dintelui

pag. 65.

1. capul (n) dintelui
2. înălţimea (f) capului
3. piciorul (n) dintelui, baza (f) dintelui
4. înălţimea (f) piciorului
5. înălţimea (f) dintelui
6. grosimea (f) dintelui
7. golul (n) (între doi dinţi)
8. lărgimea (f) dintelui
9. dinte (n) turnat brut

pag. 66.

1. dinte (n) rabotat — geluit
2. dinte (m) frezat
3. presiune (f) pe dinte
4. presiune (f) specifică pe dinte, — unitară pe dinte
5. frecarea (f) dinţilor
6. travaliul (n) de frecare al dinţilor
7. angrenaj (n) cicloidal, dantură (f) cicloidală
8. epicicloidă (f)
9. cicloidă (f)
10. hipocicloidă (f)

pag. 67.

1. pericicloidă (f)
2. cerc (n) primitiv
3. cerc (n) de rulment
4. angrenaj (n) cu fuse, dantură (f) cu fuse
5. angrenaj (n) cu dublu punct, dantură (f) cu dublu punct
6. angrenaj (n) cu coaste (flancuri) drepte, dantură (f) cu coaste drepte
7. angrenaj (n) interior, dantură (f) interioară
8. angrenaj (n) în evolventă, dantură în evolventă
9. evolventă (f)

pag. 68.

1. transmisiune (f) prin angrenaje, angrenaj
2. transmisiune (f) intermediară cu angrenaje
3. roţi dinţate de serie, asortiment
4. roţi (f. pl.) de forţă

5. roţi (f. pl.) de travaliu, — de transmisiune
6. angrenaj (n) cilindric
7. roată (f) motrică, pinion (n)
8. raport (n) de transmisiune

pag. 69.

1. roată (f) cilindrică, — dreaptă
2. coroană (f) dinţată
3. nervura (f) coroanei
4. butucul (m) roţei
5. gulerul (m) butucului
6. gaură (f), alesaj (n)
7. braţ (n) de roată, spiţă (f)
8. coroană (f) suprapusă, — raportată
9. roată (f) divisată, — din bucţăi
10. roată (f) despicată

pag. 70.

1. angrenaj (n) cu dinţi interiori
2. roată (f) cu dinţi interiori
3. roată (f) cu 'dinţi frânţi' — cu dinţi unghiulari
4. dinte (n) frânt, — unghiular
5. unghi (n) de avans
6. angrenaj (n) cu bază dinţată, — cu cremalieră
7. bară (f) dinţată cremalieră (f)
8. angrenaj (n) cu roţi conice
9. con (n) de bază

pag. 71.

1. con (n) complementar
2. roată (f) conică
3. angrenaj (n) unghiular, — conic în unghi drept
4. roată (f) conică în unghi drept
5 angrenaj (n) cu şurub fără fine, — cu melc
6. roată (f) helicoidală
7. şurub (n) fără fine, melc (m)
8. roată (f) cilindrică helicoidală
9. roată (f) hiperboloidică

pag. 72.

1. roată (f) cu dinţi de lemn
2. dinte (m) adaos, — raportat
3. dinte (m) de lemn
4. angrenaj (n) de fer pe fer
5. angrenaj (n) de lemn pe fer
6. a angrena
7. a monta (a pune) dinţii de lemn la o roată
8. roţile (f. pl.) fac sgomot, — hârâe.

pag. 78.

1. maşină (f) de modelat roţi dinţate (angrenaje)
2. maşină (f) de tăiat roţi dinţate (angrenaje — de frezat roţi dinţate (angrenaje)

X.

3. transmisiune (f) cu roţi de fricţiune, — prin fricţiune
4. roată (f) de fricţiune
5. presiune (f) de fricţiune, — producătoare de fricţiune
6. roată (f) cilindrică de fricţiune

pag. 74.

1. roată (f) conică de fricţiune
2. transmisiune (f) cu discuri de fricţiune
3. disc (n) de fricţiune
4. cilindre (m) de fricţiune, rulou (n) de fricţiune
5. con (n) de fricţiune, tambur (n) (conic de fricţiune)
6. transmisiune (f) cu fricţiune. prin roţi cu gât şi şanţ
7. roată (f) de transmisie cu gât, — cu şanţ

pag. 75.

1. gât (n), şanţ (n)
2. unghiul (n) gâtului (şanţului) roatei
3. adâncimea (f) gâtului (şanţului)
4. transmisiune (f) intermediară cu fricţiune

XI.

5. transmisiune (f) prin curea
6. roată (f) motrice, — de comandă
7. roată (f) mişcată, — comandată
8. tensiunea (f) curelei
9. forţa (f) transmisă
10. curba (f) conducătoare, partea (f) conducătoare a curelei

pag. 76.

1. curea (f) condusă, partea (f) condusă a curelei
2. săgeata (f)
3. unghi (n) subîntins, arc (n) de contact
4. a comanda un arbore prin curea, a mişca un arbore prin curea
5. curea (f)
6. capătul (n) ascendent al curelei
7. capătul (n) descendent al curelei
8. lăţimea (f) curelei
9. grosimea (f) curelei

pag. 77.

1. faţa (f) dinspre carne a curelei
2. faţa (f) dinspre păr a curelei
3. transmisiune (f) intermediară cu curea
4. comandă (f) prin curea
5. curea (f) deschisă
6. curea (f) încrucişată
7. curea (f) semi-încrucişată
8. transmisiune (f) în unghi
9. roata (f) de ghidare, rolă (f) de ghidare, pulie (f) de ghidare, rodanţă (f)

pag. 78.

1. transmisiune (f) cu tensiune provocată prin greutate
2. rolă (f) de tensiune, pulie (f) de tensiune
3. transmisiune (f) cu conuri, — cu tambure conice
4. curea (f) orizontală
5. curea (f) verticală
6. curea (f) suitoare de la stânga la dreapta
7. curea (f) suitoare de la dreapta la stânga
8. cureaua (f) bate

pag. 79.

1. cureaua (f) alunecă
2. cureaua (f) se ridică în sus
3. a întinde cureaua
4. a scurta cureaua
5. cureaua sare de pe roată
6. ridicător (n) de curea, aparat (n) de pus cureaua
7. a pune o curea pe roată
8. a scoate o curea depe roată

pag. 80.

1. cureaua (f) stă pe arbore
2. curea (f) dublă
3. curea (f) multiplă
4. piele (f) de curea
5. curea (f) de comandă
6. curea (f) articulată
7. legătură (f) de curea
8. întinzător (n) de curea, aparat (n) de întins curele
9. curea (încleiată)
10. a încleia cureaua
11. clei (n) de piele

pag. 81.

1. curea (f) cusută
2. a coase cureaua
3. curea (f) de cusut
4. agrafă (f) de curea
5. şurub (n) pentru curea
6. agrafă (f) cu ghiare pentru curea
7. roată (f) de transmisie, pulie (f)
8. obada (f) roţei
9. grosimea (f) obezei
10. lăţimea (f) roţei

pag. 82.

1. roată (f) cilindrică de transmisie
2. roată (f) bombată de transmisie
3. bombătura (f) roţei
4. roată (f) de transmisie cu braţe (spiţe) drepte
5. roată (f) de transmisie cu braţe (spiţe) curbate
6 roată (f) de transmisie cu bride (spiţe) duble
7. roată (f) de transmisie de fontă
8. roată (f) de transmisie de fer

pag. 83.

1. roată de transmisie de lemn
2. roată (f) de transmisie dintr' o bucată
3. roată (f) de transmisie divisată
4. con (n) de transmisie, pulie (f) conică, tambur (n) conic
5. roată (f) de transmisie cu etaje, pulie (f) multiplă
6. roată (f) de transmisie fixă şi liberă
7. roată (f) fixă de transmisie (curea)
8. roată (f) liberă de transmis, roată (f) nebună
9. manşonul (n) roţei nebune

pag. 84.

1. a trece o curea de pe roata nebună pe roata fixă
2. a acupla şi a decupla, a pune şi a scoate cureaua
3. aparate(n) de schimbat cureaua, — de scos cureaua
4. furcă (f) de decuplare — de schimbat cureaua
5. transmisiune (f) cu cablu, — cu funie, — frânghie
6. tensiunea (f) cablului, — funiei
7. roată (f) de ghidare, a cablului, rodanţa (f) de cablu
8. transmisiune (f) ciclică prin cablu, — cu fire multiple

pag. 85.

1. cablu (n), funie (f), frânghie (f)
2. şuviţă (f), toron (n)
3. inimă (f)
4. a răsuci cablul, — frânghia
5. maşină (f) de răsucit cablul, — frânghia

6. cablu (n) în spirală
7. cablu (n) închis
8. împreunare (f) de cabluri, matiseala (f)
9. a matisi cablul, a împreuna extremitățile cablurilor
10. loc de matiseală, — de împreunare

pag. 86.

1. legătură (f) de cabluri (aparat)
2. frecare (f) de cablu
3. rigiditatea (f) unui cablu, — unei funii
4. unsoare (f) de cablu
5. cablu (n) mobil, funie (f) mobilă
6. cablu (n) fix, funie (f) fixă
7. cablu (n) metalic
8. cablu (n) de oțel
9. cablu (n) de cânepă. frânghie (funie) de cânepă
10. cablu de bumbac

pag. 87.

1. roată (f) pentru cablu
2. șanț (n) de roată (pentru cablu)
3. roată (f) pentru cablu metalic
4. roată (f) pentru cablu de cânepă, — p. frânghie (otgon)
5. cablu (n) de transmisie, — motor
6. cablu (n) de comandă
7. cablu (n) de ridicat
8. cablu (n) de ascensor
9. cablu (n) de macara

pag. 88.

1. cablu (n)
2. cablu (n) de cabestan
3. a înfășura un cablu
4. a desfășura un cablu

XII.

5. transmisiune (f) cu lanț
6. lanț (n)
7. roată (f) de lanț
8. lanț (n) din verigi, — din inele, — obicinuit
9. verigă (f) inel (n) de lanț
10. pas (m), lungimea interioară a verigei

pag. 89.

1. lărgimea (f) interioară a verigei
2. verigă (f), inel (n) de lanț
3. frecare (f) de lanțuri
4. încuietoare (f) de lanțuri, legătură (f) de lanțuri
5. lanț (n) sudat
6. sudură (f) la cap
7. sudură (f) laterală
8. lanț (n) cu verigi scurte, — englezesc
9. lanț (n) cu verigi lungi, — nemțesc

pag. 90.

1. lanț (n) cu verigi înfudate, cu călușe
2. căluș (n) de lanț, traversă (f) de lanț
3. lanț (n) calibrat
4. lanț (n) cu cârlige
5. rotiță (f) de lanț, pinion de lanț
6. roată (f) de lanț, roată (f) de cabestan
7 ghid (n) de lanț
8. roată (f) de transmisie cu lanț, pulie (f) p. lanț
9. lanț (n) articulat
10. zăbală (f) de lanț, ecliză (f) de lanț, placă (f) de lanț

pag. 91.

1. capul (n) zăbalei (eclisei, plăcei)
2. bulon (n) de lanț articulat
3. lanț (n) Gall
4. roată (f) dințată de lanț
5. arbore (m) pentru lanț
6. lanț (n) de transmisiune, — motric
7. lanț (n) de greutăți
8. lanț (n) de macara
9. lanț (n) de ancoră
10. curea (f) de lanț
11. lanț (n) fără fine, lanț (n) continuu

pag. 92.

1. cârlig (n)
2. gura (f) cârligului, deschiderea (f) cârligului
3. tija (f) cârligului
4. gâtul (n) cârligului
5. inel (n) cârlig, traversă (f) de cârlig
6. cârlig (n) dublu
7. cârlig (n) pentru cablu
8. cârlig (n) pentru lanț
9. accesorii (n. pl) de cârlig
10. ochi (n) de lanț, ochetă (f) de lanț

pag. 93.

1. cârlig (n) închis

XIII.

2. pulie (f), rolă (f) rodanță (f)
3. pulie (f) fixă, rolă (f) fixă
4. pulie (f) mobilă, rolă (f) mobilă
5. suportul (n) puliei (rolei)

6. axa (f) puliei (rolei)
7. palanc (n), muflu (n)
8. muflu (n)
9. muflu (n) fix

pag. 94.

1. muflu (n) mobil
2. muflu (n) superior
3. muflu (n) inferior
4. palanc (n) diferențial
5. pulie (f) diferențială, rolă (f) diferențială
6. palanc (n) cu cablu, — cu frânghie, muflu (n) cu cablu
7. palanc (n) cu lanț, muflu (n) cu lanț
8. tambur (n)
9. peretele (n) tamburului, învelișul (n) tamburului

pag. 95.

1. arborele (m) tamburului, axa (f) tamburului
2. tambur (n) pentru cablu
3. tambur (n) pentru lanț

XIV.

4. opritoare (f), mecanism (n) de oprire
5. opritoare (f) cu dinți
6. roată (f) de oprire, — cu clichet
7. cârlig (n) de oprire, clichet (n)
8. opritoare (f) cu fricțiune, mecanizm (n) de oprire cu fricțiune
9. clichet (n) de fricțiune, con (n) de fricțiune

pag. 96.

1. frână (f)
2. frână (f) cu sabot, — cu papuc
3. roată (f) de frână
4. sabot (m) de frână, papuc (m) de frână
5. pârghie (f) frână
6. forță (f) de frânare
7. frână (f) cu roată cu gât
8. frână (f) conică
9. frână (f) cu panglică, — cu bandă

pag. 97.

1. panglică (f) de frână, bandă (f) de frână
2. frână (f) diferențială
3. frână (f) centrifugală

XV.

4. țeavă (f), tub (n)
5. tubular
6. diametrul (m) interior al țevei (tubului)
7. țeava (tubul) are x m/m diametru interior, o țeavă (un tub) de x m/m
8. peretele (m) țevei (tubului)

pag. 98.

1. grosimea (f) peretelui)
2. lungimea (f) utilă
3. vopseaua (f) țevei (tubului)
4. îmbrăcămintea (f) țevei (tubului), învelitoarea țevei
5. împreunare (f) de țevi (tuburi), joantă
6. înșurubare (f) de țevi (tuburi)
7. împreunare (f) cu flanșe, — cu bride
8. împreunare (f) cu flanșe și buloane
9. țeavă (f) cu flanșe (bride)
10. flanșă (f) bridă (f)

pag. 99.

1. diametrul (n) flanșei (bridei)
2. grosimea (f) flanșei (bridei)
3. bulon (n) de flanșă (bridă)
4. cercul (n) găurilor de bulon
5. suprafață (f) de contact a flanșei (bridei), rebord de etansitate
6. garnitură (f) de flanșe
7. inel (n) de garnitură
8. flanșă (f)

pag. 100.

1. flanșă (f) (bridă) cu șanț și inel, de încastrare
2. contraflanșă (f), contrabridă (f)
3. flanșă (f) (bridă) din fier cornier, raportată
4. flanșă (f) fixă
5. flanșă (f) mobilă
6. inel (n) sudat, — lipit
7. flanșă (f) nituită
8. flanșă (f) sudată
9. flanșă (f) înșurubată

pag. 101.

1. cheie (f) pentru flanșe
2. împreunare (f) cu manșon joantă (f) cu manșon
3. țeavă (f) cu manșon
4. manșon (n) de țeavă
5. garnitură (f) de țeavă
6. adâncimea (f) manșonului
7. adâncimea (f) garniturei
8. a plumbui o joantă, a garnisi o țeavă cu plumb
9. țeavă (f) de fontă, tub (n) de fontă
10. țeavă (f) turnată vertical (în picioare)

pag. 102.

1. ţeavă (f) turnată orizontal (culcat)
2. ţeavă (f) de fer, tub (n) de fer
3. ţeavă (f) nituită
4. ţeavă (f) sudată
5. ţeavă (f) sudată cap la cap
6. ţeavă (f) sudată prin suprapunere
7. ţeavă (f) sudată în spirală
8. ţeavă lipită, — alămită (arămită)
9. ţeavă (tub) fără sudură

pag. 103.

1. ţeavă (f) laminată
2. aparat (n) de laminat ţevi (tuburi)
3. laminor (n) de ţevi (tuburi)
4. ţeavă (f) trasă
5. a trage ţevi (tuburi)
6. ţeavă (tub) de aramă
7. ţeavă (tub) de alamă
8. ţeavă (f) cu rebord şi flanşă mobilă
9. rebord (n)
10. a face rebordul la o ţeavă, a ambutiza o ţeavă

pag. 104.

1. ţeavă (f) (tub) de compensaţie (dilatare)
2. ţeavă (f) elastică tub elastic
3. ţeavă (f) ondulată
4. ţeavă (f) cu presestupă
5. ţeavă (f) cu nervuri
6. serpentin (n)
7. serpentin (n) refrigerent, — de răcire
8. serpentin (n) de încălzire
9. obturator (n) de ţeavă, închizător (n) de ţeavă

pag. 105.

1. dop (n) cu şurub
2. capac (n) de închidere, obturator (n) extern cu şurub
3. flanşă (bridă) oarbă, — de obturaţie
4. racord (n) de ţevi, tubulară (f)
5. manşon (n) dublu
6. cot (n) de ţeavă
7. racord (u) curbat, ţeavă, curbată
8. racord (n) în U, ţeavă bifurcată
9. ţeavă (tub) de reducere

pag. 106.

1. ramificaţie (f) de ţevi, branşament (n)
2. ramificaţie (f) în unghi drept
3. ramificaţie (f) în unghi ascuţit
4. ţeavă (f) de ramificaţie
5. ţeavă (tub) în cruce, cruce
6. ţeavă (tub) în U
7. ţeavă (tub) cu 3 căi
8. ţeavă (tub) cu 4 căi
9. manşon (n) cu ghivent

pag. 107.

1. manşon (n) de reducere
2. racord (n) cu ghivent, niplu (n)
3. niplu (n) dublu, racord (n) dublu cu ghivent
4. cot (n) de ţeavă, genunchi (n) de (ţeavă), ţeavă (f) cotită
5. cot (n) în unghi drept
6. cot (n) de reducere
7. cot (n) rotunjit
8. ţeavă (f) de gaz, tub (n) de gaz
9. ţeavă (f) de apă
10. ţeavă (f) de căldare

pag. 108.

1. ţeavă (f) de foc
2. ţeavă (f) de fum
3. ţeavă (f) fierbătoare
4. ţeavă (f) de încălzire
5. ţeavă (f) d aspiraţie
6. sorb (n), crepină (f)
7. conductă (f) de aspiraţie
8. ţeavă de presiune (refulare)
9. conductă (f) de presiune
10. tubulară (f)

pag. 109.

1. conductă (f) de ţevi
2. ţeavă (f) de admisiune, — de alimentare
3. ţeavă (f) de evacuare, — de scurgere
4. ţevărie (f) reţea (f) de ţevi
5. plan (f) de instalaţie al ţevilor
6. a aşeza o ţeavă (un tub)
7. suport (n) de ţeavă, etrier (m), scară (f)
8. agrafă (f) pentru ţevi, cârlig (n) pentru ţevi
9. conductă (f) de aburi
10. conductă (f) de apă

pag. 110.

1. conductă (f) de gaz
2. sifon (n)
3. lovitură (f) de berbec
4. ruptură (f) de ţeavă
5. ventil (n) de siguranţă
6. cheie (p) de ţevi
7. cleşte (m) de ţevi
8. cuţit p. tăiat ţevi
9. perie (f) de ţevi

pag. 111.

1. curăţitor (n) de ţevi, raschetă (f)

2. indicator (n) de nivel de apă
3. cutia (f) indicatorului de nivel
4. tubul (n) de sticlă al indicatorului de nivel
5. robinetul (n) indicatorului de nivel
6. linia (f) de nivel a apei
7. coloană (f) de apă.

XVI.

pag. 112.

1. ventil (n). supapă (f), valvulă (f)
2. cameră (f) de ventil
3. capac (n) de ventil
4. şurub (n) de la capacul ventilului
5. diametrul (n) interior al ventilului
6. diametrul (n) de trecere

pag. 113.

1. deschidere (f) de trecere
2. secţiune (f) de trecere
3. corp (n) de ventil sau s
4. şez (n) de ventil, scaun (n) de ventil
5. suprafaţă (f) de contact a unui ventil, de obturaţie
6. a şlefui ventilul în scaunul său
7. tijă (f) de ventil
8. volant (n) roată, manivelă (f)
9. lungime (f) totală

pag. 114.

1. cursă (f) de ventil (s)
2. limita (f) cursei ventilului
3. con (n) limitator de cursă
4. suprapresiunea (f) ventilului
5. massa (f) ventilului
6. acceleraţia (f) ventilului
7. ventilul se înţepeneşte
8. ventilul rămâne suspendat
9. ventilul oscilează

pag. 115.

1. ventilul (n) bate
2. a deschide ventilul s
3. a închide ventilul s
4. jocul (n) ventilului s
5. închiderea (f) ventilului s
6. deschiderea (f) ventilului s
7. ridicarea (f) ventilului s
8. diagrama (f) de ridicare a ventilului
9. a echilibra (a descărca) ventilul
10. echilibrarea (n) ventilului s, descărcarea (f) ventilului s

pag. 116.

1. ventil (n) auxiliar
2. ventil (n) cu ridicare
3. ventil (n) cu disc (taler) platou
4. disc (n) de ventil, taler (n) de ventil, platou (n) de ventil
5. ventil (n) cu con
6. con (n) de ventil
7. ventil (n) sferic, — cu bilă
8. bilă (f) de ventil
9. căciulă (f) de oprire
10. ghidaj (n) de ventil sau supapă

pag. 117.

1. ghidaj (n) cu aripioare
2. ventil (n) cu aripioare superioare, cu ghidaj superior
3. ventil (n) cu aripioare inferiorare, cu ghidaj inferior
4. aripioare (f. pl.) de ghidaj
5. ghidaj (n) cu cui, — cu ştift
6. cui (n) de ghidare, ştift (n) de ghidare
7. ghidajul (n) tijei ventilului, drept
8. ventil (n) sau supapă (f) de trecere, obicinuit
9. ventil sau supapă cu trecere unghiulară

pag. 118.

1. ventil sau supapă cu trei căi, — alternativ
2. ventil sau supapă cu scaun inelar
3. ventil sau supapă cu un scaun inelar simplu
4. ventil sau supapă cu scaun inelar dublu
5. ventil sau supapă cu scaun inelar multiplu
6. ventil sau supapă cu etaje
7. ventil sau supapă, cu scaun dublu
8. ventil sau supapă, de ţeavă, vană

pag. 119.

1. ventil sau supapă în clopot
2. ventil sau supapă cu greutăţi
3. greutate de ventil
4. ventil sau supapă cu resort
5. resort de ventil
6. ventil sau supapă de siguranţă
7. ventil sau supapă cu contra-greutate
8. contra-greutate de ventil
9. pârghie de ventil, — de supapă

pag. 120.

1. ventil de siguranţă cu resort
2. resort de ventil
3. a încărca ventilul (n) (sau supapa

4. a regula (n) sarcina ventilului
5. a supraîncărca ventilul (n) sau supapa
6. ventil sau supapă comandată (n), ventil sau supapă
9. mecanism de distribuţie (comandă)

pag. 121.

1. ventil sau supapă de oprire cu supape sau ventile
2. ventil (n) sau supapă de oprire pentru aburi
3. ventil sau supapă de reţinere
4. ventil (n) sau supapă de siguranţă pentru tuburi
5. ventil (n) sau supapă de reducere
6. ventil (n) sau supapă de aspiraţie
7. ventil (n) sau supapă atmosferică de intrare a aerului

pag. 122.

1. ventil sau supapă de suprapresiune, — de scăpare
2. ventil (n) sau supapă de admisiune
3. ventil (n) sau supapă de eşire, — de emisiune
4. ventil (n) sau supapă de golire, — de evacuare
5. ventil (n) sau supapă de curăţire
6. ventil (n) sau supapă de scurgere, — de descărcare
7. ventil (n) sau supapă de alimentare
8. ventil sau supapă de probare, — de încercare
9. ventil (n) sau supapă de curăţire

pag. 123.

1. ventil (n) sau supapă cu disc, — cu clapet
2. disc (n) de ventil, clapet de ventil
3. ventil (n) sau supapă cu clapet de piele
4. ventil (n) sau supapă cu clapet de cauciuc
5. opritor (n) de clapet
6. clapet (n) de siguranţă
7. clapet (n) de reţinere

pag. 124.

1. clapet (n) de oprire
2. clapet (n) de aspiraţie
3. clapet (n) de presiune, — de refulare
4. clapet (n) de admisiune
5. clapet (n) de descărcare, — de evacuare
6. ventil (n) fluture, supapă cu gât
7. a strangula trecerea, a reduce secţiunea de trecere
8. strangularea, (f) reducerea trecerei —

pag. 125.

1. vană sau (f) registru
2. camera (f) vanei
3. capul (n) vanei
4. tija (f) vanei
5. corpul (n) vanei
6. locaşul (n) vanei
7. inel (n) de obturaţie, — de garnitură
8. ghidajul (n) vanei, — registrului

pag. 126.

1. bară (n) de ghidaj
2. piuliţă (n) de ghidaj
3. vană (f) sau registrul de oprire
4. vană (f) de apă
5. vană (f) de gaz
6. vană (f) de aburi
7. valvulă (f) cilindrică, saltar (n) oscilant, — Corliss
8. saltar (n) rotativ, valvulă (f) de distribuţie rotativă
9. saltar (n) de distribuţie

pag. 127.

1. saltar (n) plan
2. saltar (n) în formă de cochilie
3. tija (f) saltarului
4. saltar (n) piston, — cilindric, piston (n) de distribuţie
5. saltar (n) echilibrat
6. distribuţie (l) cu saltar
7. robinet (n)
8. cepul (n) robinetului
9. capul (n) robinetului
10. camera (f) robinetului, cutia (f) robinetului

pag. 128.

1. a deschide robinetul
2. a închide robinetul
3. robinet (n) conic
4. robinet (n) cu valvulă
5. robinet (n) cu şurub
6. robinet (n) cu presestupă
7. robinet (n) drept, — obicinuit
8. robinet (n) în unghi
9. robinet (n) cu trei căi

pag. 129.

1. robinet (n) cu patru căi
2. robinet (n) de golire
3. robinet (n) de amestec
4. robinet (n) de oprire

5. robinet (n) de apă
6. robinet (n) de gaz
7. robinet (n) de evacuare
8. robinet (n) de descărcare
9. robinet (n) de alimentare
10. robinet (n) de probă, — de încercare, sfârşit de cap

XVII.

pag. 130.

1. cilindru (n)
2. axa (f) cilindrului
3. diametrul (n) cilindrului, alesajul (n) cilindrului
4. peretele (m) cilindrului, cămaşa (f) cilindrului
5. capacul (n) cinlindrului
6. bulon (h) de capac
7. înşurubarea (f) capacului
8. fundul (n) cilindrului

pag. 131.

1. pres-garnitura (f) cilindrului, pes-estupa (f) cilindrului
2. îmbrăcămintea (f) cilindrului, învelitoarea (f) cilindrului
3. a strungi un cilindru
4. a restrungi un cilindru
5. a aleza un cilindru
6. maşină (f) de alezat cilindrele
7. ungerea (f) cilindrelor
8. cilindru (n) cu simplu efect

pag. 132.

1. cilindru (n) cu dublu efect
2. cilindru (n) de aburi, —
3. cilindru (n) de pompă
4. cilindru (n) de presiune

XVIII.

5. pres-garnitură (f), pres-estupă (f), cutie (f) de garnitură
6. capac
7. flanşa (f) capacului, brida (f) capacului
8. cutia (f)
9. garnitura (f)

pag. 133.

1. locaşul (n) garniturei
2. grosimea (f) garniturei
3. bulon (n) de pres-garnitură,
4. manşon de fund, cutie de . . .
5. inel (n) de bază
6. inel (n) de ungere
7. pres-garnitură pentru aburi
8. pres-garnitură cu piele

pag. 134.

1. garnitură (f) de piele
2. pres-garnitură metalică
3. frecare (f) de pres-garnitură
4. a strânge pres-garnitura
5. pres-garnitura se înţepeneşte
6. pres-garnitura pierde. — nu este etanşă
7. pres-garnitura este etanşă, — închide hermetic

pag. 135.

1. cilindrul este făcut etanş printr'o pres-garnitură
2. a pune garnitura
3. garnitură (f) de cânepă, — de câlţi
4. şuviţă (f) de cânepă, tresă (f) de cânepă
5. garnitură (f) de asbest
6. şuviţă (f) de asbest, sfoară (f) de asbest
7. garnitură (f) de cauciuc
8. garnitură (f) de metal

XIX.

pag. 136.

1. piston (n)
2. diametrul (n) pistonului
3. grosimea (f) pistonului
4. jocul (n) pistonului
5. forţa (f) pistonului
6. tija (f) pistonului
7. coada (f) tijei pistonului
8. ghidajul (h) tijei pistonului
9. şurubul (n) piston

pap. 137.

1. cheia (f) pistonului
2. pres-garnitura (f) pistonului
3. ungerea (f) pistonului
4. viteza (f) pistonului
5. acceleraţia (f) pistonului
6. frecarea (f) pistonului
7. cursa (f) pistonului
8. cursa (f) completă (dublă) a pistonului
9. cursa (f) înainte a pistonului
10. cursa (f) înapoi a pistonului

pag. 138.

1. ridicarea (f) în sus a pistonului
2. scoborârea (f) pistonului
3. garnitura (f) pistonului
4. piston (n) cu garnitură de cânepă
5. piston (n) cu garnitură de piele
6. a garnisi un piston cu piele
7. piston (n) cu garnitură metalică

pag. 139.

1. segment (m) de piston, cerc de garnitură
2. joanta (f) segmentului de piston, cercului de garnitură
3. segment (m) de piston elastic

4. corp (n) de piston
5. capac (n) de piston, platou (n) de piston
6. şurub (n) dela capacul pistonului
7. inel (n) de tensiune, cerc (n) de tensiune
8. piston (n) cu garnitură in labirint cu garnitură in caneluri.

pag. 140.

1. piston (n) şlefuit, — fără garnitură
2. a şlefui un piston
3. piston (n) plin, — cu disc
4. piston (n) scufundător, plunger (n)
5. piston (n) de aburi
6. piston (n) pompă
7. piston (n) rezervă, de schimb

XX.

8. transmisiune (f) prin manivelă
9. poziţia (f) la punctul mort, — moartă

pag. 141.

1. punct (n) mort
2. manivelă (f)
3. corp (n) de manivelă, braţ (n) de manivelă
4. arbore (m) de manivelă
5. suportul (lagărul) arborelui de manivelă, principal
6. fus de manivelă, buton de manivelă
7. suport (lagăr) al butonului manivelei
8. manivelă (f) frontală

pag. 142.

1. contra-manivelă (f)
2. disc-manivelă (f)
3. manivelă (f) pentru braţ, — de mână
4. manetă de manivelă
5. manivelă (f) pentru un om
6. manivelă (f) pentru doi oameni
7. manivelă (f) de siguranţă
8. bătae (f) de manivelă
9. a învărti manivela

pag. 143.

1. culisă-manivelă
2. culisă
3. piatra culisei, patina
4. excentric
5. excentricitate
6. disc de excentric, platou de excentric
7. disc de excentric dintr'o bucată
8. disc de excentric din două bucăţi.

pag. 144.

1. inel de excentric. guler de excentric
2. tijă (f) de excentric
3. presiune (f) de excentric
4. frecare (f) de excentric
5. comandă (f) prin excentric
6. excentric
7. bielă (f)
8. corp (n) de bielă
9. cap (n) de bielă

pag. 145.

1. cap (n) de bielă închis
2. cap (n) de bielă deschis (tip marin)
3. cap (n) de bielă cu cupuşon
4. bielă (f) de acuplare
5. glisiere (f. pl.)
6. patină (f)
7. glisieră (f)
8. suprafaţă (f) de alunecare
9. presiune (f) de glisieră
10. frecare (f) de glisieră

pag. 146.

1. ghidajul (n) tijei
2. cutia (f) de ghidaj, bucceaua de ghidaj
3. tijă (f) glisieră. tijă de ghidaj
4. ghidaj (n) cu cap de cruce
5. cap (n) de cruce
6. patină (f)
7. bulonul (n) capului de cruce
8. tija (f) capului de cruce

pag. 147.

1. pana (f) capului de cruce

XXI.

2. resort (n) arc (n)
3. resort (n) de flexiune
4. resort (n) cu lame, arc (n) cu foi
5. săgeată (f)
6. resort (n) cu lame suprapuse, arc (p) cu foi suprause
7. legătura (f) resortului (arcului)
8. ochi (m) de resort (arc)
9. suport (n) de resort (arc)

pag. 148.

1. resort (m) in spirală, arc in spirală
2. resort (m) de torsiune
3. resort (n) helicoidal
4. resort (n) conic

5. resort (n) cu secţiune dreptunghiulară
6. resort (n) cu secţiune circulară, — din sârmă rotundă
7. compresiunea (f) resortului
8. a comprima un resort
9. a întinde un resort

pag. 149.

1. spiră (f) de resort
2. numărul (n) spirelor
3. a fi elastic, a fi compresibil, a arcui

XXII.

4. volant (n)
5. obadă (f) de volant, coroană (f) de volant
6. spiţă (f) de volant, braţ (n) de volant
7. butuc (m) de volant
8. grad (n) de neregularitate
9. volant (n) divizat, — din două părţi

pag. 150.

1. împreunarea (f) obezei
2. bulonul (n) obezei
3. bulonul (n) butucului
4. volant cu dinţi, — dinţat
5. ruptură (f) de volant, — explozie (f) de volant
6. ruptura (f) obezei, — coroanei volantului

XXIII.

7. regulator (n)
8. arbore (m) de regulator
9. massă centrifugală, greutate de regulator, ghiulea de regulator

pag. 151.

1. manşon de regulator
2. cursa manşonului de regulator
3. pârghie de regulator
4. aparat de regulare (potrivire) al regulatorului
5. regulator (n) centrifugal
6. regulator (n) cu pendul
7. regulator (n) cu con
8. regulator (n) axial
9. regulator (n) cu contra-greutate

pag. 152.

1. contra-greutate (f) de regulator
2. regulator (n) cu resort
3. resort (n) de regulator
5. regulator (n) de putere
6. a regula

XXIV.

pag. 153.

1. menghină (f)
2. menghină (f) de banc
3. a strânge (a fixa) o piesă în menghină
4. şurub (n) de menghină
5. fălcele (f. pl.) de menghină· bacuri
6. căptuşala (f) fălcelei

pag. 154.

1. placă (f) de menghină, adaos (n) de menghină
2. menghină (f) paralelă
3. menghină (f) pentru ţevi
4. presă de strâns cu şurub
5. presă cu şurub de banc
6. menghină (f) de mână
7. cleşte teşit de prins
8. menghină (f) de mână cu fălcele înguste

pag. 155.

1. menghină (f) cu ştift
2. menghină (f) de lemn

XXV.

3. cleşte (m)
4. gură (f) de cleşte
5. cleşte (m) plat
6. cleşte cu gură rotundă
7. cleşte cu dinţi, — p. ţevi de gaz
8. cleşte (m) cu buclă, — cu verigă
9. cleşte de sârmă, — american
10. cleşte (m) de tăiat sârmă

pag. 156.

1. cleşte (m) tăietor
2. cleşte (m) de tăiat
3. cleşte (m) de scos cuie
4. cleşte (m) de îndoit
5. cleşte (m) de tras
6. cleşte (m) de lipit
7. cleşte (m) p. becuri de gaz
8. pensetă (f)
9. foarfece (n)
10. lama (f) tăetoare a foarfecelui

pag. 157.

1. foarfece (n) cu arc
2. foarfece (n) cu pârghie
3. foarfece (n) cu braţ, — de banc
4. foarfece (n) de masă
5. foarfece (n) paralel
6. foarfece (n) cu cadru
7. foarfece (n) de mână
8. maşină (f) de forfecat, foarfece (n) mecanic
9. foarfece (n) p. tablă, — de tinichigiu

pag. 158.

1. foarfece (n) pentru perforat
2. foarfece (n) pentru sârmă

XXVI.

3. nicovală (f)
4. faţa (f) nicovalei
5. soclul (n) postament (n) butuc (m)
6. nicovală (f) de fierărie
7. nicovală (f) mică
8. nicovală (f) de banc
9. nicovală (f) cu corn

pag. 159.

1. cornul (n) sau conul (n) nicovelei
2. bicorn (n)
3. coadă (f)
4. bicorn (f) de banc
5. nicovală cu coadă, steclu, tasou
6. steclu ascuţit, tasou ascuţit
7. fer pentru îndoit
8. fer pentru făcut reborduri
9. nicovală pentru funduri, — de căldărar

pag. 160.

1. placă de polisat
2. placă cu tipare de forjat

XXVII.

3. ciocan (n)
4. faţa (f) ciocanului
5. pana (f) ciocanului, vârful ciocanului
6. coada (f) ciocanului
7. a ciocăni, a bate cu ciocanul
8. a ciocăni la rece, a bate la rece
9. ciocan (n) de lăcătuş

pag. 161.

1. ciocan (n) de ferar
2. ciocan (n) de întins, — plat
3. ciocan (n) de bătut
4. ciocan (n) de mână
5. ciocan (n) de banc
6. ciocan (n) cu bătaia încrucişată
7. ciocan (n) de bătut, baros
8. ciocan (n) cu vârf ascuţit
9. ciocan (n) plat

pag. 162.

1. ciocan (n) cu vârful în cruce
2. ciocan (n) cu vârful sferic
3. ciocan (n) cu vârful despicat
4. ciocan (n) de bază, plan
5. ciocan (n) plan de îndreptat
6. ciocan (n) de bază rotund, — de gâtuit
7. ciocan (n) cu capetele sferice

pag. 163.

1. ciocan (n) de ambutisat
2. ciocan (n) cu vârful în pană
3. ciocan (n) de găurit
4. ciocan (n) de raschetat
5. ciocan (n) canelat, — de stampat
6. ciocan (n) de lemn, maiu (n)
7. ciocan (n) de zinc
8. ciocan (n) de aramă
9. a forja cu ciocanul

pag. 164.

1. a forja la rece
2. a forja la cald
3. a forja în tipare, a stampa
4. tipar (n) stampă (f), matriţă (f)
5. matriţă inferioară
6. matriţă superioară
7. a refula, a turti
8. a îndesni, a mata
9. a suda
10. sudură
11. a suda

pag. 165.

1. a suda
2. sudură
3. căldură (f) de sudare
4. defect (n) de sudură
5. cuptor (n) de sudat
6. a tăia cu ciocanul
7. tăetură (f) la nicovală
8. ciocan (n) de tăiat, tăietor
9. ciocan (n) de tăiat la cald, tăitor la cald
10. ciocan (n) de tăiat la rece, tăetor la rece

pag. 166.

1. forjă (f) fierărie, făurărie
2. vatră (f) de forjă
3. coş (n) de forjă, horn, cămin
4. foc (n) de forjă
5. unelte (f) de fierărie, de forjă
6. vătrar (n)
7. cârlig (n) de vatră
8. pămătuf (m)
9. lopăţică (f)
10. cleşte (m) de foc

pag. 167.

1. ventilator de (n) forjă, suflător
2. foale (f)
3. forjă (f) portativă

XXVIII.

4. daltă (f)
5. daltă (f) lată
6. daltă (f) ascuţită, — crucişă

7. a ciopli cu dalta crucişe, a dăltui
8. daltă (f) pentru pietre
9. daltă (f) de mână

pag. 168.

1. daltă (f) de banc
2. a dăltui, a lucra cu dalta, a cisela
3. a dăltui, a ciopli cu dalta
4. însemnător (n) de centre, poanton
5. centru, punct făcut cu însemnătorul
6. a însemna, a marca cu însemnătorul
7. poanson

pag. 169.

1. matriţă (f)
2. poanson (n) de mână
3. poanson (n) de banc
4. poanson (n) găurit
5. cleşte (m) de găurit, — de poansonat
6. a găuri. a perfora, a poansona

XXIX.

7. pilă (f)
8. mâner (n) de pilă

pag. 170.

1. tăetură (f) de pilă
2. tăetură (f) bastardă, — mijlocie
3. tăetură (f) fină, — dulce
4. tăetură (f) simplă
5. tăetură (f) încrucişată
6. tăetură (f) superioară, tăetura a doua
7. tăetură (f) inferioară, tăetură primă
8. a tăia pile
9. tăetor (m) de pile
10. daltă (f) pentru tăiat pile
11. ciocan (n) de pile

pag. 171.

1. nicovală (f) de pile
2. a retăia pilele
3. pilă (f) retăiată
4. a căli pile
5. călire de pile
6. a pili
7. trăsătură cu pila
8. pilitură (f)
9. praf (f) de pilitură

pag. 172.

1. banc (n) de pilit, — de ajustat
2. pilă (f) de mână
3. pilă (f) de braţ
4. pilă (f) bastardă
5. pilă (f) fină, — dulce
6. pilă (f) semi-bastardă, — semifină
7. pilă (f) suprafină
8. a finisa, a netezi, a plana cu pila

pag. 173.

1. pilă (f) de polisat
2. pilă (f) de pachet
3. pilă (f) cu tăetură mare
4. pilă (f) plată
5. pilă (f) obtuză, buntă
6. pilă (f) ascuţită
7. pilă (f) cu vârful plat

pag. 174.

1. pilă (f) dreptunghiulară
2. pilă (f) triunghiulară
3. pilă (f) patrată
4. pilă (f) rotundă
5. pilă (f) semirotundă
6. pilă (f) triunghiulară turtită, — cu colţuri
7. pilă (f) de rotunjit
8. pilă (f) ovală

pag. 175.

1. pilă (f) cuţit, — cu tăiş
2. pilă (f) rombică
3. pilă (f) cu muchile rotunde
4. pilă (f) de spintecat
5. pilă (f) în formă de X
6. pilă (f) de găurit
7. pilă (f) de ferăstrău

pag. 176.

1. pilă (f) de găuri
2. raşpilă (f)

XXX.

3. răzuitor (n), şabăr (n), raşchet (n)
4. răzuitor (n) plat
5. răzuitor (n) canelat
6. răzuitor (n) triunghiular
7. răzuitor (n) în formă de inimă

pag. 177.

1. a răzui
2. a aleza răzuind
3. a finisa răzuind
4. alezor (n), raibăr (n)
5. alezor (n) ascuţit
6. alezor (n) unghiular
7. alezor (n) cu caneluri în spirală
8. alezor (n) canelat
9. alezor (n) conic

pag. 178.

1. alezor (n) de fusuri
2. alezor (n) de maşini, — mecanic
3. a aleza

XXXI.

4. burghiu (n), sfredel (n)
5. manşon (n) de burghiu
6. arbore (n) port-burghiu

pag. 179.

1. gaură (făcută cu burghiu)
2. a găuri, a perfora, a sfredeli
3. a găuri din nou, a rectifica o gaură
4. burghiu de finisat. alezor
5. găurire (f)
6. găuritoare (f) de mână, maşină (f) de găurit de mână
7. sfredel (n), sfredeluş
8. burghiu (n) de cepuri

pag. 180.

1. burghiu (n) cu un tăiş
2. burghiu (n) cu două tăişuri
3. burghiu (n) cu vârf
4. burghiu (n) cu centru
5. vârf (n) central
6. burghiu (n) spiral
7. burghiu (n) de fresat
8. burghiu (n) de lemne

pag. 181.

1. sfredel, sfredel elicoidal
2. sfredel (n) cu urechi
3. burghiu-lingură, — lingură (f) de găurit
4. sfredel răsucit, — american
5. burghiu (n) lung
6. burghiu (n) de pământ, sfredel (n) de pământ
7. burghiu (n) de piatră, sfredel (n) de piatră

pag. 182.

1. unelte de găurit, ustensile pentru găurit
2. port-burghiu cu şurub, găuritor cu şurub
3. burghiu cu arcuş, — cu arc
4. arcuş, arc pentru burghiu
5. port-burghiu de piept
6. burghiu (n)
7. port-burghiu (n) cu manivelă
8. manivelă (f) pentru găurit
9. burghiu (n) cu clichet, boraci

pag. 183.

1. maşină de găurit, găuritoare

XXXII.

2. freză (f)
3. dinte (n) de freză
4. freză (f) cu dinţi adaoşi
5. freză (f) cu profil invariabil
6. freză (f) laterală, — cu disc
7. freză (f) pr. canale (renuri)

pag. 184.

1. freză (f) cilindrică
2. freză (f) de făcut tăeturi
3. freză (f) cu coadă
4. freză (f) plană, — frontală
5. freză (f) pr. roţi dinţate, — pr. angrenaje
6. freză (f) helicoidală
7. freză (f) scobită, — pentru frezat ţevi la exterior
8. freză (f) profilată
9. a freza

pag. 185.

1. frezare (f)
2. maşină (f) de frezat

XXXIII.

3. ferăstrău (n)
4. tăetură (f) de ferăstrău
5. pânză (f) de ferăstrău, lamă (f) de ferăstrău
6. mâner (n) de ferăstrău
7. dinte (m) de ferăstrău, colţ (m) de ferăstrău
8. unghiul (n) dinţilor
9. unghi (n) de tăere

pag. 186.

1. unghi (n) de ascuţire
2. linia (f) dinţilor
3. linia (f) superioară a dinţilor
4. dinte (m) triunghiular
5. dinte (m) de lup
6. dinte (m) în formă de M
7. dinte (m) perforat
8. dinte (m) răsucit, — rostuit
9. dintar (m), ceapraz (n), fer (n) de rostuit

pag. 187.

1. a rostui dinţii unui ferăstrău
2. a tăia dinţii unui ferăstrău
3. a tăia cu ferăstrăul
4. rumeguş (n)
5. a tăia cu ferăstrăul la rece
6. a tăia cu ferăstrăul la cald
7. ferăstrău (n) de tăiat la rece
8. ferăstrău (n) de tăiat la cald
9. ferăstrău (n) pentru metale
10. ferăstrău (n) pentru lemn

pag. 188.

1. ferăstrău (n) de mână
2. ferăstrău (n) pentru doi oameni
3. ferăstrău (n) neincordat
4. ferăstrău (n) vertical
5. ferăstrău (n) transversal, joagăr (n)
6. beschia (f), ferăstrău (n) cu pântece
7. ferăstrău (n) cu mâner, în coadă de vulpe

8. ferăstrău (n) cu spate
9. spate (m) de ferăstrău
10. ferăstrău (n) de împuns, — de găurit

pag. 189.

1. ferăstrău (n) cu spate pr. metale
2. ferăstrău (n) încordat, — cu cadru
3. ferăstrău (n) cu arc
4. arc (n) de ferăstrău, cadru (n) de ferăstrău
5. ferăstrău (n) de traforaj, — de ceasornicar
6. ferăstrău (n) de placaje
7. ferăstrău (n) de dulgher
8. limbă de ferăstrău, încordator, lemnuş
9. ferăstrău (n) nemţesc

pag. 190.

1. ferstrău (n)
2. ferăstrău (n) mecanic
3. ferăstrău (n) panglică
4. ferăstrău (n) circular, circular (n)
5. ramă de ferăstrae, ramă de gater
6. ferăstrău (n) cu ramă, — gater
7. bloc (n) de ferăstrău

XXXIV.

8. topor (n)
9. tăiş (n)

pag. 191.

1. ochi (n), muche (f)
2. coadă (f) de topor
3. topor (n) de mână
4. bardă (f) de lemnar
5. bardă (f)
6. secure (f)
7. bărdiţă (f)
8. tezlă (f)
9. a ciopli cu tezla
10. rindea (f), gealău (n)
11. cutia (f) rindelei, corpul (n) rindelei
12. fer (n) de rindea, cuţit (n) de rindea

pag. 192.

1. gura (f) rindelei
2. a rabota, a gelui
3. a rabota, a da la rindea
4. a rabota
5. rabotaj (n), geluire (f), rinduială (f)
6. geluituri (f. pl.) (talaj)
7. rindea (f) dublă, — cu două cuţite
8. cuţit (n) de rindea
9. contra-cuţit
10. rindea (f) de curăţat, — de cioplit, cioplitoare

pag. 193.

1. rindea (f) de spălat, — de făţuit, faţuitoare
2. rindea (f) de banc
3. rindea (f) de mână
4. de lămbuit, lămbuitor
5. rindea (f) gură de broască
6. rindea (f) pentru şanţuri, ulucă
7. rindea (f) rotundă
8. rindea (f) pentru profile
9. masă (f) de dulgher, teşghea, banc de dulgher

pag. 194.

1. cleştele teşghelei, — cutia teşghelei
2. cârligul teşghelei, pana teşghelei
3. maşină (f) de rabotat, — geluit
4. daltă (f) de lemnar
5. a dăltui
6. daltă (f) mare
7. daltă (f) îngustă, p. găuri

pag. 195.

1. daltă (f) scobită
2. daltă (f) scobită triunghiulară
3. cuţitoaie (f)
4. cuţitoaie (f) cu tăişul drept
5. cuţitoaie (f) cu tăişul curb
6. cui (n), piron (n)
7. a bate în cuie

pag. 196.

1. a încheia în cuie
2. gaură (f) de cui
3. ciocan (n) de cuie
4. cui (n) de sârmă
5. fer (n) de bătut cuie
6. a încheia
7. a încleia împreună
8. clei (n)
9. presă (f) de mână p. încleiat

XXXV.

10. tocilă (f), piatră (f) de tocilă, piatră (f) de ascuţit

pag. 197.

1. troacă (f) de tocilă
2. bobul (m) pietrei de ascuţit, granulaţia (f) pietrei de ascuţit
3. piatră (f) de tras, piatră (f) de ascuţit
4. piatră (f) de ulei

5. a ascuţi, a şlefui
6. aparat (n) de ascuţit, maşină (f) de ascuţit (şlefuit)
7. piatră (f) de ascuţit
8. emeri, şmirghel
9. hârtie (f) cu emeri
10, pânză (f) cu emeri

pag. 198.

1. polizor (n), lemn (n) cu emeri
2. piatră (f) de emeri
3. inel (n) de emeri
4. cilindru (m) de emeri
5. piatră (f) de emeri
6. a şlefui cu emeri
7. maşină (f) de şlefuit cu emeri
8. praf (n) de emeri

XXXVI.

9. a căli

pag. 199.

1. călire (f)
2. a recoace, a reveni
3. recoacere (f) revenire
4. culoare (f) de călire
5. durata (f)
6. duritate (f) naturală
7. duritate (f) vitroasă
8. scară (f) de duritate
9. grad (n) de duritate
10. praf (n) de călit
11. crăpătură (f) din călire

pag. 200.

1. călire (f) la suprafaţă
2. călire (f) prin răcire în bac
3. întărire (f) prin ciocănire
4. călire (f) în ulei
5. călire (f) în apă

XXXVII.

6. a lipi, a suda
7. a lipi împreună, a suda împreună
8. a uni prin sudură
9. a deslipi, a desface o sudură
10. sudare, alămire

pag. 201.

1. sudură
2. sudură (f) moale
3. sudură (f) tare
4. dungă (f) de sudură, sudură (f)
5. loc (n) de sudură, sudură (f)
6. ciocan (n) de lipit, — de sudat, — de alămit
7. fer (n) de lipit, — de sudat
8. fer de lipit ascuţit, — de sudat cu vârf
9. fer (n) de lipit (sudat) cu gaz
10. bec (n) de gaz pentru sudat

pag. 202.

1. lampă (f) de lipit — de sudat
2. flacără (f) de sudură
3. sobă (furnal) de sudat (lipit)
4. materie (f) sudantă, — de lipit, plumb de lipit
5. materie (f) de lipit moale, cositor
6. materie (f) de lipit rapidă
7. materie (f) de lipit tare, brozură
8. apă (f) pentru sudat, — pălămit
9. apă (f) tare

pag. 203.

1. ţeavă (f) pentru sudat, suflaiu
2. cleşte (m) de sudat, — de lipit
3. probă (f) de sudură
4. lingură (f) de turnat

XXXVIII.

pag. 204.

1 a măsura cu precizie
2. măsurătoare (f) de precizie
3. calibru (n)
4. calibru (n) cu şurub
5. calibru (n) micrometric, — micrometru (n)
6. calibru (n) cu cursor, şubler (n)

pag. 205.

1. gura (f) calibrului
2. calibru (n), — linear
3. calibru de înălţimi, — normal
4. calibru (n) pentru ţevi
5. calibru (n)
6. calibru (n) de adâncime
7. calibru (n) pentru diametre, — pentru găuri
8. calibru-tampon (n)

pag. 206.

1. calibru (n) pentru şuruburi
2. şablon pentru ghivent
3. şablon pentru table
4. calibru (n) de toleranţă, — limită
5. calibru (n) normă, — etalon
6. şablon pentru sârme de fer
7. compas (n)
8. compas (n) de grosime
9. compas (n) de interior, — de găuri

pag. 207.

1. compas (n) cu resort
2. compas (n) de grosime cu şurub

3. compas (n) de grosime pentru bile
4. compas (n) de trasat, — de divizat
5. a trasa, a însemna
6. vârf (n) de însemnat, — de trasat
7. însemnător (n) paralel
8. compas (n) cu vârful regulabil
9. sgârieciu (n)

pag. 208.
1. echer (n) colţar (n)
2. echer (n) cu spătar
3. echer (n) dublu, T-eu
4. echer (n) exagonal
5. echer (n) mobil, pantometru (n)
6. a îndrepta, a egaliza
7. placă (f) de îndreptat, marmoră (f) de îndreptat
8. nivel (n) cu bulă de aer, poloboc (n)

pag. 209.
1. nivel (n) sferic
2. fir (n) cu plumb
3. comptor (n) de curse, numărător (n) de curse
4. comptor (n) de rotaţii, tachimetru (n)

XXXIX.

pag. 210.
1. fer
2. minereu (n) de fer
3. fontă (f) brută, fer brut
4. fontă (f) albă
5. fontă (f) cenuşie
6. fontă (f) pestriţa, — amestecată

pag. 211.
1. fontă (f) Spiegel, fer Spiegel
2. fontă (f) manganată, fer manganat
3. fontă (f) turnată, fontă
4. turnătură (f) în forme descoperite
5. turnătură (f) în şasiuri
6. turnătură (f) în nisip
7. turnătură (n) în nisip uscat
8. turnătură (f) în nisip verde

pag. 212.
1. turnătură (f) în pământ, — în forme de argilă
2. fontă (f) turnată în chochilii, fontă dură, fontă întărită
3. fontă (f) de oţel, — oţelită
4. fontă (f) maleabilă
5. fer (n) forjat
6. fer (n) sudat
7. fer (n) pudlat

pag. 213.
1. fer (n) moale, — omogen
2. fer (n) Bessemer
3. fer (n) Thomas
4. fer (n) Martin
5. oţel (n)
6. oţel (n) sudat
7. oţel (n) pudlat
8. oţel (n) de fuziune
9. oţel (n) Bessemer
10. oţel (n) Thomas

pag. 214.
1. oţel (n) Martin, — Siemens-Martin
2. oţel (n) cimentat
3. oţel (n) rafinat
4. oţel (n) de creuset, — de oală
5. oţel nichel (n)
6. oţel-Wolfram (n)
7. oţel (n) de scule
8. fer (n) în bare
9. fer (n) rotund

pag. 215.
1. fer (n) patrat
2. fer (n) exagonal
3. fer (n) lat
4. fer (n) balot, — de cercuri
5. fer (n) laminat
6. fer-cornir, fer-colţar
7. fer (n) în T.
8. fer (n) în dublu-T
9. fer (n) în U
10. fer (n) în Z
11. tablă (f) de fer

pag. 216.
1. foaie (f) de tablă
2. tablă (f) neagră de fer
3. tablă (f) subţire
4. tablă (f) groasă, — de cazangerie
5. tablă (f) striată
6. tablă (f) ondulată
7. tablă (f) albă, — cositorită, tinichea
8. aramă (f), cupru (n)
9. zinc (n)
10. cositor (n)
11. nichel (n)

pag. 217.
1. plumb (n)
2. aur (n)
3. argint (m)
4. platină (f)
5. alamă (f)
6. bronz (n)
7. bronz (n) fosforos

8. bronz (n) de tunuri
9. bronz (n) de clopote
10. metal (n) alb, compoziţie
11. metal-delta (n)

XXXX.

pag. 218.

1. a desena
2. a desena în mărime naturală
3. a desena la scară
4. birou (n) de desen
5. desenator (m)
6. desen (n)
7. masă (f) de desenat
8. cutie (f) de masă, saltar (n)

pag. 219.

1. masă (f) de desenat regulabilă
2. mapă (f) pentru desene
3. cozier (n) clasor (n)
4. planşetă (f)
5. T-eu (n)
6. capul (n) T-eului
7. corpul (n) T-eului
8. echer (n), colţar (n)
9. riglă (f), lineal (n), linie (f)
10. florar (n), pistolet (n)

pag. 220.

1. riglă (f) flexibilă
2. hârtie (f) de desen
3. foaia (f) de desen, coală (f) de desen
4. hârtie (f) de schiţe (crochiuri)
5. carnet (n) de schiţe (crochiuri)
6. cui (n) de planşet (crochiuri)
7. a măsura
8. măsură (f), dimensiune (f)
9. măsură (f) metrică
10. măsură (f) în ţoli
11. măsură (f) normală

pag. 221.

1. scară (f)
2. dublu-decimetru (m)
3. metru, metru articulat
4. metru (n) — panglică
5. riglă (f) cu scară de reducere, scară de reducere
6. scară (f) de dimensiuni transversale
7. scară (f) metrică, metru (m)
8. riglă (f) gradată în ţoli
9. măsura (f) de contracţiune (scădere), riglă (f) cu măsură de contracţiune

pag. 222.

1. riglă (f) de calcul
2. a construi
3. constructor (m)
4. construcţiune (f)
5. greşală (f) de construcţiune
6. desenare (f) de maşină, desen (n) de maşini
7. desen (n) de maşini
8. a schiţa
9. schiţa (f), crochiu (n)
10. desen (n) cu mâna liberă

pag. 223.

1. a proecta
2. proect (n)
3. schiţa (f) de proect, crochiu (n) de proect
4. plan (n) de ansamblu, dispoziţie (f) generală
5. desen (n) de detaliu (amănunt)
6. desen (n) de execuţie, — de atelier
7. lista (f) pieselor
8. schiţa (f) cotată

pag. 224.

1. a reprezenta o piesă de maşină în vedere exterioară
2. vedere (f) din faţă
3. vedere (f) laterală
4. vedere (f) în elevaţie
5. vedere (f) longitudinală
6. plan (n) proecţie orizontală
7. contur (n)
8. a reprezenta o piesă de maşină în secţiune (tăetură)
9. secţiune (f) longitudinală, tăetură (f) longitudinală

pag. 225.

1. secţiune (f) transversală, tăetură transversală
2. secţiune (f) x-y
3. axă (f)
4. linie (f) de cotă
5. săgeată (f) de cotă
6. cotă (f) măsură (f)
7. din axă în axă
8. cota principală, măsuri principale
9. a cota, a pune cotele, a pune măsurile
10. punerea (f) cotelor

pag. 226.

1. a desena în creion
2. a trage linii punctate
3. a puncta
4. a face linii şi puncte
5. a haşura
6. haşură (f)
7. cutie (f) de compas
8. compas (n)
9. braţ (n) de compas
10. picior (n) de compas

pag. 227.

1. vârf (n) de compas
2. capul (n) compasului

3. compas (n) de schimb, — cu vârfuri mobile
4. port-creion (n) de compas
5. trăgător (n) de compas
6. vârf (n) de compas de schimb
7. ac (n) de compas
8. prelungitor (n) de compas
9. cheie (f) de compas

pag. 228.
1. compas (n) de creion
2. compas (n) de măsurat, măsurător (n)
3. compas (n) de divizat, compas micrometric
4. balustru (n)
5. compas (n) de reducere
6. comps (p) cu lineal
7. centru (n) de compas

pag. 229.
1. ac (n) de însemnat
2. rotiţă (f) de punctat
3. cutie (f) p. creioane de compas
4. raportor (n)
5. raportor (n) cu echer
6. trăgător (n)
7. trăgător (n) de curbe
8. trăgător (n) dublu
9. trăgător (n) de linii punctate

pag. 230.
1. a ascuţi trăgătorul
2. creion (n)
3. a ascuţi creionul
4. maşină (f) de ascuţit creioane
5. placă (f) de ascuţit creiaone
6. pilă (f) de creioane
7. a şterge, a rade
8. gumă (f) de şters
9. gumă (f) de creion
10. gumă (f) de cerneală

pag. 231.
1. cuţit (n) de ras, răzător
2. a trage în cerneală
3. tuş (n)
4. peniţă (f) de desen
5. a scrie desenul
6. scriere (f) rondă
7. scriere (f) dreaptă
8. peniţă (f) rondă
9. apărătoare (f) de peniţă
10. a colora

pag. 232.
1. cutie (f) de culori
2. culori (f. pl.) în bucăţi
3. culori (f. pl.) de acuarelă
4. tub (n) de culori
5. pensulă (f), penel (n)
6. goden (n), farfurioară (f) de tuş (culori)
7. a amesteca (a prepara) tuş, a amesteca —
8. a freca o culoare
9. hârtie (f) sugătoare

pag. 233.
1. a spăla desenul cu buretele
2. burete (m)
3. desenul (n) se încreţeşte
4. creion (n) colorat, pastel (n)
5. creion (n) roşu
6. creion (n) albastru
7. a calchia
8. copie (f) pe hàrtie de calc
9. hârtie (f) de calc
10. pânză (f) de calc

pag. 234.
1. heliografie (f)
2. hârtie (f) de heliograf
3. copie (f) albastră
4. copie (f) albă
5. aparat (n) pentru heliografie
6. atelier (n) heliografic

XXXXI.

7. mişcare (f)
8. cinematica (f)
9. mişcare (f) rectilinie

pag. 235.
1. mişcare (f) uniformă
2. spaţiu (n) parcurs
3. viteză (f), iuţeală (f)
4. timp (n)
5. mişcare (f) variată
6. acceleraţie (f)
7. întârziere, accelaraţie (f) negativă
8. viteză iniţială, iuţeală (f) iniţială
9. viteză finală, iuţeală finală
10. viteză mijlocie (f), iuţeală mijlocie
11. mişcare (f) uniform accelerată

pag. 236.
1. mişcare (f) uniform întârziată
2. cădere (f) liberă
3. înălţime (f) de cădere
4. durată (f) de cădere
5. înălţimea ascensiunei, — traectoriei
6. durata (f) aruncărei
7. mişcare (f) curbilinie
8. acceleraţie (f) tangentială
9. acceleraţie (f) normală, — centripetă

pag. 237.
1. acceleraţie (f) totală
2. forţa (f) tangenţială
3. forţa (f) normală, — centripetă

4. forţă (f) centrifugă
5. tragere (f) parabolică, aruncare (bătae) (f) parabolică
6. unghi (f) de tragere, tir (n) parabolic
7. bătae (f) de tragere
8. înălţime (f) de tragere
9. traectorie (f)
10. viteză (f) de tragere, — de aruncare
11. curbă (f) balistică

pag. 238.

1. aruncare (f) orizontală, bătae (f) orizontală
2. aruncare (f) verticală, bătae (f) verticală
3. mişcare (f) neliberă
4. rezistenţa (f) drumului—traectoriei
5. rezistenţă (f) normală
6. rezistenţă (f) tangenţială
7. pendul (n)
8. pendul (n) circular
9. amplitudinea (f) pendulului

pag. 239.

1. unghi (n) de amplitudine
2. oscilaţia (f) pendulului
3. durata (f) de oscilaţie
4. pendul (n) conic, — centrifugal
5. pendul (n) cicloidal
6. plan (n) înclinat
7. unghi (n) de înclinaţie
8. paralelogramul (n) vitezelor (acceleraţiilor)

pag. 240.

1. a descompune o viteză (acceleraţie în componentele ei
2. componentă (f) a vitezei (acceleraţiei)
3. a compune mai multe viteze (acceleraţii) într'o rezultantă
4. viteză (f) rezultantă (acceleraţie)
5. translaţie (f), mişcare (f) de translaţie
6. rotaţie (f), mişcare (f) de rotaţie

pag. 241.

1. axă (f) de rotaţie
2. unghi (n) de rotaţie
3. viteză (f) unghiulară
4. acceleraţie (f) unghiulară
5. forţa (f)
6. direcţiunea (f) forţei
7. punctul (n) de aplicaţie al forţei
8. paralelogramul (n) forţelor
9. forţa (f) rezultantă

pag. 242.

1. componentă (f)
2. triunghi (n) de forţă
3. poligon (n) de forţe
4. pol (n)
5. distanţa (f) polară
6. poligon (n) funicular
7. linie (f) de închidere
8. poligon (n) închis
9. forţele sunt în echilibru

pag. 243.

1. momentul forţei P în raport cu centrul de rotaţie O
2. braţul de pârghie al forţei P în raport cu centrul de rotaţie O
3. cuplul (n) de forţe
4. momentul (n) cuplului
5. axa (f) cuplului
6. moment (n) static
7. moment (n) de inerţie
8. moment (n) de inerţie în raport cu o axă, — ecuatorial

pag. 244.

1. moment (n) de inerţie în raport cu un punct, — polar
2. centru (n) de greutate (gravitate)
3. greutate (f), forţă de gravitate
4. acceleraţia (f) gravităţei
5. massă (f)
6. echilibru (n)
7. echilibru unui corp în repaos
8. echilibru (n) stabil
9. echilibru (n) labil
10. echilibru (n) indiferent

pag. 245.

1. lucru (n) mecanic, travaliu (n)
2. putere (f) mecanică
3. cal-putere (m)
4. forţă (f) vie, energie (n) cinetică
5. principiul (n) conservărei energiei
6. frecare (f)
7. rezistenţă (f) de frecare
8. coeficient (m) de frecare
9. unghi (n) de frecare

pag. 246.

1. suprafaţă (f) de frecare
2. frecare (f) statică, — la pornire
3. frecare (f) de alunecare, — de mişcare
4. frecare (f) de rulment, — de rostologire
5. travaliu (n) de frecare
6. travaliu (n) total

7. travaliu (n) util, — folositor
8. coeficient (m) de randament, randament (n)

pag. 247.

1. rezistență (f)
2. știința (f) despre rezistența materialelor, rezistența materialelor
3. tensiune (f)
4. tensiune (f) normală
5. solicitare (f), sarcină (f)
6. un corp este solicitat la tracțiune, compresiune, flexiune
7. sarcină admisibilă, limită de solicitare
8. mod (n) de încărcare

pag. 248.

1. sarcină (f) constantă
2. sarcină (f) variabilă (dela 0 la +)
3. sarcină (f) variabilă (dela + 00 la)
4. deformație (f)
5. deformație (f) elastică
6. travaliu (n) de deformație
7. alungire (f)
8. strangulare (f), stricțiune (f)
9. alungire (f) relativă

pag. 249.

1. coeficient (m) de alungire
2. modul (n) de elasticitate
3. alungire (f) la ruptură
4. alungire (f) elastică
5. deformație (f) permanentă (remanentă), rest de alungire
6. reacțiune (f) elastică
7. limită (f) de elasticitate
8. limită (f) de proporționalitate

pag. 250.

1. limita (f) deformațiilor mari
2. tracțiune
3. rezistența (f) la tracțiune
4. solicitare (f) la tracțiune
5. forța (f) de tracțiune
6. tracțiune (f) unitară, tensiune (f) de tracțiune, efort de tracțiune
7. compresiune (f)
8. rezistența (f) la compresiune
9. solicitare (f) de compresiune

pag. 251.

1. forța de compresiune
2. compresiune (f) unitară, efort de compresiune
3. flexiune (f) îndoire
4. rezistență (f) la flexiune
5. solicitare (f) la flexiune
6. moment (n) de flexiune
7. flexiune (f) unitară, efort (n) de flexiune
8. moment (n) de rezistență

pag. 252.

1. săgeată (f) de flexiune, flexiune (f)
2. flambaj (n), îngenunchere (f)
3. rezistența (f) la flambaj
4. solicitare (f) la flambaj
5. forfecare (f)
6. rezistența (f) la forfecare
7. solicitare (f) la forfecare
8. forfecare (f) unitară, efort (n) de forfecare
9. coeficient (m) de forfecare

pag. 253.

1. coeficient (m) de alunecare
2. torsiune (f) răsucire (f)
3. solicitare (f) la torsiune, — la răsucire
4. moment (n) de torsiune
5. unghi (n) de torsiune
6. mașină (f)
7. organe (d. pl.) de mașină, părți (f. pl.) de mașină
8. a construi o mașină
9. construcție (f) de mașini

pag. 254.

1. fabrică (f) de mașini, atelier (n) de construcți mecanice
2. fabricant (m) de mașini
3. inginer (m) mecanic, — de mașini
4. șef (m) de atelier
5. maistru (m), contra-maistru (m)
6. constructor (m) mecanic, mecanic (m)
7. a monta o mașină

pag. 255.

1. montarea (f) unei mașini
2. monteur (m)
3. atelier (n) de demontaj
4. a demonta o mașină
5. demontarea (f) unei mașini
6. a pune o mașină în funcțiune
7. a funcționa, a fi în funcțiune
8. a opri o mașină

pag. 256.

1. atelier (n)
2. banc (n) masă (f) de lucru
3. ladă (f) de scule, dulap (n) de scule
4. scule (f. pl.) unelte (f. pl.)
5. unelte de mână
6. mașină (f) operatoare, — de lucru
7. mașină (f) motrice
8. mașină-unealtă (f)

www.ingramcontent.com/pod-product-compliance
Lightning Source LLC
La Vergne TN
LVHW092110300926
849161LV00002B/96